遥感大数据地学理解与计算（下）

遥感大数据智能计算

骆剑承　吴田军　吴志峰　胡晓东　董　文　郜丽静　黄启厅 等　著

科 学 出 版 社

北　京

内 容 简 介

将遥感影像智能化地提取为地理信息，为地理大数据挖掘提供位置发现与时空关联的基准，是当前遥感认知研究所面临的挑战与机遇。本书综合地理分析思想、图谱认知理论与机器学习技术，设计从浅层感知到深层透视的路线，发展了遥感大数据智能计算模型与精准应用方法。本书分 8 章：第 1 章提出地理与遥感大数据的主要特征、科学问题以及关键思想；第 2 章论述地理图斑概念及遥感智能计算理论；第 3 章介绍机器学习的遥感计算运用机制；第 4 章阐述精准 LUCC 生成相关技术；第 5～7 章分别针对城市、农业与生态应用，介绍精准遥感应用的实践路线；第 8 章提出基于综合地理的土地空间优化技术方法。

本书主要论述人工智能新时代的遥感地学分析基础理论和关键方法，可供遥感测绘、地理信息技术及应用等领域的科技人员和研究生阅读参考，也可作为高等院校相关专业的教学和研究资料。

图书在版编目（CIP）数据

遥感大数据智能计算 / 骆剑承等著. —北京：科学出版社，2020.8
（遥感大数据地学理解与计算；下）
ISBN 978-7-03-065386-4
Ⅰ. ①遥…　Ⅱ. ①骆…　Ⅲ. ①遥感数据-数据处理　Ⅳ. ① TP751.1
中国版本图书馆 CIP 数据核字（2020）第 093893 号

责任编辑：杨帅英　张力群 / 责任校对：何艳萍
责任印制：吴兆东 / 封面设计：图阅社

科 学 出 版 社 出版
北京东黄城根北街 16 号
邮政编码：100717
http://www.sciencep.com
北京建宏印刷有限公司 印刷
科学出版社发行　各地新华书店经销
*
2020 年 8 月第　一　版　开本：787×1092　1/16
2022 年 6 月第四次印刷　印张：24 1/4
字数：550 000
定价：228.00 元
（如有印装质量问题，我社负责调换）

作者名单

主要作者： 骆剑承　吴田军　吴志峰　胡晓东

董　文　郜丽静　黄启厅

参与作者： 夏列钢　杨海平　周　楠　吴　炜

周亚男　杨颖频　左　进　孙营伟

董　菁　刘　巍　沈占锋　杨丽娜

张　新　王玲玉　李　晨　张竹林

姚永慧　程　熙　朱长明　徐　楠

曹　峥　刘　浩　赵　馨　史吉康

牟　彤　于新菊

代序：言传身教——回忆陈述彭先生二三事

缘起

一年前，剑承兄邀我参与他提出的《遥感大数据智能计算》专著的写作时，我是犹豫的，主要是担心我们俩的学术思路能否有机融合？我能否承担应有的任务？但随着我们不断深入交流与思想碰撞，我非常兴奋地发现，从理论到应用，我们都有许多共同思考，彼此激发了对方的新思考与研究增长点，这一点在我们这个年龄阶段，更是难能可贵，于是欣然参与，并拟定今后的合作思路。

早在20世纪90年代中后期，我俩在（中国科学院）资源与环境信息系统国家重点实验室（LREIS）同窗，共同追随陈述彭先生与周成虎老师攻读博士学位。我比剑承兄虚长两个月，我常开玩笑说我俩有"代沟"，因为我是60年代尾，他出生在70年代头。剑承入读LREIS比我早，1991年毕业于浙江大学地质遥感专业，1994年进入LREIS实验室硕博连读，名校出身，聪颖勤奋，1999年博士毕业就与成虎老师合作出版了专著《遥感影像地学理解与分析》。当时我还在入门阶段，学习了其中很多的章节，旁听其博士论文答辩时候，受益更是良多。读书期间剑承更热衷钻研遥感信息处理技术，是我们实验室的"高手"，跟我这个"新兵"学术交流不多，不过我可是他的羽毛球入门"教练"。

现在回忆起来，当年攻读博士的时候，生活虽然单调了点儿，但是实验室提供了很好的学习条件和宽松的学术氛围，同学之间、师生之间交流甚多，不同专业背景的在一起经常碰撞：中午端着饭碗边吃边聊、下午实验室门口的羽毛球场轮番厮杀、周末的博士生论坛互相"批驳"、春秋两季的郊游……。在写这本书的过程中，我和剑承也常常谈及当年的求学经历，特别是陈先生的为人处事和学术风格，对我们众多弟子都产生深远的影响。在本书稿即将脱稿之际，恰逢陈先生百年诞辰，我有感而发写了篇回忆短文，剑承兄称赞有加，提出以此代序，我一开始心怀忐忑，不知随笔是否合适登大雅之堂，后发现所谈及的陈先生教诲与学术指引，在本书中有诸多呈现与发扬，遂不揣浅陋，欣然从命。

感谢剑承兄之邀参与此书的撰写，与兄共勉，不忘初心，安分守己，安身立命，著书立言，知行合一，修身齐家。

"坚如磐石，历久弥新"。今年是我的导师陈述彭先生诞辰100周年，同时也是先生一手创建的"资源与环境信息系统国家重点实验室"成立35周年，同门师长、同窗好友在此之前已经纷纷谈及如何开展纪念活动。趁庚子年春节临近的这几日闲暇时光，放下手中繁琐事务，静下心来翻阅陈先生的随笔杂文集《石坚文存》，以及当年与先生的书信及合影，音容宛在，对吾等一众弟子不仅仅是在学术上的指引，在日常生活中的点点小事与细节方面，其高贵的品格、豁达的气度、平易近人的风范，都深刻影响着后生晚辈。在此，记录当年在实验室攻读博士期间先生言传身教二三小事，以纪念陈述彭先生诞辰100周年。

1995年早春二月，在南国一个不出名的校园里，一个从未走出校门、懵懂无知的硕士生斗胆提笔，给陈述彭先生写信，表达了攻读博士的求学愿望，原不太敢奢望能获得先生的回复，可没曾想到，很快就收到了先生的亲笔回信，满满的一页纸布满了先生刚劲隽秀的字体，字里行间载满了鼓励，也点燃了这个学生无限的勇气和求学欲望，这个年轻学子就是当年的我。虽然由于种种原因当时没能报考，但先生的亲笔信一直珍藏在身边，由于有了这份希冀，刚走入社会的我即使在工作岗位上充满迷惑，也不感到彷徨。1997年秋季，终于获得了报考的机会，我毫不犹豫地报考中国科学院地理研究所信息室陈述彭先生的博士生。哪曾想，报考这个专业的考生这么多。我清楚记得，中国科学院地理研究所博士生入学考试时，报考资源与环境信息系统国家重点实验室的考生单独在信息室的2楼一个房间，50多名考生坐满了考场。硕士阶段我是自然地理（地貌学）专业，没有任何遥感与地理信息系统专业背景，又不是名校毕业，原本估量被录取的希望不大。笔试后我第一个进入面试考场，实验室几个老师一起面试的（我记得有成虎老师、高焕老师、万庆老师、劲峰老师等，尽管后来都是我亦师亦友的前辈学长，但当时都不认识）。当我忐忑不安地坐下，陈先生恰好推门走了进来，“对不起大家，我迟到了，抱歉！”这是我第一次见陈先生。就这样，在50多名考生中我幸运地考入了LREIS，师从陈先生攻读博士。后来得知，在录取的11位博士生中，有李宝林、许珺、郝永萍、王绍强等好几个自然地理背景的，而且分别来自祖国的东南西北不同地域，还有水文地理背景的万洪涛，地质地矿背景的谢传节、胡平昭与胡志勇，测绘与摄影测量背景的叶泽田，土地管理背景的王盛等。原来陈先生非常强调地理学的“两域”综合交叉——学科领域与不同地域，这对我后来对地理学的综合性与区域性有了更深刻的认知与理解。

记得当年在LREIS求学时，先生已经年近80，但依然精神矍铄，步履稳健。每次来到实验室，都会跟碰到的每一个人打招呼，无论是对我们研究生还是对实验室的勤务人员他都很热情，聊聊学习工作情况或者拉拉家常，从没有一点架子。有一次，在实验室的小平房会议室里我们研究生组织周末论坛，先生跟我们这些年轻学子谈笑风生，先生说：“在科研的运动场上，你们是运动员，成虎老师他们是教练员，我年纪大了，只能当当裁判员，吹吹哨子……”，我们中的孙战利博士猛地接上一句，跟先生开起了玩笑："您老可不能吹黑哨呀……"，满座皆笑（当年中国足坛甲 A 黑哨盛行），先生也跟着我们哈哈大笑，毫不在意年轻人的唐突，可见先生之平易近人。先生曾跟我们说，做学问要多交流，多参加学术会议，不过可不能空手而去，就好像在乡村赶集一样，要提个篮子带上三两个鸡蛋，你们也要把自己的工作和研究成果带到会议上交流，博采众长……。先生就是这么的和蔼可亲，循循善诱。

先生家很简朴，记得先生门口外的楼梯间放有好几个书柜，先生说书多，家里放不下了，临时在楼梯间放了个书柜，先生跟我们说起，有几本国外友人赠送的南美洲大地图集就临时放在那个书柜中，不知哪一天被偷了，心痛与惋惜之情，溢于言表。后来先生还把他参加一些博士生答辩会收集到的学位论文赠送给我，让我好好研读，我清楚记得里面有黄波、党安荣、布和敖斯尔等的学位论文或出站报告，上面还有先生的批改与点评记录，可惜多次搬家都弄丢了。

博士论文选题时，脑子里充满了困惑，记得到中关村黄庄小区先生的家中跟先生面对面交谈，先生这样告诉我，博士论文选题可从三个方面着手：一是考虑你原来的专业背景，二是自己的研究兴趣和今后发展方向，三是来到资源与环境信息系统国家重点实验室，必须掌握和运用遥感和地理信息系统这些研究手段和工具，把它们应用到自己的研究中去。先生谈到"只有将遥感及其应用与地学研究结合起来，才能使地学研究的面貌焕然一新，才能把地学研究不断引向深入"；先生也提及"地球系统科学不是脱离社会而存在的一门科学，不是纯自然的科学。研究地球系统科学应该始终如一贯穿'顶天立地'的统一性原则：'顶天'即研究全球变化，'立地'则面向区域持续发展"……。先生的这些点拨使我茅塞顿开，受益匪浅。跟先生交流让我切身感受到先生的博学深思、收放自如。毕业论文初稿脱稿后，呈交先生审阅，先生在初稿上画了很多的记录，并手写一份意见书信给成虎老师和我，以商榷的语气提出他对论文的修改意见和建议，先生对晚辈学子的学术探索处处给予呵护与鼓励。我的博士学位论文初稿外审送了 11 位外单位评委，其中北京大学陈昌笃先生还打电话给陈先生，让我过去他家当面讨论，另外一位北京大学的教授崔海亭先生，手写了整整 6 页评阅意见，其中某页某行错漏了什么，都一一指出，令我非常汗颜与感动。非常感谢先生和实验室为我们后生晚辈提供了这么好的学习机会与条件。毕业答辩是 2001 年的秋季，在实验室小白楼对面的平房小会议室，答辩委员有承继成先生、赵济先生、蔡强国先生、何建邦先生、成虎老师、秀彬老师、天祥老师、利顶老师等，兴致很高，勉励有加，说我论文答辩过程中思路清楚，回答问题到位……。照相的时候，先生一定让我站在中间，跟所有的评委老师一起合影，先生说："这个时候你是主角……"。答辩结束后一起聚餐，先生喝了点红酒，谈笑风生，说起早年的野外考察，说起来文革期间的趣事，说起前面带过的博士生……，那音容笑貌至今还深深印在我的脑海，难以忘却！

先生一生笔耕不辍，著作等身，既有科研大作，又有生活随笔。先生的科研论著很多人都知晓，但他的精彩随笔却不是每个人都知道的，那年寒假我正准备离京回家，先生知道我要回广州，嘱托我带几本书给在广州的另外一位地理学大家曾昭璇先生，曾先生是我硕士期间的授课老师，当年报考博士生的时候，曾先生和导师吴正先生为我给陈述彭先生写了推荐信。陈先生与华南地理的多位先生在多年的交往中建立了深厚的友谊，陈先生跟我说起过岭南地理学的优良传统：注重野外、博览群书、勇于创新，后来在曾先生的纪念文集中也读到过这样的评价。那次是先生让我把他新出版的文集带给曾先生，我也有幸第一次领略了先生的精彩随笔，两本厚厚的《石坚文存》我先睹为快，由此得知先生还有一个笔名“石坚”，料想是先生从年轻时就立志如同山中石头一样，朴实无华而又愈挫愈坚吧。

毕业后离开了实验室到南方工作，跟先生见面机会少了，但是还不时在各种场合得到先生的教诲。2004 年 3 月，先生给广州城市信息研究所有限公司成立五周年题词：“城市建设以人为本，信息产业服务当先”，现在回读这句题词，感受更深，先生是遥感地学研究开拓者，对城市与信息的理解也如此深刻与超前，后来我在从事城市遥感与城市大数据分析研究工作时，不时会想起先生关于城市与地学信息图谱的论述。陈先生在 2006 年给香港中文大学太空地球信息科学研究所题词：“天际人寰探索自然规律，海内域外共建和谐文明世界”，正是强调了地理学自然与人文的和谐共生，共建人类命运共同体的美好愿景。

值此先生诞辰 100 周年之际，谨以此短文纪念、缅怀、传承先生的谆谆教诲，并祝资源与环境信息系统国家重点实验室人才辈出、成果丰硕、蒸蒸日上、再创辉煌！

吴志峰

庚子年初春，广州 五山

前　言

这一段在家封闭写作的日子，是在一种比平日还忙碌的状态中悄然度过的，在反复思考和不断打磨中，终于把这本专著相对完整的一稿修改出来了。这一天，是 2020 年 2 月 9 日，华夏大地上正经历着一场不见硝烟的“战争”，全国人民团结在一起与新冠病毒持续斗争，众志成城，共克时艰。写作的同时，我们一直关注着这场疫情蔓延和全民奋战的过程，看到各行各业包括我们遥感与 GIS 的同仁们也在挺身而出，默默奉献着各自的力量。地图已成为社会公众了解疫情态势的最主要方式。通过将每天发生数据快速汇聚于地图之上的可视化展示与分析计算，直观地为社会各界呈现全国和周边疫情流行与消长的过程，并从中大致挖掘疫情在时空分布和路径传播上的一些规律，让公众紧密配合国家对疫情防控的决策与部署。

这是一个大数据与人工智能的时代，相关的数据与技术理应在此刻发挥关键的作用！于是就会想，此时遥感作为对地球观测最全面而真实的数据获取手段，能否担负起一定的作用呢？就在几天前，周成虎院士曾为此专门建了微信群，召集全国各地的遥感学者们一同思考：面对如此突发而面广的公共卫生事件，已经具备全球覆盖观测能力的遥感大数据究竟应担当起怎样的角色？如何快速地行动起来发挥遥感能行使的监测作用？而这其实算是拷问遥感很多年的“旧”问题了！因此借撰写这本书的机会，也结合个人这些年的研究经历对这个问题作了些思考。这么多年来遥感长期难以真正“落地”的主要症结还是在于其提供的信息服务始终难以达到“精准”和“快速更新”的老病根！归纳起来主要有 3 个方面的原因：第一，面对地表这个超级复杂的巨系统，即使到了如今高分遥感时代也始终达不到精细而快速认清地表各类地物的解译水平，关键的国家级调查工程仍然靠的是“人海战役”，即遥感数据大规模获取与地理信息社会化应用之间的通道依旧为狭窄而落后的“独木桥”，通俗意义上讲就是地图更新“精”而“快”的问题始终未能通过遥感得以有效而智能地解决；第二，主流遥感研究擅长于从遥感数据中通过模型反演获得表征地表环境变化的物理量或生物量，然而这些相对宏观或混合像元尺度上的“量化”结果又往往难以与真实地物对象匹配或关联于一起，且仅能反映地表环境变化的中间过渡信息，未能直接解析与地表发生事件或行为活动紧密相关的真实指标，所以解决好遥感对地表各类专题信息计算“准”的问题一直是个瓶颈，离满足实际应用需求之间尚有较大的距离；第三，星空地一体化观测与应用体系至今未能真正构建成型，大多遥感应用普遍忽视了地面实测以及人与知识的协同作用，而这个作用的发挥则需要遥感与各种地表发生数据进行模型与知识上的深度耦合，在人提供少量知识的驱动下，一方面可以让遥感数据与各类信息发生时空上的聚合，另一方面也能从中发现更多未知的潜在规律，协同于一起才能使“数据观测→信息挖掘→知识发现”的计算过程走向良性的螺旋式上升，因此当下通过遥感驱动对各领域“新”知识的探测发现，还停留在较为初级的摸索阶段。可以看出，上述三大痛点问题实际上需要一环套一环地加以解决，若解决不好“精”而“快”的问题，也就探测不到“准”的信息，最终也就发现不了“新”的知识！所以综合而言，遥感研究在本质上还是一个地理学范畴的问题，需按简单到复杂的方式将其回归于地理学对地表现象、过程、格局的综合分析，才能把遥感研究推升到一个“对复杂地表进行精准化信息挖掘与知识化落地应用”的新境界！其实，对于这些问题的思索并非是一时的突发奇想，而是本人二十多年来在遥感智能化处理与分析研究过程中反复实践、不断提出疑问的总结，是在“放弃与坚持”“推倒与重建”的迭代道路上徘徊前进而产生的认识积累与经验沉淀。所以，我们特别希望通过这一本书对遥感智能计算框架的系统提出以及相关实践工作的整理，初步回答如何基于遥感开展精准地理应用的“大”问题。

早在世纪交替的 2000 年前后，周成虎院士就带领我和杨晓梅、杨存建、明冬萍、沈占锋、汪闽等几位博士提出了遥感影像地学理解与分析的基础理论与关键方法，当时针对如何从影像空间向地理空间信息转化的问题，认为必须综合遥感成像机理与地学分析思想、机器学习技术开展信息解译，提出了从浅层生理感知到深层心理认知的影像理解路线；后来又通过引入计算机视觉与高性能计算技术，发展了影像深度计算与信息主动计算相结合、以“像元-基元-目标”为体系的高分辨率遥感影像地学计算技术，并曾尝试用 GIS 空间图分析的思想来指导信息提取的相关研究。应该说，我们团队在国内较早地开创了高分辨率遥感地学分析与智能计算的研究方向。然而长期以来因地理学思维比较薄弱而对地表的复杂性认识不清，加上对于智能计算技术的运用也只停留在拿来主义的简单套用上，总想试图用一套模型、一次计算去解决影像分类或地物识别的经典难题，而事实上这种处理思路可能连“地物能否从影像上精确而普适地被识别？”这样的基本问题都难以回答清楚。因而在 2004 年之后大约近十年的时间里，我对这个方向的研究感到迷茫甚至失去信心！尽管如此，如何从遥感影像中“精细化”地挖掘地理空间信息的“精准遥感”问题，却一直根植于内心而从未改变。

好在周院士对这个方向一直没有放弃！他始终鼓励我们：“对于遥感地学智能计算方向的研究一定是正确的，相信只要不断坚持就一定能取得进展和突破！”指导我们一定不要忽视地理学思想和领域知识在其中应发挥的主导性作用，并形象地用“发挥每一粒像元作用，认清每一寸土地功能”这样一句话高度概括了大数据与人工智能时代对遥感研究提出的高标准与新要求，也为我们的研究指明了方向。在周院士的支持和指引下，通过源自于实践的持续研究与不断思考，我们近年来逐步明晰并深化了对“精准遥感”问题的认识，也正是对这些年工作的凝练和总结才形成了本书的理论与思想。而回顾这一路，在实践中以问题驱动探索的研究历程中，和各路老师、朋友、伙伴们不期而遇，在探讨碰撞、互帮互助中交叉融合、产生火花，启迪并指导我们完善了这套体系。我回忆起这一路上产生重要启发的几个里程碑式片段，在此记录与大家一起重温，更希望读者以此能对我们的研究背景和发展历程有一个轮廓性的认识：

（1）启程。早在 20 世纪 90 年代中后期，也就是我就读于资源与环境信息系统国家重点实验室的研究生时代，在何建邦研究员、周成虎研究员、池天河研究员等实验室新老主任们的联合推荐下，我来到香港中文大学地理系跟随梁怡教授学习运用模糊专家系统、人工神经网络等前沿技术开展遥感智能处理与分析的研究，第一次真正接触机器学习方法并开始思考遥感影像理解的科学问题。也正是在香港求学期间结识了同在梁教授门下访问的西安交通大学张文修教授、徐宗本教授和他们的一众弟子。应该说，后来支撑我们研究的主要方法基本都取经于这个群体的老师们，如向吴伟志教授、米据生教授学习了粒计算思想与概念格方法；向马江洪教授、梅长林教授学习了统计分析方法；向张讲社教授学习了尺度空间理论；向张艳宁教授、曹飞龙教授、邵明文教授请教了支撑向量机、人工神经网络和深度学习方法与技术；等等。回想起来，在香港那段时间的学习生活真乃此生最为宝贵的经历，跟随梁教授入门了智能计算领域，也由此开启了和西安这群师兄弟们长期交流合作的愉快旅程。

（2）工匠。若干年后的 2012 年，跟随周院士在苏州创建了国产卫星数据处理与应用的基地（中科天启），也在这个阶段周院士规划了由“影像处理机（IPM）”“专题信息生产线（PLA）”和“大数据管理平台（gDOS）”三大系统构成的遥感大数据综合处理与计算体系，并先行对 IPM 系统进行了设计与研发。我也在此过程中系统地向武汉大学张永军教授、中国科学院新疆生态与地理研究所杨辽研究员以及贵州迈普李红播老师学习了数据获取和摄影测量方面的技术方法，而感受最深的则是他们身上所散发的对技术与产品极致追求的一种工匠精神。

（3）启示。而真正对遥感智能计算研究产生新想法是从 2014 年的一个具体应用需求开始的。当时周院士在湖南国土厅的学生陈建军博士向我们提出了一个非常现实的需求：“能否基于遥感识别湖南省每一块耕地上种植的作物类型，指导政府部门开展粮食种植补贴的精准核算？”于是，我和学生朱长明博士来回长沙几次开展了系统调研，并设计了一套“图谱耦合”的时空协同技术框架，即先精细提取农业地块（图），再准确判断地块上种植的作物类型（谱）。然而受到当时数据获取能力、购买成本以及信息提取技术水平等多方条件的限制，该方案未能顺利实施，但由此给了我们一个启示：遥感精准应用的研究势在必行、大有可为！本专著中时空协同框架的思路正是起源于此，成为后续遥感智能计算体系的雏形。

（4）感悟。在 2015 年由西安这群师兄弟们共同组织的一次学术会议上，我们交流学习到了粒计算用于大数据处理的三个核心关键词——“粒化”“重组”“关联”，联想到当时正在探索的遥感图谱认知理论，忽然产生了一种茅塞顿开、豁然开朗的“顿悟”感。于是我们对时空协同框架进行了向“空间”与“属性”分别扩展的优化设计，将空间部分以分层感知的思路独立出来，而让时空协同聚焦于时序信息的重组与分析，再将属性部分独立为多粒度决策，梳理清晰了三个基础模型的逻辑关系，初步形成了本专著遥感大数据智能计算的研究体系。后来又通过不断向数学、计算机领域的学者们讨教，逐步明确了深度学习、迁移学习、强化学习以及粒计算技术在这套体系中如何合理地引入，制定了优化改进的方向。这个过程给我们的启示是：当你清楚了自己想要什么的时候，多学科交叉必然会带来新的思维和创新活力。

（5）协同。从 2016 年下半年开始，我们参与了“地理大数据挖掘与时空模式发现”项目的讨论与研究，承担了其中“对地观测大数据时空格局理解与功能透视”的研究任务。在向刘耀林教授、裴韬研究员、刘瑜教授和杜云艳研究员等国内 GIS 领域知名学者讨教过程中，进一步深化了我们对遥感与地理学关系的思考，明确了遥感与其他各类地理大数据通过时空聚合开展协同挖掘的思路。针对具体研究目标，我们又提出了以地理图斑作为遥感大数据的认知单元，对应了粒计算中应对大数据处理的粒结构，就此形成了遥感智能计算体系中的图斑理论。

（6）落地。从 2017 年至今的三年多探索过程中，我们从未忘记研究的科学问题一定要来源于现实生活与实际生产的初心。而在和各行各业的接触与合作中，也越来越坚定了我们立足于精准遥感方向研究的信心。在广西壮族自治区农业科学院信息所覃泽林研究员的支持下，我们正合作开展针对广西壮族自治区每一块耕地的精准监测与农情服务实践；在和天津大学建筑学院左进博士的合作中，我们共同构建了高分遥感与城市空间设计相结合的理论与技术体系；在与中国科学院地理科学与资源研究所张百平研究员的交流中，我们初步摸清了在山地开展高分遥感研究的基本问题；在与云南林业和草原局尹俊研究员的研讨中，我们形成了在复杂山地开展自然资源遥感精细调查的大致思路；在内蒙古农牧科学院草原中心孙海莲研究员与宁夏农林科学院信息所冯锐研究员的共同推进下，我们正合作开展草地资源精准制图与生态资产评估的探索；在和河北师范大学刘劲松教授的合作研究中，基本了解了人口统计与聚落空间的关系，并分享了第一手的调查数据，为我们开展基于地理综合的社会数据遥感制图研究提供了基础。而特别要提及的是，从 2018 年开始，我们瞄准了在极端成像条件下开展山地农业遥感的探索方向，在贵州师范大学周忠发教授的鼎力支持下，一起在贵州落实了综合试验区，初步确立了在多云多雨地区开展精准遥感研究的基本思路，这也是我们立志于在今后几年内力争攻克的研究难题。我们经常说要牢记发哥的一句话：“贵州遥感做好了，全世界任何地方遥感就都可行！”

（7）脚印。科学问题来源于实际应用，而解决问题又离不开技术与方法的支撑。在构建由“分层感知（粒化）”“时空协同（重组）”和“多粒度决策（关联）”三个基础模型组成的遥感智能计算体系过程中，以下四大环节的突破是关键性的：①在 2014 年构建的时空协同框架基础上，黄启厅博士于 2015 年在人工勾画地块之上融合了中分光学时序数据，对地块作物种植类型进行了高精度判别，分别以湖南澧县与广西扶绥为试验区首次实现了地块级作物种植结构的遥感制图，并依据该过程中的实践经验和认识反馈，对“时空协同反演模型”进行了理论完善；②针对人工勾画地块效率低的关键问题，夏列钢博士于 2016 年开始追踪深度学习技术，并发展了基于边缘主动学习实现的农业地块智能化提取技术，以此为基础建立并完善了“分层感知器模型”；③与此同时针对遥感非万能的瓶颈问题，吴田军博士又引入了粒计算的思想，在地块之上成功融入了非遥感类的多源数据，进而顺利挖掘了决策式规则知识并开展了地块级评价规划的精准制图和专题应用，据此为基底搭建并发展了“多粒度决策器模型”；④针对多云多雨地区光学时序卫星数据难以获取的痛点问题，周亚男博士于 2018 年开始尝试在地块之上用 SAR 数据重组时序信息，用深度学习时序模型探索了地块作物的分类方法，初步形成了在多云多雨地区开展作物生长模式挖掘的研究思路。我们以上述四个关键突破为着力点，从简单到复杂逐步构建形成了遥感大数据智能计算的理论与方法体系，并从中进一步明确了遥感精准应用的发展目标。与此同时，在周院士的支持与部署下，2018 年开始由胡晓东博士和张亚军博士联合，在苏州基地带领周楠、张竹林等几位骨干人员协同开展了技术上的攻关，从无到有地组建了设计、研发、生产、运营和应用一体化的天启 PLA 信息团队，将这套遥感智能计算的思想和方法有序地转化为针对农业、林草、城市等领域应用的专题产品生产线，并在 2019 年围绕江苏全省精准土地利用产品进行的“大练兵”式的试验生产中，论证了我们由此制作的信息产品在效率、精度和成本各方面都兼具的综合优势。这项工作给我们的启示是：遥感理论与方法的研究必须要与生产应用实践有机融合，科学问题要具有鲜明的需求导向和问题导向特征，才能不断突破，避免闭门造车。

（8）回归。我从小就对外面的世界多有向往，似乎永远都对天空与大地充满着好奇，有很强的方位感，对于地图特别敏感，所以也算是一种缘分，机缘巧合中居然就从事了遥感与地理相关的职业。当年有幸考入到地理所信息室，对我来说就如同半只脚踏入了地理学的门槛。回想在九一七大院（在奥运公园里的龙形水系位置，至今还在大屯路上保留着洼里南口的公交车站）独立三层小楼里的各种往事，在这里结识了一群来自于全国各地、专业背景更是五花八门的师兄弟们，我们在这里一起成长，然后又各奔了东西。志峰兄无疑是这群伙伴中的“领袖”，只要有他在，整个小楼立刻就增添几份欢乐与热情。志峰确实是我的体育和生活老师，20 年前他带我在北辰购物中心买的那块羽毛球拍子至今还完好地保存在家里，而我后来真正学会的项目却是打乒乓球，水平在业余的业余里面还算是凑合。其实，志峰兄对我最大的帮助是在地理学知识的指导上，每次和他见面，都会结合具体的自然或社会现象给我讲解背后蕴含的地理驱动机制，逐步推动着一个技术男也开始思索起地理学本质的一些问题，特别是关于当今遥感大数据支撑地理场景认识方面的科学问题思考，主要思想还是源自于他的引领。可以说，志峰兄带动着我将另外的半只脚也正迈入到地理学的大门之中。这些年的每一年都会定期带着我的团队奔赴广州，在大学城优美而静娴的珠江水岸聆听关于如何用地理学分析思维来凝练遥感对复杂地表认知的科学问题。所以在这本书写作的萌芽状态，我就首先想到了邀请志峰兄共同来完成撰写，因为地理学与遥感相结合始终是我们共同的愿望与目标，也正是这本书出版的宗旨所在：传承陈先生地学信息图谱的思想，让地理学指导遥感的研究，而遥感研究最终要回归于地理学的问题。

（9）未来。作为中国科学院大学的岗位教师，我和杨晓梅研究员、沈占锋研究员协作每年都在雁栖湖校区开设《遥感信息智能计算》课程。备课和讲学的过程，驱动着我对遥感智能计算理论与方法进行系统思考与认真梳理，而每次上课之中，学生们也表达出很高的学习热情，许多学生都会在课后与我热烈讨论，而我也从中收获了新的认识与体会。另外，这些年我也经常受邀去各地高校讲座，在此过程中和大家共同探讨了这个研究方向，无论是我们地学圈内还是数学或计算机领域的师生，都对这项工作表露了一定的兴趣。为此，学生刘建华博士还特意将讲座分享于微信公众号上，受到了很高的关注。因此，这本书写作的动力很大程度上是源自于为广大师生编写一部系统探讨人工智能遥感参考书的一种意愿。

在前期的写作计划与筹备阶段，我们就确定了把这本书打造为一本能让大多数读者“看得懂”的“科普型”学术著作，重点以讲述思想和分析案例为主，具体的技术细节计划将于后续规划出版的系列专著中深入介绍。在这本书里，我们一再强调将地理学分析思想、机器学习技术以及遥感机理模型有机综合，在面对复杂地表时考虑如何参照地理学家对地表分异与相似规律的认识，从综合地理的角度对关注的问题进行分解和规划，而这恰与系统科学的处理思想是高度一致的。因此当我们今天再回顾钱学森先生 30 多年前对人工智能发展提出的复杂系统思维时，深刻感觉到经典思想对我们当前智能遥感研究仍具有重要的指导意义。

纵观本专著针对遥感信息智能提取的研究，我们始终在努力理解并传承陈述彭先生于 20 世纪提出的遥感地学分析与地学信息图谱思想。例如，在我们体系中最先发展的“时空协同反演模型”就是依据图谱分析思想设计形成的；进一步从中分解出来的“分层感知模型”则是将地学分析中分区分层思想与机器学习技术进行了有机融合，从而增强了基于遥感影像对复杂地表的“图”理解能力；而同步发展的“多粒度决策模型”则希望在知识层面将数据与机器学习技术再一次深度融合，试图构建形成面向地学应用的一套“知识图谱”。因此，我们孜孜不断追求的遥感“精准”应用目标，本质是努力实现图谱耦合的认知过程，其中“精”是体现在对复杂地表用精细化“图”方式的场景表达，“准”是体现进一步重组各类数据形成“信息谱”之后，再通过地理模式的挖掘实现对“图”内在机制和运行过程“知识谱”的透视发现。也就是，遥感大数据智能计算的研究是对复杂地表之上实现“从现象到本质”“从定性到定量”逐步提升的图谱耦合认知过程。在 21 世纪第三个十年的开端之际，我们谨以此书纪念陈述彭先生 100 周年诞辰，期望在当前大数据和人工智能的新时代，以陈先生地学信息图谱思想为引领，以对复杂地表的系统认知为切入再一次启程遥感地学理解与分析计算的实践之路！

全书共分为 8 个章节。第 1 章为地理与遥感大数据，主要介绍大数据时代的地理时空与遥感大数据的基本特征与计算方法，以及图谱耦合遥感认知的科学问题，并提出用地理学思维指导智能遥感研究的基本思想（由骆剑承、吴志峰、吴田军、胡晓东撰写）；第 2 章为地理图斑计算理论，是这本专著的基础理论部分，系统介绍地理图斑的基本概念以及由 3 个基础模型所构成的智能遥感计算体系（由吴田军、骆剑承、吴志峰、夏列钢、吴炜、周亚男等撰写）；第 3 章为机器学习机制探讨，是在简析人工智能遥感相关问题的基础上，分别介绍深度学习、迁移学习和强化学习 3 种机器学习技术在遥感智能计算模型中被运用的机制（由骆剑承、吴田军、夏列钢、周楠、沈占锋、胡晓东、刘浩等撰写）；第 4 章为精准 LUCC 生产线，是本书的关键技术和生产实践部分，系统介绍了精准 LUCC 的基本概念、生产线设计以及相关的案例成果（由胡晓东、骆剑承、周楠、张竹林等撰写）。第 5～7 章是分别针对在城市、农业与生态三大空间中开展应用的具体实践，其中第 5 章为城市设计空间优化，系统介绍了由城市场景构建、指标体系计算和空间优化设计等组成的一套方法论（由胡晓东、杨海平、左进、董菁、李晨、程熙、徐楠、史吉康、牟彤等撰写）；第 6 章为农业生长模式反演，系统介绍了种植地块的形态提取、时序分析、指标反演等方法以及在多云多雨地区开展精准农业遥感探索的研究思路（由黄启厅、杨颖频、吴炜、周亚男、刘巍、孙营伟、王玲玉、朱长明、赵馨等撰写）；第 7 章为生态植被遥感制图，系统介绍了在山地植被、生态草原以及大湾区湿地等方面开展遥感信息制图与地理分析的研究进展（由郜丽静、吴志峰、姚永慧、周楠、曹峥、于新菊等撰写）；第 8 章为综合地理专题应用，全面阐述了基于“五土合一”思想开展综合地理分析、专题制图以及空间优化的技术方法（由董文、吴田军、杨丽娜、张新、骆剑承等撰写）。全书由骆剑承和吴志峰提出总体内容框架和科学问题思想，并由骆剑承、吴田军、吴志峰、胡晓东、董文、郜丽静、黄启厅等完成统稿与修订。

本书的出版得到了国家自然科学基金重点项目（No.41631179）、国家重点研发计划项目（No.2017YFB0503600）、NSFC-广东联合基金（No.U1901219）等项目的联合资助，在此表示衷心感谢。本书撰写过程中受到了周成虎院士的悉心指导，以及吴伟志教授、周忠发教授、马江洪教授、裴韬研究员、刘耀林教授、陈建军教授、盛永伟教授、苏奋振研究员、刘瑜教授、杨晓梅研究员、曹春香研究员、杜云艳研究员、张良培教授、张永军教授、张百平研究员、覃泽林研究员、尹俊研究员、冯锐研究员、孙海莲研究员、龚建华研究员、张艳宁教授、杨辽研究员、曹飞龙教授、米据生教授、柳钦火研究员、陈良富研究员、刘少创研究员、刘劲松教授、程维明研究员、张洪岩教授、邵明文教授、马廷研究员、李均力研究员、明冬萍教授、汪闽教授、王伟胜高工、李红播高工、曾志康副研究员、刘建华副教授等专家学者的大力支持和热心指导，在此对各位老师的鼓励和帮助表示诚挚的谢意。由于作者水平有限，书中不妥之处在所难免，恳请广大读者与同行给予批评指正。

骆剑承

2020年2月9日于北京

目　　录

代序：言传身教——回忆陈述彭先生二三事
前言
第1章　地理与遥感大数据 …… 1
1.1　大数据时代的地理与遥感 …… 1
1.2　遥感大数据 …… 12
1.3　遥感图谱认知 …… 22
1.4　遥感回归地理学 …… 33
主要参考文献 …… 44
第2章　地理图斑计算理论 …… 47
2.1　地理图斑的基本理论 …… 47
2.2　地理图斑的空间粒化计算：分区分层感知 …… 65
2.3　地理图斑的时序重组计算：时空协同反演 …… 71
2.4　地理图斑的属性关联计算：多粒度决策 …… 81
主要参考文献 …… 94
第3章　机器学习机制探讨 …… 97
3.1　人工智能与遥感 …… 97
3.2　深度学习机制 …… 110
3.3　迁移学习机制 …… 123
3.4　强化学习机制 …… 133
主要参考文献 …… 140
第4章　精准LUCC生产线 …… 143
4.1　精准LUCC产品的概念 …… 143
4.2　精准LUCC生产线设计 …… 149
4.3　精准LUCC生产线案例 …… 158
4.4　精准LUCC分布式服务 …… 174
主要参考文献 …… 182
第5章　城市设计空间优化 …… 185
5.1　城市设计研究背景 …… 185
5.2　城市空间场景构建 …… 190
5.3　场景指标量化计算 …… 198
5.4　城市空间优化案例 …… 207
主要参考文献 …… 220
第6章　农业生长模式反演 …… 223
6.1　生长模式遥感反演的问题分析 …… 223

6.2 耕作地块形态的精细提取 …… 236
6.3 作物生长参数的定量反演 …… 245
6.4 多云雨地区农业遥感初探 …… 260
主要参考文献 …… 272
第 7 章 生态植被遥感制图 …… 275
7.1 植被制图的理论基础 …… 275
7.2 山地植被分类与制图 …… 284
7.3 植被空间分布模式初探 …… 298
7.4 植被制图拓展思考 …… 307
主要参考文献 …… 321
第 8 章 综合地理专题应用 …… 323
8.1 综合地理分析 …… 323
8.2 土壤专题制图 …… 331
8.3 人口专题制图 …… 340
8.4 土地利用空间优化 …… 349
主要参考文献 …… 363
附录 精准遥感应用与服务 …… 366

第1章　地理与遥感大数据

地理信息为在地表产生的各类大数据提供了精准位置发现与聚合的时空基准，可极大地提升大数据（big data）的价值密度与挖掘能力。高分辨率对地观测技术的迅猛发展为地理空间信息的大规模获取、快速更新与精准应用提供了数据基础，这个过程也对发展新时代的遥感影像地学理解与分析计算带来了新的挑战与机遇。本章首先通过介绍大数据的时代特征与计算范式，建立地理时空与遥感大数据智能计算的理论与方法框架，并通过阐述高分辨率遥感技术进步推动地理信息社会化精准服务的需求与趋势，对遥感大数据计算中“图谱耦合”与“复杂地表认知”的科学问题进行系统凝练，提出“地理学思想指导遥感研究，遥感研究回归地理学问题”的新时代遥感地学分析思维。

1.1　大数据时代的地理与遥感

当今无所不在的数据感知、信息互联与动态交互，推动了大数据时代的到来，进一步又对运用人工智能技术分析挖掘其中自然规律与社会行为模式提出了迫切需求。然而，当前主流的大数据研究与应用领域，基本都忽视了数据本身拥有或隐含的时空特性，普遍陷入了非结构化的困境，于是将“价值密度低”“垃圾堆里找黄金”等问题强加于大数据，引起了“信息难以挖掘”“知识盲目发现”的悲观论调。事实上，绝大部分数据的产生都与地表自然现象或社会经济活动密切相关，理论上这些数据都具有天然的时空特性，因此地表场景的位置可成为对数据实施结构化处理的信息基准。遥感是实现对地表全覆盖、真实、全面观测的唯一手段，因此基于遥感构建的地理场景可对各类在地表发生的大数据进行精准位置的聚合，从而将极大提升大数据的价值密度，有力增强当前基于大数据开展智能分析与决策服务的能力。

1.1.1　大数据的时代背景

世界的一切状态皆可用数据来表征，事件的发生和人的活动都会留下数据的足迹，万物皆可被数据化，世界就是一个数据化的世界，世界的本质就是数据（图1.1）。

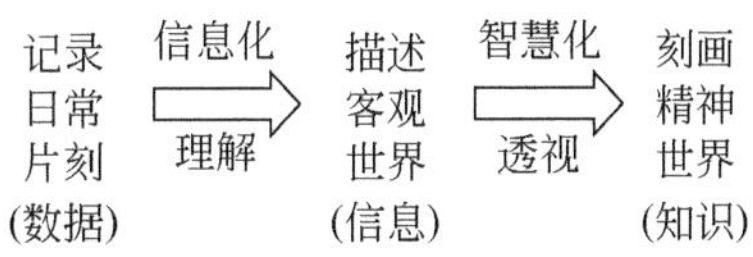

记录日常片刻（数据）
信息化 / 理解
描述客观世界（信息）
智慧化 / 透视
刻画精神世界（知识）

图1.1　数据化世界的时代特征

大数据是传感网、物（互）联网、移动互联网与云计算、人工智能技术交织下的时代新现象与新理念。人人联接、万物互联产生了全时空覆盖、多态混杂、持续更新的大数据，实现了对地球、事件和人的存在以及活动态势的真实场景式记录。面对滚滚而来的数据洪流，对其快速处理需要用“云计算”的平台加以支撑，以及通过人工智能技术提炼产生高价值密度的系统性信息与知识，最终个性化地传递于移动互联网推送给广大用户。因此，人类已经跨入到了一个广泛互联、人人参与的大数据时代，新的时代呼唤新的运行模式，每个人都需要用新的思维来思索并直面这个新的数据世界！

1. 大数据的由来

大数据这个被广泛认可的概念，最初是在2001年由著名咨询公司Gartner高级分析师道格拉斯兰尼（Douglas Laney）提出的。2008年9月，《自然》杂志推出了名为“大数据”的封面专栏，由此大数据成为科学与技术领域的热门词汇。2011年5月，全球著名的存储设备及软件开发商——美国EMC公司举办了“云计算相遇大数据”大会，首次在业界抛出了“大数据”的概念。2011年6月，由EMC赞助，国际数据公司（International Data Corporation，IDC）编制的年度数字宇宙研究报告《从混沌中提取价值》（*Extracting Value from Chaos*）发表，进一步明确了对大数据理念及价值的阐述；同时，麦肯锡全球研究院发布《大数据：创新、竞争和生产力的下一个前沿》（*Big data：The next frontier for innovation，competition，and productivity*）研究报告，正式系统阐述了“大数据时代”的概念[①]：“数据，已渗透到当今每一个行业和业务智能领域，成为重要的生产因素；人们对于海量数据的挖掘和运用，预示着新一波生产增长和消费者盈余浪潮的到来”“大数据将成为企业的核心资产，对大数据的分析将成为竞争的关键，并会引发新一轮生产力的增长与创新，对海量数据的有效利用将成为企业在竞争中取胜的最有力武器”“对大数据的合理利用可以使企业经营利润提高60%以上”。大数据已然成为培育创新、创业的沃土!

面对大数据业态的迅速崛起，各大国家纷纷推出了相应的发展战略，期望通过建立大数据的竞争优势，取得在该领域的先发势头与领先地位。2012年3月，美国政府发布《大数据研究和发展计划倡议》，将发展大数据提升至国家竞争的战略层面。联邦政府投入了巨资来推动大数据存储、挖掘、分析、发现等技术与工具的研发；打造Data.gov，推行政府的数据开放；随后，美国政府又于2016年5月发布了《联邦大数据研究与开发战略计划》，围绕人类科学、数据共享、隐私安全等七个关键领域，部署推进了大数据建设的相关计划。而在我国，国务院于2015年8月31日发布了《促进大数据发展行动纲要》（以下简称《纲要》），第一次将发展大数据上升为国家战略。《纲要》明确提出了推动大数据发展和应用的目标，即在未来5～10年打造精准治理、多方协作的社会治理新模式，建立运行平稳、安全高效的经济运行新机制，构建以人为本、惠及全民的民生服务新体系，开启大众创业、万众创新的创新驱动新格局，培育高端智能、新兴繁荣的产业发展新生态。国家主席习近平在致2018中国国际大数据产业博览会的贺信上指出：当前以互联网、大数据、人工智能为代表的新一代信息技术正日新月异，给各国经济社会发展、国家管理、社会治理、人民生活带来了重大而深远的影响；把握好大数据发展重要机遇，促进大数据产业健康发展，处理好数据安全、网络空间治理等方面的挑战，需要各国加强交流互鉴、深化沟通合作；中国高度重视大数据发展，我们秉持创新、协调、绿色、开放、共享的发展理念，围绕建设网络强国、数字中国、智慧社会，全面实施国家大数据战略，助力中国经济从高速增长转向高质量发展。

---

① McKinsey Institute，2011. Big data：The next frontier for innovation，competition，and productivity. http：//www.mckinsey.com/insights/mgi/research/technology_and_innovation/big_data_the_next_frontier_for_innovation.

2. 大数据的特征

大数据或称巨量的数据资料，指所涉及数据的规模巨大、形态复杂、类型多样，传统的主流计算工具无法在合理时间内对数据进行接入、存储、管理及分析、运用[①]。总结起来，大数据具有“4V”的特征（图 1.2）：①巨量（volume），数据体量巨大，从 TB 级跃升至 PB 级；②快速（velocity），数据产生迅猛，处理时效要求高；③多态（variety），数据类型繁多，呈现为文本、视频、图像等各种形态；④价值（value），高价值总量，但价值密度低，挖掘能力弱。

图 1.2　大数据的基本特征

由于大规模对自然与社会实时感知的网络化数据持续产生，大数据最重要的特征还是体现在其触角遍布地球各地所汇聚的规模上，也就是巨量数据。所以一般社会级 PB 以上数据可称“大数据”，企业级 TB—PB 之间数据称“中数据”，个人级 TB 级数据为“小数据”。信息时代以来，到 2012 年的数据量已经从 TB（1024GB=1TB）级别跃升到 PB（1024TB=1PB）、EB（1024PB=1EB）乃至 ZB（1024EB=1ZB）级别。国际数据公司（IDC）研究结果表明，到 2013 年全球产生的数据量为 4ZB，相当于全球每人平均产生约 500GB 的数据；IBM 研究称，整个人类文明所获得的全部数据中，有 90%是过去 10 年内产生的，而到 2020 年全世界所产生的数据总规模将达到 50ZB。

3. 大数据的分类

如此大规模的数据来源于何处何种手段？主要是由于自互联网发展以来，世界上环境演变、社会运行、事件发生与人类活动等一切现象和过程都在被数字化记录、网络化传输与平台化运营，这些碎片式记录时刻都在被汇聚，并最终形成如同洪流大海一般反映世界复杂运行态势的大数据环境。大数据的来源丰富多样而精彩纷呈，归纳一下可分为四大来源（图 1.3）。

（1）数据化历史，对过往一切记录和描述自然科学、社会经济、人文历史的载体的数字化，如数字化图书、影视、媒体、地图、文档资料等，属于一种相对静态的数字记录。

（2）传感器网络，在天、空、地立体化部署的对地球自然环境和资源状况进行监测、探测的传感设备以及传输网络，其中对地观测与遥感是这一类中最重要的数据获取手段，属于具有精准时空定位与信息量测定的数据记录。

（3）从互联网发展到移动互联网，在各种移动设备上产生的交易、交互、采集与观测数据，主要是对人、物、能量在地表运行状态进行的动态记录，因此也爆炸式地增长了数据规模与复杂度，属于一类具有高度不确定性的数据记录。

---

① McKinsey Institute，2011. Big data：The next frontier for innovation，competition，and productivity. http：//www.mckinsey.com/insights/mgi/research/technology_and_innovation/big_data_the_next_frontier_for_innovation.

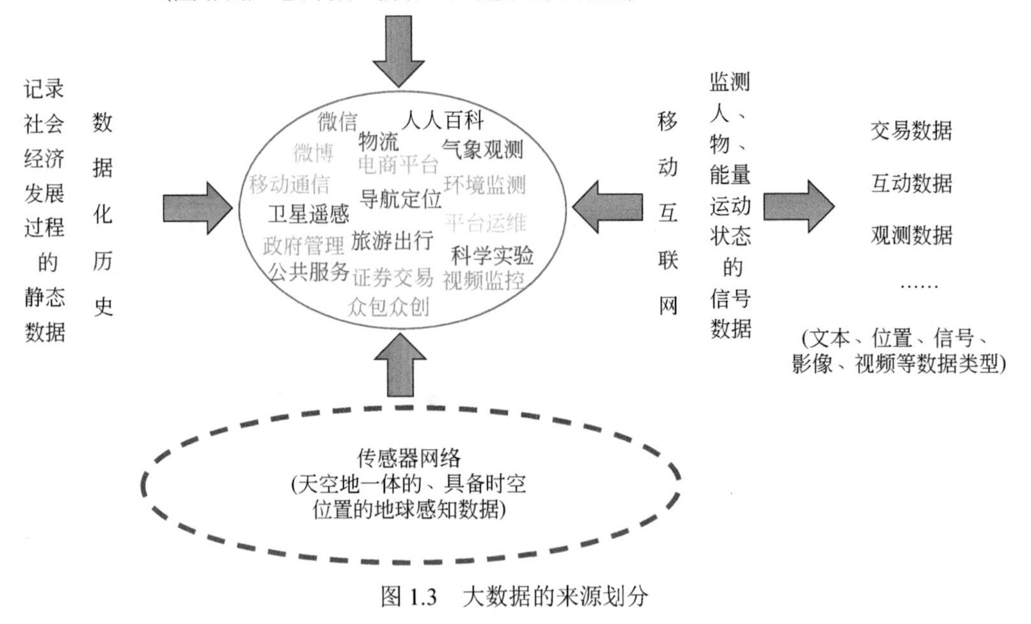

图 1.3　大数据的来源划分

（4）芸芸大众在泛互联网上通过社交网络、信息搜索与电子商务等行为，持续产生的社会感知数据，属于一类高度非结构化、对人类活动乃至情感的数据记录。

针对以上四种来源的大数据，又可以从产生者、运营者和终端用户的角度，定义出以下四类因角色而划分的大数据（图 1.4）：①国家层面支撑获取的“地理时空大数据”，是作为国家信息基础设施建设的一部分，通过对地观测系统、大地测绘体系以及各级水

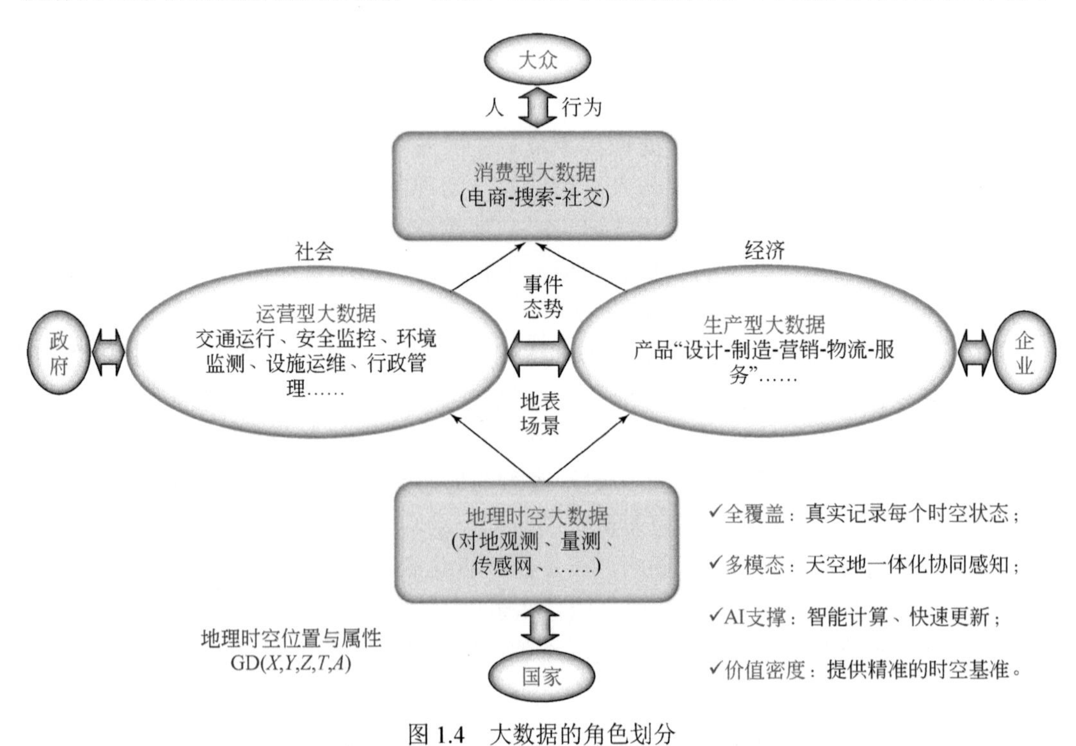

图 1.4　大数据的角色划分

土生气监测网运行所形成的具有精准地理时空位置与观测属性的基础场景数据；②各级政府行使职能与为社会提供服务过程中获取的“运营型大数据”，包括交通运行、安全监控、环境监测、设施运维以及行政管理等产生的专题应用数据；③产业界的企业通过智能制造的改造升级，也在持续产生“生产型大数据”，主要是针对产品的设计、制造、营销、物流和服务等完整链路中不断产生的经济活动数据；④社会大众通过移动互联网与智能终端产生的“消费型大数据”，主要是在电商、搜索和社交等平台上汇聚而成的、反映群体行为模式与事件发生态势的社会感知数据。

4. 大数据的范式

不同来源、不同类型、不同结构的数据通过网络在平台中迅猛汇聚而形成了这个时代的大数据特征，如何高效地从大数据中提炼关键性的特征信息，并通过智能的发现机制快速为社会提供全面而客观的决策知识，不断从中探寻可持续优化的运行规律，就成为完全区别于传统小数据时代的新问题与新机遇（图 1.5）。

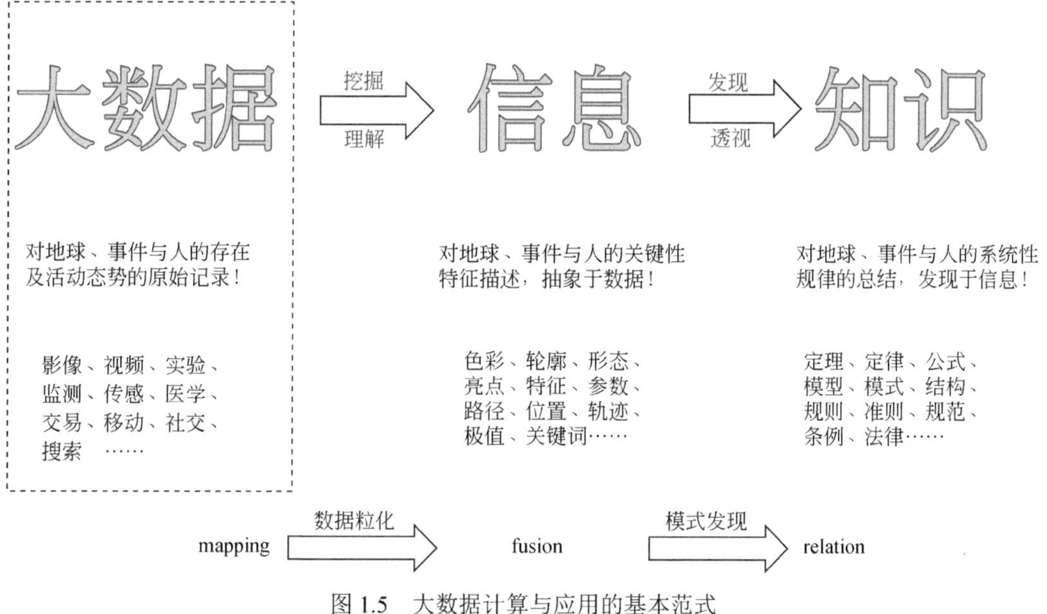

图 1.5　大数据计算与应用的基本范式

针对大数据的基本特征，可从中凝练出针对大数据开展计算与应用应具备的三大核心理念：①更清晰粒度上感知世界，通过无处不在的传感与交流的触角，多层次、多角度地接纳能真实记录世界发生态势的全覆盖数据，在数字化空间中构建与世界同步响应的映射关系（mapping）；②更全面地协同计算，将非（半）结构性数据融入结构化的信息基准中，对超量、混杂的数据堆，按照时空和属性进行有序地编排和融合，逐层级地提升巨量碎片数据的价值密度（fusion）；③更智慧地定制服务，根据应用目标的差异化需求，自组织地从数据堆中挖掘信息特征，发现相关联的知识，再以优化重组的方式为用户定向推送相关的内容服务（relation）。由此，“粒化（mapping）—重组（fusion）—

关联（relation）”可总结为大数据计算与应用的基本范式（Zadeh，1997；Wu et al.，2009；Wu et al.，2011）。

大数据计算的实质是将海量、复杂、动态的非（半）结构化数据，快速有效地转化为能被分析决策和利用的（半）结构化信息（知识）的价值密度提升过程。其中，能够用有限的规则（模式）完全表征与刻画且在可接受时间内可形式化处理的数据，称之为结构化数据（信息），反之则称之为非（半）结构化数据。因此，需要发展新型高效的高性能与智能计算模式，才能从巨量、高增长和多模态的大数据资源中挖掘智慧的知识、优化的流程以及强力的决策。对应于前述的大数据“4V”特征，大数据计算将涵盖以下四方面的问题与相关的技术：①巨量问题，如何高效组织规模海量、时空密集的数据？比如，分布式并行文件系统、GFS（Google）、HDFS（Hadoop）、NoSQL（not only SQL）、NewSQL等技术（Buxton et al.，2008）；②多态问题，如何有序接纳多源异构、类型繁多的数据资料？比如，发展 ETL（提取、转换、加载），（半）结构化处理等技术；③快速问题，如何高效驾驭在线实时、自适应强的计算？比如，库内计算、内存计算、GPU 计算、数据流计算、分布式编程模型（MapReduce）等技术；④价值提炼问题，如何智能化提纯结构清晰、关系明确的信息与知识？比如，非结构化数据挖掘、在线分析、统计分析、机器学习、大数据场景下的可视化分析等技术。

综上所述，大数据计算思维的实质是把因果探索问题转变为相关规律的发现问题，其中包含了三方面特征：①更多，全体大于部分（全覆盖）；②更全，全面优于单一（多粒度）；③更智，相关先于因果（自适应）。因此，大数据用相关性补充了传统认识论对因果性的偏执，用数据挖掘补充了知识的产生手段，用数据交叉验证规律补充了单一来源的因果规律，实现了唯理论和经验论的数据化统一，形成了崭新的大数据认识论与方法论。由相关性构成的数据关系能否上升为必然规律？如何去检验？这个过程还需要通过长期的实践去探索！由此，图灵奖获得者 J.Gray 指出大数据正推动着科技发展进程中第四个范式——数据科学的形成（图 1.6 所示）：科学家们依靠各种仪器、传感器获取数据（甚至来自于众源与众包的方式），或者通过仿真生成数据，用平台进行智能化处理与分析，将挖掘得到的数据、信息和知识进行网络化分享，再由其他科学家借助各种统

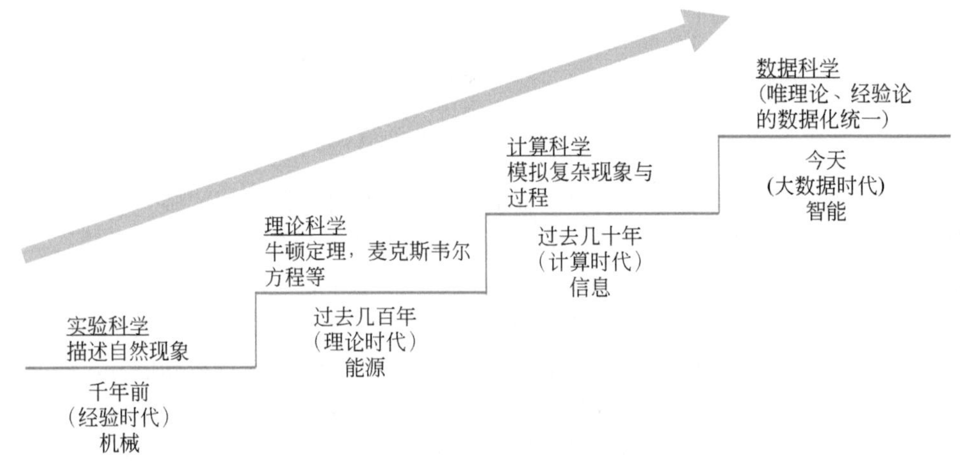

图 1.6　科学发展的四个范式（Hey et al.，2009）

计和调查工具进行多领域的关联性分析和虚拟现实应用，逐步实现以协同协作的方式去揭示复杂自然演化与社会运行的规律。

此外，在前文所述的四类大数据中，大部分都为非（半）结构化数据，才会形成所谓“低价值密度”的大数据特征（一定程度是因缺乏地理与空间思维所致），对其挖掘的过程又被俗称为“垃圾堆里找黄金”。其实在理论上，只要是发生在地球表面所产生的各类数据都应具备隐含的时空特性（业界常说生活中80%的数据和空间位置有关，而当前移动采集的数据，其带有空间位置的比例更高），这就为数据通过位置发现的时空结构化进而开展模式挖掘奠定了基础，这也是我们探索构建地理时空与遥感大数据认知与计算理论方法的基本依据。

1.1.2 地理与遥感大数据

1. 地理时空大数据的基本特征

前文所述大数据四大类型中最为基础的就是地理时空大数据，是通过对地观测、测绘测量以及地理观测等方式对地表场景以及现象、过程进行重建、刻画与模拟的基础数据。地理时空大数据不同于其他类型大数据，其最显著的特征就是包含的各要素都具备精确的时空位置（X，Y，Z，T），其性质或者其他数据通过聚合成为要素的属性（A）。大数据具有“4V”的特征，而地理时空大数据亦可提炼为相对应的四方面特性（图1.7）：①全覆盖地记录每个时空位置的状态（volume），也即理论上可在一定尺度上对每一块土地进行观测与认知；②天空地一体化的协同感知（variety），通过卫星遥感、航空摄影测量以及地面站点观测等立体监测技术对地表进行全方位的数据采集；③高效计算、信

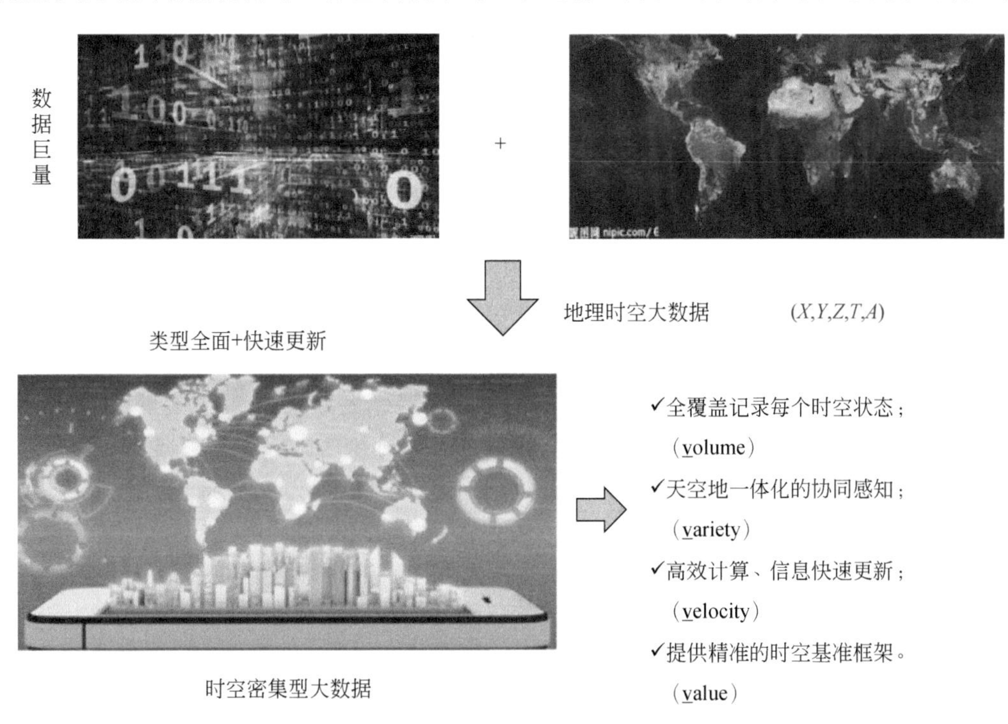

图1.7 地理时空大数据的基本特征

息快速更新（velocity），地表多源、全覆盖数据巨量且变化剧烈，对于高性能计算与智能化信息处理技术提出了迫切需求；④提供精准的时空基准框架（value），地理时空数据是对其他各种数据通过时空结构化处理而开展数据挖掘的基础，可有效提升各类大数据的价值密度（李德仁等，2002）。

地理时空大数据除具一般意义上“4V”特征之外，还有其独特的地理性质（裴韬等，2019）：首先，地理时空大数据的时空尺度、分辨率、观察维度在微观和宏观上已有质的提升；其次，面向人的行为以及社会现象的观测手段正产生着革命性的突破；第三，样本量、覆盖度、样本密度的扩展向传统地理学和统计学方法发起了挑战。作为揭示地理要素与现象内在本质的新一代研究范式，近年来围绕地理时空大数据的研究集中在多尺度地理现象的感知与模式发现，在基础理论-地理要素-时空格局-交互规律-内在机理等方面尚未取得实质性的突破。

2. 地理时空大数据的分类

根据地理数据的获取来源与存在形态，地理时空大数据可划分为三大类（如图 1.8 所示）：

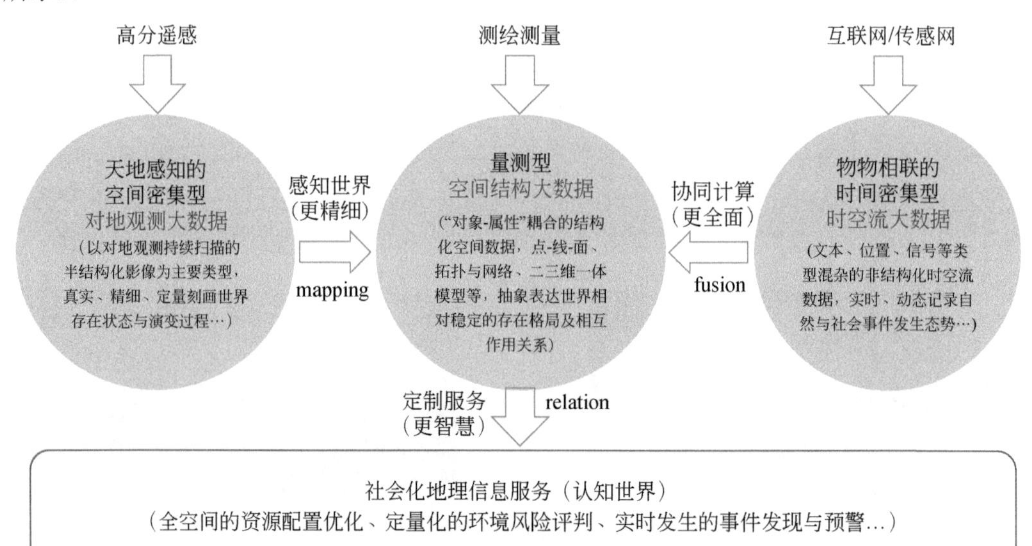

图 1.8　地理时空大数据的分类体系

（1）天地感知的空间密集型对地观测大数据（遥感大数据），主要以航天与航空遥感平台对地球表面以持续主被动成像方式获取的各种分辨率影像观测数据，连续、真实、精细、定量刻画了地表的地理现象与演变过程；

（2）量测型的空间结构大数据，以地面测绘与测量或者通过遥感信息提取等方式获取的对地表相对稳定的地理实体、地理场景及相互作用关系等进行抽象表达的结构化矢量数据，主要是以点-线-面、拓扑-网络、二三维一体化等为数据结构或数据模型的 GIS 数据；

（3）物物相联的时间密集型时空流大数据，这一类数据属于大数据时代伴随传感网与移动互联网发展，而对地表活动变化进行高时序信息采集所获取的地理时空大数据新形态，是以文本、位置、信号等类型混杂的非结构化自然与社会感知数据，通过位置发现与时空聚合之后得到的动态流信息，可在高频的时间维度上记录自然环境变化与社会事件发生的态势。

然而目前上述三种数据产生的源头各异，处理分析的方法也各为体系，相互之间数据转化与信息聚合的通道并未能畅通地构建起来，造成了供给侧的大规模时空感知大数据资源获取与需求侧的社会化地理信息服务之间存在着巨大的障碍，难以快速更新精准（精细+定量）的地理空间结构信息（地理场景），难以有效挖掘潜在的运行规律与决策知识，因而极大限制了地理时空大数据无论在广度或深度上的应用开展！

3. 地理时空与遥感大数据的计算模式

地理大数据驱动的第四范式为复杂系统研究奠定了基础（程昌秀等，2018），但如何打通这三类地理大数据相互之间的信息转化与时空聚合的通道，从而有效地填平大规模数据获取与社会化信息服务之间长期存在的巨大鸿沟？这是当前地理大数据用于解构地表复杂系统首要面对的科学问题。遵循前文所述的大数据计算关于“粒化—重组—关联”的思想理念，我们相应地提出了由“数据感知—信息聚合—模式发现”构成的地理时空大数据计算范式（图 1.9）

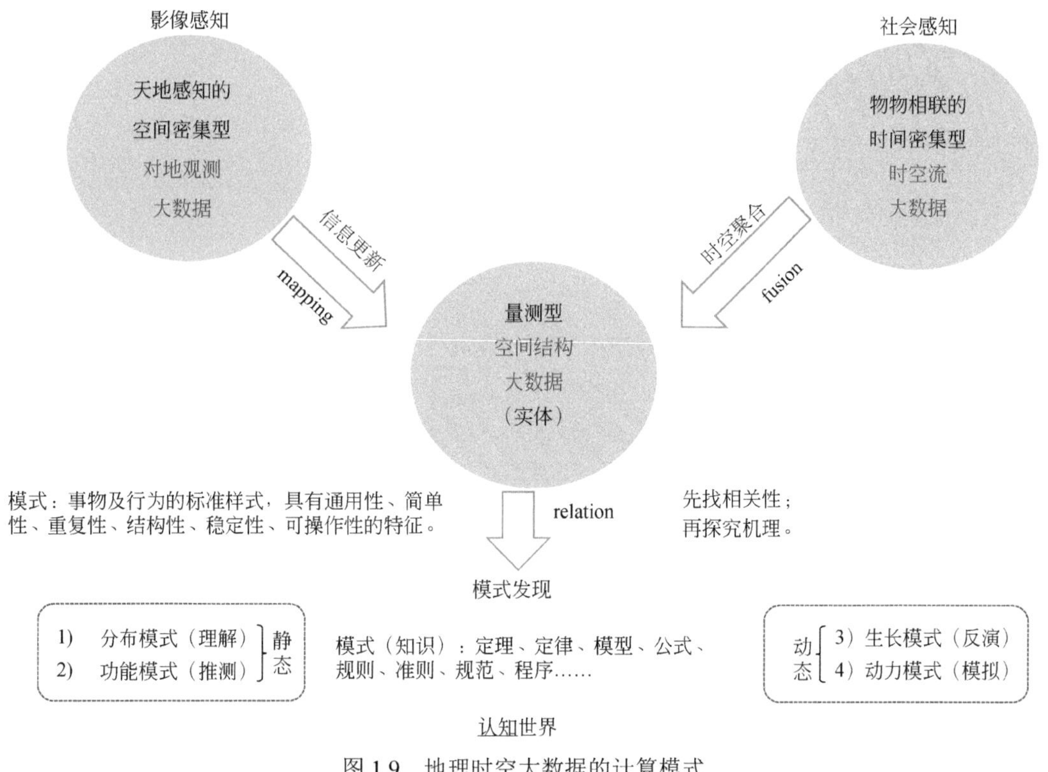

图 1.9 地理时空大数据的计算模式

首先以高分辨率对地观测（遥感）影像为空间粒化的数据本底，在图谱认知理论指导下通过智能化信息提取技术持续为地表空间结构与态势的场景式表达提供快速的数据更新，进而在时间维度上通过位置发现和时空聚合技术，不断融入碎片化对自然与社会感知的动态数据，从而构建形成无论在空间形态、时间序列与性质属性上都呈现结构化表达的地理要素数据集，并根据应用目标发展机器学习、遥感定量反演、空间优化以及空间解析计算等方法，从结构化的时空数据集中挖掘地理分布、格局与过程的模式，最终以可定制、可推送的服务方式为社会各领域与各级用户提供知识化的专题产品与决策方案。

更具体地，针对地理时空大数据模式挖掘的问题（图 1.10），将首先以对地观测（遥感）大数据为影像基准，通过对地表不规则表达的地理图斑的分层提取，构建具有精准位置与形态结构的地理场景及其要素，进而以地理图斑为统一时空框架的“容器”，通过发展不同类型数据融合与时空聚合方法来装载各类多源多模态的异构信息，实现对绝大部分非（半）结构化数据的结构化重组，最终针对自然资源空间配置、社会经济运行规律发现、灾害发生风险响应、城市大脑管理运营以及事件发生过程模拟等具体应用，静动态相结合地开展分布、演化、功能、动力等模式挖掘与机制发现。其中，空间密集型的高分辨率遥感（亚米级）是构建整个地理时空大数据计算技术体系的基础，是全面而真实表达、持续又快速更新以地理图斑为基本单元的地理场景的最主要数据源，究其核心问题还是从虚拟的影像空间到真实的地理空间如何建立起像元波谱与地理实体之间定位、定性和定量相结合的映射关系？据此，本专著撰写的主要内容就是将地理学分析思想、机器学习技术与遥感机理模型紧密结合起来，提出以地理图斑为主线，基于遥感大数据开展精准地理信息快速获取、智能挖掘与综合应用的一整套计算理论与方法，为实现对复杂地理格局的数据化层层剖析提供支撑。

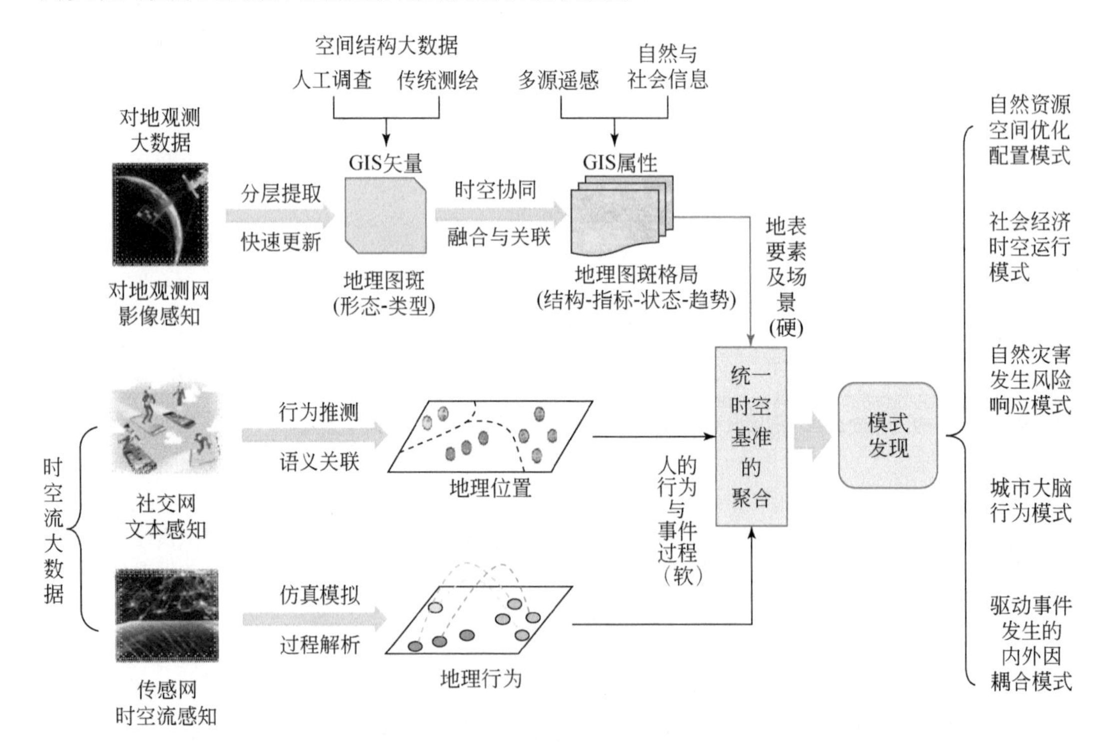

图 1.10　地理时空大数据的模式挖掘

4. 大数据时代的 GIS

近 60 年以来，GIS 伴随着信息技术（information technology，IT）的发展也经历了主机、个人机与互联网的三个时代（图 1.11）。遵循大数据时代信息计算的新理念和新技术，推动新一代 GIS 的发展需要在以下几方面重点开展理论与技术方法上的创新突破：

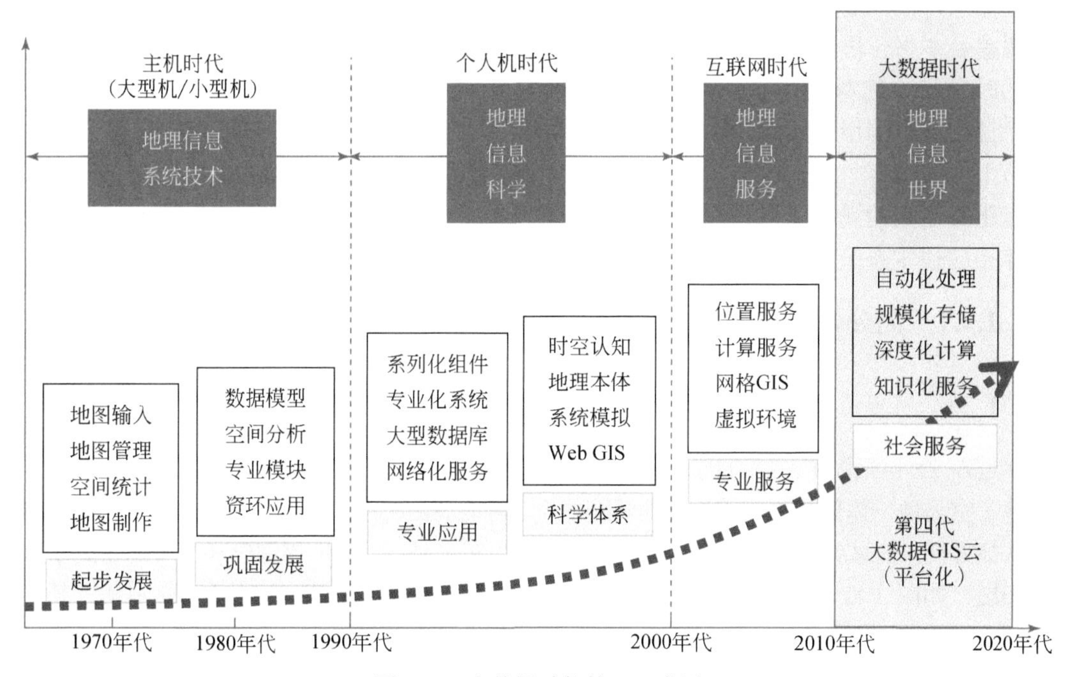

图 1.11　大数据时代的 GIS 发展

（1）针对数据粒化，传统 GIS 基于“点-线-面”的静态描述模式以及小数据计算方式亟需在全球和全空间视角下实现理论与技术的同步跃迁。

（2）针对信息重组，“天-地感知”、“物-物相联”催生了多模态的时空密集型大数据，推动 GIS 发展跨越传统范畴，新型全信息、实时的 GIS 大数据形态正孕育而生。

（3）针对知识关联，对于时空大数据的实时感知、自动处理、多态存储、动态模拟、知识服务等智能计算技术与智慧决策模型的发展已成为迫切的时代需求。

当前，世界正进入一个智能化与绿色化、网络化、全球化相互交织的新时代，并正在悄然改变着世界经济态势和人类社会生活；同时，作为时空数据处理与分析的工具与平台，世界 GIS 取得了巨大的发展与跨越，支撑着当代信息社会的迅速发展[①]。近 5 年以来，契合大数据时代特征的社会化平台级 GIS 已见端倪，这个新一代的大数据 GIS 将包容一切数据化、计算无所不在、人机物混合、持续不断地为全社会提供全空间与全信息的地理知识服务，一个“众包信息、按需计算、移动互联、众创服务于数十亿大众使用”的地理信息智能世界正在构筑成长，同时一个“看管世界每一寸土地的地理信息，掌握每一件事件的发生过程，服务每一位地球公民的时空决策”的宏伟愿景，正在逐步实现之中！

① 周成虎，2019. STEM 时代的 GIS 应用. 2019 年易智瑞用户大会，北京国际会议中心.

1.2 遥感大数据

对地观测是全面、真实、快速记录地球表层地理现象、过程与格局的唯一技术手段，因此通过遥感掌握信息资源的自主权是社会可持续发展、经济建设和国防现代化建设的紧迫需求，具有重要的现实意义。对应于大数据“4V”特征，遥感大数据也具备“全空间覆盖、多平台协同、快速变化更新以及价值密度高”的四大特征，理论上其全面而精准的时空特性使得其在整个大数据体系中应担当起所有地表发生数据结构化处理与分析挖掘的基准作用。然而，目前在数据综合处理、信息智能计算与知识定制服务等关键环节上，仍然存在相互转换不通畅的瓶颈问题，造成遥感数据大规模获取与社会化地理信息服务之间的鸿沟难以逾越，亟待发展遥感数据综合处理与信息智能提取的理论，来支撑相应技术系统与平台的一体化构建。

1.2.1 高分辨率遥感大数据

1. 高分辨率遥感的发展背景

进入 21 世纪以来，综合性高分辨率对地观测系统得到了迅速发展，美国、欧洲等都已构建了空天地一体化的高分辨率对地观测体系，对地观测的限制条件越来越少，数据获取更加快捷方便，信息更新能力大大加强，应用领域也越来越广泛，应用深度和广度均得到了极大拓展。如图 1.12 所示，以卫星遥感为全球影像基准的主要资源，综合小卫星星座、超高分无人机系统、各类地面传感网络等天地一体化的全球观测运行平台已然构筑形成，立体观测、实时感知、时空协同的新型遥感正实现对地球表层的全方位、精细化、持续性观测。

高分辨率遥感是对军事、政治、外交、公共安全、农业、灾害、资源、环境等重大问题进行科学决策的重要信息依据，是保障国家安全的基础性和战略性资源，在国防建设和维护国家统一的军事斗争、环境监测、资源调查与开发应用、减灾救灾、农林草业普查与管理、城乡规划等各领域都具有广泛应用，是当前建设“数字战场”、“智慧城市”、“数字农业”以及“数字国土工程”等系统不可或缺的基础数据保障。我国也正在构建国家高分辨率对地观测体系，正逐步实现从太空、邻近空间、航空、地面等多层次观测平台上获取遥感数据，进而通过对空间数据和地理信息产品的规模化加工与提炼，满足社会各界的广泛应用需求，已成为推动地理信息产业持续增长的源动力。尤其是近年来，随着国家高分专项计划的不断深化实施，进一步推动了卫星遥感事业的迅猛腾飞，在追赶国外先进技术的同时也发展了宽视场、静轨凝视等多种独有的地球数据获取手段。将建成由空、天、地三个层次观测平台的大气、陆地、海洋一体化观测体系，其中重点发展基于卫星、飞机和平流层飞艇的高分辨率先进对地观测系统，空间分辨率最高可达 0.3m，空基将优于 0.1m，光谱分辨率达纳米级，并与航空遥感和地面站点观测手段相结合，形成时空协调，全天候、全天时并可按需地对特定地区进行高精度观测的稳定运行系统。发展建立综合性应用与服务系统，建设对地观测科技强国和应用强国，将极大提高我国空间数据的自给率，满足社会各界广泛需求，推动国家空间科技快速发展，强力推进我国空间信息产业链的快速构建与大规模的可持续发展。

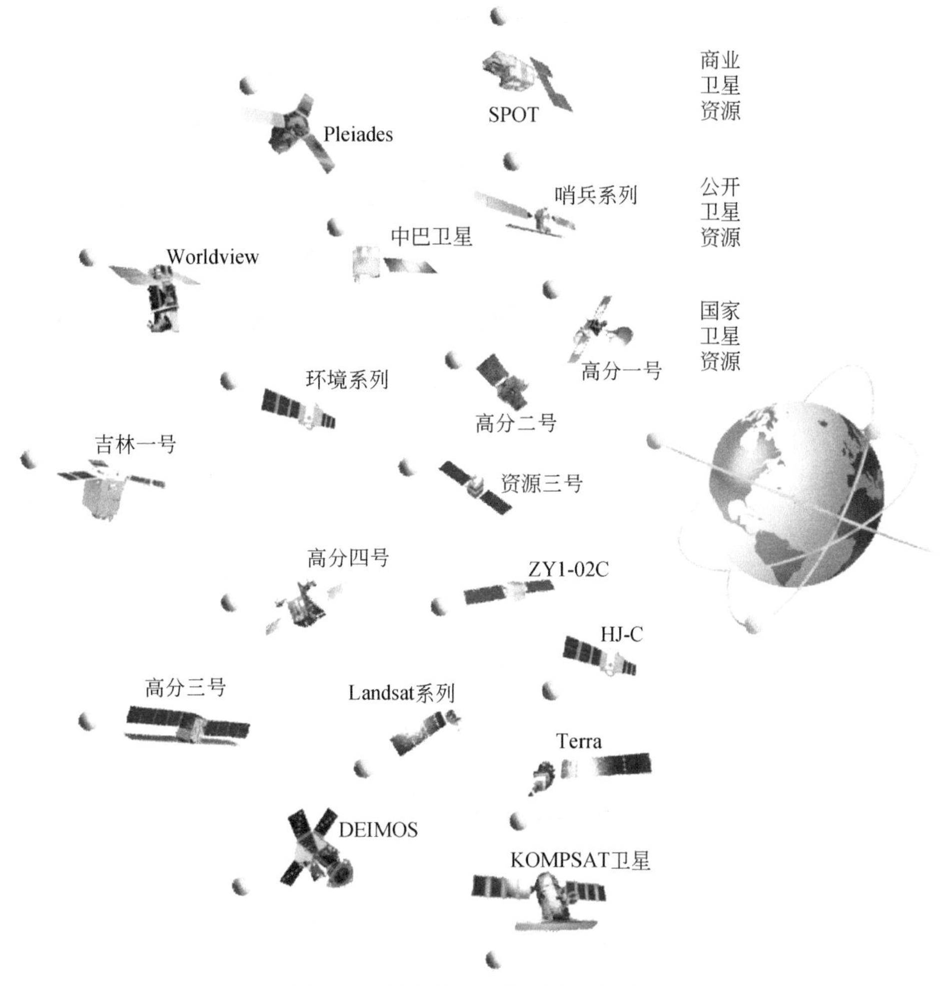

图 1.12　国内外主要的遥感卫星资源

2. 高分遥感应用的问题分析

通过近八年的奋进，国家对地观测数据获取体系已经初步构建形成，已可实现为各类各级用户提供“图-谱”空间全覆盖、持续快速更新、稳定可靠运行的高分辨率遥感数据资源，影像产品的性能也逼近于国际先进国家同等分辨率数据的水平，并充分体现了国家数据资源在性价比方面的优势，已在支撑国家和区域环境监测、自然资源大调查等重大工程以及推进国家空间信息产业发展方面发挥了重要的数据保障作用。然而，在数据应用与服务体系中由于延续着传统小数据的计算模式（图 1.13），造成从遥感数据获取、分发到面向终端用户的专题应用之间的信息传递中，堆积形成了系统性流转困难的瓶颈问题。

因而，大规模国家遥感数据资源获取与社会化地理信息服务之间出现了巨大的“鸿沟”（图 1.14），陷入了“大数据-小知识”的困境，难以跨越，极大限制了遥感信息服务在广度和深度上的开展（周成虎等，2013）。主要问题可分析归纳为处理、管理、提取与服务的四个方面：①采集机制复杂，难以精准处理；②存储巨量混杂，难以有效组

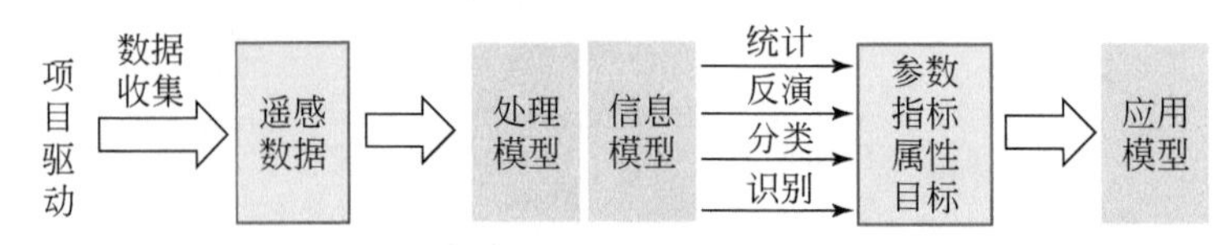

图 1.13　传统遥感“小数据”的计算模式

织；③需求多元各异，难以智能挖掘；④服务通道不畅，难以持续更新。其中的数据处理、管理与服务都属于相对确定的大数据计算技术问题（张继贤等，2016），而信息提取则需揭示复杂条件下高分辨率成像机制及地表信息认知的地学规律，属于综合地理、遥感机理与人工智能相结合的复杂系统问题，这也正是国家新一代对地观测战略基础研究所部署的关键科技方向。

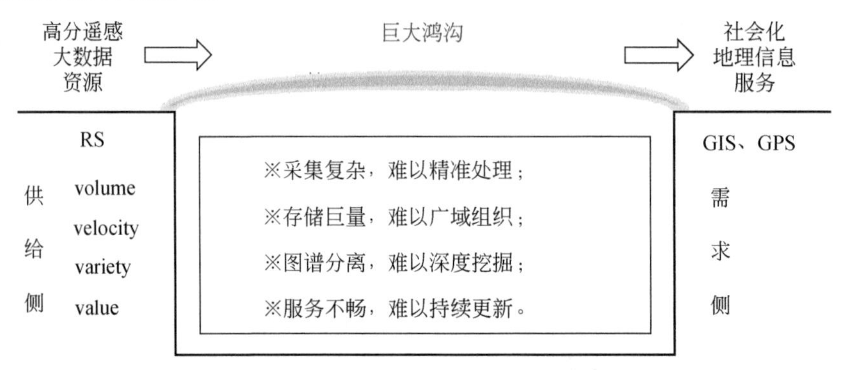

图 1.14　当前高分辨率遥感应用与服务面临的巨大挑战

因此，在完善对地观测系统管理制度和运行保障体系的同时，当前最紧迫的是，如何在大数据与“工业 4.0”的理念启发下，对遥感大数据本质认知及其计算模式方面进行理论提升与技术创新，实现遥感应用与服务平台供给侧的数据材料自动化处理与信息产品智能化加工，进而支持“数据”与“用户”之间信息传递桥梁（俗称“数据制造”）的构建与产品的流转。具体而言，需将终端层面的用户个性化定制与后台信息产品柔性化制造的工艺流程紧密耦合，涵盖从地球观测数据的大规模获取与接入开始，逐步深入到半成品数据的精确处理、分区域基准影像的有效合成、基础性地表空间利用以及专题信息产品的智能化生产与一体化组织，进而以大数据平台运营的方式为各类用户提供终端产品定制和持续更新的分享服务（图 1.15），形成全社会用户需求驱动下的信息产品深加工和更新服务（C2B）的新模式，颠覆传统项目驱动的被动式遥感应用模式。这个智能生产工厂与信息传递桥梁的构建是遥感能否真正面向全社会来驱动地理时空大数据技术与产业爆发式增长发展的根本所在。

1.2.2　遥感大数据综合处理

1. 遥感大数据的四层模型

聚集人类高度智慧的高分辨率遥感具备极为鲜明的大数据特征：①时空全覆盖（volume，数据自动处理），基于“天-空-地”立体观测对地球影像基准底图进行全空间

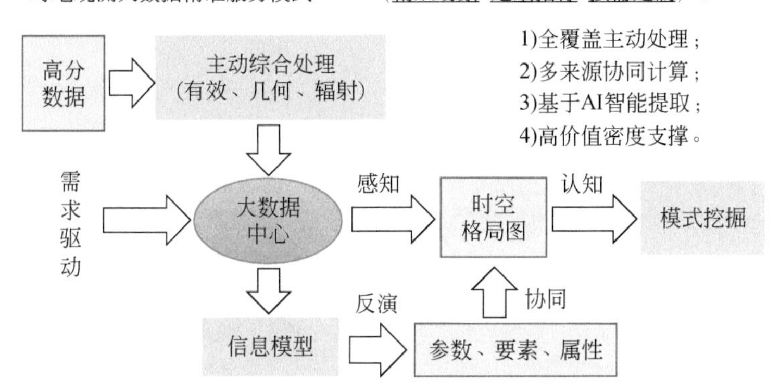

图 1.15　遥感大数据的计算与服务模式

覆盖的主动采集与大规模处理计算，数据量巨大（仅米级分辨率的影像数据覆盖中国就达 PB 级以上）；②快速信息更新（velocity，信息智能解译），以对地观测大数据为影像基底对全空间覆盖的基础空间结构信息底图进行主动的智能提取与场景构建，并伴随观测的积累进行持续地更新；③多源多模态（variety，信息统一汇聚），各种来源、多种形态的时空数据实现一体化组织、转化与融合，以揭示相对稳定的空间结构上地理对象的时序演变规律及深度拓展的趋势；④提升价值密度（value，知识可信发现），地球运行中产生的非结构化社会经济活动数据在结构化时空轴上进行信息聚合与知识关联，提升了各类生产型与消费型大数据的价值密度，实现社会经济各种行为模式的规律挖掘与多元应用（李德仁等，2014）。

遥感大数据实现了对地表态势的真实场景式影像记录，构成了“物-物相联”信息传播的时空基准，这是后续面向各领域开展精准化专题应用的基础。遥感大数据从大规模获取到面向用户开展精准应用与服务，需经过“高精度定位处理—影像基准（精准定位）、空间结构转化—地理图斑（定性识别）、时空流信息融合—信息图谱（定量反演）、社会经济属性拓展与知识发现—知识图谱（模式定制）”四个层级的信息传递与耦合计算过程（图 1.16），自下往上实现对地理空间从浅层的外在场景理解逐步深化到对内部发生机理的反演与透视，充分契合了“全覆盖—海量、持续更新—动态、混杂多态—复杂”以及“价值密度提升”的地理时空大数据“4V”特征。遥感大数据四层模型设计为构建“分层感知—时空协同—多粒度决策”有机组合的智能计算模型奠定了思想基础。

2. 遥感综合计算与服务平台

为了实现遥感大数据四层模型相对应的协同计算过程，需构建“影像处理机（Image Processing Machine，IPM）的主动生产—精准 LUCC 信息产品生产线（Point，Line and Area Information Extraction Platform，PLA）的按需生产—时空大数据操作系统（Geo-spatial Data Operation System，gDOS）的枢纽调度—时空大数据产品服务系统（Information Service，iSKY）的多元应用”为整体的遥感大数据综合计算与服务平台的技术体系（图 1.17），具体设计主要包括了由如下四部分组成的功能系统：

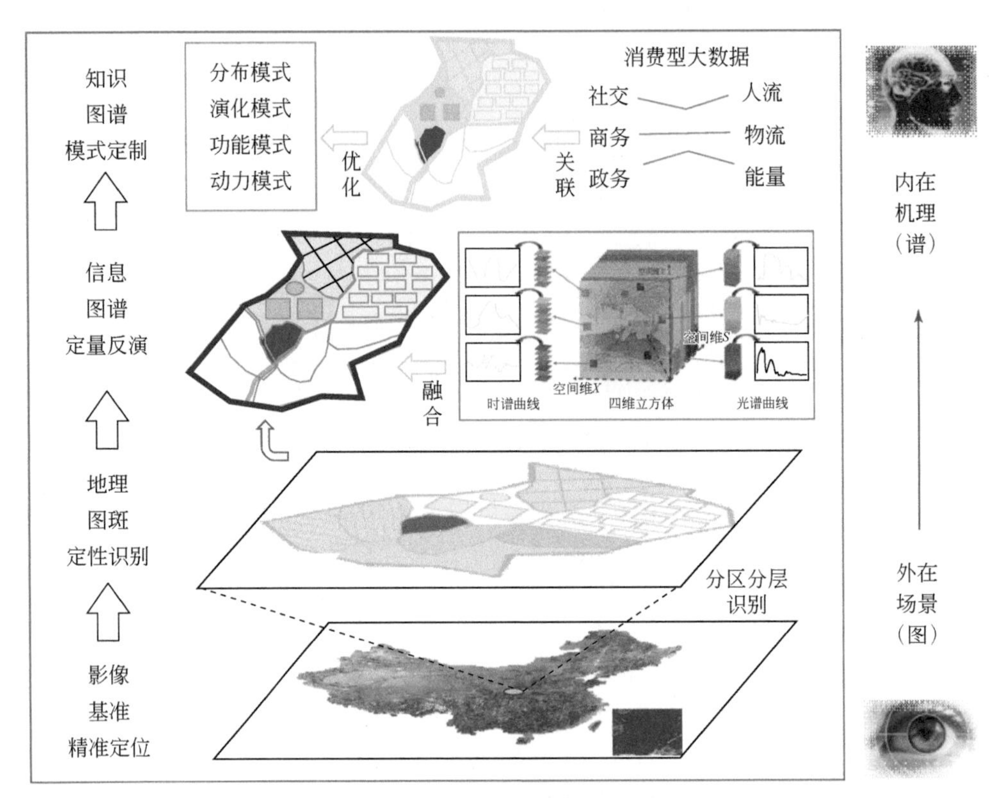

图 1.16　遥感大数据的特征分析

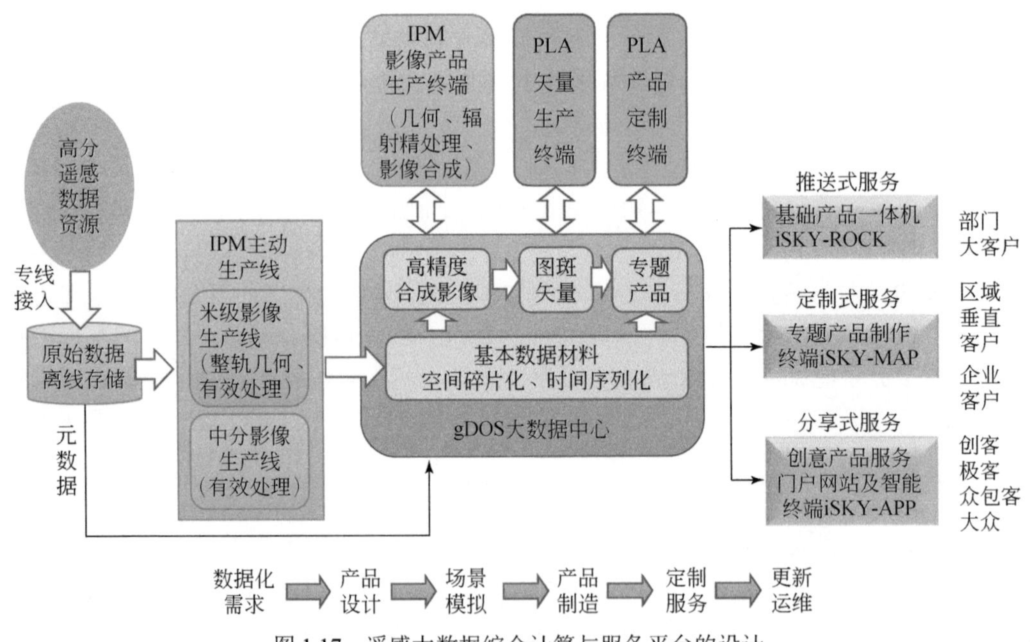

图 1.17　遥感大数据综合计算与服务平台的设计

（1）IPM 影像生产线与产品生产终端，前端不断进行高精度有效数据的自动化主动生产，在终端则根据需求以人机交互的智能化方式，针对特定区域检索的碎片数据进行高精度几何、辐射处理和合成影像加工，并定期进行分行政区或重点区域的合成影像主动更新定制；

（2）gDOS 大数据中心，对碎片化的有效数据、合成影像、基础矢量信息产品（LUCC）、专题信息产品等各种时空数据进行一体化的大规模组织、高效检索和智能计算分析；

（3）PLA 基础 LUCC 矢量图斑与专题信息产品生产线，以米级分辨率的高分合成影像为基底，对土地利用基本矢量图斑进行分区分层的智能化生产（mapping），进而以地理图斑为基本单元，进一步融入时间序列的土地覆盖变化、土壤、土地资源等多粒度属性（fusion），通过推测制图技术衍生对精准化土地专题信息产品的定制加工（relation）；

（4）iSKY 时空大数据产品服务系统，针对不同类型、不同规模与不同领域的用户，以基础产品一体机 ROCK、专题产品制作终端 MAP、创意产品服务门户网站以及移动智能终端 APP 等方式，按需而持续地为用户推送不断更新的专题产品服务。同时，以众创的方式培育专业研发人员为平台贡献更有竞争力的算法工具，不断优化平台的计算效果与性能；以众包方式吸引社会大众为平台提供生产型或消费型大数据的终端式样本采集，不断丰富并积累平台的社会化数据资源汇聚的性质与容量。

对应上述综合计算与服务平台的四个模块，其本质上可概括为处理层面、认知层面、组织层面及服务层面的四方面协同计算与系统综合（骆剑承等，2016a）：①从处理层面而言，通过 IPM 对多源影像的协同处理，建立“几何—辐射—有效—合成”于一体的影像大数据主动生产线，从而实现“发挥每一粒数据作用”的处理目标；②从认知层面而言，按照不同的区域和不同的主题，构建“基础地理—图斑级土地利用—土地覆盖变化—专题应用”四级 LUCC 产品的智能化生产线，以实现“认清每一寸土地功能”的应用目标；③从组织层面而言，构建“生产—管理—服务—产品”的信息流转与计算调度的枢纽；④从服务层面而言，遥感大数据综合处理与服务需构建按照用户分层次的增值产品服务与应用体系。

3. 遥感影像处理机（IPM）

为建立时空全覆盖的遥感大数据综合计算与服务平台，首先需要实现“几何定位—辐射量值—有效像元—合成影像”四位一体的数据综合处理（图 1.18）。

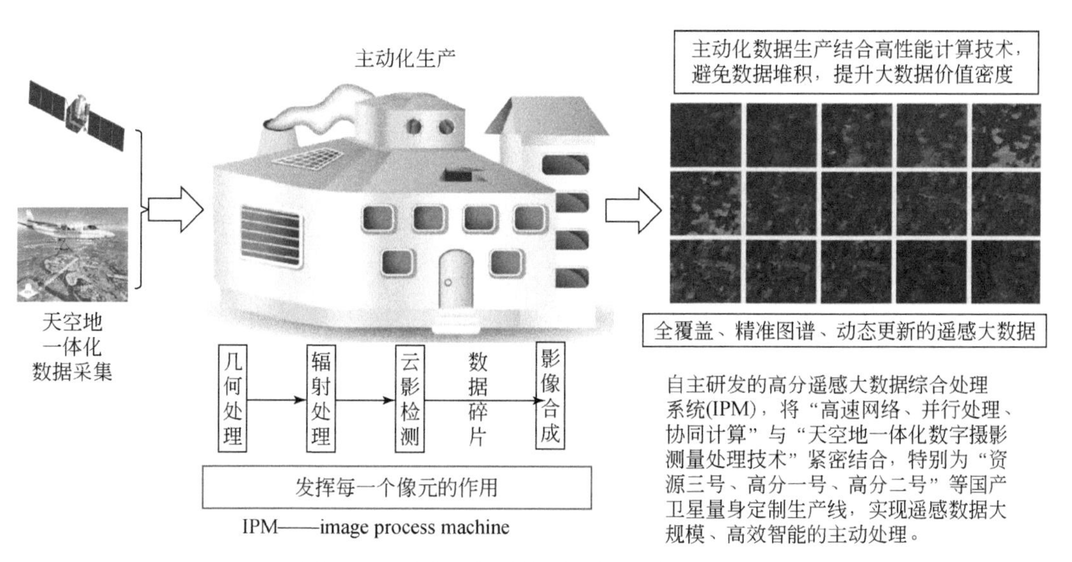

图 1.18　遥感大数据影像处理机系统（IPM）

研究团队以在中国科学院苏州地理信息与文化产业基地为试验场所，通过自主研发的高分遥感大数据影像处理机（IPM），将“高速网络、并行处理、协同计算”与“天空地一体化数字摄影测量处理技术”紧密结合，特别为“资源三号（ZY-3）、高分一号（GF-1）、高分二号（GF-2）”等国产卫星量身定制了数据处理生产线，实现了影像数据大规模、高效智能的主动处理。在大数据综合处理与服务平台支撑下，IPM 系统构建了从主动处理、定制生产到更新服务的高分数据多级协同计算，目前已实现覆盖全球/全国、0.8-2-5-8-16-30m 分辨率全序列、米级数据季度合成、中分数据月旬更新的综合数据生产能力（每天 3～5TB，总量达 PB 级）（图 1.19），16/30m 分辨率的数据可按月-旬全球更新，2/5/8m 分辨率的数据可按半年/季度全国更新，0.8m 分辨率的数据可按需轨道编程分省更新。

图 1.19　2019 年 16m 空间分辨率镶嵌影像

高分一号（GF-1）与高分六号（GF-6）WFV 传感器数据合成，发布于 2019 国际 GEO 大会

4. 时空大数据管理系统（gDOS）

知识化服务的时空大数据管理系统针对海量多类多态的数据产品及生产管理和服务需求，以“让每一个人都能了解地球上的每一个地方”的大数据服务理念为指导，在统一认证、统一接口等底层架构之上设计实现了时空大数据资源管理模块、生产线流程管理模块、时空大数据服务一体机与终端、互联网在线服务平台等子系统，基于该系统实现设施的部署和运维、数据的管理和流转、生产的调度和支撑、服务的定制和运营，成为遥感数据制造平台中系统层面的枢纽（图 1.20）。

gDOS 实现对超大规模数据的存储、管理、计算、可视化渲染等功能，同时具备数据的安全性、可扩展性、灾备性和可运维性。系统由冗余备份的元数据库、可扩展的异构式存储及模块化组织的资源服务组成，具备碎片化数据组织、标准化产品体系、分布

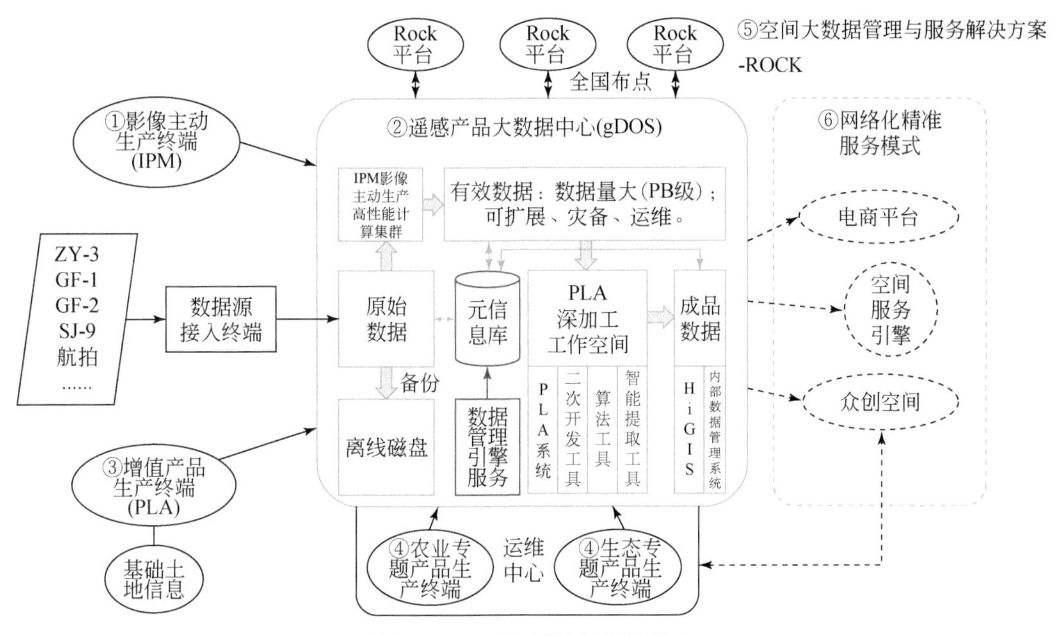

图 1.20　gDOS 系统的架构设计

式块式存储、PB 级数据索引可视化管理、全系列产品实时推送的能力。目前，系统已存储和管理的产品包括多种遥感数据产品（如国产高分系列、资源系列、环境系列、小卫星系列和国际 Sentinel、Landsat 系列数据及相关产品）、土地信息产品（基于米级分辨率影像生产的精准 LUCC）和专题信息产品（农业种植结构、城镇国土空间变化、生态植被制图等）。分别由 IPM 系统和 PLA 系统建立起影像生产线及土地信息产品生产线，千余台生产客户端并发访问数据进行调取、计算、存储等操作，平均每天输出并由 gDOS 系统自动入库的产品体量超过 20TB（图 1.21）。

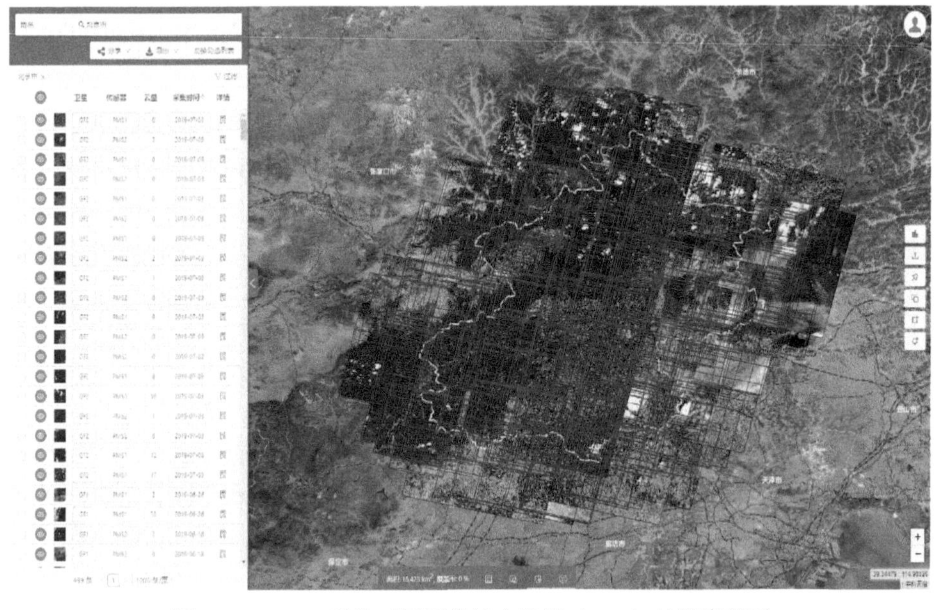

图 1.21　gDOS 系统对于影像综合处理（IPM）的调度界面

1.2.3 遥感大数据精准服务

1. 数据时代的应用服务新思维

在数十年前，哈佛大学著名市场营销教授西奥多·莱维特就告诉学生："人们想要的不是四分之一英寸的钻头（IT），而是四分之一英寸的钻洞（DT）"。这句话也深刻寓意了当前这个新时代推动应用服务理念的大转变。在以前的工业时代，我们通过技术革新把非标准的原材料加工成了标准化的产品，再以统一的模式销售给客户使用；而即将全面进入的智能制造新时代，通过大数据的收集与反馈，以及人工智能技术将"智商-情商-爱商"的紧密汇聚，反过来可以实现将标准材料为用户按需设计与定制成非标准的产品，也即个性化的产品生产与服务[①]！这就是所谓"技术解决产品痛点、平台改变运营模式"的大数据与人工智能时代C2B的产品生产与服务新思维（图1.22）。

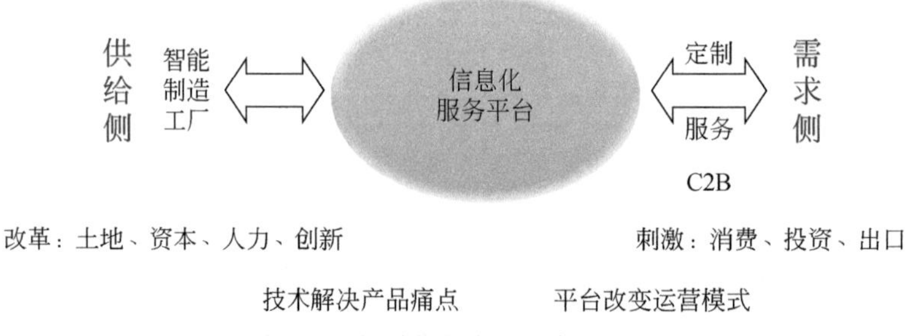

图1.22 新时代的产品服务新思维

具体针对基于遥感大数据的产品服务，通过影像综合处理以及时空大数据平台化管理与数据流转技术的发展，在影像层面逐步实现了"几何-辐射-有效-合成"一体化的标准数据材料的生产与加工，然而这个级别的数据并非为最终的产品，绝大部分用户真正关心的是如何基于遥感数据分析挖掘地表上发生的各类信息和决策知识？因此还需要再往前迈进一步，就是面向各类、各级用户的个性化产品生产与定制。而这"最后一公里"的信息需求却是千差万别而难以统一标准的，导致以前因技术原因主要依靠人工的方式来加以填补，这也正是为什么遥感与终端用户之间总隔着"一层窗户纸"而难以真正"落地"的关键问题所在。

徐冠华院士指出："遥感科学与技术虽然取得了重大成就，但遥感要更好地服务于社会可持续发展、服务于国家全球战略、服务于国民经济建设，必须加快遥感产业化和商业化进程，将遥感应用由政府主导的模式调整为主要由政府引导、购买服务、市场主导的模式，既可以更好地为经济发展主战场服务，又可以充分利用产业和市场力量，更快地发展遥感技术和服务能力。重视大数据、互联网+等带来的新兴市场动力，跨界融合，从根本上推动遥感产业进程，走出遥感技术创新驱动的发展之路！"（徐冠华等，2016）。因此要实现将遥感真正服务于广大社会，一方面要构筑平台来改变模式，同时要以技术创新打通末端的信息通道。

① https://www.201980.com/yanjiang/qiyejia/23844.html.

2. 大数据时代的精准遥感服务

高分辨率遥感技术相比于传统遥感对于应用而言的优势，在于其细节精细与定位精准的信息特性，即其对地表综合观测能力所呈现的“精细探知、真实检验、全体遍历、动态可控”的时空大数据特征。以高分辨率卫星对地观测为依托的遥感大数据平台，可对地球表层的发生态势进行真实场景式的影像记录，进一步通过与地理空间信息的转化可构成为各类时空信息相互连接的传播基准，因此理应成为开展地理信息社会化精准应用的数据基础。

由此我们必须深思，为什么长期以来一直难以构建真正实用的智能化遥感信息提取系统？究其原因，一方面，我们对遥感本质认识、信息提取以及计算模式缺乏理论基础与创新技术的支撑，特别是缺乏如何快速而精确地从遥感影像空间转换到地理信息空间的有效技术手段，导致地理实体未能真实客观呈现，多源多模态信息因缺乏统一基准而难以开展协同分析，影响了地理信息分析的精准化与定量化水平，在一定程度上也造成了遥感“谱”计算与地理“图”分析之间的隔阂；另一方面，对于人类认知地理现象时“先化繁为简，再由简入繁”的抽象思维模式以及遥感大数据“眼睛看—模型算—脑子想”先后逻辑过程的机理也有待更深入的理解和更系统的模拟，传统研究多是机械地堆砌数据而进行无序计算，没有达到对解译流程进行全过程、分阶段的梳理，对所用算法也未能按照数据驱动、模型驱动的方式差异对其进行适用性区分、合理性改造及分布式串联，因而导致了遥感信息在提取模型上的混用、挖掘模式上的杂乱，最终结果是整体的系统性表现较差，始终难以达到精准而被称为“华而不实”。

要开拓精准化地理应用的前景，核心思想是遵循大数据计算的思维（针对地理时空与遥感大数据的分析计算，周成虎院士将其形象概括为：“发挥每粒数据作用，认清每寸土地功能”），也即将精细结构的“图”分析与定量演化的“谱”计算进行紧密耦合，遍历式对地表之上的每一个地理要素进行“形态—类型—指标—结构—状态—趋势”综合特征的提取与挖掘，进而实现对地表结构（图）的广域理解与功能机制（谱）的深度透视，这是对遥感大数据“图-谱”螺旋式认知过程的本质刻画（将在 1.3 节中展开关于图谱认知的论述）。对于平台的构筑，这是“多源异构的非结构化碎片数据（不好用）—（粒化）→标准化的时空粒结构（不会用）—（重组）→可控的精准信息（用不好）—（推测）→多元（个性化）的决策知识”的大数据信息逐步有序的增值过程。如图 1.23 所示，这个过程中内在物理结构是统一而标准的，而外在展现方式和行为模式却是个性化的，这也正是“大数据+AI+VR/AR”构成的这个新时代的特质所在！因此，大数据时代遥感应用的出路一定是以科技创新为驱动的（宫鹏，2019），而进一步要向精准服务方向演进，必须依据大数据全体计算的思维，通过高分遥感建立的时空场景为基准，实现对地表之上每一个地物的精细化提取，进而将精细结构分析（图）与定量要素计算（谱）紧密耦合（精准 LUCC 为共性产品，详细见第 4 章论述），实现地表格局与过程的深度挖掘，再以大数据中心为枢纽进行平台化推送，形成需求驱动的 C2B 主动服务新模式，改变传统项目驱动的被动式遥感应用模式。

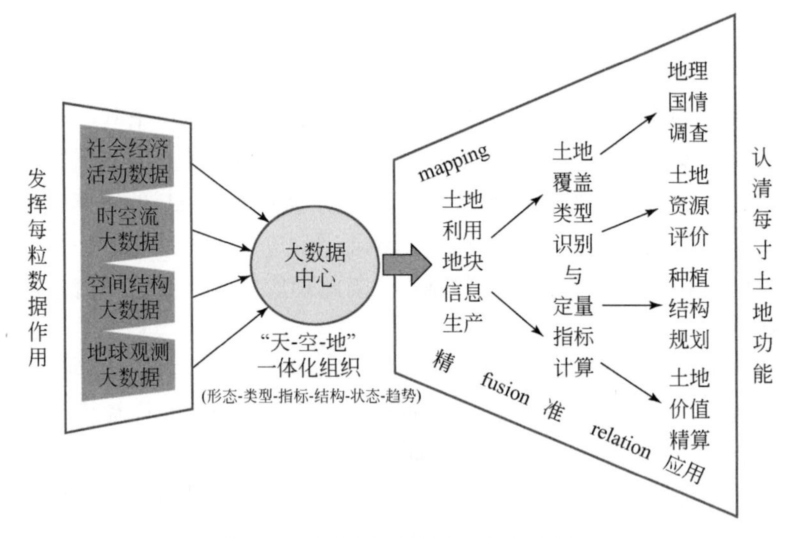

图 1.23　遥感精准服务的基本框架

1.3　遥感图谱认知

如何发展一套遥感大数据认知与智能计算的理论与方法，来支撑从遥感影像空间有序转化为地理信息空间的技术体系构建？首先要清晰认识到地表为一个超级复杂的巨系统，因此一定要以复杂系统分析思维为指导遥感研究的开展。首先对复杂地表问题进行分层次解构，透过现象（图）看本质（谱），从定性到定量，分别从空间、时间和属性维度，对遥感所蕴含的视觉（图）、过程（信息谱）和格局（知识谱）分层协同地信息提取与知识挖掘，从而实现从浅层理解（图）到深层透视（谱）逐步深化的计算。因此，传承于陈述彭先生地学信息图谱思想的遥感图谱认知，成为我们发展遥感大数据智能计算的理论基础。

1.3.1　遥感信息提取

1. 定义与划分

遥感信息提取是遥感成像的逆过程，是从地表场景及地理环境的实况模拟影像中提取相关特征、反演地面原型的过程。具体来说是根据应用目标的需求，运用解译标志（感知）、物理模型（反演）和经验知识（推测），定性/定量相结合地提取时空分布、类型、物理量、功能模式等信息与机制。传统遥感信息提取一般可分为三大类（表 1.1）。

（1）参数反演（指标-机理），是指通过实验方法或物理（统计）模型将遥感观测与目标参量相对应，将遥感数据定量地反演或推算为地学、生物学及大气等环境信息的参数；实现全球和区域生态环境演变定量监测、分析与预测、模拟是定量遥感主要的研究方向。

表 1.1 遥感信息提取的三种类型

类型	主要方法	应用	数据源	空间分辨率	光谱分辨率	时间分辨率
参数反演	生物、物理量反演模型	全球变化与区域生态环境动态监测、评价及预测等	MODIS、AVHRR、GF-4、Sentinel 等（100m 级空间分辨率）	低	高-中	高
土地分类	人工解译、计算机分类	国土资源调查与规划、地理国情调查、农林普查等	TM、SPOT、CBERS、GF-1、Sentinel 等（10m 级空间分辨率）	中	中	中-高
目标识别	图像分割、模式识别、三维重建	军事探测、导航地图更新、智慧城市场景构建等	IKONOS、QuickBird、GF-1、GF-2、WorldView 等（亚米级空间分辨率）	高	中-低	低

（2）土地分类（形态-类型-指标），源自于面向中尺度（10m 级分辨率）土地利用/土地覆盖变化（LUCC）调查问题，将遥感图像中各个单元根据其在不同波段光谱特征、空间特征或者辅助信息，按照某种规则或算法划分不同类别的过程；最简单分类是利用像素光谱亮度值的统计模型进行划分，此外还可进一步考虑空间、时间等多特征（如纹理、形态、关系、方向性、时序特征等），对空间单元（对象或图斑）进行分类和变化量的分析。

（3）目标识别（形态-类型-结构-功能），基于高空间分辨率影像（亚米级）针对特定地物目标（主要为人工构筑物）的判别与提取，通过对影像不同区域特征的计算（颜色、大小、纹理及分布等特征），对其中所蕴含的用户感兴趣区域（region of interest，ROI）目标进行分离，并采用模式判别方法对相应的特征进行表达、识别与量算的过程。

2. 主要方法的发展及问题分析

传统遥感信息提取主要包括“像素级”与“对象级”两种处理与分析方法，其技术方法的框架体系如图 1.24 所示。

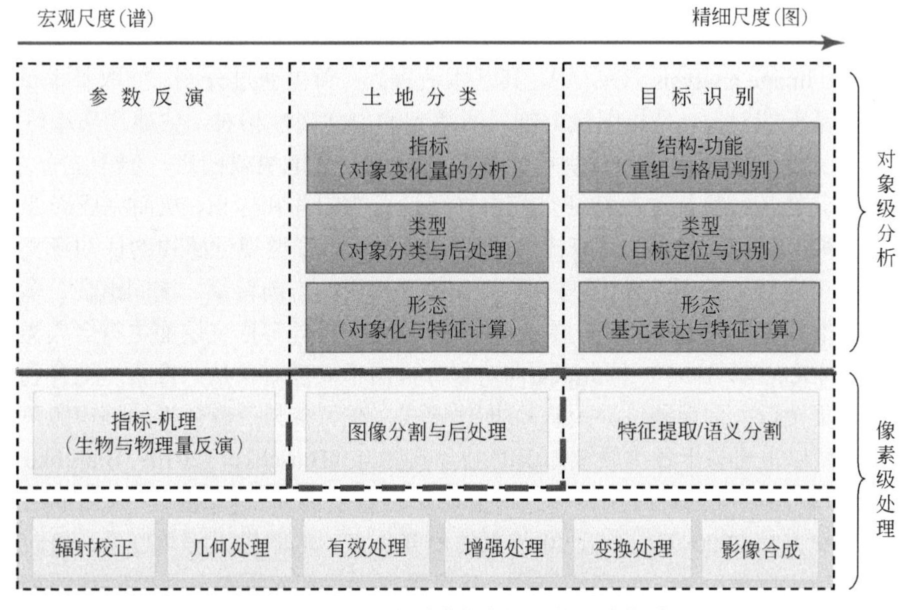

图 1.24 三大类遥感信息提取的方法体系

最早（2000 年之前）发展的遥感信息提取方法主要是围绕以“像素”为基本单元的局部空间特征计算的算法设计（分类实例如图 1.25 所示），其根源上是一种简单操作层次上的图像分析，能够被表达与计算的特征非常有限，主要包括像素点及格网范围的多维物理与视觉特征（如光谱、纹理特征以及有限窗口邻域范围内像素集的派生特征等）。这种基于局部规则化空间的特征处理与人们认识和描述世界的方式实际上是脱节的，难以进行领域知识、专家经验与地学模型的有机融合，这也与人类的地理感知、地理思维和推理活动相悖，造成方法的提取效果、应用面等方面都存在难以克服的局限性。另外，大多数处理方法缺乏一个体系化模型作为指导，不够系统，与具体任务的联系太过紧密，造成技术的分散化、过度的参数依赖性与不确定性、处理目标的单一性，因此此类方法的普适性往往较差。

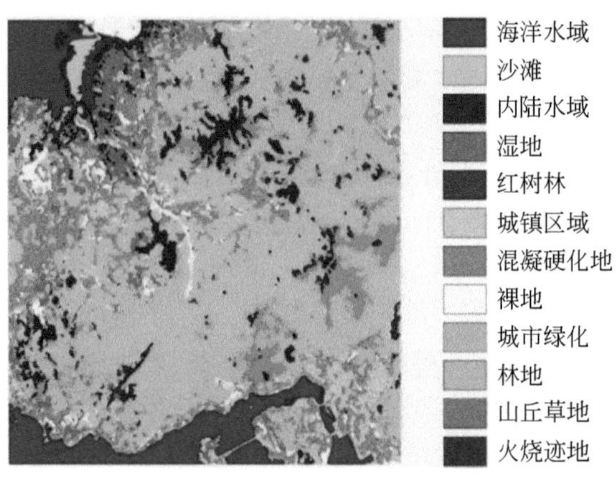

图 1.25　基于神经网络算法的像素级影像分类

香港元朗地区，完成于 1999 年

随着空间分辨率的逐渐提高以及遥感应用对于分类制图提出的更高要求，逐步在计算机视觉的图像分割（图 1.26）基础上发展了针对遥感解译的面向对象影像分析方法（object-based image analysis，OBIA），其基本流程为：首先通过分割，提取基本单元（通常将之称为基元或对象，是指图像分割后所得到的内部属性相对一致或均质程度较高的图像块，在土地应用领域这种分割单元类似于土地利用地块或图斑，但不完全对应），然后计算基元的各种特征并在特征空间中进行基元的归并和标识，从而完成影像分类与专题信息提取。基元（对象）具有比像素更接近人类对影像视觉感知的认知意义，而且以此为基础可应用 GIS 进行制图与分析（如相互作用、方向特征、空间组合、多尺度、空间统计与推断等）以及进一步开展知识挖掘、表达、推理等语义层面更符合人类思维的智能计算（周成虎等，1999）。因此，面向对象分析由于处理对象从“像素”上升到了“对象”层次，更接近人们观测世界的感知/推理模式，在可参与后继分析的知识触角上远较前者丰富，所以也更易于各类领域知识的融合或参与（Blaschke，2010；Blaschke et al.，2014）。将研究焦点从像素层次转移到对象层次也是发展的必然趋势，因而成为遥感信息提取领域研究从 2000 年至今近 20 年来的研究热点。从图像工程角度看，面向对象的方法已经是属于图像分析的较高级层次，其思想也为我们发展高分遥感时代的智能信息计算模型奠定了重要的理论与技术基础。

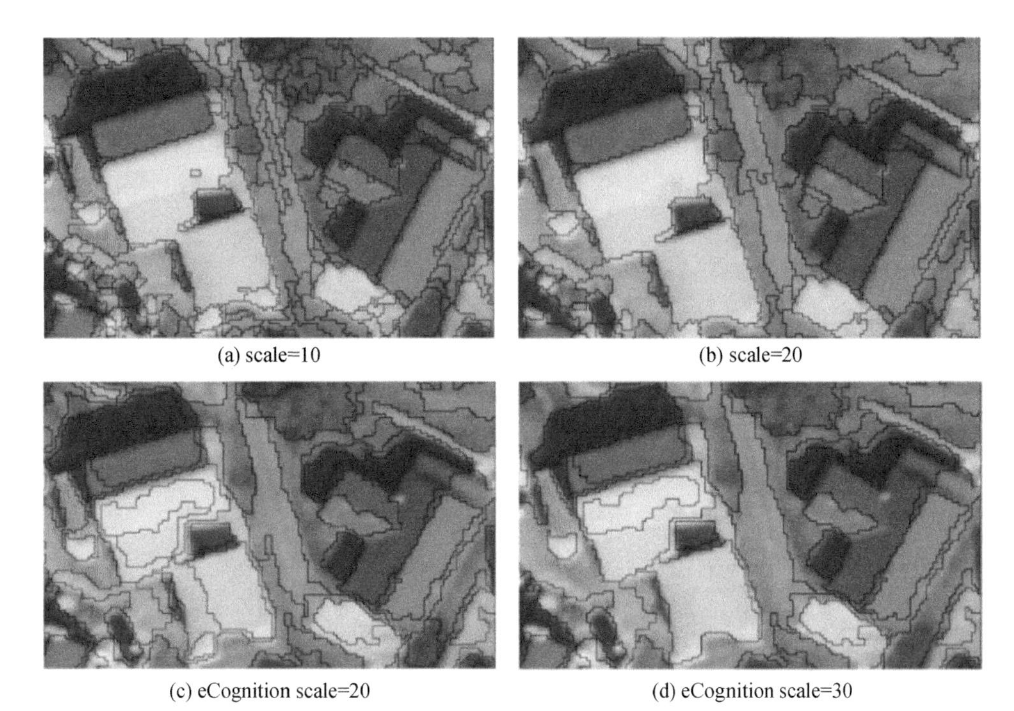

(a) scale=10　　(b) scale=20

(c) eCognition scale=20　　(d) eCognition scale=30

图 1.26　基于分水岭（上）与 eCognition 算法（下）的影像分割比较

尺度参数 scale 不同取值时的结果比对，完成于 2007 年

然而面向对象分析方法由于在根源上发展自计算机视觉的图像分割技术，因此仍然在地学机制、视觉形态、机理模型以及知识限制等方面存在如下问题。

（1）缺乏对地学机制的考虑，遥感影像是对地表复杂环境的成像结果，因此信息解译过程必须考虑地表环境的地学分异规律，自顶往下通过地理分区分层方法把一个复杂问题通过模型解构，形成一系列相互独立又相对稳定的小任务，再实施提取算法的设计。

（2）缺失对地物形态的匹配，传统面向对象方法主要通过邻近像素的空间均质聚合得到的分割图斑，对于中分辨率影像分类制图效果改善明显，但是对于高分辨率影像而言其分割对象与真实地物形态往往差异巨大（图 1.26），究其原因是由于传统图像分割算法并不能完全模拟人类视觉感知行为，而且不同地物的视觉特征也是千差万别，不能通过一种分割算法就把地表分布的各种地物形态全部精细识别出来。

（3）缺少对变化规律的探究，无论地物的形态结构还是覆盖内容，在地表分布上并非是永恒不变的，一定是存在各种周期性或突发性的变化，而传统信息提取模型一直缺乏对地表动态变化的考虑机制，因此必须在对象构建基础上针对其形态变化的检测以及其覆盖变化的反演等方向拓展时间维度上的方法探索。

（4）限制对领域知识的运用，在传统信息提取模型中，对于知识处理与融入机制的考虑一直相对简单，尚未建立完整而系统的知识表达、聚合与推理运用的方法体系，如何协同联结主义、符号主义与行为主义的机器学习机制，构建有机的知识系统，实现数据驱动的知识应用与模式挖掘，才是遥感大数据智能计算模型研究的最终目的。

综上所述，必须克服传统方法在局部视觉特征提取与分析的局限性，充分挖掘影像全局与知识融入的空间特征，建立面向多地理特征协同计算的影像分析与理解方法体系；要改进单一算法支撑的智能计算方法与模型，使它们一方面能够适应视觉特征与符号逻辑协同的遥感影像分析，同时能够融合知识处理与专业模型运用的机制，来提高影像分析的智能化水平与专题化深度；还要遵循分区分层的地学分析思想，将知识划分为不同的区域与层次，按照知识的粒度逐步与模型相互聚合，从而达到对遥感影像的高层理解。

3. 遥感信息提取的地理特征分析

在高分遥感时代，遥感数据除了继续应用于深化开展环境参数的反演工作，当前最应该担当也是需求最迫切的还是如何为国家层面基础地理或领域用户专题信息提供基于对地观测技术的精准信息生成与快速更新？因此我们对遥感信息提取的本质可理解为通过智能计算模型构建影像空间向地理空间转化的映射关系（图 1.27），进而揭示地理要素及其由于相互作用而构筑形成的地理综合体的空间分布规律、时间演变过程和区域格局特征。从影像空间转化为地理空间的智能计算过程，包含了由浅层对地理现象的视觉理解逐步深化到对地理格局的内在机理透视的四种模式挖掘（具体内容见 2.4 节）。

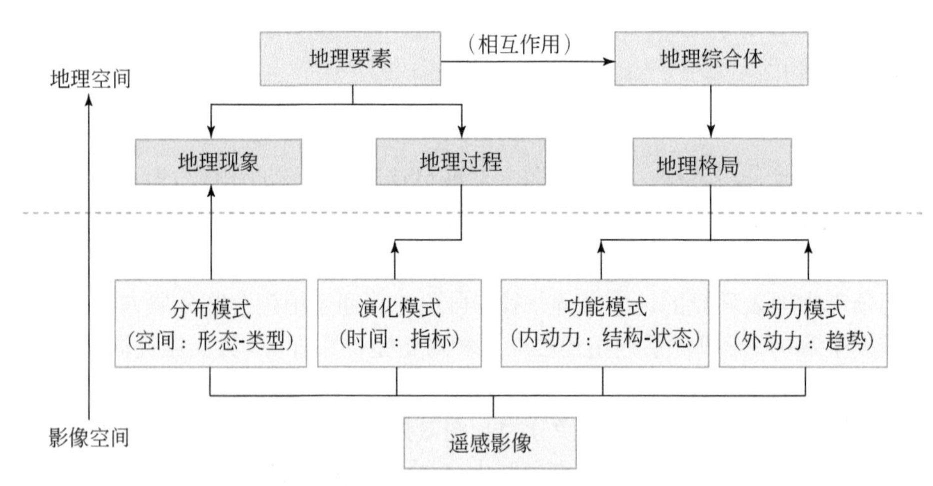

图 1.27　影像空间与地理空间之间的映射关系及中间蕴含的四种模式

1.3.2　遥感信息图谱

1. 地学信息图谱思想的回顾

地学信息图谱理论是陈述彭先生（图 1.28）于 20 世纪 90 年代中期提出的对地理时空复合分析的一套方法论，是在继承中国传统地学的优秀研究成果基础上，综合运用对地观测系统、全球定位系统、地理信息系统和信息网络等技术以及相关科学理论发展而来，是对地理空间系统各要素和现象进行时空过程的图形化表达并实现智能化认知的地球信息科学理论和方法（陈述彭等，2000；陈述彭，2001）。地学信息图谱的基本思想是采用图形化的思维和数据挖掘的方法来研究地球信息获取、表达、处理、分析、解析和表现等整个过程，通过信息发生、传输、认知过程中的图谱耦合逐步形成征兆、诊断和实施等信息图谱：首先依托对地观测、地面实测和调查，以及社会经济统计等多源数据融合与同化过程建立起地理时空的数据库，通过数据挖掘与知识发现，产生征兆图谱；其次，结合时空协同分析以及GIS技术手段提取其中的诊断图谱；最后，在时空预测模型以及虚拟现实技术等支持下产生实施图谱，形成针对问题的决策方案，最终实现对地球空间格局的理解、分析、预测和调控。在思想与理论提出之时，由于受地球观测数据的限制，地学信息图谱研究一直缺乏具体技术和应用实践环境来进行实证，导致其研究长期以来都处于概念性探讨与初级实验阶段（骆剑承等，2017）。

陈述彭先生(1920—2008)，中国科学院资深院士，江西萍乡人，地理学家、地图学家、遥感地学专家。中国遥感应用和地理信息系统科学的创建者和奠基人，地球信息科学的倡导者。创建了中国科学院遥感应用研究所、资源与环境信息系统国家重点实验室；长期从事地理制图、航空像片综合制图和地图编制自动化的实验研究；开拓了中国遥感应用新领域，倡导并组织了中国地理信息系统研究；发展地球信息科学、推动“数字地球”战略研究，探索“地学信息图谱”的新概念和新方法。

图 1.28　陈述彭先生和他晚年地学图谱作品

2008 年 5 月，陈先生抱病坚持工作，根据卫星影像与地形图手绘了汶川震区的地貌与剖面图

当前，对地观测技术作为地学信息图谱数据获取的最便利手段，多平台获取与多分辨率的遥感影像直接提供了“图”与“谱”的时空综合信息，兼有“图形”与“谱相”的双重特性（骆剑承等，2009，2016b），可为地学信息图谱理论的发展提供基础性、视场化的地球观测数据。这种“图谱合一”的特性是电磁波谱和空间地图的综合，共同反映了遥感地物的地理属性，揭示了不同地物在空间分异、波谱特征、时间变化、利用功能上的表征，因此成为基于地学思想开展遥感信息提取研究的立足点，启发我们提出“图谱耦合”的遥感认知理论（骆剑承等，2017），这为在大数据时代发展遥感地学分析提供了智能化计算与信息挖掘的新途径，同时也使得通过构建地理时空与遥感综合分析模型来揭示时空演变规律成为可能。

2. 遥感图谱认知理论新思考

综合地学信息图谱分析思想和遥感信息机理模型，清晰认识遥感的图谱耦合特征是构建遥感大数据智能计算模型的思想基础。我们以大数据计算的基本范式为指导，分别从数据、信息、知识三个层面对遥感影像上承载的“图-谱”耦合特征加以分析（图 1.29）：

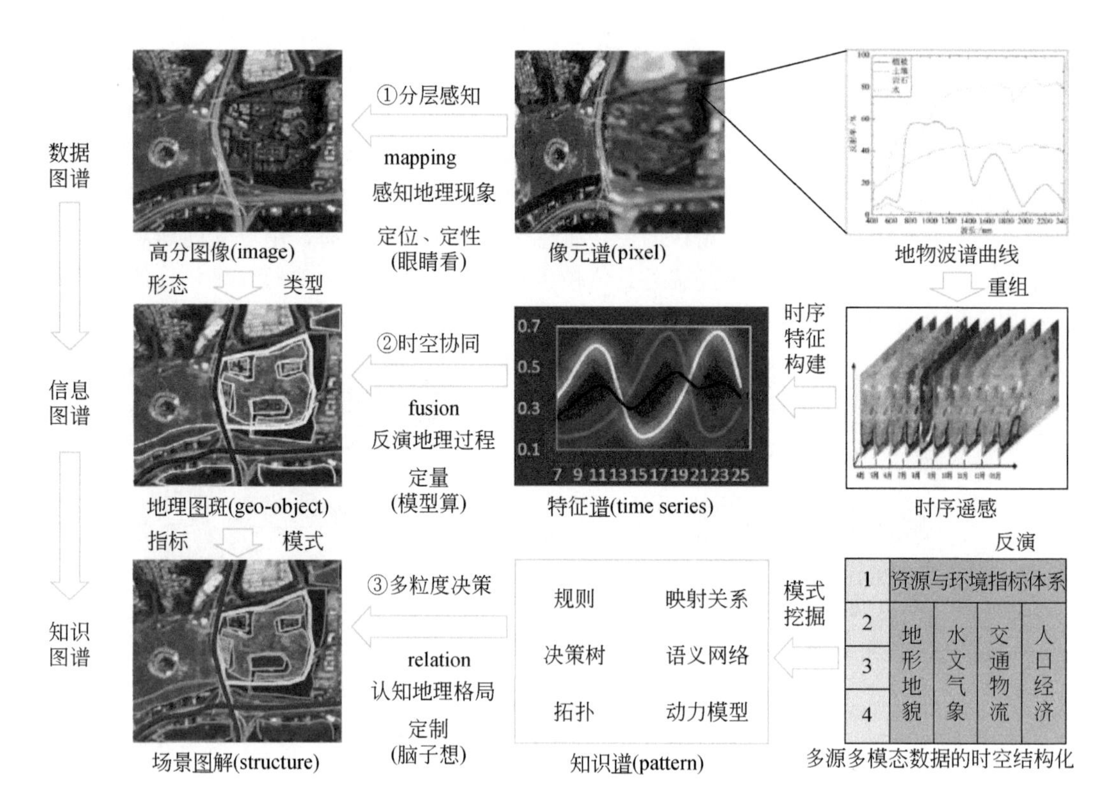

图 1.29 遥感大数据的三层图谱特征分析

（1）数据图谱（影像），遥感影像自身即为由若干像元横纵有序聚成的栅格图像以及每个像元各自蕴含的多维波谱特征协同构成的图谱立方体，图像模拟了人类视觉感知对地表现象的空间化成像，而波谱则体现了局部空间在瞬时间对每一个像元位置进行超越人类视觉功能的多（高）光谱透视，因此像元（空间分辨率与光谱分辨率）体现了定位（图）与定量（谱）协同对地观测的最小粒度。

（2）信息图谱（特征），单一影像对地表认知是不够全面的，高分遥感时代可同时获取高空间、高时间与高光谱等多源多平台的对地观测数据，协同对复杂地表要素及综合体的空间分布特征与时序演化机制进行提取与分析，体现了特征层面图谱耦合的关系，首先模拟视觉感知从高空间分辨率影像中提取具有精确空间形态的地理要素，构建以“图斑”方式表达的空间对象，并在其之上融入由其他多种平台获取并重建的时间序列波谱特征，从而发展对象化的定量反演模型对地理要素的覆盖类型及变化指标进行判别与计算；

（3）知识图谱（模式），如果仅依赖遥感影像数据对地表进行认知，只能停留在相对浅层对地理现象和地理过程的分层感知与协同反演，难以进一步深入到对地表要素演变机制分析以及功能结构优化的地理格局认知层面，这就需要发展地理场景与人类知识系统通过地理模式发现机制进行知识层面图谱耦合的一套方法，其关键是在地理图斑的结构之上如何聚合遥感之外静动态相结合的多源多模态信息（包括自然、社会经济与人文等要素，也就是各行各业的大数据），通过对其中时空分布模式的挖掘与动力学机制的解析，牵引对地理要素进行空间结构的重组（地理综合体）以及内在演化机制的推断与预测。

根据以上对遥感大数据三层图谱的探讨分析，可以看出图谱认知的关键思路是实现从外在场景（图：地理要素+地理综合体的空间组合）视觉理解逐步深化到内在发生（谱）机理透视的协同分析与综合计算过程（图 1.30）。在该体系中，对于地理场景图的理解属于认知的基础，在智能计算流程中是模拟“眼睛看”或者“目视解译”的第一个环节，具体又包括对地理要素空间位置、形态及结构进行精确提取与场景构建的“定位”，以及依据解译标志进行地理要素类型判别的“定性”两个步骤；在对场景理解基础上，进一步对其中视觉难以感知的变化过程、内在发生机制以及演化趋势进行挖掘计算，从而对地理要素分布与格局认知真正达到决策层的高度，在智能计算流程中是属于模拟“模型算”和“脑子想”的两个环节，具体又包括对地理要素生物量及变化指标等反演的“定量”，以及进一步学习领域专家对地理综合体存在的地表环境状态分析和未来变化趋势预测的知识化“定制”两个步骤。“眼睛看（图）—模型算（谱）—脑子想（谱）”三个环节对应“由谱聚图—图谱协同—认图知谱”的三段论，三者各司其职，协同起来才构成完整的智能系统。对此，我们进一步遵循集“粒化—重组—关联”于一体的大数据计算理念，发展了图谱耦合的遥感大数据智能计算方法与技术体系。

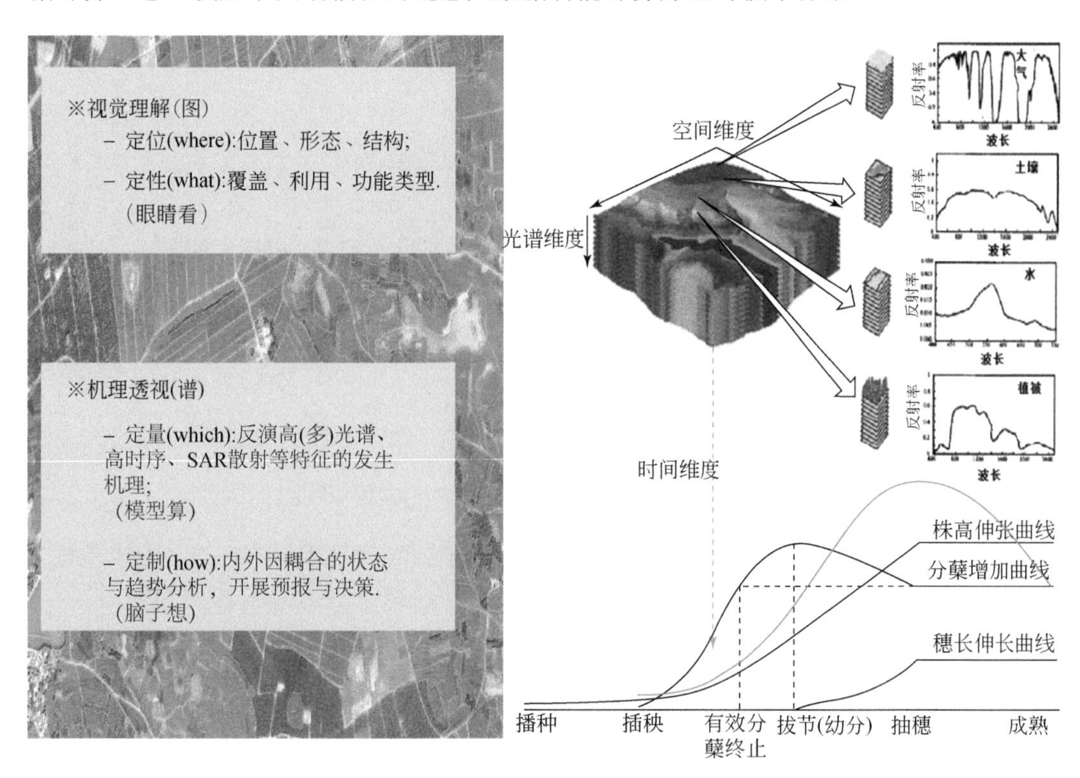

图 1.30　遥感信息图谱的基本特征

下面以基于高分遥感提取的精准 LUCC 信息为示例（具体概念和技术见第 4 章），简要分析对“认清地表每一块土地的利用状态及其覆盖变化机制”所体现的图谱耦合认知机制（图 1.31）。高分遥感时代应用于国家资源调查或国情监测的土地利用与覆盖信息都是以地理图斑（与地表分布的地理实体相对应）为基本单元，通过视觉解译（人工或机器）得到的具有精细形态和丰富类型的土地信息产品。在传统生产中，首先通过遥感影像“数据图谱”之上的目视解译（“眼睛看”）对图斑形态进行勾画，再基于解译标志的“形象思维”对图斑类型进行交互式判别，因此图斑形态结构充分体现了对地表改造利用后呈现场景的“图”特征；再进一步延伸，如何通过反演土地利用图斑之上覆盖类型及量化指标的变化，以及耦合内外动力因素对地表土地利用格局演化的驱动机制及发展趋势进行分析与模拟，这就成为将“模型算”和“逻辑思维”再耦合获得“信息图谱”与“知识图谱”的提升问题。综合分析来看，仅依赖传统人工目视解译手段是难以揭示内部机制和演化规律的，而科研界的定量遥感模型、土地分类方法研究与应用界的土地利用生产基本是相互脱节的，由此也解释了为什么迄今为止大规模作业获取的土地利用信息一直难以在实际应用中发挥基础性作用。

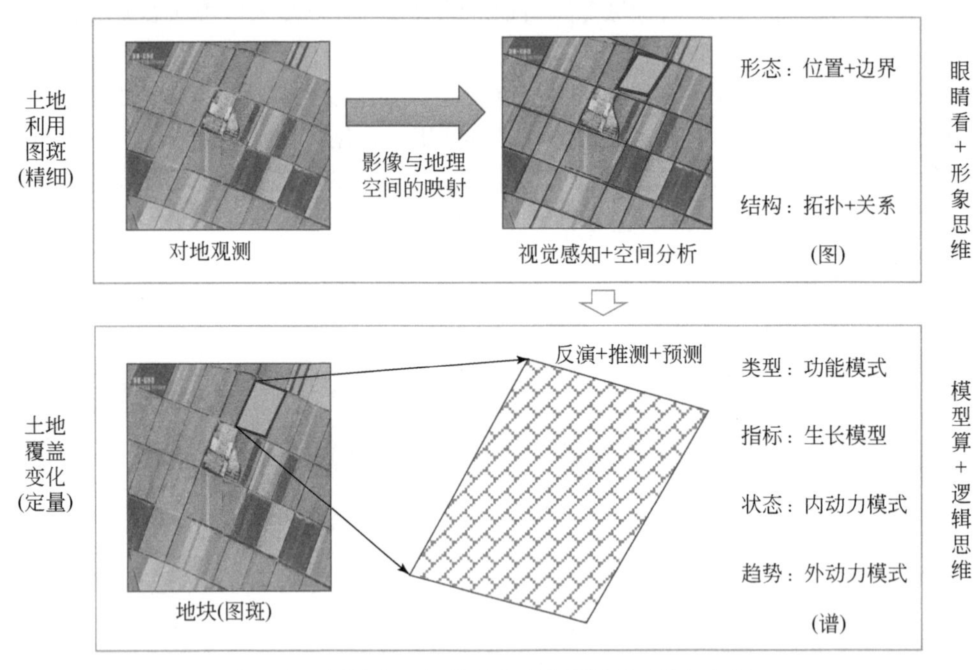

图 1.31　精准 LUCC 信息生产的图谱耦合认知机制

所以，我们把地理分析思想、图谱认知理论和机器学习技术协同起来，构建遥感大数据智能计算模型与模式挖掘体系，研发精准 LUCC 生产线系统（详细见第 4 章），一方面希望从“图”层面真正能让机器替代人工，实现对大区域、全覆盖、巨量土地利用图斑的高效生产与快速更新，以改变传统大工程式声势浩大、耗资巨费的自然资源大调查模式；另一方面试图发挥综合地理分析的优势，以土地利用图斑为信息基准，“图谱”耦合地协同多源遥感与多模态信息，再通过解析的模型与挖掘的知识来驱动，衍生出能承载各领域要素与指标的专题信息，最终通过遥感大数据综合处理与服务平台个性化地服务于各类各级用户，真正实现“发挥每粒数据作用，认清每块土地功能”的地理时空与遥感大数据理念。

1.3.3　图谱耦合计算

高分辨率对地观测存在诸多的前沿科学问题（李德仁等，2012），而针对本专著提出的遥感大数据计算体系的设计思想，其核心问题是如何将地理信息图谱理论与当今最新发展的机器学习技术协同，构建遥感智能计算模型，其中需要对遥感图谱耦合认知及多模态地理知识粒计算两大环节的科学问题重点开展探索研究，突破浅层时空场景精准理解（信息图谱）与地理模式深度挖掘（知识图谱）技术，构建遥感大数据四层结构（图 1.16）的信息传递与综合计算，从而搭建起跨越大规模对地观测数据资源获取与社会化地理信息服务之间鸿沟的桥梁，实现从前端数据制造向后端精准服务的畅通流转。具体针对这两大科学问题的科学思考与技术分析如下（如图 1.32 所示，其中关于研究现状与发展趋势的分析见表 1.2 所列）。

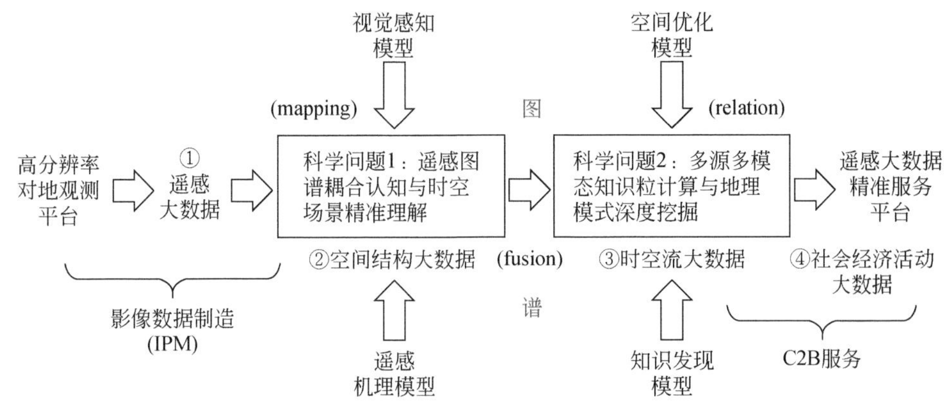

图 1.32　遥感大数据智能计算模型构建的两大科学问题

表 1.2　遥感大数据综合处理与计算的问题分析

科学问题	研究现状	发展趋势
遥感图谱耦合认知与时空场景精准理解（信息图谱）	✧ 特征融合、定量同化模型 ✧ 空间结构特性考虑不多，图谱信息分离 ✧ 对象化目标识别、定量化要素反演，但相互难以协同 ✧ 以宏观、定性分析为主	✧ 基于空间几何图式结构的多尺度、多源、多类、多级要素的同化与耦合 ✧ 图谱计算一体化，精细化、定量化、智能化分析相结合 ✧ 图谱耦合认知模型，微观遥感应用研究的开拓
多源多模态知识粒计算与地理模式深度挖掘（知识图谱）	✧ 分别开展定量遥感、地学遥感研究，之间相互分离 ✧ 知识系统和空间分析模型难以融入 ✧ 自适应机制弱，可信度低	✧ 高效计算和智能分析相结合 ✧ 发展多尺度迁移学习模型，建立知识与模型逐步融入机制 ✧ 建立自适应、高可信的强化学习计算环境

（1）遥感图谱耦合认知与时空场景精准理解，主要是协同多源、多平台遥感，发展分区分层感知模型（识别每一个地理要素，2.2 节详述）和时空协同反演模型（解析每一个要素的地理过程，2.3 节详述），实现对地表地理要素空间分布及变化过程进行精细化提取与定量化反演的过程，因此这是将遥感数据汇聚并有效转化为精准地理信息（形态-类型/指标）的基础环节，体现了微观的视觉遥感与宏观的定量遥感在地理图斑上“信息图谱”耦合的计算机制，分区分层地理学分析思想、深度学习技术和定量遥感模型需要针对这个问题开展深度融合，从繁至简地实现对复杂时空场景进行粒化与重组的问题求解。

（2）多源多模态知识粒计算与地理模式深度挖掘，进一步需要协同非遥感的多模态地理时空数据，发展多粒度决策模型（挖掘地理综合体内在的功能模式与演化机制，2.4节详述），实现对地理综合体（格局）的空间结构重建以及内外动力耦合的态势解析过程，因此这是将精准地理信息进一步通过模式挖掘机制来定制知识化专题信息（结构-状态/趋势）的关键环节，体现了 GIS 与地学遥感在时空格局上“知识图谱”耦合的分析机制，地理学综合分析思想（如“五土合一”，第 8 章详述）、知识迁移学习与强化学习技术、GIS 空间分析与优化模型等理论与方法等需要针对这个问题开展紧密协同，按照大数据“先挖掘关联知识，再探寻发生机制”的计算范式，从浅及深地实现对隐含地理模式挖掘的问题求解。

另外，从“图”和“谱”各有侧重开展研究的角度，在上述两大科学问题研究的基础上，遥感大数据智能计算模型构建可分解为“外在空间场景的视觉理解”与“内在发生机理的模式挖掘”两大方法与技术体系（图 1.33），体现了高分遥感时代要发展将视觉遥感（让机器模拟人工目视解译）和定量遥感（信息图谱）、地学遥感（知识图谱）紧密耦合的智能计算体系。其中，“外在空间场景的视觉理解”对应了大数据计算范式中的粒化，其重点是要模拟人类视觉感知机制对复杂地表成像实施层层分解，精确提取地理要素，并按照景观生态学原理重组结构形成地理场景，因此地理学分析思想与深度学习技术将在其中起核心作用；“内在发生机理的模式挖掘”对应了大数据计算范式中的关联，其重点是要在重组多源多模态数据基础上模拟人类逻辑推理思维对内部发生机制进行逐步深入的透视，定量而知识化地挖掘地理模式，因此遥感机理模型、符号主义机器学习技术以及空间优化方法将在其中发挥支撑性作用。

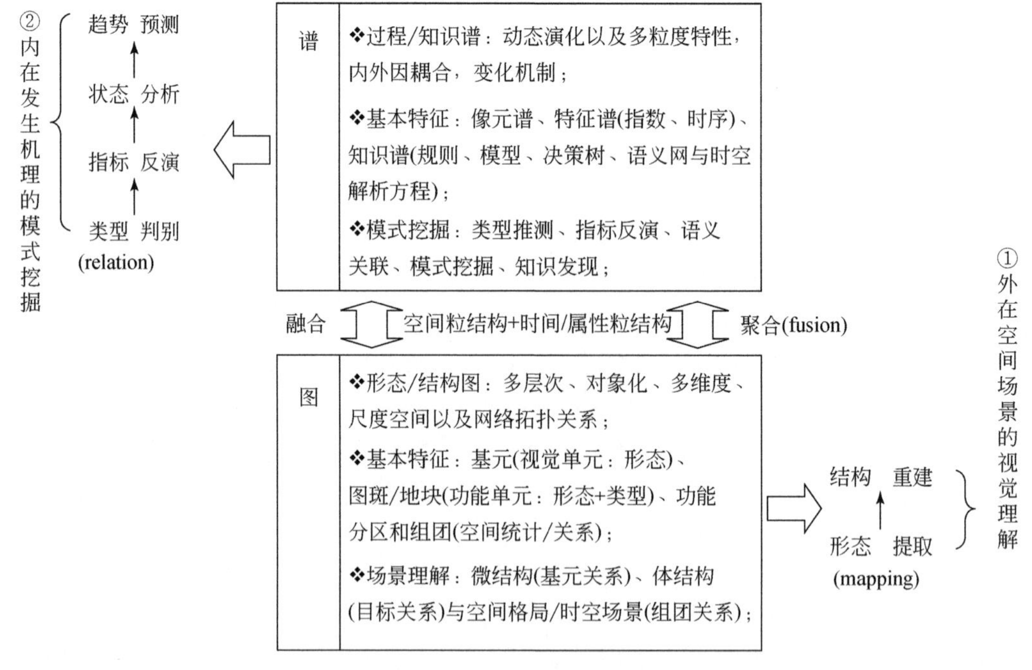

图 1.33　图谱耦合的遥感大数据智能计算的方法体系

1.4 遥感回归地理学

遥感是从太空对地表场景影像化的数据获取手段，可形象地比喻遥感为我们这颗星球的超级“自拍器”。尤其是随着高分辨率遥感时代的到来，地理现象呈现的细节以及地理过程发生的变化都能逐步通过遥感手段被感知和记录，更深层次的地理综合体与地理格局问题也可在精准遥感这张“底图”之上汇聚地表发生的各类大数据，再通过地理学家的分析和挖掘而被地图化地揭示，所以遥感理应成为支撑现代地理学发展最为强力的数据基石。因此在研究体系上遥感与地理学不可分离，应该在地理学分析思想的指导下开展遥感研究，而遥感研究应“落地”而服务于地理相关的各个领域，并最终在科学上回归于地理学相关的问题的回答。

1.4.1 遥感与地理学关系

1. 遥感的地理学本质

地理是指地球表层的地理现象或事物的空间分布、时间演变和相互作用规律（傅伯杰，2017）。地理学是研究地理要素或者地理综合体空间分布规律、时间演变过程和区域特征关系的一门学科，是自然科学与人文科学的交叉，具有综合性、交叉性和区域性的特点，包含了地理现象、地理过程和地理格局三大方面。地理要素通常包括水、土壤、大气、生物和人类活动（建），简称“水土气生人”五大要素。地理综合体由地理要素组成。在自然界中，一个生态系统、一个自然地带都可以看作地理综合体。因人类活动而快速变化的地球表层为地理科学研究和应用迎来了新的挑战与机遇。当前地理学发展的态势可以归纳为 4 个方面（傅伯杰，2017）：①从格局研究向过程研究的转变，印证了地理学从原有的知识性走向了科学；②从要素研究到系统研究的提升，“综合”作为下一个阶段研究的根本，不仅要研究自然要素的综合、社会要素的综合，更主要的是研究自然和社会的综合；③从理论研究到应用研究的链接，地理学是经世致用的，既要在理论上发展，又要在服务与决策上发展；④从知识创造到社会决策的贯通，最终的目标应是使地理学从知识、科学走向决策支撑。

在大数据时代，高分辨率对地观测实现了对地球表层地理现象和过程最为真实、量化、全面覆盖又快速更新的场景式影像记录，构成了各类时空信息的传播基准，可作为时空聚合与知识挖掘的本底，对推动地理空间认知研究和地理信息社会化应用的新发展提供最为基础的数据支撑。地球表层监测体系的逐步建立，从单一遥感走向天空地组网的多分辨率、全天候、全波段、全要素的地球观测，实现了对地表分布全覆盖、立体化的遥感观测；从天上的航空航天遥感到地下探测，再到地表土壤、植被、水等多要素的协同观测，实现了对地表要素的精细化、定量化与多尺度的复合观测；高空间几何、高时间序列与高光谱辐射成像于一体的新型遥感技术发展，可实现对地表复杂环境与地理综合体的真实获取与虚拟表达；从早期的指南针、罗盘到现代的组网卫星，再到全球定位与移动终端，实现了对地表位置的精准测定与智能导航服务。因此，进一步综合遥感成像与地理分异规律，我们可以总结，按照遥感影像从地物波谱到时空分布以及地学机制的特征提取与模式挖掘过程（图 1.34），能实现对地表复杂环境要素的层层抽取与信息聚合，可为地理学系统研究与数据化解析提供更全面和更精准的地球数据支撑，从而深化对地理现象、地理过程和地理格局的综合认识。

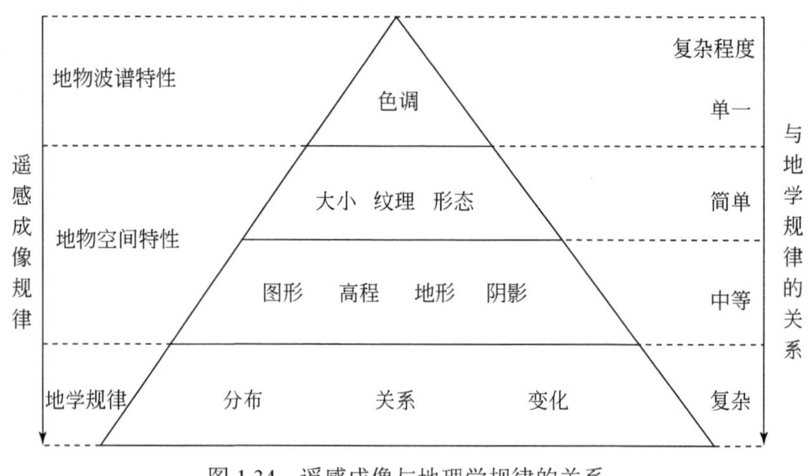

图 1.34 遥感成像与地理学规律的关系

2. 遥感的地理学思维

遥感影像是一定分辨率条件下对地观测信息综合，理论上可对地表任何位置以成像方式进行地表性质的全覆盖数据采集，因此遥感数据与其他地表发生的各类数据相比，其最显著的特征是在精准时空位置上地理图谱特征的耦合。然而长期以来，遥感研究淡忘了其本身蕴含的地理学属性，要么直接使用计算机视觉与模式识别的技术方法对影像进行分割分类，忽视了对复杂地表特性的认识，因而难以达到深层次对地表格局与过程的分析理解；要么仅从成像机理的角度侧重于对影像像元进行物理量分解与要素的反演，但同时忽略了其在地理空间上的分布规律，所以这样的定量产品往往难以真正落地。事实上，遥感既然是对地表空间的数据观测，那么其研究是离不开地理学思维支撑的，具体而言可归纳为如下几方面。

（1）时空变迁思维：地理环境因水热与气候条件变化而导致在纬度、经度以及垂直方向上呈现出地带性差异，并在不同历史阶段因气候变化或人类活动而发生演化与变迁。因此，必须将空间与时间两方面的地理异质性规律，以背景知识的方式引入到遥感影像地学理解与分析计算的理论与方法框架中，建立一套自上向下的分区控制机制，从而在宏观层面上把握遥感信息提取的地物与要素在时空上遵循地表分异的地理学规律。

（2）图谱耦合思维：地理学研究现象、过程与格局三大问题，其本质反映了地表场景（图）与变化特征（信息谱）、内在规律（知识谱）的图谱耦合机制。我们在前面一节关于遥感图谱认知研究的论述中，已提出遥感在数据、信息与知识三大层面上都具有图谱耦合的特性，因此提出在地学信息图谱思想指导下发展遥感智能计算模型，从而以“透过现象看本质”、“从定性到定量”的路线，实现由浅层“视觉理解”深入到内在“机理透视”的认知过程。

（3）复杂系统思维：我们必须清晰地认识到地表是一个超级复杂的巨系统，这也是为什么传统地理学一直难以建立相对完善的数理语言体系来对问题进行表达与解析的核心原因。遥感可实现对地表全覆盖而真实的数据获取，因此可在大数据计算思想指导下，先对复杂地表的认知问题进行梳理和分解，再在解构出一系列细粒度的子问题和可解析的模型族基础上进行优化重组和逐步解算，从而实现对复杂地理问题的整体求解。这种“大数据+复杂系统”相结合的新型计算理论与技术的发展以及“先化繁为简，再由简入繁”的应对策略，可能会快速推动描述性地理学向地理数据科学方向演进与革新的步伐。

（4）人地关系思维：地表分异是自然力量与人类活动综合影响的结果，因此地理成为自然环境与人文社会、政治经济的综合体，体现了高度的人地耦合关系，地理学正在向综合地理分析的方向发展。人地关系思维对于指导遥感研究非常关键，也特别容易因被忽视而僵化。人的经验与知识、地面观测、野外验证等手段要和遥感分析计算模型进行有机融合，构建一套开放的“人-机-环境”协同系统，使得来源于社会与人的知识以数据融入的方式，随时随地对大数据系统进行把控和调节，真正构成“星空地一体化”的地理感知与认知体系。

3. 复杂系统认知问题

上述从不同角度总结了如何运用地理学思维指导遥感系统研究的基本思想，而对于如何将遥感切入地表认知体系而言，复杂系统思维又是其中最为关键的思想支撑，因此我们在此用更详尽的篇幅对其进行系统论述。复杂系统是由非线性相互作用的不同部分（基元或组元）联合构成的复合系统，其复杂性体现为从无序到有组织的两端。无论在自然界还是社会经济的范畴里，复杂系统比比皆是，而地表更是汇聚各种复杂系统的超级复杂巨系统。近 40 年来，复杂系统科学在实践中得到不断发展，我们推崇的几位大家分别在各自领域提出相应理论和方法论，成为启迪我们运用大数据构建地表认知体系的思想源泉：

（1）钱学森先生于 1988 年提出复杂巨系统与人工智能关系的指导思想。钱老针对当时学术界对于刚起步的人工智能研究以盲目跟踪西方为主的现状，高瞻远瞩地认为研究人工智能最终是为了解决复杂系统问题，因此必须先要充分认清复杂系统，才能针对性地设计相应的智能处理与分析技术（钱学森等，1990）。钱老提出的三方面指导思想对于我们构建研究体系具有高屋建瓴的启迪意义，具体的针对性分析如下：①微宏观相结合的分层次解构，首先从宏观到微观对复杂问题进行体系上的分解，在微观层面上设计人工智能技术进行处理，再从微观到宏观进行系统地重组；②从定性到定量，透过现象看本质，先把复杂系统表面的、可定性描述的特征提取出来，然后在定性特征的方向性控制下建立定量模型，针对性地解析量化的参数；③人机协同的开放式系统，在这个系统中机器不可能完成所有的任务，因此绝对不能忽视人对系统的调控作用，在运行过程中开放地接纳人与机器的交互与协作，以驱动系统的不断趋优。上述三方面的重要思想在本专著设计的遥感智能计算模型中得到了充分考虑，科学有效地指导了对复杂地表系统的认知实践。

（2）陈述彭先生于 20 世纪 90 年代中期提出的地学信息图谱理论。前面一节专门论述了陈先生地学信息图谱理论对我们在大数据时代提出遥感智能计算的引领性意义，近

10 年以来我们正是在图谱认知框架下逐步清晰了新时代开展遥感地学理解与分析研究的学术思路。在本质上，图谱思想是进一步聚焦于地学背景下，综合景观制图的简洁性和数学模型的抽象性，按照透过现象（图）看本质（谱）的路线，实现对复杂地表的层层解构（陈述彭等，2000；陈述彭，2001）。陈先生二十多年前提出的地学信息图谱思想在当今的大数据背景下具有重要的指导意义，我们遵循陈先生提出征兆、诊断与实施的三级图谱，相应设计了分层感知（详见 2.2 节）、时空协同（详见 2.3 节）与多粒度决策（详见 2.4 节）的三个基础模型，有序地按照空间、时间和属性的方向，实现以遥感影像为切入对复杂地表现象与过程、从视觉图到机理谱的逐步深化探知，并最终建立一套知识图谱的决策体系。

（3）傅伯杰院士引进并开拓的景观生态学对地表系统的刻画思想。景观生态学是研究在一个相当复杂而宏大的区域内，有许多不同生态系统所组成的整体（即景观）的空间结构、相互作用、协调功能及动态变化的生态学新分支。景观生态学的研究焦点是地表生态系统的空间格局和生态过程，这与地学信息图谱的思想又是高度一致的。具体而言，景观生态学提出了“斑块-廊道-基质”模型用于表达复杂地表上景观（场景）的基本模式（傅伯杰等，2011）。其中，“斑块”是景观格局的基本单元，不同于周围背景、相对均质的非线性区域（异质）；“廊道”是不同于周围景观基质的线状或带状要素（联系）；“基质”是面积最大、连接性最好的背景要素（环境）。基于这套模式，我们发展了更为具体的遥感大数据地理图斑智能计算模型（详见 2.1 节），分别对城市生活、农业生产与自然生态的地表“三生空间”进行了以土地利用图斑为基本单元的场景式表达，并进一步对其指标体系的迁移计算和功能结构的优化决策提出了相应的一套计算方法。

（4）模糊数学的开创人 Zadeh 先生于 2001 年提出了“粒计算”思想。数学是用于对复杂世界进行高度抽象的表达与形式化计算的一门学科，尤其是随着大数据与智能时代的到来，人工智能与数学呈现出融通共进的关系，其本质是利用数学语言实现对数据世界的结构化表示与关系解析。人类在处理大量的复杂信息时，由于认知能力受限，往往会把信息按其各自特征和性能进行分割，形成若干较为简单的“粒”，相互之间的关系再构成“粒”的结构，这就是信息领域“粒计算”的核心思想（Zadeh，1997）。Zadeh 先生用三个关键词高度概括了粒计算思想的精髓，某种意义上已成为当今大数据计算的基本范式：①粒化，先把复杂问题的主控数据实施以“粒”为单元分解的简化结构；②重组，再在结构之上聚合其他各种来源的数据，使之概念得以丰富；③关联，最终挖掘其中隐含的相互作用模式并解释背后的发生机制。可以发现，“粒化—重组—关联”的计算思想与复杂系统理论是相通的，我们设计的遥感大数据地理图斑的三大基础模型也是分别对应了空间、时间与属性上三种粒结构的表示与计算（详见第 2 章），将深度学习、迁移学习和强化学习三种机器学习机制在粒结构上进行协同运用（详见第 3 章），从而构建起整体性的智能系统。

（5）人工智能科学家徐宗本院士于 2017 年提出了运用机器学习对复杂系统进行求解的一套方法论。针对上述“粒计算”思想关于“粒化”与“重组”的计算过程，徐宗本院士进一步提出具体如何用机器学习对其中参数进行解析的方法论，主要包括了如下三步骤（Xu and Sun，2018）：①针对问题域在可解释的框架内，从宏观到微观设计和构建一组模型（族），若在模型计算上遇到难以用常规方法进行解析的细粒度环节，则设计为由“输入-输出”关系构成的算法（族）；②运用深度学习解析每个算法关系的隐含参数，逐个打通各个关键环节的信息流转；③在一定目标驱动下，采用优化方法对模型框架中各个算法环节进行结构化重组。总之，这套思想的核心是对一个复杂系统的求解过程，拆解为可解释模型解构与细粒度上机器学习“黑箱”解析的有机组合，并最终落实为对结构化系统有序重组的优化问题。

通过以上的分析可以看出，虽然几位大科学家分别从不同的领域对复杂系统提出了相应分析解构的思想，然而殊途同归，在本质上是相通的，与当前大数据“粒化—重组—关联”的路线是高度一致的：先构建基本结构（图），再重组各种维度上反映更丰富态势的多源信息，最后在不断优化过程中挖掘其中的机理与模式（谱）。因此，本专著提出的遥感大数据智能计算理论也是遵循了这套对复杂系统认知的思想体系，无论是地理图斑的三大基础模型设计与构建，还是具体针对城市、农业与生态等专题应用的开展，都是在充分考虑遥感与地理大数据的精准时空特性基础上，通过建立“空间—时间—属性”层层递进的计算流程，实现从遥感影像空间到地理信息空间的有序转化，以及面向各领域的精准地理应用。

1.4.2 遥感研究问题分析

1. 遥感的三大问题

遥感是对地球表层开展大规模观测和高精度分析的有效手段，因此遥感研究首先必须遵循地理学分析的基本理论与方法，系统而言就是来自于对地理现象、地理过程以及地理格局三方面研究方法论的指导，同时遥感大数据的新发展也推动了对这三方面地理本质的新探索（图 1.35）。通过从视觉理解到机理透视逐步深入的遥感智能计算理论与方法体系的构建，将为地理学沿着精细而定量方向不断深化提供一套新的数据分析与应用技术。对应于复杂系统与图谱认知的思想体系，将聚焦以下三个方面的问题解决。

（1）感知地理现象（由谱聚图，模拟“眼睛看”的过程），在地理学分区分层思想指导下，从宏观到微观根据地物视觉特征差异设计分层感知器模型，有序地将矩阵式影像分割、聚合、标识为与地表分布真实对应的不规则地理对象（图斑），实现从像元谱到空间图的逐步转换，构建由地理图斑相互作用而联结的、用于表达相对稳定空间结构的地理场景。

（2）反演地理过程（图谱协同，加载“模型算”的过程），在遥感成像机理模型的支撑下，基于多源遥感对地理图斑进行时序特征以及多尺度、多模态和多粒度相结合的信息多重表达以及特征融合与重建，实现地理与遥感的“图-谱”特征耦合，进而按照从定性到定量的计算路线，系统反演地理对象的覆盖变化类型、物理量指标以及变化驱动力等系列要素。

（3）认知地理格局（认图知谱，仿真“脑子想”的过程），基于综合地理的分析思想，在地理图斑场景之上进一步采用 GIS 时空聚合技术融入多源的地表资源环境及社会经济发生数据，实现地表复杂结构的多模态数据同化，进一步综合运用空间分析与模式挖掘技术，对地理格局状态和发展趋势进行推断与预测，以认知复杂自然演变和人类活动的规律。

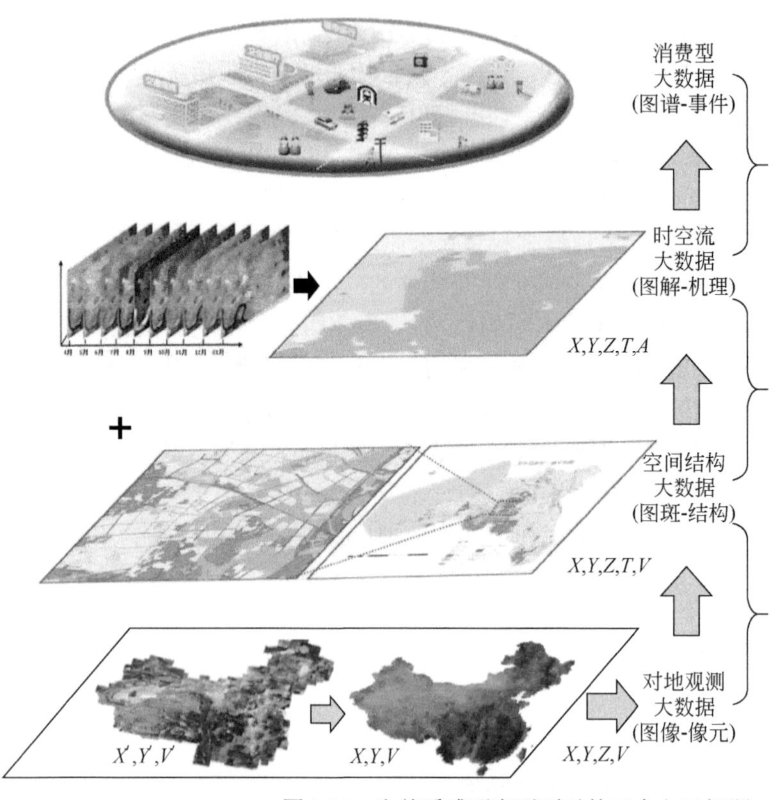

图 1.35　当前遥感研究要面对的三大主干问题

2. 遥感研究的现状

上述当前遥感研究的三大问题，通俗而言是分别针对遥感数据进行“眼睛看”、“模型算”与“脑子想”等三种智能行为的机器模拟，对应了粒计算处理大数据时所用的“粒化—重组—关联”三大环节。因此必须将三个问题研究有机组合于一起，才有可能实现基于遥感与地理大数据对复杂地表空间进行系统认知的研究目标。而事实上，针对这三大类遥感问题的研究，目前都在小领域各自开展之中，但基本都处于一个相对分离的状态（图 1.36）。

（1）视觉遥感（眼睛看）：主要面向高空间分辨率影像场景分类与目标识别的研究，综合运用计算机视觉与模式识别领域针对图像分析的技术，以及测绘领域针对空间数据处理与制图的技术，试图从遥感影像中将符合视觉感知的地物形态及类型进行提取与判别。存在的问题是：一方面对地表复杂性认识不足，往往以拿来主义的方式直接套用机器学习的算法（无论是传统的 BP 算法、SVM 算法、决策树算法还是当前新式的深度学习算法）进行图像分割分类，在效果上总与实际生产的要求距离尚远；另一方面这一类研究一般都与机理问题相脱节，难以深入分析地物目标所承载的内在发生机制。

（2）定量遥感（模型算）：主要是面向宏观尺度（区域或全球）的气候与环境变化要素进行遥感监测研究，综合运用遥感成像机理以及地物生长与物质能量流动、交换的机制，试图协同遥感与地面观测数据将各位置上相关物理量及专题要素进行定量化反演和同化计算。存在的问题是：一方面对地物真实空间形态与结构认识不足，因此反演的

图 1.36　三大类遥感问题研究互相分离的现状

参数往往相对宏观，可验证性不足，与实际生产应用结合不够紧密而难以落地；另一方面也因为计算单元往往是多要素混合的粗粒度像元，难以和真实地物和地面观测体系进行精准匹配而造成精度偏低。

（3）地学遥感（脑子想）：主要面向中尺度上自然资源空间分布与演变的地学规律进行遥感分析研究，综合运用遥感解译方法、GIS 空间分析制图技术与专家系统模型，试图以遥感影像为基础底图协同领域经验知识开展土壤、植被、生态资产、灾害风险、城镇化等专题制图与报告分析。存在的问题是：一方面遥感解译单元不够精细，更新周期相对缓慢，对于专题制图的精度有极大影响；另一方面，专家的经验知识相对比较定性，因此专题图制作还基本停留在类型判别或分级评价的阶段，距离定量化分析报告与规划预测尚有一定的距离。

3. 科学问题的论述

上述三个方面针对图谱的遥感研究各有侧重，组合起来就形成了“由谱聚图—图谱协同—认图知谱”的认知路线，有机构成了“视觉感知模拟—发生机理解析—知识协同决策”的智能计算行为，以及对复杂地表系统的有序认知体系。因此必须将这三种智能计算协同整合于一个框架中，才真正提升为整体性的遥感大数据地理智能计算系统。针对遥感三类研究中所包含的科学问题，具体可有如下论述。

（1）视觉感知模拟（眼睛看，空间粒化）：面对复杂的地表结构与地理环境，机器能否模拟人类的视觉注意机制与分层次感知系统，将地理实体的轮廓形态进行精细勾画（空间粒化），形成从影像空间向地理空间的有序转化？在复杂系统理论指导下探索从宏观到微观的分层次视觉模拟机制，进而采用最小粒度的深度网络模型来突破相应的算法，这是视觉遥感的关键科学问题。其关键不在于算法如何具体运用，而在于对地表复杂性的充分认识，最终在细粒度上根据地物所呈现视觉特征的各自差异，针对性地设计特征提取的算法与模型，可实现将复杂的影像感知问题进行高度的抽象与简化。

（2）发生机理解析（模型算，时间粒化）：隐含于多源多模态数据中刻画地表变化发生的驱动机制，能否被时序化、指标化地重组，进而迁移至智能体（地理对象或图斑）结构中（时间粒化），实现对地表场景及演变过程的解构与解析？在通过视觉遥感对地物形态及类型进行提取的基础上，进一步发展从定性到定量的地物要素反演模型，实现在空间与属性条件联合约束下、星地协同观测的高精度参数求解，这是高分遥感时代开展定量遥感研究的关键科学问题。其关键体现于地理实体内在变化过程的定量分析，进而建立“形态—类型—指标”一体化的计算模型，这是高分遥感能否真正走向精准地理应用的核心问题。

（3）知识迁移决策（脑子想，属性粒化）：碎片式、模糊而定性描述、难于形式化表达的人类大脑知识与专家经验，能否以“人-机-环境”协同交互的增量学习机制逐步强化至地理智能体的高维结构之中（属性粒化），以支撑多目标、智能化的地理空间优化与分析决策？在遥感驱动下构建的时空场景中，持续融入资源调查、环境监测与社会感知等多模态数据，并运用机器学习等技术实现数据驱动下的知识迁移与推测分析，这是大数据时代开展地学遥感研究的关键科学问题。其关键体现在地理场景与各类地表发生数据的聚合，实现“数据承载知识、知识优化空间”的挖掘与决策机制，这是遥感大数据精准地理应用的出口所在。

从上述“三个遥感”研究的科学问题来看，“眼睛看—模型算—脑子想”是环环相扣的，三者各司其职并相互协同起来才能层层递进地达到对复杂地表的系统认知，进而支撑遥感与地理大数据精准应用与服务体系的构建。所以，本专著的一个重要课题就是将三个问题有机组合起来，试图回答“复杂地表巨系统在大数据时代到底能否被解构与认知？”的大科学问题。而如果这个问题回答清楚了，可能将有力推进地理学向数据科学化迈出坚实的一步（事实上在所有学科里面，或许地理科学的数据观测水平是最高的）。在此，我们针对“什么是科学问题？究竟与应用问题、技术问题怎样区分？”做一些引申思考，希望与各位读者分享。我们认为：科学是纯粹的，因此所凝练的科学问题也应是纯粹的。可能启发于技术研制或应用落地的过程，但一旦上升为科学问题，则必须要排除其原有技术与应用的目的，不能再从“有没有用”的方向去思考，而是要将问题凝练并升华至普适、机理的科学层面，并要通过开展大量文献综述工作对问题进行佐证！

1.4.3 遥感回答地理问题

1. 三个遥感协同研究

针对“认知复杂地表系统（认清每一块土地的功能）”的研究目标，如何进一步构建“三个遥感”之间的协同关系呢？如若有机协同于一起了，能否发挥“1+1+1≫3”的聚合作用呢？为此，我们在“地理现象—地理过程—地理格局”为体系的地理研究框架内，综合地理分析思想、机器学习技术与遥感机理模型，分别从“时-空”遥感数据、“遥感-地理”信息以及“人-机-环境”知识三个层面提出了协同的思路（图 1.37）。

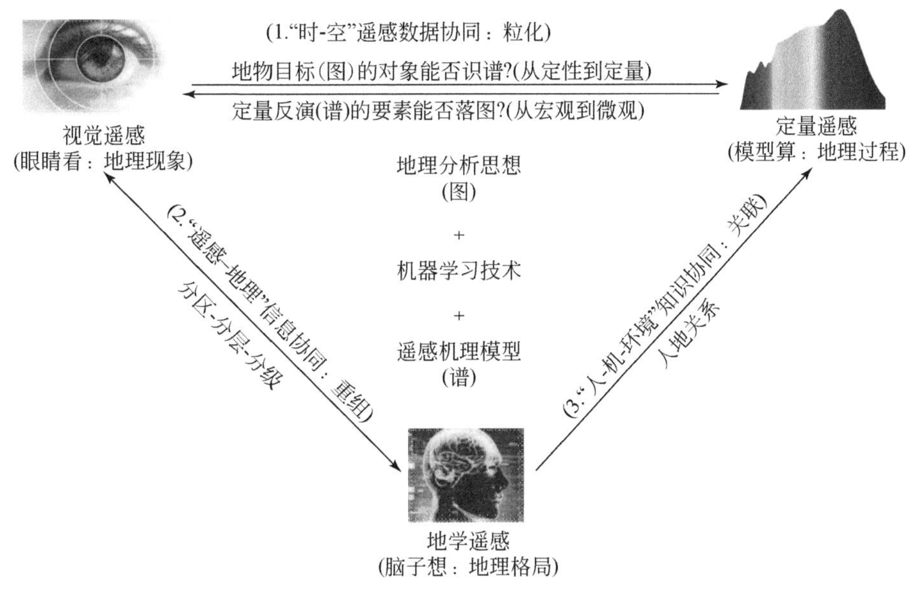

图 1.37　三个遥感在地理学框架内的协同研究

（1）“时-空”遥感数据协同（图-谱）：在高分遥感时代，基于高空间的“视觉遥感”可为构建地理场景（图）提供精细的地物对象，而基于高时间与高光谱的“定量遥感”则在更高维度上探测地物的内在演化及发生机制（谱）。首先建立“时-空”遥感的协同关系，按照从空间到时间的路线，使得“视觉遥感”提取的对象能够认图识“谱”，而“定量遥感”反演的要素也能落“图”生根，从而构建针对复杂地表“粒化”表示的精准地理场景。

（2）“遥感-地理”信息协同（分区-分层-分级）：面对地表结构的复杂性，需在“地学遥感”的地理分析思想指导下，通过“视觉遥感”技术对地理场景进行构建，并作为各类地学大数据时空信息“重组”的基准底图，以支撑地理模式的挖掘与知识发现。因此，需建立“遥感-地理”信息的协同关系，“分区-分层-分级”地将影像空间有序转化为地理空间的场景，并同时将各类信息迁移聚合至场景之中，实现对复杂地表的全空间与全信息化表达。

（3）“人-机-环境”知识协同（人-地）：遥感对地观测可获取地表全覆盖和面上的信息，可实现对地物形态与结构的精细提取，但对其物理量参数的直接反演相对而言是不够精确的；而通过地面观测可获取地表局部位置上精准而可控的信息，但难以覆盖至广域空间。因此，建立“人-机-环境”知识的协同关系，将专家解译与实地观测、野外验证等碎片信息，以迭代的知识更新方式逐步嵌入模型并使之增强，不断优化地理空间场景以及人地关系。

2. 遥感地学分析问题

“三个遥感”的有机协同，构成了遥感大数据智能计算对复杂地表空间进行精准建模的基本思想体系，其中的关键在于地理与遥感如何建立联系的问题，归根结底还是如何形成地理形象分析思维与遥感理性计算思维的图谱耦合？由此，我们提出："用地理学思维指导遥感研究，而遥感研究要回归地理学问题"。具体而言，地理学分析思维的核心是如何将复杂地表系统先"分解"再"综合"，而地理学的基本问题是如何揭示地理时空分异背后的内外动力耦合作用的机制。近 50 年来，在从传统地理学向现代地理学发展研究的过程中，地理学家们通过实践与思考，先后总结了几大定律对地理的基本规律进行了高度的归纳，我们也试图通过对这些定律中地理分析思想的凝练，提出新时代遥感地学分析研究的一些思路。

（1）地理学第一定律（空间相关性/分区）：Tobler 于 1970 年总结了地物间相关性与距离有关（All things are related，but nearby things are more related than distant things.）。也就是说，一般而言，距离越近，地物间相关性越大；距离越远，地物间异质性越大（Tobler，1970）。这是因为地表自然现象的呈现主要受控于内在的土壤（基岩）与外在的水热条件，如果没有突发的内外动力作用，原始地表应表现为缓变而相对稳定的格局，这就是空间相关性定律所表达的基本思想。因此，在顶层可通过对地表实施区域划分（分区），使得每个区块内自然条件的属性具有相对一致性。在对复杂地表进行遥感解译分析研究中，也首先制定了分区的原则，也即将影像空间按照地理分区，自上往下分解为若干相互独立的子空间，再分别开展解译。

（2）地理学第二定律（空间异质性/分层）：空间隔离造成了地物之间的差异，即异质性，分为空间局域异质性和空间分层异质性，前者是指该点属性值与周围不同，例如热点或冷点；后者是指多个区域之间互相不同，如分类和生态分区（Goodchild，2003）。这是因为地表受内外动力作用影响或人类活动干预，比如山脉隆起、沟谷切割、灾害破坏、水陆交互、农业生产以及城镇建设等，会导致空间突然变化的过程与格局，这就是空间异质性定律表达的基本思想。因此，针对每一类异质所呈现差异，分层次地开展从现象到本质的深化分析，使得每一层背后的作用机制具有相对的一致性。在对遥感解译的分区基础上，针对每个区块内地物特征差异设计分层提取模型，实现从影像空间中对地物对象轮廓的有序分离。

（3）地理学第三定律?（景观相似性/分级）：地理景观越相似，主导型环境因素越接近，其中的"地理景观"定义为"一个位置空间邻域上地理变量的构成和结构"（Zhu，2018）。这是因为空间相关性和异质性现象的共同出现，是受自然本底因素（土壤与水热条件等）和内外动力共同作用而导致的，所以在理论上如果上述条件完全满足一致的情况，那么地理景观呈现也应该趋向于相似（即使是有一定距离的两个地方），这就是我们对景观相似性定律（有一定争议）所表达思想的基本解读。因此，可通过现代信息技术对地表各个景观单元所蕴含的地理属性数据进行观测和处理，分级地建立相互间差异与相似的对比计算，使得地理景观形成的作用机制和变化趋势具有可推测性。在分区分层的遥感地物提取基础上，进一步重组地表发生的各类数据，实现对地物更精细类型与更定量指标的分级推测。

（4）地理学第四定律?（地理综合体/五土合一）：地理综合了物理、化学、生物、人文、社会、经济等多要素的相互作用而形成了复杂现象、演变过程与人地格局。这是因为地表的高度复杂性是由各种因素交织下历经亿万年而形成，而其中又出现了人类活动对地表的改造与干预，加剧了地表异质性的程度与速度，因此任何一个地理实体的景观呈现都非单要素作用而成，而是在内外动力、生物与化学、多圈层以及人地等共同作用下造就的复杂态势，这就是地理综合体定律表达的基本思想。土地是地表地质地貌、气候水文、土壤植被等多要素耦合的自然综合体，是遥感揭示地表的基本对象，土地利用与土地覆盖变化（LUCC）是遥感地理应用的共性产品。综合地理学分析思想与机器学习技术，可实现精准LUCC信息的智能生成，再融入土壤、土地资源与土地类型等关联知识（五土合一），可对地表的复杂地理问题进行综合求解。

3. 遥感智能计算体系

遥感大数据智能计算是以复杂系统理论为指导，有机协同“三个遥感”科学问题的研究，而构建的一套面向精准地理应用的智能化计算架构，按照从形态到结构、从定性到定量、从静态到动态、从特征到知识、从封闭到开放以及从局部到全域的发展路线，实现“感知地理现象-反演地理过程-解析地理格局”于一体的复杂地表认知过程（图1.38）。在设计思路上，以地理学分析思想和遥感图谱认知理论为顶层框架，将多粒度计算、遥感机理、GIS空间优化等技术方法与机器学习技术进行深度融合，形成了以地理图斑为基本单元、层层递进的遥感智能计算体系。具体而言，遵循了如下几方面的设计原则：

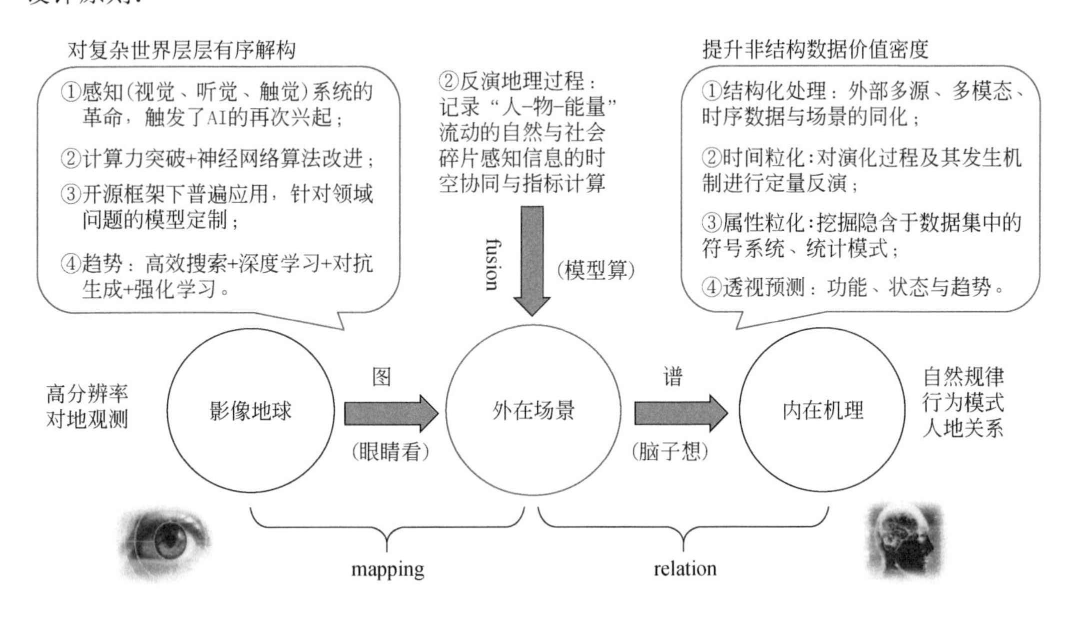

图1.38　遥感大数据智能计算研究的框架体系

（1）在分区分层分级的综合地理分析思想指导下，自顶往下地对复杂地表系统进行微宏观相结合、层层有序地分解与重组，在最细的空间粒度上针对显著性特征设计相应的机器学习算法，以实现对地理图斑（地物目标的对象）形态与类型的精细化提取与判别；

（2）采用粒计算的思想，分别从空间、时间与属性三个维度，构建多层次信息系统的粒结构模型，进而发展分层感知、时空协同反演与多粒度决策三个具体的计算子模型；

（3）采用分层设计的深度学习模型，由于不同地理实体所呈现的视觉特征以及注意机制都各不相同，不能沿用传统思路依赖于单一模型对地表各要素进行分类或识别，分别设计边缘、纹理、语义和时序的深度学习模型，实现对地理图斑形态特征的分层有序提取；

（4）采用多模态的迁移学习模型，对不同来源、不同类型的数据，进行与地理图斑的时空结构化聚合，是提升非结构化数据价值密度的主要途径，从中可发现具有时空分布规律的隐含知识与变化模式，从而反向牵引对专题信息产品的定制化生成；

（5）引入强化学习与空间优化的机制，不断从外部环境中引入碎片化观测的增量信息，让机器自适应地调整分层感知与多粒度决策模型的参数与结构，逐步逼近地理要素提取、专题制图与空间格局规划的最佳效果或最优目标。

通过本章对地理与遥感问题的综合分析，可将遥感大数据计算与应用的研究通俗地归纳为如下几个“万万不能”的感悟：①遥感是支撑对复杂地表认知的最重要数据，是实现对地表真实、量化、全覆盖、持续的数据观测的唯一手段，因而离开遥感的地理认知已万万不能；②单靠一种遥感也万万不能，需要协同视觉、定量、地学三种遥感技术，才能实现对地表系统图谱耦合的多维表达；③单靠遥感本身也万万不能，需要在遥感构建的时空场景基础上，融合、同化、关联自然和社会经济发生的各种数据，才能更完整地表达世界态势；④单靠一种模型或一次计算也万万不能，要用综合地理的思想对复杂问题层层分解和有序重组，并对计算过程实现人机分离和人机交互，用控制论的优化思维构建可进化的计算体系。

综上所述，构建遥感大数据的智能计算体系，是一个系统化的理论探索和工程化的技术突破过程，是一项须时刻面向应用而不断验证方法和改进模型的工作。其中需重点研究的关键环节包括如下几方面：①地理要素（图斑）形态精准提取及其变化检测与信息更新的问题；②基于地理要素开展定量化指标反演与同化的问题；③基于地理要素进行精细图斑尺度上的要素推测以及静态的功能模式挖掘的问题（地理学第三定律的论证）；④精准土地利用与覆盖变化信息（P-LUCC）的分布式生产及专题应用服务（三生空间）的问题；⑤基于地理综合体进行空间分析与空间优化的问题（GIS 如何与机器学习的结合）；⑥地理图斑动力模式的挖掘以及时空解析的问题；等等。这些内容都将在后续关于地理图斑计算、机器学习机制、精准 LUCC 生成及专题应用等各章中详尽介绍。

主要参考文献

陈述彭. 2001. 地学信息图谱探索研究. 北京：科学出版社.

陈述彭，岳天祥，励惠国. 2000. 地学信息图谱研究及其应用. 地理研究，19（4）：337-343.

程昌秀，史培军，宋长青，等. 2018. 地理大数据为地理复杂性研究提供新机遇. 地理学报，73（8）：5-14.

戴汝为. 2001. “再谈开放的复杂巨系统”一文的影响. 模式识别与人工智能，14（2）：129-134.
傅伯杰. 2017. 地理学：从知识、科学到决策. 地理学报，72（11）：1923-1932.
傅伯杰，陈利顶，马克明，等. 2011. 景观生态学原理与应用（第2版）. 北京：科学出版社.
宫鹏. 2019. 对遥感科学应用的一点看法. 遥感学报，23（4）：567-569.
李德仁，童庆禧，李荣兴，等. 2012. 高分辨率对地观测的若干前沿科学问题. 中国科学（地球科学），42（6）：805-813.
李德仁，王树良，李德毅，等. 2002. 论空间数据挖掘和知识发现的理论与方法. 武汉大学学报（信息科学版），27（3）：221-233.
李德仁，张良培，夏桂松. 2014. 遥感大数据自动分析与数据挖掘. 测绘学报，43（12）：1211-1216.
骆剑承，胡晓东，吴炜，等. 2016a. 地理时空大数据协同计算技术. 地球信息科学学报，18（5）：590-598.
骆剑承，吴田军，夏列钢. 2016b. 遥感图谱认知理论与计算. 地球信息科学学报，18（5）：578-589.
骆剑承，吴田军，李均力，等. 2017. 遥感图谱认知. 北京：科学出版社.
骆剑承，周成虎，沈占锋，等. 2009. 遥感信息图谱计算的理论方法研究. 地球信息科学学报，11（5）：5664-5669.
裴韬，刘亚溪，郭思慧，等. 2019. 地理大数据挖掘的本质. 地理学报，74（3）：586-598.
钱学森，于景元，戴汝为. 1990. 一个科学新领域——开放的复杂巨系统及其方法论. 自然杂志，13（1）：3-10.
徐冠华，柳钦火，陈良富，等. 2016. 遥感与中国可持续发展：机遇和挑战. 遥感学报，20（5）：679-688.
张继贤，顾海燕，鲁学军，等. 2016. 地理国情大数据研究框架. 遥感学报，67（5）：1017-1026.
周成虎，骆剑承，杨晓梅，等. 1999. 遥感影像地学理解与分析. 北京：科学出版社.
周成虎，杨崇俊，景宁，等. 2013. 中国地理信息系统的发展与展望. 中国科学院院刊，28（z1）：84-92.
Viktor M S，Kenneth C. 2013. 大数据时代——生活、工作与思维的大变革. 周涛译. 杭州：浙江人民出版社.
Blaschke T. 2010. Object based image analysis for remote sensing. ISPRS Journal of Photogrammetry and Remote Sensing，65（1）：2-16.
Blaschke T，Hay G J，Kelly M，et al. 2014. Geographic object-based image analysis：Towards a new paradigm. ISPRS Journal of Photogrammetry and Remote Sensing，87（100）：180-191.
Buxton B，Hayward V，Pearson I，et al. 2008. Big data：the next Google. Nature，455：8-9.
Goodchild M F. 2003. The Fundamental Laws of GIScience. University Consortium for Geographic Information Science，University of California，Santa Barbara.
Hey T，Tansley S，Tolle K. 2009. The Fourth Paradigm：Data-Intensive Scientific Discovery. Microsoft Research，Redmond，Washington.
Tobler W R. 1970. A computer movie simulating urban growth in the Detroit region. Economic Geography，46（Supp 1）：234-240.
Wu W Z，Leung Y. 2011. Theory and applications of granular labelled partitions in multi-scale decision tables. Information Sciences，181（18）：3878-3897.
Wu W Z，Leung Y，Mi J S. 2009. Granular computing and knowledge reduction in formal contexts. IEEE Transactions on Knowledge and Data Engineering，21（10）：1461-1474.

Xu Z B，Sun J. 2018. Model-driven deep learning. National Science Review，1（5）：22-24.
Zadeh L A. 1997. Toward a theory of fuzzy information granulation and its centrality in human reasoning and fuzzy logic. Fuzzy Sets and Systems，90：111-127.
Zhu A X，Lu G，Liu J，et al. 2018. Spatial prediction based on Third Law of Geography. Annals of GIS，24（4）：225-240.

第2章　地理图斑计算理论

第1章从整体上对当前基于遥感大数据开展精准服务的应用问题，以及由此引出的图谱耦合认知与计算的科学问题进行了系统阐述，认识到高分辨率遥感实现了对地表地理现象及演化过程的真实影像记录，可为推进地理空间认知研究的新发展奠定精准的时空基准。然而，遥感数据大规模获取与地理信息精准应用之间仍然存在着系统性数据流转的鸿沟：影像空间如何有序转换到地理空间？如何从不同视角对地表场景进行结构化重组与表达？如何聚合各种来源的数据对地表发生机制及隐含模式进行解析与挖掘？如何从浅到深地构建针对复杂地表系统的地理空间认知体系？不限于此的一系列问题，都亟待在图谱耦合的新思维指导下对遥感信息提取理论和技术进行一次系统的提炼与创新，以突破传统计算模式在信息传递与模式挖掘上的固有瓶颈。本章首先提出以“地理图斑”作为基于遥感大数据开展地理智能计算的最小认知单元，并将视觉感知、符号逻辑与自组织优化等机器学习机制进行有机协同，构建一套以地理图斑为基本单元的地理空间计算模型（对应为2.1节内容），再分别从空间、时间和属性等维度上详细介绍该模型框架中包含的“分区分层感知”“时空协同反演”与“多粒度决策”三个基础模型（分别对应为2.2节、2.3节、2.4节内容），其中将重点阐述如何分层次提取图斑、如何基于图斑重组时序数据、如何开展图斑尺度的智能决策等具体思路。

2.1　地理图斑的基本理论

在当前可通过高分辨率遥感实现对地表复杂系统实施精细化观测的大数据时代，基于传统规则格网（栅格）体系的地理时空计算模式及其应用越来越凸显了其难以精准刻画地表态势的局限性。在此背景下，我们以高空间分辨率影像作为对地表解译的基底，提出了“地理图斑”这个核心概念，将其作为对地表可感知地理实体的抽象化表达，并以此为基本单元构建地理空间场景，逐步承载自然环境与社会经济的各类发生信息，从而从“影像空间”映射至“地理空间”以支撑精准专题信息的各领域应用。在本节中，我们将首先对地理图斑的地学含义及其智能化计算方法展开系统的阐述。

2.1.1　地理图斑概念的提出

作为对地球表面全面真实与量化观测的唯一技术手段，遥感具有不可替代的数据获取优势。随着近二十年来高分辨率遥感卫星的不断发射以及对地观测数据量的持续积累，高精度遥感影像已成为各领域开展精细监测与定量调查的重要本底数据。海量遥感数据积累的同时也对其高效快速的信息提取技术提出了空前的迫切需求，但当前遥感大数据自动处理与综合计算的能力还未能跟上数据获取的水平，智能化程度亟待提升（李德仁等，2014）。

无论从中低分辨率时代（20世纪80年代起）的“像素级”处理，还是中高分辨率时代（21世纪初起）发展而来的“对象级”分析，均还属于相对初级的研究水平（宫鹏，2019），延续这条路发展起来的遥感信息提取技术方法一直难以支撑实际大规模资源调查与环境监测领域所提出的现实需求，对比工程化应用的技术标准还有相当的差距（骆剑承等，2017）。究其缘由，关键是针对影像的“像素级”或“对象级”解译分析的基本单元并不能与客观现实世界中的真实地理实体完全对应起来，由此造成了与“人对地表认知的时空场景”不相匹配（Blaschke，2010），进而导致无论在形态还是类型的精度上都与实际要求存在较大的差距。

在高空间分辨率（亚米级）的遥感影像上，地表的各类地理实体（在顶层可划分为建、水、土、生、地五大类）可通过其视觉特征相对清晰地被辨认，因此在地理国情监测与自然资源调查等工程中基本都是采用人机交互编辑的方式，先描绘地理实体的边界形态，再以GIS面（polygon，多边形）的方式来表达信息解译与专题制图的最小单元（在生产界被通常命名为“图斑”），进而借助日积月累的经验或外业的求证调查进一步判定图斑的土地利用（land use，LU）或土地覆盖（land cover，LC）类型以及附加的其他多元属性。因此，这是一个从人的视角上逐步实现对地理实体（图斑）形态、类型、指标、结构、状态、趋势等特征的综合认知过程。可见，超越传统的“像素”或“对象”、在视觉上更能与地理实体相匹配的“图斑”单元是目前地理信息行业内普遍认可和被接受的信息产品表现形式，我们在设计并构建智能化遥感信息计算模型时有必要对此充分借鉴并加以对照模拟。

事实上，这种以整体结构上的“块粒”（图斑面元）而非个体（栅格像元）为基本单元的处理方式在人工智能信息处理的相关研究领域也能找到遵循依据。众所周知，人类在求解复杂问题时，往往不是直接从最复杂的细节切入，而是先将复杂问题简化为基本结构（即先化繁为简），而后再对其属性不断丰富与完备（即再由简入繁），经过分层次、多视角、多尺度、分阶段地逐步解构和重组后，最终实现对复杂问题的建模求解（梁吉业等，2015）。就此，美国工程科学院院士、著名控制论专家L.A.Zadeh先生指出：人类的认知主要包含了三个基本过程（Zadeh，1997），即粒化（granulation，整体分解为部分）、组织（organization，部分结合为整体，重组）和因果（causation，因与果的关联分析与机理探寻，关联）。基于此，他将认知的粒度特性引入到计算思维，旨在以“粒”为基本单元模拟人类思考和解决大规模复杂问题的结构化求解模式。这种被称为“粒计算”的理论达到了对问题简化、提高求解效率的目的，与当前大数据分析与计算的思维具有高度的契合性，因此对于当今大数据背景下计算范式的革新具有重要参考价值。为此，我们提出以“地理图斑”为基本单元（对应为空间上的“粒”概念）开展对复杂地理认知问题的近似求解，这正是借鉴了粒计算的思想对问题分层次解构与不断寻优求解，希望通过“以简治繁”、“循环往复地螺旋式递进”，以及对问题的“图解”式分析与“图谱”化计算，实现对复杂地理环境的系统模拟与时空解析。

鉴于此，为实现从“影像空间”向“地理空间”快速转换，构建更为真实而精细的地理空间分析单元，我们在此正式提出“地理图斑”（geo-parcel，或者地理对象geo-object，或者地块land-parcel，以下简称为“图斑”）的概念，将其定义为在一定的空间尺度（分辨率）约束下，视觉上能感知、具有确定土地利用（LU）或土地覆盖（LC）归属（类型）的最小地理实体，是进一步承载时空信息和构建地理场景的基本单元

（图 2.1）。不同类别的地理图斑又具体对应了不同名称的地理实体，比如建筑单体/聚落、水域、种植地块、林草小班以及岩土斑块等，它们都是构建不同地理场景的组成单元，希望通过其将复杂地表离散化面元表现后把一个复杂的地理空间先抽象简单化，再以此为载体装入各类时空数据而使其特征描述和属性内涵丰富化，最后从中找出时空关联的关系，实现外在场景理解与内在机理透视。

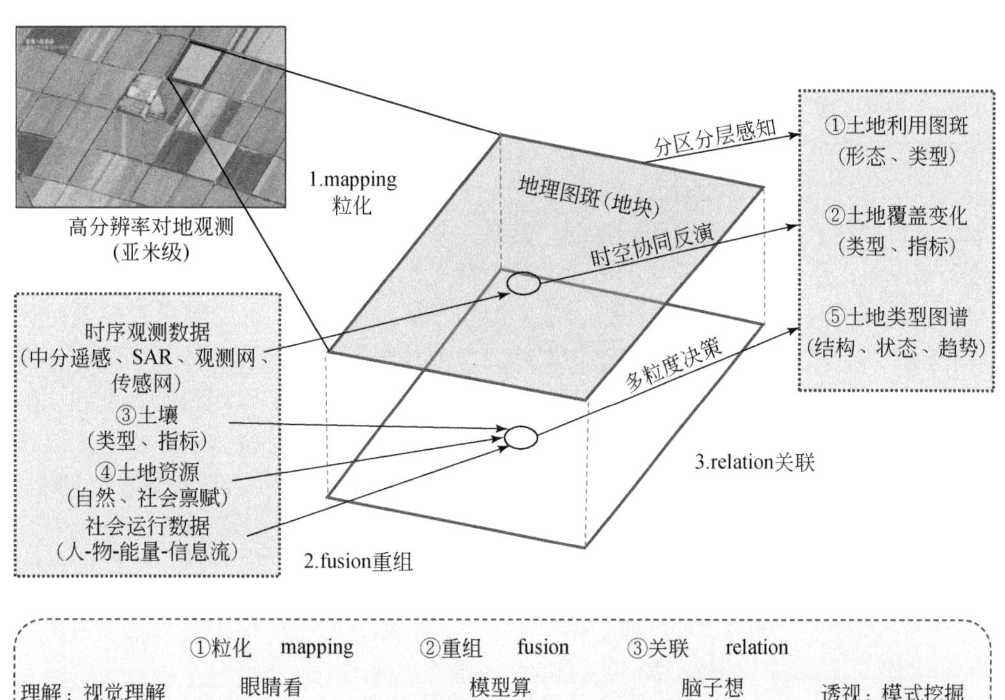

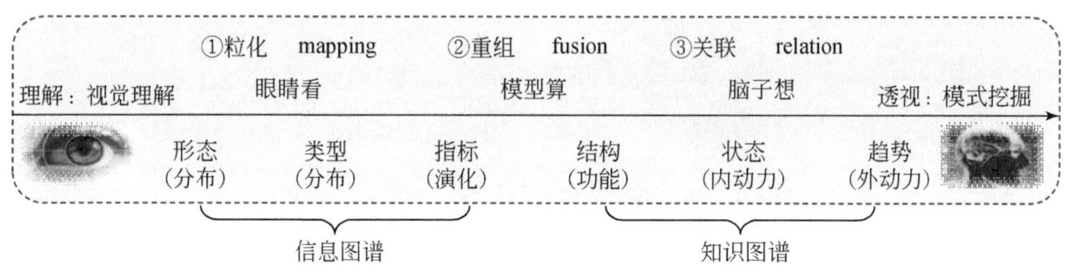

图 2.1 地理图斑及其图谱特征的耦合计算关系

“地理图斑”概念的提出，也是借鉴了实际自然资源调查中以地理实体为基本单元开展解译的应用现实，这个过程既有浅层的理解——形象思维的视觉感知，又有深层的透视——模型计算与逻辑推理的模式挖掘。参照于此，我们理解遥感信息智能解译应该遵照以下的过程：首先，利用机器与人类的智能混合设计对高分辨率影像视觉感知的模拟（“视觉遥感”流派擅长于模拟“眼睛看”的过程），实现对地理实体形态的精细提取进而对复杂地表简化表达；其次，将地理实体上方方面面的数据与之关联聚合，进一步对其类型定性细分、指标定量计算（“定量遥感”流派擅长于设计“模型算”的过程）；最后，在更广泛的数据支持下将地学知识逐步迁移到结构化的计算单元中，利用空间分析、空间推测、空间优化等技术提炼可统计、可验证的专题信息成果，并发现其中隐含规律、解释内在地学机理（“地学遥感”流派擅长于仿真“脑子想”的过程）。这样的实现过程恰与大数据的“粒化—重组—关联”计算思维相吻合，按此流程开展信息计算有望逼近“外在空间场景的视觉感知”（所谓“理解”）与“内在发生机理的模式挖掘”（所谓“透视”）的一体化认知目标。

下面我们进一步对地理图斑的内涵进行系统地阐释。在实际生产与应用过程中，对于地理图斑的分析在本质上体现了从“外在视觉理解”到“内在机理透视”的一个逐步深化过程，通俗意义上我们对此可归纳为四个“定”（图 2.2）：①定位，地理图斑在空间分布的精确位置、空间形态以及相互的组团结构；②定性，地理图斑的自然与社会功能属性，如土地利用类别、土地覆盖类别以及其他功能类别；③定量，地理图斑之上承载信息内容的量化指标及其变化过程；④定制，地理图斑在环境中存在的状态（内因）以及受外力扰动影响后的变化趋势（外因）。其中，“定位”与“定性”主要体现了人类视觉对于地理实体相对浅层理解的感知行为（“眼睛看”），刻画的是空间化的形态“图”（形态-图形）、多级化的类型“谱”（类型），这部分是“视觉遥感”流派（侧重于计算机视觉）的主要研究范畴；而“定量”与“定制”则是进一步在“图形”对象表达的基础上，通过加载更丰富的外部数据，从更高维度的信息特征空间以及更高视角的空间格局上对图斑时序变化过程、功能组团结构、内在发生机制等进行模型化计算（“模型算”）及知识化推演（“脑子想”），主要体现了对于地理实体及其综合体深层透视的认知过程（视觉难以辨识），刻画的是时序化的特征“谱”（指标）、空间化的结构“图”（结构-图式）、知识化的规律“谱”（状态/趋势），这部分分别是“定量遥感”流派（侧重于定量反演）和“地学遥感”流派（侧重于地学分析）的主要研究范畴。

外在视觉理解

内在机理透视

1)**定位**：地理图斑的空间分布特征（位置+形态+结构）；
2)**定性**：地理图斑的功能（类型）；
3)**定量**：地理图斑承载的信息容量及其时序变化（指标）；
4)**定制**：内外因耦合的发生机理分析与变化预测(状态+趋势)。

图 2.2　基于遥感提取地理图斑的地理认知内涵

上述四“定”对地理图斑的形态、类型、指标、结构、状态、趋势等主要特征进行了由浅入深的内涵刻画，正是其“图（外在的形态、结构）-谱（内在的类型、指标、状态、趋势）”耦合特性的具体指向（骆剑承等，2016），同时也为具体的信息提取内容和方法指明了方向。对此，我们说明，只有通过“眼睛看”“模型算”“脑子想”三个环节的前后串联、有机协同才能从遥感影像（基本的“数据图谱”，对应于影像的“图像-波谱/时序谱”，即像元、光谱及其时序）出发，逐步实现“浅层视觉感知”的理解（形成“信息图谱”，对应于图斑的“图形-类型/指标”，即形态、类型、指标）和“深层模式挖掘”的透视（形成“知识图谱”，对应于图斑的“图式-状态/趋势”，即结构、状态、趋势），从而以“图”的形式实现对复杂地理问题的解构与解析（谓之“图解”），最终达到对地理实体表象（现象——形态、类型、状态）、演化（过程——指标、趋势）、景观（格局——结构）乃至动因（机理——驱动力）的全方面、全过程认知，以支撑知识化地理信息决策服务的开展。

经以上分析，地理图斑综合体现了“图-谱”耦合的特性，我们将紧密围绕这一核心概念，力争通过对“粒化（视觉感知）—重组（信息融合）—关联（模式挖掘）”三部曲的探索，搭建逐层递进的遥感大数据智能计算模型，以期实现对地理图斑形态、类型、指标、结构、状态、趋势等图谱特征的快速提取与精确计算，从而对地表复杂系统从多尺度/层次、宏观与微观、整体与局部、表象与动因、历时与共时等多维关系上给予全面而精准的诠释，为突破对地观测数据面向各领域应用中长期存在的成本高、效率低、普适性差、信息层次低等痛点问题，创新理论框架，夯实方法基础，拓展应用深度。

2.1.2 国内外相关研究综述

针对遥感信息智能计算的研究动态，下面从 3 个方面综述相关的研究现状和进展。

1. 地理图斑的提取（粒化，视觉遥感的核心内容）

随着卫星传感器对地观测的空间分辨率不断提高，遥感影像对地球表面现状的刻画越来越精细，信息解译的基本单元也随之经历了从“栅格像元”到“矢量对象”的过渡。针对中高分辨率的遥感信息提取，21 世纪初主流的是面向对象的策略（Blaschke，2010），一般依据像元光谱、纹理等特征的同质性，采用自底向上的像元聚合方式来生成空间对象，但影像本身的可用特征并不充分，语义等高层特征因表达问题往往难以被有效地利用，因此所生成的影像对象与地理实体存在一定的差异（Blaschke et al.，2014）。而如今米级/亚米级的高空间分辨率影像催生了地理实体级的精准解译需求，对处理单元的形态完整性和类型的精准性都提出了较高的要求。而针对自然资源调查所需的大区域、多类型图斑的生产，目前仍主要依靠人工目视解译的方式来完成，这其中的主要技术瓶颈就是难以快速提取既符合人类视觉要求又能承载丰富专业知识的图斑对象。因此，如何在当前计算机视觉研究的基础上，模拟人类视觉机制和对地表逐层理解的地理分析思维，充分挖掘各类地物在影像上所呈现的显著性视觉特征，分层次地构建地理图斑提取模型，这是我们从空间视觉角度进行影像理解的关注点。

擅长处理视觉感知的深度学习仍为当前解决上述问题最为有效的工具。特别是深度卷积神经网络通过端到端、像素对像素的训练，可以在多个尺度上学习并表达训练数据所隐含的视觉特征，在对于影像地物目标的形态提取中具有良好的应用前景（Long et al.，2015；Zhang et al.，2016）。特别地，边缘和纹理是地物在影像上最显著的两类视觉特征，对其特征提取时显然需重点考虑并有区别地开展模型设计。其中，在基于边缘模型的图斑构建方面，通常设计边界检测公式实现边界定位（Leordeanu et al.，2014；Hwang and Liu，2015）或者通过构建多尺度卷积神经网络来提取边缘特征（Liu et al.，2019）。基于纹理模型的图斑构建方法可分为直接法和间接法。前者通常是在语义分割网络的基础上获取地物类型再进一步构建地物的轮廓信息，例如，Deng 和 Manjunath（2001）与 Cimpoi 等（2016）分别针对纹理的颜色特征和空间特征构建深度神经网络，实现了较好的语义分割效果。间接法的常规思路是先对遥感影像进行分割获取初始对象，在类型判别基础上再进行对象的综合以实现地物轮廓的构建（李志刚等，2004）。此外，同时考虑边缘和纹理特征可进一步兼顾图斑形态和类别的准确性，这类模型近几年也被陆续提出并得到推荐，如 Yuan（2018）、Prathap 和 Afanasyev（2018）通过预处理使标签同时包含建筑物轮廓和内部纹理，进而把浅层高频边缘特征和深层语义类别特征融合后进行学习，得到了理想的结果。综合来看，目前上述方法大多停留在基于公开数据集开展的方法探索阶段，如何在大区域、全覆盖、多类型、高精度的地理图斑实际生产中落地并规模化应用尚需进一步评估和改进。

2. 多源数据的融合（重组，定量遥感的核心内容）

通过组合不同来源、多种模态数据，可在更高信息维度上认知地理现象、过程、格局乃至机理。这些可以被集成的多源数据包括但不限于：中分辨率时序遥感数据、定量遥感产品、站点观测数据、土地资源相关的各类静态数据、各种模态产生的物联网数据、社会经济数据以及互联网社交消费数据（具体见 1.1 节的阐释）。这些记录了地表发生态势的数据提供着多视角、多层次的地理实体特征描述，可通过异构处理方式与地理图斑进行链接并聚合，进而以图斑属性的方式参与计算分析。因此，如何利用这些数据进行地理图斑定量化的指标计算与反演，这是我们试图从时间维度上开展遥感定量分析研究的关注点。

首先，高空间分辨率影像可提供地物位置、色调、形态、纹理等视觉描述特征（Blaschke et al.，2014）；高时间分辨率遥感可用于获取地物内部随时间的波谱变化特征及其衍生的量化指标（Liang，2005；Reed et al.，1994）；多角度遥感能够提供地表的各向异性信息，为基于物理模型反演地物空间结构参数提供丰富的立体观测数据（Diner et al.，1998）；高光谱遥感可提供地物高维的光谱反射率信息，大大拓展估算地表定量参数的特征维度（童庆禧等，2006）。可以想象，协同这些不同特色的遥感数据及其反演的各类空间信息产品必可集各家所长，丰富对地理图斑的特征描述。然而现有研究大多停留在数据级融合（Wu and Li，2009），鲜有从影像空间（规则像元栅格）直接转化到地理空间（不规则图斑矢量）的尺度转化方法，如何结合图斑属性开展多源遥感数据及其衍生产品的降尺度以及特征层融合，值得深入探索。其次，在协同地面站点观测数据处理方面，通常是针对农业、气象、土壤、水文、生态等领域研究对象的关键环境参数进行长时间序列的定点观测，再利用空间插值等地统计方式将观测数据外推到点外区域，实现观测点信息的空间外扩（Jeffrey et al.，2001），但同样鲜有方法是针对观测点到图斑（面）的信息推测需求来专门设计的。当前，基于非线性回归分析的机器学习方法在与基于空间平稳性假设的地统计方法比较时逐渐展露优势，有待结合地理学定律合理改造后引入到由点到面的属性推测研究中来（Hengl et al.，2015；Heuvelink et al.2016）。此外，现实生活还有诸多可辅助地表认知的时空数据，但其中如社会经济统计调查和互联网感知等数据大多为宏观尺度或碎片化的非（半）结构化数据（文本、表格、音视频、图片、电子地图等），而为实现此类数据的空间结构化及协同计算，过往研究大多遵循自上而下的思路，比如以行政单元的统计数据作为空间化模型的整体输入，进而在小尺度上对宏观数据按照某种原则进行空间上的简单分解（Wardrop et al.，2018），其权重分配若能考虑在图斑单元上进行，相关方法的结果势必更加合理，因此有效组合自上而下和自下而上两种思路开展此类数据的融合一定是必经之路。

综合来看，地理图斑单元上的数据重组大致可以分为三个层次：①数据组合（物理反应），外部数据在图斑单元上的简单组合集成（求均值、最大/小值、众数等统计方式），使图斑的属性字段得到直接增加，数据属性的本质并没有改变；②数据整合（化学反应），多方数据经过相互匹配和简单计算后得到一个新的指标作为图斑属性，这是多源数据重组后产生具有一定新价值的增量信息；③数据聚合（核反应），由多方数据一起孵化产生出具有全新意义的图斑属性，这是一个信息反演后再提炼的过程。这三个由低到高信息融合层次上的方法在地理图斑单元上运用时均有待创新，若能改造设计出巧妙合理的信息聚合方式，显然有益于实现外部多源多模态数据与地理图斑之间的深度交互，从而有力提升数据的价值密度。

3. 隐含模式的挖掘（关联，地学遥感的核心内容）

模式的内涵，是因地理图斑之间、图斑与环境之间存在静态依存或动态变化关系而形成的规律或异常现象，其本质是揭示地理对象因时空相关性与异质性而形成的分布与演化规律。研究表明，地理模式与尺度密切相关，空间异质性与均匀性都可随尺度而发生变化，而大尺度上的复杂模式可视为由若干均匀小尺度模式叠加而成（裴韬等，2019），因而对于精细尺度上的模式挖掘研究就显得意义重大，可作为进一步认知宏观格局和发现内在机理的重要支撑，因此基于地理图斑开展隐含模式的挖掘，是我们从地学属性上实现智能决策的关注点。

从既有研究来看，传统地理模式挖掘一般是在规则格网单元（往往为公里尺度甚至更粗）或者行政单元（省、市、县、乡镇等尺度）上开展，鲜有在图斑尺度上开展面向不同领域精准应用的模式挖掘，导致空间决策落实不到地理实体而难以精细制定与科学落实。从实现方法上，常规挖掘大致可分为经验统计模型和机理模型（李德仁等，2001）。经验统计模型主要借助机器学习等手段构建特征与目标之间的关联关系，高度依赖于输入数据源和选取的样本，且该类模型多为黑箱操作，对机理的可解释性较弱，但由于实现过程简单、计算效率和预测精度普遍较高，仍广泛应用于空间分布和空间过程的模式挖掘中（Huang et al.，2002，Povinelli，1999）。机理模型大多基于可解析的物理过程，能够模拟更为丰富而复杂的传输传导和时空演化，适用于多种类型的时空建模，但需要在高度认知的专家知识嵌入后方能构建，因此也在模式挖掘中独具优势。例如，利用面向农学作物生长过程的物候模型模拟作物呼吸、光合、蒸腾、营养等一系列生理过程，有助于实现对农作物空间种植结构的模式挖掘。综合来看，两类模型各有优劣势，适用的问题略有差异，挖掘模式也深浅不一，如何在“眼睛看”基础上进一步模拟“模型算-脑子想”的机制，有机组合“数据驱动”和“模型/知识驱动”两种思维开展模型改进与创新，设计“数据与知识双向驱动”的模式挖掘方法，是当前研究的热点方向之一。在此背景下，我们将对图斑单元上可以挖掘的各类模式进行全面梳理（见本章 2.4.5 节），为构建复杂地表不规则网格体系下的地理模式挖掘研究体系奠定必要基础。

2.1.3 地理图斑的计算模型

源自于高分遥感的地理图斑具有“外在场景结构（图）与内在发生机理（谱）”相耦合的特性，因此针对如何基于地理图斑开展智能计算，我们在前一章已概括了四个“万万不能”的原则（具体见 1.4.3 节的详细阐释）：①离开遥感万万不能（全覆盖的时空信息基准支撑）；②单靠一种遥感万万不能（时空图谱必须协同）；③单靠遥感本身万万不能（多源多模态数据的聚合）；④没有地理综合与优化思维万万不能。因此，在地学信息图谱理论指导下，我们有机组合地学分析方法、遥感机理模型与机器学习技术，遵从“浅层理解”到“深层透视”的研究逻辑，以及微宏观相结合、从定性到定量、开放式人机协同等思想，对复杂地理认知问题进行了自上往下层层解构，设计并建立了一套相对“接地气”的求解“组合拳”（即“视觉遥感”“定量遥感”“地学遥感”三个研究流派的有机协同与相辅相成）。

上述认识指导我们分别从空间粒化、时序重组与属性关联三个方向上对地理图斑智能计算模型进行设计。如图 2.3 所示，模型中包含了“分区分层感知”“时空协同反演”“多粒度决策”三个基础模型（本章 2.2 节、2.3 节和 2.4 节分别着重介绍这三个子模型），总体思路可以描述为：先在高分影像上分区分层提取地理图斑的空间单元（形态-类型），再逐步重组时序特征开展时空协同反演（类型-指标），进而结合自然资源禀赋、生态环境本底、社会经济的各类静态数据以及生产生活中快速产生的动态数据开展多粒度决策分析（结构-状态/趋势），最终逐步从视觉、时序、语义等角度实现对地理时空的层层解构与解析。三个基础模型之间呈现的是相互耦合、依次递进的逻辑关系，这种递进的信息处理方式分别对应“粒化-重组-关联”的大数据计算思维，从而通过“影像（图像）—像元/时序波谱（谱）”的“数据图谱”、“形态（图形）—类型/指标（谱）”的“信息图谱”、“结构（图式）—状态/趋势（谱）”的“知识图谱”三个层级图谱关系的层层递阶，构建“定位（形态）—定性（类型）—定量（指标）—定制（结构、状态、趋势）”四位一体的图斑级信息提取的研究体系。

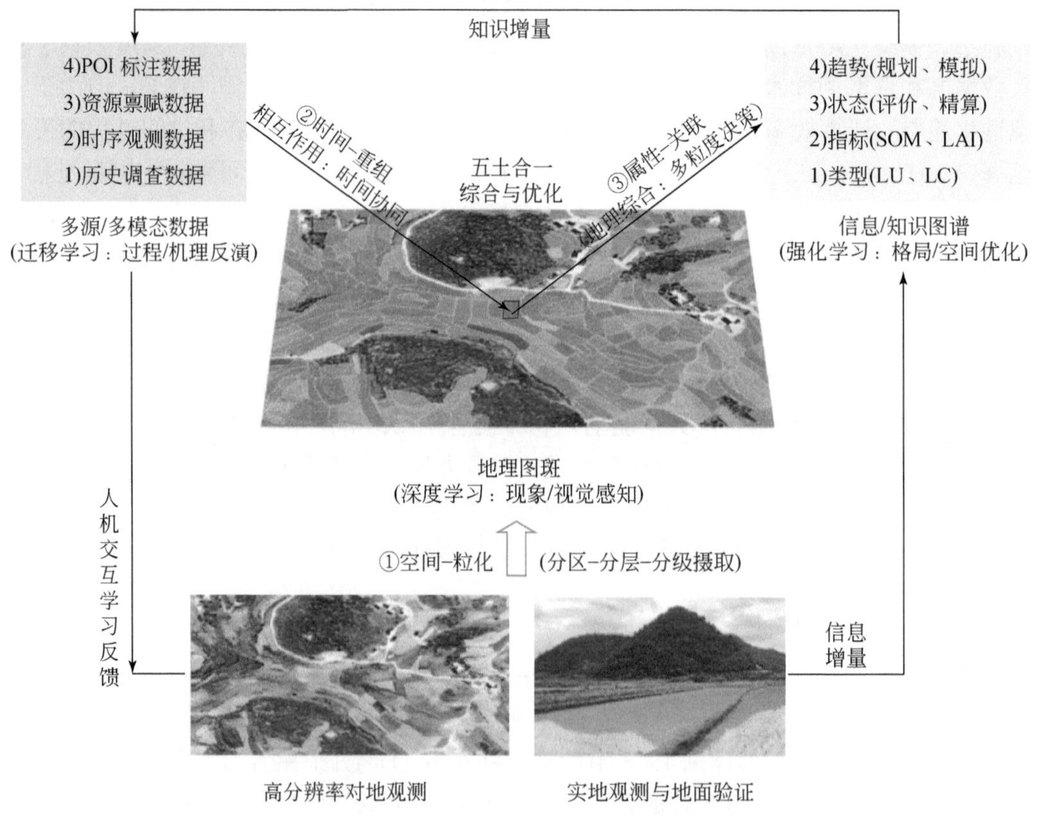

图 2.3　综合“感知-反演-决策”于一体的地理图斑智能计算模型

地理图斑智能计算模型在一前一后分别设计了遵从“形象思维”（对应了“眼睛看”的过程，试图解决 Where、What 等问题）和“逻辑思维”（对应了“模型算”和“脑子想”的过程，试图解决 When、How、How many、Why 等问题）的基础模型。一方面，形成了以“影像像元（图像）⇨地理图斑（图形）⇨地理场景/图斑结构（图式）”为主线的自底向上分层抽象（横向路线，对应了认知过程中“知觉与注意⇨辨别与确认⇨记忆与推理”的递进过程），从而通过“数据层（数据图谱）⇨信息层（信息图谱）⇨知识层（知识图谱）”的路线（图解），驱动对地表现象、过程、格局认知的逐步清晰化；另一方面，通过自顶向下知识不断融入（纵向路线）以及碎片信息的及时补充与迭代反馈（循环路线），使得对地表现象、过程、格局认知越来越精准、越来越明了，将使“图解”能够从粗到精逐渐逼近于现实的客观真值。因此，整套模型中“自底向上的分层抽象（横向路线，主要依赖于 3.2 节的深度学习技术）”与“自顶向下的知识迁移（纵向路线，依赖 3.3 节的迁移学习技术）”是两条主线，两者在图斑计算过程中又通过优化迭代、不断更新后（循环路线，依赖 3.4 节的强化学习技术）相互融合；外部知识纵向融入横向的分层抽象过程中，又可通过记忆、增强的机制迭代反馈到横向流程中形成知识的增量与更新。整个过程是长期自适应学习（long-life self-learning）的，并不是一蹴而就，必须要分阶段、分步骤、人机协同、逐渐积累后才能最终实现趋优目标，这是前期设计与后续完善这一套模型时必须要充分遵循的思维。总之，“横向分层抽象”、“纵向知识融入”以及“自组织记忆迭代增强”三者携手共同实现了对地表认知的螺旋式趋优过程，协同起来体现了人工智能三种流派技术（第 3 章）的混合。

图 2.4 展现了地理图斑智能计算过程三个基础模型之间逻辑关系及各自的输入与输出：首先，在高空间分辨率对地观测数据（亚米级影像）支持下，利用分区分层感知模型（2.2 节详细介绍之）将地表分解映射形成多粒度的地理图斑单元（对应于“空间粒化”的过程），提取图斑稳定的视觉形态、明确的土地利用类型以及分层次的空间结构等特征；其次，在统一的时空基准上，将各类时序遥感观测（高时间分辨率的光学或 SAR 等主被动遥感）、地面站点观测等数据同化到地理图斑单元上（对应于“时间粒化”的过程），利用时空协同反演模型（2.3 节详细介绍之），计算得到地理图斑覆盖（材质）类型、定量指标、变化过程等信息；最后，收集处理自然经济、社会人文领域的多源多模态数据，将之重组汇聚于地理图斑之上形成多维度的结构化属性表（对应于“属性粒化”的过程），再运用多粒度决策器模型（2.4 节详细介绍之），进一步挖掘地理图斑之间的结构组团关系以及潜在的各类隐含模式。

在上述三个基础模型的概念设计下，通过机器学习技术的引入（第 3 章详细介绍之）和生产系统的研发（第 4 章详细介绍之），我们又构建了一套精准 LUCC 产品的智能提取系统（PLA 系统），并基于此生产并定制了各类图斑级的精准专题信息产品（见第 5～8 章）。在此过程中，我们尝试探索与地理图斑相关的模式挖掘问题。例如，与图斑形态提取和类型判别相关的分布模式、与农业种植结构制图与生长过程反演相关的演化模式、与城乡土地资源配置与空间优化相关的功能模式、与气象因子时空预测和精准天气预报相关的动力模式，这些均是在地理图斑概念形成后，由土地价值精算、土地质量评价、国土空间规划、事件响应决策等各类应用中引导而来的。这些具有重要现实意义的

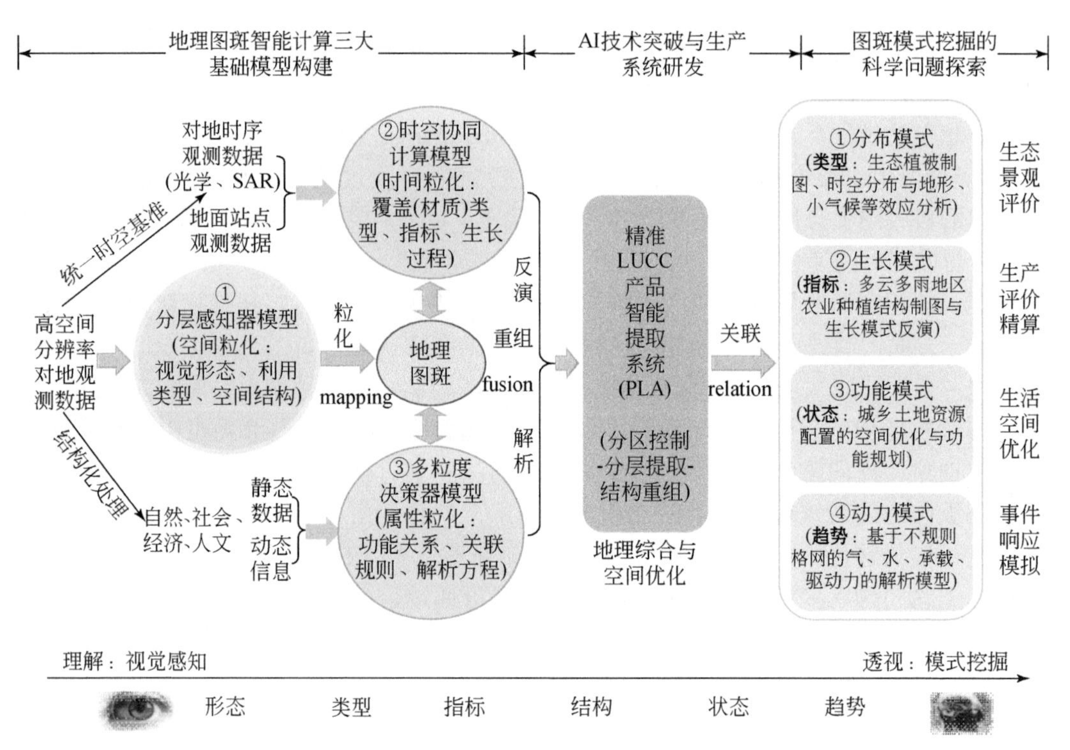

图 2.4 地理图斑智能计算的研究框架

研究问题，需要我们通过生成各类信息图谱（关于图斑形态、类型、指标）与知识图谱（关于图斑结构、状态、趋势等）后才能有望被准确地解答。综合来看，地理图斑的智能计算是一个遵照从“浅层的视觉理解”跨越到“深层的模式挖掘”的脉络，期望通过“以简治繁”“分解合成”等思路实现对地表的场景理解与功能透视，这是一项具有十分挑战的系统性工作。下面我们从粒计算的视角出发，简要介绍该框架之下三个基础模型中的粒结构表达与计算。

2.1.4 粒结构的表达与计算

1. 三位一体的粒结构表达

粒计算是多源异构大数据背景下如何近似求解复杂问题而提出的理论，其处理的核心思想是“数据粒化”（即按照既定的粒化策略将复杂数据分解为信息粒的过程，以粒块化的数据集（块）开展模式发现）。把握“粒结构”是粒计算的关键所在，其可以是数据全集中的任意子集、对象、聚簇和元素通过可辨识性、相似性和功能性等准则聚合而成的结构化单元，因此在粒计算中所有结构化的或其诱导出的对象都可称为“粒结构”。

明确该概念后，对于具体如何将纷繁复杂的数据形成规整化的粒结构，需考虑不同的数据建模目标和用户需求，采用多样化的粒化策略。单纯依赖数据的常用方式大多可归结为基于数据二元关系的粒化策略，其本质是将满足预先定义的二元关系的两个数据分配到同一个数据粒中。如通过使用等价、相似、邻域、优势等二元关系将总的数据集

“粒化”分解为相应的二元粒结构（即多个子数据集），基于图论、聚类的诸多方法也是这个范畴内构建数据块粒的典型策略。然而，纵观现有研究，重点还是集中在从数据值本身的角度（属性视角）以论域划分的方式拆分数据集，忽视了数据本身的时空特性（业界认为地球上发生的记录数据 80%带有地理位置信息），而利用其天然具备的时空特征（空间和时间视角）进行数据的拆分是完全可行且应重点采纳的粒化策略。为此，我们提出从“空间-时间-属性”三个视角解析遥感等地理大数据的粒结构，为准确发现地理现象、过程以及格局的模式提供理论参考（图 2.5）。

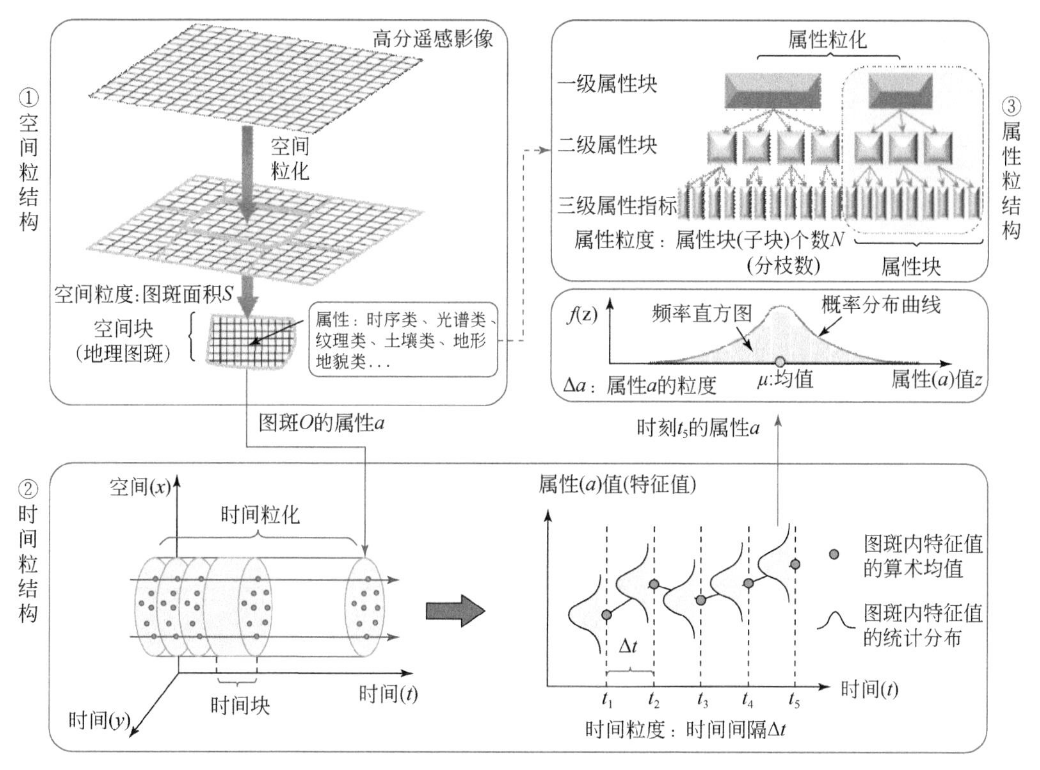

图 2.5　遥感与地理大数据的“空间-时间-属性”粒结构及其关系

认知主体在不同层次和粒度水平上观察同一地理实体得到的信息往往是不同的，本研究在统一的时空框架下构建粒结构，重点考虑在空间维度、时间维度、属性维度上如何分别制定有效可行的策略形成“粒块”，以达到将数据合理拆分和重组的目的。具体分析如下。

1）空间粒结构

高分遥感、地面站点监测等手段获取的多源时空数据大多记录的是物理空间中地理实体的瞬时状态（具体介绍见 1.1.2 节），所以在“空间”维度上，以地理实体为约束开展数据粒化策略的设计具有十分明确的物理意义与现实价值，相对独立的不规则形态轮廓也有望使得后续基于这种“空间粒”挖掘的模式更易可视化进而更具解释性。从全面、客观精细的角度来审查，将高空间分辨率遥感影像作为底图来构建空间粒结构是唯一可行途径。从这个思路的演进上来看，数字图像成像本身的规则化像素网格单元以及早期基于计算机视觉的传统分割方法得到对象单元均可视为简易的空间粒结构，只是这两类空间粒单元在用于地表认知时具有明显的短板（具体的不足参见 1.3.1 节的分析）。

面向基于高分影像数据的空间粒化问题，我们在前期研究基础上（具体见 2.2 节）提出了一套如图 2.6 所示的图斑提取思路：针对不同类型地物在亚米级影像上所呈现的形态、光谱、纹理等视觉特征差异与注意力强弱，设计“（道）路、水（系）”分区控制以及“建（筑物）、土（耕地）、生（林草）、地（岩土）”分层感知的图斑提取框架，进而按照“路、水、建、土、生、地”自顶向下的顺序构建边缘、语义、纹理等模型（本质上是基于特定任务的目标和先验构建起来的一系列代价函数），并在模型族（family of models）基础上分别有针对性地采用以深度学习为主的算法族（family of algorithms），用于求解模型族的参数集，从而差异化地逐步实现各类图斑提取，达成地表空间粒化的目的，也就是从“影像空间”转换到“地理空间”。

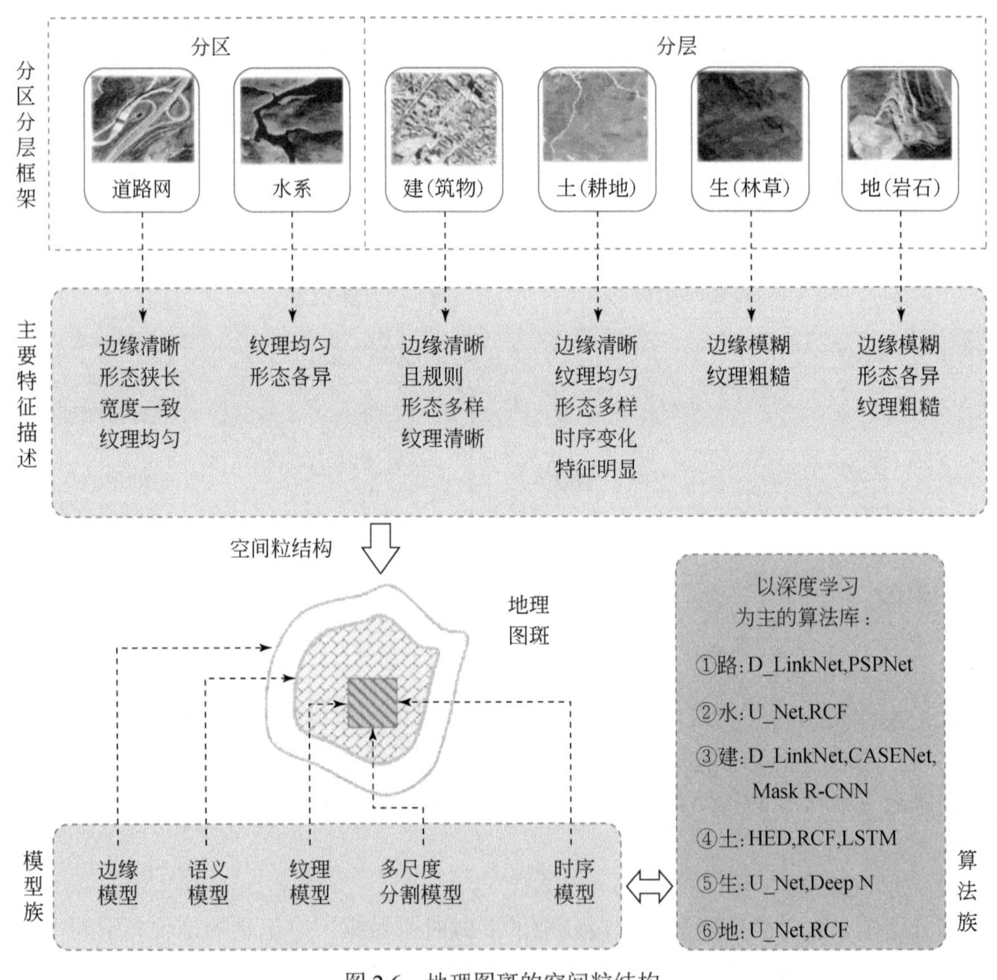

图 2.6 地理图斑的空间粒结构

经过上述分区分层提取，空间上的粒块以图斑多边形的形式得以呈现，图形形态边界和土地利用类型是空间粒化的外在表现。对于同一观测尺度（空间分辨率）的遥感影像，如此分层式提取的“建-水-土-生-地”等各类地物必然呈现差异化的“空间粒度”（空间粒度是指同一观测尺度下图斑的颗粒大小）。一方面，不同类型图斑其多边形面元尺寸大小差异决定了空间粒结构的多粒度性。例如，在同一空间分辨率的高分影像上，建筑物图斑的面积普遍较水域图斑或耕地图斑小。另一方面，同类图斑之间的“空间粒度”也大小不一，如建筑物单体图斑与建筑群（聚落）图斑之间、池塘水域图斑与湖泊水域图斑或河流水域图斑之间，其边界形态特征和尺寸大小往往存在较大差异。上述两方面的差异说明，同一成像（观测）尺度下的地理图斑必然存在类型上的“多层性”与形态上的“多粒度性”，而分区分层的图斑提取思路正契合了数据空间粒化的这两大典型特性。所以由“高分遥感影像（像元）→地理图斑（地块）→地理综合体（场景）”自下而上的粒层映射过程即是空间粒结构由细到粗的粒度转化（图 2.7）。

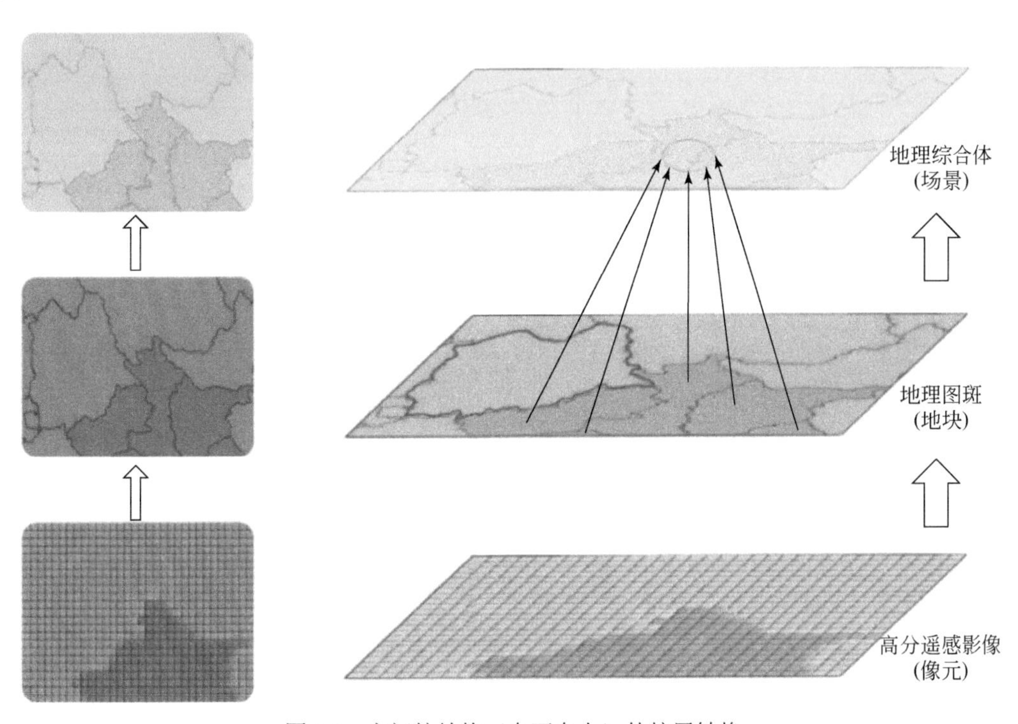

图 2.7　空间粒结构（自下向上）的粒层转换

2）时间粒结构

空间粒化过程将地表离散划分为互不相交的信息装载容器（即形态边界和土地利用大类明确的图斑）。在假定图斑边界在一段时间内稳定不变的前提下，此时从变化发展的辩证法视角来看，每个图斑空间范围内的观测数据均处在一个动态变化的过程之中。理论上图斑内的事物每时每刻都在发展，可以连续不断地被观察记录下来，但实际中往往是以一定的“时间间隔”离散化地记录某些时间片段上的数据（即时间维度上的数据离散采样）。针对某一固定图斑（空间粒结构），此时时序化数据采集有以下两个方面的问题需要明晰（图 2.8）。

（1）时间离散的采样周期间隔可以是等长或非等长的，前者多见于地面传感网设备的等时长间隔观测的数据记录，后者则多由遥感卫星过境重返时数据获取条件差异而导致有效数据的时有时无；此时时间维度上粒化（数据成块）显然就与“采样间隔”这一“时间粒度”概念紧密联系（时间粒度是指数据采集的“时间间隔”大小或综合运算时

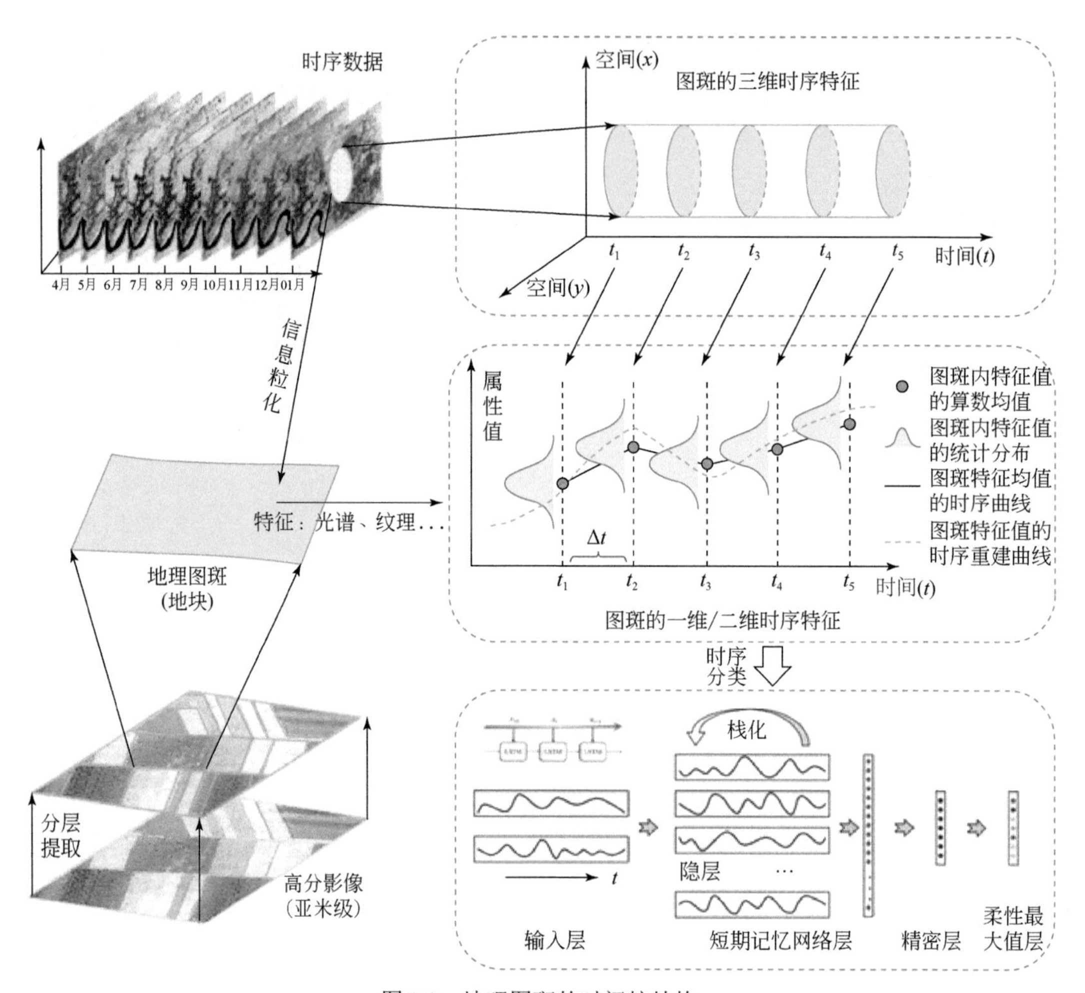

图 2.8　地理图斑的时间粒结构

选取的“时间跨度”长短)，可通过一段时间内观测的“单刻值”或“多刻值的均值、众数、标准差、最大值、最小值”作为代表该时段的表征数值（此为对该时段时序化数据的粒化，采用的时间段长度即为时间粒度）；“年-月-日-小时”的多级“时间间隔”决定了时间粒结构的多层性，存在“时间点→时间段→时间集合”自下而上的粒层转换（图 2.9）；而不同长短的采样间隔或数据综合时段（如以求“平均值”的数据综合为例，可有日平均值、月平均值、年平均值等不同时长的均值化属性），这又造就时间粒结构的“多粒度性”，产生了差异化的数据应用价值（如按每三小时频度和按每日频度的气温预报，不同时间粒度下信息产生的社会经济价值显然就有高低之分）。

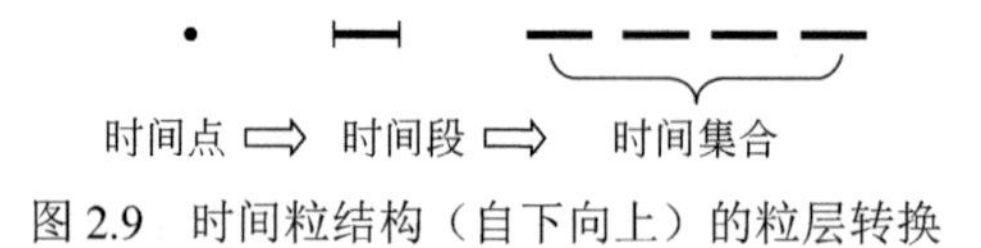

图 2.9　时间粒结构（自下向上）的粒层转换

（2）另外，在某一时间点（截面片段）上，每个图斑内部的数据记录可能是其中某个单点位置的记录（随时间演进可形成单条记录值的变化折线），也可能是多点位置的记录（随时间演进可形成一簇记录值的变化折线），前者往往用单点的观测值作为表征图斑的整体属性，后者则往往以多点观测值的均值/众数（一维）或频数/频率分布图（二维）作为表征图斑的整体属性，这样的处理方式都是可取的，因为在上一阶段的空间粒化时我们已基本保证了图斑内部的相对均质性。

3）属性粒结构

在地理图斑的空间约束下，各类数据加载后都将以图斑属性（特征）的形式予以呈现，包括遥感影像、基础地理信息产品在内的多源多模态数据都将通过特征级信息融合的方式在图斑单元上得到协同联动。也就是说，将多源数据在空间粒度大小不一的图斑单元上聚合后能形成图斑的一系列属性值，其中粒化常用策略是计算图斑空间范围内该类数据的均值、众数、最大值、最小值、直方图等；进而构建出以图斑为最小记录对象的结构化多维属性表（图 2.10），其亦具备“多层”“多粒度”的属性粒结构特性。

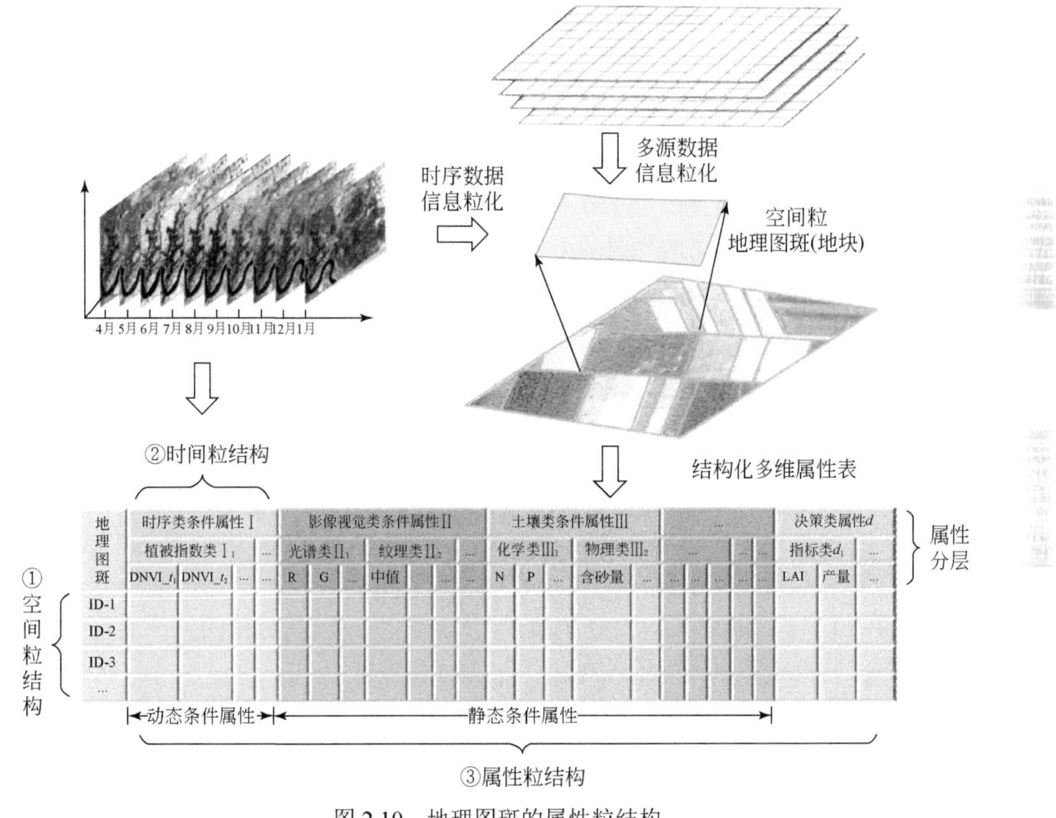

图 2.10　地理图斑的属性粒结构

（1）“多层性”体现在属性表中属性的分层结构与粒层转换上（图 2.11），先从变化频度的视角将属性划分为静态属性（主要指随时间演进属性值基本不会变动的这类属性，如地形地貌、土壤质地等属性）和动态属性（主要指随时间演进属性值变化较大、较快的这类属性，如植被长势相关的指数以及气象水文中温度、降水、风速等属性），其中动态属性依赖的数据源在图斑单元上粒化时要着重考虑前文论述的“时间粒度”，而其他相对静态的属性在经数据粒化计算属性值时往往只需关注图斑“空间粒度”即可；在此基础上，进一步将两类属性分门别类，将动态属性归属于“时序类”，而将静态属性分解为“影像视觉类”“地形地貌类”“土壤类”等一级“属性块”（指同类的属性集），在每类属性集下又再细分，如将“影像视觉类”分解为“光谱类”“形状类”“纹理类”，“土壤类”分解为“土壤物理属性类”“土壤化学属性类”等二级属性块，这层属性块再划分为更细粒度的属性指标（第三级），如上述“纹理类”可计算中值、协方差、同质性/逆差距、反差、差异性、熵、二阶距、自相关等纹理测度的具体指标，“土壤化学属性类”可计算氮、磷、钾等元素的含量、pH 酸碱值等量化指标；多维属性表的上述树状分解过程搭建了上中下三层次嵌套的属性粒结构；

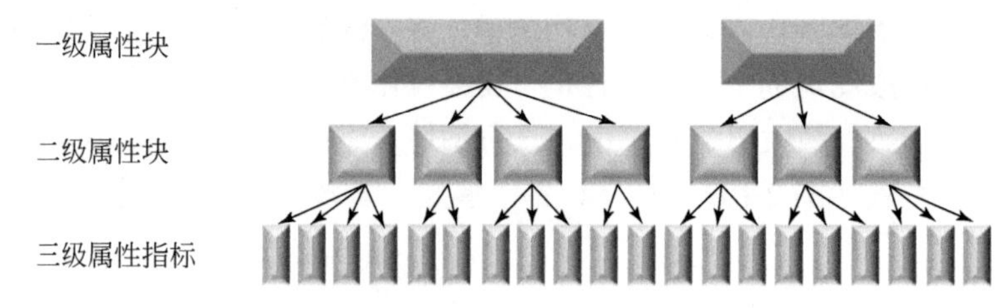

图 2.11　属性粒结构（自上向下）的粒层转换

（2）“多粒度性”则主要体现在两个方面：一是属性计算依赖的多源数据在信息内涵、数值量纲、空间分辨率（综合化/精细化程度）等方面的差异往往较大，使得粒化时计算得到的属性值在取值范围上不在一个粒度水平上，比如可以是［0，255］或者［0，1023］区间的任一整数（对应为离散型属性）、［0，1］区间的任意实数（对应为连续型属性）、{I，II，III，IV，V}集合的任一元素（对应为离散型或类别型/符号型属性）；二是图斑空间粒度的本身差异，使得属性计算时各个不规则单元涵盖的空间区域范围并非完全一致，进而造成属性值所涵盖的信息综合程度在广域空间上也不统一（相反地，在同一空间粒度的规则化格网单元上开展数据粒化时就不存在该问题），这是造成图斑的属性粒结构存在“多粒度”特性的重要原因之一。综上，地理图斑的属性粒结构表现为分层化的“属性块”和区间化/集合化的“属性值”，因此属性粒度的内涵既体现在“属性块”这棵三级分层树划分枝叶的细碎度（反映的是属性类别的丰富程度），又体现在属性计算时取值范围的区间或集合大小（反映的是属性取值的精细程度，如气温按［-10℃，30℃］区间的某一数值预报和按{低，中，高}集合中的某一元素预报，两者所蕴含的信息量显然不可等量齐观）。

上述分别从“空间—时间—属性”三个视角刻画了粒结构，其中，空间粒相对刚性，而时间粒和属性粒则略显柔性，但三者均存在“多层/多粒度”的共性，是对图斑“三位一体”的立体表达：高分影像上粒化得到的地理图斑是空间粒结构（解决的是“先化繁为简”的合理拆分），是外在表现直观且可被视觉感知的物理空间载体，而为了更好实现重组的时间粒结构（解决的是“再由简入繁”的恰当重组）及用于更好挖掘关联的属性粒结构则是对内在本质多维信息与潜在关系的结构化流程，三者各司其职、相互成就，携手共同为复杂地表系统上的地理现象、过程、格局以及机理认知提供条理化的解决思路和结构化的图解支撑。

2. 基于粒结构的计算范式

作为当前人工智能领域中一种新的概念和计算范式，粒计算是研究基于多层次粒结构的思维方式、问题求解方法、信息处理模式及其相关理论、技术和工具的一门学科，属于人类较高层次的认知研究范畴。自 1997 年 Zadeh（1997）第一次提出该概念以来，涌现出了许多关于粒计算的研究成果，除了与信息与计算机科学紧密联系外，还与物理、地理等学科具有关联（苗夺谦等，2016）。它改变了传统的计算观念，以实现对问题的简化、提高问题求解效率为特色，已逐渐成为大数据背景下解决智能分析任务的重要理论（徐计等，2014）。基于大数据的问题建模往往具有极其复杂的结构，这就要求大数据挖掘算法能够按照任务需求快速地从中抽取并形成具有多层次/多局部特征的组织结构，并能在这种结构单元上进行推理与计算，从而在一定程度上达到模式挖掘与知识发现的预期目标，获取相对满意的近似解（大数据对“独立同分布假设”的破坏使得追求问题的最优/精确解变得几乎不可能，迫使我们转向寻找问题的满意近似解甚至可行解（梁吉业等，2015））。

在此，从地理时空视角重新审视粒计算的重要性。首先，遥感与地理数据的大规模和复杂性，对分布、演化、功能、动力等静动模式的可挖掘性、结果的可解释性、应用的可行性都提出了巨大挑战。这类极其复杂的问题求解，要求我们从多个既有结构框架下进行数据粒化与关联分析。因此，在前述地理图斑智能计算模型中，我们从“空间—时间—属性”维度分别说明了时空大数据粒化的策略，层层递进地设计了三类粒结构支撑的数据分解/重组。在粒化思维的视阈下，对于本专著关注的智能计算模型，要充分利用已有知识对粒结构进行透彻认识，对目标问题进行合理拆解，在循序渐进和不断完善中实现对整体问题的系统梳理和逐步求解。下面就“空间—时间—属性”三个粒结构上的计算给出几点思考和说明。

（1）空间粒化，拆分的本质困难在于如何分解以体现数据的某些（某种、某类）整体特征。对于高分遥感影像数据的空间粒化需要遵守近似性、传递性与遍历性的准则。其中，近似性指的是粒化后的每个空间粒中样点的分布要与整体数据的分布尽可能一致（即图斑内部具有相对均质性，各位置点上特征及其变化基本一致）；传递性指的是每个空间粒内部在点个体与面整体的隐含模式间要具有可传递的性质；遍历性指的是原始大数据集上的所有样本要尽可能地被使用到。作者在地理学的分区分层思维指导下考虑知识引导的空间粒化，参照图 2.6 的粒化策略设计了满足上述 3 个准则的空间粒化方法，最终将“建-水-土-生-地”等局部空间粒上的模式优化重组后作为整体数据集（即整个覆盖范围的区域上）的空间分布模式，从而全面构建可用于多源异构数据信息聚合的空间定位基准。

（2）时间粒化，自然系统和社会系统中的现象往往具有时变性，复杂的地表系统也不例外，其在不断的演化过程中形成了普遍化的地理现象、地理过程和地理格局。在数据挖掘领域，这种时变性表现为隐含于数据中的模式渐变或突变，其分析的数据外在表现为分时段的数值变化性。这种变化造就了观测数值的动态性以及数据量和特征维的急剧增长。因此，探索时间维度上的数据粒化对于有效的模式发现具有重要意义。我们认为，在图斑边界相对不变的前提下（即空间粒结构稳定固化时），其属性特征值的时序变化是由于每一时间片段上数据分布的变化而引起的，而属性数量的升维/降维变化则意味着紧密关联于模式的特征空间正在改变。所以，对于图斑单元上不断变化的观测数据，每次直接使用全体数据可能不是一个高效的策略，而应通过一定粒度的划分重新组织，以此增量式地动态更新时变属性，这是一种可行策略。

（3）属性粒化，随着地理图斑的空间粒结构的构建，利用不同模态数据提取的特征可以构建一个较大的特征空间，进而可在这个高维的特征空间中挖掘潜在的模式。换言之，地理图斑的存在能使特征层面的融合和联动分析更加可行、有效，当然这样也要求我们事先依据一定先验知识、紧密围绕目标的问题实施必要的属性筛选和整理，搭建带有分支层次的属性粒结构，经此挖掘的模式在保证准确性的同时，也有望更易被应用者理解（强调可解释性，也就是当特征呈现复杂的关联纠缠状态时，属性粒结构有助于挖掘规则化关联关系）。这其中，属性约简也是不可或缺的计算环节，该类处理是通过发现数据块对应的特征子空间（即特征降维），在一定程度上消除高维性引起的数据稀疏问题。

最后，我们再着重说明一下粒计算所遵循的分解原理（李鸿，2010）：将一个复杂问题分成若干个相对简单问题后再分而治之，若分解得到的子问题相对来说还太大，则可继续将其拆分成更小的同类型子问题，直至产生方便求解的子问题。将复杂问题分解成一系列容易解决的小问题后，于是衍生了模型族；而目标更为明确的小任务可以借助更为专业的算法针对性地解决，从而衍生了算法族。“两族”相互配合使原来的“大”问题得以求解。这一思想，在地理图斑的提取过程中得到了集中体现，我们面对地表空间粒化这一复杂问题时设计的“建-水-土-生-地”图斑分区分层提取思路，就是借鉴了“自顶向下逐层分解”的递归方式。显然，这套计算通过任务分解，减小了问题解决的复杂度，且逻辑结构清晰，使问题的解决呈现一个可解释的脉络。这符合人类解决问题的普遍规律，体现了先全局后局部、先整体后细节、先抽象后具体的逐步细化过程，而本质上也与钱学森先生对复杂系统认知过程的理解（见 1.4.1 节），以及徐宗本院士近期提出的利用“模型族+算法族”组合方式开展信息智能计算思路（Xu and Sun，2017）相承相通。

综上，粒计算契合了地理时空大数据处理的需求，我们以人们容易理解的地理图斑作为计算单元和相互关联的基本粒子实现信息提取与推理，这种计算范式更容易将人们的先验知识引入到模型之中，设计人机协同的开放系统也更加便捷可操作（见 3.4 节的内容），这为大数据环境下复杂任务求解提供了高效智能的策略。尽管目前粒计算研究无论在模型还是应用都得到了蓬勃发展，然而在统一语言的形式化描述方面还不够完备，一些基础性问题仍需研究，如基于粒的思想比较不同粒之间的差异仍然没有得到很好的解决（苗夺谦等，2016），自底而上数据驱动与自顶向下知识驱动的耦合设计有待深入（王国胤等，2018）。另外，粒度选择问题的必要性也日益凸显（细粒度的信息获取和推理意味着需要更多的计算资源、采集代价和求解时间，而粗粒度则面临着决策不够精细以及置信度下降等问题），在地理图斑智能计算过程中，如何在代价、可解性和粒度之间进行折中，在空间、时间、属性维度下选择合适的粒度开展信息制图显然是一个重要问题，但相应的粒度选择与粒层切换问题尚存在诸多的理论空白，亟待突破。总之，我们认为，围绕地理图斑开展时空大数据粒结构表达与计算的深度讨论与分析，对于认识粒计算的内在逻辑、丰富粒计算理论体系以及顺利求解复杂地表系统的认知问题都是十分有益的，在这方面的深入研究值得开展！

2.2 地理图斑的空间粒化计算：分区分层感知

高分辨率对地观测为地理图斑的提取提供了“精准”的时空数据基准，其中的“精”特指精细的图斑形态，“准”则涵盖了图斑准确的类型以及量化的指标。为此，以高空间分辨率影像为基底，模拟人类视觉对地物的层级注意机制，我们设计了基于深度学习技术分区分层的地理图斑感知模型，这对应了计算框架中“空间粒化”环节。所谓“分区分层感知”，是根据不同类型地物在高空间分辨率影像上所呈现的视觉特征差异，在不同地理区块内逐层次地实现从影像空间向地理空间转化的地物对象形态（图斑）提取，这个过程包含了“分区”与“分层”两个空间层面的粒化过程，“分区”是根据地理相关性原则的全域空间粒化，“分层”是根据地理异质性的局部空间粒化，两个层面的空间粒化相辅相成，共同构建了从高分影像中“由简单到复杂、由未知到已知”的图斑提取过程。

2.2.1 地理图斑的分区机制

1. 地理分区研究

分区是地理学分析研究的经典思想，老一辈地理学家黄秉维先生从 20 世纪 30 年代即开始中国自然区划的研究，强调将区域单元作为自然环境和资源分布的整体来认识，将区域特点与土地类型整合为一炉，以持久地维持、提高及最大限度地发挥某一地域自然生产潜力为目的，对自然因素及社会发展进行综合分析，这与当前生态保护与经济建设并重的可持续发展思路不谋而合。郑度院士认为自然地理区划是客观存在的，是表达地理现象与特征的区域分布规律的一种方法，针对不同的区划目的和采用不同的区划原则可以形成不同类型的自然地理区划（郑度等，2008）。在地理学家们的努力下，中国自然区域、中国生态区划等多种区划方案长期以来为国家的经济建设、环境保护等做出了重要贡献，也对当前正在推进的全国林业区划、主体功能区规划等工作起着指导性作用，这也恰是地理分区的研究意义所在。

赫特纳认为区划就其概念而言，是从整体往下的不断分解，一种自然地理区划就是对完整地表不断分解为相对功能均质的部分，这些部分在空间上进一步相互连接构成系统，类似于人对地理区域微宏观相结合的理解过程。在区划的过程中，既可根据地域分异的规律将地表依次划分为不同等级的各种区域，属于自上而下的区域分割方法；又可根据地域相似性组合的规律，将具有相同性质的小块地理空间单元合并重组为更高一级的区域，属于自下而上的空间聚合方法。两者互为补充，共同构成了地理区划构建与表达的完整路线。

2. 区划研究局限

囿于技术条件的限制，传统地理分区对区域的理解以定性判断为主，如区域的主导因素和主要标志、不同区域各种地理要素的质量和数量特征、地理要素之间相互制约与相互依存的关系；在传统定性研究体系下，地理学难以说明区域内某个因素的影响程度到底为多少，也无法准确统计各种地理要素的具体数量和质量，更无法量化要素间空间关系的各类指标，因此地理区划研究更多依赖于学者的博识素养与详尽调查，依赖宏观的对比与分析。最主要的体现就是区划边界的界定更多地采用经验性指标、现有的轮廓或网格化边界，而这在高精度地图时代是难以在局部发挥作用的；在对地观测能力大大提升的当前，静态的区划方案显然也难以满足局部区域快速变化的需求；定性分析的普遍和定量分析的欠缺，也导致了大众对“地理学是文科”的认知误解，而对其“文理兼具”属性缺乏共识。

高分遥感影像的普及为地理观测持续提供了大量细节丰富的数据素材，加之大数据时代人工智能技术的崛起、机器存储与计算能力的快速增长，以定量化的地理图斑作为基本单元辅助精细化、动态化的地理区划成为可能，宏观分区支持下局部不规则精细区划的应用必将成为常态。在新一代全信息与全空间地理信息系统支持下，地理区划单元所承载的内容将更加丰富，在大规模检索与提取、局部分析评价以及全要素模拟计算等技术支撑下构建一个全覆盖、真实反映地表态势的不规则地理网格系统将变为可能。

3. 高分遥感分区

基于地理图斑的高分遥感认知与精细地理分区是相辅相成的，一方面地理区划可以为认知范围、目标提供约束条件，使遥感认知更符合地理相关性原理、遵循地学分异规律；另一方面对精细地理图斑的提取是定量化统计区域地理学时空分布指标的基础，也是确定精细区划边界的重要依据。从“空间粒化”的角度来看，地理分区是在地理知识指导下对地表现象与格局分布的主动划分，但这种划分的粒度是由粗到细的，而在米级/亚米级高分遥感影像中，通过以传统温度、水分、土壤等指标的综合是难以实现合理区块的划分，反而在视觉上呈现的各种线状要素天然地可作为约束边界进行功能区块的划分。然而，线状地物仅能解决部分区划边界问题，大多数情况下地表并无明显地物区隔，此时以地理图斑隐含的多维度定量指标及空间关系进行聚合，自底向上重组为同质区域，也是相对合理的分区方案。

在实际操作中，鉴于人类活动与自然作用共同形成的交通路网、水系以及起伏区的地形线联结而成的网络体系在地表纵横交错，在微观尺度上将地理场景自然地划分为若干“地理区块”，每个区块之间的土地利用格局相对独立，易于区分，彼此互不干扰。受此启发，我们先对用于分区控制的线状要素进行提取，由路面、水面等要素联结成交通与水系网络，并通过对数字高程模型（digital elevation model，DEM）数据的地形分析提取地形线（山脊线/沟谷线等）进而联结成地形网络，叠加上述网络分区可将区域化的大规模信息生产区块分解为若干相对独立的子任务，在下一步为分层提取提供边界约束的同时，也为实施大规模生产任务的并行化计算提供了队列化排序的控制单元。对于缺乏自然或人工边界的大区域（如自然林地等）则辅以地理图斑聚合的方式从数据中反推区块边界。上述区块的边界稳定程度并不一致，但在时序数据辅助下可相互参考并优化，逐步逼近于精细化、动态化的自然分区。

2.2.2　地理图斑的分层机制

随着遥感影像空间分辨率的提高，影像所能反映的地物目标越来越翔实、清晰，实际能分辨的地物类别也越来越多，而随着类别体系设置进一步的复杂化，地物识别的问题已不能仅依靠传统的分割分类方法解决。面对如此超大数量、超多类别、超高维度的学习问题，通常将这些数据类别按照从抽象到具体的方式组织为层级结构进行训练、记忆和检索。因此，基于地表异质性原理、大数据层级结构以及地物视觉特征差异，遵循目视解译由简单到复杂、由明显到模糊的视觉注意机制，设计了从遥感影像中逐级提取地理图斑的分层感知模型（图 2.12）。

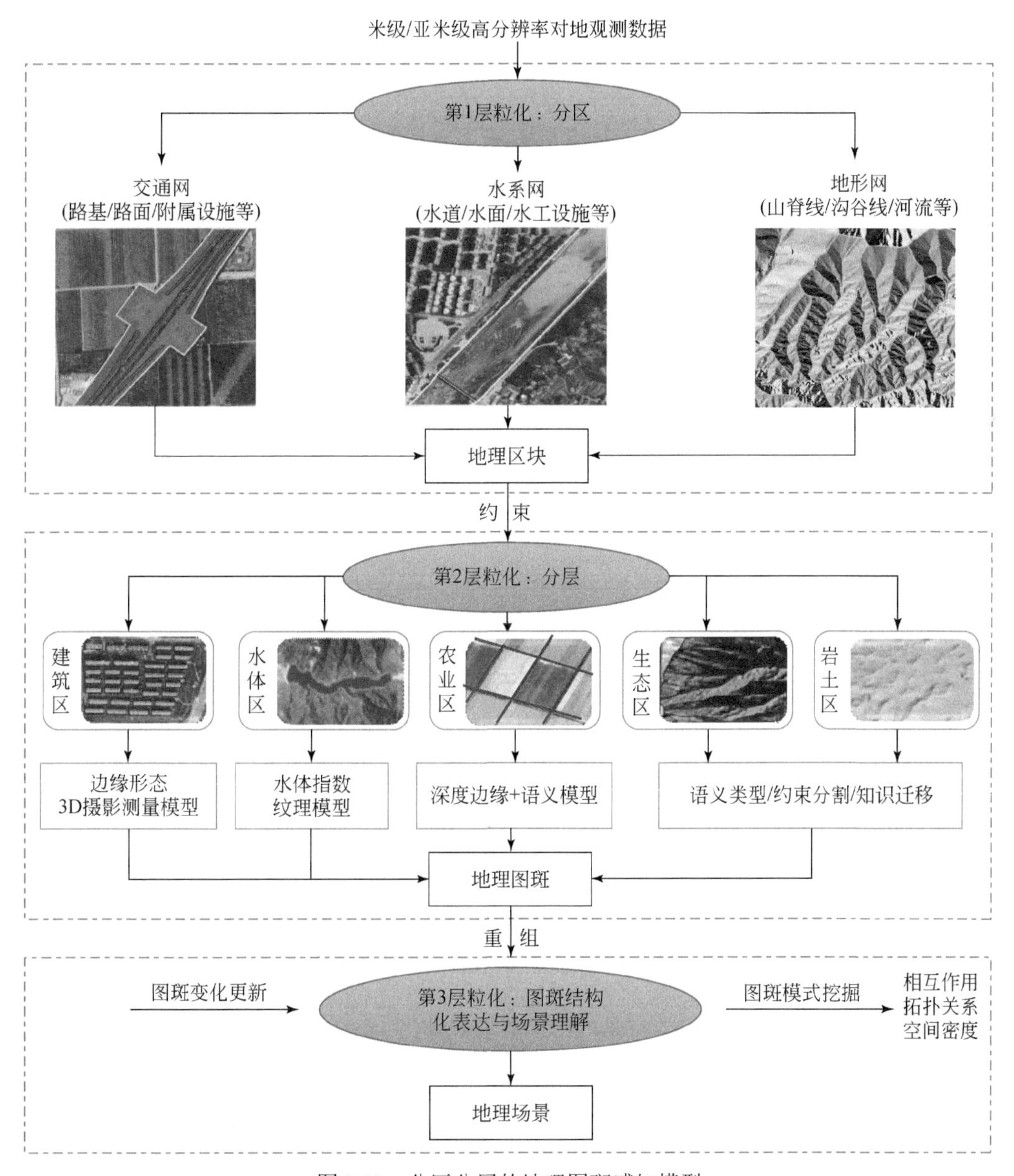

图 2.12　分区分层的地理图斑感知模型

实际上，对地物目标的层次划分是地理学的传统研究问题，如土地利用制图的分类体系就是从“利用”角度对地物划分的树形分层结构[①]。值得注意的是，这样的分类体系

① 自然资源部. 2018. 第三次全国国土调查实施方案. 国务院第三次全国国土调查领导小组办公室，2018 年 3 号文件.

并非针对高分遥感解译而设，而这种不一致性有可能导致严重的分类误差。例如，土地利用分类体系中的水域及水利设施用地包含水工建筑用地，虽然从土地利用的角度这无可厚非，但从遥感解译的角度，水工建筑用地依然表现为建筑特征，只是由于其特殊位置而被单独划分，因此在实际应用中有必要对地物类别的层次进行调整。对此，我们依据地物在高分影像上表现出的不同解译特征（以视觉特征为主），将地表类型分为“建（建设用地）”、“水（水体）”、“土（类耕地）”、“生（林草）”、“地（岩土）”五大类。如图 2.12 所示，分别对应了建筑区、水体区、农业区、生态区、岩土区。针对每个区域内地物呈现视觉特征的差异，进一步分别设计以深度学习算法为主的地物提取模型，从而分层次地从控制地理区块内对影像实施异质性的空间粒化，以实现不同地类图斑的勾勒与分离。

在此，地物分层蕴含两层含义：一是指不同地物在形态提取上按照一定视觉注意顺序进行分层（注意机制的层级性），如道路需要承担分区边界的控制角色，需优先判别，而水体比林草在视觉上更容易识别，则将水体判别次序提前；二是地物在类型划分上具有的层次关系（分类体系的层级性），如耕地实际可以包含水田、水浇地、旱地等二级类别。下面我们结合高分遥感地物分层关系表 2.1，就这上述两方面的“分层”进行详细阐述。

表 2.1　高分遥感影像的地物分层关系

地物类型	遥感分层	提取优先级	利用类型分级	主要土地利用类型
建：建设用地	道路	高	道路用地	交通运输用地、工矿、商服、住宅等
	建筑	高	住宅、商服、工业、仓储等	
	其他不透水面	中	港口、广场等特殊地物	
水：水体	河流	高	河流水面	水域
	其他水面	中	湖泊、坑塘等	
土：类耕地	耕地	高	水田、旱地（坡耕地）等	耕地
生：林草地	园地	中	果园、茶园	林地、园地、草地
	林地	低	有林地、灌木林等	
	草地	低	牧草地、绿地等	
地：岩土地	岩土地	低	沙地、裸地、盐碱地、采矿用地等	其他用地

1. 注意机制的分层

从影像上提取图斑，不仅要对其类型进行准确识别，也要对其形态进行精细地勾画。早期基于像素的处理是先判断每个像元类型后再通过后处理确定整体的目标范围，后续发展的面向对象方法则是试图在先分割地物形态基础上再判别类型。在两类方法中，地物形态提取和类型判别两个环节都是先后隔离的，然而从高分遥感目视解译过程来看，地物形态与类型并非完全独立，两者是相互影响的，而且不同地物上这种相互影响程度不一，因此若以某种一成不变的方式试图一蹴而就地提取所有地物，显然难以达到理想的效果。

既然要按不同地物分设标准，势必就涉及分层提取的顺序问题，以上述“建-水-土-生-地”为例，如何安排合理的顺序？这与地物的视觉特征差异相关，针对不同类型所采取的识别策略也应该不尽相同。道路、水系、地形线兼有分区界限之用途，因此首先需将这些地物范围、类型判定明确，一般需经特殊的矢量后处理才能保证其线性连贯从而发挥分区的作用；建筑、耕地等类型属后天人工改造而具有明显的特征，视觉显著性最强，更适于基于形态的机器学习识别，因此将它们作为第二优先层级的地物感知；林草、岩土等类型以自然形成为主，无明显形态而且区域间差异较大，因此适于按主导类别分层提取。总之，图斑提取顺序以符合目视解译“从已知到未知”“从显著到不显著”“从重要到不重要”的机制为首要依据。

另外，从识别的方法来看，不同类型的地物由于其光谱、纹理、形态、结构等特征明显程度不一，适宜采用的识别方法也应有所区别，即使同一类型由于不同区域分布条件不一也应适当调整策略，如建筑一般纹理与形态特征明显，利用语义分割等方法就能较好地学习这些特征并完成识别，但对于老城区或老村落（聚落）等建筑密集区域，上述方法就难以实现单体建筑的划分，因此需要各类边缘信息（如取自电子地图的城市小区矢量边框等）的融入。此外，对于城市中大量存在的高层建筑阴影以及相互之间的遮挡等问题，也需要加入空间关系、背景条件等特征加以约束和关联，进而在基本建筑形态提取的基础上进一步修缮。

2. 类型级别的分层

土地利用既受自然条件的作用和制约，又受经济、技术、社会条件的影响，所以土地利用现状是在一个特定区域内的自然、经济、技术和社会条件共同影响的产物。长期以来，土地类型划分以土地调查、规划、整治、评价、统计、登记及信息化管理等为应用目标，一般都采用多级的树状层次结构，这些类型与遥感认知能力并不切合，有些甚至存在较大矛盾，因此类型级别分层最重要的工作就是建立土地利用多级类型与分层提取类型间的映射关系，而地表的分层提取又根据数据及计算方法可分为感知、反演及决策等几个部分，在感知部分重点解决高分影像视觉判读基础类型（即上述“建-水-土-生-地”类型），这是分层感知模型的核心内容，而后续反演及决策的部分则交由 2.3 节和 2.4 节的基础模型完成。

具体地，以农业类耕地图斑（“土”：类耕地——平原区耕地和山地梯田、坡耕地）提取为例加以细述。因为人为作用该大类图斑在影像上呈现为规则且清晰的边界（水田），或者内部纹理清晰且均质性较强（坡耕地）的视觉特征，因此我们提出了“边缘/语义”相结合的深度学习提取模型：①基于影像视觉差异构建深度边缘模型，通过多层网络的卷积强化边缘特征，模拟视觉感知从影像中提取地块的边界；②基于深度边缘模型计算每个影像区块内的边缘强度，并结合 Canny 算子补充局部的边缘信息，在保持全局边缘完整的同时兼顾局部的边界位置精度，进而基于骨架提取的线图层采用轮廓自动连接、曲线跟踪、线段平滑等算法进行后处理优化，获取精确且完整的边界线并构造完成耕地图斑对象；③对于类似坡耕地、经济作物（园地）等地块，其边缘形态并非特别清晰，则可先采用基于纹理的语义分割深度学习模型对疑似的种植图斑进行预先提取，进而再从外部迁移时序观测、土地资源等多源多模态数据，对实际种植的作物覆盖类型进行判别后再结合地块生长环境的相似性来反向推测其利用类型，从而将这一类耕地与视觉特征相近的自然生长林草图斑进行有效分离。

2.2.3 图斑的分区分层提取

1. 分区分层的地学指导

从高分影像中分区分层感知地理图斑的方法源自于地理学对空间相似性及异质性的理解，也是对高分影像目视解译实践经验的总结，更是满足高分遥感机器智能解译需求的可行之策。整体上看，高分影像中地物表现出明显的空间视觉差异，道路和水系通过空间上连续延伸自然地将复杂地表分区，分区间表现出明显的异质性，不仅体现在不同分区内可能包含的主要地物存在差异，而且即使同一类地物，在不同分区环境下也可能有较大差异。一般来说，人工用地边界规则、纹理单一且色调一致，自然地物边界模糊、纹理驳杂且颜色多变，人类活动频繁区域地物变化相对较多，自然变化往往遵循地理分异规律而有迹可循。在影像上的区划主要为图斑解译服务，因此稳定是首要考虑因素，一个社区或村落、一片农田或林地从地物分布上都能形成内部封闭的区域，在一定解译尺度下都可作为单独分区加以考虑；只有在分区的约束下，农田里的建筑或村落里的林草地才会有其特殊的土地利用解译方式。

高分影像由于其空间分辨率更符合视觉习惯因而对目视解译而言相对友好，人在判读影像时自然地将局部异质区域理解为地理实体的图斑，进而在图斑的本身特点、相邻地物关系或全局分布等条件共同作用下对类型及功能等形成认知。由于视觉注意力与关注尺度的有限，目视判读存在明显的分层顺序，一般来说遵循"由简单到复杂""从已知到未知"的过程，但在不同区域、不同地物条件下仍有可能发生变化。例如，不论在城市还是农村区域，道路由于其相邻连贯性总是相对比较容易解译的，但是不同区域内绿地表现的复杂程度就很不一致，有的需要提前专门勾画，有的仅需被动裁剪，有的甚至无须解译上图。

影像空间分辨率的增强对机器解译效果的要求也随之提高，传统面向对象分析试图以分割对象的特征计算支持地物识别，难以取得较好效果，而以特征学习为目标的深度卷积神经网络通过深入挖掘不同地物的视觉特征有可能突破高分影像解译极其依赖人工目视的困境。如前所述，不同区域内不同地物所形成的解译条件不一，此时若采用一般的语义分割方法试图以单个网络学习所有地物特征显得不切实际，更何况很多地物判别严重依赖于所在区域或所采用的判读顺序。因此，以分区分层思想为指导，分阶段学习不同地理背景下的地物特征显得尤为重要。如图 2.13 所示，高分影像在线状延伸地物（道路、河流、过渡带等）的分区控制下被划分为不同区块，经过简单的场景检测即可针对建筑、耕作、林草、岩土等地理区块的不同特点设计针对性的图斑提取方案，以实现对地物图斑形态与类型的协同提取。

2. 深度学习模型的应用

在上述分区分层提取设计中，深度学习模型是模拟视觉感知解决地理图斑分层提取的重要手段。其中，深度卷积神经网络通过组合卷积与池化等操作主动学习地物边缘、纹理、语义等各种特征，相应地可以较好地解决边缘提取、目标检测、语义分割等不同视觉任务。

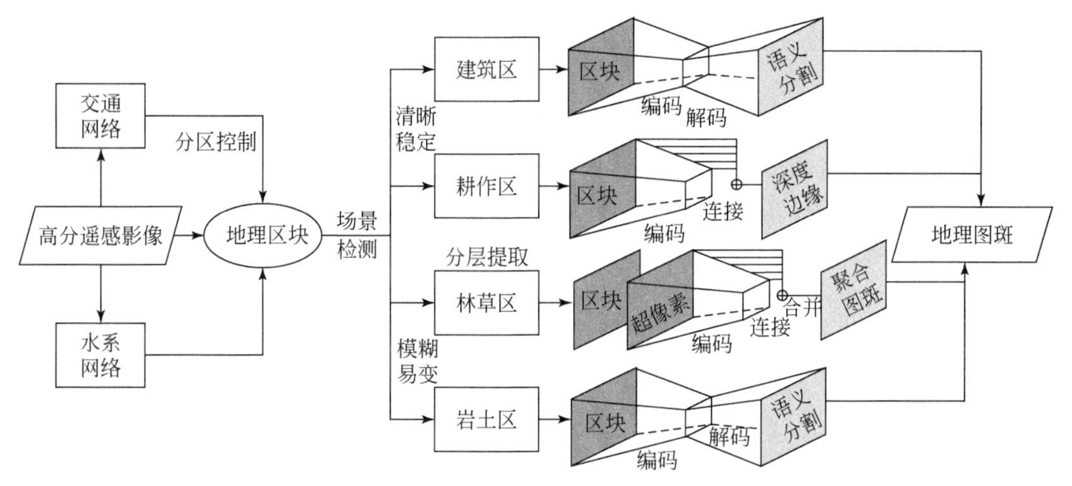

图 2.13　地理图斑分区分层提取方法的流程示意

在具体实施时，针对上述不同地理区块的特点及其内部图斑的典型视觉呈现特征，总体上需先确定相应的提取目标及分层集成的方案，其中主要在于不同场景下深度学习训练网络以及对预测结果后处理方法的设计；根据区块覆盖范围以及图斑全局一致性等视觉特征，深度神经网络的结构设计也应相应调整，训练过程中除了调整输入数据还应根据学习目标设定不同的损失函数及训练参数；考虑区块内的图斑局部结构以及边界稳定性等特点，每一层的图斑生成方式都需按提取结果作相应定制，后处理过程中除了一般的矢量化也应根据图斑形态要求补充、修整多边形及其边界，同时保持拓扑结构的完整性。除了水体区外（光谱特征较为显著，利用简单的指数模型便能分割识别），表 2.2 总结了主要地理区块的特点以及图斑提取的要点，这将对我们选择合理的深度学习网络以及合适的图斑生成方式给予指导。

表 2.2　主要地理区块的特点及其图斑特征提取的技术要点

地理区块	典型地物	重点特征	覆盖范围	网络计算	图斑生成
分区网络	道路、水系、绿化带	语义、形态	大	语义分割	中心线延展
建筑区	单体建筑、空闲地	语义、三维	小	语义分割	规则边角修整
农业区	耕地、设施农用地	边缘、纹理	中	边缘提取	切割线构面
生态区	园地、林地、草地	纹理、地貌	大	超像素聚合	区域聚合
岩土区	裸土、裸岩	语义、纹理	大	语义分割	边界掩膜

2.3　地理图斑的时序重组计算：时空协同反演

高空间分辨率遥感为地理图斑的提取提供了本底性的视觉影像，但由于对地观测时空分辨率的矛盾性，难以获得高时间分辨率的高清信息特征。也就是，高空间分辨率与高时间分辨率在同源遥感数据集上往往不可兼得。为此，我们考虑以米级/亚米级高空间分辨率影像提取的图斑为基底，协同其他卫星的高时间分辨率数据设计一个时空协同计算框架，希望在精细的图斑单元约束下通过时序数据的加载与特征变化分析，实现对图斑覆盖类型的定性判别以及参数指标的定量反演。

2.3.1 遥感反演问题及方法

反问题这一个概念源自于数学和物理领域，是特指那些“从外部观测推知其内部结构”的数学物理问题（徐宗本等，2017）。按此视角，遥感信息提取与解译可认为是一个典型的反问题：地物吸收和反射的电磁波信号被遥感传感器记录，比如光学影像记录地表对可见光、近红外等波段的反射率，而 SAR 则观测了地物的后向散射强度，反映了地物的理化性质；这些特定波长的电磁波信号无法被直接利用，因为用户关心的是作物产量、水体污染度、植被覆盖度等与应用密切相关的指标，这些指标往往无法通过遥感信号直接测量得到，需要通过一定模型和方法从遥感信号中估计，这类过程在遥感领域一般被称为反演（梁顺林等，2016）。根据反演所依据的原理，一般可以分为物理模型方法和数学统计方法。

（1）物理模型方法通过描述遥感影像的成像过程，从观测结果推测观测对象的物理和化学状态。常见的典型方法有辐射传输模型、几何光学模型等。该类方法由于建立在传感器、大气、地表以及辐射源的相互作用基础上，科学解释性较好，因而应用精度很大程度上取决于建模上的合理性；与此同时，该类方法需要输入影像成像过程中的各种参数，而卫星成像过程又非常复杂，模型参数的准确测量往往较为困难，因而是一个典型的病态问题，限制了此类方法的精确程度与实用性（李小文等，1997）。针对此问题，进一步发展了通过协同多源数据、增加先验知识等方式，增强机理模型的反演精度。

（2）数学统计方法则不关心数据形成的过程与机理，而是直接通过机器学习等模型建立遥感影像和感兴趣变量之间的统计关联关系。由于观测数据数量和维度一般较小，不足以精确地描述地表反射特性，从而使得部分信息丢失，虽然可以通过增加光谱通道、提高空间分辨率以及加大观测密度等方式加以改善，但是遥感影像始终是对地表的近似和简化描述，观测信息终究是不完备的，而且描述的统计关系虽然在构建方式上较为便捷，但在机理解释方面较为薄弱，难以客观地描述遥感数据的成像过程。如何结合上述两类模型的优势，发展耦合机理模型和统计模型的遥感反演方法是这个领域目前的研究热点之一。

近年来，随着对地观测技术的发展，人类可以通过航天遥感探测获得高分辨率和持续重复观测的地表影像，这使得更加精确而量化地表达地面状态随时间变化的过程成为可能；与此同时，随着传感器、物联网等技术的发展，人类在近地面可获取大量高频观测的同步数据。对于上述两类数据源，卫星影像代表的是对地的全覆盖连续观测，而地面传感器代表的是一系列离散的点状观测，两者在观测物理量量纲、观测过程等各方面均存在差异，如何以“星地协同”的方式有效耦合这两类数据反演地表覆盖类型、定量指标及其变化过程是当下遥感反演领域值得研究的前沿问题。

2.3.2 图斑尺度的时空协同

春夏秋冬四季更替、周而复始的自然演化，以及播种、收割等人类耕作活动的综合作用，使得地表的覆被特征随时间推移呈现动态变化，其中土地覆盖类型的变化规律往往蕴含着其本身生态演变的指向信息，植被生物量、叶面积指数、绿度、覆盖度等定量参数的变化则反映了人类活动与生态系统间响应关系。然而，无论地表覆盖的类型还是地物定量指标的变化均不能直接从单时相遥感中获取，往往需要结合空间和时间两方面的特征才能计算得到，基于“图斑”的时空协同反演模型随之而来。

该模型着重考虑在分区分层感知得到的图斑之上如何协同运用多源遥感及序列化观测数据，实现判别覆盖类型、反演定量指标的目标（图 2.14）。具体来说，就是在对一系列高时间分辨率遥感数据进行几何配准、辐射校正等预处理基础上，如何结合物候演化知识发展一套时间序列数据支撑下的地表覆被分类技术，用于图斑（地块）之上覆盖类型的判别，并通过进一步构建地块尺度的生长参数反演模型，计算得到指示覆被变化的定量指标。

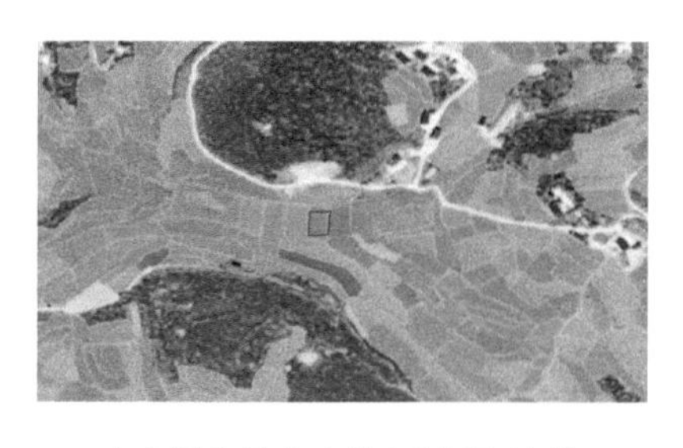

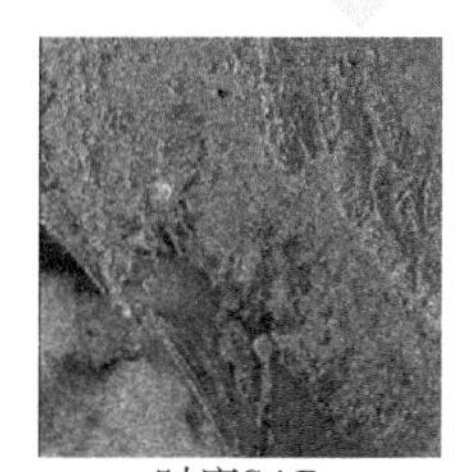
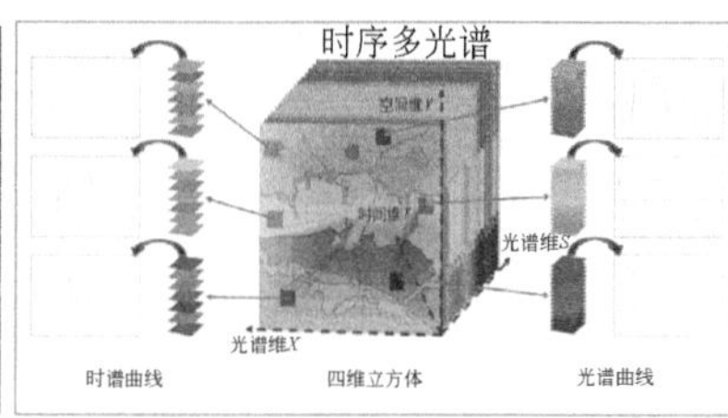

图 2.14　时空协同遥感反演的主要科学问题

该过程实现可以进一步概述如下（图 2.15）：首先，米级/亚米级高空间分辨率影像所蕴含的视觉特征（色调、形状、纹理等）为地理实体边界的勾绘、土地利用类别的识别提供了丰富的空间信息，因而先从高空间分辨率影像中提取形态精细的图斑（“图”）；其次，利用其他卫星的高时序光学遥感、SAR 遥感以及地表站点观测为数据源，重构反映每个图斑变化的序列特征，形成时序“谱”；最后，通过智能分类方法实现图斑覆盖类型的判别，进而依据图斑的不同类型，协同地面观测构建相应的生长参数反演模型，计算得到图斑定量指标。下面我们详细说明该模型设计时重点考虑的两个问题。

1. 为何选择图斑尺度

“像素”是遥感平台采取以规则格网（或称为“栅格”）方式对地表状态进行数字化记录的基本单元，如第 1 章所述，基于规则格网开展信息提取或参数反演，在表达、计算与应用等方面都会与现实态势存在较大偏差。究其原因，是由如下三个方面的因素综合作用导致：①“像素”或“栅格”忽略了地物形态完整性以及时空分布结构性的地

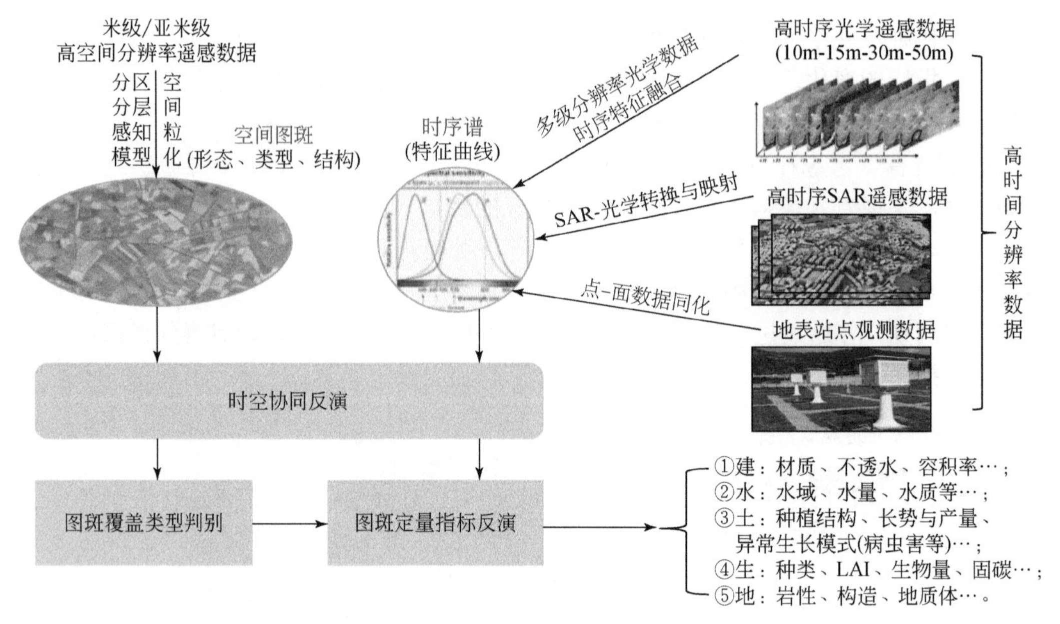

图 2.15　时空协同遥感反演的框架体系

理特征；②“像素”或“栅格”时而“过大”，一个栅格内可能包含多种地物，从而产生“混合像元”的现象，需通过像元分解获得各地物组分及其内在的分布特征；时而“过小”，需要通过多个邻近栅格重组起来才能表达一个完整的地物对象；③表征地理环境与地表资源的多源、多模态信息难以与不规则形态的地物轮廓进行精确关联，导致后续建模的模糊和不确定性。

针对地物的不规则分布特性，后续也逐步发展了面向对象分析的技术，以试图实现对地表更为真实的空间表达（比如，基于像素聚合的超像素提取、基于影像分割的对象提取等）。然而这些提取技术在其“空间粒化”原理上都属于无监督而不易控制的像素集合，容易引起相近地物的空间混淆（称之为欠分割），或者一个完整地物的碎化切分（称之为过分割），从而导致不规则对象在其形态提取与类型判别时，依然难以与真实地物一一对应。因此，与基于规则网格的像素级方法相比，面向对象方法除了在表达与制图效果上有一定提升之外，在分析与应用层面并没有在本质上取得显著提高（具体的不足，读者还可参见 1.3.1 节的分析）。为此，我们提出了分区分层的感知模型（见 2.2 节），依据不同地物在视觉特征上的差异，分别设计用以训练不同特征的深度学习模型，分层次地对图斑形态与类型进行主动提取，其过程更加符合人类对影像的视觉解译机制。有此基础，外部信息的聚合有的可矢，而图斑尺度上的反演结果也更易于验证，有效降低了计算的不确定性。

2. 为何需要时空协同

地表状态往往处于随时间变化的动态之中，描述动态过程、耦合时空要素、推测演变机理是遥感响应地理过程的重要问题。虽然高空间分辨率影像具有丰富的地物几何、结构等空间信息，能清晰分辨地物边界轮廓和基础利用类型，但由于“异物同谱”现象的普遍存在，往往难以进一步判别地物之上的覆盖类型。这是由于单时相影像仅仅记录了获取时刻的地表电磁辐射特征，导致色调、形状、纹理等视觉特征都较为相似的地物一般难以区分，但通过多时相遥感按照相近过境时间的方式对地表进行重复观测，从而可以获取大量的时间序列数据，不断更新的数据记录了动态的地表变化过程，结合地物的时间变化规律差异，或许就能对地表覆盖及变化量进行判析。比如，作物、林草等自然覆盖的地物在单期影像上的视觉特征往往接近，但考虑到它们具有显著的时变特征，在特定时间窗口内是可以相互区分的，因而加入时序特征就能极大地提高此类地物间的可分性。因而，引入高时间分辨率遥感是理解地表覆被变化进而揭示地理过程的必然选择。

然而，由于卫星对地观测的时空分辨率矛盾，难以同时获得高空间和高时间分辨率的遥感影像，协同利用不同分辨率优势的多平台遥感就成为学者们普遍使用的一种处理方式。上一节我们阐述了如何利用高空间分辨率遥感影像获取地理图斑的面状单元，在此基础上若能再有效地融入高时间分辨率的观测数据，定能进一步反映图斑的时序变化特征，开展时间维度上的分析也就不再困难，这正是我们下面设计时空协同反演模型的基本出发点。

2.3.3 时空协同反演的方法

由以上介绍，时空协同反演的核心目标可以概述为在地理图斑上通过表达其时间序列特征识别图斑覆盖类型、反演图斑定量指标。针对这两个输出内容，主要考虑以下三个方面的具体技术实现（图 2.16）：

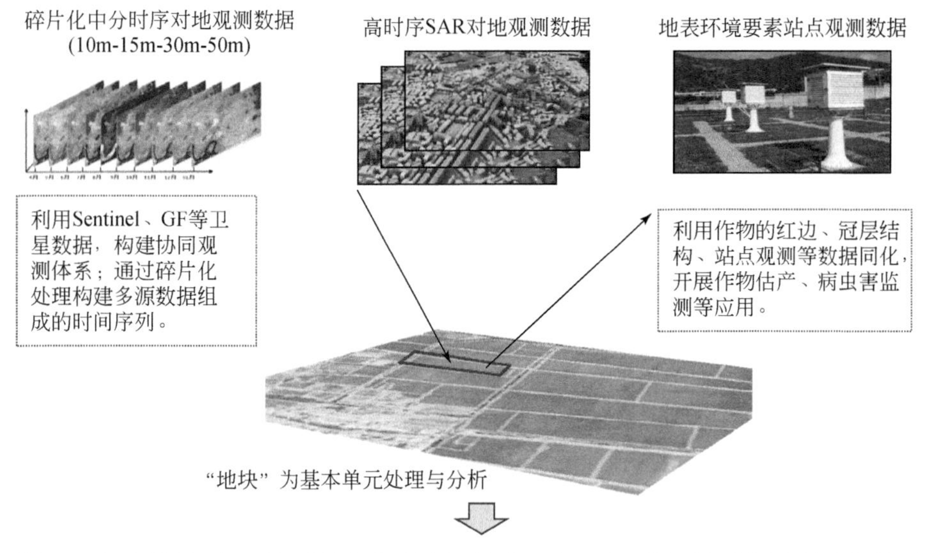

	作物类型识别	作物长势监测	作物冠层结构	密集观测数据
数据	GF-1-WFV Sentinel-2A/B	Sentinel-2A/B	Sentinel-1	站点观测
波段	NIR/R/G/B	NIR/Red Edge	SAR	温度、水分、热
信息提取方法	利用作物时间变化表现出的物候特征，识别作物类型、统计面积等	利用作物的叶绿素含量、光能利用率等信息产品，进行作物长势监测	作物冠层空间结构是作物利用叶绿素能量空间基础	温度、水分、热等环境条件是作物干物质形成的条件

图 2.16　时空协同反演的具体实现思路

1. 图斑时序特征的构建

不同卫星数据在观测变量、采集频率、成像特征等方面存在较大差别。例如，中等空间分辨率（10～30m）的光学卫星影像是以行扫描方式记录地表在观测波段对电磁波的反射特征，单颗卫星重访周期一般是 10 天左右；SAR 影像是通过飞行器前进和距离向合成获取影像，获取的是地表对电磁波的后向散射特征，其时间分辨率与中等空间分辨率的光学数据类似；而通过传感网等地面观测站获取的数据，一般是呈离散的点状分布，但其数据获取的频度较高。协同上述多平台数据重建图斑尺度时序特征需着重解决如下关键问题：

（1）光学时间序列数据存在采样稀疏、时序间隔不规则、部分缺失等问题。以 Landsat 系列卫星为代表的中等分辨率多光谱光学影像，由其构成的时间序列数据往往存在以下不足：①采样稀疏，卫星重返周期一般为 10 天（如 Sentinel-2）或 16 天（如 Landsat-7），数据获取在时间维度上是稀疏的；②时序间隔不规则，由于传感器选择性观测，时序观测数据中相邻影像间的时间间隔不一致（对应于 2.1.4 节我们论述的时间多粒度性）；同时，不同年份影像的获取日期也存在较大差异，降低了年际间数据的可比性；③部分数据缺失，云和阴影使得影像上部分区域的数据缺失。因而，利用光学卫星的时序数据往往需要克服诸多困难，基于存在上述问题的数据重建出时间间隔相对固定且空间覆盖上无缺失的时序数据集是必经之路。在这方面，可以参考目前国内外已发展了一些时空谱融合、缺失数据插补的方法。

（2）SAR 与光学影像的成像几何与观测物理量不一致，难以直接合成利用。SAR 与光学影像在成像机理、观测内容、记录对象性质等方面迥异，导致它们难以直接进行数据层面的融合。当前的时间序列 SAR 与光学影像的协同利用主要以特征级融合的方式开展，也就是，将光学和 SAR 影像上分别提取的特征放到多维特征向量的不同分量上。在这方面，受深度学习蓬勃发展的推动，协同自编码网络（collective auto encoder network，CAEN）开始被用于建立光学影像和 SAR 影像辐射特征间的非线性映射关系，在利用 SAR 影像重建光学影像缺失区域的应用中取得了一定的成效；此外，以生成式对抗网络（generative adversarial networks，GAN）为基础的深度模型，可以生成“以假乱真”的图片，目前也已经初步应用于 SAR 与光学影像之间的联合重建，取得了非常积极的成果，但在生成影像的物理意义及其可信性验证方面有待进一步的深入探索。

（3）卫星遥感“面”状观测与地面传感“点”状观测之间的“星地协同”问题。地表传感器网络是以时序密集的点状形式呈现离散式观测，也即在站点位置上可对地表性质实施高频次、直接的真值数据采集，然而因成本、交通等原因，观测站点的空间布设一般相对稀疏；而卫星遥感是以面状方式对地表进行全覆盖、无缺失的隔空间接观测，如何将空间相对密集而时间离散的遥感“面状”数据与时间相对密集而空间稀疏的地面“点状”数据有效协同，构建天地一体化的“星地”协同框架，从而更全面精准地表达地理图斑的“时-空-谱”特征。在这方面，空间区划（将距离站点最近的观测值直接赋值给未知点）、空间插值（按照一定方程，对未知点的值进行估算，常见方法如双线性、克里格等插值）等传统处理方法都是在一定的假设下基于预置的某一模型对未知点的特征值进行估计，然而地表高度的异质性往往导致实际分布并非满足预设条件，这种情形是极为普遍的。近年来，陆续有研究将地表分异规律与机器学习技术协同进来预测观测值的时空分布模式，得到了更吻合实际的时空特征重建效果。

2. 图斑覆盖类型的判别

分类是要建立分析单元（如像素、分割块、图斑等）特征与地物类型之间的映射关系。在光学遥感常用的可见光与近红外等光谱通道内，“异物同谱”现象使得很多地物之间难以被有效区分。基于多时相的影像分类是利用地物在不同时间窗口中光谱特征差异来增加地物在时间维度上的可分性，进而提高分类精度，甚至可区分在单一时相影像上难以识别的地物类型。根据时间维度信息的使用方式不同，可以分为时间窗口法和时序特征法。其中，时间窗口法是根据不同地物光谱特征在时间维度上的变化，选取具有最大可分窗口内的影像进行分类，该方法要求使用者对所分类地物随时间变化的显著特征具有充分了解，进而选取合适的时间窗口及相应的影像，这是获得地物区分理想效果的重要前提，此类方法没有利用整体变化特征，导致信息利用不够充分；与之相对应，时序特征法则能够充分利用多期影像提供的变化光谱值序列，构建高维时序特征作为模型的输入，也能实现覆盖变化的有效判别。

根据分类器对于时序特征利用方式的不同，分类方法还可进一步分为以下四种类型：①无显式模型化，该类方法认为各个变量相互独立，或者时间变量作为独立一维与其他变量协同进行运算，进而获取变化速率等衍生变量；②隐式模型化，该类方法采用一定大小的时间窗口对时序特征值进行滤波和上下文平均等处理；③马尔可夫链，该类方法假定每个变量的当前状态仅与其前一个时刻的状态相关，从而描述各个状态在时间上的概率依赖关系；④循环神经网络（recurrent neural network，RNN），该类方法是搭建一个能对时序特征建模的循环式神经网络，即将一个序列的当前输出与前面的输出之间建立关系，从而实现特征在时间维上的建模。上述四类方法中，RNN 模型由于能较好表达地表的变化特征，成为当前极具潜力的时序分析模型，主要原因可进一步分析如下：传统神经网络是从输入层到隐含层再到输出层，层与层之间是全连接的，每层内部的节点是无连接的，也就是假设各个特征维之间是相互独立的，这对于各维度间必然存在相关性的时序分析问题就显得无能为力。例如，在预测土地覆被的下一个状态时，一般需要用到前期的状态，因为覆被变化类型的前后状态并非独立，传统神经网络无法对此做出合理的预测建模，而 RNN 则会对前面的信息进行记忆并应用于当前输出的计算中，即隐藏层之间的节点建立了有序的连接关系，隐藏层的输入不仅包括输入层的输出，还包括了上一时刻隐藏层的输出，因而其能够更好理解时间上下文的依赖性，可自主提取序列特征，从而获得更好的预测结果。目前，以长短期记忆网络（long short-term memory，LSTM）为代表的 RNN 已逐步被运用于光学和 SAR 影像协同的时序分类中，由于其能够自动提取时序特征曲线，构建较为稳健的分类器，因而相比其他几类方法可取得更好的判别效果，这方面的相关研究我们在第 6 章中展开细致介绍。

3. 图斑定量指标的反演

在定量遥感领域，针对指标反演研究发展了经验统计、机理模型、多源信息协同等方法：①经验统计方法，利用多源观测数据，通过统计学习挖掘输入数据与指标之间的映射关系，从而建立指标预测的关联模型；②机理模型方法，基于成像物理机制描述观测指标的形成过程，建立正演模型，并求解其逆过程，而后依据输入观测的模型参数（一般来自于遥感）实现对指标的反演；③多源信息的协同方法，通过对机理模型和多源信息进行耦合，实现多源信息在机理模型中的同化，从而获得对定量指标的反演。相对而言，多源信息的协同方法更有效，前两类方法在具体应用时存在明显的不足：①经验统计方法对真实成像过程进行了高度概化与近似，虽简单易行，但忽略了观测数据与目标之间相关性产生的内在机理，使得模型所能达到的精度完全依赖于观测变量的取值，从而造成了反演模型受到区域与时间的限制，推广性和可解释性相对较差；②机理模型方法虽努力想实现对真实过程更为细致而定量的建模，然而由于地表成像与辐射传输过程的高度复杂性，其建模过程中存在着大量的参数化假设与计算近似，而这种假设或近似的合理性并不能迅速、全面地得到验证与优化，因此机理模型得到的正演方程或者逆演方程在求解时也不一定能够获得准确的最优解。

对此，针对类似的计算问题，我国信息科学领域的徐宗本院士在近期提出了一个将"模型求解（即机理模型方法）"与"范例学习（统计模型方法）"相结合的反问题求解思路（Xu et al，2017）。大致思想是，先根据应用场景构建整体的"模型族"，该模型族是基于领域知识和待求解的目标问题而构建的，"族"中包含大量的未知参数，而这些参数类似于机器学习的决策超平面，可以通过不同的统计学习算法分别训练得到。需要注意的是，"模型族"不同于传统物理模型，不需要精确描述各个变量之间关系，仅是描述其解析范围可能存在的空间，然后再构建"算法族"用于对其中关键参数的求算并确保模型组合的收敛性，目前诸多的深度网络表达能力强大，可以被应用于参数的优化和问题的求解。这种方式与上述我们提到的多源信息协同方法（综合利用机理与经验统计的耦合同化模型）有一定的相通之处，不同的是将"模型求解"与"范例学习"相结合的方法是将深度网络用于"模型族"参数优化的结构调整，对模型的重组优化是其亮点，而深度网络通过非线性激活函数堆叠多层网络、增加神经元又能够模拟任何复杂的函数，具有描述复杂过程的能力；而传统的耦合同化模型则仅仅是在得到结果之后进行线性组合、平均或者修正，在描述观测变量形成的复杂过程方面略显乏力。

受此启发，针对地理图斑定量指标的反演问题，我们在时空协同计算框架中进行了参数求解的方法设计。如图 2.17 所示，首先设定待估计参数的求解范围（解空间），并设计其求解的策略与方法，再据此选择具有深度网络结构的学习算法，在地面同步试验获取指标参数样本的基础上，通过数据训练和迭代修正网络结构参数，从而实现对模型参数的系统学习。这套基于地理图斑的定量指标反演流程是较为前沿的设计，有待深入研究和不断完善。

2.3.4 时空协同框架的应用

对于时空协同框架的应用，我们以广西的地块级农作物（以甘蔗为例）遥感监测与分析为具体案例加以简述。甘蔗是我国主要的产糖原材料，而广西是我国主要的甘蔗产区，当地各级政府对于甘蔗种植面积、长势以及产量等精准监测和预测提出了迫切的现实需求。经过梳理，我们认为，面向决策者、企业主和种植户等不同用户对象，遥感可以提供以下 3 个方面的精准信息（图 2.18）。

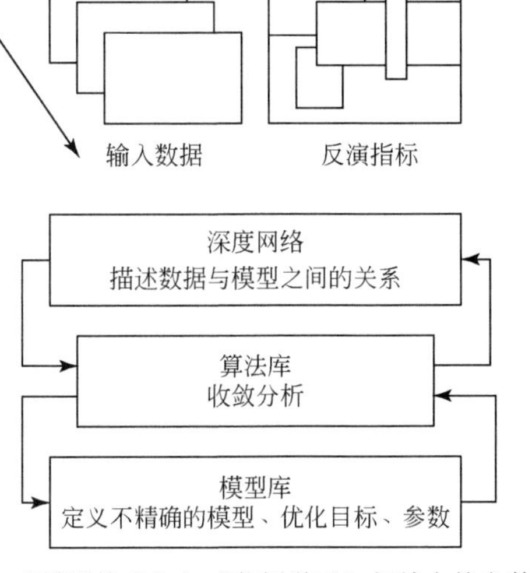

图 2.17 “模型构建”与“范例学习”相结合的参数求解

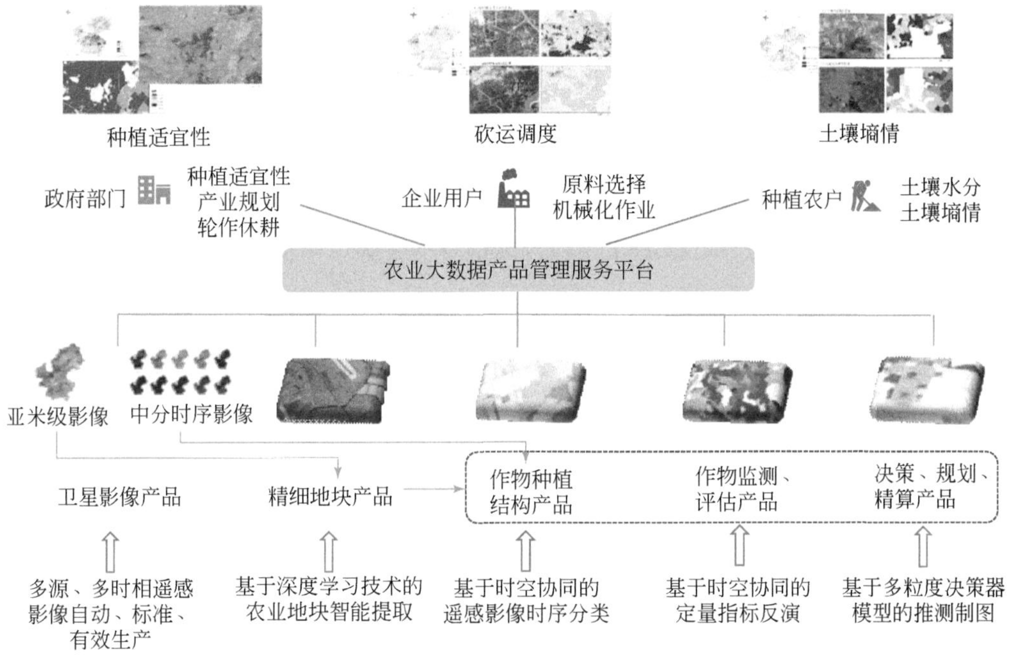

图 2.18 时空协同框架下面向甘蔗产业的应用体系

（1）作物种植结构信息，当前种植情况主要靠逐级上报的统计，其信息呈现不够客观、难以量测，时效上也存在严重的滞后性。时空协同反演模型能生成以“地块”为最小制图单元的种植结构信息，可作为政府建设全区糖业大数据平台进而支持甘蔗精准种植的基础“底图”。

（2）作物监测评估信息，甘蔗产量极易受灾害影响，如 2008 年冬季寒潮使得当地甘蔗产量大幅下降，蔗农及糖厂遭受了惨重的损失，因而进一步在种植结构的信息“底图”之上，开展甘蔗生长过程的动态监测及风险评估，据此可指导广大蔗农和糖厂及时有效地制定抵御灾害的措施并降低损失。

（3）作物规划决策信息，受传统土地权属、耕作制度等因素的限制，长期以来广西甘蔗种植主要以传统小农作业方式为主，投入产出比相对低下，竞争力羸弱。土地流转是提升规模化生产能力、提高产业竞争力的重要举措，在对地块进行适宜性与承载力精准评价的基础上，进一步开展面向种植规划的空间优化，为当地甘蔗产业的科学调整提供决策支持。

按此思路，我们以广西扶绥县为研究区，初步开展了作物种植结构、长势监测等应用试验（图 2.19）。①作物种植结构的精细制图：利用亚米级高分二号（GF-2）影像提取地块；在对高分一号（GF-1）多时相宽幅遥感数据（16m 空间分辨率）进行“几何-辐射-有效”一体的综合预处理基础上，对每一个种植地块进行时序特征的重建；通过实地调查，采集若干空间位置上的农作物类型样本；构建时序分类器，在特征曲线与作物类型之间建立映射关系，以此制作地块尺度的种植结构底图，获得每一地块的作物类型（甘蔗、水稻等），独立的实地采样数据显示分类精度达到 90%以上。②作物长势的定量分析：精细化结构底图提供了地块之上种植作物的类型信息（土地覆盖类型），我们在此基础上进一步估算了表征作物生长状态的定量参数，将其作为构建作物长势预测模型的重要输入；为此，我们在当地开展了田间测定工作，在甘蔗生长的每个关键阶段，对株高、叶面积指数、植被覆盖度等参数进行了“点”上绝对量的测定，并同步基于时序特征对地块上的生长参数开展了“面”上相对量的参数反演，进而通过“点-面”同化模型实现了对这些理化参数的地块级推测与校订；利用这些定量反演结果，可进一步计算得到作物长势监测的指标，而基于其动态变化趋势与多年正常水平进行纵向对比，可探测作物是否因遭受病虫害、旱涝等灾害风险胁迫而出现异常。

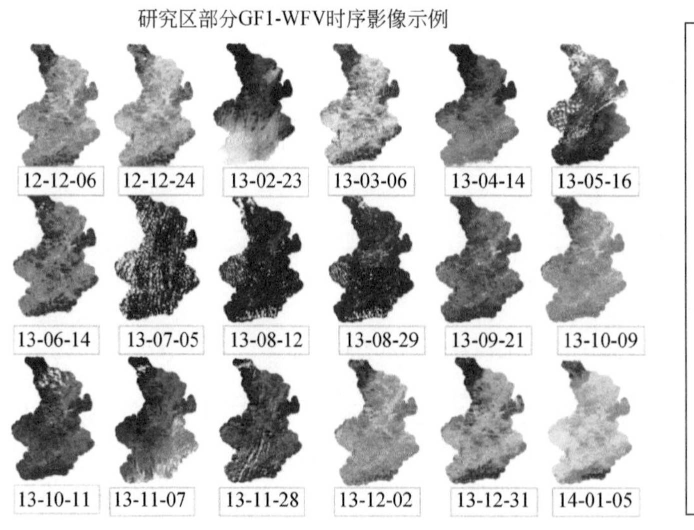

(a) 高分一号卫星的时间序列数据

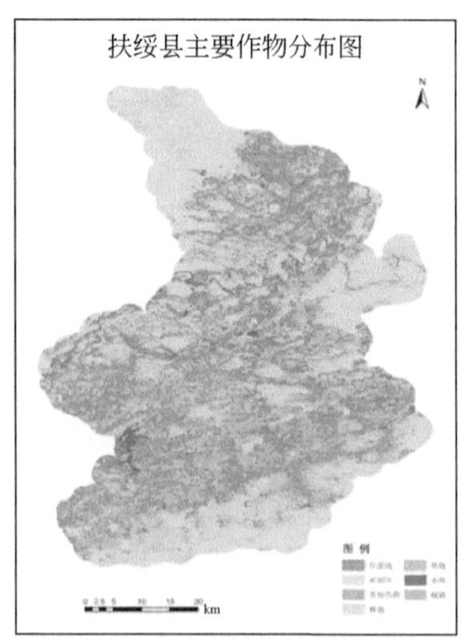

(b) 作物分类结果

图 2.19　时空协同的地块级作物分类应用案例

研究区：广西壮族自治区扶绥县

2.4 地理图斑的属性关联计算：多粒度决策

上述两个基础模型多是基于遥感数据本身开展分析计算，而为了更深入解析地理图斑，挖掘其隐含属性及潜在模式，需要协同更多的非遥感类数据，将它们蕴含的互补信息加载到地理图斑，使其特征被更丰富地描述而发现知识，进而在精细尺度上支撑“土地适宜性评价”“土地价值精算”“国土空间规划”“事件响应预测预警”等优化与决策的开展。为此，围绕如何在图斑之上协同多源多模态数据开展图斑级专题制图与决策分析的问题，我们进一步设计了多粒度决策模型，用其在图斑单元上开展其高维属性的关联计算、空间优化与动力解析。

2.4.1 多粒度决策器

如图 2.20 所示，该模型是在图斑形态提取与类型判别、指标计算基础上，针对空间优化与决策支持的需要，进一步融合多源、多模态外部数据（如资源禀赋、环境监测、历史解译、实地调查、互联网公众标注等数据），从而形成多维、多粒度的结构化属性表（各类数据在图斑单元之上粒化的结果），再利用迁移学习训练（数据驱动）或专家知识引导（模型驱动）对图斑隐含的功能结构及语义关系进行重组与推测，借此挖掘图斑的功能属性并形成相互间的组团关系（“结构”，即图 2.12 中第三层空间粒化形成的地理场景，也就是图 2.7 中的最高层粒层），进而揭示其内动力（存在状态的背景及条件分析）承载以及外动力（发展演化的模拟及趋势预测）驱动的机制，服务于评价、精算（对应于图斑现势“状态”的静态分析）以及规划、预测（对应于图斑结构与功能未来演化“趋势”的动态预测）等空间优化与决策支持的相关应用。

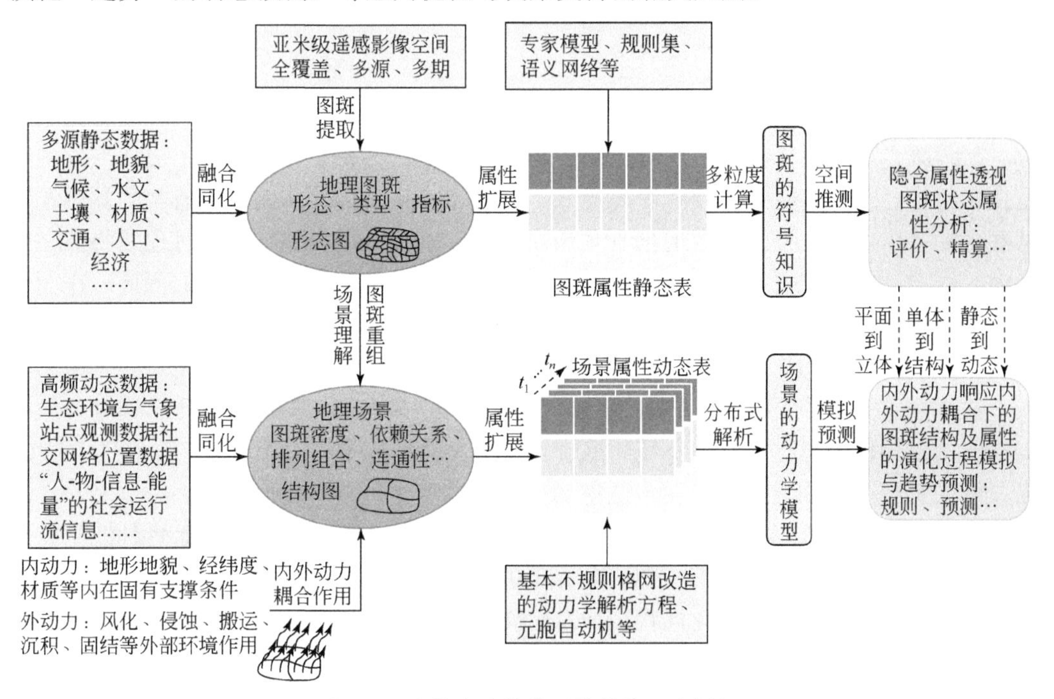

图 2.20 多粒度决策模型的整体研究框架

该模型涉及的重点研究内容包括：①多源数据融合，不同来源、形态、格式的数据在图斑单元上集成重组，面对空间化、指标化、规范化、趋同化、离散化等不同的计算方式，需解决尺度转换、粒度选择、权重分解、聚集综合、指标衍生等一系列的关键问题，以更好地形成多维多粒度的结构化属性表；②空间推测制图，该环节要解决的是面向现状的精算、评价（对应于图斑的“状态”分析）等相对简单的空间决策问题，需要联合互补、跨域的多维描述特征（相对静态、稳定的），通过树状机器学习算法（软模型——决策树、随机森林等）的训练或专家先验知识（硬模型——规则、物理模型、测算公式等）的嵌入，构建图斑“多维条件属性”与“关注目标属性”之间的关联关系，以形成图斑决策的符号化映射关系（模型），并据此推测其隐含的语义逻辑和功能属性；并依据图斑之间的空间关系、属性联系、拓扑网络搭建等综合方式形成内动力支撑下的景观式组团结构，进而揭示地理格局；③动力学分析，该阶段在是上述对承载力状态（内动力）分析的基础上，解决面向未来的规划、预测（对应于图斑的“趋势”预测）等相对复杂的优化与预测问题，需要在图斑聚合形成的结构化场景上进一步融入环境影响、社会运行等反映场景瞬时变化的高频动态数据，并改造传统基于规则网格的动力学解析方法，结合 GIS 空间分析及领域知识，构建面向不规则单元的动力学分析模型，模拟其在内外动力耦合作用下自组织的过程演化与优化调整，进而对未来的发展趋势进行预测，指导当下的科学决策；简言之，动力学分析是对地理场景结构的内动力状态分析基础上，进一步考虑如何动态地融入反映外部驱动力的实时观测与社会感知信息，基于地理图斑及其综合体（地理场景）构建时空解析模型用于动态模拟自然过程或社会事件行为，实现内外动力耦合下对事件行为发生过程及演化趋势的精准判断、跟踪、预测与决策，从而对因人类活动而快速变化的地理格局动态监测及机制分析起一定的支撑作用。

2.4.2 多源数据融合

针对复杂的地理认知问题，往往需将多源、多类型的数据集进行交互打通与关联计算。在图斑“形态”“类型”“指标”等相对浅层次的分析基础上，为了更加深入地丰富图斑特征，发现其隐含属性和潜在模式，我们将收集多源异构的非遥感类数据，利用其蕴含的多方信息，全面细致地刻画图斑属性，丰富其特征描述，这同时也是将孤立的多源数据激活、结构化聚合的过程，是一个“1+1＞2”的价值催化过程。因此，在图斑单元上实施对自然资源、社会经济方面的数据融合，扩展图斑属性维度，是进一步开展图斑“结构”“状态”“趋势”等深层次分析的重要前置步骤。

在这个过程中，要在构建的图斑面元（polygon，多边形）形态基准上，通过各类数据（包括自然资源禀赋、生态环境本底在内的历史调查数据，以及交通网、互联网 POI 语义标注等社会感知数据）与图斑的空间叠加，并基于位置、时间、关系、语义、尺度等五个方面构建源数据与图斑特征（属性）之间的联系，通过统计计算等多种汇聚方式重组这些空间数据，实现它们在图斑单元上的关联、聚合、再现，从而以多维特征向量的方式构建形成图斑的结构化属性表，为后续的空间推测制图以及空间组团的结构分析做好准备（图 2.21）。

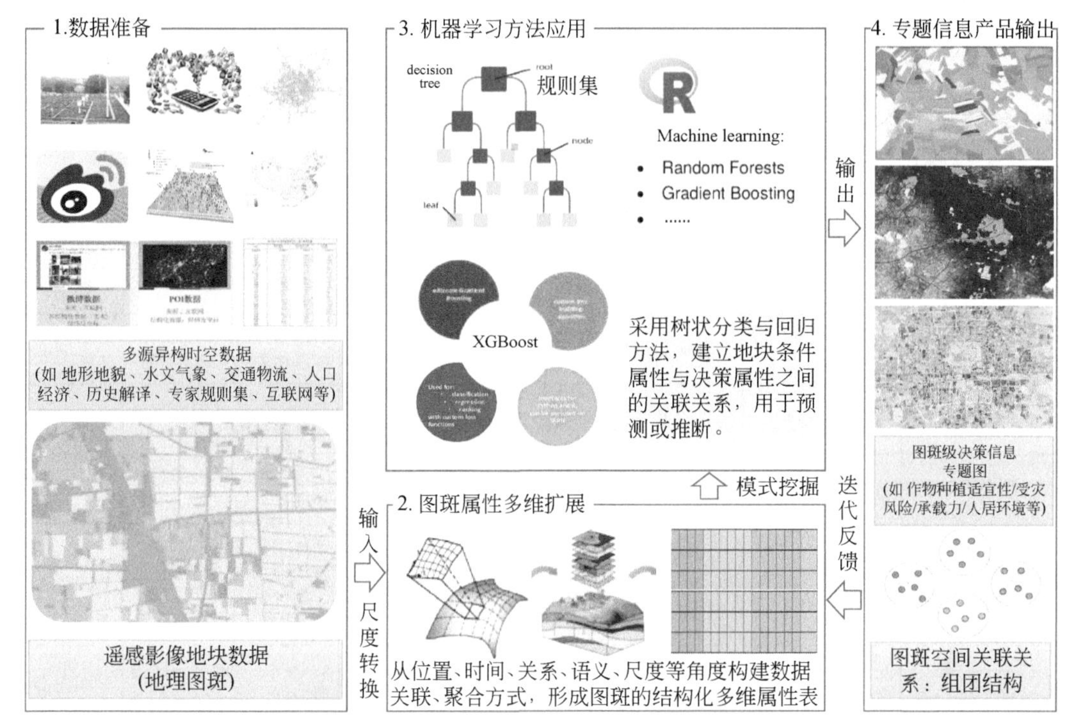

图 2.21 多粒度决策模型中的多源多模态数据融合

从数据来源上看，多粒度决策模型所依赖的非遥感数据，依据空间和时间维度的特性差异，可以简分为如下三大类：①空间维度和时间维度上均相对静态的数据，如土壤材质、地形/地貌、交通、网络地图的兴趣点（point of interest，POI）、小区街道级人口普查等方面的数据；②空间维度上静态而时间维度上动态的时序密集型数据，指固定位置上记录数值随时间低频/高频变化的数据，如空气质量、气象等针对生态环境的监测数据，网络地图的动态热图、道路繁忙/拥堵指数等；③空间维度和时间维度上均相对动态的时空流数据，主要指结构较为复杂的移动数据，如 GPS 记录的人流/物流/车流移动轨迹、社交媒体的位置感知数据等。这些不同领域的主被动感知数据普遍是相对孤立的，将其在图斑上关联集成与聚合重组后，一方面可以扩展图斑的特征（属性）维度，另一方面也借助图斑单元的时空基准，将多源异构的数据有效协同，有助于催化、激活这些非（半）结构化数据，大幅度提升综合数据的价值密度。

从数据聚合方法上来看，针对图斑的多源数据融合，在厘清时序影像、格网专题、点线面矢量、台站观测、社交媒体文本、互联网地图以及多元流、社会经济统计等多模态数据在格式、组织方式、尺度、信息内涵等方面的多元化特性基础上，我们还需设计面向不同应用的数据聚合方法，考虑如何以图斑及其结构为承载单元，采用空间聚类、时序反演、尺度转换、统计回归、插值同化、语义关联等技术，实现各种类型数据在图斑及其结构上的信息聚合与重组再现，也就是对点线面要素特征、栅格专题值、环境观测值、动态流指标等抽取加载与特征重塑，使得图斑后续的模式挖掘与专题信息制图更有依据、更为顺畅。表 2.3 给出了这个方面的若干示例（为了完整性，表中的外部数据涵盖了遥感和非遥感类数据，且不限于此表所列内容）。譬如，通过图斑与时序影像间的聚合，推测地表覆盖类型和定量指标（见 2.3 节的内容）；通过图斑与其相邻图斑间的聚合，联结图斑间的功能组团结构，形成地理场景（综合体）的表达；通过图斑与站点观测数据间的聚合，推测全域的专业化土地类型；通过图斑与流数据间的聚合，回溯事件发生过程，预测未来走势。

表 2.3　地理图斑上的数据聚合：数据源、方法、衍生内容与案例举例

承载单元	外部数据	聚合方法	衍生图谱内容	典型案例举例	所属图谱层次
地理图斑	多源（时序）遥感数据	光谱波段/指数均值统计	覆盖变化类型、生物量指标	农作物种植结构、长势、产量相关的生物量参数	信息图谱
地理图斑	网格（栅格）	均值/众数统计、降尺度	环境变化的指标	光/温/热/水等相关指标的空间分布	信息图谱
地理图斑	站点观测	空间插值、点面推测	专业化的土地类型	土壤类型、植被类型的精准分类与制图	信息图谱
地理图斑	矢量图的图斑	属性相似度和邻近性计算、基于规则的邻斑合并（密度、拓扑、网络）等	空间结构指标化表达（地理场景）	高密度建筑区、水域、耕地连片区、绿带林区的划分以及水文、交通等利用	知识图谱
地理场景（图斑组团结构）	互联网（文本、电子地图）	位置匹配、核密度估计、文本/POI 语义关联等	功能区的划分	商业区、科教文卫区等的识别	知识图谱
地理场景（图斑组团结构）	自然资源禀赋数据、规划数据、网络数据	均值/众数统计、降尺度、叠加分析等	资源的空间配置（优化）	面向国土空间优化的双评价、基础设施/教育资源的区位选址	知识图谱
地理场景（图斑组团结构）	位置数据、关注事件的网络文本数据（POI）	语义关联	事件发生的位置发现与表达（静态）	应急事件的空间范围划分	知识图谱
地理场景（图斑组团结构）	时空流数据	信息流/移动流密度估计、OD 位置统计分析、站点时序观测分析等	事件发生的过程模拟与预测（动态）	暴雨、人流聚集踩踏等自然或人为灾害过程模拟/预测/预警	知识图谱

可见，图斑的数据融合涉及内容较为庞杂，一方面要开展数据空间化、投影系统与坐标系统一致化、消除数据噪声、插补数据缺失等一系列预处理，另一方面要考虑如何将多源数据转化为以图斑为记录的特征，更好地实现多源数据在图斑单元上的聚合重组与时空表达。对于后者，要着重解决尺度转换/粒度选择（从格网栅格到图斑矢量）、亚像元分解/地块内部分解与综合（从格网栅格到图斑矢量）、伪知识的鉴别与去除（从粗尺度矢量到图斑矢量）、由点到面推测（从点矢量到图斑矢量）、宏观调查数据空间化、指标再计算等诸多问题。以下仅对其中“尺度转换”“粒度选择”“衍生指标计算”三个较为核心的子问题加以详细阐述。

1. 尺度转换

针对上述数据源中前两类空间相对静态的数据，要解决面向图斑的“点-面”、“线-面”和“面-面”等尺度转换方法。

（1）“从点到面”的尺度转换，针对各类 POI 兴趣点、监测站点、土壤样点以及社交媒体位置感知点等点位数据的差异，考虑插值、回归、择多等不同原则的计算方法：

①基于空间统计的粗略方法，将依附于点状实体的信息，直接根据图斑覆盖的点个数、均值、众数、距离衰减等方式转化为图斑属值性，或通过点插值及密度估算形成全覆盖栅格数值后，再利用空间叠加方式转化为图斑属性值，此类视为确定性计算方法，易在图斑边界产生突变，造成边缘的栅格效应；②基于回归的反演算法，在离散点属性（自变量）与其关联的图斑面属性（因变量）之间构建基于样点的尺度转换模型（可利用机器学习算法的回归建模实现），并将其外推到整个覆盖区域形成全局图斑属性值；③基于点密度的 DBSCAN（density-based spatial clustering of applications with noise）、OPTICS（ordering points to identify the clustering structure）聚类算法，将联系紧密的点数据组合在一起作为聚集簇群，而将低密度区域的点视为噪点，解决点与图斑的空间对应问题；另外，针对点数据的时空样本稀疏不完备、有偏特性，基于抽样理论并综合预测不确定性的空间分布、图斑尺寸大小等信息进行点位加密或纠偏设计。

（2）“从线到面”的尺度转换，主要考虑利用基于距离和线密度的空间分析方法，计算各面状图斑距离各线要素的距离或覆盖线状要素的密度。以道路线为例，可计算各类图斑的道路可达性属性，作为指示其交通便捷性的特征描述。

（3）“从面到面”的尺度转换，重点可采用叠加图斑的面域加权方法，也就是在将目标图斑和属性源数据叠加计算交叉区域的属性值时考虑在最大化保留原则下按面积比例加权分配，而在非交叉区域考虑按地理学第一定律采用邻近区域的相似度大小计算图斑属性值；另外，也可借助降尺度的统计模型实现，但需要考虑混合大像元（“栅格面”）在小图斑单元上如何分解，此时若能利用好图斑的内部均质性与外部边界约束，将图斑形态、土地利用/土地覆盖类型、定量指标等作为重要辅助信息，定能在很大程度上提升栅格类属性数据的降尺度精度与可靠性。

2. 粒度选择

针对具体问题，为简化求解难度、减少计算量，所依赖的时空数据往往无须最小粒度（“粒度”的概念在 2.1.4 节已有阐释）的数值记录（如交通拥堵态势分析，无须精确到每一秒的数据记录，可抽稀为每分钟或每 10 分钟的数据即可）。因此，一般可以在不超出误差的范围内选择恰当的粒度进行数据采样，根据实际应用需求的不同，选择合适的粒度，对海量的时空数据进行空间、时间、属性维度上的压缩综合，从而满足领域应用的表达与计算需求。由于 2.2 节分区分层感知模型生成的地理图斑在空间形态上已基本固定（模拟解译人员视觉感知后的空间粒度已相对稳定、固化），多源数据融合时主要还是在上述数据源中的后两类数据上实施时间粒度和属性粒度的选择，这需要根据计算负荷、数据更新或模式重现的周期长度、人/物状态流动的动态变化频率等多方因素加以综合考虑。

3. 衍生指标计算

为给模型提供更充分有效的条件属性，往往还要在原始数据基础上进一步计算并拓展可能与决策目标产生紧密关联的衍生指标。因此，开展面向地理图斑单元的指标计算很有必要，而以下两方面是具体实施时要重点考虑的：一方面要设计出灵敏度高、稳健性好且便于度量的衍生指标，来进一步丰富图斑的表征属性，这需根据应用需求先确定建筑区、道路网、城市绿地、水体（湿地、水系）等重点图斑（靶区），再以决策目标为导向构建具有较高“信度”（即可靠性、稳定性）和“效度”（即变化敏感性）的指标体系；以城市人居环境评价为例，可基于既有数据衍生计算反映地理单元的资源环境禀赋（如地形坡向、绿地覆盖率、水环境指标、空气质量指标等）和社会经济条件（如人流/物流/交通流频度、配套设施状况指标、建筑区高度/密度/拥挤度、路网的可通达性、商业布局相关指标、发展潜力指数、整体繁荣度、居住容积率等）的一系列相关指标，借助空间分析方法将原始属性数据的衍生指标进一步计算后，加载到对应的图斑单元上，从而实现对各类属性数据的信息增值与提炼增强，用于评价城市内地块的居住适宜性分析；另一方面，为了消除指标之间量纲不匹配的影响，还需通过图斑属性值的规范化处理及一致性表达，建立图斑之间指标可对比的度量关系，进而把多种来源、内容、格式的数据，通过清洗、抽取、整合后与图斑位置相连接，装载于图斑后构成一个指标完备、交互融通的结构化属性表。

2.4.3 空间推测制图

地理空间结构（综合体）是指在一定区域或特定空间范围内，自然和社会各要素（包括资源、环境、经济和社会诸要素）功能的组合或耦合关系，与一定范围内的自然资源（如土壤、地形地貌、水资源、生物资源与气候条件等）以及社会经济要素的空间配置（如人口、GDP、交通网与基础设施等）密切相关；而地理空间结构的功能（简谓之“功能”）是指一个区域或系统内社会经济发展模式、潜力强度以及其可持续发展能力的大小，在农业、城市、生态等不同领域中对应着不同的理解，属于高层的知识图谱范畴，往往需要通过有理有据的时空场景解析才能获得。

地理图斑作为地物时空分布机制、事件发生发展规律的最小载体，相互之间存在着各种各样的关联关系。因此，通过图斑之间的纵向转换及横向聚合，可重组构成相对稳固的功能结构（functional geo-spatial structure，称之为“功能图斑”，对应为地理场景或地理综合体），这是从地理现象/过程研究逐步跨越到地理格局分析的重要底图，可为开展精细化、定量化、知识化的空间决策与格局优化提供稳定而真实的场景支撑。然而，图斑的内在功能一般不能仅通过对影像的视觉感知（“眼睛看”）而获得，往往需要在加载各类静动态数据之后，先后经过结构化“模型算”的解析过程以及知识化“脑子想”的推测过程，并协同空间相互作用、连通性、排列组合以及语义互联等空间关系，才能实现对复杂地表的空间解构与状态解析（知识图谱）。

鉴于此，我们希望在形成图斑多维结构化属性表的基础上，利用决策树、随机森林等机器学习算法（基于软模型的间接推测）或依据专家知识的某一模型（基于硬模型的直接推测）构建图斑从其条件属性映射到决策属性的推理机，从而面向城市、农业、生态等领域的精准应用需求，定制生成各类决策专题图（图 2.22），资源环境承载力、国土空间开发适宜性、城市环境宜居性、土地价值测算等面向评价或精算应用的专题信息图均可按此思路得到，这是对图斑内动力支撑下的“现势状态分析”，也是后续开展“未来趋势预测”（对应于 2.4.4 节内容）的重要基础。下面聚焦其中三个典型的子问题加以说明。

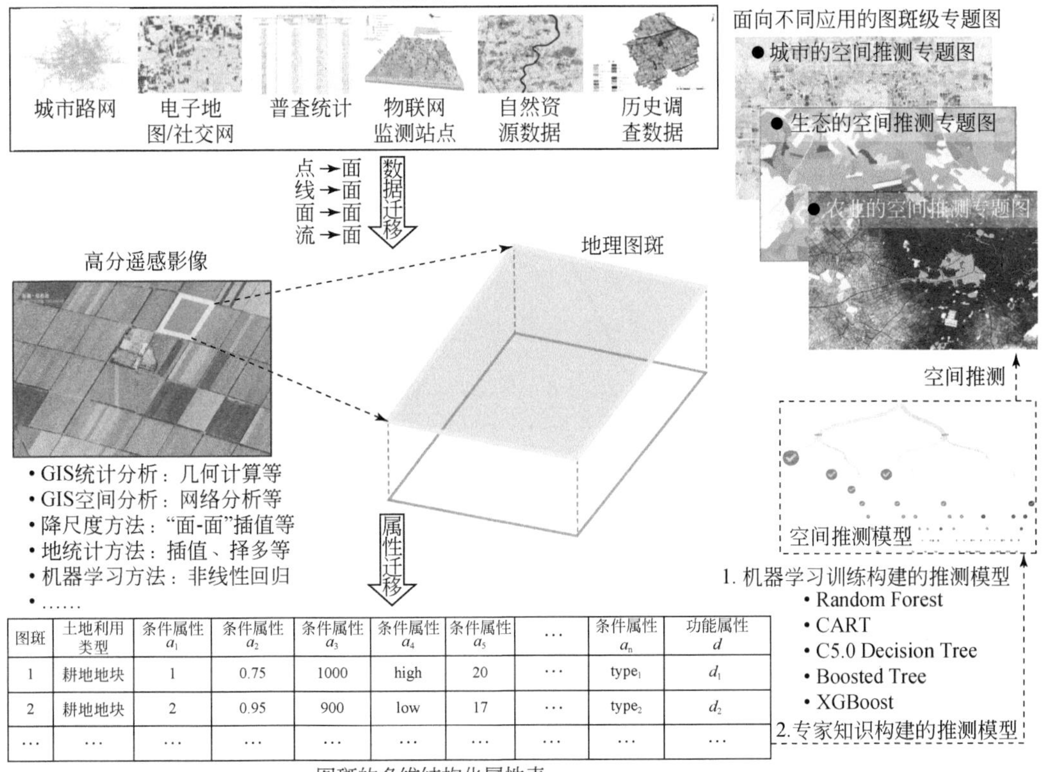

图斑	土地利用类型	条件属性 a_1	条件属性 a_2	条件属性 a_3	条件属性 a_4	条件属性 a_5	…	条件属性 a_n	功能属性 d
1	耕地地块	1	0.75	1000	high	20	…	$type_1$	d_1
2	耕地地块	2	0.95	900	low	17	…	$type_2$	d_2
…	…	…	…	…	…	…	…	…	…

图 2.22　多粒度决策模型的空间推测方法

1. 基于决策规则学习的空间推测

为了形成相对自动的非线性推测能力，我们可以考虑通过监督式的机器学习训练构建图斑条件属性与决策专题之间的映射关系。首先，鉴于属性之间可能彼此存在的某种关联（某一个属性可能蕴含了其他属性），以决策目标为导向，结合属性重要性先验优选关键属性；其次，为实现从多维“条件属性值”到“决策属性值”之间的快速转化，考虑具有较强语义解释性的机器学习算法训练提取决策专题的推理机，可以采用擅长在表格型结构数据领域开展挖掘的决策树类方法，包括易于调参的 CART、C5.0 Decision Tree、Random Forest、Light GBM、Boosted Tree、XGBoost 等算法，由此学习得到形式化的规则集，并据此对每个图斑依次查看是否符合每条规则（即决策树的分枝），从而推测得到图斑隐含专题的所属值。

按此方式，我们曾以农作物的种植适宜性评价为案例开展了试验，在广西崇左市江州区进行了甘蔗种植适宜性评价的精准制图：在全区耕地图斑（地块）的提取基础上，利用多源辅助数据计算了种植区地块的地形、地貌、气候、土壤、区位、交通等条件属性，并使用 C5.0 Decision Tree 算法提取了上述条件属性与种植适宜性等级之间的映射规则集，并运用之推测至整个示范区耕地图斑，获得了地块级甘蔗种植适宜性等级评价的完整制图（图 2.23），通过十重交叉法验证得到的评价准确率可达 80.27%（Wu et al.，2019）。这是对地理图斑适宜性、承载力这类“状态”分析的一个应用案例，属于相对低层的“知识图谱”。

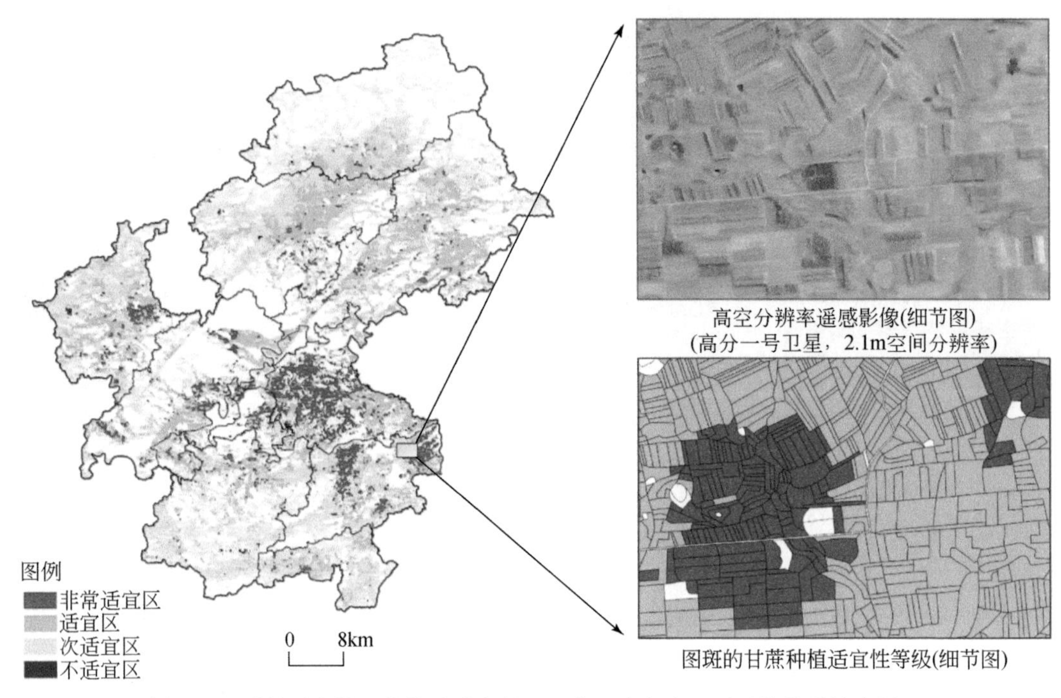

图 2.23　种植适宜性评价的试验案例（以广西崇左市江州区甘蔗种植为例）

2. 基于专家知识模型的空间推测

专题图定制要以具体目标为导向，在确定成图内容及表现形式基础上，选定合适的辅助数据和推测计算模型完成组装，形成切合需求的专题信息产品。在此过程中，相对成熟、被公认的专家知识模型（一般以规则、公式、物理模型、语义网络等形式存在），应该作为专题信息空间推测的可靠依据。以城市宜居环境评价为例，我们将自然环境与社会经济方面的多源属性数据引入后，衍生绿化、邻域、人口、舒适、便捷、景观、建造密度与容积率等指标，构建基于图斑单元的宜居环境评价指标体系，再利用领域内广泛认可的资料知识构建一套评价模型；另外，在生态价值估算方面，可结合环境、交通与服务区位条件的属性指标对城市生态价值进行测算，并协同地形地貌、人口密度等属性，利用现有景观生态学中的既有研究便可搭建一套可行的生态价值评估模型，从而制作形成以地理图斑或其组团（即功能图斑或场景综合体）为基本单元的细粒度城市价值精算专题图，为城市规划设计提供参考信息。

3. 基于多重因子约束的空间聚合

以地理图斑（geo-parcel，反映个体形态类型）为基础，将同类型的相邻斑块聚合可形成同类图斑团（geo-cluster，反映簇团的形态类型），进而可再向上综合构建地理场景（geo-scape，反映整体的空间结构），这与景观生态学中从斑块（patch，微观）到斑块类型（class，同类型的相邻斑块组合，中观）以至景观（landscape，宏观）的三层次空间格局分析脉络基本一致。上述粒层间的转换，可以先依赖图斑属性表探测图斑间的组团关系，依据图斑局部信息粒上的共性特征（如类别相同、指标相近）和多重约束进行空间聚合，挖掘图斑在整体空域上相连共生的聚簇模式。当然，正如 2.1.4 节阐述，粒层之间的转换尚有诸多挑战亟待攻克，例如从同类图斑组团到地理场景的转换时如何加入更多先验知识的指导，这有赖于应用问题中对场景概念的特殊化定义和针对性分析。

2.4.4 图斑动力分析

地理图斑是精细刻画地表状态的空间粒结构，各类静动态数据通过与图斑关联，产生能提升数据价值密度的聚合反应：一方面显示图斑空间关系的稳定固化结构，形成一定规则下对地理场景的空间表达；另一方面展示图斑属性值的动态变化，形成对平稳/非平稳、周期/非周期的时间演化。稳定的图斑结构依赖于相互间作用力形成的拓扑与网络关系，承载着地物存在于地表状态的内动力条件（具有相对的静态性，如构造材质、重力、地质应力、相互作用力、与自然资源条件或社会人文背景的依存关系等内部作用）；动态变化的图斑属性值则蕴含了驱动事件发生与演进的外动力条件（具有相对的动态性，比如光温热、降水、大气污染、人类活动等外部作用）。

1. *内动力与外动力*

内动力体现为是先天“遗传”、后天“长期养成”、相对静止的固有特性，作用体现在维持图斑结构的稳定性；而外动力则相反，更多体现在对于“变化”的驱动，是后天环境给予图斑内动力各属性条件发生渐变或突变的外部推力（驱动力）。内动力所涉的内容是导致图斑在地表生成固化（长期稳定）的条件，可作为图斑依存（或产生）的先决条件，并保持地表处于稳定和持续的状态之中；外动力则是促使内动力的内容发生改变，先决条件改变而促使图斑形态、类型、指标、状态等相应发生变化，如此更迭。一言之，内动力作用使图斑结构趋于稳定，外动力作用则使之趋于变化，这是一个外动力不断作用导致内动力发生渐变或突变，进而引起形态和结构变化、事件发生的作用过程（图 2.24）。易见，开展图斑动力学分析，模拟演变过程，预测未来趋势，对于客观真实、及时有效的空间优化与决策具有重要意义。

图斑动力学分析的目标是对内外动力耦合作用于地理单元的结构表征与过程解析，具体来说，可以通过如下三种路径来实现：①静态数据（站点、矢量、栅格、网络、场、报表等类型）与图斑空间聚合后构建属性表，进而通过属性与空间关系的组合分析构建图斑结构，包括层次结构、相互作用、拓扑关系、空间密度等内动力指标；②各类动态信息进一步在图斑结构上聚合，构成时序特征集指导动力过程的解析计算，从而不断更新图斑属性表，以此调整图斑结构而重构场景，这是一个外动力不断作用于图斑结构而持续调整优化的过程；③最终是内外动力协同作用于图斑结构，共同驱动事件发生与演进，这是一个 GIS 空间分析与动力学解析方程复合的表达与计算过程。

2. *图斑动力的解析*

基于上述对内外动力的理解，多粒度决策模型在其下层设计了动力学的解析环节（图 2.20），拟以图斑为单元，进一步融入实时/高频的动态数据，开展对变化趋势的模拟与预测，探究地表变化驱动因子及时空格局自组织优化机制，为实现因地制宜的规划设计、方案调整、处置管理等决策行为提供支撑。图 2.25 描述了开展动力学解析的几个关键。

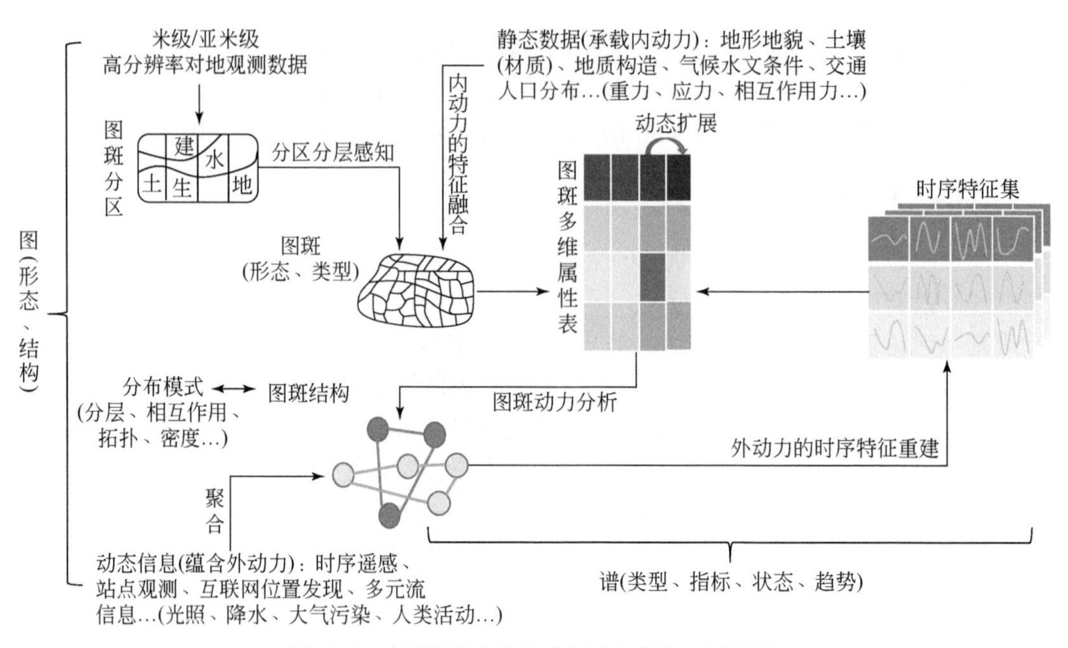

图 2.24　地理图斑内外动力耦合计算的方法路线

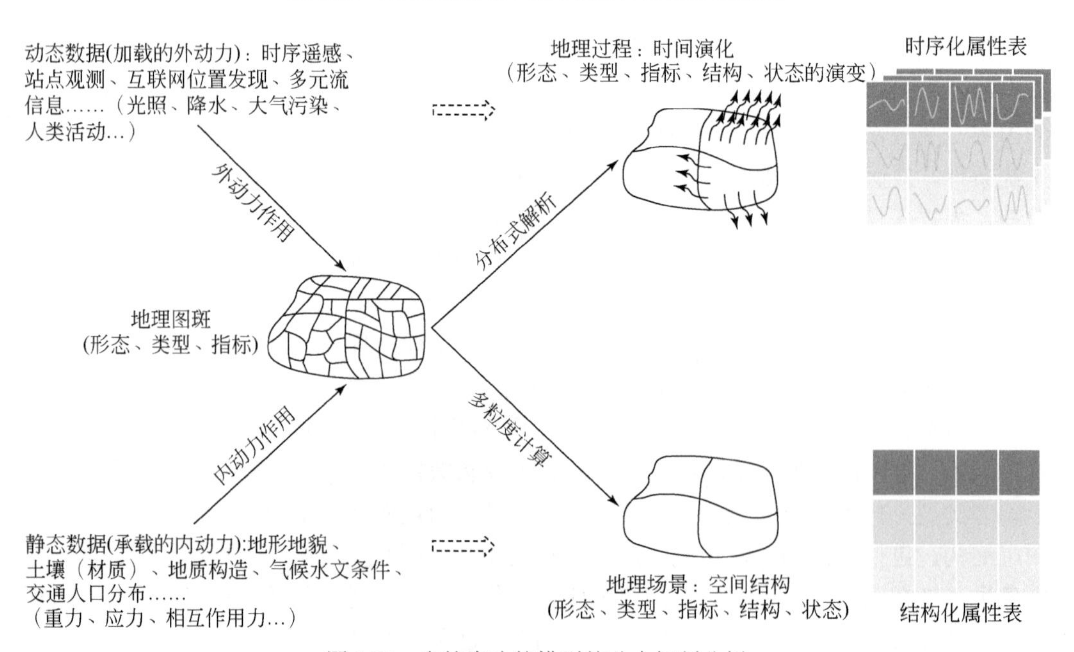

图 2.25　多粒度决策模型的动力机制分析

（1）内动力解析：将反映自然与社会状态的静态数据融入图斑单元，构建结构化的属性表，挖掘其中蕴含的关联知识与模型参数，并依据图斑的空间密度、层次结构、相互作用和拓扑关系等空间指标，评价功能部署的适宜性，计算抵御结构变化的承载力，优化重组图斑结构，进而驱动对现势“状态”的解构、优化与调整，指导对空间格局的合理化布局。内动力解析部分主要对应 2.4.3 节的内容，故而在此以 2.4.3 节中提及的甘蔗种植“双高基地”规划应用为例进一步诠释：首先通过对多源数据的粒化与规则提取，对地块尺度的甘蔗种植适宜性等级进行分析评价，再面向政府、糖企、种植户等多用户的目标需求（图 2.18），分别计算各个图斑所承载的内部作用力因子（诸如灾害风险、产出价值、物流运力、加工产能等相关指标），进而在多目标驱动下对区域种植的空间规划开展逐步寻优的结构调整，整合形成较大范围的集中连片区（相近、相似图斑的空间重组），作为未来规划新增“双高”（产量高、质量高）基地的目标靶区，为实施区域功能划分、产业优化调整等决策提供科学依据。

（2）外动力解析：将各类实时采集的发生数据与图斑结构再进行聚合，扩展多尺度、高维动态的属性表，发展基于不规则单元的分布式解析计算方法，实现对图斑形态、类型、指标、结构、状态等特征演变的动态模拟以及对未来“趋势”的预测，这是外部驱动力因素不断作用所导致地理场景内部结构不断调整的过程。

（3）内外动力耦合：内动力与外动力协同作用于图斑结构，内外矛盾共同驱动场景更迭（自组织的结构优化）、事件发生预警。

笔者在（2）和（3）两方面尚未进行案例性试验，但对其可行性已进行了较为全面的评估。在未来的研究中，我们希望通过构建一套面向非规则空间格网单元的动力学模型，形成能对复杂地表系统的演化过程进行动态模拟、精准预测的一套解析系统。在下一阶段，我们计划在基于不规则格网系统的天气动力过程模拟与精准预报、分布式水文模型构建以及水动力过程模拟、灾害风险承载力评估与发生过程模拟、城市空间行为模式分析以及事件发生预测预警等具体方向上，重点部署相关的研究任务，探索建立一套地理图斑动力的理论方法，期待在后续出版的专著中能及时将最新研究进展介绍给各位读者。

2.4.5 模式挖掘展望

结合前期的探索和实验尝试，针对多粒度决策模型中的问题还需在如下几方面开展更深入的研究：①在多源数据融合方面，针对多模态数据在图斑单元汇集重组时的质量控制、尺度转换、时序重建、点面同化、语义关联等问题，根据数据源及类型差异，完善以地理图斑为基本对象、跨领域特征级融合的模型集；②在空间推测方面，减少“粒化”、“重组”等前续环节的误差累积与传递，同时由问题为导向构建差异化的属性指标体系和个性化的“关联”分析方法，重点发展碎片化、增量信息驱动下的强化学习以及多步传递的迁移学习（第 3 章将对这些机器学习机制进行全面细致的介绍）；③在动力学分析方面，进一步深化动态时空流支持下的图斑动力学解析，开展诸如基于天气动力模式数据同化的精准气象预报、分布式水动力模型计算、协同时空流与互联网感知信息的社会经济行为模式探测等方面的交叉研究；④在应用驱动方面，第 5～8 章将通过模型在城市、农业与生态等领域应用的进展介绍，提出针对复杂地表运用综合地理思维开展专题应用的思路，并力争在未来能应用于自然资源价值精算与空间优化、社会经济行为与地表变化规律的响应监测、灾害风险精细评价与动态预测等具体方向，在此过程中应增强对地观测与社会感知数据的协同来构建其中的人地关系，强化多尺度格局与过程的耦合以及多功能景观单元的识别（傅伯杰和刘焱序，2019），这些进一步的考虑必将促进地理图斑计算模型在综合、动态与优化等方面的不断深化。

综上所述，2.2 节、2.3 节、2.4 节的三个基础模型构成了完整的地理图斑智能计算模型，通过以地理图斑为主线的计算过程，逐步实现对复杂地表的浅层“信息图谱”（形态（图）、类型/指标（谱））理解和深层“知识图谱”（结构（图）、状态/趋势（谱））透视。整个过程，再述之：①在“分区-分层”的地理学思想指导下，利用控制要素构建分区通道与网络，运用模拟视觉机制的深度学习网络构建感知模型，分层式地提取图斑“定位”形态（追求“精细）和土地利用（land use，LU）“定性”类型（追求“准确”），实现图斑“形态（图）-类型（谱）”耦合的分布模式挖掘；②针对“生”、“土”两大类图斑（地块），同化融合时序观测数据进行地物覆盖变化特征曲线（时序谱）的重建，利用时空协同反演模型挖掘图斑之上的生长演化模式，用于图斑覆盖（land cover，LC）类型的“定性”以及“定量”指标的反演，实现图斑“形态（图）-类型/指标（谱）”耦合的“信息图谱”制作；③面向精算、评价等应用，通过融合外部相关静态的非遥感类数据，利用多粒度决策模型（上层）挖掘功能模式，实现图斑组团结构和专题场景的“定制”搭建；④最后，面向规划、预测等应用，进一步聚合高频动态数据进行不分布式动态解析与模拟，利用多粒度决策模型（下层）挖掘动力模式，揭示场景内动力支撑下“状态”解析以及外动力驱动下“趋势”预测，最终结合机理分析生成对图斑“结构（图）-状态/趋势（谱）”同步实施优化调整的“知识图谱”，用于指导相关决策。

以上过程如图 2.26 所示，归纳为递进的上下两层图谱（即“信息图谱”与“知识图谱”）。其中，“图”是高分遥感影像上通过分区分层感知提取的地理实体的空间对象化与结构化表达（对应为图斑形态、结构）；“谱”包含“信息图谱”（对应于图斑的类型、指标）和“知识图谱”（对应于图斑的状态、趋势）两个层次，其中“信息图谱”源自于在地理图斑基础上通过融合多源数据，判断图斑的精准土地利用/覆盖变化类型，计算图斑的地表覆盖生物量等参数指标；“知识图谱”则是源自于在图斑的基础上进一

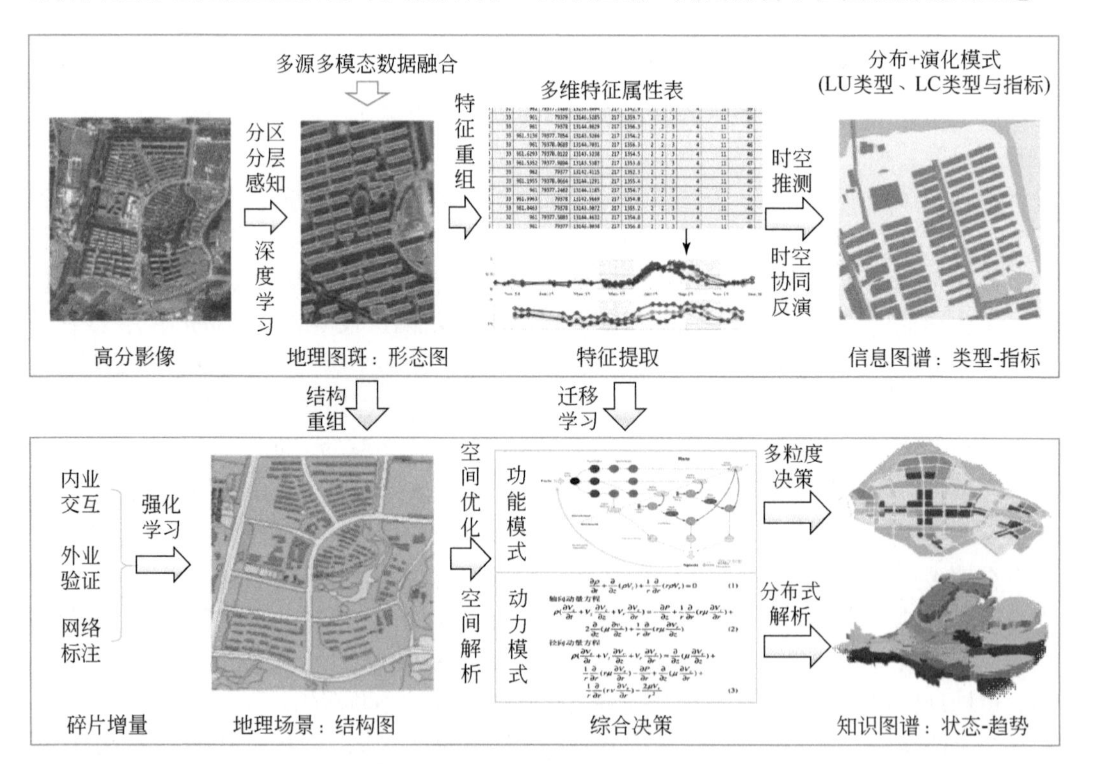

图 2.26　地理图斑模式挖掘及其图谱层级的演进关系

步重组多源信息刻画图斑结构，通过融入静态信息开展态势评价与规划设计，通过同化动态信息构建时空解析模型并开展过程模拟与预测预警。面向各领域专题应用与决策分析的多元化需求，地理图斑智能计算模型通过对“信息图谱”的浅层理解和“知识图谱”的深层透视，逐步挖掘揭示地理现象、过程、格局乃至机理的各类显/隐模式。对此，我们凝练了两层图谱实现过程中存在的四类典型模式（表 2.4 列出了相关描述，包括相对静态的分布模式与功能模式、相对动态的演化模式与动力模式）。

表 2.4　地理图斑挖掘四类模式的相关描述

挖掘模式	图谱类型	图斑内容	图斑态势	以农业应用为案例的相关图谱举例
分布模式	信息图谱	形态-类型	静态	基础信息图谱：精准 LUCC、农业种植结构
演化模式		指标	动态	精算信息图谱：植被生物量、农作物长势/产量等
功能模式	知识图谱	结构-状态	静态	评价与规划图谱：土地质量评价、农作物种植适宜性评价与结构调整、国土空间优化与规划设计、山地生态效应分析、灾害风险分析等
动力模式		趋势	动态	预测与预警图谱：基于地理图斑不规则格网系统的精准天气预报、分布式水动力计算等

（1）分布模式（形态-类型）是依据地理实体（地物）在高分遥感上呈现的影像特征差异来体现地理空间上的分异特性，首先需对复杂的地表场景进行区域划分，再对其中分布的不同类型地物依据其空间特征及其变化差异分别设计模拟目视解译的地理图斑提取模型，实现对地物空间分布的精确定位、图斑形态的精细勾画以及土地类型的分级判别。

（2）演化模式（形态-指标）是在地理图斑形态提取与类型判别的基础上，进一步在图斑之上融入具有时序变化特征的对地观测数据集，对比图斑周期性或持续变化的生物学或物候规律，构建地理图斑内时序演化的参数化定量反演模型，实现对图斑内生长（演化）过程的动态监测以及导致其变化的驱动机制的量化分析。

（3）图斑功能模式（结构-状态）是在图斑形态和基础类型识别的基础上，进一步融入多源数据挖掘其隐含的功能语义属性，并通过分析内在相互作用机制来构建图斑之间的聚合关系而形成地理场景的综合体，使各类空间决策具备精细而可靠的场景结构支撑；进而再通过自然与人文要素结合的建模来分析地理综合体对人口、资源、环境与灾害等自然与社会运行的承载力，为开展数据驱动的规划设计与空间优化提供基底状态信息。

（4）图斑动力模式（结构-趋势）是对地理场景结构的内动力状态分析基础上，进一步考虑如何动态地融入反映外部驱动力的实时观测与社会感知信息，构建可基于地理图斑及其综合体对自然与社会事件行为进行动态模拟的时空解析模型，实现内外动力耦合下对事件行为发生过程及其演化趋势的精准判断、跟踪、预测与决策，这对因人类活动而快速变化的地理格局动态监测及机制分析具有重要的支撑作用。

对本章内容进行如下简略小结：针对传统遥感信息提取一直难以打通数据资源向信息知识转化链路的瓶颈问题，作者认识到地表认知问题的系统复杂性及其求解时有序分解的必要性，探究了“各类别信息的深浅层次”、“各阶段依赖数据源及其重组计算方法的差异”、“各环节能所达到的解译程度”等问题；在此基础上，作者从高分辨率影像的视觉感知出发，定义了在“影像空间”与“地理空间”之间构建映射关系的基本单元——“地理图斑”，并在“分区-分层”的地理学分析思想以及“粒化-重组-关联”的大数据计算思维指导下，分别基于“空间-时间-属性”的视角分析了粒结构，并发展了一套由“分区分层感知-时空协同反演-多粒度决策”三个基础模型组合构建而成的地理图斑智能计算模型。这套模型结合了各流派机器学习技术（第3章将详细论述“连接主义”、“符号主义”、“行为主义”等不同流派，以及“深度学习”、“迁移学习”、“强化学习”等具体的学习机制）与遥感信息机理模型（我们将其归纳为“视觉遥感”、“定量遥感”、“地学遥感”等不同流派），通过“空间-时间-属性”等维度对复杂地表实现层层解构与有序组织，循序渐进地实现面向地理学问题的“浅层视觉理解”和“深层功能透视”。模型之所以如此设计，正是受人类智能系统（“眼睛看”、“模型算”、“脑子想”的协同）的启发，试图通过“构建统一基准”、“汇聚多源数据”、“图谱耦合计算”、“挖掘隐含模式”等一系列技术环节的串联，生成精准化的地理空间信息，支撑不同应用领域中知识化的空间优化与决策（相关应用读者可参见第5～8章的具体内容）。总之，本章提出的地理图斑智能计算模型，是在传承陈述彭先生地学信息图谱思想基础上，进一步夯实了遥感图谱认知理论，有望推动新时代遥感地学分析的不断深化以及精准地理空间信息服务的陆续拓展。

主要参考文献

傅伯杰，刘焱序. 2019. 系统认知土地资源的理论与方法. 科学通报，64（21）：2172-2179.

宫鹏. 2019. 对遥感科学应用的一点看法. 遥感学报，23（4）：567-569.

李德仁，王树良，史文中，等. 2001. 论空间数据挖掘和知识发现. 武汉大学学报（信息科学版），26（6）：491-499.

李德仁，张良培，夏桂松. 2014. 遥感大数据自动分析与数据挖掘. 测绘学报，43（12）：1211-1216.

李鸿. 2010. 粒化思维研究. 滁州学院学报，12（5）：18-22.

李小文，高峰. 1997. 遥感反演中参数的不确定性与敏感性矩阵. 遥感学报，1（1）：5-14.

李志刚，张小勇，艾廷华. 2004. 土地利用图斑综合研究. 地理空间信息，2（3）：13-18.

梁吉业，钱宇华，李德玉，等. 2015. 大数据挖掘的粒计算理论与方法. 中国科学：信息科学，45（11）：1355-1369.

梁顺林，程洁，贾坤，等. 2016. 陆表定量遥感反演方法的发展新动态. 遥感学报，20（5）：875-898.

骆剑承，吴田军，李均力，等. 2017. 遥感图谱认知. 北京：科学出版社.

骆剑承，吴田军，夏列钢. 2016. 遥感图谱认知理论与计算. 地球信息科学学报，18（5）：578-589.

苗夺谦，张清华，钱宇华，等. 2016. 从人类智能到机器实现模型——粒计算理论与方法. 智能系统学报，11（6）：743-757.

裴韬，刘亚溪，郭思慧，等. 2019. 地理大数据挖掘的本质. 地理学报，74（3）：586-598.

童庆禧，张兵，郑兰芬，等. 2006. 高光谱遥感：原理，技术与应用. 北京：高等教育出版社.

王国胤，李帅，杨洁. 2018. 知识与数据双向驱动的多粒度认知计算. 西北大学学报（自然科学版），48（4）：481-500.

徐计，王国胤，于洪. 2014. 基于粒计算的大数据处理. 计算机学报，37（11）：1-22.

徐宗本，杨燕，孙剑. 2017. 求解反问题的一个新方法：模型求解与范例学习结合. 中国科学：数学，

10（47）：1345-1354.
郑度，欧阳，周成虎. 2008. 对自然地理区划方法的认识与思考. 地理学报，6（3）：563-573.
Blaschke T. 2010. Object based image analysis for remote sensing. ISPRS Journal of Photogrammetry and Remote Sensing，65（1）：2-16.
Blaschke T，Hay G J，Kelly M，et al. 2014. Geographic object-based image analysis-towards a new paradigm. ISPRS journal of photogrammetry and remote sensing，87：180-191.
Cimpoi M，Maji S，Kokkinos I，et al. 2016. Deep filter banks for texture recognition，description，and segmentation. International Journal of Computer Vision，118（1）：65-94.
Deng Y，Manjunath B S. 2001. Unsupervised segmentation of color-texture regions in images and video. IEEE Transactions on Pattern Analysis and Machine Intelligence，23（8）：800-810.
Diner D J，Beckert J C，Reilly T H，et al. 1998. Multi-angle Imaging SpectroRadiometer（MISR）instrument description and experiment overview. IEEE Transactions on Geoscience and Remote Sensing，36（4）：1072-1087.
Hengl T，Heuvelink G B M，et al. 2015. Mapping soil properties of Africa at 250 m resolution：random forests significantly improve current predictions. PLoS One，10（6）：e0125814.
Heuvelink G B M，et al. 2016. Uncertainty quantification of interpolated maps derived from observations with different accuracy levels. The 12th International Symposium on Spatial Accuracy Assessment in Natural Resources and Environmental Sciences（Spatial Accuracy 2016），Montpellier，France：49-51.
Huang C，Davis L S，Townshend J R G. 2002. An assessment of support vector machines for land cover classification. International Journal of Remote Sensing，23（4）：725-749.
Hwang J J，Liu T L. 2015. Pixel-wise deep learning for contour detection. The 3rd International Conference on Learning Representation（ICLR 2015），San Diego，USA：1-2.
Jeffrey S J，Carter J O，Moodie K B，et al. 2001. Using spatial interpolation to construct a comprehensive archive of Australian climate data. Environmental Modelling and Software，16（4）：309-330.
Leordeanu M，Sukthankar R，Sminchisescu C. 2014. Generalized boundaries from multiple image interpretations. IEEE Transactions on Pattern Analysis and Machine Intelligence，36（7）：1312-1324.
Liang S. 2005. Quantitative Remote Sensing of Land Surfaces. Hoboken：John Wiley & Sons Inc.
Liu Y，Cheng M M，Hu X，et al. 2019. Richer convolutional features for edge detection. IEEE Transactions on Pattern Analysis and Machine Intelligence，41（8）：1939-1946.
Long J，et al. 2015. Fully convolutional networks for semantic segmentation. The 29th IEEE Conference on Computer Vision and Pattern Recognition（CVPR 2015），Boston，USA：3431-3440.
Povinelli R J. 1999. Time Series Data Mining：Identifying Temporal Patterns for Characterization and Prediction of Time Series Events. Milwaukee：Marquette University.
Prathap G，Afanasyev I. 2018. Deep learning approach for building detection in satellite multispectral imagery. The 9th IEEE International Conference on Intelligent Systems（IS 2020），Kuala Lumpur，Malaysia：461-465.
Reed B C，Brown J F，VanderZee D，et al. 1994. Measuring phenological variability from satellite imagery. Journal of Vegetation Science，5（5）：703-714.
Wardrop N A，Jochem W C，Bird T J，et al. 2018. Spatially disaggregated population estimates in the absence

of national population and housing census data. Proceedings of the National Academy of Sciences, 115（14）：3529-3537.

Wu H, Li Z L. 2009. Scale issues in remote sensing: A review on analysis, processing and modeling. Sensors, 9（3）：1768-1793.

Wu T J, Dong W, Luo J C, et al. 2019. Geo-parcel-based geographical thematic mapping using C5. 0 decision tree：A case study of evaluating sugarcane planting suitability. Earth Science Informatics，12（1）：57-70.

Xu Z B，Sun J. 2017. Model-driven deep-learning. National Science Review，5（1）：22-24.

Yuan J. 2018. Learning building extraction in aerial scenes with convolutional networks. IEEE Transactions on Pattern Analysis and Machine Intelligence，40（11）：2793-2798.

Zadeh L A. 1997. Toward a theory of fuzzy information granulation and its centrality in human reasoning and fuzzy logic. Fuzzy Sets and Systems，90：111-127.

Zhang L P，Zhang L F，Du B. 2016. Deep learning for remote sensing data：A technical tutorial on the state of the art. IEEE Geoscience and Remote Sensing Magazine，4（2）：22-40.

第3章 机器学习机制探讨

第2章以地理图斑为核心概念，分别从空间、时间、属性三方面重点介绍了“分区分层感知”“时空协同反演”与“多粒度决策”三个基础模型，并以此构建遥感大数据的智能计算理论与方法体系。通俗意义上可理解为是将视觉遥感、定量遥感与地学遥感三方面的核心问题研究通过地理图斑进行了有机的聚合。这个过程中，机器学习（machine learning，ML）是打通其中核心环节信息转换的关键技术，与地理分析方法、遥感机理模型结合于一起，成为构筑遥感大数据认知与计算大厦的三大基石。因此，机器学习是我们建立研究体系的重要支撑，是开展智能计算的技术基础。本章将首先通过回顾人工智能（artificial intelligence，AI）的起源发展及其三大流派纷争的历史，对机器学习所蕴含的核心思想开展系统分析，提出AI应用于遥感必须有机协同三类机器学习来整合感知、推理与优化的问题，以模拟人类完整的智能行为；然后分别探讨其中应用于空间视觉与时序分析的深度学习（deep learning，DL）机制，应用于多源地学数据与地理图斑重组的迁移学习（transfer learning，TL）机制，以及通过自组织迭代对计算模型不断优化的强化学习（reinforcement learning，RL）机制。

3.1 人工智能与遥感

3.1.1 人工智能的发展历程

在当今数据大爆炸的时代，人工智能（AI）是将随时随地在海量产生的低价值密度大数据转化为结构化信息和决策性知识的唯一手段。AI经历了60多年的曲折发展后，终于在当今大数据时代日益焕发出勃勃生机！AI的进化受益于芯片性能的提升、计算力的显著增强而成本持续下降、现实需求的不断涌现而可用数据规模增长、数据利用技术的进步、算法模型的创新等诸多条件的协同助益。我们能深切地感受到AI在各个行业中都得到了突飞猛进的应用和发展，而这一过程的演进，距今亦不过短短三年的时间。国际著名的咨询公司Gartner连续公布了十大战略技术趋势的预测（图3.1），可以预见在未来很长的一段时间内，围绕AI、大数据与网格化三大领域的趋势将一直成为持续创新和战略发展的关键。作为一门源于问题、从机器视角来理解并认知世界的前沿交叉学科，学术研究持续推动着AI的发展。维基百科上将AI定义为机器展现出的“智能”，即只要是机器显露出某种或某些“智能”的特征都可算作“人工智能”，所以又被称为“机器智能”；大英百科全书给出AI的定义是数字计算机或其控制的机器人在执行智能生物体才有的一些任务能力；而百度百科定义AI是“研究开发用于模拟、延伸和扩展人智能的理论、方法、技术及应用系统的一门新的技术科学”，将其视为计算机科学与技术的一个分支学科，其研究的内容包括机器人、机器学习、语音与图像识别、自然语言处理以及专家系统等。

	2017年	2018年	2019年	
1	AI和高级机器学习 AI&advanced machine learning	人工智能基础 AI foundation	自主设备 autonomous things	
2	智能应用 intelligent Apps	智能应用和分析 intelligent Apps and analytics	增强分析 augmented an alytics	intelli-gent
3	智能设备 intelligent things	智能社保 intelligent things	AI驱动的开发 AI-driven development	
4	虚拟和增强现实 virtual& augmented reality	数字孪生 digital twins	数字孪生 digital twins	
5	数字孪生 digital twins	云到边缘 cloud to the edge	赋权的边缘 empowered edge	digital
6	区块链 blochchain	会话平台 conversational platforms	沉浸式体验 immersive experience	
7	会话系统 conversational systems	沉浸式体验 immersive experience	区块链 blochchain	mesh
8	网状应用和服务架构 mesh App and service architecture	区块链 blochchain	智能空间 smart spaces	
9	数字技术平台 digital technology platforms	事件驱动 event-driven	数字道德和隐私 digital ethics and privacy	
10	自适应安全架构 adaptive security architecture	数字风险与信任评估 continu ous adaptive Risk and Trust	量子计算 quantum computing	

图 3.1 Gartner 十大战略技术趋势（2017～2019 年）

提及人工智能的起源，一般公认的标志性起点是 60 多年前的达特茅斯（Dartmouth）会议。1956 年夏天，在 Dartmouth 学院，由 J.McKarthy（Lisp 语言发明者，图灵奖得主）、M.Minsky、N.Rochester、C.Shannon（信息论创始人）等人，联合发起了为期两个月针对机器智能的讨论会议。来自 IBM 公司、麻省理工学院（Massachusetts Institute of Technology，MIT）、卡耐基梅隆大学（Carnegie Mellon University，CMU）等著名研究机构的十位科学家联袂参加了这次讨论。会议提出了对 AI 的初始定义："使一部机器的反应方式就像一个人在行动时所依据的智能"。因此 1956 年也被称为 AI 的元年。达特茅斯会议之后，AI 研究历经了波澜起伏的发展浪潮。1958 年，H.Simon 和 A.Newel 乐观地提出了四大预言，十年之内将实现：计算机将成为国际象棋冠军，将发现并证明有意义的数学定理，将能谱写优美的乐曲，将能证实大多数的心理学定律。1959 年，首台工业机器人诞生；同年，IBM 的著名计算机专家 A.Samuel 提出了机器学习的概念，也即通过学习来获取智能。1964～1966 年，MIT 编写了世界上第一个聊天程序 ELIZA，能根据预先设定的规则，根据用户的提问进行模式匹配，然后从预先编写好的答案库中选择合适的回答。1973 年，日本早稻田大学研制出第一个由肢体控制、视觉和对话系统等组成的人形机器人 WABOT-1。而在这个时期，研究人员对神经网络也有了初步的认识，反向传播（back propagation，BP）学习的思想开始出现。然而到了 1976～1982 年，AI 经历了第一次寒冬，当时的研究人员对于 AI 研究的难度估计不足，由于计算力、算法程序对复杂问题的适应力、数据量等条件所限，大多预言并未来临，这使得 AI 的研究受到了各界严厉的批判和质疑，于是多国政府和机构也相应减少了研究资金的投入。

寒冬低潮一直持续到了 1982 年，CMU 研发的 XCON 正式投入了使用，专家系统（模拟人类专家决策能力的计算机软件系统）开始在特定领域中发挥出一定的作用，推动了 AI 逐渐进入了新的繁荣阶段。与此同时，第五代计算机开始研发，日本政府首先拨款予以支持，以期制造出能够对话、翻译、解译图像以及推理的新型机器。欧美等国随后也在 AI 领域中加大了资金投入。这一时期，J.Hopfield 发明了初具自组织学习能力的反馈网络，D.Rumelhart 和 G.Hinton 提出了可用 BP 算法训练的多层网络（Rumelhart，1986），推动了神经网络的逐步复兴。值得注意的是，1984 年的年度美国人工智能协会（AAAI）会议上，AI 科学家 R.Schank 等人警告"AI 之冬"还会再一次到来，而这一警告终于在 3 年之后得以证实。专家系统等取得的成功有限，维护成本过高，很多超前的想法无法兑现，普通台式机的性能超过了使用 AI 的计算机系统，研制的所谓机器智能硬件滞销，于是人们对 AI 再次提出了质疑。在 1987～1997 年间，AI 经历了第二次寒冬。值得注意的是，正是这个时期的 1989 年，Y.LeCun（1989）在论述其研究的网络结构时，首次使用了"卷积"（convolution）一词，"卷积神经网络"（convolution neural networks，CNN）由此得名，也算是为若干年后 AI 的爆发式兴起埋下了伏笔。

从 1997 到 2010 年，AI 又逐渐进入了一个复苏期。随着计算性能的提升与互联网技术的快速普及，作为软件工程的一部分，AI 与计算机科学进行了深度融合。1997 年，IBM 的高性能计算机——深蓝(Deep Blue)历史性战胜了人类世界象棋冠军 G.Kasparov，让 AI 第一次得到了举世瞩目；同年，德国科学家 S.Hochreite 和 J.Schmidhuber 提出了长短期记忆网络（long short-term memory，LSTM），对后来长时序信息分析（比如语音识别）的突破奠定了深远的影响。2006 年则被称为深度学习的元年，在 G.Hinton 和他学生的推动下，发表的 *Learning multiple layers of representation* 构建了对未来神经网络定义的全新架构，至今仍然是推动新一代 AI 技术发展的理论经典。在 AI 算法突破的同时，科学家们开始意识到数据支撑的重要性。2009 年，斯坦福大学的华裔科学家李飞飞在 CVPR 2009 上发表论文 *ImageNet*：*A Large-Scale Hierarchical Image Database* 之后，其团队所建立的数据集 ImageNet 迅速发展成为一项全球性的年度竞赛——ILSVRC，通过对数据集中的物体识别，选出效果最优的机器学习算法。ILSVRC 共举办了八届挑战赛，从最初算法对物体识别的准确率只有 71.8%上升到目前的 97.3%，其识别的错误率已远低于人类视觉的 5.1%。由此，业界也将 ImageNet 视作当今这轮 AI 浪潮兴起的强力催化剂。

在 2012 年的 ILSVRC 大赛中，G.Hinton 与其学生 A.Krizhevsky 一起使用深度神经网络模型，在 Classfication 和 Localization 竞赛中以明显优势战胜了使用浅层算法（如支撑向量机等）的队伍，初步展现出了深度学习在视听觉感知领域中的超强能力，奠定了新一代 AI 技术大规模兴起的基础；2014 年，Ian Goodfellow 提出生成对抗网络（generative adversarial network，GAN），这种算法由生成和评估网络协同构成，以互相博弈的方式产生更好和更具想象力的机器学习效果。与此同时，产业界也开始积极响应 AI 推出面向社会化应用的产品：微软公司推出了实时口译系统，可以模仿说话者声音并保留其口音，并发布了全球第一款个人智能助理——微软小娜；亚马逊公司也推出了至今为止最成功的智能音箱产品 Echo 以及个人助手 Alexa；苹果公司的语音导航 Siri 也在 AI 新技术推动下与其智能手机一起不断更新换代而家喻户晓。AI 技术真正被大众所知是在 2016 年，那一年集成深度学习与强化学习技术于一体的 AlphaGo 横空出世，两次对垒职业围棋冠军选手，都取得压倒性的胜利，由此震惊了全世界；2017 年 AlphaGo Zero 公布于世，其算法模型又得到了强力提升。因此自 2010 年以来，以深度学习为牵引的新一代 AI 技术及其体系得到了不断的创新，尤其在图像处理、计算机视觉、自然语言处理等领域取得了前所未有的突破，并开始在产业界得到了广泛的推广，由此宣告了 AI 进入到一个全新的迅猛发展时期（图 3.2）。

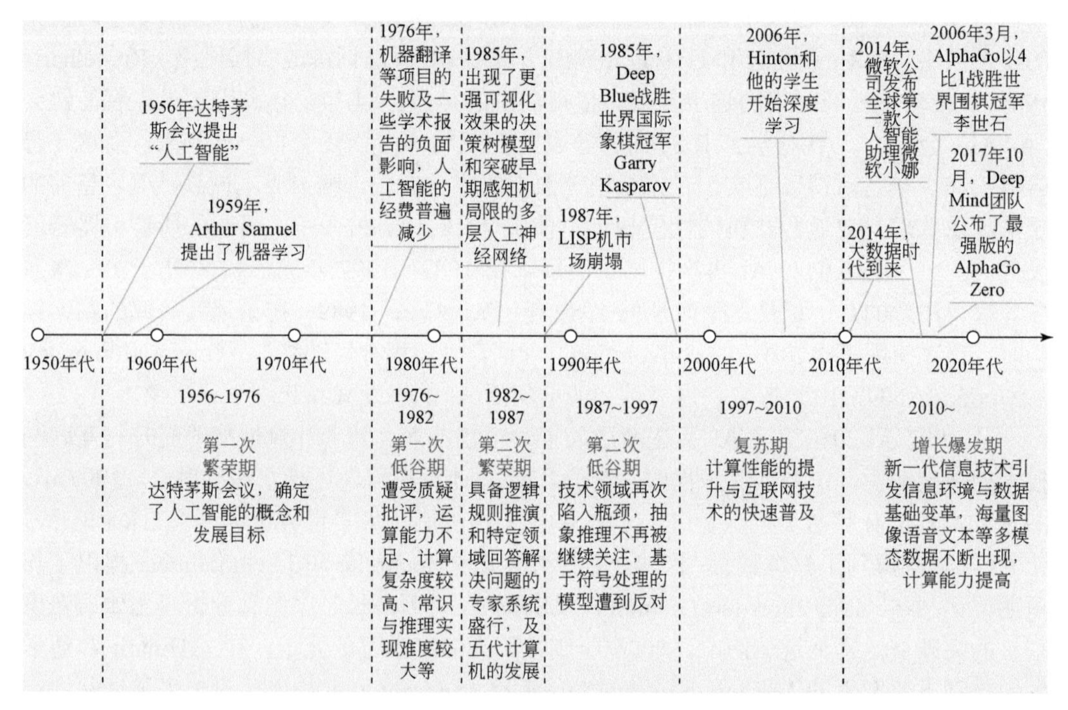

图 3.2　人工智能的发展历史

中国电子技术标准化研究院. 2018. 人工智能标准化白皮书. 国家标准化管理委员会工业二部.

AI 作为一项引领未来的战略技术，世界各大国纷纷在新一轮国际竞争中争取掌握主导权，围绕 AI 出台规划和政策，对 AI 核心技术、顶尖人才、标准规范等进行了部署，以加快促进 AI 技术和产业发展。主要科技企业不断加大资金和人力的投入，抢占 AI 发展的制高点。2016 年 5 月，美国发布了《为人工智能的未来做好准备》；英国 2016 年 12 月发布《人工智能：未来决策制定的机遇和影响》；法国在 2017 年 4 月制定了《国家人工智能战略》；德国在 2017 年 5 月颁布全国第一部基于 AI 自动驾驶的法律；在我国，继 2017 年出台《新一代人工智能发展规划》、《促进新一代人工智能产业发展三年行动计划（2018—2020 年）》等政策文件之后，2019 年第十三届全国人民代表大会第二次会议上明确要将 AI 列入立法规划，以大力推动 AI 技术研发和产业发展。从横向比较来看，各国 AI 战略各有侧重，美国重视 AI 对于经济发展、科技领先和国家安全的影响；欧盟关注 AI 带来的安全、隐私、尊严等方面的伦理风险；日本希望 AI 推进其超智能社会的建设；而中国AI政策聚焦于实现AI产业化，以助力中国制造的强国战略。从起步的速度来看，在第四次工业革命兴起之际，我国AI发展已进入国际领先队列，和其他国家一起坐在创新驱动产业发展的头班车上。而从发展的质量来看，我国AI发展还远未达到十分乐观的地步，在AI核心领域（如硬件、算法、理论方面）的技术力量依然十分薄弱，与发达国家（特别是美国）的差距还很明显。从参与主体来看，中国AI企业的知识生产力亟待提升，科研机构和高等院校是目前中国AI知识创造的主要力量，而众多中国微小企业作为一个群体的技术表现还相对不够突出。从发展方式来看，国际合作和产学研相结合是目前AI发展的重要途径，而我国在产学研合作促进知识应用和转化方面仍然存在明显“短板”。综上分析，展望我国AI发展的未来，不但需要大力推进产学研协同创新，还需更加鲜明地支持企业和高校利用需求、数据、算力等优势开展AI的研究与开发，特别是加强对数学与统计支持下的AI基础理论与算法研究。

3.1.2 人工智能的三大流派

长期以来，创造具有智能的机器一直是人类的远大梦想。早在1950年，Alan Turing在《计算机器与智能》中就阐述了对AI的思考。他提出的图灵测试是检验机器智能的重要手段，后来还衍生出了视觉图灵测试等方法。自1956年“人工智能”这个名词首次出现在达特茅斯会议上的60年多年以来，AI发展随着各种流派的纷争经历了潮起潮落，直到如今再度兴起的数据科学时代。从AI基本思想的提出及发展上看，可大致划分为三大流派（图3.3）：符号主义（Symbolism）、连接主义（Connectionism）、行为主义（Behaviourism）（注：也有将其分为四大流派，即此三大流派再加上统计主义（Statisticsism），或五大流派，即此三大流派再加上贝叶斯学派（Bayesian）以及类推学派（Analogizer）等）。而三大主要流派从不同侧面分别抓住了机器智能的部分特征，对于AI历史的“创造”都分别取得了里程碑式的贡献。

①符号主义(Symbolism)
✓符号表达、演算与逻辑推理
✓对于心理认知机理的理解
✓奠基人：SIMON(CMU)
②连接主义(Connectionism)
✓神经元网络与深度学习
✓对于胜利感知机理的模拟
✓奠基人：MINSKY(MIT)
③行为主义(Behaviourism)
✓优化、自适应与进化计算
✓对于决策过程的控制
✓奠基人：维纳(MIT)

符号主义奠定了人工智能第一次浪潮
□ 符号主义盛行，功能主义占主流；
□ 基于规则、语义网的产生式系统；
□ 领头羊：卡耐基梅隆大学、斯坦福大学、麻省理工学院、IBM公司、哈佛大学……
□ 标志性基石：在统计模型中引入符号进行语义处理，出现基于知识的处理方法，人机交互的专家系统得以研制并得到应用；
□ 1976年前后，四大预言实现遥遥无期，AI方法论争论不休；
□ 1977年，SIMON学生Feigenbaum提出知识工程的概念；
□ 1981年，日本宣告启动研制第五代计算机，10年努力之后，遵循知识工程架构的研发计划最终还是以失败告终。

图3.3 人工智能的三大流派及符号主义的奠定作用

1. 符号主义

早在 20 世纪 30 年代，数理逻辑就开始应用于对简单智能行为的描述。符号主义认为 AI 源自于数理逻辑，试图运用规则、程序、决策树和语义网络等符号形式来抽象表达知识并进行逻辑推理与演绎运算，因此也被称为“逻辑主义”。符号主义学派代表人物是 CMU 的一对老搭档——H.Simon 和 A.Newell（两位都是参加达特茅斯会议的代表人物）。符号主义者首先提出了“Artificial Zntelligence”一词，直接推动了 AI 发展的第一次浪潮（图 3.3）。符号主义在早期工作的主要成就体现在逻辑理论、机器证明与知识表示方面，后来演化为专家系统和知识工程或知识图谱。符号主义认为人类的认知过程，就是产生各种符号进行运算的过程，所以机器也应该是基于各种符号的运算，所谓认知即计算。知识表示、知识推理、知识运用是符号主义 AI 的核心，也即知识可以用符号表示，认知就是符号处理，推理就是采用启发式知识及启发式搜索对问题求解的过程。符号主义曾长期一枝独秀，为 AI 发展做出了奠基性的贡献，尤其是专家系统的成功开发与普遍应用，对 AI 走向工程应用以及实现理论联系实际具有重要意义。然而在小数据时代，符号主义面临概念的组合爆炸、命题的相互悖论以及知识的难以获取等一系列严峻的现实挑战，世界上的很多复杂事务并不能简单抽象为基于符号来的形式化表达（比如最简单的感知行为），仅具有逻辑推演能力还远远实现不了人工智能，因此也造成了对 AI 的乐观预言迟迟难以实现。日本第五代智能计算机遵循知识工程进行了设计与研制，其失败的结局也部分印证了符号主义理论的局限性和发展上的瓶颈。

2. 连接主义

连接主义认为大脑是一切智能的基础，更关注于大脑神经元及其相互连接的机制，试图发现大脑结构及其处理信息的规律、揭示人类智能的本质，进而在机器上实现相应的模拟。最早的神经网络是在 1943 年由神经生理学家 W.McCulloch 和逻辑学家 W.Pitts 联合提出的模拟人类神经元细胞结构的 M-P 模型，从此开启了连接主义学派研究的大门；1958 年，心理学家 F.Rosenblatt 进一步设计了具有学习机制的单层神经网络模型——感知器（perceptrons），初步实现了对数据集的有效分类与预测；然而在 1969 年，AI 奠基者之一的 M.Minsky 在其出版的论著中证明了感知器在当时条件下只能解决线性可分问题，而对于复杂非线性问题则无能为力（Minsky and Papert，1969），这种悲观的论调直接导致了神经网络研究由此转入低潮。后来直到进入 20 世纪 80 年代，随着计算机技术的快速发展以及 Hopfield 自组织网络模型、反向传播（BP）学习算法的提出，神经网络研究的热潮才再度兴起。进入 90 年代后，针对神经网络学习效率的问题，又向自组织反馈、统计学习等方向进行了演进，衍生了径向基函数（radial basis function，RBF）、ARTMAP 等优化模型，并最终发展形成了小数据时代最为成功和流行的支撑向量机（support vector machine，SVM）算法。

20 世纪 80～90 年代中，由连接主义推动的 AI 第二次浪潮中所开展的 CNN 以及多层网络的 BP 学习算法等研究，为当今风靡全球的 AI 热潮奠定了模型与算法基础（图 3.4）。2006 年 G.Hinton 等在 *Science* 上发表的关于深度信念网络（deep belief network，DBN）论文，标志着深度学习的横空出世和大数据 AI 时代的迅猛到来（Hinton

连接主义推动人工智能的第二次浪潮	大数据推动人工智能第三次浪潮
□ 1943年，Warren McCulloch和Walter Pitts提出神经网络的原型； □ 1957年，Frank Rosenblatt提出了单层神经网络——感知器(perceptron)模型； □ 1969年，M.C.Minsky和S.Papert出版了*Perceptrons*一书否定了感知器模型的复杂映射能力，直接导致AI研究进入了低谷； □ 1986年，Rumelhart和Hinton针对多层神经网络发展了反向传播(BP)学习算法，兴起了神经网络研究的热潮； □ 1987~1990年，针对神经网络学习效率的问题，通过引入自组织学习机制改进发展了RBF、ARTMAP等模型； □ 1995年，基于统计学习理论的支撑向量机模型(SVM)诞生，逐渐发展成为小数据时代最为流行的机器学习模型之一。	□1940年代，von Neuman提出元胞自动机(CA)原型； □1960年代，Holland提出遗传算法(GA)的原型； □1982年，Hopfield提出了递归神经网络，重新激活了神经网络的动力学与自组织学习机制； □1989年，Yann Lecun提出了初步的卷积神经网络模型，为深度学习的发展奠定了基础； □2006年，Hinton和他学生在Science上发表了关于基于多层神经网络的深度学习模型的论文； □2010年，Dan Ciresan等在GPU上部署了深度虚席的BP计算模型，训练效率比传统提升了数十倍； □2012年，Hinton和他学生Alex用深度学习在ILSVRC大赛上取得了绝对性胜利； □2014年，Ian Goodfellow提出了具有自组织优化机制的生成对抗网络模型(GANs)； □2016年，Caffe、TensorFlow、Theano和Torch等深度学习的开源环境免费开放； □2016年，耦合深度学习与强化学习技术开发的AlphaGo横空出世，推动AI大规模兴起； □2017年，Hinton发展了具有有序编码机制的CapsNet网络原型。

图 3.4　连接主义与行为主义推动人工智能（AI）的大规模发展

and Salakhutdinov，2006）。“深度神经网络对现代计算机科学的重大进步做出了杰出贡献，促使在计算机视觉、语音识别和自然语言理解等领域长期存在的问题取得了实质性进展。”谷歌高级研究员、AI 高级副总裁 J. Dean 于 2018 年说了这么一段话：“这一进步源自于今年图灵奖获得者 Y.Bengio、G.Hinton 和 Y.LeCun 三十多年来研究的基础理论与核心技术。通过大幅度提高计算机理解世界的能力，深度学习不仅改变了计算领域，而且也改变了科学和人类努力的每一个领域。”由此可看到，2012 年以来，以深度学习为标志的连接主义 AI 表现最为活跃，在图像与语音识别、机器人、智能汽车、智能家居以及游戏（如战胜职业围棋冠军的 AlphaGo、战胜人类玩家的 OpenAI）等方面都取得了举世瞩目的进展与成果。客观地说，深度学习的成就已经取得了工业级的进展。但是，连接主义并不意味着实现了对人类智能的系统模拟，即使真的构建起完全的连接主义，也面临着极大的理论与技术的挑战。到目前为止，人类并未完全掌握人脑运行的生物机理，不清楚人脑中对于知识概念的表达形式、组合关系以及使用方式，因此目前深度学习实际上与人脑真正结构与运行机制距离尚远。深度学习实质上初步突破了感知类问题，未来能否进化到更高层次的语义理解与情感分析？这是值得期待的发展趋势。针对当今 AI 发展形势，可以说：深度学习一定不是万能和唯一，但离开了深度学习也是万万不能！这是从弱 AI 向强 AI 迈进的必经之路。

3. 行为主义

从生物学里寻找计算模型，一直是 AI 探索的主要方向，学术上大致有两条传承的脉络：一条是源自于 M-P 神经网络模型的连接主义，演化到今天的深度学习；另一条发展自 20 世纪 40 年代 Von Neuman 细胞自动机模型的行为主义，历经遗传算法，演变成今天的强化学习。自适应与进化计算、优化与控制是行为主义 AI 研究的基本理论与方法，进而发展出了“感知-行动”协同反应的系统控制技术，构成了机器人研发与应用的完整体系。行为主义认为机器除了要对人类感知与决策进行系统模拟之外，更完整的智能行为还必须体现在其与人、环境交互过程中的自适应学习与优化增强。因此，行为主义与连接主义、符号主义之间并不构成相互的争执，反而形成了并驾前驱的相互促进关系，比如推动神经网络发展的循环学习机制就启发于行为主义演化计算的思想。目前在 AI 的第三次浪潮中，行为主义发挥着关键的作用，“连接-符号-行为”或者说将“感知-联想-优化”组合起来，才协同构成了完整的智能系统。深度学习构建了大数据与应用目标之间的复杂映射关系，推动了近年来 AI 在学术和产业界的大规模兴起，而未来推广的重点还在于自动学习和强化学习两方面：一方面能否让机器从多模态的外部数据堆中挖掘并不断向内融入知识，实现知识迁移与模型优化？另一方面，能否让机器本身不断自组织地去伪存真，实现对抗式自主学习？这样才能在所谓标准化、开放的机器学习框架上，针对领域问题重新定制而形成面向各行业的专业化 AI 模型！

3.1.3 机器学习的典型思想

顾名思义，所谓机器学习就是让机器具备学习的能力，使机器拥有智能的途径，因此机器学习是 AI 最基本的特征。机器学习作为 AI 研究的核心，致力于如何通过计算手段，从大量观测数据（样本）中提取特征、发现知识并构建预测模型，进而优化系统自身性能的一整套方法。随着大数据时代的到来，人类社会各个角落都在积累大量数据，迫切需要通过智能分析技术对数据进行有效再利用，而机器学习顺应了这个时代的步伐，很自然地推动着 AI 走上崭新的辉煌舞台，因此受到了广泛的关注（Jordan and Mitchell，2015）。在数据科学时代，机器学习与统计学习、数据挖掘与知识发现等研究正在深度融合，从传统小样本学习的方式发展为对大数据分布规律以及关联特征的理解，进而实现从数据中学习模式、分析机理和发现趋势。机器学习涉及了概率论、统计学、逼近论、凸分析、复杂理论等多门学科，在 AI 发展至今的 60 余年里，前面所述的三大流派研究中所建立的决策树、随机森林、贝叶斯学习、人工神经网络、支撑向量机、深度学习、强化学习等经典方法都属于机器学习的范畴，而在其中的发展过程中沉淀了包括变换、折中、部分、分解、集成、平均-独立（分区）、分级、自适应、以简驭繁等一系列典型的思想[①]，其中蕴含的核心理念对于指导大数据时代的机器学习研究创新又将发挥重要的作用。

（1）变换思想（transformation）通常作为特征提取的主要方式，是通过引入变换函数来改变数据维度或特征空间的方式，使机器能更容易地对数据集进行聚类或分类的处理。例如，经典的主成分分析（principal components analysis，PCA）是一种最优正交线性的变换方法，通过去相关计算进行特征降维，找到信息最为集中的方向来改变数据坐标，实现对数据压缩和冗余消除，因而被广泛应用于数据融合、特征滤波等预处理环节；再如，统计学习中引入的核函数，是将原始输入空间中线性不可分问题经由非线性投影后，在高维特征空间中以超平面进行线性可分的一种变换处理（图 3.5），RBF 神经网络与 SVM 等经典的机器学习模型都是其中的核心环节运用了这种非线性特征

① 张志华. 2016. 机器学习：统计与计算之恋. 上海：第九届中国 R 语言会议.

变换的处理机制。

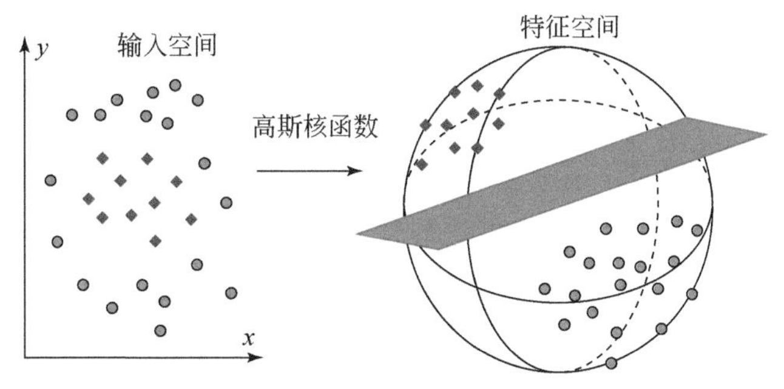

图 3.5　基于核函数的特征空间转换

（2）折中思想（trade-off）是指在机器学习过程中，兼顾训练误差和泛化误差等多方指标来防止过拟合和欠拟合，通过偏差与方差间的平衡以提高学习模型的整体性能。正则化（regularization）是运用折中思想的主要方法，通过构建对简单模型予以奖励而对复杂算法予以惩罚的机制，实现对算法复杂性的动态调整。常见正则化方法包括岭回归、LASSO（least absolute shrinkage and selection operator regression）回归及弹性网络（elastic net）。另外，在对深度神经网络训练时，经常会使用随机失活（dropout）方法来进行正则化处理：在每个训练批次中，忽略部分特征检测节点，即在网络前向传播过程中，让部分神经元以一定的概率停止工作，而不是全部正常运行。通过这样依次部分神经元的停止工作，可以达到取平均的作用，因为每次训练传播过程中工作的神经元不同，使得每次结果经历的路径也不同，最后进行总体决策时，使用的是不同路径的平均效果。实验证明，虽然神经网络每次训练没有使用全部的神经元，而模型总体性能反而得到了提升，这是因为折中方法可一定程度上提高模型的泛化能力。

（3）部分思想（part）是在数据集中选择部分关键特征的作用以及和临近数据的关系来构建分类与识别模型。基于部分思想的判别模型简单明确，可以清晰而高效地实现对模型的训练，且在其他技术方法（如核函数）辅助下可适应不同分类识别问题的需求（线性可分、线性不可分、高维数据等），并保持着很高的精度，因此在许多机器学习算法的设计中得到了应用。比如，在 K 最近邻（K-nearest neighbor）算法中，聚类决策依据最邻近一个或几个来决定样本的类别，这就是部分思想的体现；而最典型应用是在 SVM 模型中，算法通过寻找超平面对样本进行分割，实现间隔最大化，其中决定决策边界的关键数据就是若干支撑向量（support vectors），这些用于支撑的少量数据决定了间隔大小，而比较远的点则不参与决策，不影响分类器的构建，因此起到了关键的部分作用，决定了整个模型最后形式的构建（图 3.6）。基于统计学习的 SVM 模型训练效率高，分类精度高，是小数据时代最为流行的机器学习算法，在图像识别、故障诊断、情感分析等多个领域发挥了重要的作用。

（4）分解思想（decomposition）是通过对复杂特征空间的解构与组合，再进行分类或识别，从而更全面地提升模型计算的效率和精度。分解思想在机器学习领域中应用广泛，是很多算法的基础。如奇异值分解（singular value decomposition，SVD）就是一种常见的分解方法（图 3.7），通过将矩阵归约成若干组成部分的分解，前面少部分奇异值占据全部奇异值之和的大部分比例，以使后面的矩阵计算更为简单，因此通过 SVD 分

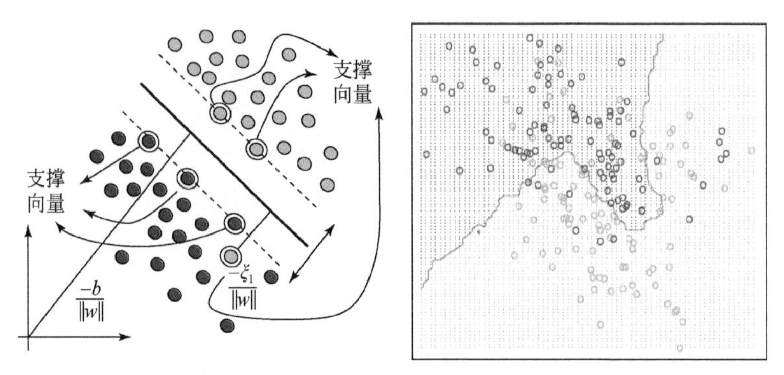

图 3.6　支撑向量机（SVM）的部分关键数据作用

解可以使用很多小数据集组合来表示原始数据集，从而去除噪声和冗余信息，在人脸识别、隐形语义索引、推荐系统等领域得到了成功的应用。另外，在卷积神经网络中也应用了特征分解的思想：在图像空间联系中，相邻像素联系比较紧密，相关性强，而距离远的像素相关性较弱，因此在卷积网络中进行了多层次结构的分解设计，每个神经元仅对局部空间进行特征处理，众多神经元通过重组深层次的特征，协同完成对整个图像的感知，充分体现了先分解再重组的思想。

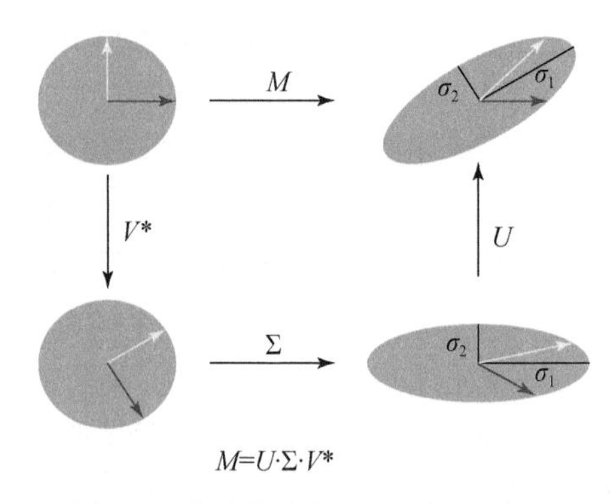

图 3.7　奇异值分解（SVD）示意图

（5）集成思想（ensemble）是通过构建一系列相对较弱的学习模型，独立对相同数据进行训练，然后以加权投票方式把结果整合进行整体预测，从而实现对数据高精度分类与判别的过程。集成思想将偏差进行了均衡化处理，不偏向任何一方而减少不确定性，相对单一模型更具抗噪性，体现了组合优势；该类方法往往通过相对简单的方式（加权平均，逻辑回归）对各个独立模型进行有机结合，以最大可能地避免过度拟合情况的出现，其主要难点在于选择哪些独立而较弱的学习模型以及如何把学习结果集成于一体（周志华，2016）。传统集成方法如贝叶斯平均法，新近发展主要集中在对其纠错输出编码、套袋、加速等方面的改进；目前常用算法如 AdaBoost、Bagging 等，其中 AdaBoost 是一种迭代的“弱弱生强”式学习方法，即针对同一数据集训练得到不同分类器，然后将弱分类器集合起来，构成一个更强的综合分类器，具体实现原理是通过调整样本权重和弱分类器的权值，从训练出的弱分类器中筛选出一组权值系数相对小的弱分类器，通过组合与集成构建为一个最终的强分类器。

（6）平均-独立思想（averaging）是指将机器学习任务较平均地分配为独立的小任

务，再进行综合处理，这种分布式计算思想包含于很多机器学习中。如 Boosting 与 Bagging 算法在运用集成思想同时，也蕴含了平均与独立思想，体现在处理上把训练数据平均分成几组，然后分别在小数据集上设计不同分类器进行独立训练，最后通过模型组来构建增强的分类器；对机器学习并行计算设计中也包含平均与独立思想，比如对于深度学习的训练就必须把大规模计算任务独立分配到细粒度的计算单元上，基于数万个 GPU 协同的并行计算才能实现对数十亿个神经元网络的高强度训练，进而构成强大的自组织映射能力。我们设计的遥感大数据智能计算流程中，也是采用了平均与独立思想：先对一个大任务进行区块划分（分区），再在每个独立区块中分别构建细粒度的学习模型，对其中地理图斑进行分层分级的提取。

（7）分级思想（hierarchical）是通过设计多层次的模型训练，将复杂分布问题逐级简化，以减少对超参数选取的依赖，从而得到更好的训练结果。过往的大量研究表明，多级结构的设计具有更强的学习与泛化能力。常见的该类方法有基于隐含数据模型的期望最大化（expectation maximization，EM）算法、基于多级贝叶斯模型的马尔科夫链蒙特卡罗（markov chain monte carlo，MCMC）等。此外，深度神经网络也可被认为是一种多层分级的训练模型：若把神经网络所有的节点全部地放平，然后全连接，就是一个全连接图；而深度的 CNN 则可以看成对全连接图的一个多层次结构的正则化（图 3.8）。

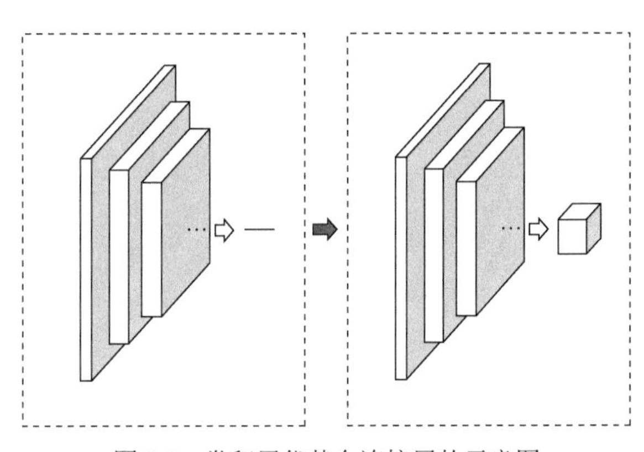

图 3.8　卷积层代替全连接层的示意图

（8）自适应思想（adaptive）是指机器学习过程中根据对环境变量的适应性自主改变方法或参数来逐步提高训练性能。比如，自适应随机迭代算法，在正则化经验风险最小化时，若训练数据非常多，批处理计算方式就非常耗时，常用随机梯度算法得到参数的无偏估计，用自适应技术减少估计方差；Boosting 方法中针分类器选择，也是采用自适应来调整每个样本的权重，提高错分样本的权重，而降低正确样本的权重。自适应是行为主义机器学习方法设计的基本思想，强调通过持续引入外部干预的增量信息，让模型具有抗干扰的强鲁棒性。

（9）以简治繁（simplification）是对上述分解、集成、平均-独立和分级等思想进行系统运用，构成将复杂问题先进行简化再综合处理与分析的一整套以简治繁的机器学习方法论：先自顶往下通过建模把问题解构清晰（模型组），再用机器学习算法解决模型内部关键节点的各种复杂关联、转化与传递关系的参数求解（算法组）。具体而言，不能粗暴地尝试让单一机器学习去解决复杂问题，应先在领域知识指导下耐心构建问题求解的模型组与算法组，遵循大数据“粒化-重组-关联”的计算过程，循环往复地螺旋式递进，才能逐步逼近问题的最优解，这也是我们基于机器学习技术构建遥感大数据智能计算体系的基本思想。

3.1.4 AI 推动遥感发展思考

1. AI 的整体智能行为

我们可以发现一个有趣的现象，在一个领域或圈子内，总喜欢划分为各种门派或流派，或特意强化各自的优势或分歧。例如，上述 AI 研究体系中被分为连接、符号和行为主义三大流派；再如，我们领域圈内研究遥感 RS、地理信息科学 GIS 和导航定位 GPS 的 3S 之间也彼此存在着隔阂，至少很难相互获得一致的理解。如果某一天跳出圈子在外面观望，或者被推着站在更高的场景上看问题，就会去想为什么不能拆除篱笆、综合协同在一起作战呢？对于 AI，连接主义的感知、符号主义的逻辑和行为主义的优化结合在一起，才能构成完美的整体性智能行为；而对于空间科学领域，遥感本应该担当的是地理时空大数据信息来源的重要角色（因为遥感是真实、全面、持续给地表成像的唯一手段，细想还有其他可替代的方式吗？），而进一步通过 GIS 时空信息进行处理、制图、分析和应用，遥感与 GIS 相结合在理论上可对地表发生的任何形式数据都聚合于精准“位置+属性”的时空框架之上，将极大地强化信息挖掘与知识发现的能力，从而有效提升各类大数据的价值密度！其实这些道理基本都很明白，但实践起来却很难真正得以有机地整合！

历史上，AI 发展历经了几个低潮，但每次所谓寒冬的提出都是因外行的乐观预期过高后受打击引起的一种逆反情绪。G.Hinton 四十年如一日地相信并坚持连接主义方法的研究与发展，终于通过深度学习单手推动了这些年 AI 咸鱼翻身般的兴起！然而，当下对于某些权威专家或大多应用者来说，似乎又刻意将深度学习关注成了 AI 的全部，缺乏深入到具体领域进行整体性应用的思维，所以才有再度陷入所谓 AI 又到瓶颈的悲观境地；而我们自身对本领域的认知也是比较肤浅或过于传统的，很难将 AI 技术引入并运用到极致的境界。因此，我们首先应该回归领域本身去思考问题，摒弃拿来主义的简单思维，而将领域知识、模型与 AI 技术深度结合，这样其实可做的事情还有更多！人和机器各有擅长，搭建人机协同、以简治繁的开放式智能系统，这个始终应作为各领域实施 AI 工程化应用的基本准则！

2. 遥感认知的机器学习机制

虽然深度学习引爆了这一轮 AI，但绝非是机器学习所有。深度学习最擅长解决的是感知类问题（视觉感知—空间；听觉感知—时间；触觉感知—属性），这是认知的基础，但并不是全部！“眼睛看、模型算、脑子想”这三个环节需有机耦合于一起，才可能完成对整个问题的求解。因此，一个真正解决问题的机器学习系统一定是复合型的，包括从观测场景中获取认知对象的感知能力，不断从外部环境或人机交互中融入增量信息的迁移能力，以及具有对下一步或未来做出优化判断的决策能力。因而，除了深度学习在其中需要担当支撑作用外，还需要将迁移学习和强化学习等不同流派的机器学习技术有机地集成于一起，让所构建的“机器”具备自主学习、能认知机理的真正智能行为，这是 AI 发展的趋势与必经之路！而对于具体的领域应用而言，机器学习是打通观测数据与应用目标之间特征映射与各个环节知识转换的关键技术（Jean et al.，2016）；这个过程中的首要任务还是需根据具体应用场景分层次地建立“感知数据-特征信息-决策知识”为流程的处理过程，也就是先构建由繁化简的粒化模型生成承载信息的载体和场景（mapping），再有序地融入外部多源多模态信息来加强从多个维度对应用场景的认知（fusion），最终从其中提炼与具体应用目标紧密关联的知识集（relation），挖掘其中模式与机理，服务于决策系统。

具体针对当前遥感地学领域的研究现状，要么集中在针对高分影像视觉层次对于地物分割分类或识别上（可称为“视觉遥感”），要么聚焦于基于物理模型在中宏观尺度对地表参数与指标的定量反演上（可称为“定量遥感”），或者各领域应用者结合知识进行基于遥感影像的目视解译与地理分析（可称为“地学遥感”）。换言之，在整个遥感技术与应用领域里，“眼睛看的”、“模型算的”和“脑子想的”三个圈子是基本分离的，目前还不能有机地协同在一起，造成遥感信息的“定位-定性-定量-定制”四大特征也是各有偏重而不得兼顾，这可能正是遥感高高在上而很难落地的症结所在。我们在思考，在大数据时代，能否从空间、时间和属性几个维度，以视觉遥感的地理对象精准提取（定位-定性）为基础，再将各种来源的数据有序按照时空重组并聚合于地理对象之上，进而分区分层分级地从中挖掘分布、功能、演化和动力的模式（定量-定制），建立对影像外在空间结构（图）理解与内在发生机理（谱）透视的“图-谱”耦合计算体系，实现对地表现象、过程与格局的系统性认知，才可能真正发挥遥感的基础性价值！而在这样的体系中，地理学分析思维、机器学习技术和遥感机理模型应该是有机融合、缺一不可的，因此这是一个系统的知识工程（图 3.9）。机器学习在其中，一定不是认知

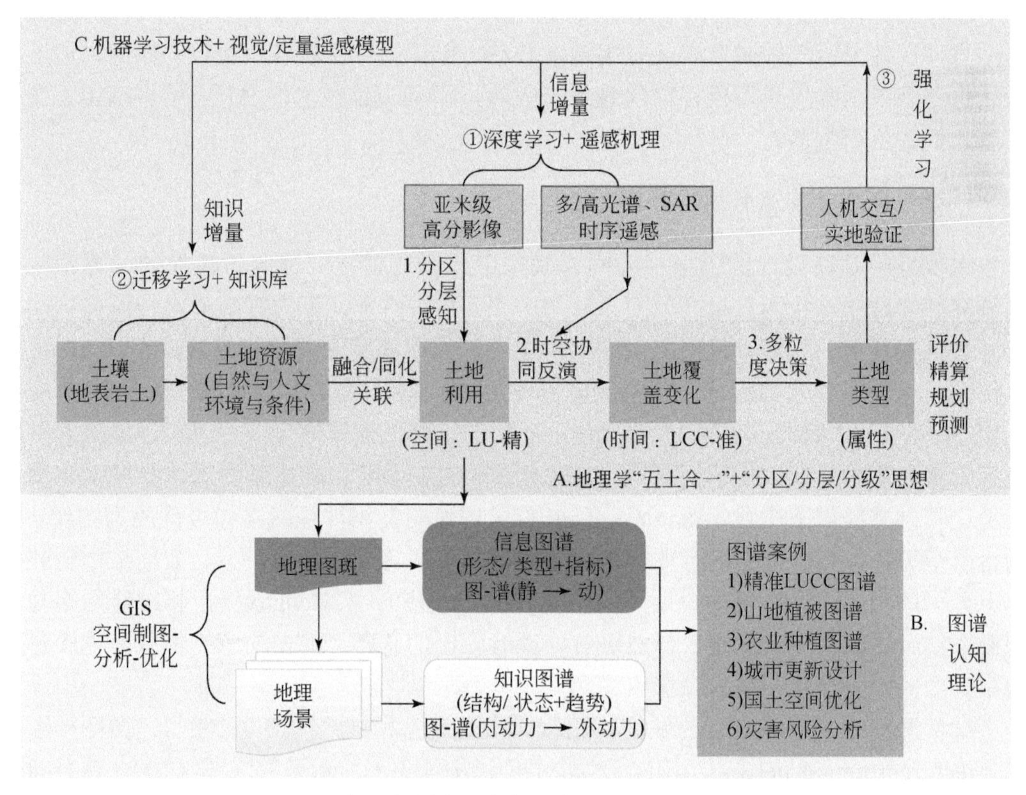

图 3.9 地理学分析与遥感图谱认知的机器学习机制

体系的全部，但又一定是其中打通信息转换关键环节的最强利器！为此，下面我们从深度学习、迁移学习、强化学习的角度分三节分别阐释机器学习在我们体系中的作用。

3.2 深度学习机制

在当今计算力得以极大提升的技术推动之下，基于连接主义神经网络发展而起的深度学习成为当前机器学习领域最为热门的方向，某种程度上也是引发这一轮 AI 兴起的导火索。通过发展多层抽象网络对高维数据特征进行自组织表示与关联计算的学习模型，深度学习技术极大地突破了机器视觉、语音识别、自然语言处理等传统感知领域的研究与应用瓶颈。同样对于遥感地学分析而言，深度学习对于模拟人类感知系统从影像中学习地物特征，也将发挥传统方法不可比拟的作用。要实现将深度学习更好地应用于遥感，一定要紧密结合对地观测的地理时空特征，重点关注深度学习相对传统机器学习在时空两方面对于特征表达与训练能力均能有效突破的计算机制。对于第 2 章构建的地理图斑智能计算模型，深度学习在空间上主要应用于 2.2 节的分区分层感知模型实现对不同层次图斑视觉特征的表达与提取，在时间上主要应用于 2.3 节的时空协同反演模型实现对图斑高维时序特征的重建与计算。

3.2.1 深度学习的发展历程

随着大数据时代到来以及机器计算能力的极大提升，沉寂多年的神经网络研究终于在 21 世纪初借深度学习迎来了蓬勃发展的春天。随之各种神经网络结构及训练方法层出不穷，在各个研究领域及产业应用遍地开花。尽管仍存在着各种争议与疑虑，但不可否认机器智能因深度学习而往前跨越了一大步，而基于该技术的 AI 应用也确实正在改变着人们的生产生活。

1. 神经网络迈入深度学习时代

深度学习是在设计的巨型神经网络模型中通过逐层特征提取与转换的计算而构建高维度感知数据与检测目标之间复杂映射关系，其实质是计算力提高后对传统前向网的一种大规模升级。尽管神经网络发展历史悠久，然而深度学习真正发展离不开 2018 年三位图灵奖获得者 G. Hinton、Y. Bengio 和 Y. LeCun 的一贯坚持与贡献。从 2006 年左右开始，G. Hinton 等提出自编码器（autoencoder）来降低数据维度，并改进深度信念网的训练方式来抑制长期困扰的深层网络梯度消失问题，为随后构建各种深度神经网络奠定了理论基础并提供了实践示范；Y. LeCun 首先构建的卷积神经网络如今已成为图像、视频、语音等各种数据分析的行业标准，他对反向传播算法、网络模型、数据结构化的研究也大大助力了深度学习的发展（LeCun et al.，2015）；Y. Bengio 提出将神经网络与序列概率结合，成为语音识别、自然语言处理等应用的基础，他在注意力机制、生成对抗网络方面的研究也对相关领域影响深远。

细数深度学习诸多网络的发展，比较典型的有卷积神经网络（CNN）、循环神经网络（recurrent neural network，RNN）和对抗生成网络（GAN）等（图 3.10）。G. Hinton 在 2006 年提出将限制性波尔兹曼机（restricted Boltzmann machine，RBM）堆叠起来，形成深度信念网络（DBN），而深度网络真正展示魔力的时刻可追溯到 2012 年，G.Hinton 与他的学生 A.Krizhevsky 和 I.Sutskever 共同设计的 AlexNet 将 ImageNet 图片分类问题的 Top5 错误率由 26%降低至 15%，他们率先使用修正线性神经元（rectified linear unit，ReLU）克服梯度消失问题，同时加入 Dropout 层减小过拟合，完全采用有监督训练方式引领了主流学习方式，从此深度学习进入了爆发期，随之而来的是研究人员对网络结构不断优化。2014 年提出的 VGG（visual geometry group）网络将采用更小的卷积核将网络深度提升至 19 层，其包含参数量甚至超过了 1.3 亿，对数据和训练的要求更高；同样在 2014 年提出的 GoogleNet 应用了更多模型设计技巧（添加 Inception 模块），在提高层数、降低参数量的同时继续提高精度，在 ImageNet 上的错误率降至 6.7%，已经非常逼近人类的能力（Szegedy et al.，2015，2016）；随着 2015 年深度残差网络（deep residual network，ResNet）的提出，针对该数据集的人类优势终于被突破，3.57%的错误率完全超越人类极限，得益于跳跃连接的设计，ResNet 网络深度最高达到了 152 层，这在几年前还是无法想象的（He et al.，2016）。深度学习利用其多层特征的表示能力使人工设计数据特征的时代一去不复返，但研究人员好像又陷入了网络结构设计的汪洋大海。终于在 2016 年，Google 提出了使用强化学习进行神经网络结构搜索（neural architecture search，NAS），提出了 NASNets，而后又有各自基于进化算法、基于梯度的方法等被用于自动化网络结构的设计，进一步在强大计算力支持下又有超参数自动化选择等训练方式的提升，在部分任务上甚至超越了人工设计的网络。而后 G.Hinton 于 2017 年又提出胶囊网络模型（capsule network，CapsNet），更是从 CNN 的局部空间位置上的局限出发，摈弃传统的池化操作，变神经元的输出标量为向量，有望更好地理解并表征图像的内容。

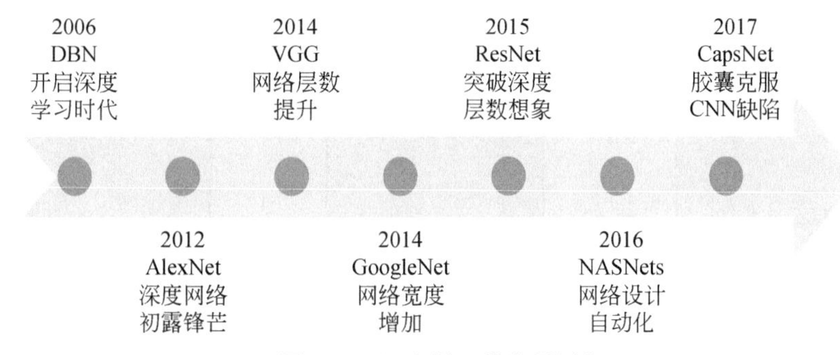

图 3.10　深度学习的发展历程

类似的，CNN 的改造之路也在 RNN 结构中上演。2013 年，CNN 被运用于语音识别，取得巨大突破，从而开启了序列深度学习网络的演进之路。随后的 LSTM 通过各种改造后大放异彩，有效缓解了梯度消失、梯度爆炸等问题，在较长序列上比 CNN 表现更好。即使如此，网络所能记忆的序列长度仍然有限，于是注意机制被引入 RNN 系列，通过将长序列分层编码大大提高了网络的效率，对硬件和训练要求也相应更低。在通用语言理解评估（general language understanding evaluation，GLUE）的基准中，最新的 XLNet、GPT、BERT 等模型已在多个指标上超越了人类的水平基准，这也在一定程度上体现了当前深度学习技术飞速发展的现状。

在深度学习发展的浪潮中，众多研究人员走向产业化发展一线，主导构建了大规模数据集，引入了超大计算力支持，开源了大量计算框架及模型，特别是Google、Facebook、百度、微软等公司投入框架开发与AI生态建设，深度学习的应用门槛大大降低，网络模型改进与应用拓展日新月异。无疑，开源机器学习模块是推动AI快速发展的主要力量！从20年前各种神经网络、SVM算法到现在层出不穷的深度学习环境，都是在网上源代码级共享基础上让使用者根据不同的应用场景改造定制后形成的一个良好生态圈。其背后是高智力发烧友的深度投入、有情怀财团的经济支撑和应用饥渴牵引联合打造起来的生态环境。对于大部分以机器学习为工具的我们来说，思考如何将有效算法模块有机嵌入到应用场景中才是关键！

2. 深度学习的应用及存在问题

当前深度学习已经深入于各个领域，其中发展最迅速的当属为计算机视觉领域。为了让机器拥有类似人类提取、处理、理解和分析图像及其变化的能力，以前的算法针对特征提取、选择、分析等环节不得不分离处理，而随着深度学习的发展，预处理、特征提取与选择、分析处理等环节可实现逐渐融合，形成了端到端的智能算法。如图3.11所示，视觉的基本任务如图像分类（image classification）、目标定位（object localization）、目标识别（object recognition）、语义分割（semantic segmentation）、实例分割（instance segmentation）、关键点检测（keypoint detection）等任务的实现方法，都有大量数据集支撑研究（这些方法的发展也相应推动了遥感影像识别发生了质的飞跃），有大批网络模型设计用于不断提高精度，人脸识别检测、目标检测分类、行人检测、视频目标跟踪、三维视觉、图像风格迁移、图像生成等众多任务均受益于深度学习得以突破发展，很多方法已能成熟应用于城市安防、自动驾驶、机器人、智能医疗等具体领域，形成了全新的产业和市场。

(a) 图像分类

(b) 目标定位

(c) 目标识别

(d) 语义分割

(d) 实例分割

(e) 关键点检测

图3.11　计算机视觉的基本任务

此外，为了实现人与机器之间用自然语言进行有效交流，传统自然语言处理需要对序列文本设计特征提取、选择、分析等方法。随着深度学习对序列数据表征能力的大幅度提升，机器翻译、文本理解分类、问答系统等应用获得了全新发展。为了改善机器与人之间利用语音的交互，深度学习在语音识别、语音合成、语义理解等方法创新上成绩斐然，为生活中的语音助理、智能客服等应用提供了全新支持。还有一些有趣的应用是将 CNN 与 RNN 结合，如图像描述自动生成就是通过组合两类模型将图像的特征翻译为一串文字的表述。

尽管深度学习发展迅速，但不可避免的仍存在神经网络过度依赖样本、训练速度慢和解释性差等问题。当年 MLP-BPNN 也是因为小规模学习中存在的这些问题，后续又分别往 RBFNN、ARTMAP、SVM 等几个方向进行了演进。首先，是数据集与评判标准的问题，前文提到的 ImageNet 或 GLUE 都是极大的数据集，在此基准上可以方便地评价比较各种方法的能力，但这些评价结果毕竟还是片面的指标，难以真正体现深度学习的真实能力。比如随着 GLUE 推出升级版以后，现有模型与人类的差距又被拉大，当然通过正视这种差距而扩大数据集、改进评价标准也在不断促进深度学习的发展。其次，是被广为诟病的“黑箱问题”，深度学习对数据的有效表征是以放弃理解为代价的，我们可以观测神经网络如何处理数据却难以解释为何能如此处理有效的问题，这也限制了深度学习在部分对因果关系要求明确的场景（如医疗、军事等）中的应用。再次，当前深度学习中令人印象深刻的方法多是基于监督训练得到，这就要以大规模标注数据为基础，训练样本的海量性要求是阻碍当前深度学习模型工程化的主要问题，其迁移能力往往非常有限，而对于标注昂贵或数据量不足的场景（如疑难杂症的医疗影像、珍稀动物的影像等），数据条件先天难以满足，此时如何在小样本情况下自主学习、如何从大量无标签或含噪声的样本中半监督学习，成为当前深度学习发展的重要方向。最后，深度学习的数据集越来越大、神经网络的模型越来越复杂，网络训练对计算能力的要求也越来越高；在很多场景中，能耗成为深度学习应用的制约因素，一方面需要大量资金投入与更新硬件设备的支持，另一方面也需要模型简化以适应边缘计算的应用场景。

3. 深度学习在图像领域的应用进展

在计算机视觉与图像分析领域，优秀的深度学习算法与网络结构不断被提出，在多个机器视觉大赛中都展现出绝对的优势。有很多经典网络结构，经过不断改进，被应用于场景识别、图像分割、目标识别、图像重建等图像分析领域，其中典型的有 VGG、GoogLeNet、ResNet 等网络：①VGG 卷积网络由牛津大学视觉几何组提出的，在 ILSVRC 2014 竞赛中获得了定位任务第一名和分类任务第二名的成绩；该网络结构清晰，非常方便进行修改和拓展，因此在目标识别、语义分割等方面都有广泛的应用；②在 ILSVRC 2014 中获得冠军的 GoogLeNet 是一个 22 层的深度网络，通过在内部结构上的优化，其参数量更小，精度更高，可以更好解决训练目标物的多尺度问题；③ResNet 网络，即深度残差网络，一般情况下网络层数加深，分类到不同的特征就会越多，网络训练效果就会越好；然而网络结构并非越深越好，因为随着网络结构加深，最终得到的训练准确度并不一定随之增加，甚至会出现下降的情况，如出现梯度弥散或梯度消失等现象，这是由于随着深度的加深，通过正则化等方法不足以满足精度需求，而 ResNet

通过其结构的巧妙设计解决了这一问题，目前该网络在 100 多层时也可达到很好的图像分析效果（He et al.，2016）。

自从 2012 年的 ILSVRC 竞赛中基于 CNN 方法一鸣惊人之后，CNN 已成为图像分类、检测和分割的神器。以图像分割为例，在使用 CNN 初期，是将某个位置周围像素组合为一个图像块，通过识别图像块类别，将该图像块类别预测值作为该位置的预测值，而这种方法存储消耗大，计算效率低，而且只能利用局部特征。在 2015 年 CVPR 大会上，J.Long 等提出全卷积网络（fully convloutional networks，FCN），取消了全连接层，并用卷积层代替，使空间位置、轮廓信息得以保留；该网络以图像整体为输入，输出每个像素所属的类别值（Long et al.，2015）。在 FCN 基础上，相继出现了 SegNet（Badrinarayanan，2017）、DeepLab（Chen et al.，2017a，2017b，2018）等网络：①SegNet 思路和 FCN 相似，也是一种典型的编码器-解码器（encoder-decoder）结构，但其使用的上采样技术与 FCN 存在区别，具体是在编码器中，池化操作多了索引的功能，每一个池化层索引都得以保存并传递到解码器中相对称的上采样层，从而提升边缘的处理效果，且减少训练参数；②DeepLab v2 算法去除重复的池化和下采样操作，通过构建空洞空间金字塔池化（atrous spatial pyramid pooling，ASPP）的方法进行多尺度分类，且采用条件随机场（conditional random field，CRF）对网络的输出结果进行优化，取得了很好的分割效果；DeepLab v3+网络则进一步综合了 DeepLab 早期版本的结构，以及 SegNet、PSPNet 等网络的优点，也采用了 Encoder-Decoder 结构，并引入了串行和并行 ASPP 网络模块，训练的精度和效果均得到明显提高。

随着深度学习技术在图像分析领域的日渐深入，其在遥感这一特殊图像分析领域的应用也遍地开花，结合深度学习的遥感分析得到了长足发展，典型的进展有以下四方面：①面向高分遥感的语义分割问题，在 DeepLab v2 网络基础上发展了 Naïve-SCNN 和 Deeper-SCNN 网络；改造 SegNet 等卷积神经网络得到可使用遥感图像多光谱波段数据的网络结构，并通过多尺度方法改进提高语义分割提取精度；引入多重额外损失来增强深度学习网络，同时优化不同分辨率的多级特征。②面向高分遥感的多标签场景识别问题，设计图卷积神经网络（graph convolutional network，GCN），利用多标签深度图网络对后续监督学习进行建模。③面向高分遥感的图像分类问题，发展了基于对象的滤波卷积神经网络（OHSF-CNN），在 CNN 分类之前，先通过异构滤波器 HSF（Heter Segment Filter）对输入图像进行滤波处理，避免了传统 CNN 产生的分类边界的锯齿误差和膨胀/收缩问题。④面向高分遥感的目标检测问题，在 R-CNN（region-based convolutional neural network）基础上进行了改进，发展了 Fast R-CNN、Faster R-CNN、Mask R-CNN，其中 Faster R-CNN 采用共享的卷积网络组成 RPN（region proposal network），直接预测目标检测的建议框，且卷积网和 Fast R-CNN 部分共享，在很大程度上提高了训练的速度，而何凯明等提出的 Mask R-CNN 网络是在 Faster R-CNN 系列上引入 ROI Align 层，使得网络能同时完成目标检测、分类与分割三项任务，体现了深度学习网络在多任务中的优异表现（He et al.，2017）；这类方法及其结合视觉的注意力机制、影像的多尺度特性等改进的算法陆续提高了目标检测精度，也在变化检测、场景识别等场景得到应用；另外一种用于目标检测的深度学习思路是直接预测物体框和类别的方法，代表的有 SSD（single shot multibox detector）算法（Liu et al.，2016）和 YOLO（you look only once）

算法，这类方法没有中间的 Region Proposal 的生成，直接进行预测，在速度上得到很大提升，也取得了比较好的检测结果。总之，在解决遥感影像的语义分割、地物分类、目标检测、场景识别及变化检测等感知类问题方面，深度学习方法均取得了一定的应用进展。

综上所述，深度学习的快速发展，推动了图像特征的智能提取以及相关视觉感知类问题的有效解决，也逐渐成为当前高分辨率遥感领域开展图像分割、目标检测、地物分类、场景识别、变化检测等研究的最新技术支撑。然而，从目前深度学习应用于遥感影像分析的现状来看，大多还只是停留在视觉特征提取或语义分割分类这样相对浅层的阶段，还没有跨越到更高层次对于高分辨率遥感影像时空场景的深入分析上去；而高分辨率遥感影像全面真实反映了地表由各类地理实体在空间上聚合而成的地理现象（表面），要实现对更深层的地理过程和地理格局的探测与分析，需要分别在视觉形态（空间）与变化参数（时间）上对地理图斑（影像上能视觉感知的最小地理实体）进行精准提取。因此，为了将深度学习更好地运用于本书的智能计算体系，我们将结合遥感影像的地理时空特征，重点关注深度学习相对于传统的机器学习技术在影像空间视觉（“空”）与时序变化（“时”）两方面对于高维数据特征（“谱”）表达与训练方面的机制差异，而对“空”、“时”这两方面进行有效的“谱”分析与深度学习设计将有力支撑 2.2 节的分区分层感知模型以及 2.3 节的时空协同反演模型的构建。

3.2.2 影像空间的深度学习

当前深度学习应用于遥感影像的分割分类，总想试图用一套模型对遥感影像中包含的所有地物对象进行划分与提取，总是难以达到人类目视对影像解译的效果。究其原因，地表是一个复杂系统，所蕴含的各类地物千差万别，有些是人工构筑而成，有些是人为改造形成，有些则是自然驱动的结果，而更多的是人类与自然共同作用的结果，理论上就难以用有限的一套模型构建影像空间向地理空间转换的完全映射关系。所以，需要在地理学分析思想指导下对复杂空间先进行有序解构，按照分区分层思路将地球影像空间分解为由若干相对独立的地物提取算法的组合，也即每一类地物都需按照其特定的视觉特征分别设计深度学习的提取算法。因此，影像空间深度学习的核心问题在于如何分层次地逐步解构地物特征的训练学习。

1. 分层特征学习

分层次是遥感影像解译的基本特性，人类视觉系统能自适应调整观测尺度以取得最佳的解译效果。具体来说，人类视觉系统的信息处理机制是分层分级的，从低级的 V1 区提取边缘特征，到 V2 区的形状或者纹理特征，再到更高层目标语义与空间特征的表达。也就是说，高层的特征是低层特征的组合，从低层到高层的特征表示越来越抽象，越来越表现为语义关联或者空间关系，而抽象层面越高，存在可能的猜测就越少，就越利于对象的识别与分类。

对于视觉神经系统的理解促进了深度学习的发展，作为当前模拟视觉感知的最佳方案，深度 CNN 设计思想受到了视觉神经科学的启发，主要由卷积层（convolutional layer）和池化层（pooling layer）组成。这些成分包括腹侧流的分层视觉处理，表明深度的重要性；视网膜拓扑映射（retinotopy）作为整个视觉皮层的组织原理的发现，启发了卷积；简单和复杂的细胞的发现，启发了最大池化等操作；以及皮层内神经归一化的发现，推动了人工网络中的各种归一化阶段。卷积层能够保持图像的空间连续性，能将图像的局部特征提取出来，池化层可以采用最大池化（max pooling）或平均池化（mean pooling），能降低中间隐藏层的维度，减少接下来各层的运算量，并提供了旋转不变性。如图 3.12 所示，通过串联卷积（CONV）和池化（POOL）操作，深度卷积神经网络可以模拟视觉感受野逐渐变大以适应尺度的变化，从卷积角度来看，在同样卷积核内所覆盖范围也逐渐增加，因此底层网络只能学习到图像中波谱、边缘等底层特征，而中层网络则能学习到纹理、结构等更复杂的特征，直至顶层网络可以学习到更抽象的语义特征，当然在主流的监督学习中，这些特征都是为最终感知目标服务的，因此也与分割分类或检测等任务密切相关。

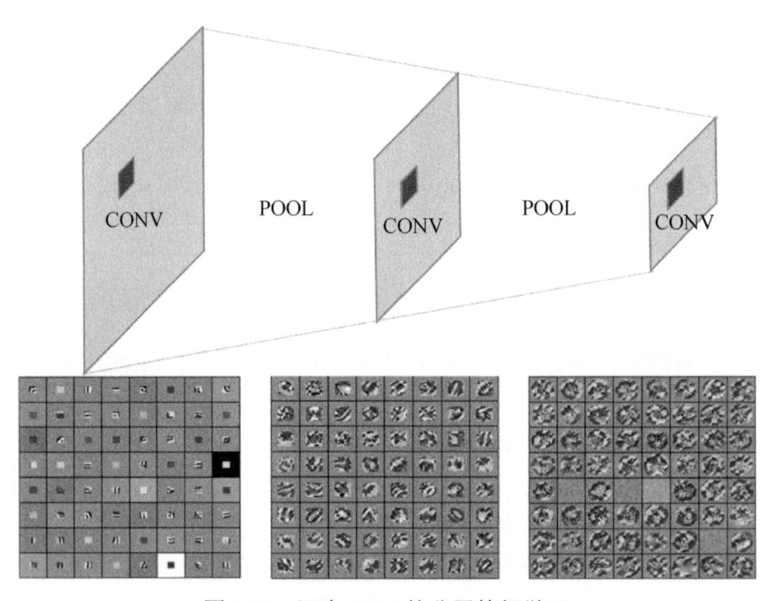

图 3.12　深度 CNN 的分层特征学习

在图像分析领域，深度 CNN 因为其出色的表现已成为事实上的深度学习网络标准，但其并非完美无缺，在上述卷积区域由小变大、特征从简单形象到复杂抽象的过程中，网络内部特征表示并未考虑简单和复杂对象之间的重要空间层次，各种局部细节也逐渐湮灭，这对于重点关注位置和细节的遥感视觉感知是难以接受的。在很多应用场景下，遥感目标不仅需要被定位识别，更需要被精确描述为对象边界划分以及与相邻地物关系等，因此分层结构带来数据表征及提取能力提升的同时也需要设法缓解空间的位置误差；另外，在当前设计中，为了使网络能理解或记忆多维特征需要大量数据用于训练优化，然而与动辄上百万量级的数据集相比，遥感数据相对专业且小众，短时间内难以真正发挥大数据的能力，尽管可以通过数据增强等方法简单扩充数量，但对于遥感地物目标及分布差异巨大的不同地理区域（如山地与平原、热带与寒带等），小样本或噪声样本下的强化学习才有可能真正实用。

2. 分层特征聚合

为了缓解深度 CNN 在设计上的缺陷，研究人员改进设计了各种方案融合分层特征，以求实现整体语义认知与局部空间细节之间达成平衡。图 3.13 示意了分层特征聚合的具体方法：由于网络中尺度主要由池化操作形成，一般网络可以通过设计多个分支来实现不同尺度特征的学习，最后通过聚合或并行处理实现综合提取（图 3.13（a）、图 3.13（d）），最新提出的 HRNet 即采用这种思路实现对图像细节的分割；也可采用跳跃连接将自底向上抽象过程中不同层次的特征进行聚合（图 3.13（b）），这种方式与图 3.13（e）的不同之处，在于后者对每个层次的特征输出并利用损失值加以控制，因此当前主流的边缘检测模型多采用如图 3.13（e）所示的合成方式（Xie and Tu，2015）；另外也有在输入图像上做设计，如图 3.13（c）采用了不同比例的图像输入网络，从而使网络接受多尺度的输入数据，数据增强流程中普遍采用了这种改进的方法。

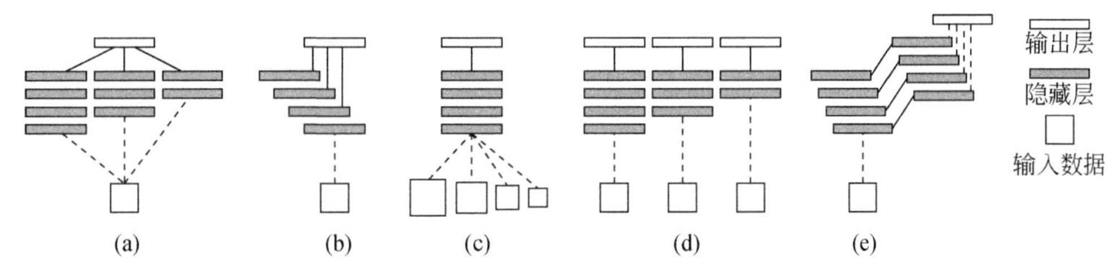

图 3.13 多尺度特征聚合机制

如前所述，感受野的扩大是 CNN 特征分层抽象化的重要手段。比如，著名的分割网络 FCN 就通过池化操作增大感受野缩小图像尺寸，然后通过上采样还原图像尺寸，但是这个过程中造成了精度的损失，各种位置的细节也被丢弃；为了减小这种损失，理所当然想到的是去掉池化层，然而这样就会导致特征图的感受野太小，因此空洞卷积应运而生。对标准卷积核的改造有两种实现方式：卷积核填充 0，或者输入等间隔采样。一般通过参数膨胀率（dilation rate）的设置来控制感受野的大小。图 3.14 的（a）、（b）、（c）三个子图，分别为 dilation rate=1, 2, 4 情况下的空洞卷积，在不缩小图像空间尺寸的情况下变相获取了多层次的信息，在放弃各层次之间的显式关联情况下，努力达成抽象层次与局部细节之间的平衡。

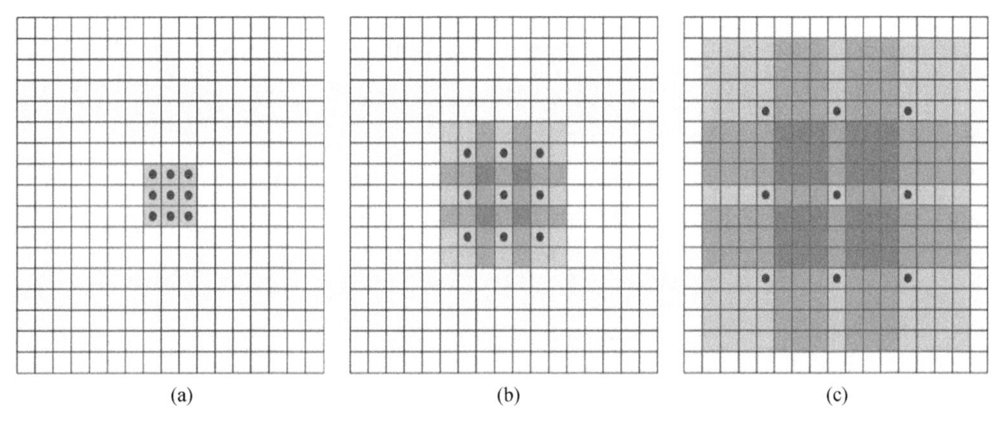

图 3.14 空洞卷积示意图

3.2.3 影像序列的深度学习

根据地物在空间视觉上的差异，分别设计以 CNN 为算法基础的深度学习模型（即以边缘/纹理/语义等视觉特征提取的系列深度学习算法），分层次地从高分影像中提取一定空间尺度上相对稳定的地理对象（即地理图斑）。因自然或人为作用的影响，地理对象内部将随着时间的推移也会发生物理或生物过程上的变化，如何进一步从定性到定量地分析这种演化机制？这是从时间维度上揭示地理过程和地理格局的重要基础。若把地理图斑的对象化提取当作是对视觉感知（空间）的模拟，则进一步运用以 RNN 为算法基础的深度学习模型则可对地理图斑的变化进行反演，可喻为是对听觉感知（时序）的模拟，其实质是在地理图斑之上构建一种时序特征（语音）与生物或物理参量（语言）之间的翻译关系。

1. 基于 RNN 的时序特征学习

RNN 是一种特殊的深度神经网络结构，是根据“人的认知是基于过往的经验和记忆”这一观点提出的，与 CNN 不同的是，RNN 不仅考虑前一时刻的输入，而且赋予了网络对前面内容的一种“记忆”功能。RNN 会记住网络在上一个时刻的输出值，并通过循环层将其作用于当前时刻输出值的生成，与一般的神经网络相比，RNN 多了一个记忆单元，而这个记忆单元正是其实现时序特征转化计算的关键所在（图 3.15 左半部分）。

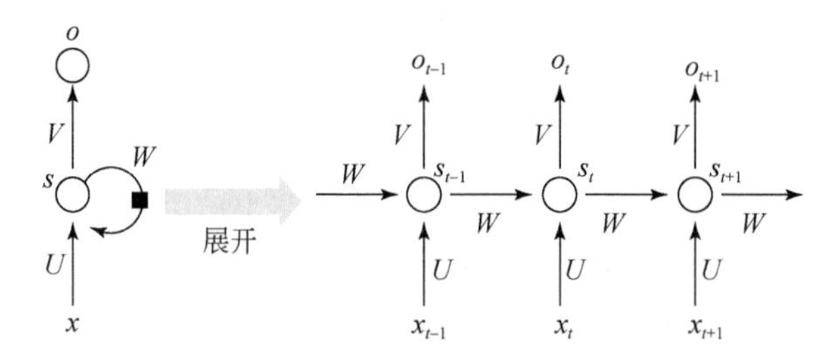

图 3.15 RNN 的时序记忆机制

将 RNN 按时间展开（unfold）可以发现一般 RNN 的输入为向量序列，每个时刻接收一个输入，且每个时刻隐藏层的输出都会传递给下一时刻，因此每个时刻的网络都会保留一定的来自之前时刻的历史信息，并结合当前时刻的网络状态一并传递给下一时刻。理论上来说，RNN 是可以记忆任意长度序列的信息，即 RNN 记忆单元可以保存此前很长时间的网络状态。但在实际使用中我们也发现，RNN 记忆能力是有限的，它通常只能记住最近几个时刻的网络状态。因此，针对更广泛的应用需求，各种对 RNN 网络的改造层出不穷，门控、双向、记忆等机制的加入使 RNN 的记忆能力不断变强，应用范围也不断开拓，诸如序列标注、预测、转化等问题都得到了更好地解决。

2. 时空协同的序列遥感应用

得益于对变化特征序列化表达与非线性转化的计算机制，RNN 被成功应用于自然语言处理、机器翻译、语音识别等领域的各类时间序列数据分析和建模上。同样，引入

RNN 开展遥感数据的时序分析将极大拓展遥感技术在地表信息变化更新方面的应用价值。而遥感观测时间跨度有长有短，从中反演时序变化的参数也多种多样，以地理图斑为单元通过融入遥感时序观测构建输入输出序列的形式，可简单分为 1 到 n、n 到 1、n 到 n 等方式（图 3.16）：

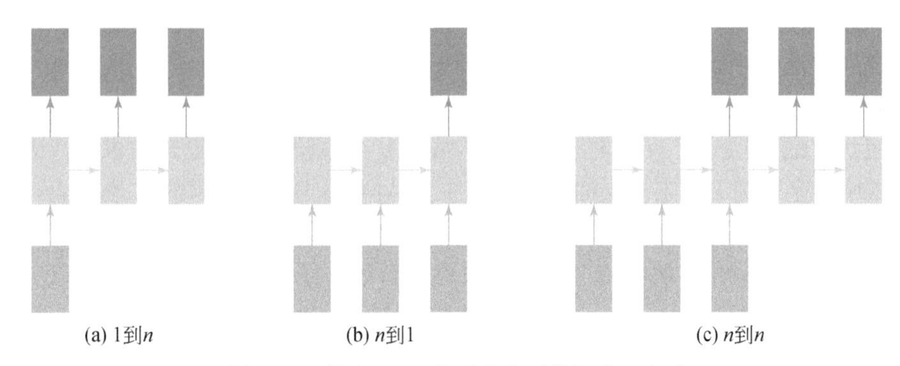

图 3.16　基于 RNN 的遥感序列特征学习方式

（1）1 到 n 的变换一般以单个时相的影像作为输入，而得到序列形式的转换结果。利用 CNN 提取图像特征，输出地物间关系描述就是最简单的一种应用；此外，也可以将构成地理图斑的线或面看成点序列，从而构建从地理对象（图斑）所在的影像到解译矢量间的映射，取代了原有栅格信息到矢量边界的变换过程。

（2）n 到 1 是最为常规的 RNN 使用方式，一般输入连续多个时相的观测影像，得到单个转换的结果。比如，利用多时相影像特征学习，判断所在区域变化与否实质上是对序列输入的简单分类问题（如违章建筑检测、林地砍伐监测等）；针对局部的图斑，可以反演时序变化的过程，这对于作物物候变化监测具有重要意义（甚至可以根据特定的物候模式反推图斑内的具体作物类型与生长指标），对于灾害监测、救灾指导也有重要作用。

（3）n 到 n 比较适合用于序列的预测，一般宏观地表变化过程（如城市扩张预测、水域变迁等）覆盖范围广、变化周期长，因此预测一般要求输入较长的序列，更适合采用高时间分辨率的遥感数据；而局部对象尺度的过程（如作物生长预测、建设用地变迁等）由于高空间分辨率遥感数据更新周期较长，很难获得长序列，故而一般可以采用高空间分辨率影像与高时间分辨率序列相结合的方法实现，也就是 2.2 节所探讨的时空协同反演思路。

3.2.4　AI 遥感深度学习机制

地表万物处于一个复杂的地理环境，通过遥感影像来理解地表场景更是一个复杂问题（或病态问题），试图用一套深度学习模型对影像进行分割分类的办法，总难以达到人类目视对于影像解译的效果。钱学森先生早在 30 年前就从复杂巨系统理论出发，针对人工智能的发展提出了系统的指导思想，认为必须要对复杂问题先实施分层次地解构，再由定性到定量通过信息重组来构建人机协同的开放式智能系统（钱学森等，1990；戴汝为，2001），这套思想启迪了我们在遥感智能计算体系的探索构建中思索对于深度学习技术的运用机制。

1. 微宏观相结合的分层次解构

针对整体上难以构建确定解析模型的复杂问题，徐宗本院士提出了对问题从宏观层面的物理模型解构和在微观层面的机器学习参数求解这两方面相结合，即所谓“模型族”和“算法族”混合计算的一套思想（徐宗本等，2017；Xu and Sun，2018），先是自顶往下分层次地用逻辑对问题设计整体的模型框架，然后自下往上在关键节点（小黑箱）上用深度神经网络进行局部非线性关系的参数解析，最后在模型框架中将各个局部环节以自适应优化的方法进行有序收敛重组，构成对复杂系统逐步逼近式的求解，因此其本质是在领域专家引领下从宏观层面建立符号主义 AI 知识体系（模型族）基础上，在微观层面再将数据驱动的连接主义 AI 与增量知识驱动的行为主义 AI 以相对独立算法形式（算法族）在其中有机融合，从而构造出能模拟整体智能系统（感+知+控）的一套方法论！

针对地表这样的复杂环境，要用遥感数据来实现对地理信息的完全解译，其本身就是一个不可逆的复杂病态问题，并非将深度学习直接应用于传统影像分割分类体系中就能轻易解决。为此，我们在第 2 章中构建了遥感大数据驱动的智能计算体系，正是运用了宏微观相互结合、分层次逐步解构的基本思想，从空间、时间、属性三个维度对地表现象、过程与格局进行信息逐层分解与“感-知-控”一体的耦合计算，分别设计了分区分层感知、时空协同与多粒度决策三个环环相扣的基础模型（模型族）。这其中，特别重要的是在空间维度上（感-视觉遥感），通过设计分区分层的感知模型对高分影像中呈现多种视觉特征的地理图斑进行精确提取，其核心思想就是针对不同视觉呈现的地理实体类型根据其特征差异分别在空间的深度学习模型基础上扩展专用算法（算法族），模拟人类视觉注意机制从影像区块内分层次地对图斑形态进行提取（图 3.17）。

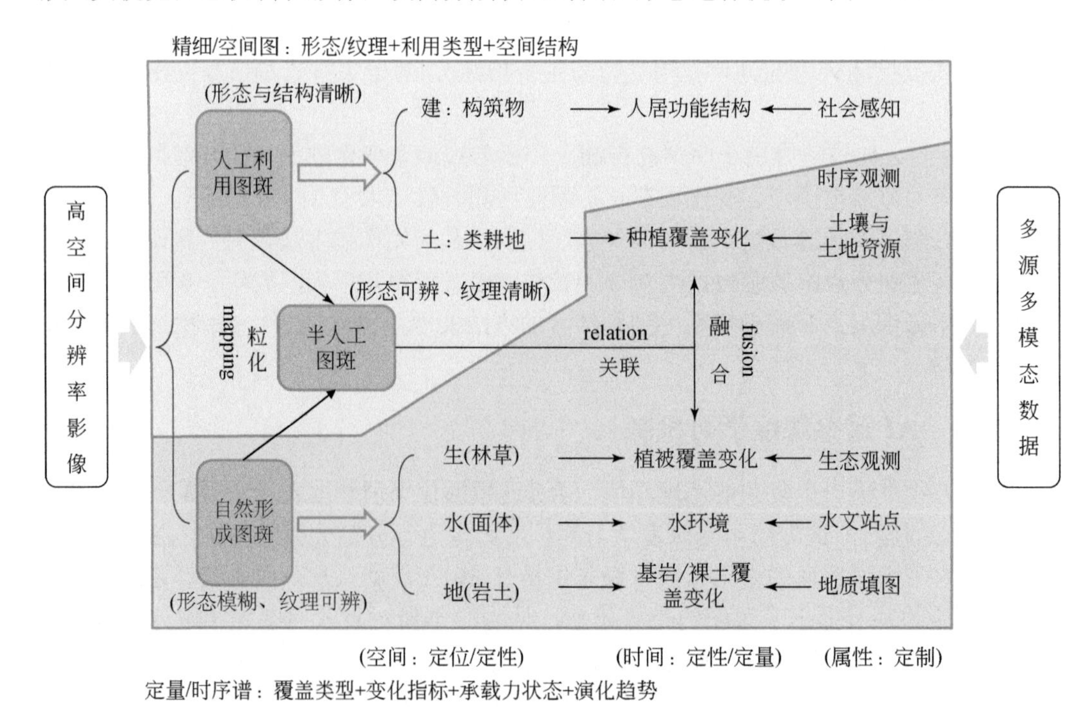

图 3.17　遥感智能计算中的分层次解构体系

除了通过路网、水系和地形线构成网络对地表进行分区控制外，每个区块（Block）内根据地理分异性质，可粗分为人工利用图斑（“建”“土”）和自然形成图斑（“生”“水”“地”）两大类，中间可设置过渡性的半人工利用图斑（人工林、草，坡耕地等）大类。每一大类内部的地物呈现视觉特征又有差异，越是人工构筑的地物，其形态特征表现越突出；而越是自然地物其形态越模糊，只能依靠自然形成的纹理与时序特征组合来区分，因此针对每一类地物设计提取算法时，都需对深度学习边缘、纹理及语义、时序等模型进行必要扩展或组合，才能逼近人工对图斑形态的精确勾画，且每一类在特定区域又可继续往下细分（比如在西南喀斯特山地，对于耕地（“土”）这一大类还可以细分为坝区规则耕地、山地梯田与坡耕地等视觉差异显著的亚类），进而相应地设计更细粒度的深度学习空间提取算法。此外，构建分层次提取框架除了需要设计一群深度学习算法外，外部数据向内进行迁移以及迭代强化的机器学习机制也各不相同。因此，微宏观相结合的分层解构是建立整体智能系统的基础。

2. 从定性到定量的图谱认知与时空协同

上述分层解构模型和其中细粒度深度学习算法设计的微宏观策略结合，模拟了人类视觉注意机制对高分影像中各类地理图斑形态、类型以及结构进行精确解译的行为，可实现对影像获取时刻的地表现状从空间“图”层面的全面真实感知，然而这仅是相对浅层的表象式反映（可谓之图斑的浅层理解），并没有深入到揭示地表变化过程及其驱动力以及地理格局与演化趋势等内在机理或运行模式的挖掘（可谓之图斑的深层透视）。因此，只有从外在“图”理解再深化到内部“谱”透视的计算过程，也就是通过“形态（图）-类型/指标（谱）”的“信息图谱”与“结构（图）-状态/趋势（谱）”的“知识图谱”这两个层面的认图知谱，实现对问题的图解（前者的“图”为“图形”，后者的“图”为“图式”）。为此，我们在地理图斑分层提取（感-视觉遥感）基础上，进一步针对其中细粒度的图斑时变特征提取问题，将在多源数据驱动下拓展一群面向时间序列分析的深度学习算法，进而由空间转时间、从定性到定量，这在 2.3 节的时空协同反演模型框架中担当打通各环节（具有非线性映射关系的小黑箱）信息流转的关键作用。具体来说，是在地理图斑的空间感知基础上进一步解决以下两方面的问题。

（1）定性的类型判别与状态评价（知-地学遥感）：以地理图斑的土地利用（LU）性质判别与土地覆盖变化（land cover change，LCC）分析为例，在基于影像空间的深度学习算法对地理图斑形态进行勾画与对象化表达（视觉遥感）的基础上，先对图斑的利用类型（是什么？）以及其上的覆盖类型（长什么？）进行判别，进而加载该图斑所处地表各种资源与环境相关的条件属性，对其承载某种功能的状态性质（质量与适宜性等）进行评判，这些问题都可归纳为在领域知识牵引下对于现状性质的定性描述与关系判断。针对相对静态的 LU 类型判别与评价问题，可以将基于内部纹理特征的 CNN 语义分类算法与基于外部多模态信息融入的迁移学习算法进行结合，实现基于地理对象（图斑）的利用类型判别与功能等级划分；而针对相对动态的 LCC 类型判别问题，可以以地理图斑为基准重组多源高时间分辨率遥感的时序特征，进而基于 RNN 时序分类算法实现图斑内的覆盖类型判别，再借助对图斑覆盖变化的分析，反推其 LU 利用与功能类型（如若种植水稻可反推地块为耕地大类中的水田类型）。

（2）定量的指标反演与趋势预测（控-定量遥感）：在对地理图斑的性质进行定性描述后，需要进一步对其物理量、承载力等指标开展定量的解析计算，这是精准支撑地理空间格局现状分析并开展优化设计与趋势预测的信息基础。而由于地理图斑的高维特征输入与量化指标输出之间一般也存在高度复杂的非线性映射关系，致使很难用传统确定的物理模型来解析其中的多元参量关系，所以也可以设计传统定量遥感模型（控制总体分布的相对量）与深度神经网络算法（解析局部承载的绝对量）两者相混合的计算方法来求解（反演）地理图斑内蕴含的定量指标。当然，这需要在地表（或近地面）布设样点（样方/样区），选择标定的图斑并精确测定其指标真值，以此作为控制样本，既可以为训练模型所用，同时也以外部信息增量的方式迭代地用于模型优化与参数修正，驱动模型不断逼近真实系统。

3. 人机交互的开放式系统

对地表复杂系统先进行宏观模型解构，再从空间转时间、从定性到定量，设计针对地理图斑形态、类型与指标等特征计算的一系列深度学习算法，模型族与算法族上下协同构成一套“感-知-控”耦合的整体智能系统。除了实现对复杂关系的解析，机器学习在其中发挥的另一个优势在于其自组织的优化机制，而优化的驱动力主要源于人介入运行系统后的观测、判断与干预等行为，其实质是持续将人的经验或知识以信息增量方式不断注入系统的趋优过程中。因此，无论局部算法还是整体模型都需设计有开放的外部接口，从而构成迭代自组织的交互式开放系统，通过人机协同的智能混合促进算法稳健、模型增强。

以“算法族”中细粒度的深度学习子模块设计为例，我们进一步说明所需遵循的人机交互的开放式原则。例如，在分区分层感知模型中，针对规则耕地提取的影像空间深度学习算法框架搭建（图 3.18），我们可以将算法分解为数据预处理、深度网络模型、样本制作与网络训练、特征后处理与图斑生成、自组织的增强学习等 5 个模块，其中在数据预处理、样本制作与图斑矢量后处理这 3 个部分都存在人机间的交互，最终需构建迭代反馈的信息通道，将人参与交互后得到的增量通过强化训练对深度网络记忆单元进行更新，这就是开放式系统对于自组织优化机制的体现（3.4 节会详细论述）。而根据前期我们对影像空间深度学习的探索，认为其对于视觉特征的提取具有明显优势，但还需在以下方面实施进一步的改进与优化：①通过图像预处理增强高分影像的视觉特征；②深入到网络模型之中，干预并优化时空特征卷积的过程；③在适应少量样本的基础上，实现生成对抗学习；④融入对样本库的迁移学习机制，让网络学习能够实现自组织、自适应地增强；⑤对提取的空间特征先进行后处理，构建与地理实体对应的图斑对象，并反馈于样本制作与训练。

综上所述，在我们构建图谱耦合的遥感大数据智能计算理论体系（地理图斑智能计算）中，深度学习是实现对核心环节中复杂关系参数求解的重要基础性算法。在体系中引入了该类机器学习算法，突破了传统高维特征的表达与计算的能力限制。因此在这个体系中离开深度学习已万万不能，但深度学习也并非是全部或万能，一方面需要进一步与迁移学习进行耦合，实现对外部多源多模态数据中形式化知识的挖掘与专家模型迁入，另一方面需要引入强化学习的机制，通过外部碎片式信息增量的持续流入与迭代反

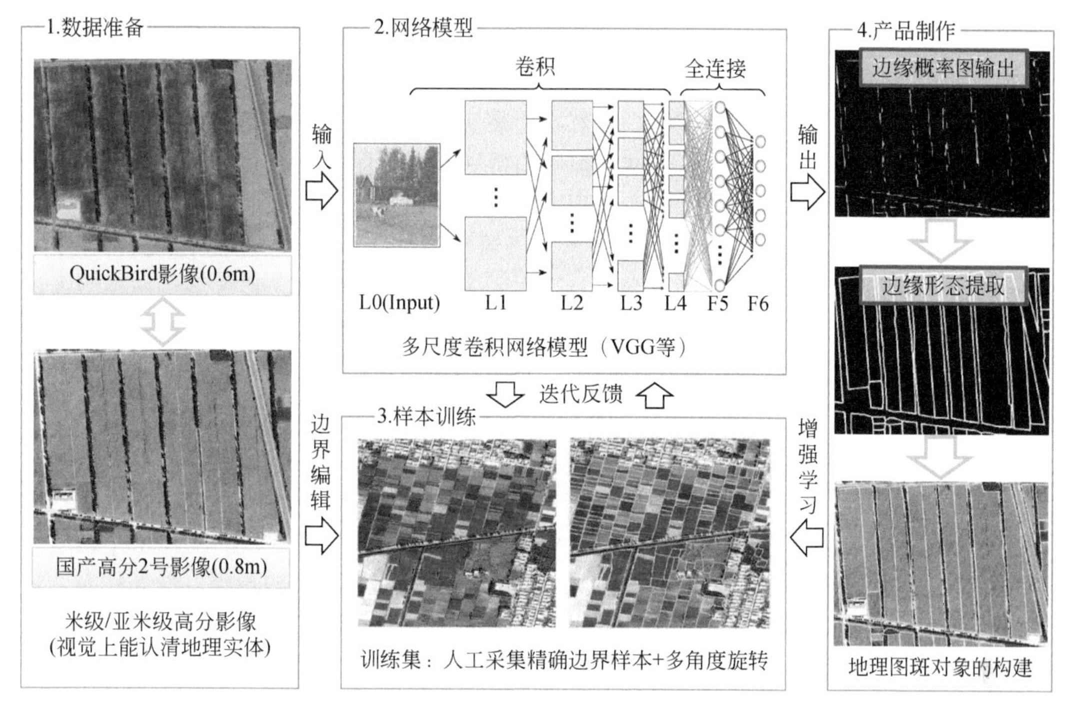

图 3.18　人机协同的深度学习算法框架（以地理图斑对象化构建为例）

馈，实现对模型的验证和优化。因此，接下来我们将在引入深度学习的基础上，进一步分析迁移学习（3.3 节）与强化学习（3.4 节）这两类机器学习算法在智能计算体系中的协同机制。

3.3　迁移学习机制

作为数据驱动的表征学习算法，深度学习具有特征自学习与复杂建模的能力，基于连接主义初步突破了视觉感知类问题（模拟了“眼睛看”的感知过程），获取的图斑形态、类型、指标等信息为进一步更深入的认知奠定了重要基础。但一方面，其黑箱式的网络映射在解释性方面较弱，知识（knowledge）表达与运用是其弱点，往往不能很好地适用于对于逻辑性、解释性要求较高的求解问题；另一方面，与传统的机器学习方法相比，深度学习式的炼丹术依赖大规模训练数据，需要大量数据去理解潜在的数据模式，因而数据依赖是其较为严峻的问题，而在大数据时代下，在数据域或问题域的一个微小的变化都可能导致原有积累的数据失效。故而，在数据驱动的深度学习成为感知类问题求解的主流技术的今天，仍然难以用一个通用的学习模型兼容不同数据、不同模态和不同任务。解决该问题的途径之一即通过知识迁移减少算法对数据的依赖，而知识既可以源自人类对问题本身的认识（所谓的“先见之明”），也可以源自算法在其他相关数据、模态、任务下所学到的经验（所谓的“他山之石”）。

在此背景下，迁移学习成为目前对深度学习的一类重要补充，其在解释性方面具有更优表现的知识图谱类技术逐渐成为结构化数据挖掘领域推崇的方法。这启发我们在遥感地学分析中应该在模拟“眼睛看”的感知基础上，进一步在“模型算”和“脑子想”

等逻辑环节中有效地嵌入知识迁移机制（即 3.1 节中论述的基于符号主义机制），将既有的各类显式或隐式的知识有机地迁移运用于地理图斑的解析中，以期实现对空间认知问题更为高效、准确及可解释的求解。诚然，要想实现这一目标，一定要先吃透机器学习领域常规的迁移机制，再结合地理时空领域的特殊性对地学知识及其可能的运用方式进行全面梳理，进而基于地理学规律改造现有的迁移学习算法，结合地理时空数据特点创新知识迁移的方式方法。在前期出版的专著《遥感图谱认知》（骆剑承等，2017）中，我们较为全面地归纳了知识的类型和表达。在本节中，我们将进一步围绕领域模型考虑如何在时间、属性、空间等维度上探讨迁移学习机制，并归纳为以下三类方式：不同时间的先验迁移（3.3.2 节）、不同属性的特征迁移（3.3.3 节）以及不同空间（3.3.4 节）的模型迁移。

3.3.1 迁移学习的基本思想

得益于人脑的特殊结构，人类总能潜移默化地将一个环境中学习的知识来帮助适应和理解新的环境，并通过学习对许多未见或者变化的事物实现新的辨识。受此启发，知识迁移近年来在机器学习领域受到广泛关注，因为大家考虑到当某些领域无法取得足够多的数据进行模型训练时，利用另一领域已有数据获得的关系进行学习，有望在有限的条件下提高对新任务的问题解决效率，这是在机器学习领域引入迁移机制的初衷。而后这样的朴素思想得到凝练，希望以不同任务间的相似性/相关性为桥梁，将源领域的知识向目标领域迁移，实现对已有知识的有效衔接与系统利用，使传统从零开始的学习变成可积累的学习。

在机器学习领域，目前对迁移学习的基本认识是将从源领域（source domain）学习到的东西应用到目标领域（target domain）上去，实现区别传统学习方法的领域自适应（domain adaptation）。传统的机器学习算法一般要求测试数据集与训练数据集之间具有相同或相近概率分布的特性，即学习任务的训练和泛化是在同一个领域空间内进行的，而在实际情况中，学习任务（learning task）普遍是跨领域的，源领域与目标领域之间存在不一致的现象（domain gap 或 domain discrepancy），从而使得测试数据集与训练数据集之间难以满足同概率分布的苛刻要求，导致传统学习技术的使用条件不能得到满足（Pan and Yang，2010）；而后，为了放宽传统机器学习领域对数据独立同分布（independently identically distribution，I.I.D.）的假设条件，迁移学习通过模拟人类的知识迁移机制而被提出来用于解决跨领域或跨任务的机器学习问题，从而在给定数据不充分的情形下，结合一个或多个源任务的知识对目标任务进行快速而有效地求解（图 3.19）。

在图 3.19 的框架中，迁移什么、何时迁移、怎样迁移是三个核心的探讨问题，其中依据迁移的内容，通常将迁移学习分为实例迁移、特征迁移、参数迁移和关系知识迁移四类，并且在不同的环境下依赖不同的迁移时机和迁移方式。需要指出的是，迁移学习并不是某一类具体的学习算法，而是一种学习机制，核心是发现不同问题/任务之间某种关联或共性知识来举一反三，也就是说，其关键是“知识”，必须紧紧围绕“知识”这一主线开展学习算法设计。但从目前研究现状来看，主要还是停留在对传统机器学习算法的简单改进及在文字/图像分类等小规模任务中的应用，而与具体应用紧密耦合的方法设计以及大规模任务应用相对较少。此外，在迁移学习领域中，目前大部分的研究集中

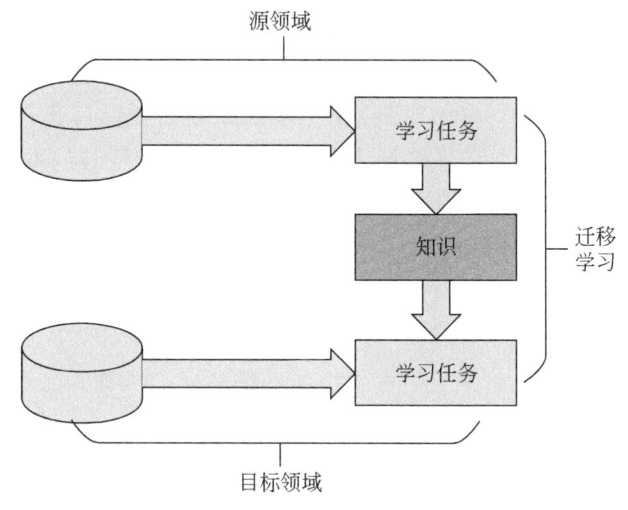

图 3.19　迁移学习的基本框架

在“领域自适应”（domain adaptation，DA）问题上，而事实上，这一问题在图 3.19 的迁移学习框架中仅仅只是一个方面而已，在跨域、跨媒体等应用领域中有待研究的知识迁移问题远不止于此，与具体背景问题相适应的知识迁移也应不限于目前 DA 研究中探讨的几类常规任务（Zheng，2015），在知识内容及其迁移方式上可以有更多创新。因此，在当前各行各业数据量快速增长与不断堆积的背景下，无积累式的从零学习是不可取的，迫切需要结合领域特性和任务要求设计针对性的迁移学习方法，这一过程的实现不应把 DA 研究中的常规任务作为迁移学习的全部，而需要依据具体问题确定可迁移的知识，考虑数据驱动的先验知识学习、互补/跨域知识的协同、多任务框架下的信息传递等多种迁移方式。

针对本专著关注的遥感智能计算，笔者对迁移学习的领域运用总结了以下几点认识：

（1）对于卫星遥感而言，受土地覆被变化、数据获取时刻大气吸收与散射、太阳辐射角度、物候时相/季相、传感器标定、数据处理过程等多种因素的影响，传感器的成像光谱会随着时间发生变化，这使得前期提取的训练样本特征与之后数据的特征并不能服从相同的概率统计分布，导致在新任务中难以直接利用这些过期样本，故而如何避免在每一个时间段重复开展费时费力的样本采集与模型训练是亟须解决的问题。

（2）由于地表的异质性，不同空域范围内不一致的数据间往往存在领域差异（domain discrepancy），若能在地理学基本定律和分析思想指导下实现少数区域的学习模型在广域空间上的稳健外推，必然将有力推动大范围信息提取任务的完成效率。

（3）在人类知识系统中，存在于地球表面的地理对象均存在着多方面的描述属性，不同观测视角造就了多样表达方式的数据资料，反映了地理对象不同维度的内涵信息，而为了形成对其概念的认知，有必要将多源异构属性数据联合起来，据此构建的模型应该更加可靠。

（4）在地理学研究过程中，光靠一种数据源、一次求解不可能解决所有问题，多源数据的合理迁移以及迭代式的模型优化是必经之路，因此需要将已有的历史数据、专家模型、领域知识图谱等逐步融入求解的环节中，通过知识迁移对当前任务模型的更新迭代加以驱动，才能不断优化模型，逼近求解问题的理论真值。

综上所述，单个时相、单个区域、单个特征、单次学习构建的模型必然不会具有强大的泛化能力，因而借鉴迁移学习机制，设计有效的学习模型具有重要现实意义。上一段中，前两个问题与传统机器学习中的迁移学习任务匹配度较高，但亦有场景的特殊性，而后两个问题的领域特殊性则更为明显。在此，我们围绕第 2 章构建的遥感大数据智能计算体系，结合地理数据的图谱特征、时空特殊性，提出了一套面向地理图斑的迁移学习方法（图 3.20），分别从“不同时间的先验迁移”“不同属性的特征迁移”“不同空间的模型迁移”三个角度探讨适用于本领域学习任务的知识迁移机制。

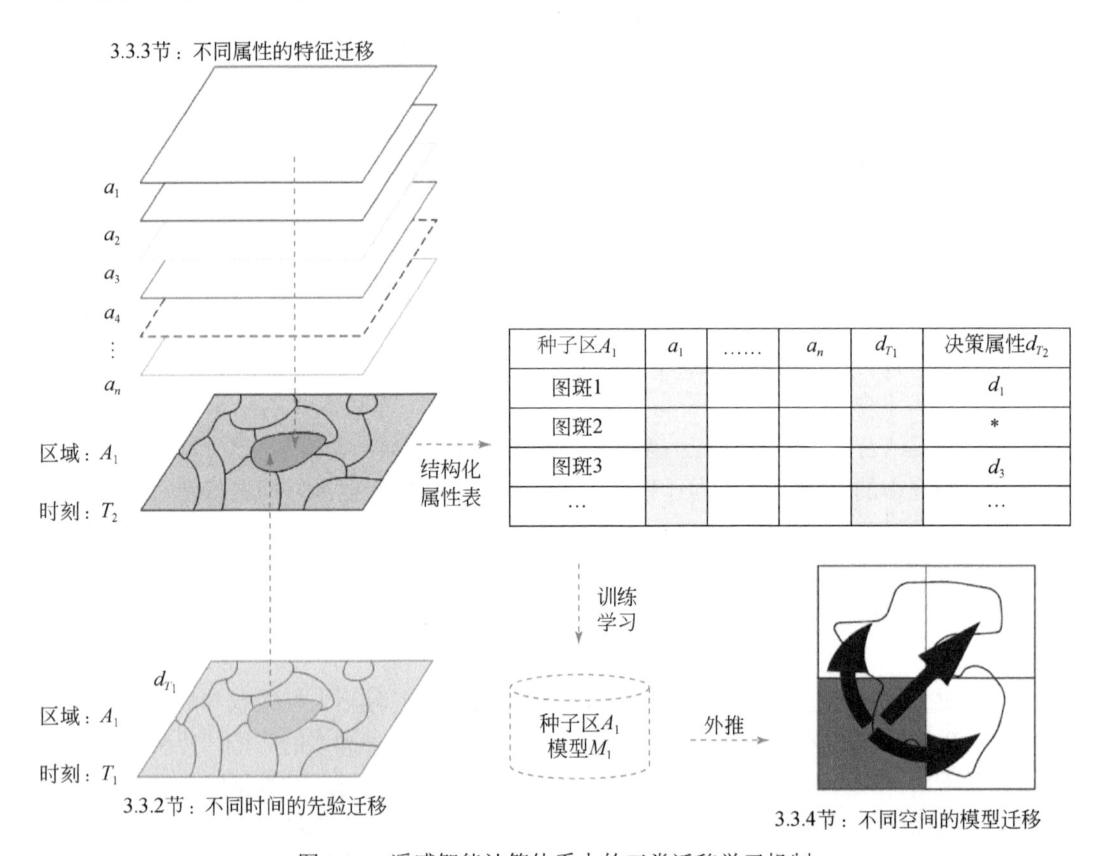

图 3.20　遥感智能计算体系中的三类迁移学习机制

3.3.2　不同时间的先验迁移

对地表的先验知识，包括对地物的经验认知、各类关系理解等，既可以来源于长期的工作实践，也可以来源于对地表的常识性了解，往往需要通过与专家的交流，或者对现有文档资料进行分析后获取。这些来源不同的先验知识大多是抽象、模糊、非结构化的，一般难以用统一的量化形式加以描述，一种相对统一的表达是以栅格或矢量形式存储的历史解译成果。这些历史空间数据是专家在某一空间范围内认知经验的重要载体，蕴含着较为丰富的且往往难以规则化表达的经验性知识，可以作为实施未来智能化认知的重要辅助数据源。譬如，前期解译的土地利用/土地覆盖图描绘了当地各类地物的空间分布规律，隐含着专家多年的经验常识与规律认知，在执行新时期的解译任务时需要借鉴并遵循。

一般认为，在同一地理空间范围内，相近时间段内的地表变化是不显著的，也就是说地物在时间上具有较大的连续性，除非发生自然灾害或重大社会变革，地物一般在短时间内总是保持延续性，因而前期对地表的解译数据在变化不大的前提下往往可重复延续使用（Demir et al.，2013）。在此认识下，过往在固定地理位置上采集的样本或历史调查信息（通常以矢量图斑的形式存储）在一段时间段内是相对可靠的（在短期内地理图斑的边界和类型都会有较高的延续性），其所蕴含的类别标签等先验知识可在后续的解译中部分或完全共享，这样可提高后续对该区域新任务的完成效率（吴田军等，2014）。而从本专著关注的地理图斑计算来看，历史调查数据中结构化的先验知识是较为清晰的，在地理位置匹配关联后其辅助作用也更为明显，考虑不同时间的先验知识迁移有望对新时期的认知任务带来帮助。故而，在本专著设计的地理图斑智能计算模型中，我们首先考虑将历史调查解译成果作为一个智能源与其他数据构成的部件一起进行协同计算，期望解决相同空间范围上先验知识在不同时刻间的有效迁移，这是本领域设计迁移学习机制的重要方面。

具体来说，对于同一区域 A_1，T_1 时刻的历史调查数据 d_{T_1} 迁移后可作为当前 T_2 时刻图斑的一个特征维，是认知当前图斑属性 d_{T_2} 的重要参考。由于历史调查数据也多以面状矢量图斑的形式存在，因而这个迁移过程可借助“空间图匹配”的 GIS 叠加分析方式来实现。由此，历史调查数据中的知识是否可靠、时效性是否过期、语义是否丰富、空间比例尺是否与图斑尺度相适应等问题就显得较为重要（这些问题的考量在 3.3.3 节中给出具体讨论），但凡有一个方面存在明显短板都会导致知识“零迁移”或“负迁移”现象的发生（是指迁移的知识对新任务的学习不起作用或甚至起误导、干扰、抑制等负面作用）。例如，明显过期的数据迁移到现实的图斑单元后，或在位置上存在偏差，或在类型上存在误导，不可避免会带入较多的错误信息；迁移较为久远的历史调查数据时往往会带来失效的问题，因为地表变化随时间推演一般总是增加的。因此，对于有效的先验迁移来说，准确判别不同时相间的变化尤为必要，也就是要设计辅助技巧，以便去除历史伪知识（去伪存真），减少误差传递累积，提高迁移精度。作者利用变化检测技术在这个方面开展了一些初步探索，围绕土地利用变化更新制图的问题，提出了协同变化检测和成像特征约束下的样本自动选择方法，在不变地物的空间“位置”和影像特征约束下迁移了历史土地利用信息，并以此构建了一套地理图斑级的土地利用信息更新流程（吴田军等，2014）。按照类似思路，经过“分类体系转换”“变化检测”“不变位置的类标签迁移”等步骤，我们迁移了苏州市高新区 2016 年的第二次土地利用调查成果，并按照第三次土地利用调查标准快速制作了当地 2018 年的分类成果（图 3.21），直接迁移精度一级类可达 70%，二级类约 60%，验证了此类迁移方式的有效性。

在本小节中，我们探讨了关联历史存档数据来辅助图斑智能信息提取的可能性。这类迁移方式目前已成为本领域的一个活跃研究方向，近几年在国家自然科学基金（地学领域方向）申请书的数量上也与日俱增，可见这是本领域一种被大家普遍推崇的迁移学习机制，当然也说明尚有诸多细节问题有待进一步研究。譬如，当辅助历史调查数据与

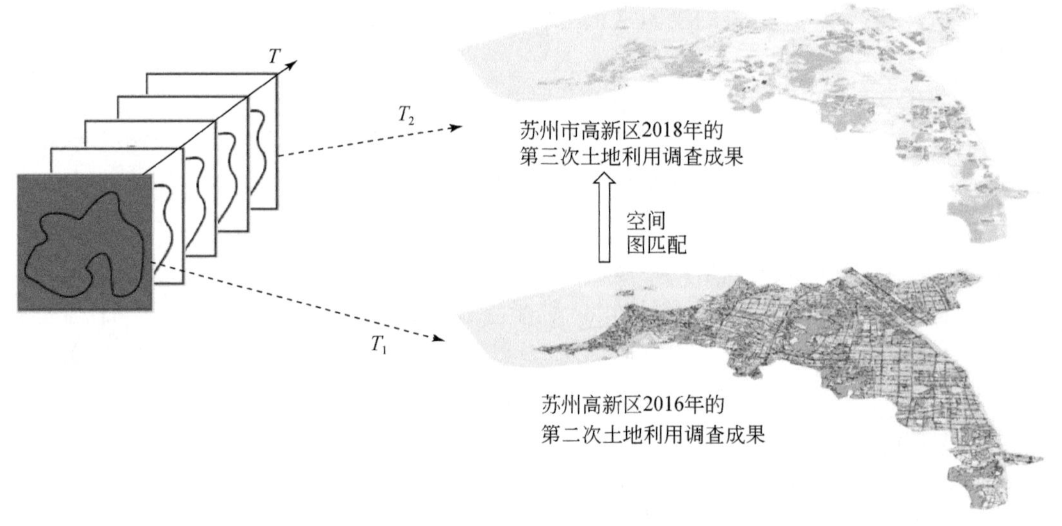

图 3.21　不同时间先验历史知识的迁移（以历史土地利用调查成果的迁移为例）

精细现势图斑单元在时相、位置、比例尺等方面难以完全对应时，先验知识必然存在部分错误，而将其图斑的边界套合后再进行信息聚合时，不可避免地形成负迁移，如何设计针对性的应对策略对此予以克服？在国家第三次土地资源调查、地理国情监测、土地确权以及各部委的专题成果等历史调查数据不断堆积的形势下，上述问题的进一步深入研究具有重要的现实意义和迫切性。

3.3.3　不同属性的特征迁移

上一小节，我们讨论了迁移历史解译数据后对同一空间区域内地物开展新一轮认知的帮助。受此启发，同一空间区域内其他方面所存备的各类属性数据（若非空间数据可先将其空间化）也能够与图斑位置匹配，空间上可覆盖图斑全域，时间上能与图斑相适应，因而也可作为分析图斑的重要辅助资料。这些空间属性数据通常以栅格或矢量形式表现，利用叠置分析、空间统计等 GIS 分析方法便能整合于图斑（本专著从粒计算的视角也将之冠以“空间粒”），许多半（非）结构化的属性信息通过与图斑的匹配量化为图斑的结构化特征后，将“空间粒”转化为“信息粒”并参与对其认知。

例如，栅格化的 DEM 数据通过简单的空间叠加和地形计算后可得到度量图斑所在区域的平均高程、坡度、坡向等信息，也就是通过一定的转化融合后能将 DEM 栅格数据以稳定的特征形式加载于矢量图斑的字段；再如，地面观测调查的温度、土壤湿度、土壤养分等土地资源样点属性数据或者互联网地图 POI（point of interest）数据（往往含有点位的功能语义高层信息）经空间矢量化后以点特征形式加以体现，关联到相关图斑后可作为其字段特征。这些特征将很大程度上丰富图斑作为空间粒的内涵，是进一步解析图斑的重要依据。因此，有必要进一步将多源异构的不同属性数据迁移到同一空间场景中的对应图斑上，形成可统一量化计算的结构化多维属性表，构建的图斑特征是进行“形态、类型、指标、结构、状态、趋势”等逐步深化分析的重要信息源。图 3.22 展示了不同属性的特征迁移示意图，这是一个多源信息的粒化过程。对此，我们有以下几点说明。

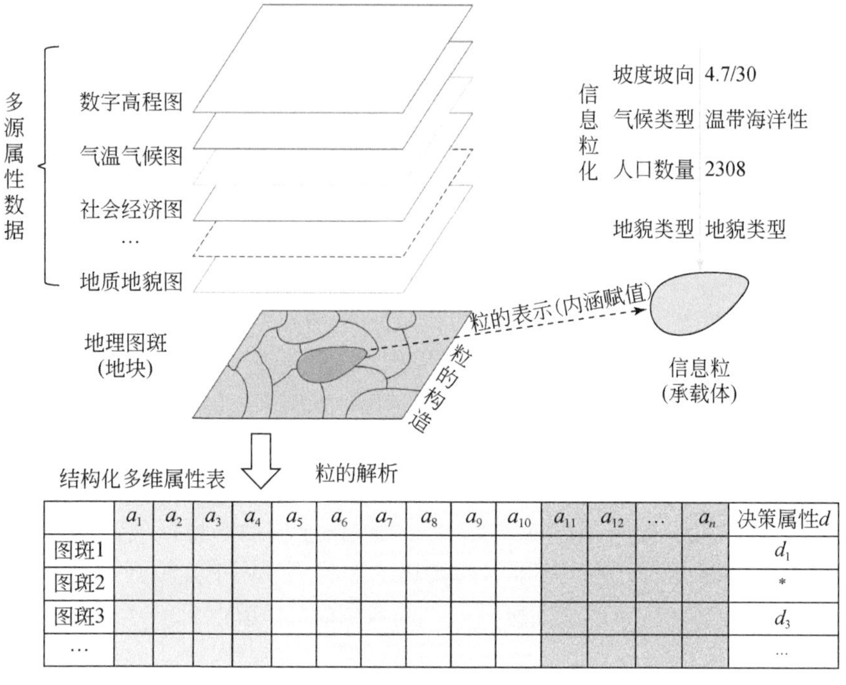

	a_1	a_2	a_3	a_4	a_5	a_6	a_7	a_8	a_9	a_{10}	a_{11}	a_{12}	…	a_n	决策属性d
图斑1															d_1
图斑2															*
图斑3															d_3
…															…

图 3.22　不同属性数据的特征迁移

1. 属性数据的分类

观测手段的多样性使得可迁移的属性数据获取渠道多样化，包括不同功能卫星观测反演而到的各类信息，地形、地貌、气候、土壤、水文、气象等自然禀赋或自然环境本底数据，人口、GDP 等社会经济类调查数据的空间化产品，互联网地图 POI、热力图、车流 GPS 轨迹、手机信令等生产生活中产生的社会感知数据等。这些地理时空大数据在第 1 章中已有较为详细的论述，我们进一步从静/动态特性角度大致将其归为三类。

（1）空间与时间维度均为静态的属性数据（指空间位置及其属性值均不会在短时段内发生快速变化的数据源），如部分遥感观测反演产品、城市 POI 兴趣点/路网、常住人口普查数据、城市公共基础设施分布等。

（2）空间维度静态而时间维度动态的属性数据（指在固定地理场景中数值会随时间发生频繁变化的数据源），如空气质量监测站、气象站传感网、农业物联网等站点观测数据以及时序观测的多时相遥感数据。

（3）空间与时间维度均为动态的属性数据（指空间位置和属性值均会随时间发生高频变化的数据源），如人流/物流/车流的移动轨迹、互联网社交媒体的位置感知数据等。

显然，上述属性数据源从不同视角对地理实体进行了互补式观测，若能广泛收集这些原本相对孤立的数据集，并将之统一迁移至地理图斑单元进行联合表达，既能丰富对图斑内涵的描述，也能使其在统一的时空基准下协同关联，催化数据间的特征级融合，激化多源异构数据的价值，携手促使图斑内在隐含特性的挖掘与透视成为可能。因而，在属性数据收集前，需要针对分析的目标问题，分层级地系统设计需依赖的指标体系，从而在充分考虑不同数据源蕴含信息的差异性与互补性基础上，针对性地开展数据的收集与有效筛选。

2. 属性数据的评价

多源的属性数据在粒度（属性划分大小）、尺度（比例尺）、空间（分辨率）、时间（分辨率）等方面可能存在差异性以及大小不一的不确定性，迁移时需做必要的预先评估，度量其时空特征与地理图斑单元的匹配程度，避免迁移后得到大量伪特征而造成负迁移的产生。具体而言，考虑以下四方面。

（1）粒度，属性数据迁移到图斑作为其特征时，属性值的划分大小能否形成有效可分的特征值区间？相近的特征值往往不能用于区分图斑的异质性，可以事先剔除。因而，有必要率先分析属性数据有效性（特征值划分的粒度水平）能否较好地支撑图斑计算，以便减少后续冗余属性约简的工作量。

（2）尺度，考虑点线面形式矢量数据的比例尺或者栅格形式格网数据的空间分辨率能否与精细图斑单元匹配？尺度的差异对属性数据迁移后的特征值计算影响有多大？若匹配性不能较好满足时，就有必要针对图斑的面状不规则单元设计尺度转化算法进行数据间的转换与衔接，创新基于图斑开展“由点到面”“由面到面”“由栅格到面”降尺度的系列模型。

（3）精度，属性数据的矢量多边形边界、格网空间位置是否能与图斑的多边形边界套合？套合的程度如何？属性值准确率有多大？存在较大偏差时误差会在迁移时被传递和放大。因此，可靠性较差（位置不齐、属性不准）的数据不能用于迁移，这也须事先甄别。

（4）时效性，属性数据制备时间与目前提取的图斑在时相上差异有多大？时相差异对该类属性是否有影响？若有变化，时间跨度较大时，图斑特征与属性值存在的变化量是否可接受？例如，对人-物-信息流、气象、热力图等变化较为频繁的属性数据以及地面站点数据，期望其观测时间与图斑分析的现势相近（也即同步性），而对地形、地貌等变化不大的属性数据则可无严格的时效要求。

综上，不同的属性数据在迁移计算前需要在上述四方面进行一定的评估与论证，只有当其可作为有效特征并有助于图斑分析时才被迁移。上述方面的考量也同样适用于3.3.2 节中针对不同时间迁移所依赖的历史调查空间数据。

3. 属性数据的处理

属性数据在满足评估要求后，便可设计相应的迁移方法关联到图斑单元上作为分析所需的特征。依据属性数据所蕴含信息源的差异以及其依附空间单元尺度上的不同，构建地理图斑特征的计算方式也应是多样化的，空间匹配、统计计算、反演推测等方式都用于实现不同属性的特征迁移。在此，我们归纳为两类常用的计算方式。

（1）利用 GIS 空间分析、网格处理等手段计算得到图斑的显性特征。例如，可利用 GIS 矢量分析计算图斑面积、多边形几何形态特征；结合高分影像底图计算图斑的视觉特征、纹理特征、波段指数特征等；利用 DEM 数据计算图斑高程、坡度、坡向等地形特征；利用互联网地图判别图斑的功能属性、交通便捷性/道路拥堵运行特征；利用设施空间分布数据计算图斑的基础设施数量、可达性特征等；利用流数据分析图斑内的 OD （origin destination）周期性、趋势性和时空邻近性特征。上述这些基础特征大多可利用 GIS 软件的空间统计、缓冲区分析、距离分析、叠加分析、网络分析等工具的组合计算得到。

（2）运用地统计插值、降尺度、机器学习等方法反演得到图斑的隐性特征。例如，反映光温热水条件的属性数据是分析图斑的重要背景信息，但相关数据源往往空间分辨率较低，在尺度上与图斑的适应性较差，直接迁移难以提炼形成图斑有效的环境类特征，故而需要设计面向图斑的降尺度模型，利用其不规则单元的内部均质性与外部边界约束设计此类属性数据的尺度转换；又如，人口与经济普查等行政单元的宏观调查数据、POI/站点观测/轨迹/地面调查样区等空间离散的点/线/面数据，同样需要在图斑尺度上的转换和推测，在空间上全覆盖外推后可实现离散属性数据在全域图斑上特征表达；再如，手机信令、互联网地图的热力专题还可通过强度图、密度图的构建实现属性数据所涵盖信息的表达与传递。

总之，基于地理图斑的属性数据的特征迁移方式具有较大的灵活性，需要根据它们的数据内容和相应格式针对性地设计处理方法，目的就是使得特征维（图 3.22 中的条件属性 $a_1, a_2, \cdots, a_n$，对应图斑“时-空-谱”相关的特征输入）不断丰富（升维），从而使之与目标维（图 3.22 中的决策属性 d，对应图斑的类型、指标、状态、趋势等相关输出）之间建立可靠的关联求解关系成为可能。

3.3.4 不同空间的模型迁移

在某一空间区域 A_1，通过历史先验的迁移和属性特征的迁移形成以地理图斑为对象的结构化二维表之后，利用当地少量样本或专家既有知识一般可以训练或搭建一个比较成熟的模型 M_1，而后可在目标区域开展较为可靠的分析，并形成对该区域的图斑专题信息。在传统的机器学习领域中，对迁移学习理解大多是用以前训练好的模型或其参数迁移到新的预模型里进行训练，这是较为常见的迁移学习场景任务。那么，在我们关注的地理空间认知问题中，是否可以直接将该区域 A_1 的模型 M_1 应用到 A_2 等其他区域上呢？简单的尝试后就能给出审慎的答案。也就是，若区域 A_2 的自然条件、人文条件与区域 A_1 相似（按照地理学第一定律的相近相似性，这两个区域一般具有空间邻近性），则模型 M_1 在区域 A_2 的直接运用一般还能得到可接受的结果；但若两个区域的各方面特性差异较大，即按照地理学第二定律，这两个区域存在较为明显的空间分层异质性，则模型 M_1 在区域 A_2 的泛化能力一般也较差，模型的负迁移现象会以较大的概率发生。因此，对于地理空间认知问题，将某一区域构建好的模型直接迁移到其他区域进行简单运用往往不能得到理想的结果，在广域空间范围内进行快速有效的模型迁移必须要对地物多样性、地表复杂性、空间相近性/异质性、地理环境相似性等地理规律有充分的认识，对地理学分区分层思想有所借鉴，才能有望实现既有模型在外围其他空间区域的参数调整与合理外扩。对此，我们有以下考虑。

对于一个大范围空间区域 S，必然存在或大或小的地域分异（郑度，1998），为了更好地捕捉到这些分异，先将目标区域进行区块划分，将自然与人文条件相近的区域划分为一个区块的组合（称为“地理分区”），而后在每个区块内选择若干个种子小区域（“种子区”），先通过历史先验和属性特征迁移对“种子区”进行模型训练与空间推测，再将种子区 $A_1, A_2, \cdots, A_s$ 学习的模型 $M_1, M_2, \cdots, M_s$ 按照所属其的“区块”进行组合式地集成与联合推测，从而得到整个空间区域 S 的结果。这样机制设计的动机就是执行分区式的模型迁移，在保证源域和目标域之间存在较大环境相似性时（一般发生在源域与目标域的空间邻近时），保证模型的正迁移。另外，除了基于样本的训练学习外，种子区利用当地专家知识构建的模型往往具有更好的泛化能力，如某些类型的植被只能生长在一定水热条件下的区域，而永久性冰川只能分布在维度较高或者海拔较高的区域，这些可以用 if…then…等符号化的规则集来表达的地理规律是高度认知后提炼的，在模型迁移时的置信度也相应较高。

上述在不同空间上设计的模型迁移是考虑了区域空间分异和环境相似性后结合模型集成思想而提出的一套机制，与美国威斯康星大学地理系教授朱阿兴老师近期提出的地理学第三定律的空间推测思路有异曲同工之妙。朱教授在其工作中研究了地理位置上的环境相似性并提出了地理学第三定律，据此可以基于样区和待推测区之间的地理配置条件相似性（对应于分区的地理环境相似性）来进行图斑属性的推测，强调了允许基于单个样区（对应于我们提出的种子区）的代表性在相似配置区开展空间推测（Zhu et al.，2019）。这种遵循地理环境相似性的假设，保障了我们在大规模复杂广域空间上开展有效的空间推测。图 3.23 示例了我们在江苏省苏州市实施的模型迁移试验，成功将苏州市内几个种子区上既有的土地利用分类模型快速地迁移到空间邻近的目标区域进行了运用，并得到了较为满意的结果。

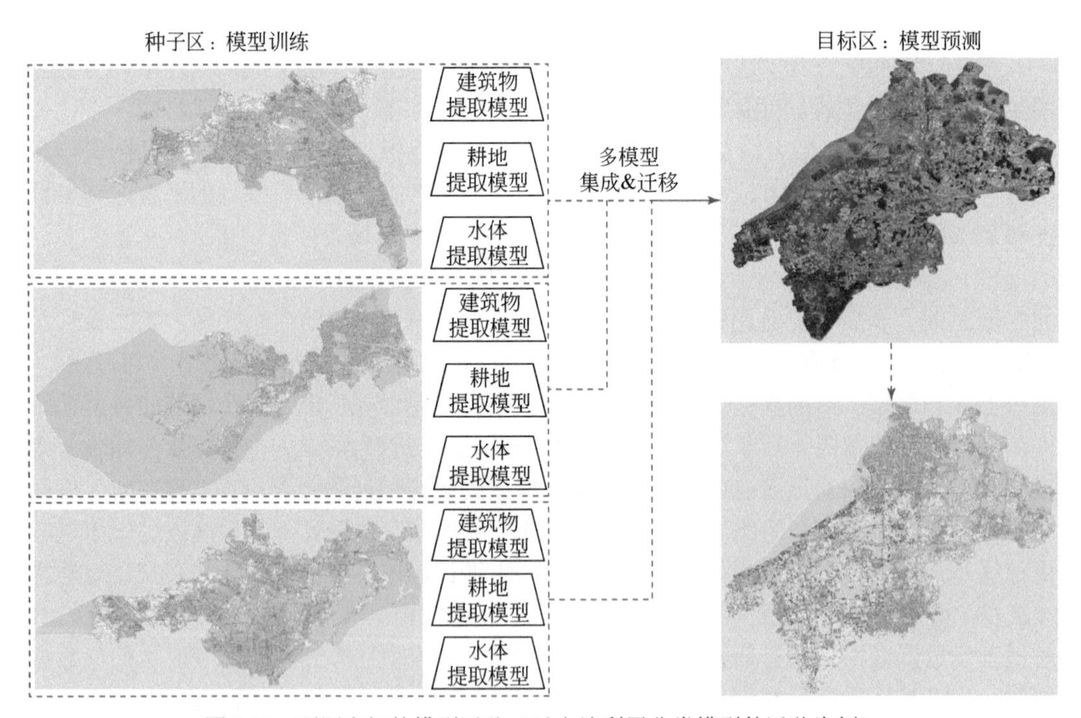

图 3.23　不同空间的模型迁移（以土地利用分类模型的迁移为例）

综上所述，借鉴人作为认知主体对地表分析的流程与机制，我们分析了地理认知领域开展迁移学习的必要性与特殊性，从时间、属性、空间三个维度分别探讨智能计算中可能涉及的几类迁移学习机制，而这与传统机器学习中的知识迁移定义略有不同，我们是将该概念进行了拓展，更强调已有知识与观测数据生成的图斑关联，通过融合已有知识更好地解决空间认知领域的问题，这是我们希望在此加以区分和说明的。另外，在本专著关注的问题中，不限于在此给出的几类知识迁移方式。因为迁移学习是一类理论而非固化的技术方法，是一个开放的系统，可以不断地吸收各种新的技术和方法，只要能紧紧围绕设计的核心问题实施地理对象级的空间认知都可以吸纳过来进行应用，即对隐含于多源多模态数据堆中的知识，能否符号化地挖掘并迁移到由地理图斑构建的智能体系统中，实现对地理过程与地理格局的解析与认知。因此，数据驱动的先验知识学习、结构化数据的域内自适应、多任务框架下的信息传递以及跨域互补知识的获取与嵌入等方式，均可在我们体系下进行再设计与优化。经过前期的实验尝试，我们得出的经验是需要对原始技术和方法进行必要的改造，空间认知尤其特殊，并不是所有的知识迁移都会对我们关注的目标任务有促进作用，相反有些知识因为过期或者迁移不当可能会对认知产生误导。因此，要想进行合理地迁移以及学习推理，必须一方面要对知识的质量进行必要的评估（质量如何），有效避免负迁移造成的不良影响，另一方面要创新出合理的迁移方式（迁移什么、怎么迁移），根据具体任务要求对迁移方式和学习方式都要依据应用情境进行有针对性的设计，保障各类知识能去伪存真、配合协同、巧妙便捷地实现正向迁移与辅助学习，从而促进对地理图斑的计算更为高效性与智能化。

3.4 强化学习机制

在 AI 兴起的第三次浪潮中，由连接、符号与行为主义等机器学习协同构成的统一系统才真正发挥出了整体的智能作用。因此，在构建遥感智能计算体系中，除了运用连接主义的深度学习以及符号主义的迁移学习机制外，还须引入对系统加以不断优化的强化学习机制，结合人机交互过程，主动将专家经验、实地验证等环境增量进行反馈，通过知识增强对智能体系统实施迭代式趋优，从而实现对复杂地表场景认知能力的综合提升。

3.4.1 强化学习的发展历程

强化学习是从控制论、统计与心理学等相关学科中发展而来的，最早是一种基于尝试和出错（试错）的学习，可以追溯到 1901 年巴甫洛夫（I. P. Pa-vlov）实验的条件反射（conditioned reflex，是指在某种条件下，非属食物中性刺激也与食物刺激同样引起脑神经反射的现象）。1911 年 E.L.Thorndike 提出了效果法则（law of effect）：一定情景下，让动物感到舒服的行为，就会与此情景增强联系（强化，reinforcement），当此情景再现时，动物的这种行为也更易再现；相反，让动物感到不舒服的行为，会减弱与此情景的联系，当此情景再现时，此行为将进一步弱化再现。该法则被认为是很多领域的基本原则，也是试错法的重要依据：首先，是一种选择的方式，意味着它要进行动作的选择执行，并且要从中得到结果最好的动作；其次，是一种联合的方式，意味着不同状态下所选择的动作还要进行联合，传统演化算法有进行选择的过程，但并没有联合的过程，而传统的监督学习存在联合的部分，但没有进行选择。因此，试错法可以看成将这两者的结合。“强化”一词从 E. L. Thorndike 提出效果法则之后开始使用，最早出现在 1927 年巴甫洛夫条件反射著作的英文译本中：巴甫洛夫认为“强化”就是动物行为模式的增强，来源于动物受到增强剂的刺激后与另一刺激或反应形成的短暂关系。

而 AI 中对强化学习研究发展史可追溯到 20 世纪的 50 年代至 60 年代。1954 年，M.Minsky 在其博士论文中实现了计算上的试错学习，并首次在 AI 领域中提出了强化学习的术语定义。最有影响力的是他的论文 *Steps Toward Artificial Intelligence*，讨论了有关强化学习的几个问题，其中包括最为重要的贡献度分配问题，即如何在诸多与产生结果有关的各个决策中分配贡献值（Minsky，1961）。在 1954～1955 年间，Farley、Clark 等几位科学家拉开了利用模式识别进行强化学习的序幕，也是从那时起强化学习与监督学习之间界限变得逐渐模糊，很多科学家在研究监督学习但却一直认为自己研究的是强化学习。例如，Widrow 和 Holf（1960）与 Rosenblatt（1962）分别在他们研究中引入了奖励和惩罚机制，然而他们所给出的系统明显又是监督学习在模式识别和感知学习方面的应用。其实，即便是当今学者和研究人员也经常分不清强化学习和监督学习之间的界限，这种混乱使得强化学习在 20 世纪 60 年代和 70 年代很少被真正地研究，但其中也不乏一些亮点。例如，新西兰科学家 J.Andreae（1963）开发出了一种能够从环境中通过试错法进行学习的系统，被称为 STeLLA，该系统包括一个环境模型和一个内部单元来处理环境中隐含的状态，当时这个设计被视作强化学习的雏形。在他后来的研究中虽然也提到了试错法学习在其中的重要意义，但是他过分强调了学习的过程需要一个“老师”，所以非常遗憾地与真正的强化学习擦肩而过。强化学习在早期也在控制论中被使用，多是针对求解控制与优化参数的问题，主要聚焦在最优控制的问题以及使用代价函数和动态规划的解决方案。直到 1989 年，C.Watkins（1989）将时序差分算法与优化控制理论相结合，提出了 Q 学习（Q-learning）方法，这才真正使得强化学习研究有了一大步的迈进；而后 Q 学习被运用在控制理论和非完备信息的博弈论当中（Rummery et al.，1994）。到 20 世纪 80 年代末、90 年代初，强化学习技术在机器学习和自动控制等领域中逐渐得到了较为广泛的研究与应用，并普遍被认为是设计智能系统的核心技术之一（Sutton and Barto，1998），特别是随着强化学习的数学基础研究取得突破性进展后，对强化学习的研究和应用日益开展起来，并逐渐成为目前 AI 领域的研究热点之一。

至此，人们习惯于用“强化”来描述特定刺激使智能体更趋于采用某些策略的现象，用“强化物（reinforcer）”对应为强化行为的刺激，并将“强化物”导致策略的改变称为“强化学习”。因此目前强化学习就特指为智能体与环境交互中不断学习以完成特定目标（如取得最大奖励值）的这一类机器学习方法，故而又常被称为“增强学习”。也就是通过智能体不断与环境进行交互，并根据经验调整其策略来最大化其长远的所有奖励的积累值。所以，强化学习中的关键问题是贡献度分配问题，即在每一个动作不能直接得到监督信息时，需要通过整个模型的最终监督信息（奖励）得到，并且要求具有一定的延时性，这样的机制更接近生物学习的本质，可以应对多种复杂的场景，从而更接近通用 AI 系统的终极目标。

2006 年，随着 G.Hinton 和他的学生提出深度学习之后，全连接神经网络、卷积神经网络和循环神经网络等经典的模型在实际中都得到了广泛应用，并在感知类问题的解决上取得了突破性的进展，而强化学习在深度学习的驱动下也逐渐发展成为研究的热点。2016 年初，深度学习与强化学习相结合的 AlphaGo 出乎意料地打败了围棋世界冠军李世石，而当时人们还普遍认为机器要在围棋上战胜人类可能还需 20 年。2016 年下半年，微软宣布在日常对话的语音识别系统中取得了重大突破，效果达到了人类水平。2017 年初，AlphaGo 的升级版 Master 又以 60 胜 0 负的傲人战绩打败了全球各路顶级的围棋职业选手，再一次让人惊叹！2019 年初，谷歌提出了 AlphaStar，又以 10∶1 战胜星际争霸游戏的职业玩家，而 OpenAI 组织提出的基于深度强化学习（deep reinforcement learning，DRL）的 AI 也在 Dota 2 游戏中 2∶0 战胜职业玩家。随之，DRL 在视频游戏、棋类博弈、自动驾驶、医疗等领域的应用日益增多。成功的案例不断说明，深度学习与强化学习的结合是 AI 引领未来的发展趋势。

3.4.2 AI 遥感强化机制探讨

在我们构建的遥感智能计算体系中，3.2 节的深度学习机制主要让机器模拟空间视觉感知以及时序分析以实现对地理图斑的形态提取与类型判别，3.3 节的迁移学习机制主要是在图斑之上进一步聚合多源多模态数据，以实现对图斑指标、状态以及趋势的推测分析。然而，基于深度学习构建地理图斑的形态，需要依赖大量典型且完整的样本标注，但影像对地理对象刻画的边界往往呈现模糊和不稳定现象，通常会导致初次提取的图斑形态与实际有所偏差，因而需通过费时的人工再修正过程；同时，深度学习在进行时序分析时也需依附大量训练样本，其泛化能力需逐步调节才能提高；此外，类型与指标迁移计算过程中由于外部数据普遍存在不完备特性，不可避免也会造成精度偏低的情形。因此，在深度学习和迁移学习的初次计算基础上，通过智能体与环境的不断交互，可进一步实现对计算结果的优化增强。也就是，机器通过深度与迁移模型，初次计算得到图斑的形态和属性后，将计算结果反馈至人机交互环境，通过在环境中的专家判读、实地观测、内业编辑等方式，对分析结果（状态）进行增量的修正，同时产生一个收益（一定的奖励和惩罚得分），该收益便是智能体在强化过程中逐步逼近目标的驱动力，然而将修改后状态和收益返回至前述智能体模块中进行新一轮的计算，迭代直至达到更强的目的。因此，在地理图斑上实施强化的智能体主要面向两个模块：感知图斑形态与变化特征的深度学习模块、判断功能与推测属性的迁移学习模块；而实现强化的依赖环境为人机协同的交互系统，主要包括图斑形态样本绘制终端、图斑属性编辑终端、实地验证软件等一系列从外部环境中采集信息的工具。

上述人机交互修正的状态，主要为输入图斑样本的形态纠正以及属性参数的修改。针对自组织迭代的强化机制，首先，利用人机交互将修改的样本或增量的信息反馈至图形样本库，通过深度学习的强化模块进行网络连接与传递关系的增量学习，逐步提升对图斑形态的提取效果；其次，将属性修改值反馈至图斑的多维属性表，通过模式再次挖掘而得以优化调整，从而提高对图斑类型判别与指标反演的精度；进而，将深度学习和迁移学习计算的结果及时反馈至验证终端，通过在实地环境（内业专家目视判读、外业调查解译等方式）中人为的判断，进一步对计算结果给予一定规则下的奖励和惩罚计分，并将分值反馈至前述的学习模块中，通过碎片的高信息量知识对数据增量调节的学习策略实现再一轮的优化，从而形成迭代式的趋优机制。整个过程的示意如图 3.24 所示。下面我们就深度学习和迁移学习中的强化机制分别给出具体阐述。

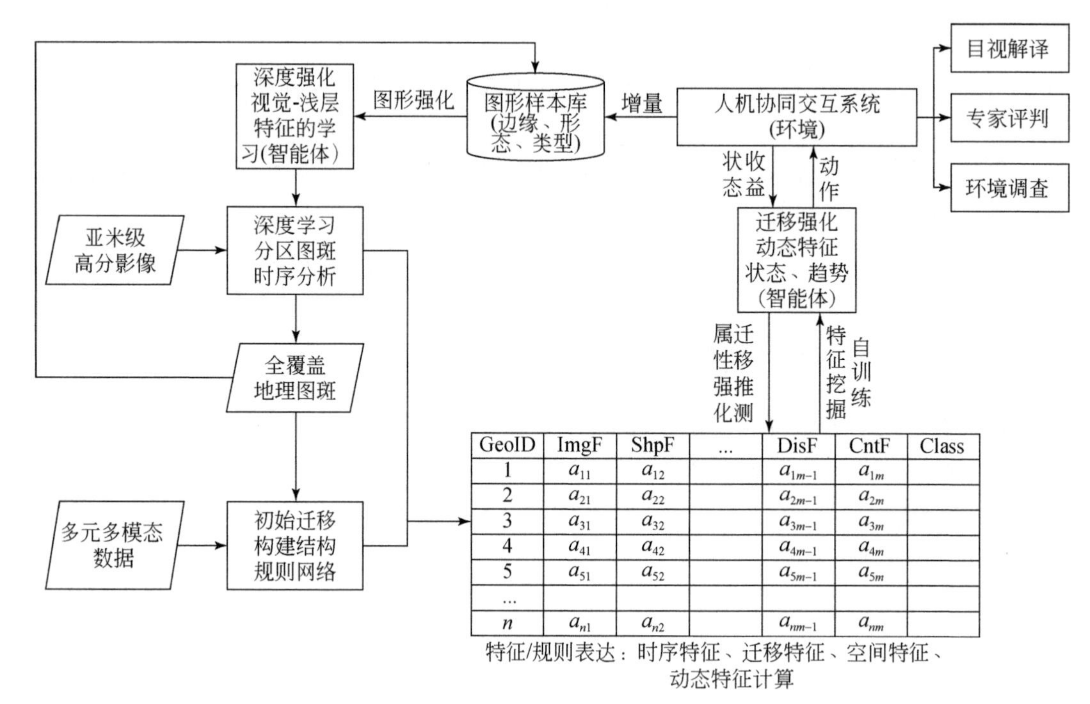

图 3.24　遥感智能计算体系中的强化学习机制

3.4.3　深度学习的强化机制

在地理图斑的计算体系中，深度学习在空间上主要应用于分层感知模型（2.2 节）对图斑视觉特征进行表征以及形态边界的提取，在时间上主要应用于时空协同反演模型（2.3 节）对图斑变化特征的重建以及覆盖类型的判别。因而，针对深度学习强化的主要目的是提升图斑形态提取的精准程度。具体包括针对单一目标优化的强化学习以及增量学习、集成学习等耦合的优化方式。下面重点介绍其中常用的两类学习方式。

1. 增量学习

目前大多深度学习网络属于批量学习（batch learning，BL）的模式，即假设在训练之前所有样本都须归位，学习计算过程之后便建立稳定的映射关系，不再接纳新的知识。然而，在实际针对地理图斑的分层提取过程中，针对复杂地表环境中不同层级地物的样本获取，通常难以一次全部到位，而是随时间推移而逐步得以丰富，且样本所反映信息也可能随时间变化发生差异（比如，同一地区两期获取的数据可能存在辐射差异或地物变化），若新样本到达后让模型重新学习全部数据，也会因大量计算时间与内存空间消耗而导致效率低下。

增量学习（incremental learning，IL）是指一个学习系统能不断地从新样本中累积学习新的知识，并能保存和优化大部分以前已经学习到的知识。这类学习方式非常类似人类自身的学习模式，体现了两个方面的优势：一是由于其无须保存历史数据，从而相应可减少对存储空间的占用；二是在当前样本训练时充分利用了历史的训练结果，从而显著减少了后续的训练时间。因此，引入增量学习机制进行渐进式知识更新是大数据机器学习的必然途径，这类算法能修正和加强以前的知识，使得更新后的知识能更好地适应新的数据与环境，而不必重新对全部样本数据进行学习，可更好地满足实际应用中对处理效率的要求。

在本专著构建的智能计算体系中，所涉及的增量学习可分为如下三类方式：①针对样本的增量学习，由于新数据的各种原因，样本特征的取值可能会发生改变，而每个类别的比例也可能会有调整，这些变化都会影响分类的准确性，因此需在现有的模型知识下，通过新样本加入与增量学习来提取新的知识，并将新旧知识进行融合，以提高图斑提取的准确性；②针对类别的增量学习，在现有知识的基础上，识别新的地物类型，并将其加入至现有的类别集合中，完善或细化分类体系，避免类别的缺失或粒度不匹配；③针对特征的增量学习，在地物提取过程中，若发现新的特征可能提升精度，则在现有特征空间基础上，进一步加入新的属性丰富特征集，从而在构建的新特征空间中提升机器的辨识力。

2. 深度强化学习

DRL 是 AI 研究领域近期的热点方向，它以一种通用的形式将深度学习的感知能力和强化学习的决策能力相组合，通过端对端的学习方式实现从原始输入到输出的直接控制。这种端对端（end-to-end）的感知与控制系统具有很强的通用性，在许多需要感知高维度原始输入数据和决策控制的任务中，已经取得了实质性的突破。

DRL 的学习过程如图 3.25 所示，可以描述为：①在每个时刻，智能体与环境的交互中得到一个高维度的新观察，利用深度学习方法来感知该观察，以得到抽象但完全的状态特征表示；②基于预期回报来构建评价各动作的价值函数，并通过某种策略将当前状态映射为相应的动作；③环境对此动作做出反应，并得到下一个观察，从而通过不断循环以上过程，最终得到关注目标的最优策略。目前，在计算机视觉领域，面向视觉感知问题的 DRL 模型可以在只输入原始影像的情况下，输出当前状态下所有可能动作的预测回报；在参数优化领域中，可以通过 DRL 学习机制，根据具体问题自动确定相应的学习率，极大地提升了模型的训练效率；而在博弈论领域中，基于 DRL 的深度卷积网络具有自动学习高维输入数据抽象表达的功能，可以有效解决复杂任务中对于领域知识表示和获取的难题。

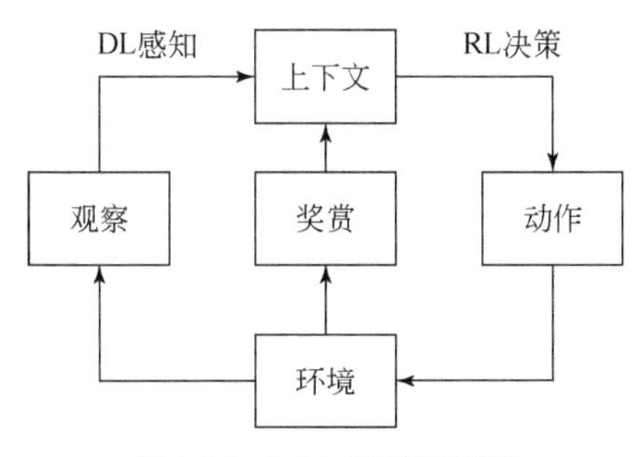

图 3.25　DRL 原理框架图

总之，深度学习的强化机制是要在现有深度网络模型基础上，通过上述学习方式的引入后才能得以实现，一方面通过样本和特征增量两种方式提高模型的泛化能力，另一方面通过深度强化学习对模型参数进行优化，以提高模型的预测精度。这些强化机制都可被借鉴用于地理图斑的分区分层提取与时空协同反演过程中，同时也需进一步引入综合地理思维和专家知识来对模型的增强策略加以设计或改造。

3.4.4 迁移学习的强化机制

在 3.3 节介绍的迁移学习机制中，两个重要方面是基于多源属性数据开展特征的迁移，以及利用既有训练模型开展模型的迁移。但常规的迁移学习过于依赖外部数据，而外部数据部分缺失又将严重影响待迁移模型的泛化能力，故而对迁移学习也有强化的必要性。而此过程应立足于挖掘多源数据中对地理图斑潜在特征的支持力，并通过学习模型的迭代更新，不断提高模型的泛化能力。

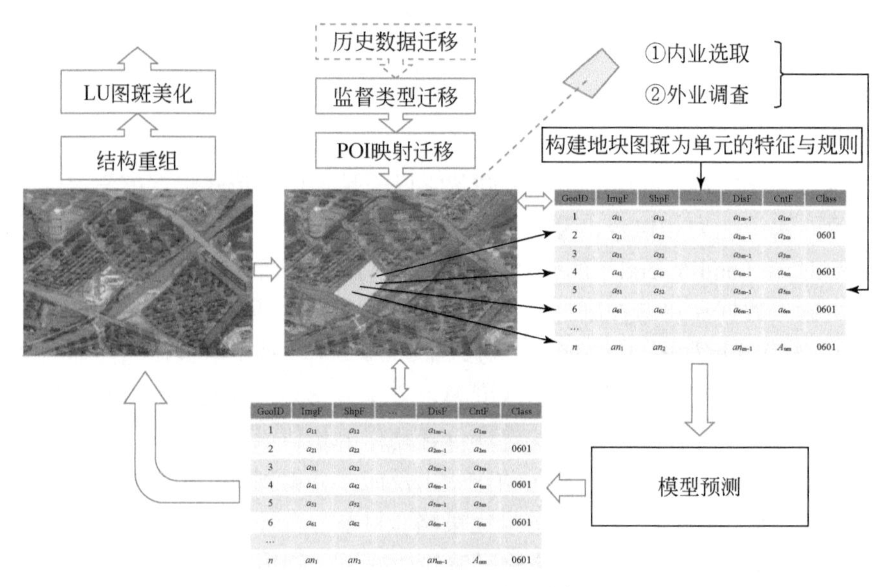

图 3.26　迁移学习下的强化机制

对此，我们在智能计算体系下进一步设计了针对迁移学习的强化机制（图 3.26）：在构建地理图斑单元（形态）后，迁移遥感以外的其他数据构建蕴含时序观测、历史知识、自然资源和社会经济等多方面信息的特征空间；进而通过目标函数（规则）的构建、统计模型的学习、推测规则的计算得到图斑的定性/定量属性信息（类型、指标、状态、趋势等）。在此过程中，若反演的图斑信息可靠性不高，则需对图斑进行属性增强，以期进一步提高图斑特征的赋值精度，这也正体现了在研究体系中面向迁移学习设计强化机制的必要性。下面我们在这个方面介绍几类常见的学习方式，包括半监督学习、集成学习、主动学习等。

1. 半监督学习

半监督学习（semi-supervised learning）是少量的标注数据和大量的无标注数据进行协同的一类学习方式。由于标注数据成本较高，利用大量的无标注数据来提高监督学习效果具有十分重要的意义。其中，基于自举法（bootstrap）的自训练（self-training 或

self-teaching）是一种简单的半监督分类：该方法首先使用标注数据训练一个模型，并使用该模型来预测无标注样本的标签，进而把预测置信度较高的样本标签加入训练集，并重新训练新的模型，从而不断重复该过程得到一个更为优良的分类器（Scudder，1965）。

2. 集成学习

集成学习（ensemble learning）是通过某种策略将多个模型组合，通过群体决策提高准确率。该类学习的首要问题是如何集成多个模型进行“弱弱生强”或“强强联合”，常用的策略有算术平均或加权平均等。代表性的典型算法有 AdaBoost、随机森林（Breiman，2001）等。

3. 主动学习

主动学习（active learning）是在无标签数据丰富而有标签数据稀少，且人工数据标注成本过高情形下，让算法主动提出要对哪些数据进行率先标注，之后再由专家针对性地进行交互式标注后加入至训练样本集中，从而加快对模型训练的优化过程。

总之，迁移学习的强化机制是要在现有迁移过程中，通过上述不同方式来强化图斑特征的完备性、精确性以及推测模型的稳健性。对比来看，在本专著关注的智能计算体系中，迁移学习的强化机制应侧重于主动学习为佳，通过学习算法主动确定大信息量样本所在位置，并设计内业解译与外业调查相结合的方式进行筛选样本的标注，从而借助人机交互的开放式系统输入碎片化的关键信息，进而通过自训练或集成学习对现有模型进行优化增强，提高预测精度。

在 3.2 节、3.3 节、3.4 节内容中，分别对深度学习、迁移学习、强化学习三类机制进行了较为详细的论述。从其各自的机理来看，深度学习是模拟智能体的生理感知能力，类似于人的视觉、听觉、触觉等感知功能，代表了特征获取的能力；而迁移学习和强化学习都是针对知识本身的学习，其中迁移学习是针对体系化知识的学习，类似于人在成长过程中从书本中汲取已归纳好的系统知识，强化学习是针对碎片化知识的学习，类似于人生过程中从日常生活磨炼、教训或者环境交互中不断总结得到的零散经验。也就说，深度学习是对应于连接主义的形象思维，强调的是对视听觉等不易解析的人类感知行为进行黑箱式的系统模拟；迁移学习对应于符号主义的逻辑思维，强调的是站在巨人肩膀上用有限的时间快速汲取现有归纳好的体系性知识，对应了教育中对“显知识”的传承学习（自上而下的刚性学习，带有强制性和引导性）；而强化学习对应于行为主义的优化思维，强调的是体系性知识基础上不断自我修补完善知识体系，对应了教育中对“隐知识”的自主学习（由下而上的柔性学习，需发挥主观能动性和反复实践）。显然，这三类学习机制各有长处，代表了“连接主义”“符号主义”“行为主义”三种流派的各自推崇。不难发现，只有将各司其职的三者组合起来，才能取长补短、优势互补，进而构建形成一个完备的智能学习系统。

为此，在本书构建的遥感智能计算体系中，我们重点攻关这三类学习的机制及其协同运用技术。首先，利用深度学习解决其最擅长的感知类问题，模拟人对影像视觉分解和视点切换的感知行为，依据高空间分辨率影像对地物形态表达的视觉特征进行地理实体轮廓识别，实现图斑形态边界的精细构建以及“建-水-土-生-地”等土地利用大类的准确判别；其次，在目标图斑上进一步执行历史解译专题的信息迁移，借助土壤、水文、地形地貌等土地资源背景信息实现对图斑多元特征的高维表达，随之助力土地利用/土地覆盖类型的识别以及定量指标的计算；同时也可在邻近区域执行模型的空间迁移，实现有效知识的稳健外推；最后，通过内业验证、外业调查、人机交互修正等方式共力，对已形成的图斑信息产品进行形态边界、属性取值的再完善，并以增加样本、属性纠正等方式反馈至前续学习模型中而逐步得以增强，最终通过这些外部“碎片化”但“高置信度”知识的融入与迭代，实现对图斑更精准的刻画，使得对地理现象、过程、格局的准确理解以及隐含机理的深刻揭示成为可能。本章对上述研究思路中涉及的三类机器学习机制进行了全面探讨，对其协同计算思路进行了简单梳理，至于在我们研究中如何具体对这些算法进行针对性地改造设计与组合运用，则将在后续的章节中逐步展开阐述，通过实践路线与应用案例的展示说明给出更为翔实的介绍。

主要参考文献

戴汝为. 2001. “再谈开放的复杂巨系统”一文的影响. 模式识别与人工智能，14（2）：129-134.

骆剑承，吴田军，李均力，等. 2017. 遥感图谱认知. 北京：科学出版社.

钱学森，于景元，戴汝为. 1990. 一个科学新领域——开放的复杂巨系统及其方法论. 自然杂志，13（1）：3-10.

吴田军，骆剑承，夏列钢，等. 2014. 迁移学习支持下的遥感影像对象级分类样本自动选择方法. 测绘学报，43（9）：903-916.

徐宗本，杨燕，孙剑. 2017. 求解反问题的一个新方法：模型求解与范例学习结合. 中国科学：数学，47（10）：1345-1354.

郑度. 1998. 关于地理学的区域性和地域分异研究. 地理研究，17（1）：4-9.

周志华. 2016. 机器学习. 北京：清华大学出版社.

Andreae J E. 1963. STELLA：A scheme for a tearning machine. In Proceedings of the 2nd IFAC Congress，Basle，497-502.

Badrinarayanan V，Kendall A，Cipolla R. 2017. SegNet：A deep convolutional encoder-decoder architecture for image segmentation. IEEE Transactions on Pattern Analysis and Machine Intelligence，39（12）：2481-2495.

Breiman L. 2001. Random forests. Machine Learning，45（1）：5-32.

Chen L C，Papandreou G，Kokkinos I，et al. 2017a. DeepLab：Semantic image segmentation with deep convolutional nets，atrous convolution，and fully connected CRFs. IEEE Transactions on Pattern Analysis and Machine Intelligence，40（4）：834-848.

Chen L C，Papandreou G，Schroff F，et al. 2017b. Rethinking atrous convolution for semantic image segmentation. The 30th IEEE Conference on Computer Vision and Pattern Recognition（CVPR 2017），Hawaiian Islands，USA：arXiv-1706. 05587v3.

Chen L C，Zhu Y K，Papandreou G，et al. 2018. Encoder-Decoder with atrous separable convolution for semantic image segmentation. The 15th European Conference on Computer Vision（ECCV 2018），Munich，Germany：801-818.

Demir B，Bovolo F，Bruzzone L. 2012. Updating land-cover maps by classification of image time series：A novel change-detection-driven transfer learning approach. IEEE Transactions on Geoscience and Remote Sensing，51（1）：300-312.

He K M，Gkioxari G，Dollar P，et al. 2017. Mask R-CNN. The 2017 IEEE International Conference on Computer Vision（ICCV 2017），Venice，Italy：2961-2969.

He K M，Zhang X Y，Ren S Q et al. 2016. Deep residual learning for image recognition. The 29th IEEE Conference on Computer Vision and Pattern Recognition（CVPR 2016），Las Vegas，USA：770-778.

Hinton G E，Salakhutdinov R R. 2006. Reducing the dimensionality of data with Neural Networks. Science，313（5786）：504-507.

Jean N，Burke M，Xie M，et al. 2016. Combining satellite imagery and machine learning to predict poverty. Science，353（6301）：790-794.

Jordan M I，Mitchell T M. 2015. Machine learning：Trends，perspectives，and prospects. Science，349（6245）：255-260.

LeCun Y，Bengio Y，Hinton G. 2015. Deep learning. Nature，521（7553）：436-444.

LeCun Y，Boser B，Denker J S，et al. 1989. Backpropagation applied to handwritten zip code recognition. Neural Computation，1（4）：541-551.

Liu W，Anguelov D，Erhan D，et al. 2016. SSD：Single shot multibox detector. European Conference on Computer Vision（ECCV 2016），Amsterdam，The Netherlands：21-37.

Long J，et al. 2015. Fully convolutional networks for semantic segmentation. The 28th IEEE Conference on Computer Vision and Pattern Recognition（CVPR 2015），Boston，USA：3431-3440.

Minsky M. 1961. Steps toward Artificial Intelligence. Proceedings of the IRE，49（1）：8-30.

Minsky M L，Papert S. 1969. Perceptron. Cambridge：MIT Press.

Pan S J，Yang Q. 2009. A survey on transfer learning. IEEE Transactions on Knowledge and Data Engineering，22（10）：1345-1359.

Rosenblatt F. 1962. Principles of Neurodynamics：Perceptrons and the Theory of Brain Mechanisms. 1st Edition. Spartan Books，Michigan University，Ann Arbor.

Rumelhart D E，Hinton G E，Williams R J. 1986. Learning internal representations by error propagation. In：Rumelhart D E，McClelland J L. Parallel Distributed Processing. Cambridge：MIT Press，318-362.

Rummery G A，Mahesan N. 1994. On-line Q-learning Using Cnnectionist Sytems. Cambridge，England：University of Cambridge，Department of Engineering.

Scudder H. 1965. Probability of error of some adaptive pattern-recognition machines. IEEE Transactions on Information Theory，11（3）：363-371.

Sutton R S，Barto A G. 1998. Reinforcement learning：An introduction. IEEE Transactions on Neural Networks，9（5）：1054.

Szegedy C，Liu W，Jia Y，et al. 2015. Going deeper with convolutions. The 28th IEEE Conference on Computer Vision and Pattern Recognition（CVPR 2015），Boston，USA：1-9.

Szegedy C，Vanhoucke V，Loffe S，et al. 2016. Rethinking the inception architecture for computer vision. The 29th IEEE Conference on Computer Vision and Pattern Recognition（CVPR 2016），Las Vegas，USA：2818-2826.

Watkins C J C H. 1989. Learning from Delayed Rewards. PhD Thesis，Cambridge：University of Cambridge.

Widrow B，Hoff M E. 1960. Adaptive switching circuits. IREWESCON Convention IRE，New York，96-104.
Xie S N，Tu Z W. 2015. Holistically-nested edge detection. The 2015 IEEE International Conference on Computer Vision（ICCV 2015），Santiago，Chile：1395-1403.
Xu Z，Sun J. 2018. Model-driven deep-learning. National Science Review，5（1）：26-28.
Zheng Y. 2015. Methodologies for cross-domain data fusion：An overview. IEEE Transactions on Big Data，1（1）：16-34.
Zhu A X，Lu G，Liu J，et al. 2018. Spatial prediction based on Third Law of Geography. Annals of GIS，24（4）：225-240.

第 4 章　精准 LUCC 生产线

前三章以“全覆盖、多源协同、快速计算和价值密度提升”为特征的地理时空大数据计算思想为指导，紧密结合地理学分析方法、机器学习技术与遥感机理模型，以地理图斑为基本单元，揭示外在空间结构（图）与内在发生机理（谱）耦合的遥感认知机制，发展“粒化-重组-关联”协同的遥感大数据智能计算体系，建立遥感影像空间与真实地理空间之间有序的信息转化与映射关系，试图从空间、时间、属性等多个角度，分层次解构复杂地表结构、定量化解析其变化过程。土地利用和覆盖变化（LUCC）是以遥感为主要手段对地表现象和过程变化进行时空结构化信息表达的基础产品，能否在高分遥感数据资源与智能计算理论技术的共同支撑下，实现对具有大数据时代特征的新一代 LUCC 产品进行大规模、精确而持续快速地生产？这方面的突破对于拓展各领域精准化应用和推动地理数据科学研究，都具有里程碑式的意义与价值。本章以分区/分层/分级的综合地理分析思想为引领，深度融合地理图斑智能计算模型和机器学习技术，系统阐述精准 LUCC（precision land use/cover change，P-LUCC）生产线的设计思路与研发技术体系。其中，4.1 节阐明 P-LUCC 的概念，4.2 节和 4.3 节分别分析 P-LUCC 生产线的设计思想、技术及相关案例，4.4 节探讨并展望 P-LUCC 大规模生产线部署、分布式生产和专题化应用的服务模式。

4.1　精准 LUCC 产品的概念

因人类活动而快速变化的地球表层为地理科学研究和应用迎来了新的挑战与机遇（傅伯杰，2017）。土地利用与覆盖变化（LUCC）信息是分析地理要素空间分布规律及其变化机制的共性数据产品，反映了地表时空演变过程中人类活动与自然环境的相互作用以及人地关系的驱动机理。其中，土地利用（LU）是指在一定功能目的和生产方式牵引下，依据地表的自然社会属性及资源环境规律，对土地进行使用、保护和改造的活动，强调了人工利用的作用；而土地覆盖（LC）指当前地表的土地受自然和人为共同影响所形成的覆盖物及其随时序而变化的规律，体现了以土地类型为主体而衍生的自然形成和人工干预的综合体。

4.1.1　P-LUCC 的问题综述

对地观测是全面、真实、快速记录地表地理现象、过程与格局的最重要途径，以遥感为主要数据源生成的 LUCC 产品，一直以来都是开展地表资源环境调查与变化更新的主要手段，是基于遥感开展地理研究与应用的基础。随着遥感的发展，LUCC 研究的概念内涵及方法也得以不断拓展。基于遥感的 LUCC 最早发展于宏观视角的中、低分辨率遥感时代，无论是从最初基于“像素”还是后来发展的面向“对象”LUCC 产品，影像空间中的 LUCC 最小成图单元与真实地理空间的地理实体之间，无论在形态上还是属性上都难以建立真实的对应关系，因此长期以来 LU 与 LC 总以模糊和混淆的方式共存于一个载体（像素或对象），只是根据资源类调查或是面向生态环境监测的应用差异，在分级与分类上分别制定侧重 LU 或 LC 的各自标准与方法体系。究其原因，在 LUCC 提取的源头对 LU 形态识别与表达不够精细，导致了 LU 与 LC 类型因缺失边界而相互混淆，进而引起对覆盖变化（LCC）的指标计算也难以量化或被验证，其实质是因控制单元的模糊，造成误差层层传播而趋向不精准的系统性问题。

近年来，遥感在空间、时间、辐射等诸方面的对地观测能力都得以不断增强，尤其是视觉上能清晰辨识人类活动痕迹的高空间分辨率技术取得了快速发展，通过“几何定位—辐射量值—有效像元—合成影像”四位一体的综合处理（骆剑承等，2016），已经在基础层面为精准 LUCC 生产与应用夯实了可全球覆盖、持续更新的影像基准。从若干次国家层面部署的地理国情普查与自然资源调查等重大工程的实施效果来看，通过传统人机交互和野外调查相结合的作业方式可实现工厂化生产形态清晰、类型全面的 LUCC 信息，并通过在各领域的实际应用，一定程度上论证了基于遥感开展细致而精确地表调查和环境分析工作已具有不可替代性。然而，传统作业模式同时也带来生产效率低、成本高昂以及更新周期慢等问题，导致基于遥感开展大规模专题应用与社会化服务步履维艰的现状，迫切需要发展高性能、智能化的精准 LUCC 信息提取技术，以实现 LUCC 产品的高效低成本生产和大规模服务。

1. LUCC 的起源与发展

土地利用与覆盖变化（LUCC）可分为面向大区域生态环境监测与全球变化研究的宏观信息产品，以及面向国土资源调查与各领域专题规划决策应用的精准信息产品两大类。在宏观 LUCC 方面，国际科学理事会 ICSU 的“国际地圈与生物圈计划”（IGBP）和国际社会科学联合会提出的“国际全球环境变化人文计划”（IHDP）积极推动了全球 LUCC 项目的开展[①]，尤其是近 10 年以来随着遥感全球覆盖数据源的持续丰富以及分类与制图技术的不断发展，面向大区域与全球不同尺度的 LUCC 产品得以陆续发布与信息共享。美国、欧盟相继研制了一系列地表的覆盖数据集并得到了广泛应用（张增祥等，2016），例如，IGBP 和美国地质调查局（USGS）的 1km 全球土地覆盖产品 IGBP-DISCover 数据集（Loveland et al.，2000），马里兰大学的 1km 全球土地覆盖 UMD GeoCover 数据集（Hansen et al.，2000），欧盟联合研究中心的 1km 全球土地覆盖产品 GLC2000 数据集（Bartholome et al.，2005），欧空局 300m GlobCover2005 和 GlobCover2009 数据集[②]，NASA 的 500m 分辨率全球土地覆盖数据（Friedl et al.，2010），美国环境保护署 30m 美国国家土地覆盖 NLCD 数据集（Wickham et al.，2010），等等。而在国内方面，刘纪远等（2014）采用中分辨率遥感数据和人机交互解译方法，以 5 年为周期更新了从 20 世纪 80 年代末到 2010 年的全国土地利用数据库，并应用动态区划法揭示了 20 年间中国土地利用变化的空间格局、变化过程和驱动力；吴炳方等（2014）基于面向对象分类方法和外业调查手段，生产了 30m 分辨率的 2000 年、2010 年中国土地覆盖数据集

① Turner B L，Skole D，Sanderson S，et al. 1995. Land-use and land-cover change science/research plan. IGBP Report No. 35 and HDP Report No. 7.

② UCL（Université catholique de Louvain），ESA（European Space Agency）. 2011. GLOBCOVER 2009 Products Description and Validation Report. 2011-02-18.

（ChinaCover）；陈军等（2014）通过多源遥感影像重建、异构知识的服务化整合等技术手段，在 30m 分辨率尺度上采用对象化逐层分类方法，建立了全球地表覆盖的数据集（GlobeLand30），在总体分类精度达到了 80%情况下，有效地将全球土地覆盖产品的空间分辨率提高了一个数量级，并驱动了一系列基于该产品的科学研究计划；Gong 等（2019）将 2015 年全球 30m 分辨率土地覆被产品作为训练样本集应用于制作基于 2017 年 Sentinel-2 影像的 10m 分辨率全球土地覆盖图，在总体分类精度与 30m 分辨率土地覆盖产品相当的情况下，其产品展现了更为精细的空间细节。

2. P-LUCC 应用和局限

前述研究主要在大区域乃至全球宏观尺度上对 LCC 现状及其变化情况进行制图，多为满足区域环境监测与全球变化分析等科学问题研究的需要。而在微观层面，如何基于高分辨率遥感开展对地表各类地物的资源信息分布及变化的详尽调查，一直是国家和各行业制定科学决策所迫切需要的数据支撑，其实质就是基于更细致和更高精度的 LUCC 产品对地表之上每一块土地进行精准量算与定量分析。在我国，为全面清查全国土地利用的情况，获得准确的土地资源基础数据，国土资源部（后机构改革为自然资源部）于 2007 年 7 月开展的第二次全国土地调查（简称“二调”）确立了以航空、航天遥感影像为主要信息源，综合运用 GIS、全球卫星定位及网络通信技术，采用内外业相结合的调查方法形成一体化的土地资源调查流程，获取全国每一块土地的类型、面积、权属和分布情况，建立国家、省（自治区、直辖市）、市（地区）、县四级的全国土地调查数据库；之后于 2018 年 1 月开始进行的第三次全国国土调查（以下简称“三调”）（国务院，2017），是在二调的基础上利用更高分辨率的遥感正射影像，进一步完善土地调查、资源监测以及信息统计的制度，细化已有内容，更新变化内容，补充新增内容，规模化地调查摸清结构清晰、类型全面的土地利用信息，全面完善全国土地的基础数据库，掌握翔实而准确的全国土地利用现状情况，以满足国土空间规划编制、自然资源管理和统一确权登记、国土空间用途管制等国家即将全面启动的土地空间优化工作的需要。

地表 LC 和 LU 都具有高度的复杂性（蔡运龙，2001），因此上述面向国土资源详查的精准 LU 或 LC 信息生产主要依赖于传统人机交互判读的作业方式，一方面其人力和时间成本巨大，信息变化更新的周期缓慢；另一方面其图斑形态代表的还是一个综合性地理区域范围，并未精细到真实地表实体的程度，造成多源数据与图斑融合时的基准存在模糊混淆和标准不统一的现象，因此其信息的精准度上仍然难以满足诸多领域开展精细化应用的实际需求。为了解决上述问题，驱动机器模拟人工目视解译过程以实现对 LUCC 信息的精细提取，是遥感领域首要研究的热点问题之一。早期（20 世纪 80 年代至 21 世纪初）遥感影像的空间分辨率较低，相应发展的像素级分类方法所获得的 LUCC 信息无法确定准确边界，不能表达地表 LU 的形态与结构特征，同时其制定的相应 LU/LC 分类体系也是将 LU 和 LC 以模糊或混淆的方式共存于一个体系之中，只能够判别地物的大类，进行中宏观尺度的简易制图，因此早期遥感对于 LUCC 形成机制以及面向大区域和全球分析的地表格局研究（李秀彬，1996）并未起到显著的推动作用；2000 年之后，随着影像空间分辨率的不断提高，引入计算机视觉的图像分割技术发展了面向对象的分类方法，获得了比像素级方法更优的制图效果和更完善的分析手段，通过对象化分割获取的地表 LU 图斑，可以利用 GIS 手段和其他多源异构的数据进行特征级的融合，以开展对 LUCC 地表组成与变化机制的协同分析（陈佑启等，2001）。然而，通过无监督分割得到的 LU 图斑，其形态与类别不够准确，往往无法与真实的地理实体精确对应，因此 LU 和 LC 的边界依然难以界定而相互混合，仍然难以基于内部均质的控制单元来实施 LCC 指标计算和格局分析。

3. P-LUCC 进展与趋势

近 10 年来，随着全球主要大国与商业机构不遗余力地推动高分辨率对地观测技术的发展，尤其是 2013 年我国高分专项工程有序实施以来，通过不断构建的天空地立体观测体系已真正实现了对地表态势全覆盖、持续更新与多维度的数据获取，积累形成了最具规模、最为基础的对地观测大数据。在为各级用户提供高精度数据服务的同时，也对于如何通过智能计算技术从巨量地球观测数据中挖掘地表各类信息进而用于分析应用，提出了前所未有的迫切需求。纵观近年来人工智能（AI）技术快速发展的现状与趋势，以及将地理分析方法与之深入结合对精准 LUCC 信息进行智能化提取的思考，我们提出以下四方面研究的综述分析。

（1）AI 深度学习等技术的兴起与发展有力推进了遥感影像特征提取的能力。深度学习是对多层次信息感知的计算模拟，是通过建立弹性的非线性映射机制，从训练数据集中自适应地逐层学习多尺度抽象特征并对其中复杂关系进行表达的计算过程，因而突破了计算机视觉、语音识别等感知类问题的瓶颈（LeCun et al.，2015）。深度学习实现了对影像特征提取能力的飞跃，自然也成为当下遥感信息提取研究最为热门与主流的算法（Zhang et al.，2016），据文献统计超过 80%使用卷积神经网络（CNN）模型，超过 70%是针对空间分辨率高于 5m 影像进行特征计算，超过 40%将其用于土地利用或土地覆盖分类的研究，并在该任务上针对类型判别的精度中位数达到 91%，表现出显著高于传统分类方法的性能（Ma et al.，2019），然而还是普遍缺失了对 LU 空间形态提取与结构重组的考虑。深度学习最擅长解决的是感知类问题（视觉感知-空间；听觉感知-时间），这是实现整体认知的基础，但绝不是全部。

（2）“连接-符号-行为”或者说将“感知-联想-优化”组合起来，才构成完整的智能系统。精准 LUCC 信息具有视觉、时序与语义、结构等耦合的多层特征，然而从影像的低层视觉特征到土地利用的高层语义表达与推测之间往往存在较大的鸿沟。很多研究尝试通过语义表达与学习算法的集成，将辅助信息与领域知识松耦合地融入提取模型中，比如在面向对象的分割分类算法中加入了半监督、弱监督学习等计算机制，都在一定程度上显著提升了传统 LUCC 分类的精度（Tuia et al.，2011；Demir et al.，2012），然而这些融合因缺乏统一的基准与相互反馈的优化机制，其普适性与可迁移的能力普遍较弱。在推进 LUCC 精准生成进而上升至高层结构与态势认知的过程中，通过连接主义的深度学习对 LU 图斑形态特征进行分层抽取和结构化重组，可构建更为精准的信息基准，用于对外部多源、多模态数据的时空聚合（Chen et al.，2014），进而协同符号主义的迁移学习机制从结构化数据集中挖掘相关联的语义特征或分布模式，从而对图斑指标与类型进行定量且全面的判别与分析，再耦合行为主义的强化学习与主动学习机制，通过扩增碎片式的训练数据实现对提取精度的迭代增益。

(3)“图-谱”耦合的遥感协同反演将有力推进信息提取精细化与定量化并重的发展。由于长期以来学科方面的差异，使得源自物理学的“谱”分析和源自地理学的“图”理解分别在两条线路上对遥感信息模型进行解构，造成了遥感定量模型忽视了地物本身所呈现的“图”特征，而遥感地学理解模型则脱离了对象蕴含的“谱”意义，“图-谱”分离或片面导致了遥感地学认知的不够全面。因此，进一步发展需要深入理解不完备的遥感信息、人类视觉解译特性和深层次的地学发生规律，综合集成波谱、几何、空间关系等多种图谱的特征，先模拟人对影像视觉注意、分解和视点切换的感知行为，将地物在尺度、形态、结构等“图”特征进行识别和场景的表达（Blaschke et al.，2014），再学习领域专家对地表过程与格局推演的高层认知行为，将蕴含于场景之中的内在功能、变化规律以及发展趋势等“知识谱”要素进行反演与模式挖掘。具体可发挥多传感器在地表空间信息和地物光谱特征观测上的组合优势，通过对LUCC外在结构变化特征与内在发生机理参数的综合反演，以实现对LU形态与类型的智能化解译（图）以及LCC变化指标的定量化计算（谱）。由于成像机理的复杂性以及对其整体解析的局限性（Li et al.，2013），影像几何与波谱特征的协同提取中涉及的尺度效应和尺度转换、多模态数据融合与同化、多维特征约简、时序谱特征重建以及天空地同步响应机制的测定等问题，是开展遥感图谱协同反演研究所需面对的主要科学问题。

（4）基于多粒度计算思想开展综合多源多模态信息的专题应用与优化决策。粒计算是当前大数据计算领域中模拟人类思考和解决大规模复杂问题的自然模式而新兴起的研究方向，它以“粒”为基本计算单位处理模糊、不确定和不完备的大规模复杂数据集，其“多粒度”概念体现了对复杂问题分区、分层、分级后逐步简化的计算思想（Wu et al.，2009，2011）。粒计算思想源自于Zadeh（1979）对于人类认知能力关于“粒化-重组-关联”三个主要特征的概括。对于构建精准LUCC信息提取与应用的体系而言，同样需要多源遥感以及多模态非遥感数据在时空框架下的综合集成，才能多层次、多视角与多维度地实现对复杂地表信息的逐层解构与从外及里的透视。首先通过分层的深度学习模型构建以地理图斑为基本单元的空间粒结构，再分别从时间与属性两方面对多源时序遥感以及土地资源与环境相关的各类资料进行空间粒结构之上的特征级数据融合，进而对隐含特征、驱动力以及变化机制进行挖掘与分析。通过空间粒化提取LU图斑，通过时间粒化反演图斑LCC的指标，再进一步在属性层面上对土壤、土地资源等多模态信息进行图斑级的特征融合，进而按照信息约减、知识提取与语义关联的粒计算过程，在提炼的知识驱动下实现对专业化土地类型的推测制图，这也是第8章阐述基于精准LUCC产品的“五土合一”专题应用与综合决策的主要思想。

4.1.2 P-LUCC的特征定义

在第2章中已对地理图斑做出了明确的定义：在一定空间尺度（分辨率）约束下，视觉上能感知、具有确定土地利用/土地覆盖归属（类型）的最小地理实体。其中，四个“定”特征表达了地理图斑从外在视觉理解到内在机理透视的逐步深化认知过程，因此，地理图斑可作为精准LUCC信息表达与计算的基本单元，体现了“图-谱”特征耦合的认知机制，这是进一步构建基于精准LUCC开展智能计算与模式挖掘的概念基础。

以地理图斑作为对地表认知的基本单元，可进一步明确地对精准土地利用与覆盖变化（P-LUCC）的含义及地理特征做出定义。如图 4.1 所示，P-LUCC 包含了精细（精）的土地利用图斑（P-LU）与定量（准）的土地覆盖变化（LCC）的图谱耦合关系。其中，P-LU 图斑是通过对视觉可感知的地理实体的形态提取与对象表达，并以一定空间关系进行功能结构重组（地理图斑→功能图斑），体现了对地理现象观察的空间“图”所具备的精细形态与利用类型两大特征；以 LU 图斑为载体的 LCC 则体现这块土地受自然和人为共同影响所形成的覆盖物类型和随时序变化的度量指标，以及可扩展为受环境影响而存在的内在功能状态与未来信息量发生变化的趋势，体现了地理过程的信息与知识“谱”蕴含的类型、指标、状态与趋势四大特征。因此，P-LUCC 是浅层视觉感知与深层机理透视的有机结合，是通过“空间-时间-属性”三个维度对多源多模态数据进行层层解构的信息挖掘过程，具体可包含分布、功能、演化与内外动力作用等四种以 LU 图斑为基本单元的地理模式挖掘与知识发现机制。

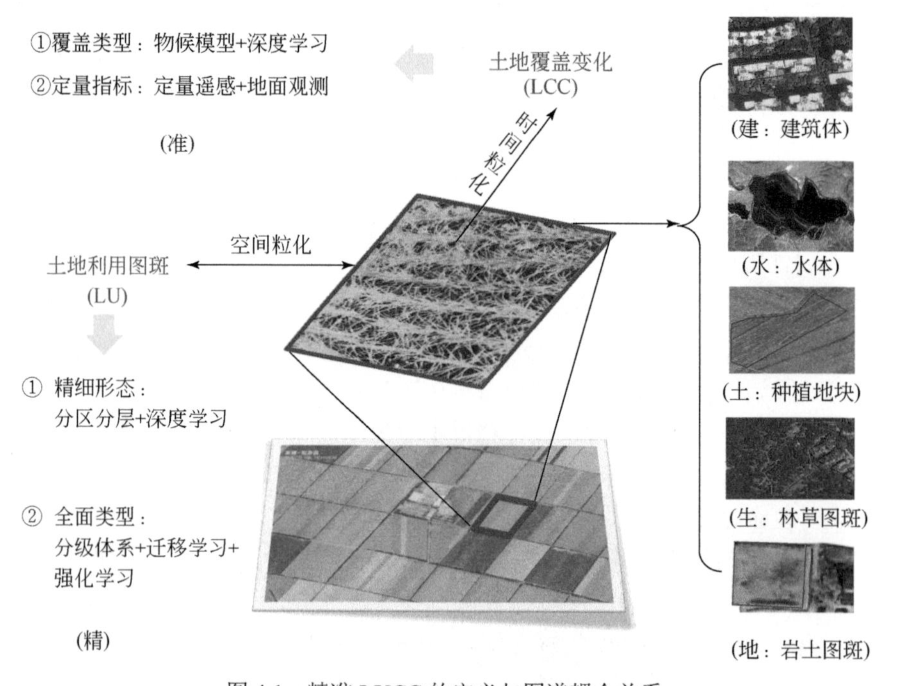

图 4.1　精准 LUCC 的定义与图谱耦合关系

从浅层的视觉理解到深层的机理透视，以遥感影像为基底对于 P-LUCC 信息产品的认知过程包含了“信息图谱”和“知识图谱”两个层级的递进关系，其“图-谱”特征的定义及层级关系如图 4.2 所详尽描述。首先，“信息图谱”包括了形态（图）、类型（谱）和指标（谱）三个基础特征，其“精准”的含义正是体现在图斑之上“精细的形态”、“全面的类型”与“定量的指标”的耦合关系，所以在研究方法上需构建在微观的视觉遥感分析基础上开展图斑级定量遥感反演的计算模型，从而可实现相对静态的土地利用（LU）与动态的土地覆盖变化（LCC）在概念格与信息粒度上的统一与分离，为后续开展知识化定制的专题应用提供了可重组的信息基础；进而，“知识图谱”包括了结构（图）、状态（谱）与趋势（谱）三个复合特征，其“知识”的内涵是根据各领域应用目标的差异，以土地利用图斑为基本单元通过时空结构化的处理，再融入外部多源多模态数据以扩展建立多维的属性表（结构化重组），通过多粒度的解构解析方法与机器学习技术挖掘其中蕴含的分布、功能与动力等的模式，实现从空间上构建聚合的关系，在属性上推测关联的关系，并通过知识推广开展区域态势的评价、精算、规划以及预测等具体应用，最终为决策者定制出专题要素地图以及相关的数据分析结果。

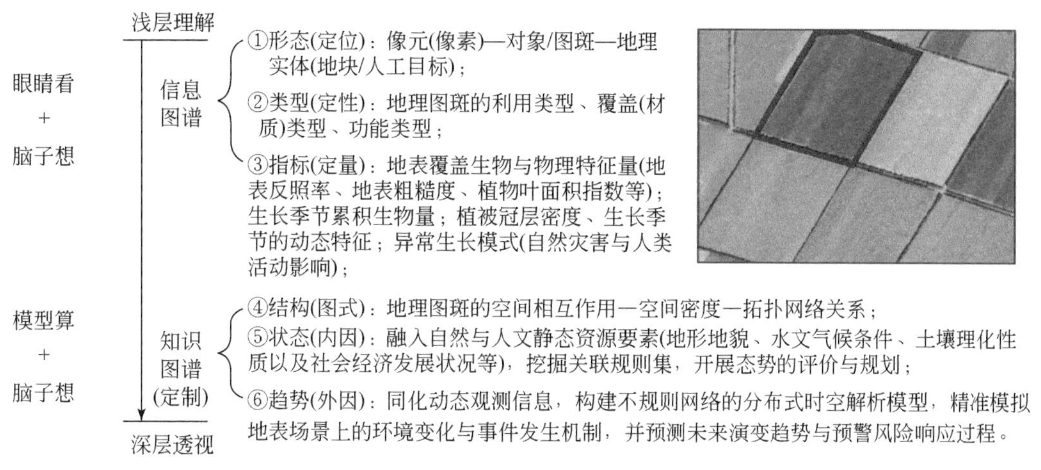

图 4.2　精准 LUCC 的图谱特征分析

4.2　精准 LUCC 生产线设计

作为高分遥感向地理空间转化和应用的基础信息，精准土地利用/覆盖变化（P-LUCC）是采用微宏观相结合的分层解构思想，按照从定性到定量的生成逻辑，逐级地将地球观测影像所刻画的复杂地表空间，映射为以地理图斑为基本单元进行结构重组与图谱表征的共性数据产品，进一步可通过面向专题的信息提炼与模式挖掘，衍生一系列服务于各领域精准应用的定制化知识产品。以大数据粒计算与综合地理分析思想为指导，在地理图斑智能计算理论所构建的三大基础模型（分层感知、时空协同与多粒度决策）支撑下，我们设计并研制了精准 LUCC 产品生产线及其核心工艺流程，其中的关键是通过对深度学习、迁移学习与强化学习等机器学习技术的有机融合，实现生产线中多源多模态信息的时空聚合与有序转换。

4.2.1　P-LUCC 智能计算模型

在空间分布上，地表万物综合组成为一个高度复杂的巨系统（Qian et al.，1993），高分辨率影像中不同类型的地物在视觉上呈现出明显的特征差异。在探索地理图斑智能计算理论中，分别从空间、时间和属性三个维度对复杂地表进行层层解构与信息转化，发展了分区分层感知（粒化）、时空协同（融合）与多粒度决策（关联）三个基础性模型。具体针对全要素土地资源调查的分类要求，协同运用三个模型中机器学习机制，梳理了从“LU 图斑形态提取”到“LCC 类型反演”，再到“LU 类型判别”的 P-LUCC 智能计算流程（图 4.3）。

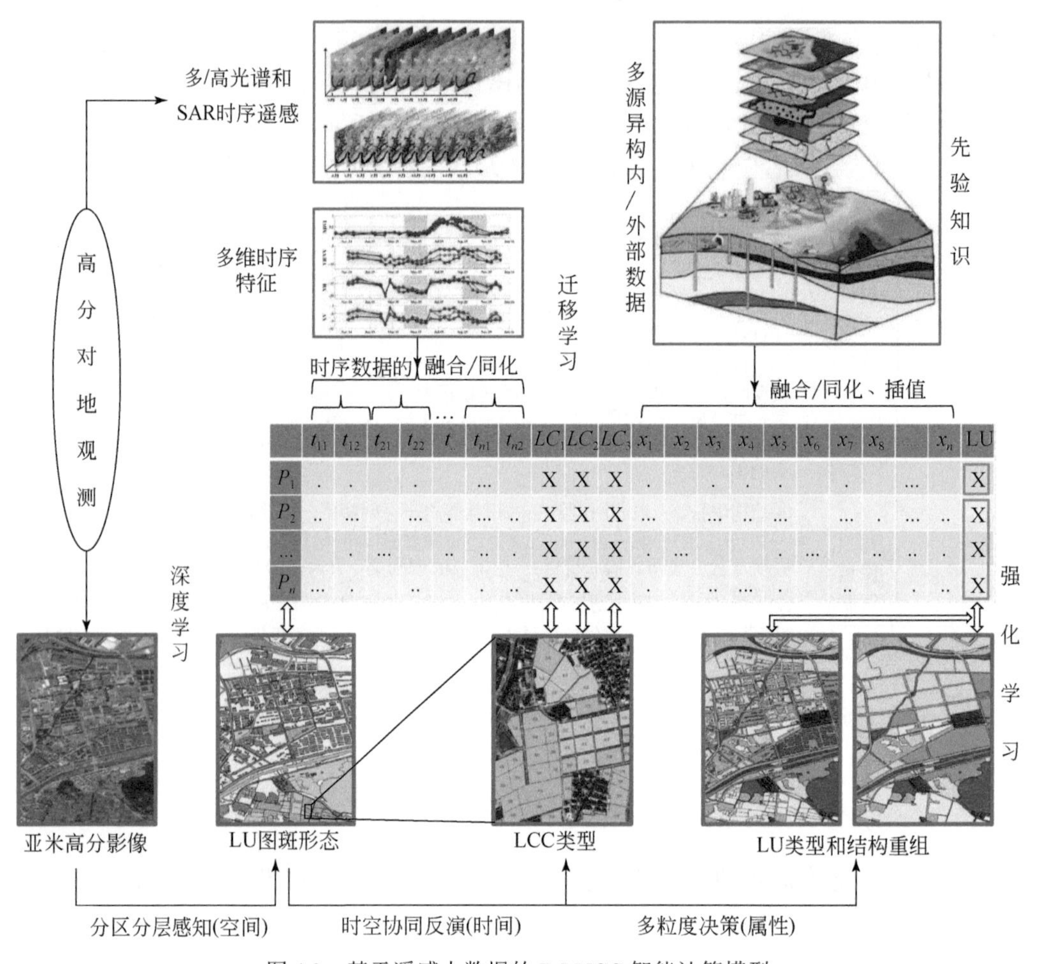

图 4.3　基于遥感大数据的 P-LUCC 智能计算模型

1. 分区分层感知（空间）

主要采用模拟视觉感知的端到端深度学习技术，建立影像空间到地理空间的多层次映射关系，实现从亚米级高空间分辨率影像中逐层地提取地物对象，形成以地理图斑为基本表达单元的土地利用空间场景图的形态生成过程。首先，遵循地理学的分区分析思想，在线状道路/水系和地形特征线等辅助数据的约束下，快速提取由“道路网-水系网-地形线”组成的地表控制网络，据此将反映地表的影像空间划分为若干相互独立的地理区块；在每个地理区块中按照视觉特征的显著程度或注意力强弱机制，逐层从影像中提取按照“建、水、土、生、地”五大类划分的地理图斑；每个地理图斑的提取有机结合了边界的约束、纹理的分割、（大）类型的判别、形态的优化等几个环节构成的处理流程，最终形成一张完整覆盖、对象无拓扑交叉、图斑形态平滑美观以及赋予了基本 LU 大类的地理图斑空间结构图。

2. 时空协同反演（时间）

实现土地利用空间结构图中每个地理图斑的覆盖变化类型的识别，是在确定大类的地理图斑空间结构上增加了时间维度类型，主要采用时序数据的融合/同化等特征计算技术和时序分析、规则/符号表达与匹配等迁移学习技术，建立与地理图斑结构相对应的属性表，刻画每个地理图斑随时间推移的覆盖变化类型及其时序谱特征（Yang et al.，2017）。首先，将高时间密度的多光谱和高光谱光学影像、SAR遥感等观测数据依次加载到业已提取的地理图斑上，形成多维的时序特征；其次，通过循环神经网络的序列特征分析方法，识别确定图斑的覆被、变化等时间维度类型；进而，逐步建立“建、水、土、生、地”各类图斑的时序变化模式，利用已有知识快速识别变化更新；最终，形成一张随时间变化的覆盖类型信息图谱。

3. 多粒度决策（属性）

依据土壤、土地资源等多源辅助数据中所蕴含的先验知识，推测各地理图斑所反映的专题类型，进而推演其存在状态和演变趋势。主要采用内、外部数据的融合/同化、插值的特征计算方法和规则构建、决策树、先验知识训练等迁移学习技术（吴田军等，2014），进而在图斑结构基础上，依据应用目标进行属性定制、结构重组和空间优化（Wu et al.，2019）。将内外部数据计算迁移到图斑上与LUCC信息结合，形成从空间、时间、语义三个维度刻画地理图斑的空间图与属性表，通过在其三个维度上的粒化计算，优选出围绕多目标构建的特征，计算出蕴含在表层观测属性背后的指标（反演）/状态（评价）/趋势（推测）等隐含属性，并结合GIS空间优化方法将图斑聚合重组成功能场景，从而生成定制后的LUCC知识图谱。

4.2.2 P-LUCC 机器学习机制

在整个P-LUCC生产流程的设计中，综合运用了“提取影像时空特征的深度学习”、“逐步融入外部知识的迁移学习”以及“驱动生产流程优化的强化学习”这三大类机器学习机制，从而协同发挥了数据粒化、信息重组与知识关联为一体的大数据智能计算作用。其中，深度学习主要应用于分层感知器中对于地物空间形态特征的提取，以及时空协同反演中对于地物时序变化特征的分析；迁移学习主要体现在时空协同反演中通过LCC反推LU类型，以及多粒度决策器中通过挖掘外部关联知识推测LU类型；强化学习首先融入分层感知器中对各类网络内部反馈机制和样本主动增补机制进行改进，进而协同多粒度决策器将外部增量知识动态地补充至LU场景，以持续增强对LU类型的判别以及LCC指标的计算。

1. 提取影像时空特征的深度学习技术

首先针对地物空间特征（LU），传统方法试图设计面向所有地类的统一分类器对影像进行分割判别，忽视了地表的复杂特性，导致其制图效果与现实需求之间存在较大差距，所以在工程化生产中依然选择人工作业为主的方式开展基于遥感的土地资源调查。实际在复杂成像背后，地理分布又服从相似性与异质性规律，也即相同地物在邻近地域呈现相似特征（分区），而在同一区域内不同地物则表现异质特性（分层），总体上人工地物边缘规则、纹理与色调相对一致，而自然地物边界模糊、纹理与色调驳杂多变。遵循上述分析，我们设计自顶往下的路线，对复杂地表按照“分区-分层”顺序进行“空间粒化”的分解：①在分区控制网络（道路网、水系、地形线）约束下，将区域分解为不同的区块（BLOCK）；②在每个区块内，根据地物呈现视觉特征的差异，分别设计细粒度的深度学习提取模型；③按照视觉注意的先后，分层次地从区块中提取地物对象，从而实现从影像空间向地理空间的有序转化。在最小的空间认知粒度（图斑）上，地物对象的视觉特征可降解为边缘（人工的边界改造）与纹理（地物内部人工构筑或自然生长的混合，又称为语义特征）的组合。基于深度学习对于视觉特征自适应可控的学习机制，分别设计图斑边缘形态提取（参照图 3.18）以及纹理分割与语义判别（图 4.4）的深度学习模型，进而针对不同类型地物（建、水、土、生、地），分别通过细粒度提取模型重组来实现对图斑形态及其 LU 大类的提取与判别。

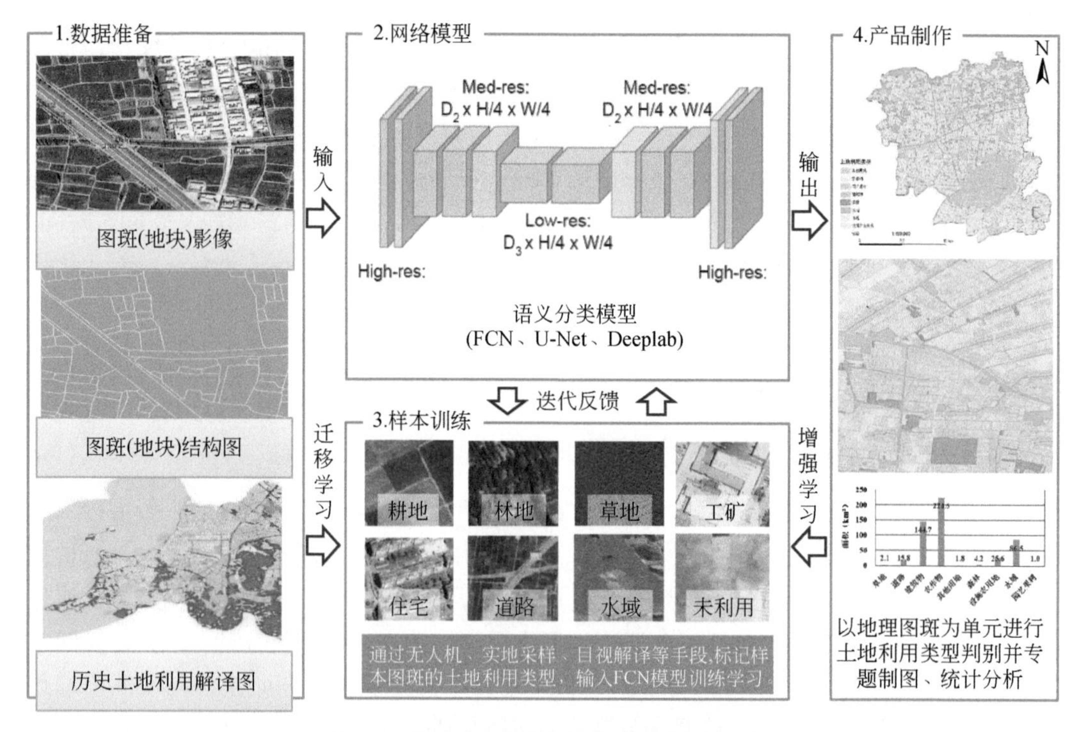

图 4.4　基于语义模型的图斑利用类型判别

进而针对地物图斑内的变化特征（LCC），可进一步融入时间序列的观测数据，通过时空协同反演，推演其覆盖类型，解析其生长指标（参照 2.3.3 小节）。深度学习在图斑时序分析（类似于语音听觉）方面也将发挥不可替代的作用（图 4.5）：在生长演化规律驱动下，通过循环神经网络对高维时序数据的训练学习，构建与 LCC 类型与指标的非线性映射与拟合关系。例如，通过时序特征与作物生长物候知识的匹配，反演获得耕地图斑之上作物种植类型（水稻、小麦、玉米等），进而亦可反推其图斑的 LU 类型（水田、旱地、水浇地等）。

2. 逐步融入外部知识的迁移学习技术

通过对复杂成像过程的分区分层解构，实现对地表各类地物 LUCC 图斑形态的精细化制图，然而还达不到对全面类型判别与精确指标计算的目标。因此需将多源的外部数

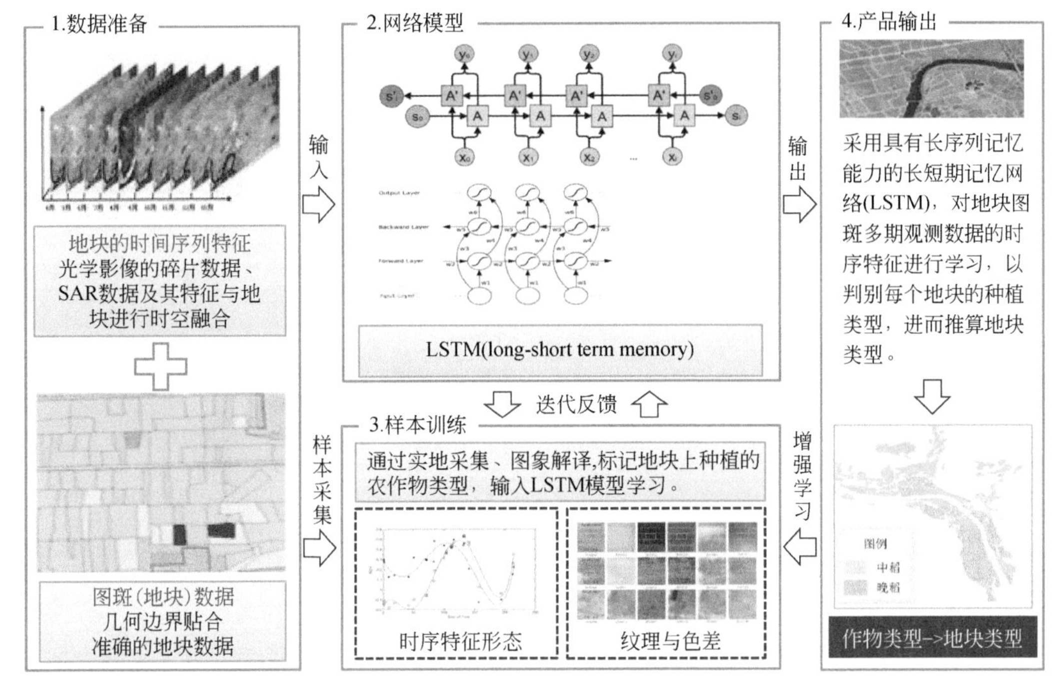

图 4.5　基于时序模型的图斑覆盖类型判别

据与图斑进行时空聚合，以扩展蕴含历史解译、资源禀赋、环境监测和社会运行等属性空间的维度，进而通过统计学习、推测计算与目标优化，逐步从多维属性中发现并迁移外部知识，从而实现对图斑结构中隐含的 LU 类型分布、LCC 生长机制以及相应承载与驱动模式的挖掘。其实质是对特征维矩阵 X 和目标（类型/指标/状态/趋势）维矩阵 Y 的关系进行知识化求解与表达，其中多模态数据聚合（表 4.1）和知识迁移过程（图 4.6）可具体归纳为以下四个步骤。

表 4.1　分级迁移的特征类别及计算方法

特征类别	多模态数据的来源	聚合方法
历史解译特征 X_1	实地调查与目视解译、样方（品）测定等土地类型与生物量指标数据	空间匹配、属性映射与数据同化等
资源禀赋特征 X_2	土壤、地形地貌、气候气象、水文水资源等自然资源相关的多类型数据	降尺度空间融合、离散点空间插值、GIS 空间分析等
环境监测特征 X_3	针对光温热水等环境指标动态监测的高光谱或时序光学、SAR 遥感与站点观测数据	地物（植被）指数计算、时序特征重建、指标反演、降尺度融合等
社会运行特征 X_4	人口与社会经济宏观统计、社交文本、POI、位置导航与手机信令等社会感知数据	位置发现、语义关联、强度图构建、信息流计算与表达等

（1）历史迁移。若有前期通过实地调查、目视解译和样方测定等方式获得的历史数据，可通过空间匹配、属性关联与数据同化等方法，将相关历史解译的类型知识或测定的指标以映射和插值方法迁移至所对应的现状图斑之上，并依据置信度将高可靠的图斑作为确定的目标类别 Y_1。一般历史解译数据中标定的目标值，可通过 Y_1 迭代学习将蕴含的解译知识迁移到新的图斑结构上，并对特征空间 X_1 进行更新，以支撑后续功能推测与过程反演的计算。

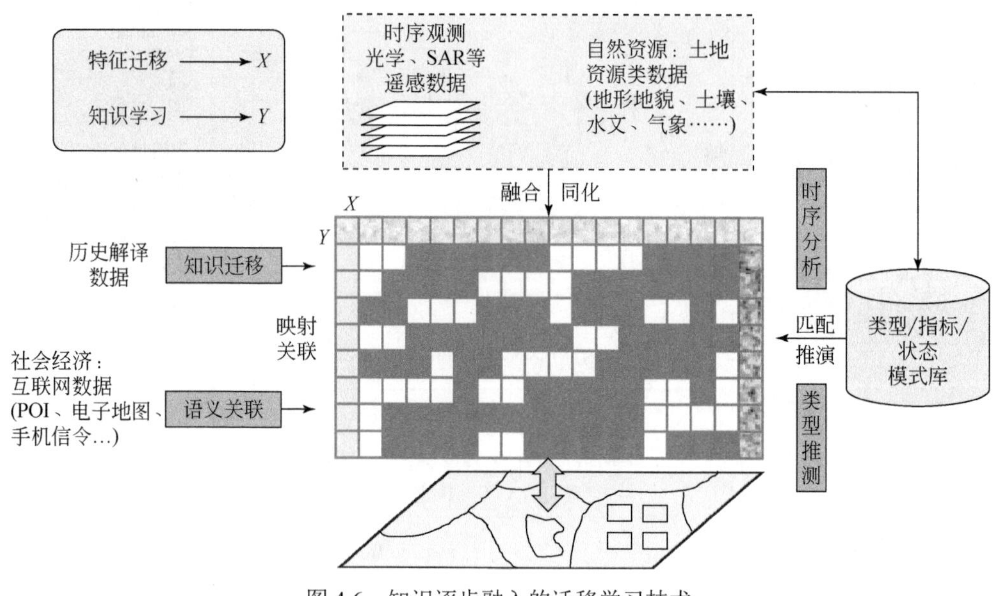

图 4.6 知识逐步融入的迁移学习技术

（2）功能推测。对于蕴含于土壤、地形地貌、水文、气候等多类型数据中的土地资源信息，通过尺度间融合、同化、插值及 GIS 分析等方法，叠加到图斑上形成扩展的特征空间 X_2，再通过与历史迁移数据所构建的模式库进行匹配，推测得到目标的功能类型 Y_2。

（3）时序分析。通过高光谱、时序遥感以及地面站点等多平台观测，可对光温热水等地表环境状况进行时空连续的相对量测定，可协同运用指数计算、定量反演、特征重建与降尺度融合等计算方法，构建基于图斑的多维时序特征空间 X_3，进而在地物演化知识驱动下进行时序特征学习与点面信息同化，实现对 LCC 类型、生物量指标 Y_3 的判定与计算。

（4）语义关联。对于社会运行规律的认知，首先通过宏观数据空间化、互联网文本及公众 POI 的位置发现与语义关联、导航地图与手机信令的流模式挖掘等一系列结构化处理，与图斑场景进行时空聚合，构建与社会经济驱动力关联的特征空间 X_4；进而在部分确定目标类别 Y_4 基础上，通过强度图构建和相互作用参数解析，挖掘内外动力耦合的行为模式。

综上所述，通过对多源多模态数据的时空结构化处理及对象化聚合，将不同视角的多维观测信息逐步迁移至以地理图斑为载体的属性空间中，实现地理图斑特征向量 X 的扩展与升维，从而更好地突显其与目标变量 $y \in Y$ 之间的映射关系。由于 X 蕴含了来自不同时空分辨率（比例尺）、不同量纲、不同取值细度的属性信息，而“建”“水”“土”“生”“地”等各类地理图斑又明显地具有多尺度空间粒特点，因此以图斑为记录对象的属性表天然具有鲜明的多粒度特性与层次化特征，可遵循粒计算的原理约简 X（降维），并以较大的泛化力提炼 X 与 y 间的映射关系，从而在目标空间 Y 中构建形成针对不同求解目标 y 的迁移学习算法集。另外，由于外部数据观测的不连续、信息采集的不完备、位置发现精度的不一致、图斑聚合尺度的不可控等一系列误差传递因素，X 和 Y 空间中存在缺失（不完备的问题）或偏差（不精确的问题），其中 X 中特征的不确定导致信息量的不足，而 Y 中标签的不确定导致建模力的不强。故而在多源数据逐步融入过程中，需发展缺失数据重建、不完备数据增强、残缺模式匹配等技术，以支撑迁移学习算法效果的优化与提升。

3. 驱动生产流程优化的强化学习技术

按照深度学习形态提取（图形）和迁移学习类型判别（属性）的先后顺序，构成 P-LUCC 图斑智能生产的主体流程。图斑在图形（“图”）和属性（“谱”）两方面的高质量（即形态的高“精细度”与类型的高“准确度”）生成均有特定的依赖条件：前者依赖于大量显著而典型的样本标注，否则会因影像失真而使模型的推广不稳定，导致图斑形态提取不够精细；后者依赖于全面而系统的数据重组，不然会因特征缺失而使知识迁移不全面，导致图斑类型判别不够准确。因此，在 P-LUCC 产品的制作过程中，需对比标准产品，不断加入人机交互（内业）、实地调查（外业）以及终端采集（众包）等零碎化但高置信度的验证确认，获得的增量信息反馈至提取模型的再训练过程中。通过这种强化机制的反复迭代，实现对模型参数和特征向量的优化与修正，驱动生产流程对于图谱信息既稳又准地生成与流转（图 4.7）。

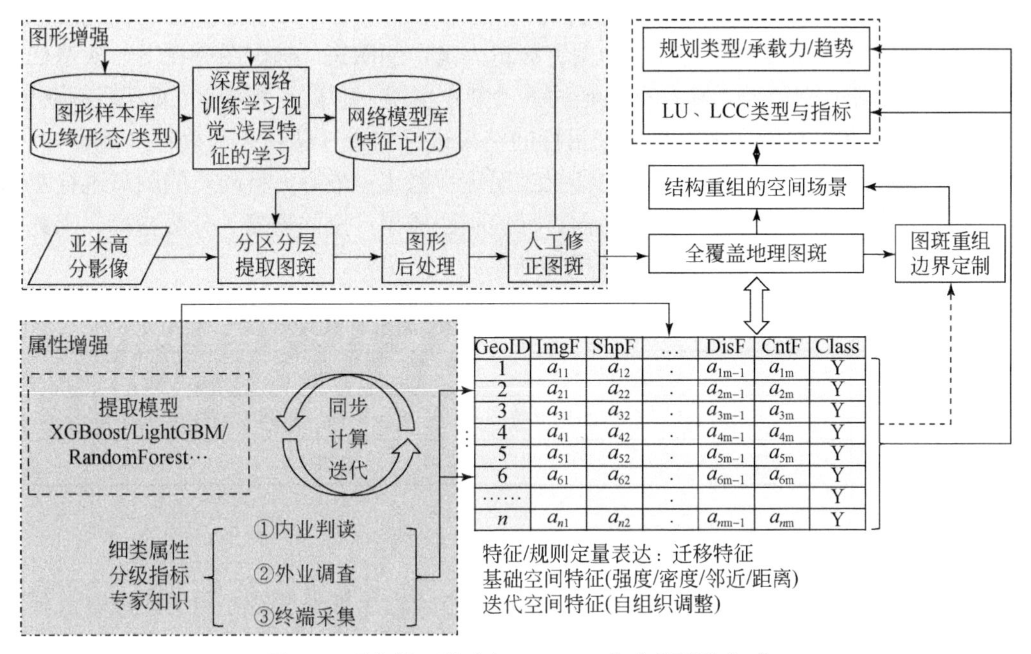

图 4.7　强化学习技术与 P-LUCC 生产流程的集成

针对地理图斑在形态特征方面的增强，具体将依据不同类型的图斑在视觉注意机制上的分层次特性，可将其形态提取的模型划分为如下两大类：①面向人工地物（建筑物、耕地、人工林地）的边缘、纹理（语义）特征进行主动训练与提取的深度学习模型；②面向自然形成地物（林、草、岩土）的空间相似特征进行非监督聚类的多尺度分割模型。前一类主要利用人机交互的矢量化编辑，将修改或增加的对象化标注更新到图形化的样本库，然后反馈至深度学习模型的强化模块中，对深度神经网络的权值连接与传递关系进行增量式再学习，从而逐步提升对强视觉特征的提取以及图斑对象的构建效果；后一类则强调在基于地理图斑的 LUCC 综合制图中，对于空间尺度和边缘曲率等参数进行经验性的选择，进而自适应地对分割模型的相关参数进行优化和调整，以逼近人工对弱视觉地物目视解译的效果。当然，在分解细粒度形态特征提取的模型基础上，不同类型的地物又可根据各自形态特点在整体上对提取模型进行分层次组合，这也使得相应的强化学习机制趋向复杂。

针对地理图斑在属性特征方面的增强，具体包括了对于其土地利用类型、土地覆盖变化类型及其生长指标、土地功能规划类型以及资源环境承载力指标等四大类隐含属性（从定性到定量）的推测目标。因此，除通过外部迁移获得的基础性特征向量之外（表 4.2），还需要进一步衍生构建其内在相对静态的基础空间特征 X_5（主要包括了图斑空间结构的密度、邻近、距离、强度等特征）以及随部分目标确定后再不断计算而动态获得的迭代式空间特征 X_6（表 4.2）。其中，基础的空间特征是基于地理图斑与其他图斑的空间相互关系而计算得到的特征值（例如，缓冲区内建筑物数量、密度和空间排列组合关系等）；迭代的动态空间特征则是待判定的地理图斑与周边已确定的地理图斑之间通过空间语义关系等计算所得到的新特征值，该特征值会随着每一次迭代优化和所确定的目标数增多而动态调整，并代入到下一次的迭代计算中（这两种特征都是融入了 GIS 空间统计与分析的方法）。在每一次迭代计算的结果输出后，都会重新计算各地理图斑结果的可靠性或置信度，将高可靠的图斑标记为确定的图斑，确定图斑在下一次迭代计算中其结果将不会被改变，除非有强制的人工判定出现。随着人工内业（或互联网众包）验证和外业调查的结果反馈，对部分目标的结果进行修正（惩罚）和确认（奖励），从而不断训练集成为多分类的模型，使结果实现逐步趋优；最后，将同质的图斑进行空间结构重组和功能边界的划分，形成趋向目标的制图成果：空间场景、分级指标、承载状态以及内外动力耦合作用下的趋势分析等结果。

表 4.2　分级迁移强化的新增特征及其计算方法

特征类别	新增特征的来源	计算方法
基础空间特征 X_5	地理图斑聚合的空间结构特征	距离加权运算、缓冲区分析、路径计算等
迭代空间特征 X_6	已提取的地理图斑及迭代计算中已确定的图斑属性	邻域计算、空间关系语义构建与计算等

4.2.3　P-LUCC 生产线的设计

精准土地利用与覆盖变化信息（P-LUCC）产品的计算模型是按照周成虎院士朴素地提出“模型不够数据补，数据不够模型补”的大数据设计思维，实现了“遥感影像-地物形态-指标特性-功能类型”的逐步解构，其中在分区、逐层、逐级特征计算和地物提取过程中适时融入了多源异构、多尺度和多种类型的数据，采用相适应的方法与模型加载并同化到地理图斑中去，这种计算模式在实现层面体现为人机分离、流程化执行、异构式计算的 P-LUCC 生产线系统及其运行时的生产工艺流程。在生产线系统的整体架构设计中，将后台的数据管理、计算工具和任务执行与前端的人机交互式操作进行了分离，由统一的工作流对各计算与操作环节实施了串联，具体分为如下：①数据/计算/任务管理模块；②地理区块划分/影像合成/分层提取/属性分级赋值/结构重组/图斑处理等计算模块；③样本制作/分区控制/产品定制等终端操作模块；④外业验证 APP 等四大部分（图 4.8）。

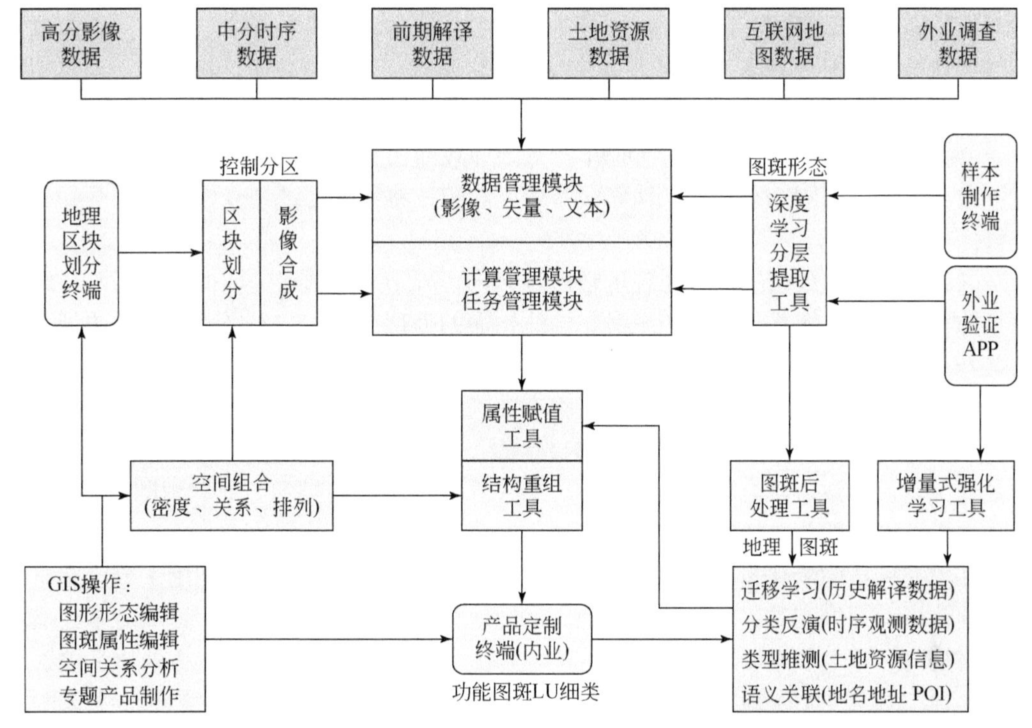

图 4.8 P-LUCC 信息产品生产线系统的设计架构

P-LUCC 生产线以高空间分辨率影像作为本底输入，输出为精细图斑形态的土地利用和覆盖变化产品，可进一步根据用户需求进行专题产品的定制（属性精化细化、图斑结构重组、图形综合制图等），并在新的观测数据和外部数据接入后做出快速的变化更新（形态-类型-指标）。整体的生产过程大致上可分为地理区块分区切割、地理图斑分层提取、功能属性分级迁移（此处以国家的三调标准分类体系为案例）、迭代优化和产品定制（图 4.9）。

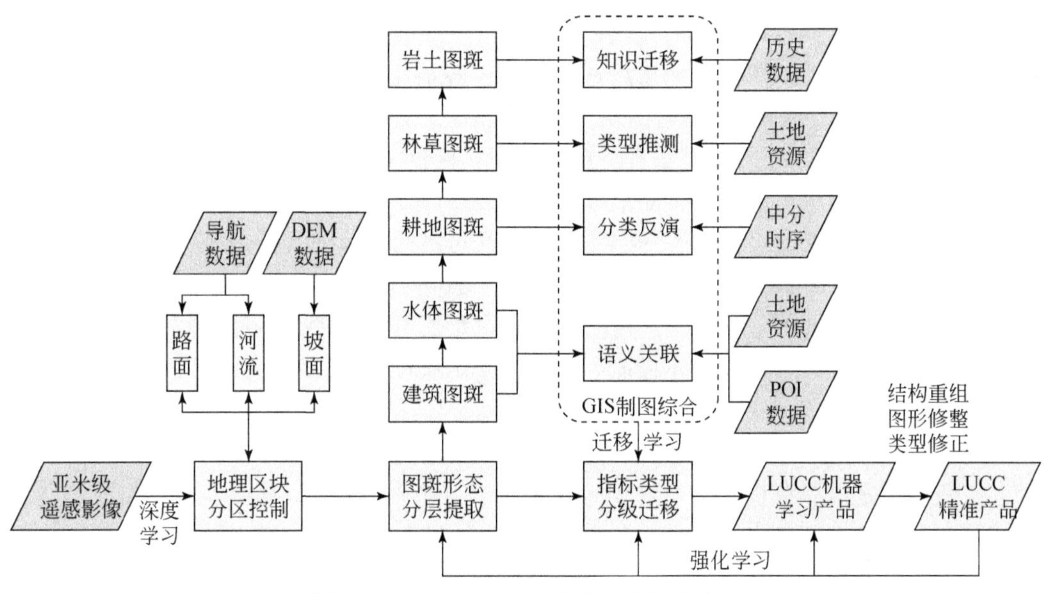

图 4.9 P-LUCC 信息产品的生产计算流程

（1）地理区块的分区切割。首先从亚米级的高分辨率遥感影像中提取路网和河流水系等网状地物信息，并结合互联网上获取的线状路网、水网等要素，将道路、水系中的中断部分连接并进行矢量后处理，形成构建路网和水系的面状基本图斑；其次对于高差大于 200m 的丘陵或山地，根据 DEM 计算山体坡面图并提取山脊线、沟谷线等地形要素；最后结合道路网、水系网、地形线等分区约束，将目标区域划分为若干相互独立的地理区块。

（2）地理图斑分层提取。在各地理区块之内，分别采用边缘提取的模型工具、纹理识别的模型工具、栅格矢量化的工具、由线构面的处理工具、边界平滑与美化的处理工具等一系列计算，按照视觉注意力/辨识度从高到低的顺序，逐层提取建筑物、耕地地块、水体、林草和岩土图斑等在影像上普遍存在的地理图斑（每一个大类还可再往下继续分层），最后将各层的图斑在控制网形态的约束下，通过 GIS Overlay 工具和狭长细小图斑的处理工具，再逐层组合而形成全覆盖、形态精细并赋予大类的土地利用图。

（3）功能属性分级迁移。在与大类地理图斑形态相对应的属性表中，分级、分类地计算并填充图斑的变化指标和细类属性。例如，对于耕地地块，主要利用中分辨率时序数据的分析与反推工具，对水田、旱地、水浇地等更细的类型进行判定；而对于建成区的建筑物与林草、水体等混杂的图斑，利用互联网 POI 等信息的密度分析和语义映射等工具，判别城镇住宅用地、科教文卫用地、商业服务业设施用地、工业用地、公园与绿地等更细的土地利用类型；对于非建成区中的林草和岩土等自然图斑，利用土地资源或历史解译数据的时空知识迁移与类型推测等工具，识别乔木林地、灌木林地、天然牧草地等更细的类型。

（4）迭代优化和产品定制。通过 P-LUCC 产品定制终端工具（内业）和实地验证 APP（外业），对迁移以后的包含大类和细类属性的地理图斑进行属性的确认和修正，以半监督分类的学习模式进行集成学习，更新置信度低的地理图斑的属性值；同时参照置信度高的图斑重新计算新的动态特征，将其加入特征库中进行迭代的集成训练，最终达到属性精度不断提升和趋优的目的；最后通过产品的定制终端工具进行图斑形态的编辑、图斑结构的重组计算以及应用产品的制作，按需定制面向各领域服务的专题产品。

4.3 精准 LUCC 生产线案例

P-LUCC 生产线是一套“人-机-环境”交互与协同计算的智能系统，其产品生产的过程是一个将遥感影像空间有序转化为以地理图斑为基本单元的地理信息空间的计算过程：通过外部数据的分级迁移使得对地理图斑形态与属性的刻画趋于精准，其中穿插了生产者对于地理图斑进行样本绘制、图形修整、属性修正、结构重组等一系列交互式操作，“手把手”地教会机器如何“勾绘”图斑形态、如何“辨识”图斑类型、如何“计算”图斑指标等训练过程，且这个过程是一个反复迭代的逼近，每一次生产循环和每一个生产任务都是对原有机器学习的积累以及对学习能力的强化，从而使得产品的精度和生产效率都得以不断稳步地提升。在本节中，将通过实际案例来进一步说明 P-LUCC 生产线相关的技术指标。

4.3.1 P-LUCC 生产过程示例

针对一个典型生产任务的 P-LUCC 信息产品制作过程（如图 4.10 所示），首先从高分影像中利用路面、水面、地形线等提取工具，生成生产区域的控制网信息（图 4.10(b)），从而将影像空间划分裁切为若干相对独立的子任务区域（区块）；然后在每个区块中分别使用边缘模型、纹理（语义）模型、密度分割模型、矢量处理工具等，按照类型逐层地从中提取建筑物、水面、耕地、林地、草地、裸地等具有精细形态的地理图斑（图 4.10（c)），从而形成类别粗而形态精细的地块图（图 4.10（d)）；进而根据各应用提出的目标分类体系，使用时序分析工具、语义关联与映射工具、类型推测工具等，分别从时序观测数据、已有历史解译数据、互联网 POI 数据等外部数据中，迁移更细致类别的属性至业已提取的图斑之中，形成细类而精准的地块图（图 4.10（e)）；最后根据基于产品开展专题应用的具体需求，使用类型合并工具和产品制作的交互终端，进行 LU 图斑结构的重组而生成功能分区图斑，从而得到可参照标准化土地调查体系（如国家三调标准等）的土地利用定制产品（图 4.10（f)）。

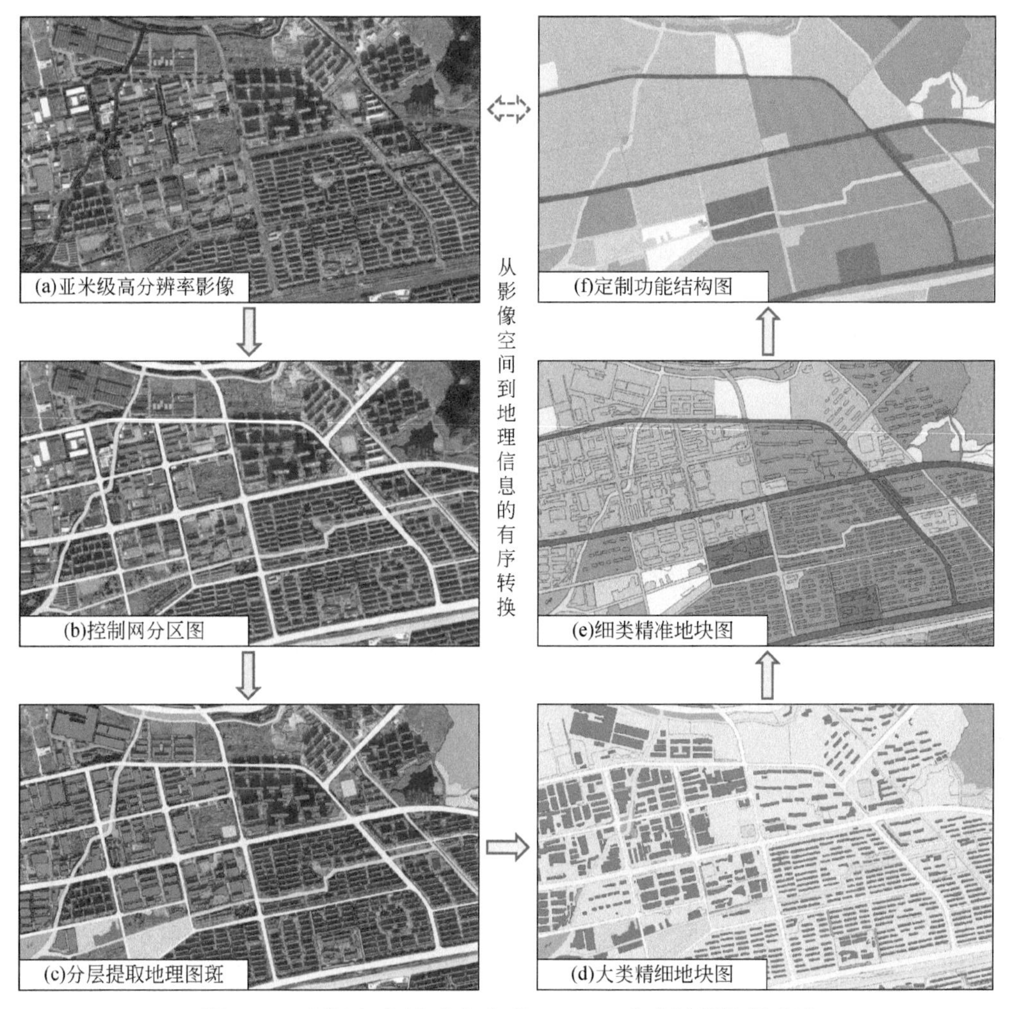

图 4.10 “分区-分层-分级”的 P-LUCC 生产过程数据示例

4.3.2 P-LUCC 省域生产案例

基于上述设计的 P-LUCC 信息产品生产线，可高效、低成本地（综合区域内所分布的地物类型以及所观测的影像分辨率等因素）制作大范围全覆盖的土地利用调查产品。以下以江苏省域 LUCC 生产为例进行相应成果及技术指标的说明，该案例区面积为 10.72 万 km^2，下辖 13 个省辖市，共计 99 个区县。成果包含了全省覆盖的大类精细图斑约 2200 万个（如图 4.11），同时在大类的精细图斑基础上所赋值的土地利用细类属性共 45 类，分类体系参照了国家第三次国土调查工作的标准①（图 4.12）。通过效率成本对比，总体上生产效率比纯人工绘制所得产品约提升 20 倍，同时生产成本大幅度降为约 1/5，且随着不断地强化与记忆，生产效率会持续得以提升，而成本也会不断降低。

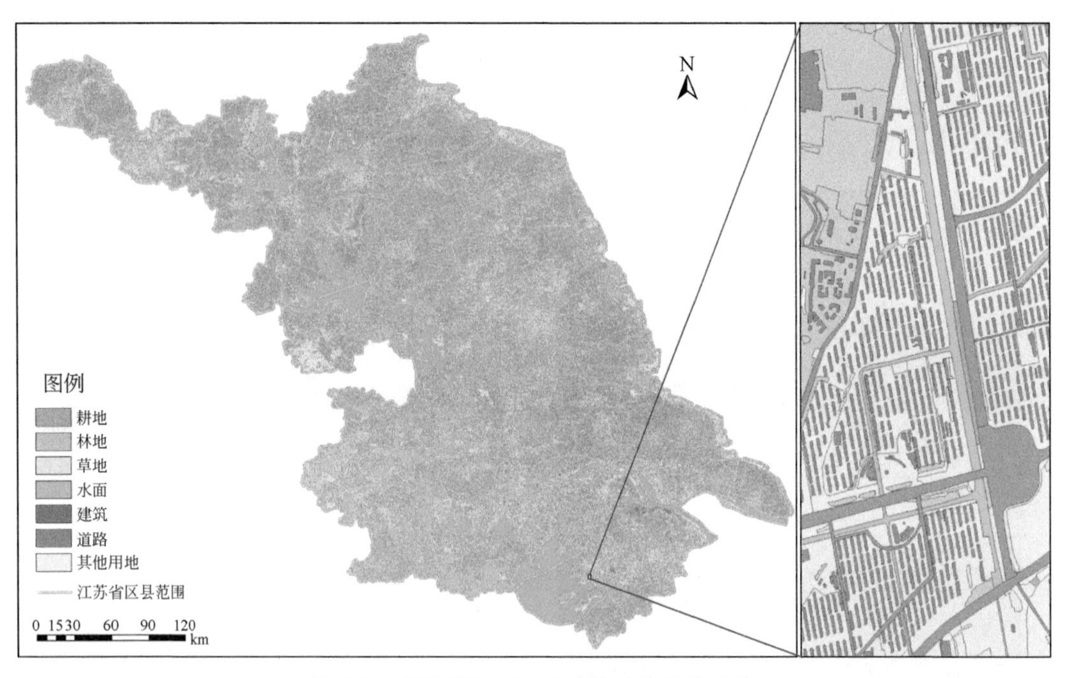

图 4.11 江苏省 P-LUCC 大类地块图斑成果

在江苏省生产案例中，分别选取了南通市如东县（平原农业区）、南京市秦淮区（城市建成区）、南京市溧水区（丘陵生态区）和泰州市兴化市（湿地养殖区）等四个有代表性的区县/市分别说明 P-LUCC 信息生产过程及相应成果案例的细节。

1. 南通市如东县（平原农业区示例）

如东县隶属于江苏省南通市，位于江苏省东南部、长江三角洲北翼，西面与如皋市接壤，南面与通州区为邻，西北与海安市毗连，东面和北面濒临黄海，陆域面积 1972km^2，海域面积 4758km^2，海岸线全长 102.59km 且约占全省的 1/9。如东县境内地势平坦，陆地地貌是典型的滨海平原，且属于亚热带海洋性季风气候区，四季分明，光照充足，雨量充沛，季风明显，温和湿润，土地资源和海洋资源丰富，农林牧渔业发达（图 4.13）。

① 国家标准化管理委员会. 2017. GBT 21010-2017. 土地利用现状分类. 2017-11-1.

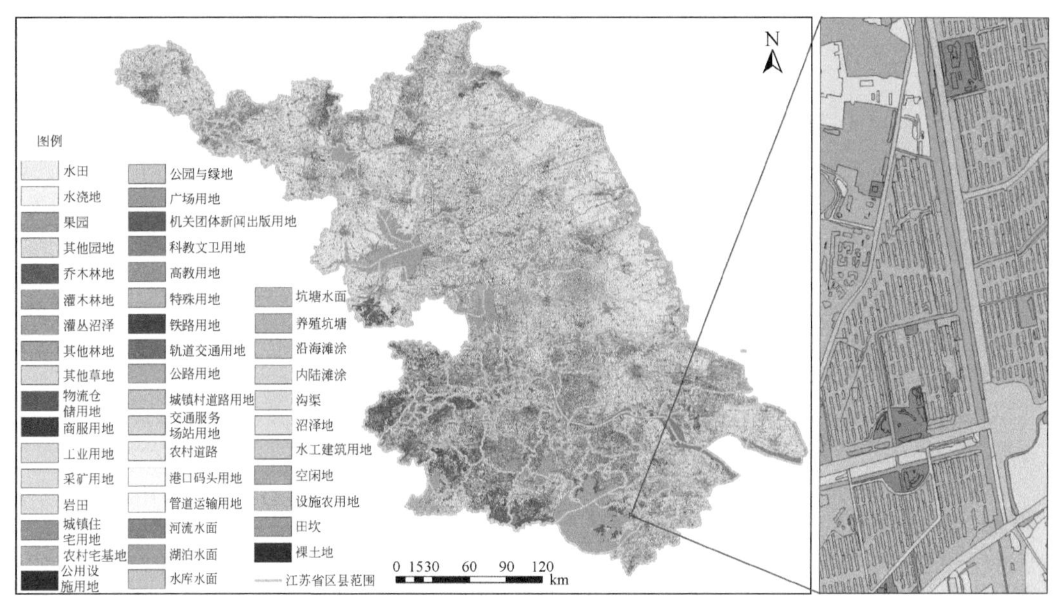

图 4.12　江苏省 P-LUCC 成果（三调分类体系）

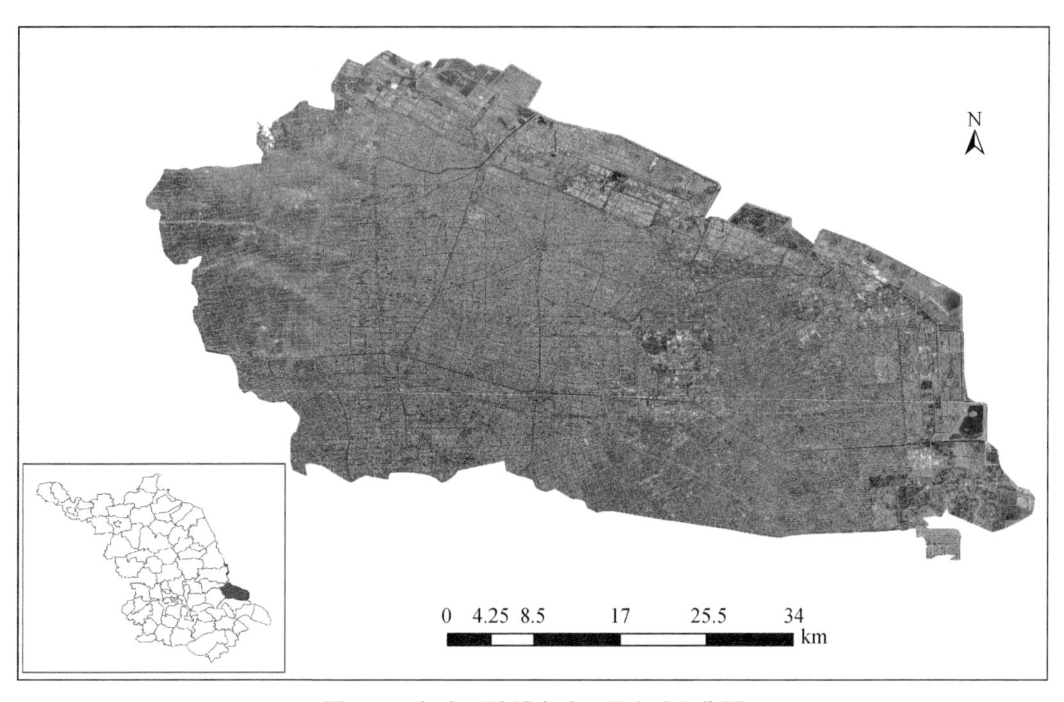

图 4.13　如东县陆域高分二号合成影像图

生产线生成了如东县的大类精细图斑共约 68.39 万个，其中耕地图斑占比最大，共约 29.21 万个，耕地图斑总面积约 1085km^2，约占陆域面积的 55.02%（图 4.14）。

以耕地图斑为约束单元，结合中分辨率的长时间序列影像构建了 NDVI 和 NDWI 时间序列特征，进而分析其作物类型、水域覆盖等信息，再反推确定耕地细类，生成水田、水浇地等耕地图斑的二级类属性，进一步组合其他地类生成了 P-LU 细类图（图 4.15）。

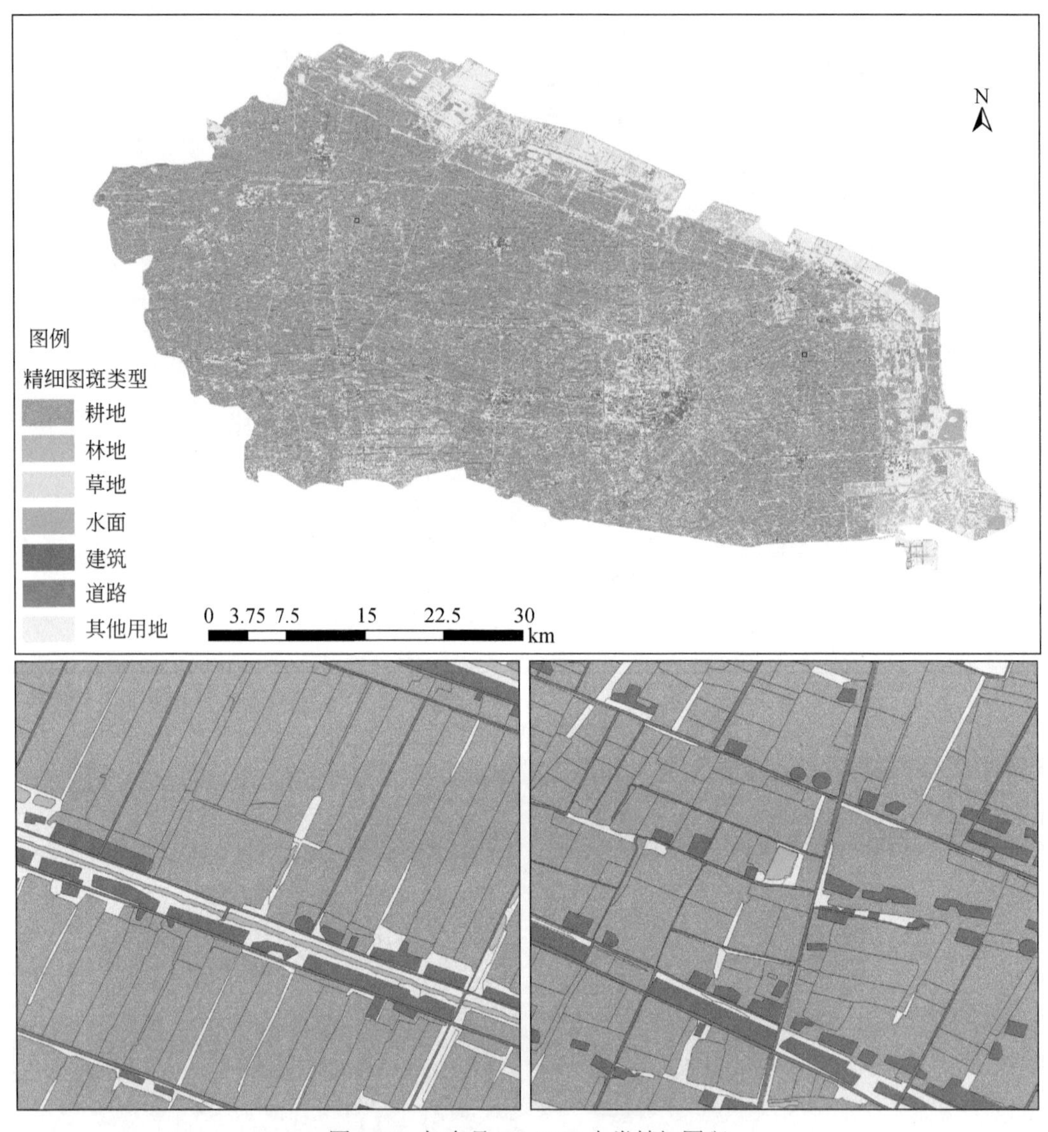

图 4.14　如东县 P-LUCC 大类精细图斑

2. 南京市秦淮区（城市建成区示例）

秦淮区是南京市的中心城区，国家东部地区重要的金融商务中心，华东地区的商贸、信息、文化、旅游中心，是首批国家全域旅游示范区，东与江宁区的上坊接壤，西至外秦淮河与建邺区相连，北以中山东路、汉中路为界与玄武区、鼓楼区交界，南以雨花东路、卡子门大街为界与雨花台区相邻，总面积约 49km^2，其中建成区密集程度高。秦淮区内自然河、人工河错落，有内秦淮河、青溪、玉带河、响水河、运粮河及小运河等（图 4.16）。

生产线生成了秦淮区的大类精细图斑共约 1.3 万个，其中的建筑图斑（包括建筑房屋的单体图斑和建筑房屋的群图斑）占比最大，共约 1 万个，面积约为 28.9km^2，约占全域面积的 58.96%（图 4.17）。

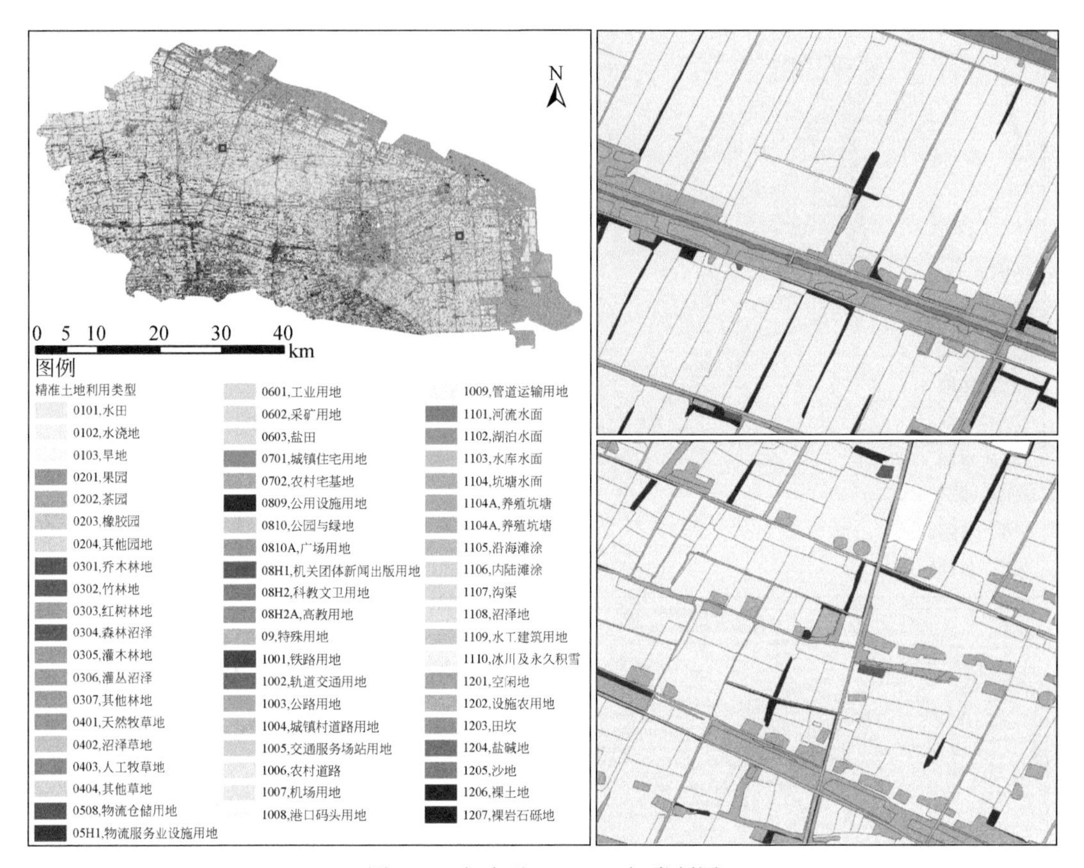

图 4.15　如东县 P-LUCC 细类制图

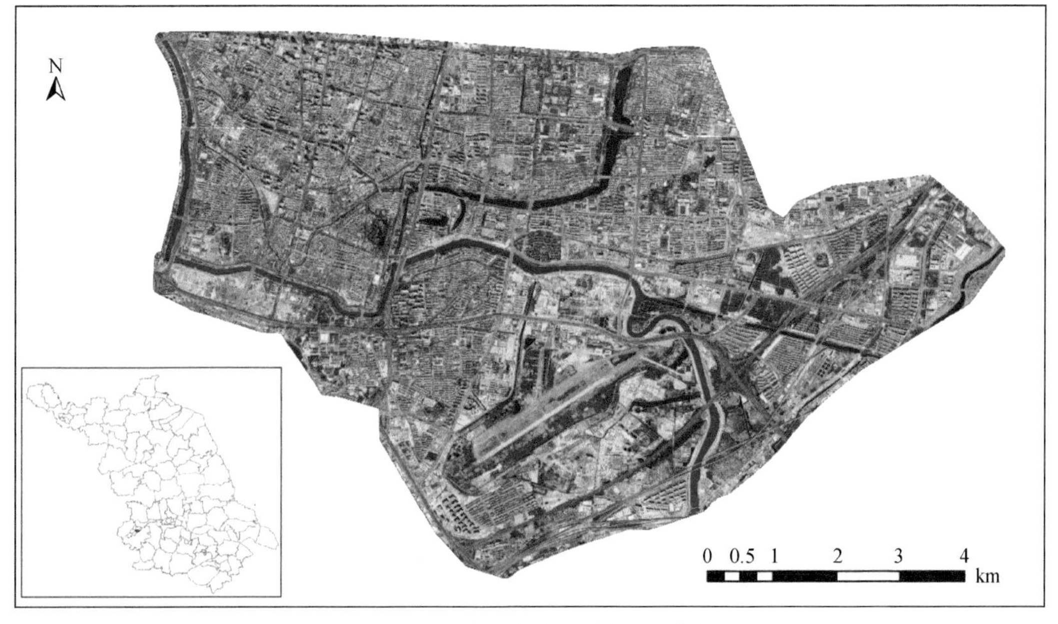

图 4.16　秦淮区高分二号合成影像图

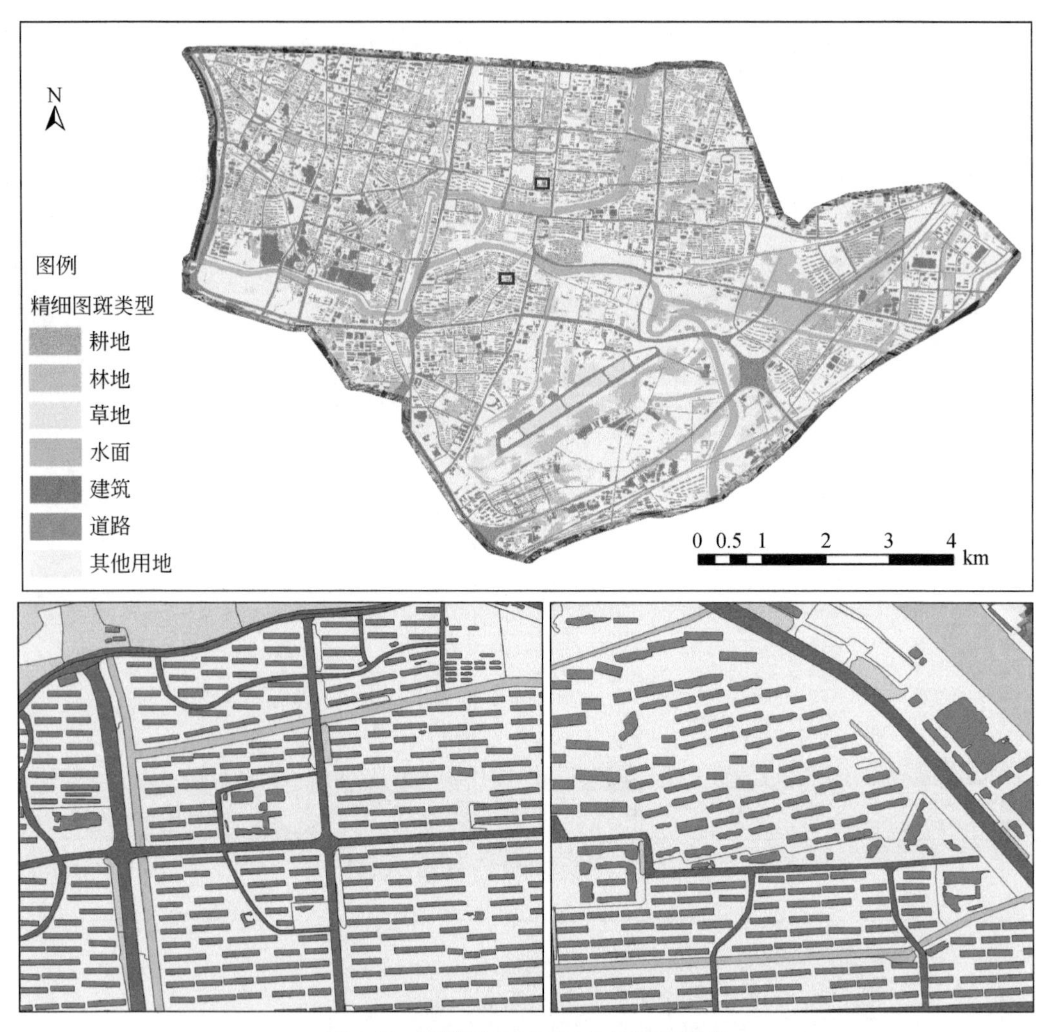

图 4.17　秦淮区 P-LUCC 大类精细图斑

在建筑房屋图斑提取的基础上，利用互联网抓取的秦淮区 POI 点数据，通过密度分析和语义关联与映射工具识别出城镇住宅、科教文卫、公共设施、物流仓储、采矿、商业服务业设施、工业等建筑房屋图斑的亚类，进一步共生成了 20 种土地利用类型（图 4.18）。

3. 南京市溧水区（丘陵生态区示例）

溧水区位于南京市的中南部，东南毗邻常州市的溧阳市，南连南京市高淳区，西与安徽省马鞍山市的博望区毗邻，西北与南京市江宁区交界，东北与镇江市句容市接壤，总面积约 1067km^2。溧水区是秦淮河的发源地，先后获得国家园林城、国家卫生城、国家生态区的授牌，具有水乡风韵、田园风光、山地风貌的特点，林木覆盖率达 35%，城区绿化覆盖率达 42.4%，素有“天然氧吧”“南京后花园”“城市绿肺”之称（图 4.19）。

生产线生成了溧水区的大类精细图斑共约 20.1 万个，其中林、草图斑众多，共约 4 万个，面积约 391.2km^2，约占全域面积的 36.91%（图 4.20）。

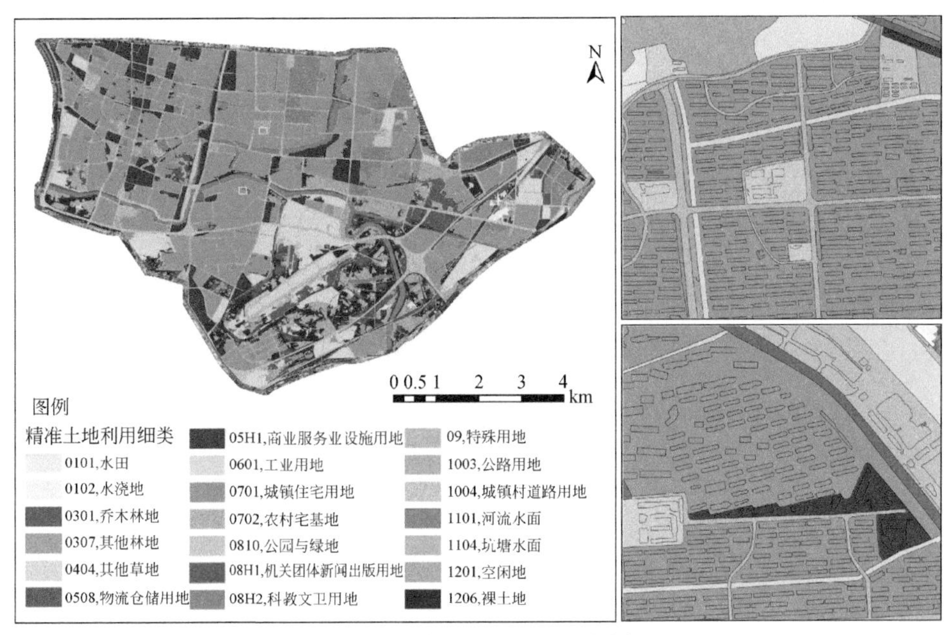

图 4.18　秦淮区 P-LUCC 细类制图

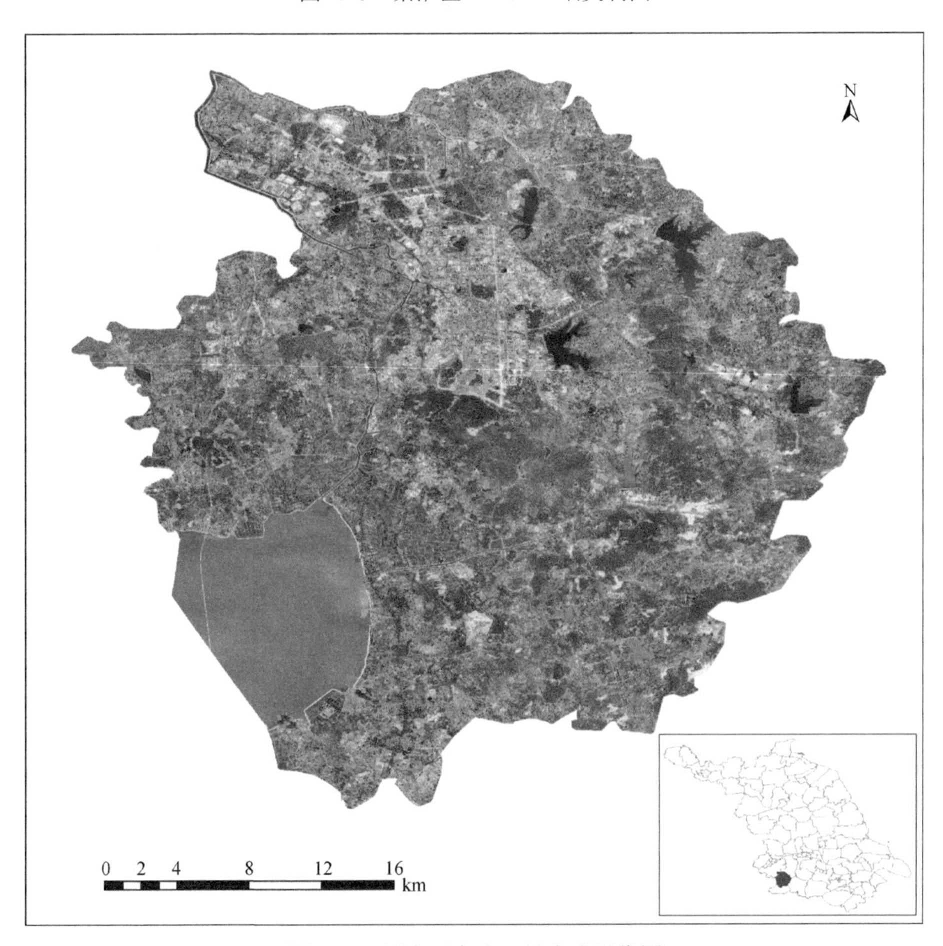

图 4.19　溧水区高分二号合成影像图

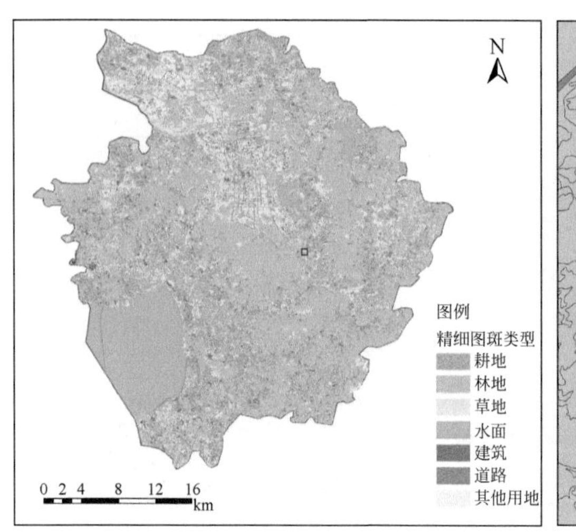

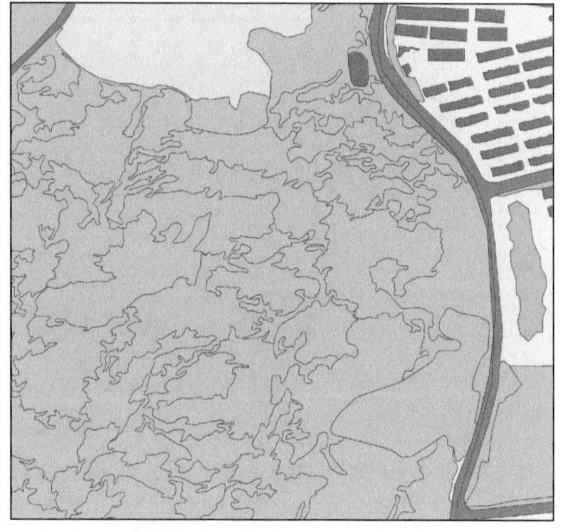

图 4.20　溧水区 P-LUCC 大类精细图斑

在林草图斑分割的基础上，利用历史解译、实地采样、土地资源等数据，通过类型推测及知识迁移工具进一步判别出乔木林地、灌木林地、森林沼泽、沼泽草地、果园、茶园等林草图斑的细类属性，共衍生生成了 24 种土地利用类型（图 4.21）。

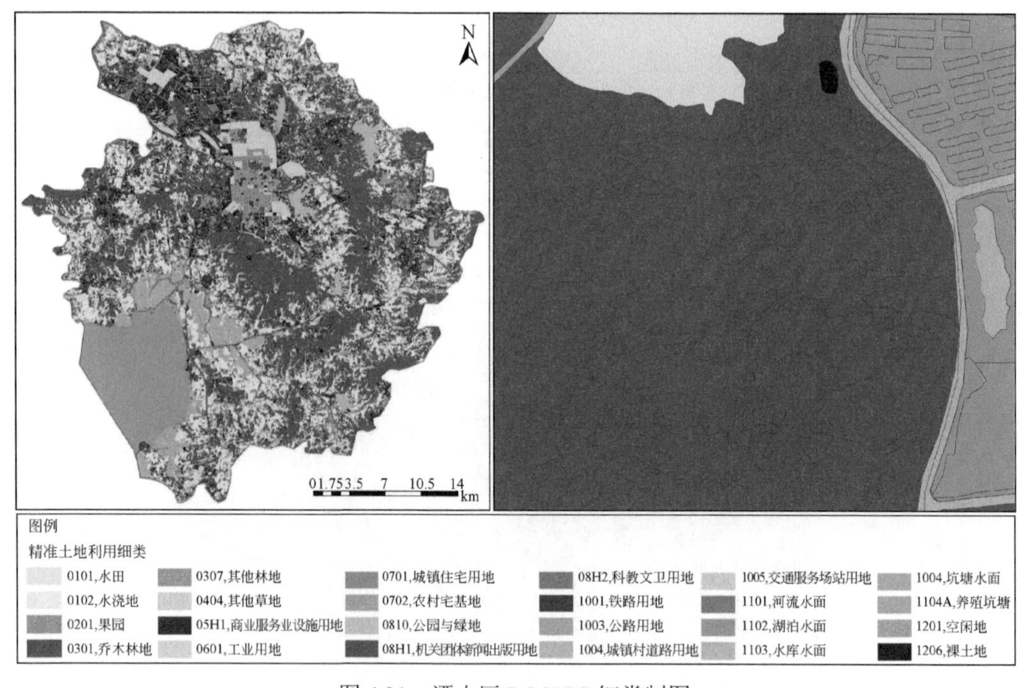

图 4.21　溧水区 P-LUCC 细类制图

4. 泰州市兴化市（水域渔业区示例）

兴化市位于江苏省的中部、长江三角洲的北翼，地处江淮之间，里下河湿地区的腹地，东邻大丰、东台，南接姜堰、江都，西与高邮、宝应接壤，北与盐都隔河相望，总面积约 2393km^2。兴化境内的河湖港汊纵横交错，密如蛛网，是著名的“鱼米之乡”（图 4.22）。

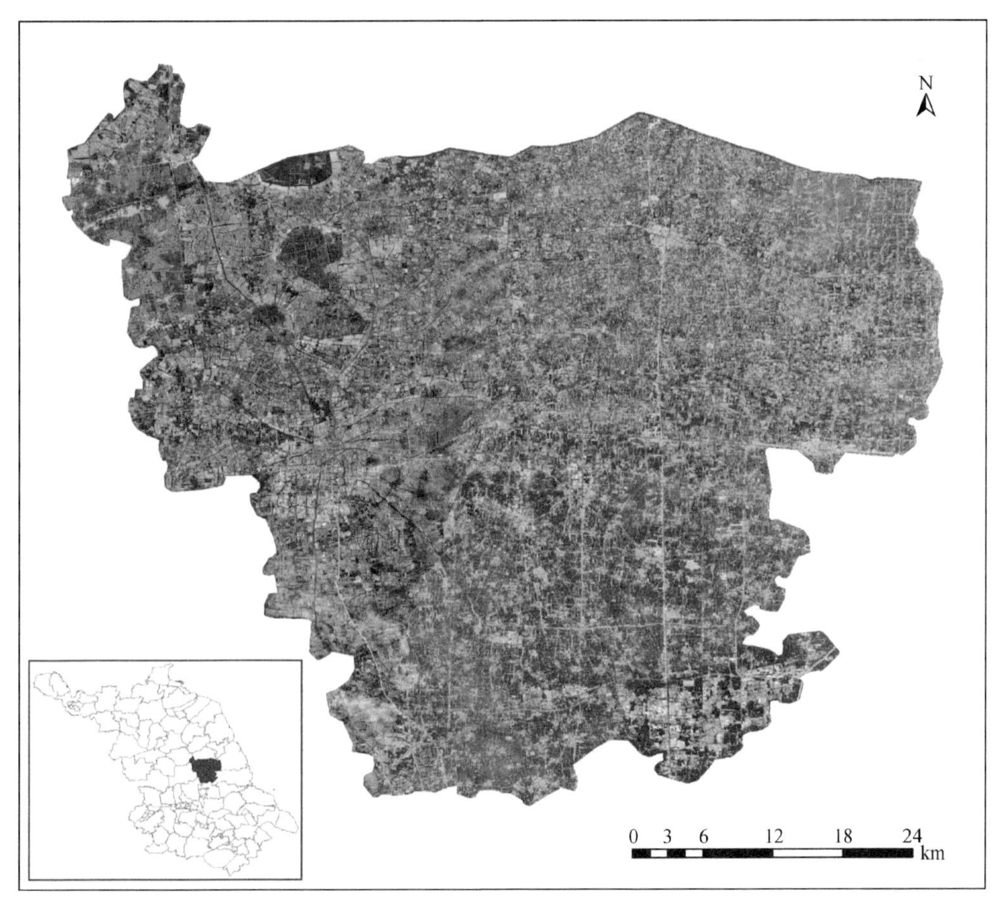

图 4.22　兴化市高分二号合成影像图

生产线生成了兴化市的大类精细图斑共约 57.2 万个，其中水面图斑众多，共约 7.4 万个，河道、湖荡、滩地等水面图斑总面积约 627km^2，约占全域的 26.2%（图 4.23）。

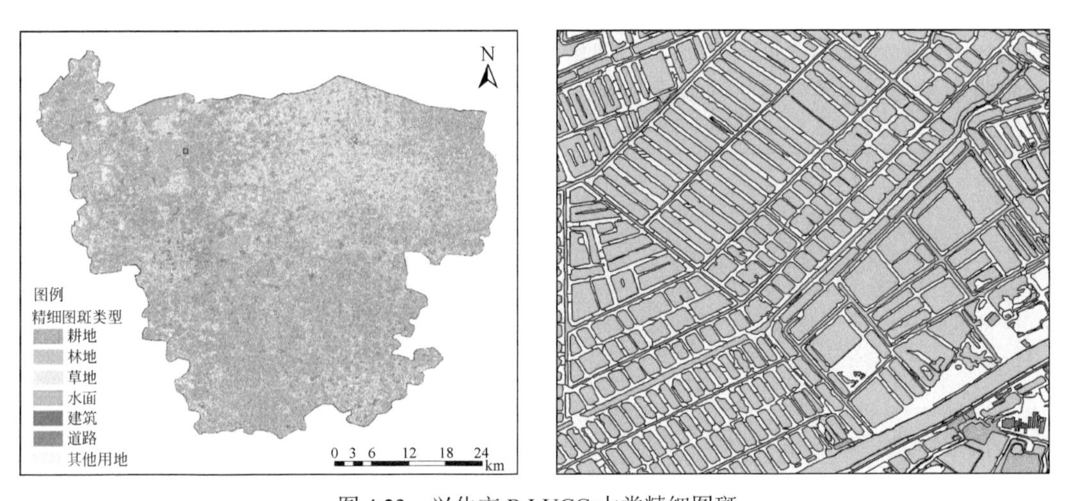

图 4.23　兴化市 P-LUCC 大类精细图斑

在水面图斑提取的基础上，利用历史解译、实地采样、土地资源等外部数据，通过类型推测及知识迁移工具进一步判别出河流水面、坑塘水面、内陆滩涂、沼泽地等水面图斑的细类属性，共衍生生成了土地利用类型 18 种（图 4.24）。

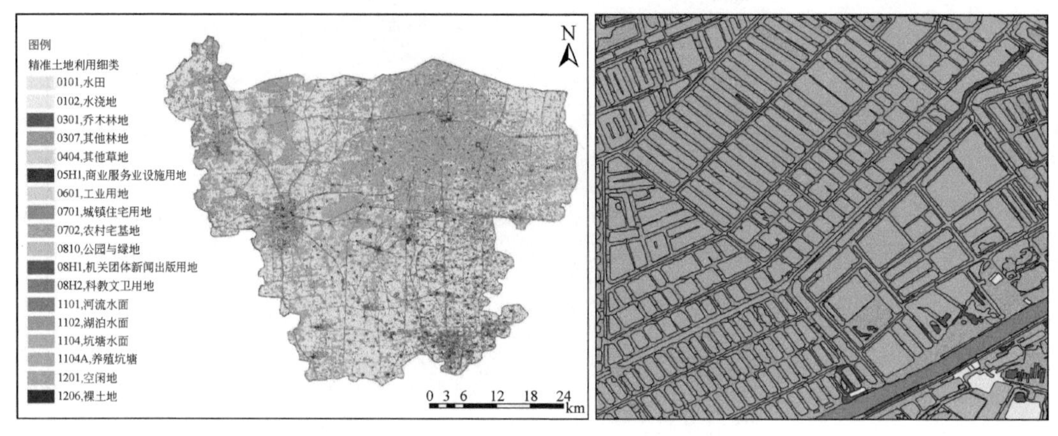

图 4.24　兴化市 P-LUCC 细类制图

4.3.3　P-LUCC 示范验证分析

选取了苏州市高新技术产业开发区（简称苏州高新区，SND）作为 P-LUCC 产品综合地类的示范验证区。SND 高新区位于苏州古城的西侧，东临京杭大运河，南邻吴中区，北接相城区，西至太湖，总面积约为 258km^2。该区域的东部多为城市建成区，中西部主要为生态发展区，北部以农业耕作区为主，西临太湖水域和湿地。该区域的地类综合特征较为典型，涵盖了自然生态、农业生产与城市生活等三大类空间。

通过生产线共生成了地理图斑共约 3.5 万个，所包含的亚类的种类共有 41 种。图 4.25 分别展示了苏州高新区全域的大类精细图斑成果图、P-LU 细类成果图以及以耕地类型为案例的土地覆盖变化（种植类型及结构）成果图（是在土地利用信息提取的基础上，结合时序观测数据对全域的耕地进行农作物种植类型的判别，该地区耕地种植的作物类型主要可分为小麦、油菜、绿肥以及其他类型作物等）。

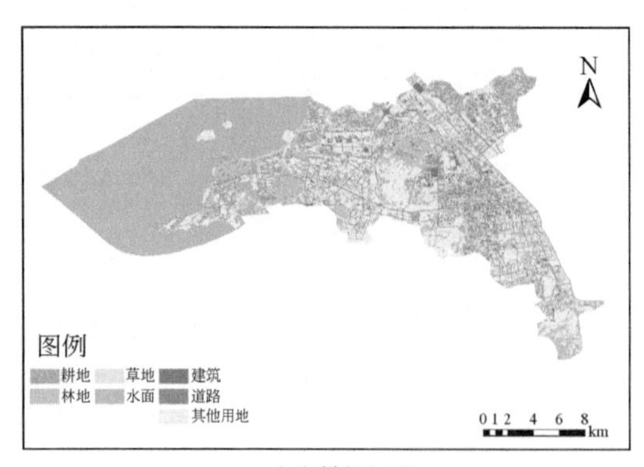

(a) 大类精细图斑

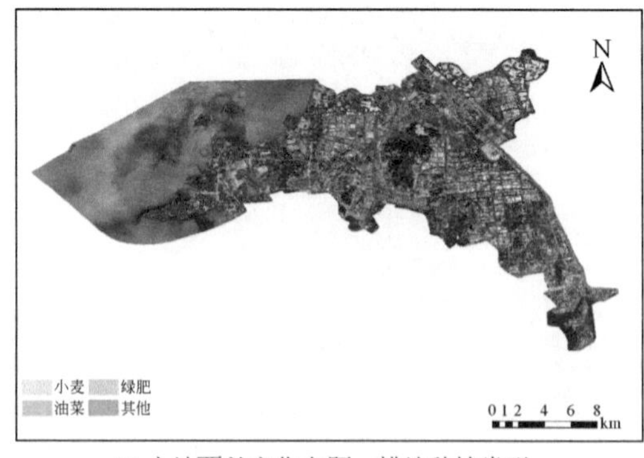

(b) 土地覆盖变化专题：耕地种植类型

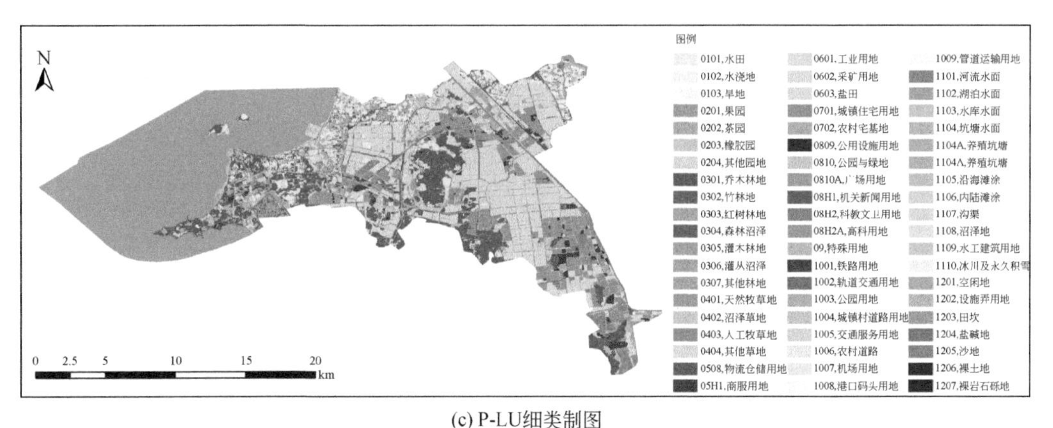

(c) P-LU细类制图

图 4.25　苏州高新区（SND）P-LUCC 产品制作案例

分别选取了两个有代表性的局部区域为细节进一步说明 P-LUCC 智能提取的精细程度（图 4.26）。分为两组：图 4.26（a）～图 4.26（d）反映了以耕地图斑为单元的覆盖变化类型判别的过程；图 4.26（e）～图 4.26（h）反映了从精细图斑形态提取到土地

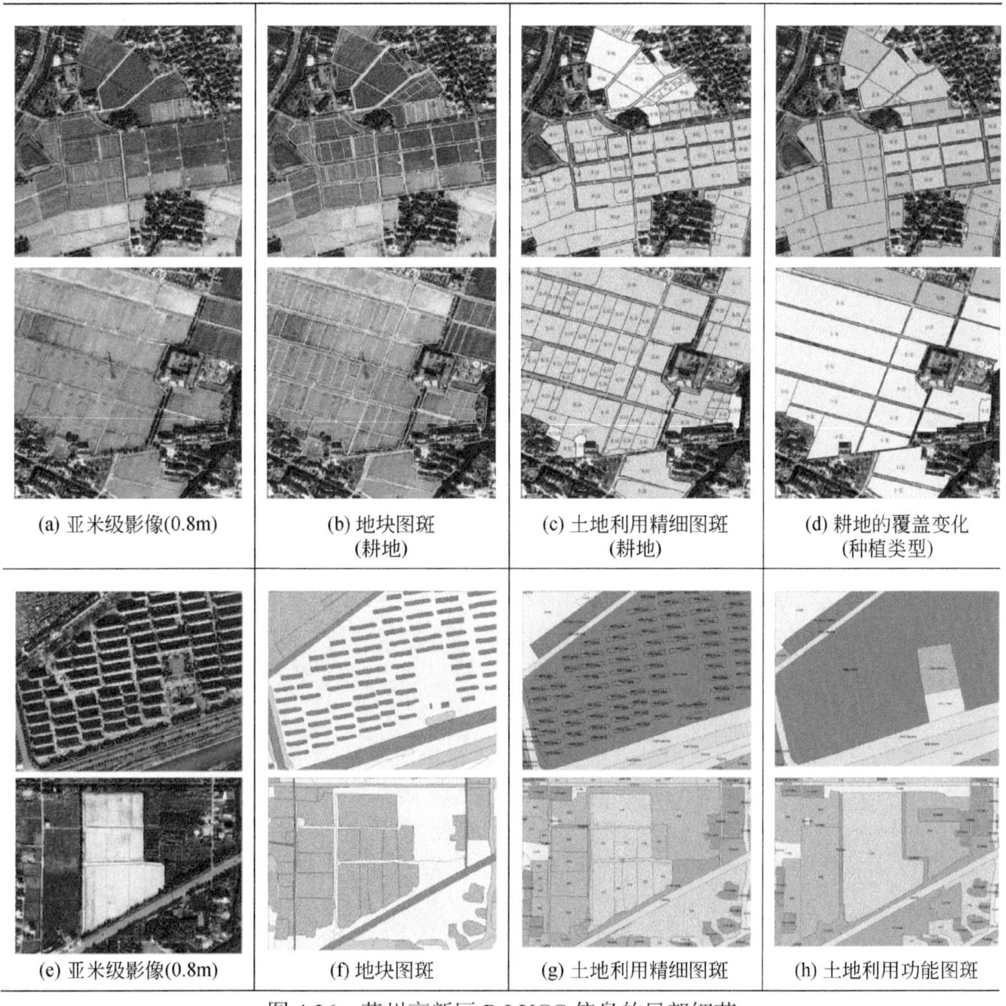

(a) 亚米级影像(0.8m)　(b) 地块图斑(耕地)　(c) 土地利用精细图斑(耕地)　(d) 耕地的覆盖变化(种植类型)

(e) 亚米级影像(0.8m)　(f) 地块图斑　(g) 土地利用精细图斑　(h) 土地利用功能图斑

图 4.26　苏州高新区 P-LUCC 信息的局部细节

利用功能类型判别与结构重组的生成过程。参照地理图斑“定位/定性/定量/定制”的“四定”特征，对 P-LUCC 产品从形态精度、类型精度及生产效率三方面进行对比分析。

1. 定位精度

定位/定性精度主要针对 P-LUCC 图斑的位置形态和（大）类型的正确性两个方面，主要包括建筑房屋（单体建筑房屋和建筑房屋群）、水体、耕地、林草和其他五类图斑，通过目视判别和量化指标两种方法进行验证。其中，量化指标融合了位置和形态两方面的精度，通过建立人工勾画的验证集和计算图斑提取的正确率来对比得出。对于验证集中的图斑 A 和分层提取预测地物掩膜 B，通过计算 IoU（交并比）来量化反映 A 与 B 的重叠度。若 A 和 B 的重叠度 IoU≥0.5，则认为是正确检测，反之为错误检测。具体分析如下：

（1）建筑房屋图斑（图 4.27）：由于一些小面积建筑房屋密集的区域（如乡村宅基地的房屋群，城市密集区的房屋群等）在 0.8m 空间分辨率影像中的建筑房屋边界不明显而分割成区块结构，因此分建筑房屋单体和建筑房屋群两类进行提取。与验证集对比，建筑房屋群的边界偏移不超过 6.4m（即 8 个像素）；建筑房屋单体边界偏移不超过 3.2m（即 4 个像素），建筑房屋单体和建筑房屋群的整体提取准确率为 96%。

(a) 居住区的单体建筑房屋

(b) 乡村的房屋群

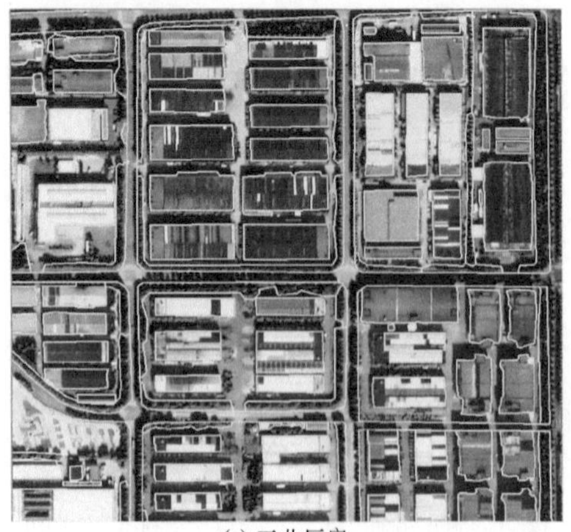

(c) 工业厂房

(d) 城市密集区的房屋群

图 4.27 P-LUCC 建筑房屋图斑提取的目视效果

（2）水体图斑（图 4.28）：是指坑塘、河流、湖泊、水库等水面覆盖区域的图斑，提取边界的误差不超过 3.2m（即 4 个像素），水体提取的准确率为 100%。

图 4.28 P-LUCC 水体图斑提取的目视效果

（3）耕地地块（图 4.29）：针对耕地地块的按垄提取，棚种地类按外围边界提取的过程，生产线提取耕地地块的边界误差不超过 2.4m（即 3 个像素），验证区提取准确率为 94%。

图 4.29 P-LUCC 耕地地块提取的目视效果

（4）林草图斑（图 4.30）：包括园地、林地、草地等大类，合并为一类进行判别，其提取边界的误差不超过 8m（即 10 个像素）。由于草地部分易于与其他地类中的闲置地等相混淆（存在部分绿植），导致自然林草地提取的精度相对较低，准确率约为 64%。后续将通过加入时序特征和地面观测相辅助等手段来进一步提高提取的精度。

（5）其他类型图斑：本次分析中将建筑房屋、水体、耕地、林草等以外的地物进行多尺度分割后形成的图斑统称为“其他图斑”，其边界偏移依赖于上述分层地类边界精度，整体边界的偏移不超过 10 个像素。

图 4.30 P-LUCC 林草图斑提取的目视效果

综上，将分层提取中各地类提取精度求均值，即生产线的图斑形态整体准确率约 87.8%。

2. 类型准度

地理图斑的定性（类型）精度通过内业判读（人机交互）和野外实地观测等进行采样验证，对每一类地块的类型进行对比，总体精度约为 89.3%。

3. 生产效率

苏州高新区（SND）全区面积约 258km^2，现以国家“三调”产品的要求（形态和属性两方面）进行 P-LUCC 定制产品的生产。按每天工作 8 小时计算，若由人工解译方式，1 人生产全区约需要 6.5 天完成；使用 P-LUCC 生产线一期（在没有样本和训练好的网络模型情况下），1 人配置 1 台工作站（生产测试所用工作站硬件配置为至强处理器、内存 64GB、Titan X 显卡一块，下同）约需要 2.7 天完成全区产品的生产；使用 P-LUCC 生产线二期（已有训练好的网络模型情况下），1 人结合 1 台工作站则仅需要 0.2 天就可完成全区产品的生产（表 4.3）。综合对比可见，目前使用 P-LUCC 生产线比人工提取的效率提高了 8～30 倍。

表 4.3 P-LUCC 生产线效率的对比

生产方式	每小时效率/（km^2/h）	每天效率/（km^2/d）	完成所需天数/天
纯人工生产	5	40	6.45
生产线一期	12	96	2.69
生产线二期	150	1200	0.2

综上可见，P-LUCC 信息产品针对当前目标区域，在首次生产已完成的情况下，可将生产过程中积累的标注样本和训练好的网络模型进行保存，将应用于下一次生产过程中从而提升生产效率；此外，生产线的架构具有计算工具的可替换、可扩展性等特点，以及生产知识的存储管理、迁移应用和增量强化等功能和机制，可促使生产线随着生产

中的知识积累和算法的优化而不断升级，因此也将会驱动相同或相似目标区域的产品精度和生产效率稳步提升。

4.3.4 P-LUCC 相关研究展望

通过我们对 P-LUCC 信息产品智能提取算法以及快速生产工具的研究实践来展望未来，为了实现面向国家遥感大数据规模化应用与持续性更新服务平台建设的宏大目标（发挥每一粒像元的作用，认清每一寸土地的功能），还需进一步在生产线集成与应用服务等相关的关键技术方面加强研究探索，重点需要加强的研究如下：

（1）研究人类活动与自然生态环境相协同的控制区块划分方法。目前研究主要是通过人工路网与半自然的水系提取来着重划分人类活动区的地理区块，用以 LU 图斑的分层提取控制；未来可进一步针对生态自然区，基于高精度 DEM 数据进行隐性的地形网（山脊线、沟谷线）提取来加以控制，以开展用坡面作为区块对林草、岩土等自然图斑进行的分层提取；与分层提取相同步，还可对地形地貌、气候水文等土地资源信息作为知识背景从上而下以属性方式迁移至图斑之上，为“五土合一”的 P-LUCC 专题产品定制提供基本的要素。

（2）研究地理区块控制下可继续细分的 LU 图斑分层感知方法。目前是根据地表地理现象所呈现的“建、水、土、生、地”五大类型的地理实体，分别根据人工图斑“边缘/纹理”耦合的视觉特征以及自然图斑的纹理视觉特征来构建基于深度学习与多尺度分割的图斑提取模型，是比较粗粒度的层级划分；未来在五大顶层的层级划分基础上，针对每一大类还可以进一步再细分 LU 图斑的形态类型，比如针对“土”的耕地地块的提取，可以进一步划分为平原坝区的规则水田地块、不规则的园地地块以及山地区形态不规则的坡耕地等，根据其视觉特征上表现的微小差异再进一步细分基于深度学习的提取模型。

（3）研究多源多模态数据与 LU 图斑融合的迁移学习方法。进一步针对四种大类的多源多模态数据（历史解译数据、时序观测数据、土地资源数据以及互联网标注数据），需根据每一种数据来源及类型特征，分别构建与 LU 图斑的时空结构化融合模型，包括不同分辨率尺度转换的融合、时序特征重建的融合、离散点到面的同化与推测以及不精准位置与语义空间叠加的信息关联等，从而建立一整套以 LU 图斑为对象的特征级融合的模型集；进一步，在构建以 LU 图斑为对象的结构化信息表的基础上，需要系统地研究基于粒计算理论的知识迁移方法，重点突破信息约减、特征重构、知识表达与增强学习等关键技术。

（4）研究基于地理实体开展定量遥感指标计算的科学问题。对于地理图斑动态的土地覆盖变化（LCC）的定量指标的分析计算，我们初步提出了微观视觉遥感与宏观定量遥感相结合的时空协同定量反演方法，未来还需深入探讨其中与传统定量遥感方法研究有所不同的成像机理方面科学问题。如将 LU 图斑（地理实体）作为控制单元融入多种来源、不同分辨率、光谱特征有差异、主被动同步响应的遥感时序观测数据，在构建时序特征、缺失信息插值、尺度空间递推、基于时序特征的深度学习参数解析与转换等关键技术方面有不断深入研究的空间；另外，以作物地块为例开展生长模式指标反演方面还涉及细小地块的像元分解、混合地块的分解、地块时序种植分解、多云多雨地区光学与 SAR 协同响应关系构建、地面定量实测与地块信息同化等一系列科学问题有待突破（具体在第 6 章有相关阐述）。

基于上述 P-LUCC 信息的智能化生成，可实现在景观生态学理论支持下对地表的地理场景以不规则网格系统方式进行全面而真实的构建，进一步针对土地产出价值精算、土地资源规划与演变预测、地表作用过程的动力学机制解析等面向未来情景预测与模拟的应用问题，可重点聚焦如下两方面，开展更为深入的科学问题探索研究：

（1）研究 GIS 技术支持下的 P-LUCC 专题应用模型。通过遥感智能计算，P-LUCC 是将影像空间有序转化为地理空间中以图斑对象为认知载体的空间信息单元组合，即将遥感数据转换为将矢量形态（图）与多维属性（谱）耦合表达的地理信息。因此，除了基于 GIS 制图技术对 P-LUCC 进行场景地图和相关统计报表的制作，可有效结合 GIS 空间化处理与分析技术实现对 P-LUCC 专题应用模型的构建：首先充分运用 GIS 空间统计与分析技术对多源数据与 P-LUCC 图斑相聚合而形成的空间化指标进行处理与计算，进而在 GIS 空间优化技术支持下开展土地质量与适宜性评价、土地价值精算、国土空间承载力评价、土地功能利用规划以及未来土地利用演化情景模拟等知识化的决策服务，其中需重点探索 GIS 与机器学习技术协同下开展多应用目标驱动的 P-LUCC 空间优化与博弈的理论方法。

（2）研究基于 P-LUCC 地理场景的动力模式解析的理论方法。P-LUCC 实现了对地表场景真实而不规则化的表达，因此我们在地理图斑智能计算中提出了分布、功能两种静态模式和生长、动力两种动态模式的挖掘方法，并已初步探讨了通过“五土合一”的综合地理研究思路，开展分布（自然图斑的适应机制）、生长（自然图斑的演化机制）和功能（人工图斑的承载机制）这三种从浅层现象理解到深层机理透视的模式挖掘问题，尚未涉及进一步融入实时发生数据，开展空间结构与状态因子都在动态变化而对趋势实时预测的动力模式挖掘研究，因此未来还将重点开展 P-LUCC 功能图斑与天气动力模式相同化的精准气象预报、以 P-LUCC 图斑为基本格网的分布式水动力过程模拟以及协同时空流与互联网感知信息进行社会经济行为模式预测等几个具体方向的动力模式解析理论与计算方法研究。

4.4 精准 LUCC 分布式服务

自 2005 年 Google Earth 软件推出以来（Lisle，2016），高分辨率对地观测技术慢慢走进了社会大众的日常生活，用户可通过卫星影像清晰而直观地“观察”地表状态，并可浏览从 1984 年至今的地表时序变化细节。随后发展的 Google Earth Engine①为巨量遥感影像数据提供了足够的存储资源和运算能力，可帮助科学家进行全球尺度地球科学资料的在线可视化管理和处理分析。而在高分辨率遥感大数据时代，如何在精准 LUCC 生产线系统的支撑下，有效打通从影像空间到地理信息产品再到行业服务的各应用环节，实现快速而精准地提取与挖掘每块土地上的自然现象/人工痕迹、演化过程和事件态势等信息与知识，进而通过异构计算工具的高并发调度运行、海量数据的高效组织管理与流

① Gorelick N. 2012. Google Earth Engine. Gebruiker Woody Bousson/kladblok.

转，最终以简便易得的形式推送服务于各类用户？我们设计和初步构建了由影像处理机（IPM）、网络信息采集器（WIG）、时空大数据操作系统（gDOS）和地理信息智能生成系统（PLA）构成的遥感大数据综合处理与增值产品生产服务平台，提出和初步实践了专题信息产品的“设计-定制-研发-生产-服务”五位一体的分布式生产与应用模式。

4.4.1 遥感产品生产与服务平台

依托日益丰富的高分对地观测数据资源，我们设计和搭建了海量多源卫星影像的“几何-辐射-有效-合成”自动化综合处理、网络时空语义数据的“爬取-清洗-分类-映射”结构化处理、基于统一时空基准的“基础地理-图斑级土地利用-土地覆盖变化-专题信息”智能化提取、数据/计算/通信资源的“生产-组织-流转-推送”网络化管理服务等有机衔接的遥感大数据生产管理与应用服务技术平台。进而结合行业领域的需求和专家知识，定制基于精准 LUCC 的专题信息产品，开展分布式生产与应用服务（图 4.31）。

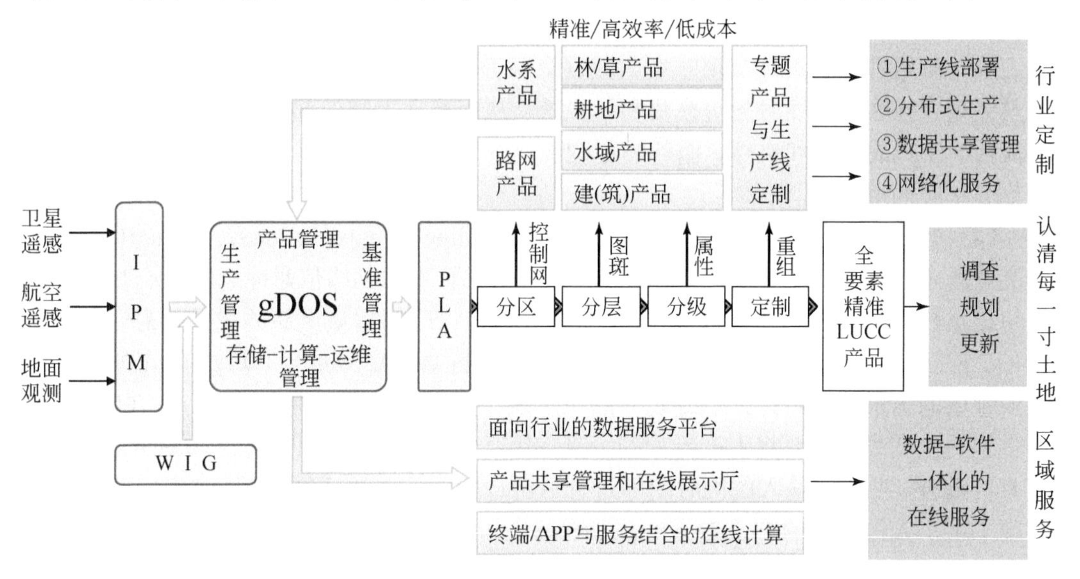

图 4.31 遥感大数据产品生产与应用服务平台

1. 遥感大数据生产技术平台

遥感大数据产品生产管理和计算服务技术平台的底层基础环境包含 1 套用于聚合和加载各类时空信息的基准数据框架，1 组用于数据综合处理、协同管理和智能提取分析的低耦合/易组装/可扩展的计算工具集，以及 1 个可针对不同产品目标将工具进行流程化组合的生产线集成平台。基于此基础环境，搭建从前端对地观测数据接收和主动处理到后端专题信息产品定制与按需生产输出的 IPM、WIG、gDOS、PLA 四大系统。

（1）自动化的影像处理机系统 IPM（image processing machine）。该系统针对每日稳定推送的高分辨率卫星影像（未来将进一步支持航空影像等），构建“几何-辐射-有效-合成”四位一体的影像综合处理技术体系，以改变传统各环节相互独立的任务式数据处理方式。其核心的技术模块包括：多源混杂大幅宽影像的高精度几何与辐射校正、有效像元碎片化检测、时序重建与影像合成等。基于 IPM 系统的可拆解模块，针对不同来源和载荷的传感器，可设计和搭建从原始数据接入到标准材料输出的流程化、规模化生产线，并开展当天接收、当天处理的主动式生产以及围绕区域和专题需求进行合成的按需生产，也为后续时空信息精准提取提供了统一时空框架的标准化影像基准。

（2）结构化的专题信息采集系统 WIG（web-based information gathering）。该系统被设计和定位为采集网络中由用户在电子地图中分类标注的住宅、法人单位、生活设施、商业场所、公园广场等具有位置的地名地址信息，以及在社交、新闻、零售、消费等APP 和在线系统中的社会经济文本信息，经过时空化（赋予时间和空间标记）和语义分析等清理加工，形成与精细地理图斑的空间关联以及属性的结构化表达，从而丰富图斑的特征/目标矩阵，最终用以组建图斑的功能重组（空间多粒度计算）以及评价、规划、预测等专题产品定制（属性多粒度计算）的本底数据结构。

（3）网络化的时空大数据管理服务系统 gDOS（geo-spatial data operation system）。该系统针对海量多类型多模态数据产品的存储管理问题、数据生产工艺流程调度及数据流转的计算管理问题以及面向用户个性化定制的服务需求，在统一用户管理、单点登录认证等基础组件之上设计实现时空大数据资源管理、生产线流程管理、大数据服务一体机与终端、互联网在线服务等模块和子系统，从而实现设施的部署和运维、数据的管理和流转、生产的调度和执行、服务的定制和运营等产品生产与服务的支撑功能，成为平台信息交互的枢纽。

（4）智能化的地理信息生成系统 PLA（point line area extraction）。该系统以全覆盖的高分遥感数据为时空基底，依托 gDOS 系统组织管理的网络信息库、人工标注样本库、学习记忆模型库、迁移/序列特征库、专家经验知识库等增量更新的先验信息，将精准LUCC 智能计算模型的算法程序封装为计算工具集（PLA Tools），以此为组装单元根据行业领域的需求特点设计搭建专题产品生产线。有别于通常的生产模式，在 PLA 系统所搭建的生产线中需要将生产专家的少量作用（内业判读和外业调查）与后台的密集计算有机融合，在专家输入的同时随即进行后台计算并将结果反馈更新至前端，因此专门设计了用于人机交互的 PLA Desktop/APP 模块和在线计算的 PLA Server 模块，以此实现人机协同的生产模式。

综上所述，以初步构建结合高分遥感数据综合处理、多源多模态数据采集转化、异构算法工具混并串联调度、海量混杂数据高效管理流转、复杂信息智能化有序提取与挖掘的遥感大数据产品生产系统为基础，随着 gDOS 系统中对地观测数据（通过 IPM 系统的主动生产）的常态更新、生产资料库和先验库（通过 WIG 系统的采集和接入）的不断丰富和 PLA 系统中算法工具与计算模式的持续优化，生产线的智能化程度也将逐渐提高。基于此平台，针对不同用户需求定制专门的生产线，所输出的精准产品也将通过个性化的业务终端灵活服务于各类用户，为后续丰富的专题产品定制、生产与服务提供基础性的技术平台。

2. 行业专题产品生产与服务

P-LUCC 信息在从对地观测数据到专题应用服务的产品体系中起着承上启下的中枢作用，地理图斑基础产品的提取与更新和多源数据的转化处理与信息融合是开展精准应用的必经步骤。由于地表覆被及内外部环境的空间异质性，P-LUCC 信息具有鲜明的地域特征，且各专业领域对产品的类别体系和精准度等需求都不尽相同，因此我们采取基于 PLA 系统高度可定制架构的“设计-定制-研发-生产-服务”一体化运营策略，并在此过程中与专业用户合作开展分布式生产和行业服务。

（1）专题产品设计：由于各领域用户有其专业性需求，需要基于 P-LUCC 信息进行相适应的产品设计并形成产品的明确定义，包括了在图斑上进行基于高分影像的纹理特征识别，基于时序数据的序列特征抽取从而提取其覆被类型和反演其指标信息，按指标、功能等规则对精细图斑进行组合形成功能图斑场景，进而针对应用目标进行功能图斑为单元的状态评价和趋势推测制图等方面。

（2）生产工艺定制：依据业已明确定义的产品参数和指标，基于 PLA 系统的算法工具和生产流程框架，设计相应的生产工艺并搭建生产线，这个过程具体是在 P-LUCC 生产线基础上加入相应的外部数据流、交互工具和专业模型计算模块。

（3）行业模型研发：在专题产品生产工艺的定制过程中涉及与领域知识相关的计算模型，需在原有领域模型基础上进行适应于不规则图斑形态、多维特征和分级属性等 P-LUCC 产品数据结构的底层算法改造和工具封装。

（4）产品分布式生产：专题产品的生产线构建完成后，依托 gDOS 系统的调度能力，与行业用户进行联合的分布式生产，将涉及海量数据吞吐和巨量并发计算的工艺环节调度至数据中心，而将基于已有专业知识的类型/指标/评价值的判断/修正/标定工作推送至用户端，通过终端工具交互操作的方式将真值信息传递回生产线的判别/推测模型中，通过前后端分离的生产模式将专家经验和模型的数据挖掘能力相融合，使产品在生产过程中趋于精准化。

（5）产品运营服务：专题产品随着生产的进行而在数据量、种类、层级等方面不断积累，从而有必要定制开发和在用户处部署可有效存储、组织、调度、分发、展示产品的可视化管理与服务系统，并进一步将产品接入至已有的业务系统中，形成服务的无缝对接。

上述“五位一体”的运营模式以专题产品的设计和定制为核心串联起内部的“工艺-研发”和外部的“生产-服务”，是打通行业服务最后一公里的关键链条。

4.4.2 P-LUCC 专题产品的定制

P-LUCC 生产线业已利用高分辨率对地观测数据资源以及多源异构的内外部数据，通过分区/分层/分级的提取步骤有序生成了精准的地理图斑形态和基本类型，获得了以“矢量图形+多维属性表”为数据结构的基础信息产品，全面细致地刻画了地表各地理单元的现状利用类型和基本的覆盖变化类型。本小节将进一步讨论如何根据行业领域需求进行地理图斑的覆盖变化类型提取和定量指标信息计算，进而按应用目标的规则将精细图斑组合形成功能图斑场景之上，开展资源评价、未来规划和趋势推测等专题产品定制。

各行业用户更关注于和自身业务相关的 LU 类型图斑之上附着的资源，深入探究在图斑形态限定的空间范围内的资源禀赋/产出/价值/预测/防治等问题。例如，农业相关用户主要关注种植地块图斑上的作物类型、长势、产量以及价值精算、灾害评估等信息；林业相关用户更关注林地地块图斑（行业中称为林班）之上的林种、株数和郁闭度、资产等信息；城市相关用户则关注建设规划地块上的土地价值、建设类型、人口密度以及周边交通/生态环境等信息。这些行业领域应用的基本痛点问题都在于图斑信息的快速、全面、精准地获取并持续更新，而精准 LUCC 信息产品可极大地推动行业应用形成这一以往难以具备的基础能力，是"遥感-GIS-领域应用"紧密衔接的协作界面。通过上一节的产品案例可了解到，P-LUCC 生产线已初步具备了大规模生产的能力，为有效开展县市-省域-全国范围的生产实践和行业应用，我们思考和设计了以 P-LUCC 信息产品为基础、与行业应用相结合的专题产品定制的思路，以下通过农业和林业两个案例加以具体阐述。

1. 案例设计 1：农业专题产品定制

农业专题产品中的相关要素包括了耕地、园地、坑塘水面等种植/养殖生产地块，也包含了农村道路、田坎、设施农用地等生产附属设施地块。其中耕地地块产品是以亚米级高空间分辨率遥感影像为底图通过 P-LUCC 生产线分区、分层提取得到；通过中分辨率时间序列数据在耕地地块上的时序特征构建和作物种植模式的匹配，计算得到耕地地块的种植类型信息，形成地块级的种植结构产品；进而在地块中融入气象、湿度等全覆盖/粗粒度模式反演数据，地面调查采集的土壤肥力、作物冠层指标等局部观测/度量数据，以及经由空间插值、空间分析、空间推测等手段迁移到地块中的人口、道路交通、GDP 等社会经济运行数据，通过关联挖掘模型或决策树模型等生成精算（如种植补贴）、评价（如种植适宜性评价）、规划（如种植结构调整）、预测（如产量预估）等类型的精准应用产品（图 4.32）。

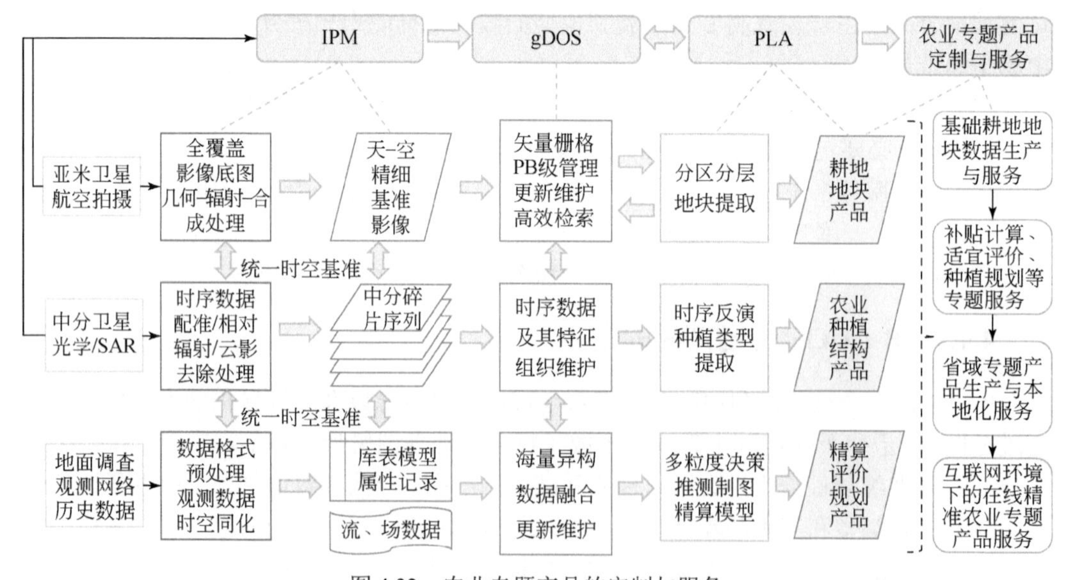

图 4.32　农业专题产品的定制与服务

在上述农业专题产品的生产线搭建和核心工具研发中，需要针对三方面关键技术问题重点攻克（具体技术方法见第 6 章）：①在耕地地块的提取方面（空间），要通过边缘模型找出具有明显边界的平坝区和山地梯田等耕地地块，通过语义模型找到没有显著边界的坡耕地等疑似耕地地块，再用纹理模型和时序特征进行耕地类型的判别，最终逐层地精细提取出耕地地块形态并赋予其利用类型；②在种植类型的判别方面（时间），要进行中分时序影像的辐射一致性处理和几何配准处理以保障其在地块上构建时序特征的准确套合，特别针对多云多雨地区需攻克 SAR 数据的时序预处理和地块高维时序特征的构建技术，进一步需突破时序特征的表达和各类别作物的时序特征分类问题，以准确匹配识别耕地地块上各季作物的种植类型；③在农业应用的推测制图方面（属性），除了解决内外部数据迁移至地块的问题以外，还需研究如何将内业判读、地面调查获取的少量专家知识学习至推测模型、推广至其他同类的地块中，从而使专题的制图结果精度趋优。

2. 案例设计 2：林业专题产品定制

林业专题产品中的相关要素包括了生长乔木、灌木、竹林等的林地图斑。在林业资源专题应用中，林班（可由林地图斑组合转换）是以高空间分辨率遥感影像为底图进行林地区划后得到，一般由内业解译制作完成；然后通过对林班的现场实地调查，补充获得林种信息和郁闭度、株数等生物量指标信息，形成林业资源的“一张图”产品；以此为基底，依据新一期高空间分辨率影像或通过时间序列数据的分析，发现林班的（依法和违法）变化，并将其更新至林班“一张图”中；进而为“林长制”考核评价、天然林保护修复评价、生态资产评估、森林执法等林业应用提供全面、翔实、及时的数据产品。P-LUCC 生产线分区/分层/分级生产过程的设计可很好地与林班区划、林种/指标调查判定和林地更新的业务流程及其相应的产品相匹配（图 4.33），而其中也存在需要重点突破的关键方法和技术。

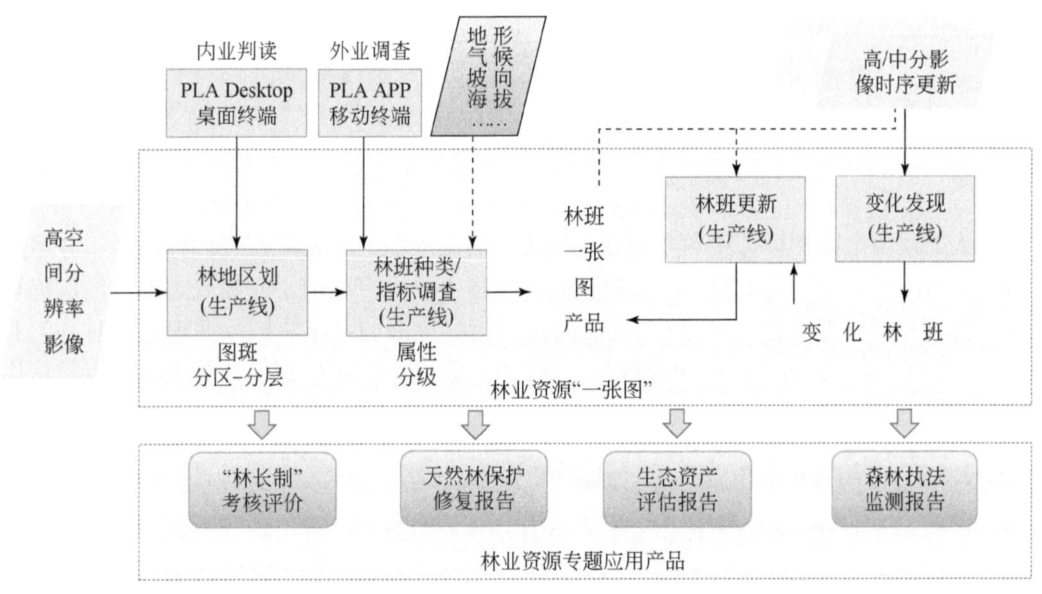

图 4.33　林业专题产品的定制

在上述林业专题产品的生产线搭建和工具研发过程中，需要在林班区划生成、现地调查在线推测、变化发现更新、林业应用产品定制等方面重点攻克相应的关键方法，分别着眼于空间图斑生成、时间序列构建、属性分级迁移和多粒度决策算法的技术研发（图 4.34）（具体技术方法见第 7 章）：①在林班区划的生成方面，主要研究结合林地地形的山脊线、沟谷线提取以及坡面生成方法（边缘模型）、基于上下文特征的林班划分方法

（影像分割和语义模型）以及基于内部特征的大类识别方法（纹理模型）；②在与实地调查结合的林种和指标赋值方面，重点研究点（调查林班）到面（其他相似林班）的推测技术，以及基于调查 APP 和服务端算法模型相结合的在线计算与属性更新机制；③在变化发现更新方面，除了首先开发基于高空间分辨率光学影像的变化发现方法外，重点攻克基于 SAR 时序的林班变化发现方法，以弥补林地多云雾地区光学影像难以获取带来的数据缺失问题；④在林地应用产品定制方面，需要构建决策树等专家模型，综合挖掘精准林班类型及其郁闭度、株数、覆被率等专业指标所蕴含的组合信息，根据评价、规划等应用目标生成辅助决策的数据产品。

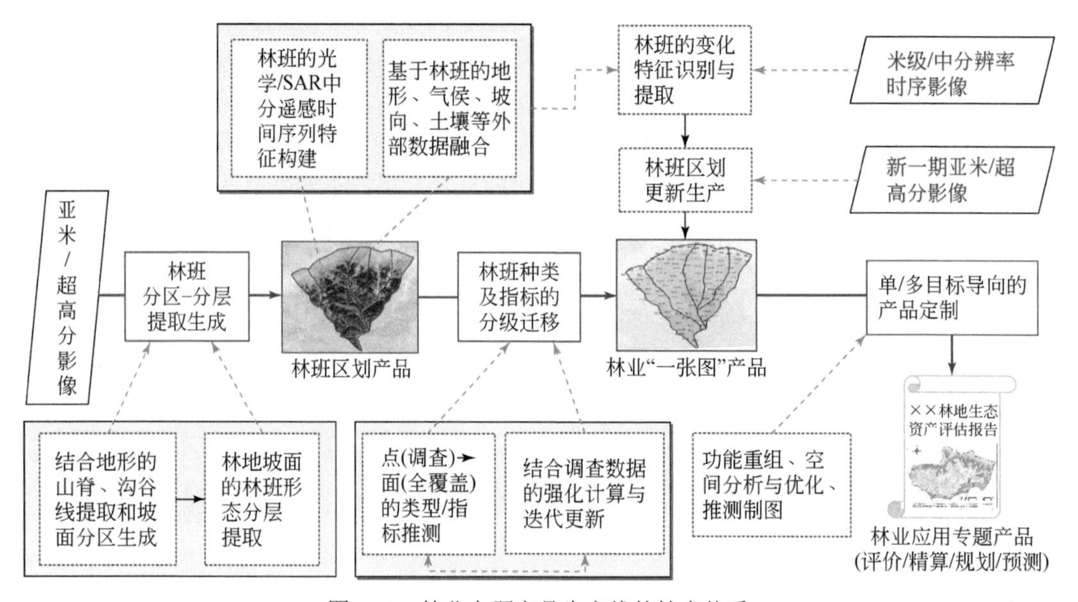

图 4.34　林业专题产品生产线的技术体系

从上述两个案例设计中可以看出，专题产品生产线的工艺流程也同样遵循了分区控制、分层提取、分级定制的有序解析模式，过程中也综合运用了专题要素地块图斑提取的分层感知器模型（空间）、地块类型判别和指标反演的时空协同反演模型（时间）和单/多目标产品定制的多粒度决策模型（属性），是精准 LUCC 智能计算模型在专题应用产品定制中的延续。

4.4.3　产品的分布式生产与服务

随着行业专题产品的合作定制和生产线研发的完善，可进一步开展用户端生产线部署与分布式生产，通过内业终端对图斑形态和大类的判读修正、外业终端现地调查对图斑细类和指标的测算、核定与录入，将用户自身积累的行业知识和经验有效地融入至产品的局部属性，并通过后台的即时推测计算推广至其他同类型图斑中，从而实现全域精准产品的交互式生产。在深入开展专题产品定制与生产的同时，也丰富和扩展着 P-LUCC 信息的精准度和内涵，可逐渐满足对全覆盖、全要素应用推广的能力要求，实践行业和区域纵横交错的应用服务模式，从而真正实现“认清每一寸土地功能”的朴素愿望（图 4.35）。我们对于专题产品生产与服务体系在区域与国家层面上构建与部署，展开了以下几方面的愿景设想。

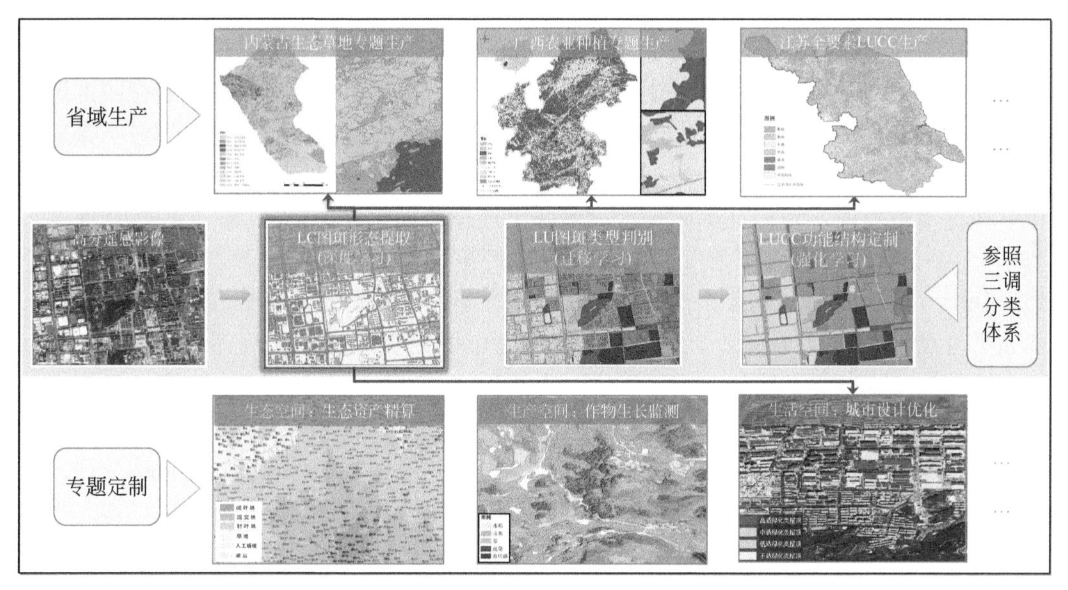

图 4.35　P-LUCC 产品体系以及区域/专题分布式生产与服务

（1）专题产品的区域推广。与行业用户联合定制的精准化专题产品可进一步拓展至同类型的区域节点而开展服务，如利用已在内蒙古形成的草地资源监测与草业生态资产评估的专题产品及生产线，可将生产与知识系统逐步按照空间迁移至甘肃、青海、西藏等草地资源丰富的区域；另一方面，也可根据各地域的特点，主动垂直部署“省-市”节点的产品生产线，并开展大数据中心与省市节点相联动的分布式生产与产品服务，同时推广至以县域为单位的数据服务，满足调查、监测、更新等相关业务。在区域（合作）设立生产节点的优势在于可有效利用各地生产单位的设备资源和人力资源，特别是当地的生产专家对本区域的地理认知将发挥重要作用，且在生产过程中的实地调验也更加便捷。最后将积累的生产资料和产品成果反馈至大数据中心，从而形成一套能持续更新的全覆盖精准数据集。

（2）夯实全要素的 P-LUCC 产品。通过满足行业、区域需求的生产线定制与分布式生产的实践，逐步完善 P-LUCC 信息产品体系中分区（路网/水系等）、分层（建筑房屋/水域/耕地/林地/草地/盐碱/裸地等图斑形态）、分级（基于图斑的定量化指标、专业化类型和与行业标准对应的细类）的要素提取算法和计算模型，同时积累全国各区域/行业的生产资料和经验知识，可最终生产符合国家与行业标准且形态更精细、类型更细致、质量更有保障的精准数据产品。当国家级产品生产和服务能力初步具备后，可以满足对于跨区域、跨部门的资源调查与规划、土地监测更新等全覆盖、全要素的常态化应用需求。

（3）开展纵横交错的业务网络。通过上述行业产品的合作开拓以及区域节点的探索部署，可逐步建立起“总部-省区-地级市”为节点、全国覆盖的地理空间科学技术服务网络，丰富以 P-LUCC 为基础的产品体系并逐步覆盖全国。在此基础上可尝试构建一个在线的地理时空信息服务平台，首先可建立全球统一框架的多尺度/碎片化更新的影像基底，实现与高空间分辨率影像基准一致的全覆盖精准 LUCC 地块图斑的在线提取与更新；其次，是让（有一定专业背景的）网络用户能访问和编辑地块图斑的形态和属性信息，经过自动排查的图斑信息将反馈到数据中心并进入生产后台的模型增强计算中，从而通过网络连接，将各地域、各行业网友掌握的专业、现势信息反馈和推算至业已提取的地理图斑中并生成精准信息；最后可利用此信息，通过专题产品生产线的在线部署和运算执行，按需生产面向各行业应用的增值产品并提供在线服务。这是我们对于未来精准 LUCC 产品运营模式的一个展望。

综合本章所述，我们在综述土地利用和土地覆盖变化（LUCC）研究现状及问题的基础上，在当前高分遥感数据资源与智能计算理论技术的共同支撑下，以及在地理学思想和分析方法指导下，提出了精准 LUCC 信息产品生产流程及其计算模型，同时设计和构建了可满足大范围信息生成的生产线系统。P-LUCC 是作为分析地理要素空间分布规律及其变化机制的共性数据产品，而在其基础上衍生的专题产品则需考虑行业特性和地域特点，所以本章最后提出和示例了各领域精准应用的定制化产品及其需突破的关键方法，并提炼了其与 P-LUCC 计算与分析模式上的共通之处（这也是我们设计构建计算模型的出发点），进而展望了行业和区域纵横交错的分布式生产与服务模式，以实现产品的推广应用。归纳起来，涉及土地资源的相关专题主要包括生活相关的城市空间、生产相关的农业空间和生态相关的林草等空间（简称“三生”空间），后续第 5～7 章将具体阐述这三大类空间中开展应用所涉及的方法问题，以及在大数据时代精准 LUCC 驱动的各领域专题产品和相关技术体系。

主要参考文献

蔡运龙. 2001. 土地利用/土地覆被变化研究：寻求新的综合途径. 地理研究，20：645-652.

陈军，陈晋，廖安平，等. 2014. 全球 30m 地表覆盖遥感制图的总体技术. 测绘学报，43：551-557.

陈佑启，杨鹏. 2001. 国际上土地利用/土地覆盖变化研究的新进展. 经济地理，21：95-100.

傅伯杰. 2017. 地理学：从知识、科学到决策. 地理学报. 72：1923-1932.

李秀彬. 1996. 全球环境变化研究的核心领域——土地利用/土地覆被变化的国际研究动向. 地理学报，63：553-558.

刘纪远，匡文慧，张增祥，等. 2014. 20 世纪 80 年代末以来中国土地利用变化的基本特征与空间格局. 地理学报，69（1）：3-14.

骆剑承，胡晓东，吴炜，等. 2016. 地理时空大数据协同计算技术. 地球信息科学学报，18：590-598.

骆剑承，吴田军，夏列钢. 2016. 遥感图谱认知理论与计算. 地球信息科学学报，18：578-589.

吴炳方，苑全治，颜长珍，等. 2014. 21 世纪前十年的中国土地覆盖变化. 第四纪研究，34：723-731.

吴田军，骆剑承，夏列钢，等. 2014. 迁移学习支持下的遥感影像对象级分类样本自动选择方法. 测绘学报，43（9）：908-916.

张增祥，汪潇，温庆可，等. 2016. 土地资源遥感应用研究进展. 遥感学报，20：1243-1258.

周成虎，骆剑承. 2009. 高分辨率卫星遥感影像地学计算. 北京：科学出版社，174.

中华人民共和国国务院. 2017. 国务院关于开展第三次全国土地调查的通知. http://www.gov.cn/zhengce/content/2017-10/16/content_5232104. htm. 2017-10-16.

Bartholome E，Belward A S. 2005. GLC2000：a new approach to global land cover mapping from earth observation data. International Journal of Remote Sensing，26：1959-1977.

Blaschke T，Hay G J，Kelly M，et al. 2014. Geographic object-based image analysis-towards a new paradigm. ISPRS Journal of Photogrammetry and Remote Sensing，87：180-191.

Chen Y S，Lin Z H，Zhao X，et al. 2014. Deep learning-based classification of hyperspectral data. IEEE Journal of Selected Topics in Applied Earth Observations and Remote Sensing，7：2094-2107.

Demir B，Bovolo F，Bruzzone L. 2012. Updating land-cover maps by classification of image time series：a novel change-detection-driven transfer learning approach. IEEE Transactions on Geoscience and Remote Sensing，51：300-312.

Friedl M A，Sulla-Menashe D，Tan B，et al. 2010. MODIS collection 5 global land cover：algorithm refinements and characterization of new datasets. Remote sensing of Environment，114：168-182.

Gong P，Liu H，Zhang M，et al. 2019. Stable classification with limited sample：transferring a 30-m resolution sample set collected in 2015 to mapping 10-m resolution global land cover in 2017. Science Bulletin，64：370-373.

Hansen M C，Defries R S，Townshend J R G，et al. 2000. Global land cover classification at 1 km spatial resolution using a classification tree approach. International Journal of Remote Sensing，21：1331-1364.

Huang B，Zhao B，Song Y. 2018. Urban land-use mapping using a deep convolutional neural network with high spatial resolution multispectral remote sensing imagery. Remote Sensing of Environment，214：73-86.

LeCun Y，Bengio Y，Hinton G. 2015. Deep learning. Nature，521（7553）：436-444.

Li J，Bioucas-Dias J M，Antonio P. 2013. Spectral-spatial classification of hyperspectral data using loopy belief propagation and active learning. IEEE Transactions on Geoscience and Remote Sensing，51：844-856.

Lisle R J. 2006. Google Earth：a new geological resource. Geology Today，22（1）：29-32.

Loveland T R，Reed B C，Brown J F，et al. 2000. Development of a Global land cover characteristics database and IGBP DISCover from 1 km AVHRR data. International Journal of Remote Sensing，21：1303-1330.

Ma L，Liu Y，et al. 2019. Deep learning in remote sensing applications：a meta-analysis and review. ISPRS Journal of Photogrammetry and Remote Sensing，152：166-177.

Qian X S，et al. 1993. A new discipline of science-the study of open complex giant system and its methodology. Chinese Journal of Systems Engineering and Electronics，4（2）：2-12.

Tuia D，Pasolli E，Emery W J. 2011. Using active learning to adapt remote sensing image classifiers. Remote Sensing of Environment，115（9）：2232-2242.

Wickham J D，Stehman S V，Fry J A，et al. 2010. Thematic accuracy of the NLCD 2001 land cover for the conterminous United States. Remote Sensing of Environment，114：1286-1296.

Wu W Z，Leung Y. 2011. Theory and applications of granular labelled partitions in multi-scale decision tables. Information Sciences，181（18）：3878-3897.

Wu W Z，Leung Y，Mi J S. 2009. Granular computing and knowledge reduction in formal contexts. Knowledge and Data Engineering，IEEE Transactions on Knowledge and Data Engineering，21（10）：1461-1474.

Zadeh L. 1979. Fuzzy sets and information granularity. In：Gupta N，Ragade R，Yager R，eds. Advances in Fuzzy Set Theory and Application. Amsterdam：North-Holland，111-127.

Zhang L P，Zhang L F，Du B. 2016. Deep learning for remote sensing data：a technical tutorial on the state of the art. IEEE Geoscience and Remote Sensing Magazine，4（2）：22-40.
Zhu L，Chen Y，Ghamisi P，Benediktsson J A. 2018. Generative adversarial networks for hyperspectral image classification. IEEE Transactions on Geoscience and Remote Sensing，56（9）：5046-5063.

第 5 章　城市设计空间优化

第 4 章是在“分区-分层-分级”的综合地理分析思想贯穿下，进一步将遥感大数据图谱认知计算模型与深度学习、迁移学习、强化学习等机器学习机制进行有机融合，构建了一套以地理图斑为基本认知单元、从定性到定量、人机协同的精准 LUCC 生产系统，以实现大规模（区域全覆盖）、全要素、智能化、高精度地表土地信息的遥感生成与更新能力。接下来的三章，将面向当前国家新型城镇化规划、精准农业管理以及生态文明建设三大领域的具体需求，在大数据计算思想和地理图斑认知理论的协同指导下，探索如何在人类赖以生存的地表“三生”空间（城市生活、农业生产与自然生态）之上构建对地观测大数据的精准应用体系。具体将分别以居住、农耕、植被三大类典型的地表空间作为专题研究对象，探讨基于 P-LUCC 信息构建地理场景并耦合多源多模态数据与 GIS 空间分析技术，开展地表现象监测、演化过程反演以及模式挖掘与空间优化等一系列系统而具体的实践探索。其中，第 5 章将以城市设计空间优化为主题，通过对经济新常态环境下我国城市正从增量建设过渡到增存并行而建的现状分析，提出在高密度城区、多方诉求情境下开展城市存量更新设计空间优化的研究问题，重点将探讨以建筑图斑为核心计算单元，建立由“城市场景构建、城市指标计算、城市空间优化”三大模型构成的一套数据驱动的城市设计方法，从而为未来逐步发展所见即所得、定量可计算、可循环优化的新型城市规划技术体系提供初步的理论与方法参考。

5.1　城市设计研究背景

本节首先回顾城市的发展历程和城市设计的研究现状，并通过对历史上与当前城市化进程的对比分析以对未来发展进行判断，认为城市设计正逐步往“增存并行”的新格局过渡，因而提出基于遥感大数据智能计算理论对城市场景现状进行数据化重建以及运用空间优化技术对未来情景进行重构的一套实现框架，并相应设计了其中针对城市人类活动因素密切相关的指标体系构建及迁移计算方法，初步归纳了其中城市多目标空间优化的科学问题。

5.1.1　城市发展与城市设计需求

1950 年，全球城市化的平均水平达到了 30%，此后的 60 多年里，世界城市化的进程进入了快速的发展时期（李敏等，2015）。在我国，自新中国成立的 70 年以来，尤其是改革开放的 40 年以来，经历了甚至是世界历史上规模最大、速度最快的城市化进程。据国家统计局的报告，中国城镇的常住人口从 1978 年的 1.7 亿人增加到了 2018 年的 8.3 亿人，足足增长了 3.8 倍；而城镇化率从 1978 年的 17.92%增加到 2018 年的 59.58%（国家统计局，2019），即用了 40 年时间完成了超过 50%的城市化率，这是一个高度“压缩型”的城市化进程。而近年来，从城市化发展现状来看，无论从需求侧的人口数量变化还是从供给侧的城市建成区的增长角度观察，我国城市（尤其是大城市）的高速增长阶段都已渐近尾声（赵燕菁等，2019），持续大规模扩张的需求总体上已呈减少趋势，城市化发展逐渐从侧重增量的建设过渡到增存并行的发展新阶段。

具体而言，我国在经历了社会经济和科技快速发展的同时，城市中的土地利用配置粗放、“三生”结构不协调、空间布局不合理、物质流/能量流失衡等问题逐渐凸显并普遍（吴次芳等，2019），交通拥挤、住房紧张、供水不足、能源紧缺、环境污染等各种“城市病”相继显现，由此在生态宜居、经济发展、安全防灾等多种需求交织而造成的矛盾正成为城市可持续发展的阻碍。在城镇建成区难以大规模扩张的前提下，高密度城区空间及附着其上的经济、社会、文化、历史等一系列要素都需进行新一轮的重新组合与更新优化，此时迫切需要在充分掌握城市空间结构与功能布局现状的基础上，叠加反映城市多元要素的指标信息，进而在多方诉求的环境中进行开放式博弈和持续优化，最终寻求得到普遍满意的设计方案。

城市空间设计由于其具体性和图形化的特点，可以较好地支撑城市规划的编制和实施，正在成为我国城市转型发展时期学术研究和工程实践的热点。然而对于城市设计的概念内涵，学术界尚未有统一而确切的说法和定义，乔纳森·巴内特（2014）简洁地概括为“城市设计是一种真实生活的问题”，福克里（2015）认为“城市设计涉及建成环境及其空间组织的维度”，两者都是相对抽象的概念性理解；在新近的研究中，王建国院士提出了城市设计的当代概念和定义：“城市设计主要研究城市空间形态的建构机理和场所营造，是对包括人、自然、社会、文化、空间形态等因素在内的城市人居环境所进行的设计研究、工程实践和实施管理活动”（王建国，2011），因而城市设计的复合特征决定了这是一项多学科、多领域的综合研究；百度百科[①]收编了城市设计（urban design）的具体定义：在建筑界通常是指以城市作为研究对象的设计工作，介于城市规划、景观建筑与建筑设计之间的一种设计。相对于城市规划的抽象性和数据化，城市设计更为有形和实物化，而在 20 世纪中叶以后实务上的城市设计也多半开始为景观设计或建筑设计提供指导和参考架构。

国际上对城市设计的关注热潮始于 20 世纪 70～90 年代，而我国则是在 20 世纪 90 年代中期才逐渐起步和发展，并在 2013 年的中央城镇化工作会议和 2015 年中央城市工作会议后得到国家的高度关注。住房和城乡建设部于 2017 年和 2018 年先后发布了《城市设计管理办法》[②]、《城市设计技术导则》，并开展了两批共 57 个城市的“城市设计试点”工作。2018 年自然资源部正式成立以来，“国土空间规划”顺应国家新型城镇化与生态文明建设的发展需求孕育而生（中华人民共和国自然资源部，2019），其目标是营造“生产、生活、生态”三大空间和谐共生的综合环境（图 5.1）。随着政策导向和技术体系的日渐完善，城市规划的精准性、定量化和科学性也势必逐步提升，从而将与城市设计形成前后统一而非隔离的协同关系，而事实上从目前发展趋势来看，两者的联系已经日益紧密，相互的界限也开始变得模糊。

① https://baike.baidu.com/item/城市设计/2212815/. 2017-09-29.

② 中华人民共和国住房和城乡建设部（住建部）. 2017. 城市设计管理办法. 2017-03-14.

(a) 纽约中央公园　　(b) 房屋建筑屋顶绿化

图 5.1　城市：人与自然的和谐共处

5.1.2　数字化城市设计未来范型

从“理性规划”的视角来看，城市设计的发展大致经历了四代范型（王建国，2018）。

（1）以建筑学基本原理为主导、以城市三维形体组织为对象的第一代传统城市设计，主要指 19 世纪末之前的城市设计，通过物质空间和建筑安排设计及其与人的关系来影响城市空间形态的演进，场所也较多地以比例、尺度、材质、色彩、建筑组合和基于美学的植物配置等方式表达出视觉审美的目标要求，偏重于微观空间的设计。

（2）以科技支撑、功能区划、三维空间抽象组织为特征的第二代现代主义城市设计，这是在工业革命所伴随的快速城市化和工业化的发展进程中，经过科学技术发展和现代艺术发展的双重催化应运而生，基于功能、效率和技术美学的现代主义城市设计范型有效地应对了 20 世纪城市快速发展的基本需求。

（3）基于“生态优先和环境可持续性”原则的第三代绿色城市设计，它将设计理论牢固地建立于生态哲学的基础上，强调多种因素的动态协调与有机统一，追求经济发展、社会平等和环境保护等多方目标，力图实现城市多功能相互协调、多种价值体系的综合优化。

（4）基于多重尺度、定量化和人机互动的第四代数字化城市设计，以人机互动的数字技术方法工具变革为核心特征。正如农业革命、工业革命、信息革命、智能革命的发展历程是逐层叠加一样，城市设计的四代范型也是层层递进而不断加深其内涵和丰富其手段。

在多平台立体观测、移动互联网以及人工智能等技术日益协同发展的背景下，城市设计理念、技术方法和内涵也都正在发生着全新的变革，运用大数据技术开展的创新研究在不断涌现（麦克・巴迪等，2018），如城市形态数字模型的研究、对于数据自适应城市设计基本流程的解析、全数字化城市设计工作方法的尝试等，然而当前的研究在应对可实施性的城市设计和城市建设方面仍然缺乏相对完善的方法论支撑。而在技术层面，人工智能等技术与城市设计的结合也才刚刚起步，在城市设计过程中各类知识在不同阶段被逐步导入进行自适应学习，从而逐渐渗透至城市设计与决策的过程。2016年，联合国第三次住房和城市可持续发展大会通过的《新城市议程》（联合国，2016），从经济、环境、社会、文化等多个问题领域对全球的城市规划与设计工作提出了全新的要求；2017年7月，我国国务院印发了《新一代人工智能发展规划》（中国政府网，2017），在其中针对城市建设领域特别指出了以人工智能“推进城市规划、建设、管理、运营全生命周期智能化”等的纲领要求，运用人工智能对城市数据大规模的获取与挖掘，可快速、准确实现对城市增长规律和空间运行模式的认识。在此背景下，吴志强院士提出利用人工智能来实现“城市规律为导向编制城市规划”（吴志强，2018），王建国院士提出了第四代数字化城市设计的方法论，旨在实现多重尺度设计、设计方法量化以及人机互动设计等智能化目标（王建国，2018），数字化城市设计通过多源数据汲取分析、模型建构和综合运用，试图揭示更深层和复杂的城市形态作用机制，从而可为更合理地谋订计划与市场作用紧密结合的城市空间和用地布局，以解决复杂的城市资源空间配置问题。在新一代的城市设计范型中，如何基于多维的视角，以问题为行动导向，以数据为驱动，围绕多学科交叉与融合，通过新方法从实际应用需求出发来求解城市复杂空间的问题，这是新形势下城市设计研究面临的问题和挑战。

为此，我们借鉴并归纳出以往城市规划和设计中面临的主要问题（兰德尔·奥图尔，2016），归纳为如下几方面：①数据上的难题，制订规划设计需要能够及时收集到足够多且全面的数据，以使数据对设计师真正有用；②预测上的难题，设计师无法通过有效的手段对未来进行预测，往往只能靠视觉观察或大脑想象进行推测；③建模上的问题，规划设计制订所需的模型需要足够完备和可靠，才能对规划的制订有用，然而这些模型往往过于复杂，理解和求解都异常困难；④变化速度上的问题，现实变化的速度往往大于设计师所能制订规划的速度。因此，面对上述这些长期困扰设计师的瓶颈问题，我们尝试以高分辨率对地观测为数据获取基础，提出和构建一套数据驱动的数字化城市设计新方法。

5.1.3 遥感大数据辅助城市设计

数据驱动的规划设计可追溯到1912年，曼宁（Manning）首次利用透射板进行地图叠加，以获得新的综合信息，最后为马萨诸塞州的比勒里卡做了一个开发与保护的规划。基于这样的方法，通过收集数百张关于土壤、河流、森林和其他景观要素的地图，做出了一套全美国的景观规划，这对以后的规划工作产生了深远的影响（傅伯杰等，2011）。在新时期数字化与智能化技术快速发展的背景下，面对快速城市化所引起的复杂空间规划问题，发展大数据辅助的智能城市设计技术，实现精细化城市场景与多元指标相结合开展数据驱动的城市空间格局动态调整，是面向未来多方诉求下实现精准/快速/全面/可持续城市设计的有效路径。

来自高分辨率对地观测网络、地面传感器网络和移动互联网等现代信息获取体系的多元异构数据实现了从多个维度对城市空间的全面、动态数据获取和精准场景刻画，并随着人工智能技术的迅猛发展，城市设计以城市感知为起点，进一步探索城市认识、城市分析、城市模拟、城市决策等整体智能化也成为可能。相较于传统高准度但低效率的人工调查以及快速但粗缺的统计调查等手段，当前新型数据环境下的城市感知和相关指标在覆盖度、一致性、细粒度、可获得性和易验证度等方面都得到了全面提升，并有效改善了数据质量、类型、更新频率等方面的不足。特别是随着高分卫星遥感的便捷获取和深度学习的工程突破，可实现城市要素的快速提取、城市场景快速构建与变化更新（Blaschke et al.，2011）；再将互联网、手机信令、物联网等实时抓取的鲜活数据通过指标计算精确融入城市场景的各要素单元中，获得精细、定量的城市空间信息多重表达，解决以往多源异构数据难以高效协同计算与分析的问题；进而综合运用空间分析和优化方法开展空间场景、发展态势和演化趋势的系统模拟，可为城市设计的科学分析、应用行动和规划决策提供全新的信息与技术支撑（图 5.2）。

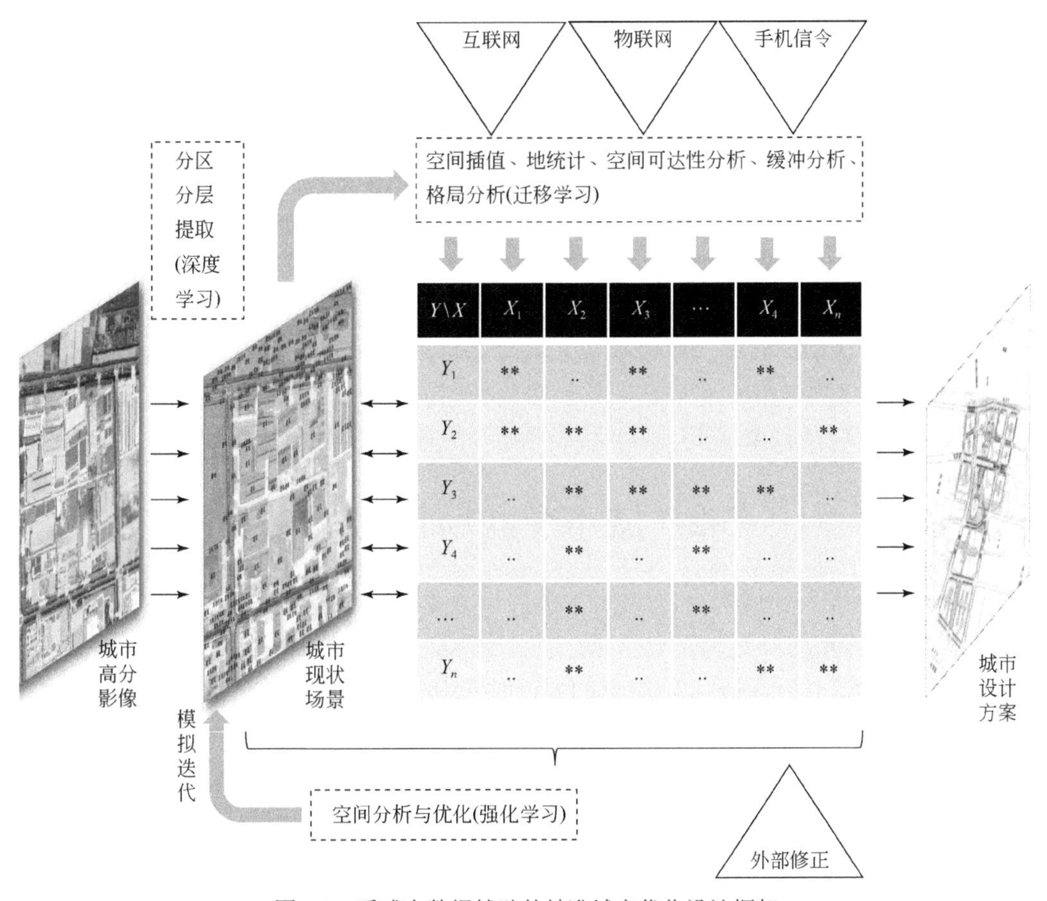

图 5.2 遥感大数据辅助的精准城市优化设计框架

城市作为人类生产和生活的空间载体，其结构复杂、组件庞大，以开放的复杂系统（钱学森等，1990）和“斑块-廊道-基质”的景观生态学理论（傅伯杰等，2011）为指导，我们认为复杂的城市设计问题需要综合三方面的认知理念：微宏观相结合的分层次场景解构，从定性到定量的指标计算，人机协同的空间优化。其中蕴含的科学问题可归纳如下：

第一，如何快速构建“斑块-廊道-基质”镶嵌连通、反映现势并可作为承载城市设计多元指标体系信息的空间场景？当前城市的发展日新月异，传统技术条件下城市场景基础数据获取的成本高昂、更新频率低。如何基于高分辨率卫星影像，高效、智能、精细地提取以建筑物为核心要素的城市空间信息，进而参照景观生态学理论分层次有序地重组城市场景？并不断对翔实而精准的信息进行变化更新，这是开展数字化城市设计基准底图的数据支撑。

第二，如何将多源多模态的城市环境与社会感知数据，以迁移计算方式时空聚合到上述空间场景之上，构建数据源可充分获得以及目标推演可全面顾及和推导计算的多元指标体系？需要在城市场景数据的支撑下，进一步计算并融合与经济发展、环境宜居、安全可控等多目标相关联的各项参数和指标，通过图谱的耦合分析与结构调整来实现城市的空间优化。由于城市采集数据具有多源异构、不完备以及动态变化的特点，增加了指标定量表征与耦合计算的难度。如何实现对外部数据的量化计算使之数值化地与场景对象进行聚合，形成时空一体化的多目标关联指标体系，是开展数字化城市设计科学编制与智能决策的前提。

第三，如何建立外部知识的开放式动态融入的计算机制，使指标体系的数值趋于精确和完备，进而驱动空间优化算法下的模型参数不断趋优，从而逼近多目标博弈的最优解？针对城市设计的具体需求，需要在城市空间场景模拟基础上通过多目标博弈建模，实现模拟设计结果的评判与迭代修正。如何通过空间优化方法进行多目标的博弈规划设计，求得总量控制、局部限定等约束下的空间最优解，这是开展定量化城市设计研究的关键技术环节。

围绕上述三方面的问题，本章在后续的三节中将分别探讨城市空间场景的快速构建问题、指标体系信息的迁移计算问题以及单/多目标驱动下的空间优化问题，从而探索提出空间化（图）、定量化（谱）和开放式环境相结合的新型城市设计思路和技术方法体系。

5.2 城市空间场景构建

场景（scene）一词通常用于戏剧、电影和电视剧中，包括了场地、道具、演员的对白、服装等一系列内容。芝加哥大学社会学教授特里·尼科尔斯·克拉克（Terry Nichols Clark）将“场景”引入到后工业时代的城市研究中（吴迪，2013），其研究团队将“场景”定义为咖啡屋、画廊、小酒店、音乐厅、集会场所、发廊、舞厅、文物店、餐馆、果品店、便利店等现实世界中的场所，这些场所与人们在城市的日常生活息息相关。从场景理论的研究体系来看，不仅包括了城市中这些客观存在的场所，还包括了真实性、戏剧性、合法性等主观的认识（丹尼尔·亚伦·西尔等，2019）。因此，场景是基于对事物认知一定的观察角度，反映了客观活动和主观认识的综合性内容，本节将探讨从空中俯瞰的角度来构建城市整体与细节共存的场景，并就其中的关键要素（房屋建筑）的快速构建方法提出了具体的实现途径。

5.2.1 城市场景概念

城市之中的人口密度高、人类活动密集、地表结构与行为模式都高度复杂，城市的粗放式或不可控的发展也极易伴随着土地空间压缩、生态环境破坏等问题而出现。城市发展过程中出现的这些问题，不仅吸引了社会学家们的注意，还引起了诸如地理与生态学等科学家的研究兴趣。景观生态学是一门综合性的学科，主要研究生态系统中的空间格局和生态过程的相互作用及尺度效应，“斑块-廊道-基质”是描述景观空间格局的一个基本模式（傅伯杰等，2011）。因此从景观生态学的角度，城市场景也可采用这一基本模式来构建与表达。

城市场景之中的“斑块”（地理图斑）是指可直接观测（视觉）、具有明确功能（土地利用类型）、内部相对均质（地表材质）的地理空间实体。其中，可直接观测是指其形态、大小、边界、结构等特征可被感知，进而可被量测，比如一个城市湖泊、一栋城市建筑、一块城市绿地等（图 5.3）都可以视作为城市场景中的“斑块”，这些斑块在高分辨率影像上可直接观测到的视觉特征差异明显可见；具有明确功能是指在由人类主导发展的城市场景中，城市斑块的功能具体而明确，比如住宅楼、体育馆、剧院、商厦、学校教学楼、厂房等都有明确的居住、文体、商业、教育、工业等功能；而内部的相对均质是指在一定的研究尺度上，斑块内部的物质分布相对均匀，例如当我们研究城市的建筑物时，可以把其看成由相对统一的建材组成的独立斑块（图 5.3（b））。在技术上，斑块是将像元降解为有地理含义的实体单元，这种空间上的粒化过程是重组场景的基本元素，大大简化了对地表系统复杂性的表达。

(a) 经改造的城市绿地、湖泊、建筑(GF-2影像)

(b) 城市建筑(GF-2影像)

图 5.3　高空间分辨率卫星影像中城市斑块（图斑）的示意图

城市场景里的“廊道”是指城市中网状结构的景观单元，在城市场景中对于斑块之间具有连通和阻隔的双重作用。“廊道”在曲度、宽度、连通性等方面的不同结构特征会对城市景观产生不同的影响。依据宽度效应对于廊道性质的主导控制作用，可以将城市廊道分为线状、带状（窄带）和面状（宽带）等三大类（Forman and Godron，1986）。其中，线状廊道主要包括高压线等输电线路、宽度较小的城市支路、小巷等；带状廊道主要包括城市路网、水系（图 5.4（a））、林带（图 5.4（b））等；而面状廊道是指沿河流等分布而与周围基质不同的植被带、隔离缓冲区等（傅伯杰等，2011）。显然，其中城市交通网是城市廊道的主要构成要素，也是城市之中斑块之间人、物、能量等发生相互流动的主要途径。

城市场景的“基质”则是指斑块镶嵌的背景生态系统或相对自然状态的土地覆盖系统，属于面积最大、连通性最好、人类活动强度较低的景观要素类型，在很大程度上亦影响着能流、物流和物种流。要将基质与斑块进行区分，首先应研究它们的相对比例和结构形态。例如，除了大片生态绿地（主要为城区及周边生态环境与农业生产空间）等作为“基质”存在外，在高密度城区中各类建筑物在整个场景中占比最高，而街道又把这些建筑物连接起来，使得这些建筑具有了较高的连通性，则其基质可认为包括了城市中的街道和街区。

透过高分辨率遥感影像对城市的俯瞰观察，城市“廊道”连接了散布在“基质”背景之上的各种类型的“斑块”，这种采用“斑块-廊道-基质”为结构对复杂城市环境进行的场景化重构，不仅形象地表达了城市之中各类空间结构的组团和异质等关系，而且还有利于刻画城市景观的结构与功能随着社会经济发展的时空变化过程。

(a) 城市的路网、水网(GF-2 0.8米真彩色融合影像)

(b) 沿河绿化带(GF-1G、F- 2米真彩色融合影像)

图 5.4　高空间分辨率卫星影像中城市线状与带状廊道的示意图

5.2.2　城市场景构建

城市场景是进行多目标指标计算与信息融合的基本空间载体，因此构建一个翔实反映现势以及可开放交互的城市场景是实现城市设计空间优化的数据基础。除了基于高分遥感对城市的核心要素进行智能提取与变化检测更新外，还可充分迁移并重组现有的土地利用调查、地形图、规划资料等历史数据，因此城市场景的构建无须完全从零开始，应是一个卫星、航空遥感与多源数据协同观测、时空聚合与信息持续更新的空间场景还原过程。

在传统上，从设计师的实际操作层面，一般是在反映目标城区基本空间结构的地形图基础上通过实地调查、统计分析等手段，对重点对象要素进行形态更新和属性填充，以获取图斑精细、类型准确的城区建设现状，并开放地用于城市设计规划数据进行叠加分析的接口。随着高空间分辨率卫星遥感及其信息提取技术的快速发展，城市场景的构建过程正在发生相应地转变。但不同于一般的遥感测绘手段，针对城市的场景构建也没有一蹴而就的技术方法可以照搬。在城市之中，建筑物、道路网、水体（系）、绿地等是构建城市空间场景的主导要素，而参考生态系统关于“斑块-基质-廊道”的设计原则，需要将这些要素有序地拾取并合理地组织，使之形成符合设计标准的结构化场景，因此这是一个自顶向下的系统解构和自底向上的信息重组这两方面有机耦合的计算与分析过程。

具体而言，参考第 4 章所阐述的“分区-分层-分级”的地理学分析思路（图 5.5），面向城市空间场景的构建目标，首先以亚米级的卫星影像为底图，在其中快速提取并建立以道路网、河流水系、绿化带等组成的廊道体系，形成轮廓性的城市区块；再在其中分层次地“镶嵌”所提取的房屋建筑等人工构筑斑块，进而“铺设”其间的林草、水体、裸地、硬化地表等基质的内容；最后通过迁移学习判别并填充各要素的功能类型，并进一步根据设计尺度和目标将其组合成功能斑块，优化组合形成微宏观相结合的结构化城市空间场景。图 5.6 和图 5.7 表达了北京市中心城区空间场景的构建过程及其视觉效果。

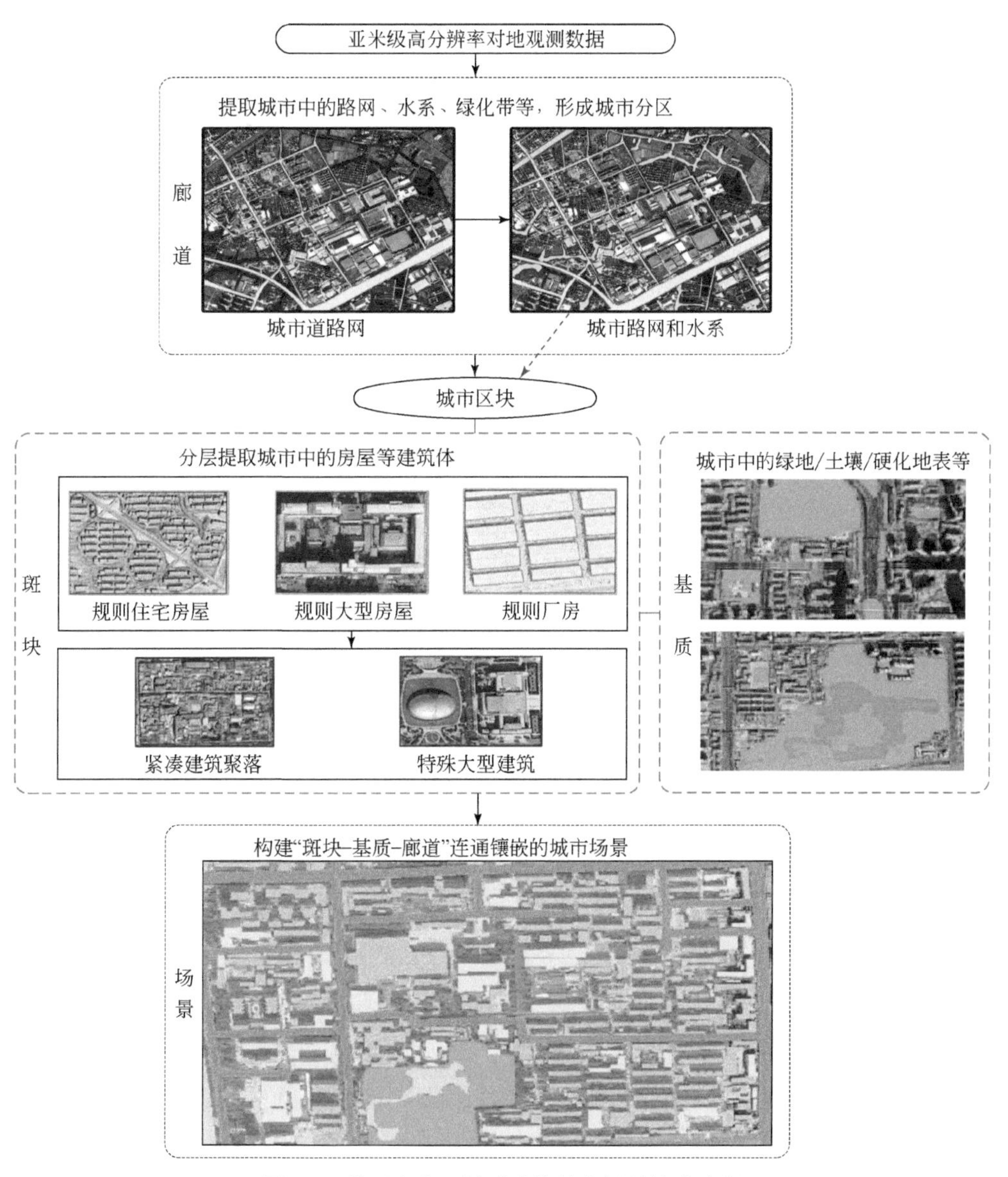

图 5.5　基于高分卫星遥感的城市场景构建流程

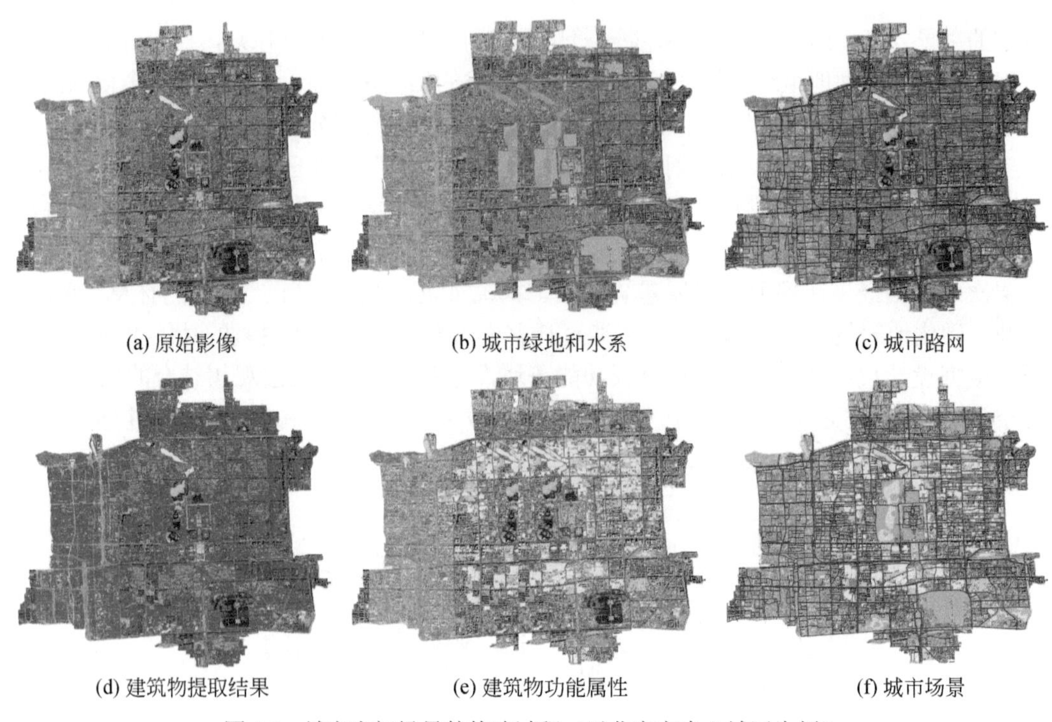

图 5.6　城市空间场景的构建过程（以北京市中心城区为例）

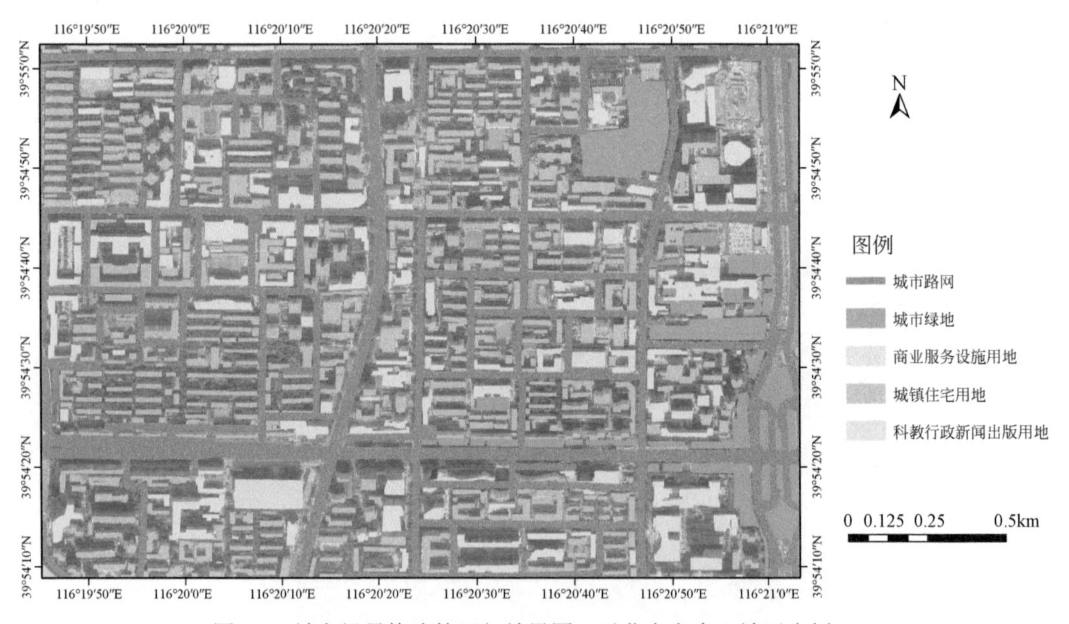

图 5.7　城市场景构建的局部效果图（以北京市中心城区为例）

5.2.3　房屋建筑提取

房屋建筑是构成城市空间场景的核心斑块要素，根据遥感影像上房屋建筑的不同表现特征，将其划分为建筑单体、高密度小体量建筑群体以及特殊建筑三大类（表 5.1）。

表 5.1 城市房屋建筑类型及判别示例

建筑分类		建筑特征	高分影像	提取示例
建筑单体	多、中、高层板式住宅	一般东西长、南北短，外观像一块平板的普通建筑住宅楼。屋顶平面影像比较规矩，近似矩形的建筑		
	规则形态大体量建筑	占地面积大、建筑体量大，屋顶平面影像比较规矩的建筑，如部分写字楼、博物馆等		
	工厂、仓储建筑	工厂、仓储建筑材料多用钢铁等材料建构，屋顶多有玻璃天窗，屋顶平面影像反光明显	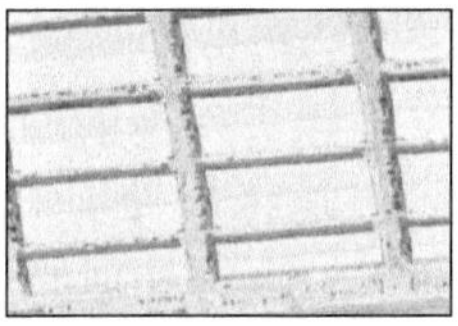	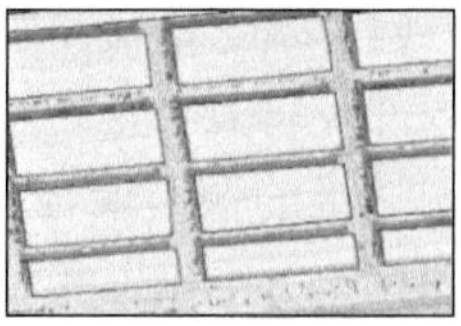
	联体建筑	通过走廊、桥梁等将两个或多个独立建筑互相连接的复合建筑，如部分医院、教学楼、商业广场等		
高密度小体量建筑群体		简易房屋和棚厦房屋集中区，宅院分布、道路交通等缺少规划，城市肌理凌乱不齐，如棚户区、老城区等		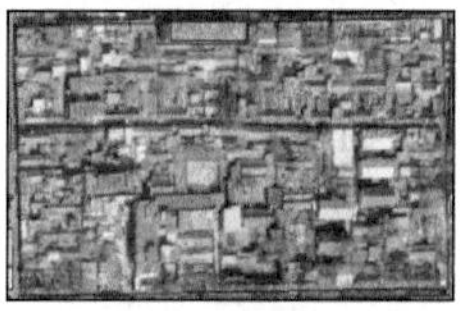
特殊建筑	历史、文化建筑	反映历史风貌和地方特色的有历史、文化价值的标志性建筑，如北京故宫、天津五大道等	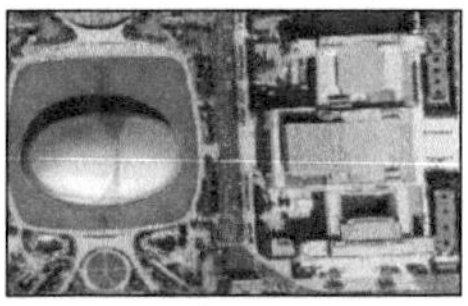	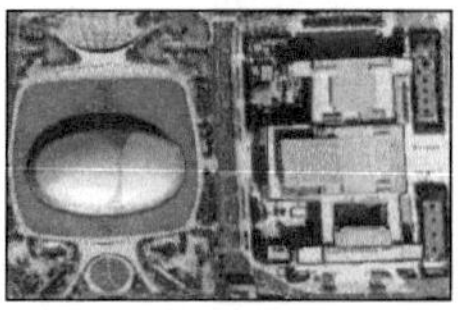
	点式高层建筑	平面上由若干户围绕一组竖向交错形成的独栋高层建筑，屋顶平面影像形状呈不规则		
	不规则形态大体量建筑	占地面积大、建筑体量大，屋顶平面影像不规则的大型建筑，如部分商场、剧院等	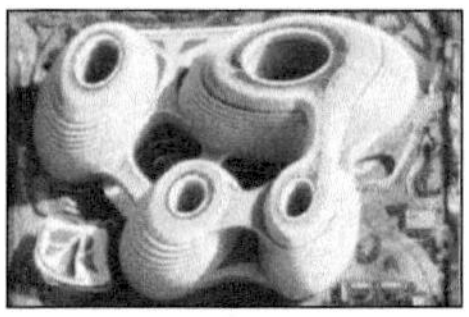	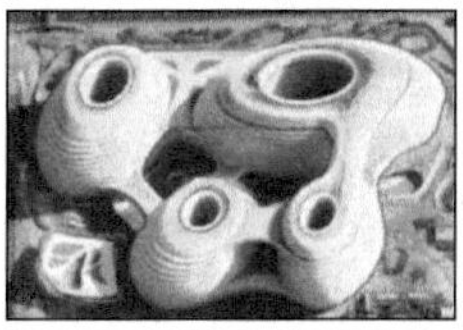
	机场、码头、车站等交通建筑	航空枢纽、港口码头、大型车站等建筑，如北京首都 T3 航站楼	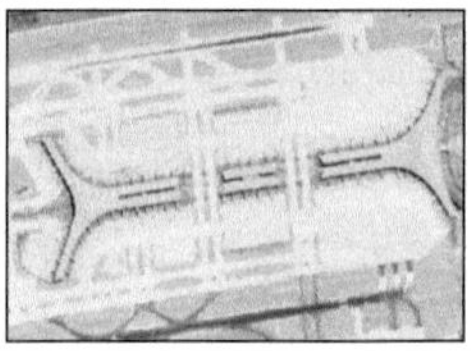	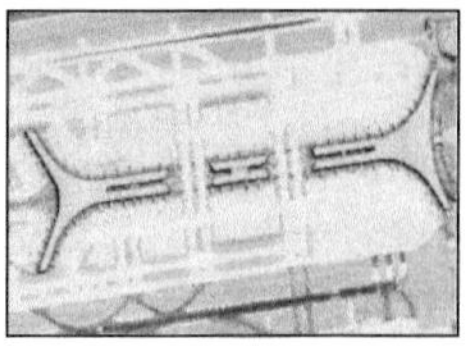

基于高空间分辨率卫星影像进行图斑的智能提取，是全覆盖、低成本、高效率、精确化获得和更新房屋建筑图斑的最有效途径。在基于卷积神经网络的深度学习模型问世前，面向对象的方法是常用的方法，一般首先通过对高分影像的纹理分割得到内部光谱特征相对均质的对象，以此为基本单元人工设计包含光谱特征的多层次特征（如纹理、上下文、空间形态等），并通过特征分类来区分房屋建筑的对象和背景，最后将相同的对象按目标规则合并形成最终的结果图斑。然而，传统面向对象方法存在人工构建特征的复杂性高、普适性差和对象组合规则难以有效构建、边界稳定性差等问题。如第 3 章和第 4 章所述，基于深度卷积神经网络的视觉感知模型，可以从影像空间中有效地提取出地物对象，形成与实际地物精确对应的图形对象。综合起来，应用此方法提取房屋建筑斑块的思路主要有如下三种：

（1）基于语义特征：以房屋建筑的屋顶面为训练目标，标记和学习其在影像中反映的内部及背景特征，进而区分出属于屋顶面的像素集合（Alshehhi et al.，2017），再将互相连接的像素聚合，并通过矢量化后处理形成“斑块”，这种方法的优点是定位（提取的位置）准确，相关模型训练与数据处理的操作简易，然而其缺点是斑块边界的形态不够规整；

（2）基于边界特征：以房屋建筑屋顶的轮廓线作为训练目标，标记并学习其在影像中反映的边缘视觉特征，提取出精确的房屋建筑的边界像素集合（Lu et al.，2018），再将形态学后处理得到的矢量线段闭合组成屋顶面，这种方法的优点是提取的图斑形态准确而美观，缺点是由于许多线段缺失而无法直接构面，从而导致“斑块”的漏提率相对较高；

（3）兼顾考虑语义和边界的综合特征：同时利用上述两类的视觉特征，分别针对建筑屋顶面的内部和边界所呈现纹理与边缘的特征差异，构建相适应的深度神经网络进行相应视觉特征的学习，再通过融合两个模型的提取结果，互相补充漏提的区域以及修整边界形态，以实现对定位准确性和边缘完整性的综合提取与表达（Marmanis et al.，2018）。

基于上述第三种方法的思路，要着重解决两种模型对视觉信息提取结果的特征融合问题。比如，针对语义模型提取的建筑面轮廓不够完整的情况，如何用边缘模型结果对其进行完形补充？或者在边缘结果无法完整构成对象面的情况下，如何用面提取的结果通过叠加与连接来完成构面？在综合考虑建筑模型的语义与边界基础上，同时顾及各类城市的房屋建筑在影像中呈现的普遍性特征规律，可以借助“分区-分层-分级”相贯通的思路，设计具体提取的路线，来实现对复杂城区关键要素的提取与场景重组（图 5.8）。具体包括如下六方面。

（1）高分影像的预处理：为了保障样本及其训练得到的网络模型在不同空间、不同时相间具有较强的迁移学习能力，要预先对样本集以及待预测的影像进行一致性处理，所处理的关键指标主要包括影像的空间分辨率、辐射分辨率、光谱分辨率等。

（2）城市场景的分区控制：以高分遥感影像作为基底，参考导航数据的路网等基础数据，对城市的道路网进行半自动地提取，再通过水面的提取及自适应修正的方法获得水系，将两者叠加之后形成场景分区的控制网，将影像空间分隔成各自独立的若干任务区块。

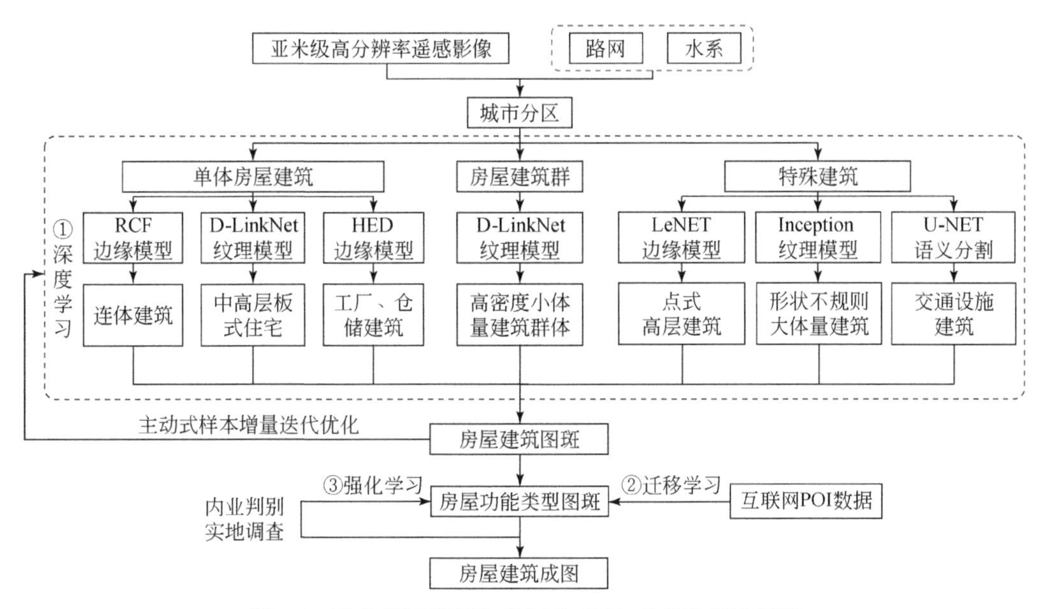

图 5.8 城市房屋建筑的“分区-分层-分级”提取思路

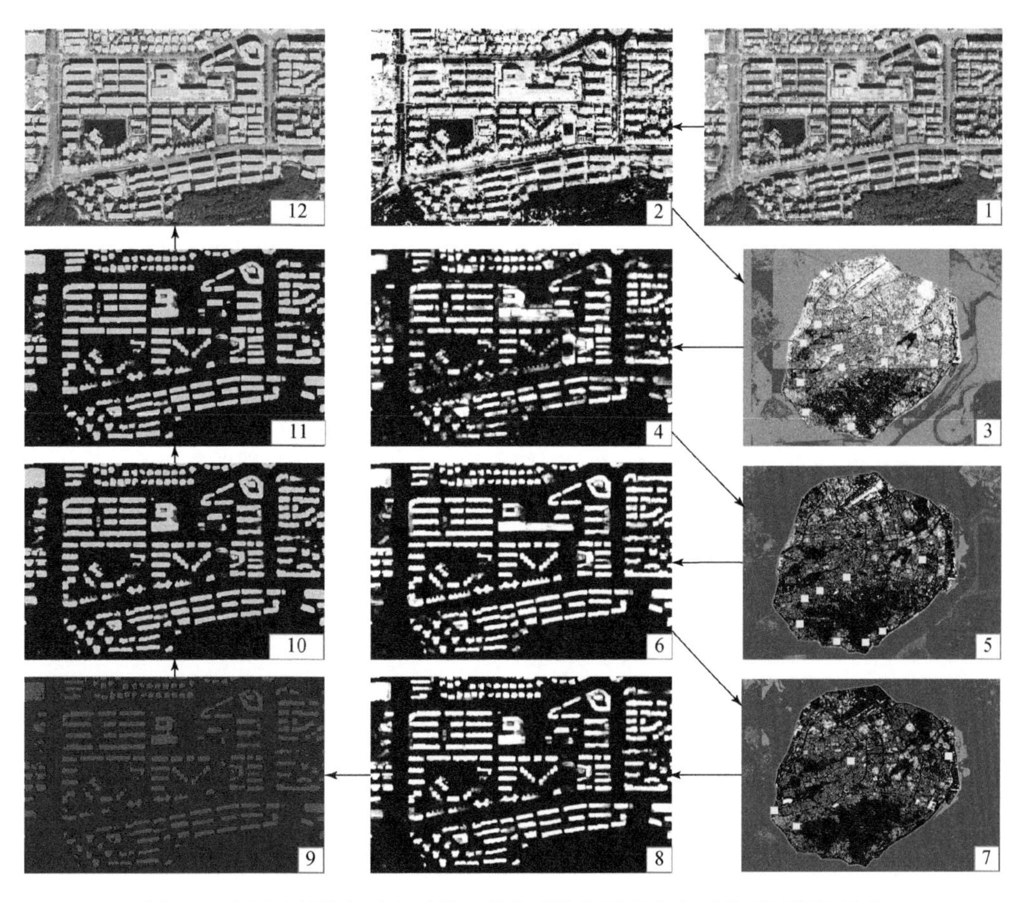

图 5.9 房屋建筑增量式主动学习优化提取与图斑形态后处理过程的示意

1. 高分影像；2. 预模型首次预测结果；
3 和 4. 第 1 次迭代预测；5 和 6. 第 2 次迭代预测；7 和 8. 第 3 次迭代预测；
9. 房屋建筑面预测图；10. 房屋建筑面与边缘结果融合结果；11. 图斑形态处理结果；12. 成图结果

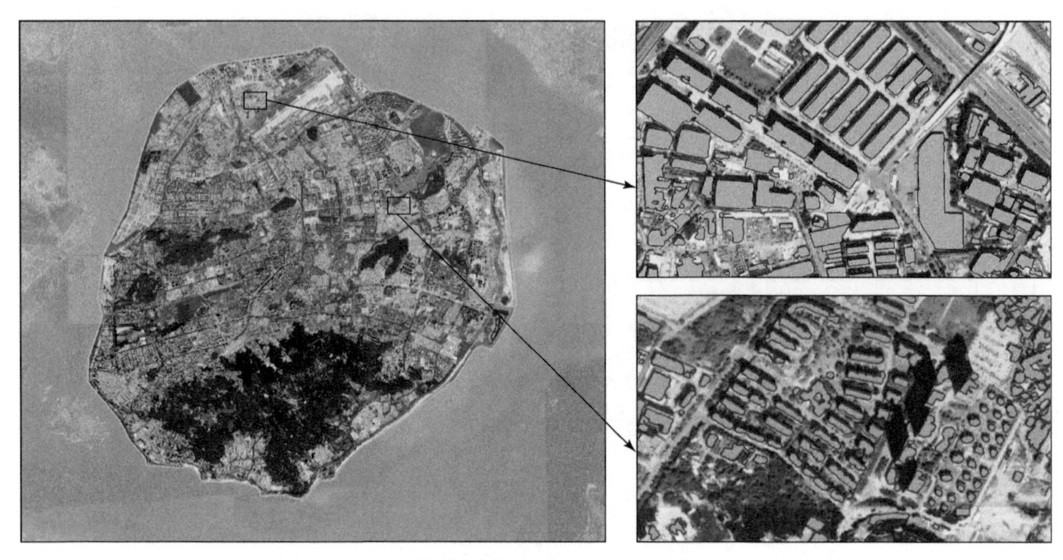

图 5.10　城市密集区房屋建筑图斑提取的结果示意

（3）房屋建筑斑块的分层提取：镶嵌于各分区区块基质中的房屋建筑类型复杂而多样，依据高分遥感影像中反映的视觉特征差异对房屋建筑进行类型归并后，分别设计相适应的“边缘+语义”组合的深度网络提取模型，再分层次地从区块中提取斑块对象。

（4）增量式的迭代学习优化：在建筑物特征提取的预测结果中，分别选择置信度高和置信度低的区域进行主动式的样本补充和编辑，重新对深度模型进行增量式学习，进而迭代至下一次特征提取中，逐步使建筑物斑块提取的结果趋优和稳定。

（5）房屋建筑图斑的形态后处理：通过边缘线提取和对象分割合并后的矢量化处理，得到房屋建筑的对象图斑，再实施平滑、拉直、拐点去除等后处理操作，尤其是要保留其关键的拐点，使之符合房屋屋顶的外观形态，从而达到美观而简洁的制图效果。

（6）房屋建筑的功能类型识别：从城市规划资料、互联网 POI 等信息中通过空间密度关联和类型映射等迁移方法，判别确定每个房屋建筑图斑的利用功能类型，再用内业判读和少量实地核查等数据进行强化学习修正，提升功能类型判别的准确率。

图 5.9 示意了根据上述提取思路的计算过程与结果，其中选取单体房屋建筑为示例，经过 3 次迭代预测后形成的稳定预测结果，然后与边缘提取结果融合并矢量化，再经过形态后处理而形成图斑，其整体和局部效果如图 5.10 所示（试验区面积约 158km^2）。

5.3　场景指标量化计算

城市场景分层次而详实地表达了复杂城市空间的精细结构，以此作为载体进一步聚合描述功能承载的本体特征信息、评判人居质量的环境观测信息、反映社会经济运行的统计信息、刻画行为模式的人物流信息等对城市态势产生影响的外部信息以及针对设计目标而定制的专题信息，这些信息通过尺度转换、地统计、空间插值、条件推测等方法同化到场景中的各要素图斑，形成精确刻画、量化描述场景状态的指标体系，并依据研究目标在一定粒度约束下将图斑聚合成结构（功能图斑），这是进一步优化与调整的基本对象。本节探讨如何构建用于定量刻画城市场景的指标体系，并分析其数据来源和相应的计算方法。

5.3.1 城市指标体系

在对城市空间场景（矢量化描述）精细表达基础上，进一步构建并计算用于精准刻画场景态势的指标体系，在地理大数据环境下实现对复杂城市的图谱耦合认知。在第3章提出的地理图斑计算模型支撑下，本节重点讨论面向城市设计的场景指标体系的构建与计算方法。从实际应用的角度考虑，指标的选取应遵循以下三个原则（曹春香等，2017）：①指标的系统性与可用性并重；②数据来源的可获得性；③指标的可量化计算。从指标类型的选择上，必须综合考虑自然环境、社会经济以及最终设计目标之间的内在联系，重点参考已有相对成熟的研究成果，从斑块本体属性、物理环境、社会经济、设计专题等全方位多角度构建与城市设计相关联的指标体系（图 5.11）。具体而言，大致可从如下四个方面展开。

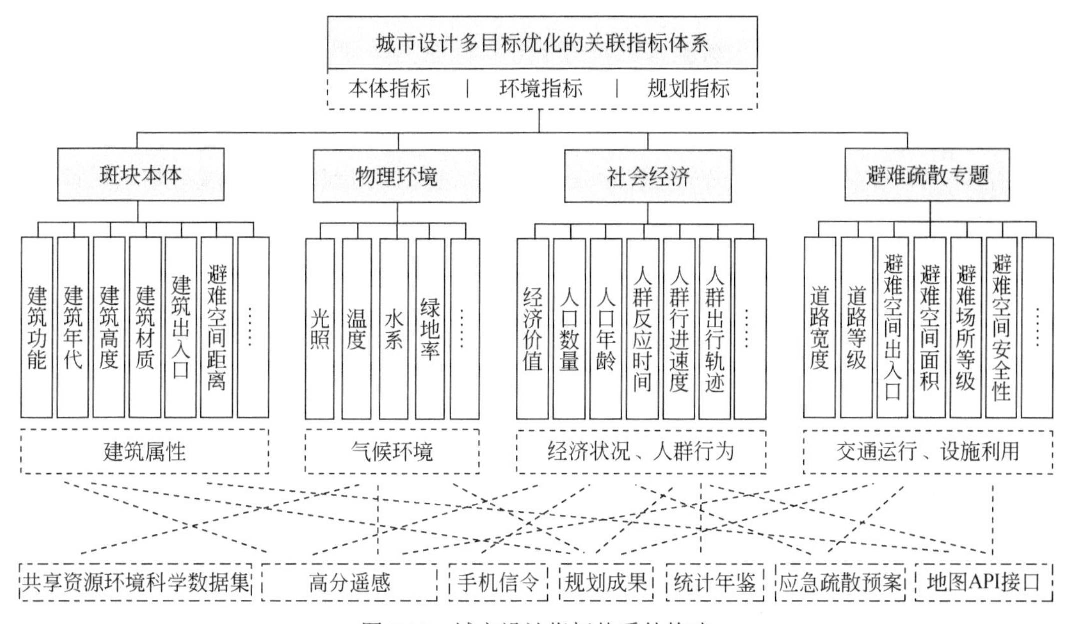

图 5.11 城市设计指标体系的构建

（1）城市斑块本体的属性，以城市场景生态系统中的主要斑块类型——单体的房屋建筑为例，其楼层高度和体量、屋顶结构、建筑材质、被利用的功能类型等都属于其基本的属性，可作为基础性的指标值（项）直接加载到以斑块为单元的多维属性表之中。

（2）反映城市环境状况的条件因子，其中温度、湿度、绿度、降水、光照等是主要的因子，具体可落到如年/月平均气温、年/月平均日照、年/月平均湿度、周围绿度等指标值上，主要采用降尺度方法将上述环境观测的因子也都以属性方式加载到斑块单元之上。

（3）反映社会经济运行与城市活动行为模式的关联指标，如人口数据（人口数量/密度/年龄等）、社会经济（GDP/CPI 等）、房价（地价）、夜间灯光数据、人物流动数据等可以综合反映城市发展程度、运行活力以及相应活动的边界等信息，以宏观（统计）数据空间化、文本数据位置发现、流动数据的方向关联等方法将运行信息加载到斑块单元之上。

(4) 针对城市设计具体目标而专门确定的专题指标，例如从城市密集区避难疏散的公共安全角度出发，除对上述指标体系的构建之外，还应在 GIS 空间分析技术支持下进一步融入道路交通出行的便捷度、避难区域（设施）的可达性/易达性等专题性指标。

上述指标将以属性方式填充至已构建的城市空间场景中的各要素图斑之中，从而以多维向量的形式进行存储和表达，组成与城市场景相关联的属性表，其实质是对多源多模态产生的城市大数据进行了以场景图斑为支撑的时空处理与结构化表达，从而提升了对复杂城市运行模式挖掘与设计规划知识发现的能力，为实现数字化城市设计的创新奠定了数据支撑。

5.3.2 指标数据来源

用于计算指标的城市大数据来源按时空分布特性主要可划分为如下的三大类：①表征特定时刻/时段的静态空间数据，如高分遥感影像、城市 POI 兴趣点/路网、常住人口普查数据、城市公共基础设施的分布等，此类数据一般以月度/季度/年度的频次更新，相对静态；②固定空间的时间序列观测或采集的动态数据，指在固定的城市场景要素中，数值会随时间发生频繁变化的数据源，如城市空气质量监测站、气象站的传感数据等等，此类数据一般的更新频次以时/分/秒来计量，属于时间密集型的动态数据；③空间变化的时间序列动态数据，是指其空间位置和观测值均会发生高频时变的实时采集数据，如城市内人流/物流/能量流的移动轨迹及状态、互联网社交媒体中与位置关联的实时内容数据等，属于时空密集型的社会感知动态数据，通过进一步挖掘，能反映城市运行的行为与情感变化模式。

上述多源的数据均可建立其相对稳定的获取渠道，进而可以将其在房屋建筑等空间单元上进行时空关联与结构化表达，以丰富对斑块单元的环境与社会特性的综合性描述。以下对应城市设计指标体系中的相关四种类型，进一步对其数据源进行了更为详尽的梳理：

（1）斑块本体指标的数据来源：斑块本体指标主要依据遥感信息提取、历史规划成果、测绘地图数据、互联网位置数据以及实地调研结果等多种数据源的协同计算。以在城市场景中占主导因素的斑块——房屋建筑为例，建筑物构筑年代等信息可通过房产资料检索而获得，屋顶材质可结合高分遥感影像的纹理与光谱分析而获得，房屋建筑高度及体量可基于高分光学遥感影像（根据阴影等特征）、超高分辨率光学影像立体相对以及 LiDAR 测高数据等综合反推而获取（Brunner et al.，2010），商业、公建、住宅、教育和工矿等建筑利用的功能类型可通过历史规划成果、城市 POI 信息以及互联网位置数据的语义关联等映射而获得。

（2）城市环境指标的数据来源：反映城市人居质量的环境指标主要依据遥感反演、规划成果、城市站点观测数据、统计年鉴等数据来源计算获得。比如，绿地率可通过统计年鉴（国家统计局，2019）、遥感信息提取、规划成果计算而获得；日照、气温、降水、风速风向、相对湿度等数据来源主要为城市监测站点或热红外遥感反演。以城市温度为例，地表热环境反演的成果覆盖度高，反映了城市不同下垫面气温变化的分布模式，但该类数据成果一般分辨率较低，在实际应用时需要考虑地表比辐射和空间尺度的差异；而城市监测站点采集的观测数据可以准确反映该点时序的气温变化，采用站点方式记录的城市温度数据可以和遥感反演产品同化，将点密度分布扩散到面的推测方法而计算到全域空间。

（3）社会经济指标的数据来源：反演城市运营与行为特征的社会经济指标计算主要依据夜间灯光遥感、互联网地图、统计年鉴、手机信令、房地产交易、社交网络等多源数据的综合计算而获得。其中，GDP 数据来源为国家统计局按城市发布的统计数据，可通过建筑的分布结合土地评价信息进行空间密度推测而分摊到各区域；城市人口数据获取的主要途径是人口抽样调查和全体普查两种形式，但经过普查统计汇总后获取的人口数据并不能准确地反映城市居住人口的精细分布，且存在数据稀缺、时间分辨率低、更新周期长、缺少空间属性等问题；公开的房价数据主要来源于互联网上的各个房产服务交易平台，这些交易数据包括了小区名称、地点、建筑年代、参考均价、总户数等信息，相对鲜活和详细；人群出行轨迹可通过手机信令和互联网地图叠加计算而得，手机信令数据在用户使用通信业务时实时产生，主要包括用户 ID、位置、时间、基站经纬度、事件类型等内容，将位置信息与地图数据匹配，可以较全面地体现用户的出行轨迹，并进一步和社交网络协同可分析行为模式。

（4）城市设计专题指标的数据来源：以城市设计的专项目标为导向设计专题性的指标，往往是以常规可获取的数据源为基础进行空间转换和综合分析而获得。以城市安全的专题指标计算为例，其主要相关指标主要包括与城市道路系统相关以及与避难空间设施相关的两大类。其中，与城市道路系统相关的指标计算主要依据高分遥感影像的路网提取、导航地图数据中的路网迁移、交通运输部门公开信息中对道路属性（道路宽度、等级等）的检索等数据的综合分析；而与避难空间设施相关数据源主要来源于基础地理信息、互联网 POI、应急管理部门的公开信息等数据的综合计算。通过 GIS 空间分析对两类数据进行叠加分析、缓冲区分析、空间可达性分析等计算可得出各种类型斑块与廊道系统、基质关系的指标值。

5.3.3 指标量化计算

从多元指标数据计算的来源看，大部分指标无法从数据源通过简单的叠加方法，直接加载到空间场景的相应要素对象中，需要进一步通过位置发现、降尺度、统计、插值、推测、GIS 路径分析等一系列处理方法进行时空转换和信息同化，才能将多源数据结构化地与斑块进行聚合。以下分别针对建筑斑块本体指标、城市环境指标、社会经济指标和城市设计专题指标（以城市安全专题为例）等的构建，对指标量化计算的具体方法进行讨论分析。

1. 斑块本体的指标量化计算

以房屋建筑为主的城市斑块的本体指标包括建筑年代、屋顶覆被性质、房屋高度、功能类型等基本属性，其量化计算的思路与方法如下（图 5.12）：

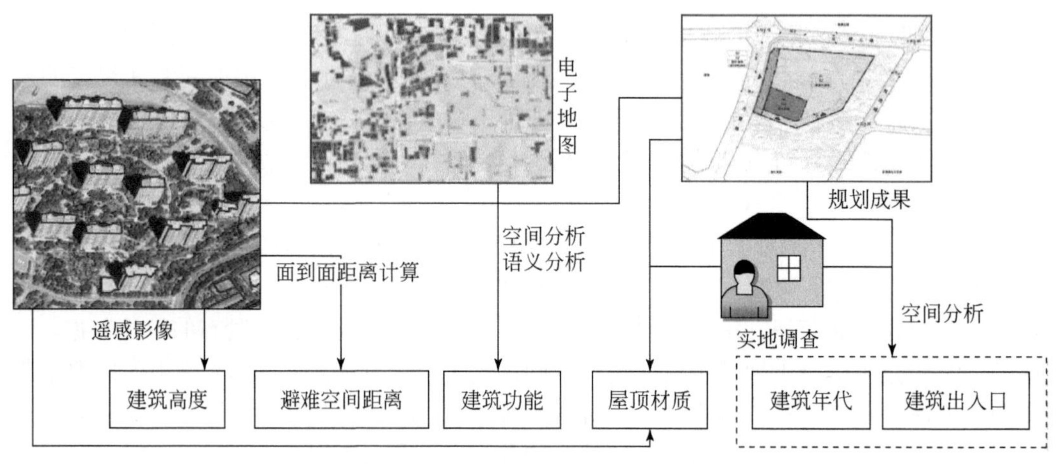

图 5.12 建筑本体指标计算方法

（1）建筑年代等基本属性：建筑物建设年代可利用城市规划的历史资料或通过实地调查的结果等，按空间位置进行检索、提取与编码。具体而言，建筑年代可根据专题应用的差异分别确定相应的数值或分级，既可以精确到年份，也可以按照年份进行分段式的编码，例如将建筑年代分为 20 世纪 80 年代以前、80 年代、90 年代以及 21 世纪初及以后等四类的分段赋值（王丽萍等，2010），这是对建筑年代属性较为常规的分级定义。

（2）屋顶覆被（材质）的性质：房屋建筑屋顶的覆被主要包括屋顶绿化覆盖、材质铺装、屋顶倾斜度、屋顶设备结构等指标（李连龙等，2017），其中的屋顶植物材料又包括了乔灌木、草坪、地被等类型，铺装材料主要包括石材、木质、红砖、石棉瓦、沥青砂石、水泥等。屋顶覆被（材质）类型及相应指标既可以通过规划成果或者实地调查直接获得，也可以通过多光谱遥感影像根据不同材质的光谱、纹理等特征进行类型判别与定量反演。

（3）房屋建筑的高度：房屋建筑的高度信息是后续计算社会经济类指标以及城市设计专题指标的重要依据。一般利用多角度超高分辨率航空影像的立体像对可直接提取建筑物的高程信息，再将城市房屋建筑图斑与高程信息进行空间叠加分析而对建筑高度进行计算；而当高分辨率的立体像对数据获取条件难以达到时，通常也可采用倾角拍摄的高分辨率影像中对房屋建筑阴影的量测，来反推估算相应建筑物的高度信息。

（4）建筑用地的功能归属：依据《城乡用地分类与规划建设用地标准》的分类体系，房屋建筑相关的用地类型主要被分为：居住、公共管理与公共服务设施、商业服务业设施、工业、物流仓储、道路与交通设施和公用设施等七大类用地（表 5.2）。对房屋建筑用地的功能判别需结合多种数据源，可能的判别思路大致如图 5.13 所示。首先以房屋建筑的图斑为空间约束，聚合来源于互联网的位置数据（如来源于腾讯、百度等的位置大数据），计算每个时间段（如 30 分钟或 60 分钟间隔）房屋建筑级别的平均人口密度，根据不同时间段的人口活动峰值，以区分居住用地与非居住用地；然后从互联网 POI 数据中进一步进行密度计算和语义关联与映射，在非居住用地中进一步区分公共管理与公共服务设施用地、商业服务业设施用地、工业用地、物流仓储用地、道路与交通设施用地和公用设施用地等类型。

表 5.2　城市建设用地的分类体系

用地类型	内　　容
居住用地	住宅和相应服务设施的用地
公共管理与公共服务设施用地	行政、文化、教育、体育、卫生等机构和设施的用地，不包括居住用地中的服务设施用地
商业服务业设施用地	商业、商务、娱乐康体等设施用地，不包括居住用地中的服务设施用地
工业用地	工矿企业的生产车间、库房及其附属设施用地，包括专用铁路、码头和附属道路、停车场等用地，不包括露天矿用地
物流仓储用地	物资储备、中转、配送等用地，包括附属道路、停车场以及货运公司车队的站场等用地
道路与交通设施用地	城市道路、交通设施等用地，不包括居住用地、工业用地等内部的道路、停车场等用地
公用设施用地	供应、环境、安全等设施用地

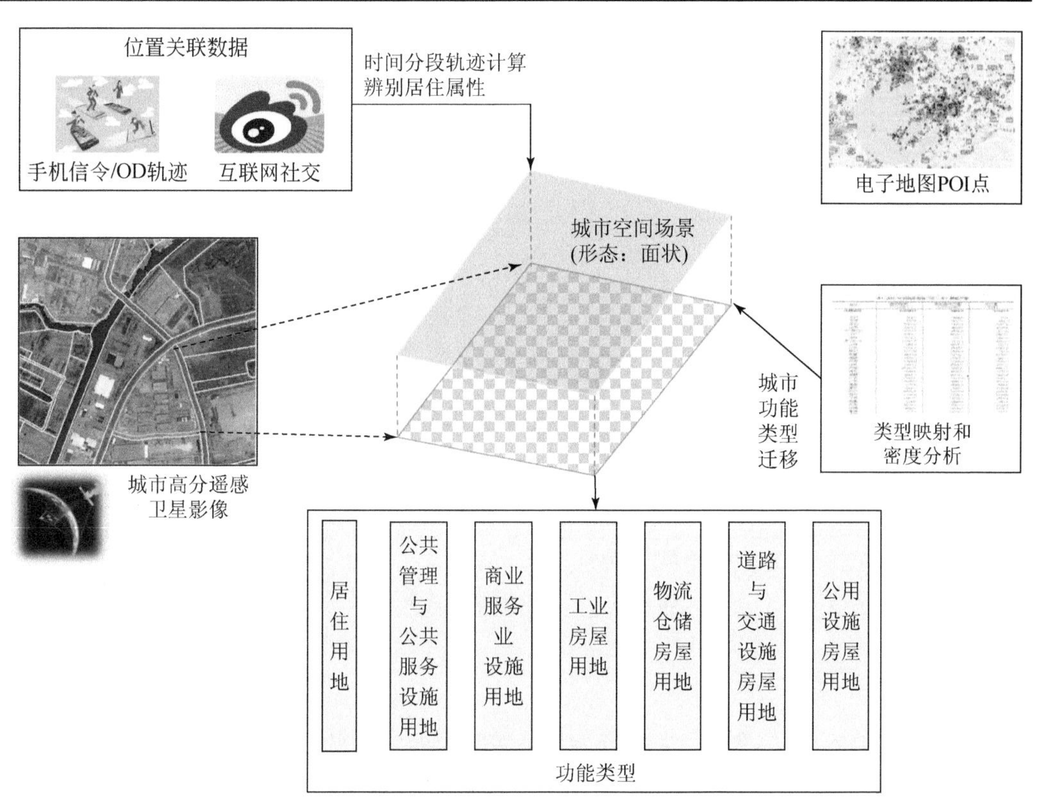

图 5.13　建筑用地的功能判别流程

2. 城市环境指标计算

城市环境指标中日照、气温、降水、PM2.5 等相关的因子，在城市温度/降水、热岛效应评估、土地利用等开放的遥感与地理信息产品中都有所表现，但其空间分辨率一般都较低，难以提炼形成表征局部精细城市空间场景的环境特性。为此，面向城市场景环境指标计算的降尺度模型是一种有效的分析计算手段，在空间二维均匀分布的假设条件下，将城市场景的空间形态、用地功能类型、城区 DSM 等下垫面特征作为辅助信息，加入基于机器学习的降尺度回归模型中，通过利用城市场景空间结构的内部均质性与外部边界约束，以提升城市大气环境类指标计算的空间精细度与质量可靠度；而对于城市环境指标中的绿地率等地面信息的计算，可在来源于《中国城市统计年鉴》的宏观数据约束下，综合土地覆盖分类与空间统计方法，将城市绿地率等地面环境指标推算到城市场景中的每个斑块（图 5.14）。

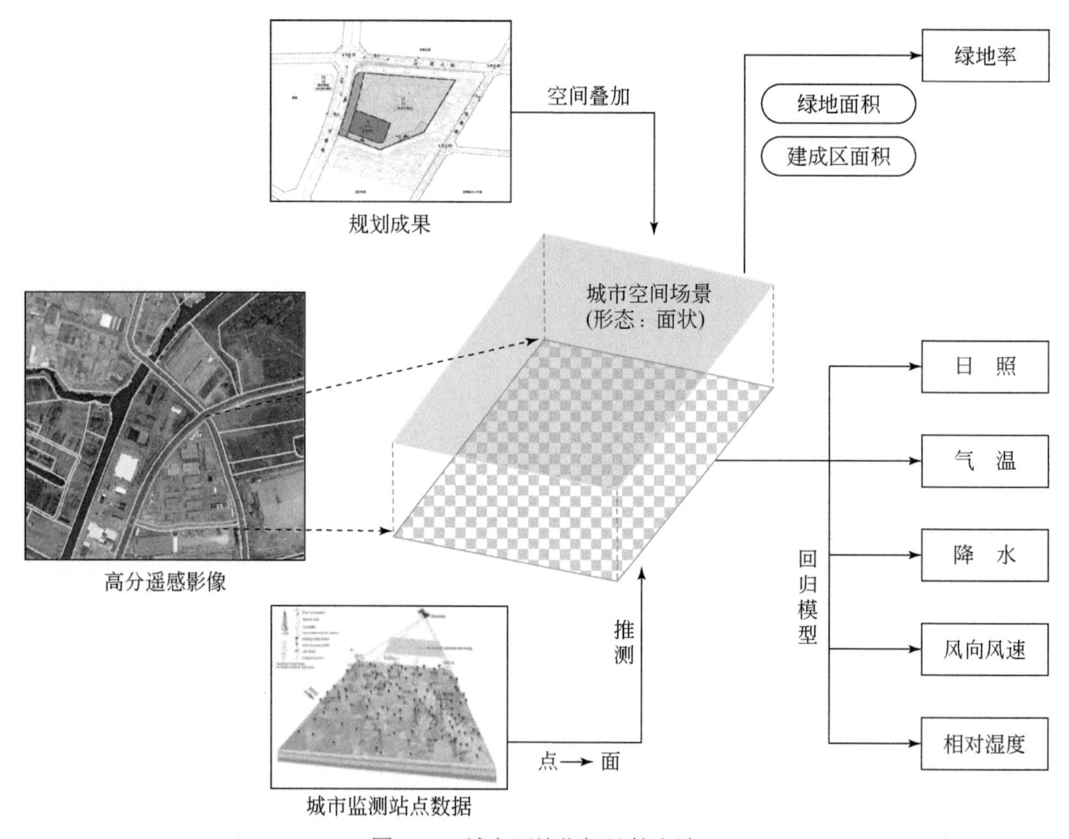

图 5.14　城市环境指标计算方法

3. 社会经济指标计算

而对于 GDP、人口密度、人群行为特征等社会经济类的指标，通常是在人口与经济普查的宏观统计资料、微观“点/线/面/流”状的观测网数据源中，以行政单元或空间“离散点/线/斑块/轨迹”的形式进行具象化，同样需要将其与精细的城市空间场景进行尺度转换。近年来，陆续发展的分区密度法、多元回归法以及多因素融合法等模型，实现了将人口信息进一步递推到合适的空间尺度，有研究表明结合移动互联网、手机信令、社交网络等新型大数据的推理方式也能够在一定程度上精确反映城镇人口的时空分布（Wardrop et al.，2018）。

因此，我们分别设计了“自上而下”和“自下而上”相结合的指标反演模型（图 5.15 所示），用于解决此类指标的量化计算问题。一方面将城区的宏观统计资料，从行政区划的面状单元“自上而下”分解到高密度城区空间场景的区块之上，以作为指标反演的总量加以控制；另一方面针对POI、各区块内监测站点观测、出行轨迹等数据特点，设计“点/线/面/流”信息与空间场景的叠加，依据择多、插值、回归等方式设计“自下而上”的指标反演算法。具体的实现途径描述为如下两方面：①基于空间统计的方法，将依附于“点/线/面/流”数据的属性，根据场景覆盖的“点/线/面/流”密度、均值、众数、距离衰减等方式，转化为对应的指标值，或通过地统计方法的“点-面”、“面-面”插值，形成城区全覆盖数据后再叠加得到空间场景的指标值；②基于机器学习构建“点/线/面/流”属性值与场景指标值间的回归反演模型，将训练模型迁移外推到整个高密度城区，形成城区全覆盖的定量指标值，其中利用随机森林等树状学习算法实现非线性的回归模型构建，并针对城区内样本稀疏、不完备、有偏等特性，基于抽样理论与不确定性分析进行数值的纠偏修正。

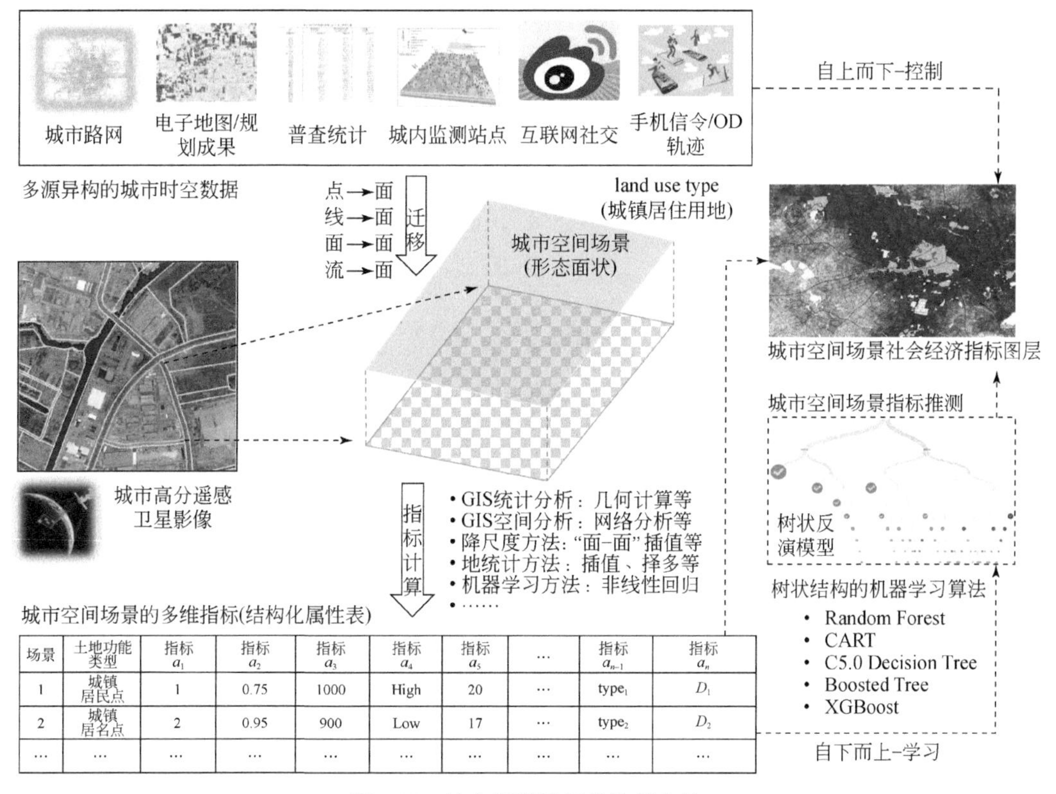

场景	土地功能类型	指标 a_1	指标 a_2	指标 a_3	指标 a_4	指标 a_5	…	指标 a_{n-1}	指标 a_n
1	城镇居民点	1	0.75	1000	High	20	…	$type_1$	D_1
2	城镇居名点	2	0.95	900	Low	17	…	$type_2$	D_2
…	…	…	…	…	…	…	…	…	…

图5.15　社会经济指标的计算方法

4. 城市安全的指标计算

城市安全相关的指标计算主要涉及了与交通网络、避难空间设施等相关信息的联系程度（图5.16）。其中，道路等级可直接从路网数据中检索而提取，道路的通达性则可采用基于路网数据的空间句法模型（查凯丽等，2017）计算得出；道路的宽度一般从交通运输部门的公开信息中检索而获取。以上指标一并作为属性值添加至路网的矢量中，而为弥补公开数据的不完整，往往可进一步结合对局部路网的高分遥感识别得出相近测量值加以纠偏。

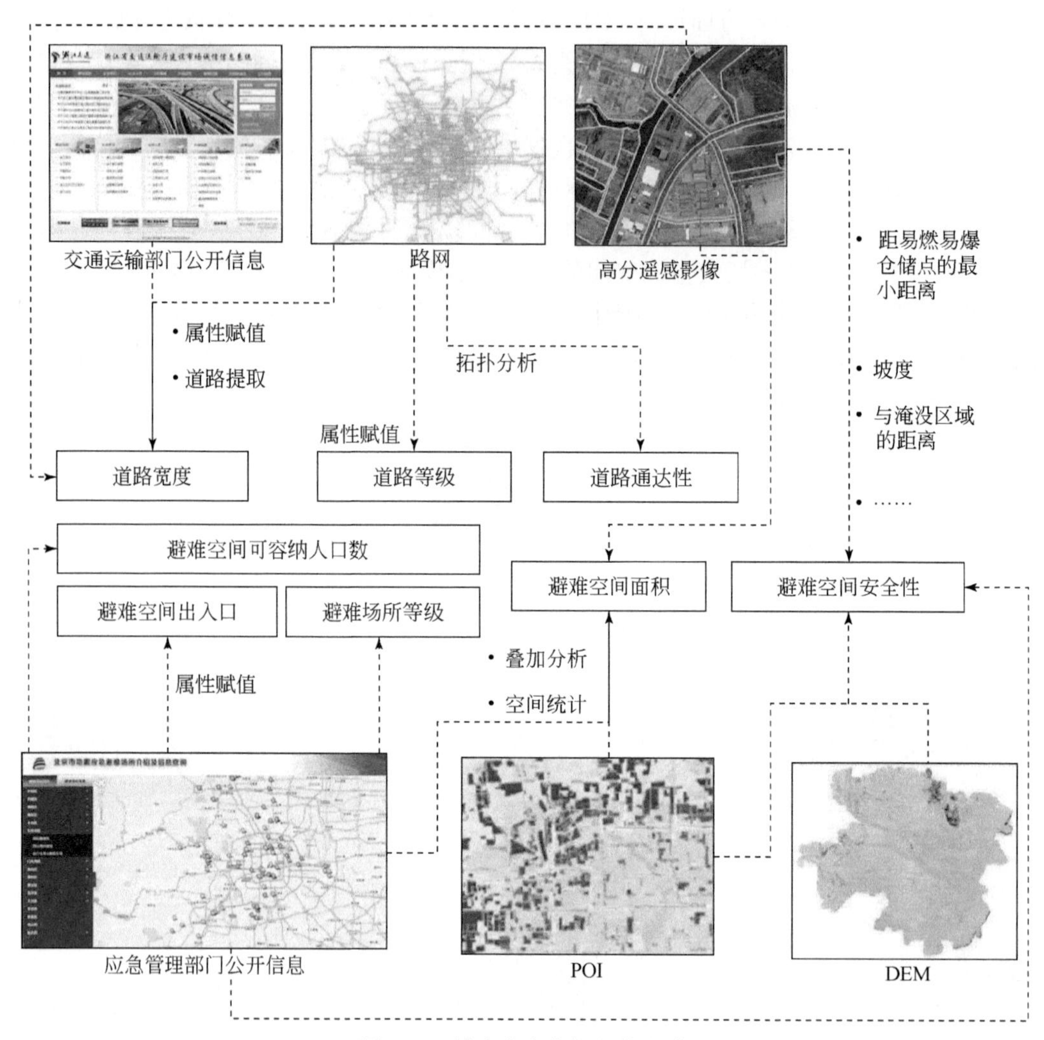

图 5.16　城市安全指标计算方法

表 5.3　各地与避难空间设施相关的规划对象

城市	避难空间（设施）	文档来源	发布时间
北京	广场、绿地、公园、体育场馆、人防工程、宾馆、学校等公共场所	《北京市“十三五”时期应急体系发展规划》	2016 年
上海	公园、绿地、广场、学校操场、体育场（馆）和露天大型停车场等区域	《关于推进本市应急避难场所建设的意见》	2010 年
广州	人防设施及广场、绿地、公园、学校、体育场馆等公共设施	《2014 年全市应急管理工作计划》	2014 年
深圳	空地、绿地、停车场、公园、广场、学校操场、体育场等室外场地，学校、福利设施、社区（街道）中心等室内避难场所	《深圳市应急避难场所专项规划（2010—2020）》	2010 年
杭州	公园、大型绿地、学校、体育场馆、影剧院、福利机构、人防工程、行政村（社区）办公楼和文化礼堂等公共建筑物	《杭州市人民政府办公厅关于印发杭州市应急避灾疏散场所建设管理实施方案的通知》（杭政办函〔2014〕60 号）	2014 年

此外，根据国内主要一线（或新一线）城市对避难疏散场所（设施）的规范化定义（表 5.3），相应指标的计算同时应考虑室内及室外的避难场所。在从应急管理部门处获取避难空间设施的出入口、等级、可容纳人口数量、容积等基本信息后，进一步与外部系统集成，从而计算避难空间设施的容纳性、可达性和距离路径等指标；而避难空间安全性的计算涉及了离易燃易爆点（如加油站等）的最小距离、坡度、与淹没区的距离等量化指标，利用距离分析、叠加分析等 GIS 空间分析以及分布式水文模型等定量计算得出。

5.4　城市空间优化案例

通过以上城市空间结构场景的构建及相应指标体系的量化计算，建立起面向城市设计目标、翔实而精准的数据集，本节进一步探讨如何基于此体系开展数据驱动的新型城市设计空间优化的研究思路。首先介绍和归纳城市设计中空间优化的相关方法与技术，然后针对当前城市快速发展造成的可利用土地日益紧缩、可建设绿色空间不足等现实情况，以存量屋顶的绿化专项设计为案例，介绍单目标条件下基于精准屋顶图斑评价的自底向上空间区划分析方法；进而以城市避难疏散的安全性为主要目标，综合考虑城市设计的经济发展和生活宜居等多方面的目标，以城市高密度地区的空间场景及其关联指标为信息输入，提出综合实现城市防灾避难设施的区位布设以及疏散廊道网络路径设置的多目标空间优化思路。

5.4.1　城市设计空间优化方法综述

我国城镇化进程快速推进，在实现社会经济快速发展、人口转移、产业结构调整、工业化进程加快和科技不断进步的同时，也会直面城市空间规划无序或难以适应等种种难题，从而引起诸如生态环境、应急疏散安全、土地高扩张、资源高消耗和“三废”高排放等一系列问题。为了有效改善和解决这些问题，需要城市的政策制定者和规划师通过科学的方法，实现各类资源的空间配置优化，实现生产空间的集约高效、生活空间的宜居适度和生态空间的绿水青山等相协调的可持续发展战略（李广东等，2016）。近年来，高分辨率卫星遥感数据、基于位置的社交媒体数据等时空大数据的获取都在变得更为便捷而畅通，而地理信息系统（GIS）作为一种有效的时空数据组织与分析方法，可有效集成多源异构的数据，综合考虑多种优化目标，通过开放式高性能计算为城市各类常规规划和应急任务提供技术支撑变得切实可行（张晓祥，2014）。其中，空间优化是实现城市设计定量化计算的关键技术方法。

空间优化从技术本质上是一个围绕单个或多个的设计目标，在若干控制条件的约束下通过空间分析算法的迭代计算而得到最优解的过程，属于 GIS 的高级分析技术。其中，从城市应用的目标角度主要包含了如下三方面的研究内容：①在城市现状的场景空间结构中优化配置最合理的生产、建设、生态等资源要素；②在城市现状场景中进行“斑块-廊道-基质”为体系的空间结构改造、新设施的设置（例如医院、学校、公园等的选址），新道路的添加等；③在城市的现状/规划场景中，以经济、宜居（生活）、生态、安全等为目标进行城市区域内斑块间的通达性和路径分析计算，得出以空间邻近和路径为计算途径的指标和评价，从而通过迭代的演化得出相对优化的设计方案。事实上，这三类城市设计的应用内容分别对应了GIS空间优化中的区划问题、区位问题和路径通达性问题。

（1）城市区划问题：城市功能区划就是对城市不同区块的利用属性进行合理划分，按照不同的城市要素可以分为城市自然区划、城市经济区划、城市生活区划等不同的大类型。自从国家在《“十一五”规划纲要》中提出了主体功能区的发展政策（国务院，2006）以来，主体功能区的规划日益受到了重视。例如，上海市人民政府（2013）对市域范围设置了四大类的功能区域：1）都市功能优化区，包括中心城区及宝山、闵行区；2）都市发展新区，包括浦东新区；3）新型城市化地区，包括嘉定、金山、松江、青浦和奉贤等近郊区域；4）综合生态发展区，主要包括了崇明县等长江河口与海滨生态湿地保护区域。进而对各个功能区域中的用地单元按照主体功能进行了相应的空间优化配置。这类划分综合考虑了土地资源、水资源、环境、生态、人口、经济、交通等多种因素与条件，属于城市综合区划的范畴。因此，城市空间区划问题的技术本质是对当前的结构调整为新的功能类型，进而模拟计算趋向目标的新指标值（属性），并根据功能聚合和目标优化调整为规划的区块（邹凤琼等，2017）。

（2）城市区位问题：主要是指城市中的公共服务、仓储物流、商用服务等设施的空间选址问题，且选址的影响因素因目标不同而异。例如，城市避难场所的选址需综合考虑人口密度、与现存避难场所的距离、与易燃易爆点的最小距离、道路宽度和通达性等因素；而城市配送站的选址则需综合考虑湿度等自然因素、国家政策以及与居民区/学校的距离等要素。确定选址的多元因素后，构建具有目标函数、约束条件等多项式与参数构成的数学模型进行逐步求解。这类区位问题的技术本质是对图斑进行形态的修改或重新添加生成，进而更新其相应功能属性和计算其新的指标，计算方法有线性规划、非线性规划等方法，还有如蚁群算法、遗传算法、爬山算法等启发式的智能搜索算法（孔云峰等，2012）。

（3）城市路径通达性问题：主要针对城市中以应急避难、物流配送等不同的目的，科学规划复杂城市区域内的廊道及其属性。在实际的城市应用中，选址和路径规划问题经常伴随着出现，例如在城市的应急救援中，应急指挥中心的选址与应急救援车辆的路径优化需求往往会同时提出。因此，这类问题的技术本质是计算斑块（建筑物）到目的地的通达性、交通距离以及抵达耗时等指标，并将其填充至斑块的属性项中，进而参与到优化模型的计算中。以面向城市安全的应急救援车辆的路径规划为例，可以构建基于车辆行驶时间、救援成本、救援路径等的多目标规划模型，求解方法包括了蚁群算法、遗传算法等启发式的搜索算法以及Dijkstra算法、动态规划法等方法（唐文武等，2000）。

以下分别针对单目标的区划（厦门市屋顶绿化的适建性评价）以及多目标区位/路径通达性（密集城区的避难疏散空间优化）的城市设计问题，综合提出以图斑（斑块）为基本单元的城市空间场景构建、指标量化计算以及空间优化设计的具体案例及其技术实现途径。

5.4.2 案例1：屋顶绿化的适建评价

国内高密度城区随着社会经济的快速发展和人口的集聚而日益增多，开展生态绿色空间建设越显必要而又遇到诸多难点：一是未利用土地的稀缺，没有足够的土地可以用来补充绿色生态的建设；二是生态建设和空间规划需要充分考虑已建成区的存量情况，如果通过简单的征地等方式则需要付出高额的交易成本和人力物力。在上述情况下，屋顶绿化建设的方案应运而生，在屋顶铺设绿化可以带来显著的生态效益、经济效益和环境效益（Shafique et al.，2018）。在生态效应方面，可以缓解城市热岛效应、净化空气、减少地面雨水径流、促进生境斑块营造生物多样性等；在经济效益方面，可以创造舒适环境以提高商业价值、保护屋顶材质而延长使用寿命等；在环境效益方面，则可以美化城市的整体景观。本小节以厦门本岛为示范区，阐述基于屋顶图斑场景进行绿化适宜性评价与区划设计的方法案例。

厦门市位于24°23′～24°54′N、117°53′～118°26′E之间，其中示范区——厦门岛的土地面积约为 157km^2（不包含鼓浪屿）（图 5.17），岛内包含思明和湖里两大城区，下辖 14 个街道。据厦门市统计年鉴资料显示，2017 年厦门岛全年平均气温为 21.8℃，极端最高气温达到 36.4℃，降雨日数为 94 天，平均降水量 982mm，平均蒸发量 1239.10mm，平均相对湿度 75.3%，全年日照时数为 2212.80 小时，全年最多的风向为东风，属于南亚热带的海洋性季风气候。截至 2017 年厦门金砖会议期间，厦门岛内常住人口达到 238.18 万人，2016 年绿地面积约占 4589.8 hm^2，其中的公园绿地面积约 2158.4hm^2，人均公园绿地面积仅为约 9.06m^2，与《福建省“十三五”城乡基础设施建设专项规划》确定的 13m^2 以上的标准相差较多（董菁等，2018；Dong et al.，2020）。截至 2016 年，厦门岛已建成的屋顶绿化面积约为 54 hm^2，占总建筑屋顶面积的 2%，屋顶存量资源总面积约为 2546.95hm^2，约占厦门岛面积的 17.9%，屋顶空间具有较大的绿化建设潜力。另外，该试验区存在以下几个相关特点。

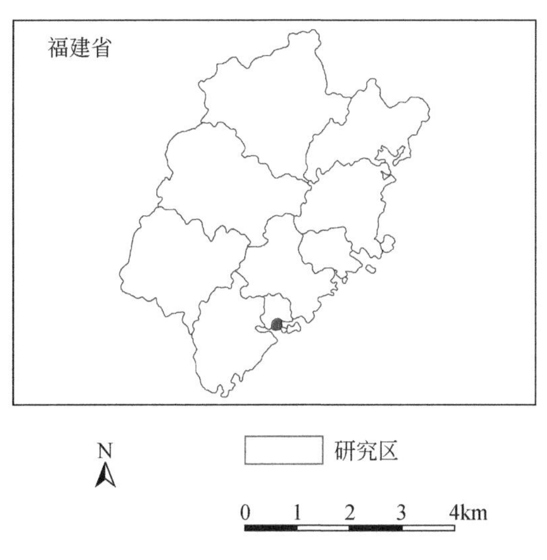

图 5.17　厦门市本岛区位遥感影像图

（1）城市化进程发展快速：根据厦门市统计局的数据显示，厦门岛 2017 年常住人口的城市化率为 89.1%，已达到城市化的高级阶段，且人口分布不均匀，岛内面积小、人口数量多，人口密度数倍于岛外的城区，属于典型的城市高密度地区。

（2）城市热岛效应显著：对 1994 年至 2015 年厦门地表温度的反演显示，厦门市地表温度波动增大，低温区的景观面积持续减低，次低温区和常温区景观则呈现波动的态势，次高温和高温区面积增大，尤其是 2010 年以后，次高温和高温区面积增速加快，市域各行政区中厦门岛内的升温趋势最为明显，热岛效应严重（聂芹等，2018）。

（3）已建屋顶绿化评估环境全面：厦门岛内已建屋顶绿化的建筑类型较为全面，包括高层、多层、低层的商业、公共、居住等建筑，可以提供较为系统的评估环境。

屋顶绿化的适建性评估方法即在总结相关研究成果的基础上，结合屋顶绿化的综合效益与建筑属性特征选取适建的影响要素（指标），运用“场景构建-指标计算-空间优化”的城市设计方法路线，围绕房屋建筑的屋顶绿化适建性影响因子进行数据收集、处理和指标提取，建立城市高密度地区的屋顶绿化适建性评估体系和设计方法，完成对研究区全域精确到每个屋顶单元的绿化适建性分级评估。具体实施可分为以下几个步骤（图 5.18）。

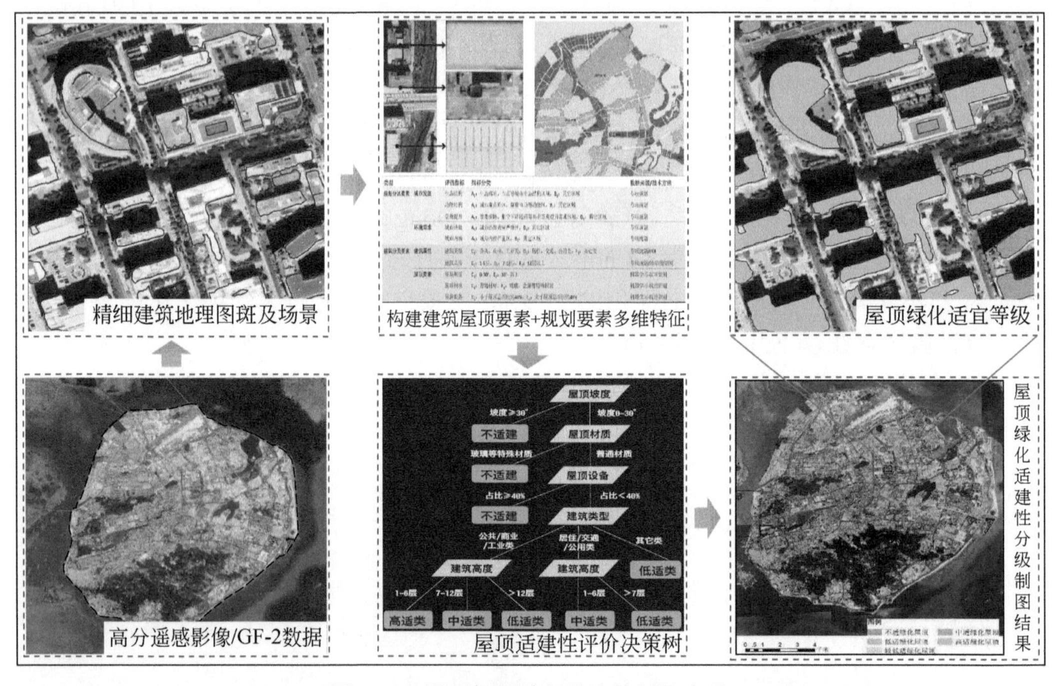

图 5.18　屋顶绿化城市设计的制作步骤

（1）精细的现状场景生成：利用本章 5.2.3 小节所述的方法，从亚米级高空间分辨率影像中按照“分区-分层”路线提取具有精细形态结构的城市房屋建筑图斑，并以建筑屋顶为基本单元（图 5.19），按照“斑块-廊道-基质”的体系对城市空间场景进行构建。

（2）绿化适宜性的指标计算：通过 5.3 节所述的方法，分别从建筑物要素和设计规划要素两个层面（表 5.4）设计相应的指标迁移计算方法，构建以屋顶图斑为单元针对建筑本体、自然环境、经济社会以及屋顶绿化专题等四类组成的指标体系。

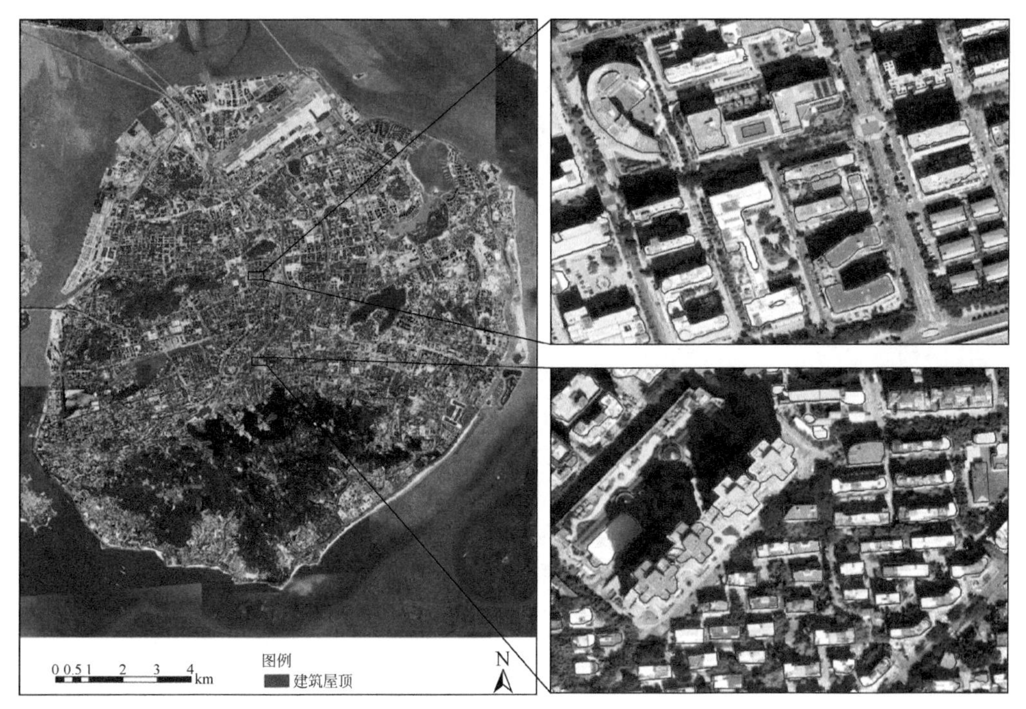

图 5.19　厦门市本岛的建筑屋顶图斑

表 5.4　屋顶绿化的适建性评估因子

评估因子				评估标准	数据来源
规划要素层面	生态效益	生态结构	生态结构	生态廊道、节点区优先	规划文本
		环境改善	城市热岛	热岛效应严重区优先	
			城市内涝	城市内涝严重区优先	
			微气候环境	局部微气候调节区优先	
	经济效益	功能结构	功能结构	城市重要功能区优先	
	社会效益	公共服务	景观提升	景观提升需求区优先	
			建筑改造	具有改造需求区优先	
建筑要素层面	建筑属性		建筑高度	12 层或 40m 以下优先	现状 CAD 遥感技术
			建筑类型	公共、商业、产业类优先	土地利用
	屋顶属性		屋顶坡度	0°～30°	遥感技术
			屋顶材料	普通材料	
			屋顶设备	小于屋顶总面积 40%	

（3）适宜性评价模型的构建：以专家知识作为标定，自下而上地从屋顶图斑的指标向量中学习回归模型；或依据专家知识自上而下地构建适建性的决策树，从而计算出各个屋顶的绿化适建性评级，形成以屋顶为单元的适建性评价图（图 5.20）。

（4）规划方案的空间优化设计：在适建性评级图的功能聚合、蓝绿分区、景观布局等条件的约束下，进行规划方案交互迭代的优化设计，生成最终规划方案制图（图 5.21）。

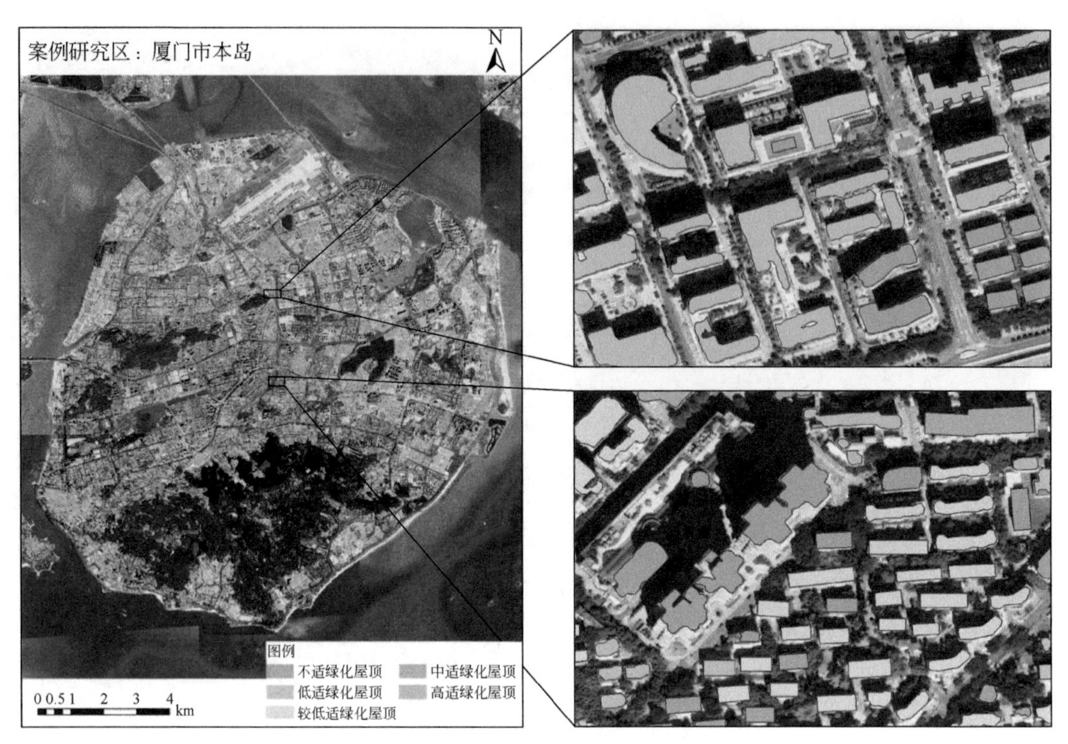

图 5.20　厦门市本岛建筑屋顶适建性评价图

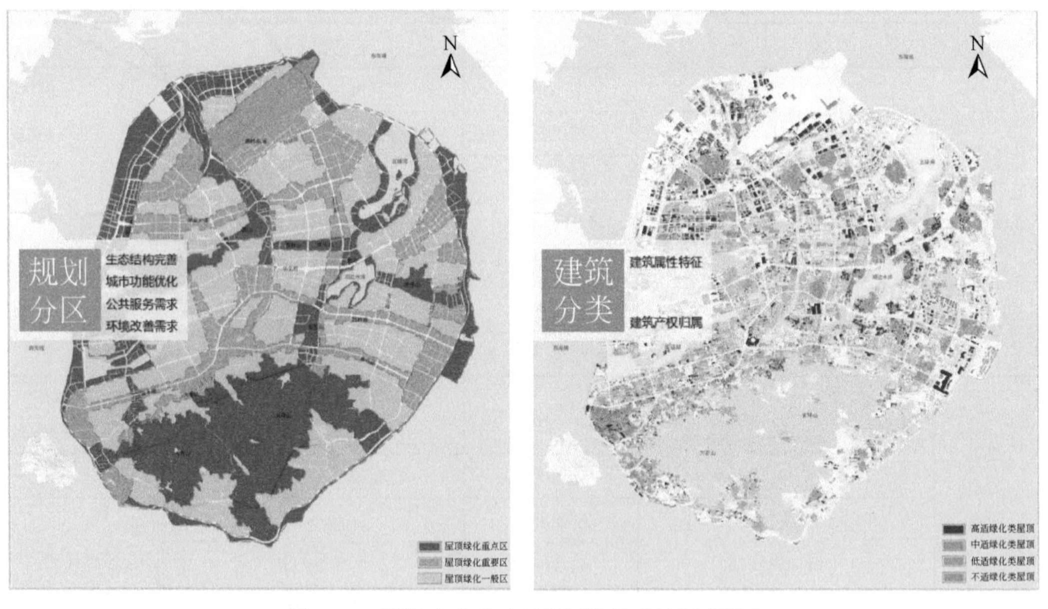

图 5.21　厦门市本岛建筑屋顶绿化规划分区图

上述案例综合运用了地理图斑解析技术和空间区划优化方法，开展以建筑屋顶为单元的绿化适建性评估和规划设计方法的研究。基于此单目标城市设计的方案，可进一步运用遥感持续监测和分析屋顶绿化对于缓解城市热岛的生态效益，以促进城市生态的可持续发展，为城市高密度地区存量屋顶设计的建设决策与实施提供依据和切实可靠的技术手段。

5.4.3 案例 2：避难疏散的空间优化

2018 年 1 月 7 日中共中央、国务院发布《关于推进城市安全发展的意见》以及党的十九大报告中均明确提出要健全城市安全体系的建设的要求。城市高密度地区（或称“高密度城区”）因建筑、人口、商业、交通等要素的高度聚集，空间结构复杂，功能配置复合，使其灾害发生风险和潜在影响不断增加，并呈现灾害事故频次高、影响因素复杂、事故易放大、规模不均衡等特征（Clarke and Habib，2010）。高密度城区公共空间是灾害事件发生中人员疏散的目标载体（避难场所），若缺乏良好的公共空间规划和疏散通道设计，容易造成大规模人群疏散时混乱无序，从而大大延长人群到达避难场所的时间，同时将增加各种次生灾害发生概率（如人群拥挤、人员踩踏等）。因此，解决避难疏散场所空间配置（区位）和疏散通道路径（空间可达性）的空间优化问题是高密度城区城市设计中的关键内容（Chen et al.，2016）。

长期以来，我国防灾减灾规划主要从城市的宏观尺度开展研究与规划实践，重点开展了城市防灾的目标制定、重点区域识别、避难场所规划、防灾避难通道规划等内容的研究与编制，同时借鉴了国外经验，也进一步关注了规划编制程序、管理方法、体系构建等方面（左进，2012）。总体来看，城市防灾避难的研究与城市空间规划在宏观层面的结合较为完善，而中微观尺度空间规划的理论方法和技术手段方面还缺乏研究积累。在高密度城区城市设计的编制与管理方面，如何在兼顾经济性、宜居性等城市设计基本目标的同时，有效保障安全性并能对其进行定量化表征，是一种多目标博弈下的综合设计问题，具有突出的现实意义和研究价值（周铁军等，2018）。其中，由于高密度城区的时空数据有其海量、多源异构和不确定性等特点，提高了研究所需配备的环境条件和技术手段的要求，也增加了模型对于定量表达多目标指标和融入空间优化算法的诉求。具体而言，需要重点开展高密度城区的空间场景构建、多目标关联指标计算以及避难疏散场所空间配置与疏散路径空间优化等三方面的研究内容。以下通过在宜宾市中心城区进行避难疏散的安全城市设计为案例加以进一步说明。

宜宾市的中心老城区位于岷江、金沙江汇合后形成长江干流的三江交汇处（宜宾有万里长江第一城的称号），总面积约 2.5km^2，水陆交通纵横交织，商业繁华，建筑和人口密集，交通拥挤（图 5.22）。面向其避难疏散安全提升的需求，构建复杂密集城区避难疏散的“目标-指标-坐标”于一体的空间优化流程，主要参照本章前面所阐述的研究思路，大致将流程分为“城市空间场景构建、多目标关联指标计算以及应急避难空间优化”等三个步骤（图 5.23），运用多智能体仿真技术开展多目标评价指标的融合计算以及疏散过程的仿真模拟，以此准确地定位避难疏散中相对薄弱的环节，从而结合设施选址的分析工具，优化避难场所的布局以及疏散通道网络的设计，以落实避难空间与设施的布局优化。

1. 高密度城市空间场景构建

基于地理图斑智能计算模型，在高分遥感影像上对宜宾中心城区的路网-水系的分区，建筑、水体、绿地等分层图斑的提取，以及公园、广场、码头、交通枢纽等避难场所（设施）等的类型识别和功能结构组合，构建起以疏散通道（道路为主的廊道）-避难需求点（以建筑为主的斑块）-避难场所（广场等空间）为主体的城市场景。构建的

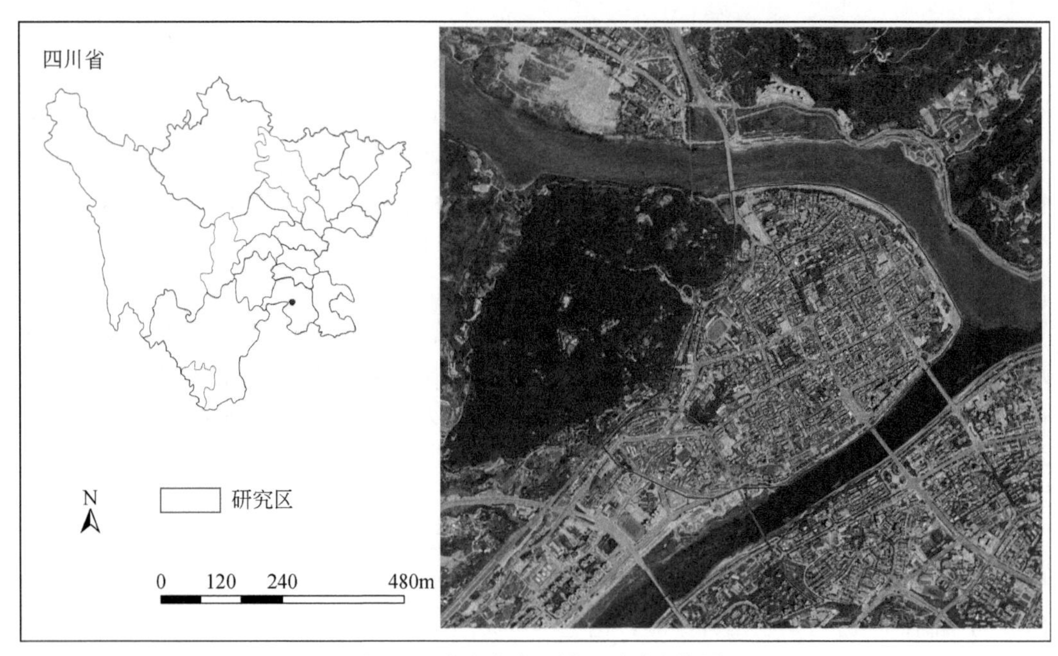

图 5.22　宜宾市中心城区遥感影像图

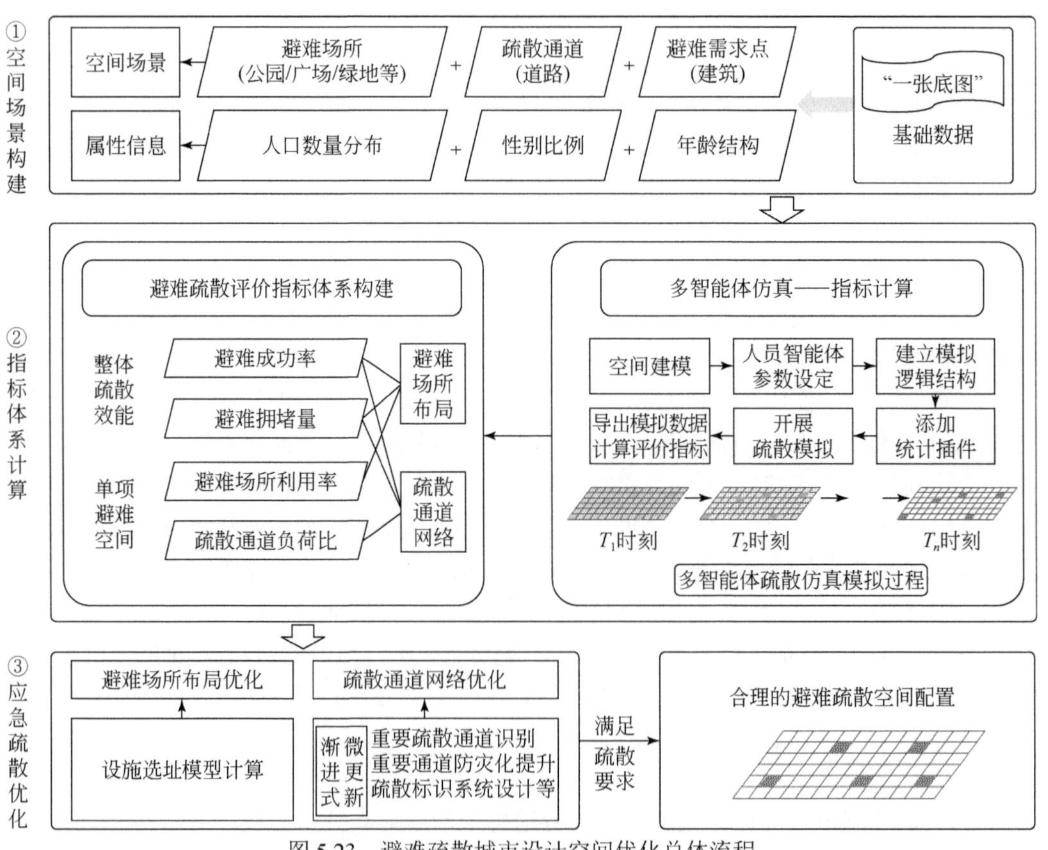

图 5.23　避难疏散城市设计空间优化总体流程

方法过程如本章 5.2.2 小节所述，图 5.24 示意了基于高分影像智能提取所构建的宜宾市中心城区的空间场景。

图 5.24　宜宾市中心城区空间场景构建示意图

2. 多目标评价指标融合计算

疏散通道网络和避难场所布局作为影响避难疏散过程的两个关键因素，科学评估其合理性是开展后续空间优化的重要基础，因此我们也重点从这两方面来建立相应的评价指标：

（1）疏散通道相关的评价指标

传统规划通常简单地以疏散距离（服务半径）作为依据，通过计算服务覆盖范围对避难场所的服务水平做出评估；与之相比，将仿真模拟过程的拥堵指标作为避难疏散有效性评判依据，能够更真实全面地反映避难场所的服务水平。由于避难场所规划的标准中约定，紧急避难场所的服务半径为 500m（步行时间约 5min），我们暂以 5min 为间隔进行疏散模拟，并对疏散完成（即到达紧急避难场所）人数随时间变化的情况进行统计（图 5.25）。

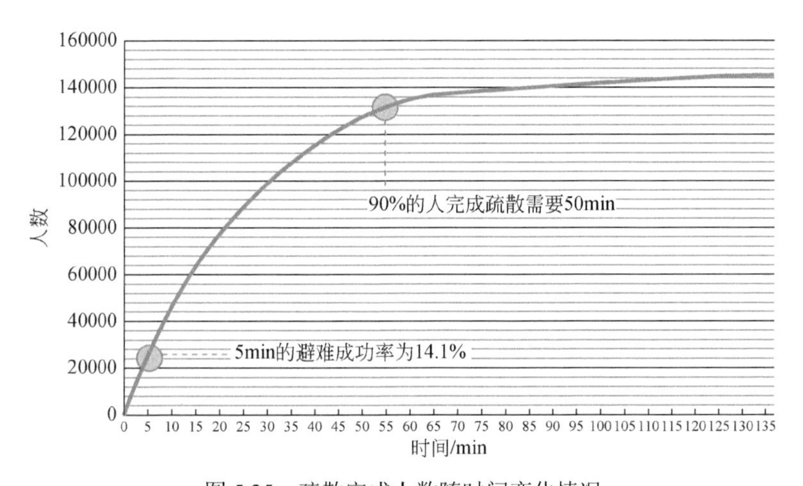

图 5.25　疏散完成人数随时间变化情况

模拟过程中，在人群疏散的开始阶段，由于疏散通道中的人数较少，人员疏散得以快速进行，疏散效率最高；5 分钟时，研究区的避难成功率为 14.1%，此时避难场所到达人数的增长速率开始放缓，疏散通道形成拥堵，且拥堵程度不断加重；30 分钟时，拥挤程度达到了高峰，此时约有 34%的人员已完成疏散到达避难场所；随后到达避难场所的人员以缓慢的速率增长，到 50 分钟左右，90%的人员完成疏散。疏散过程中不易预测的拥堵情况是避难场所规划中存在的重要隐患，导出不同时刻的疏散模拟图（图 5.26）进行分析有利于寻找避难场所区位规划中的相对薄弱环节，以进行针对性的改进设计。

图 5.26　疏散过程随时间变化的拥堵状态图

多次模拟后可发现一些规律，研究区的拥堵路段主要分布在五个避难场所的周边（图 5.27），而从 5 分钟开始出现了以避难场所为中心逐渐向外围扩散，持续了数小时的拥堵状态。而拥堵最严重区域为9号避难所的周边，其半径500m所覆盖的街区几乎陷入了严重拥堵的瘫痪状态，而这正是导致整体疏散时间过长的主要原因；另外四片拥堵区域分别为3号、6号、12号和16号避难场所的周边。初步分析，可得到如下两方面的原因：①宜宾市中心区避难场所的位置分布不尽合理；②避难场所的出入口设置也欠妥当。例如，9号避难所只有一个出入口为临街，又如16号避难所的两个出入口都与街道相隔了一定的距离，只有一段狭窄的通道进行了相互连接，因而成为疏散时的瓶颈。

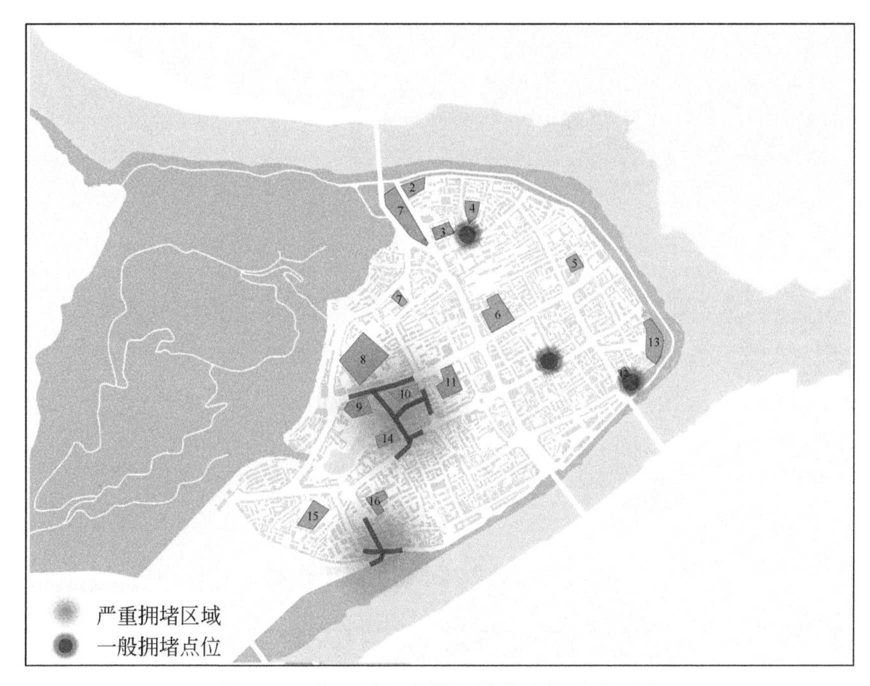

图5.27　中心城区疏散拥堵的空间分布示意

因此，疏散通道负荷比是衡量某条道路在整个地区疏散过程中使用程度的重要指标。通过在各道路设置对智能体的模拟观测计数来统计各疏散通道的人流量，疏散结束后导出各通道数据进行负荷比的计算，根据负荷比的从高到低，可分为3个等级（图5.28），颜色越深代表避难过程中使用该条疏散通道的人流越多，因而凸显其在整个疏散过程中的重要性也越高。分析可知：①距离避难场所近的疏散通道负荷比通常较高；②各疏散通道的宽度与其在疏散中承担的职能等级并不匹配，需根据负荷比重新确定各疏散通道的等级；③一条疏散通道不同路段的重要性不同，可针对重要性高的路段做出相适应的防灾优化设计。

（2）避难空间相关的评价指标

避难场所利用率是表征避难场所布局合理性和真实服务水平的一个重要指标，多个避难场所的服务范围相重叠的情况下，避难人员的疏散行为选择会直接影响各避难场所的利用率，导致个别场所的服务人数超出其服务能力而其他场所的避难资源却空闲浪费，因此在规划时通过仿真模拟分析可以得出各避难场所的利用是否合理。根据《城市抗震防灾规划标准》[①]，避难期为“临时”和“紧急”时人均有效避难面积要求分别为

① 中华人民共和国自然资源部. 2007. GB 50413—2007. 城市抗震防灾规划标准. 2007-11-1.

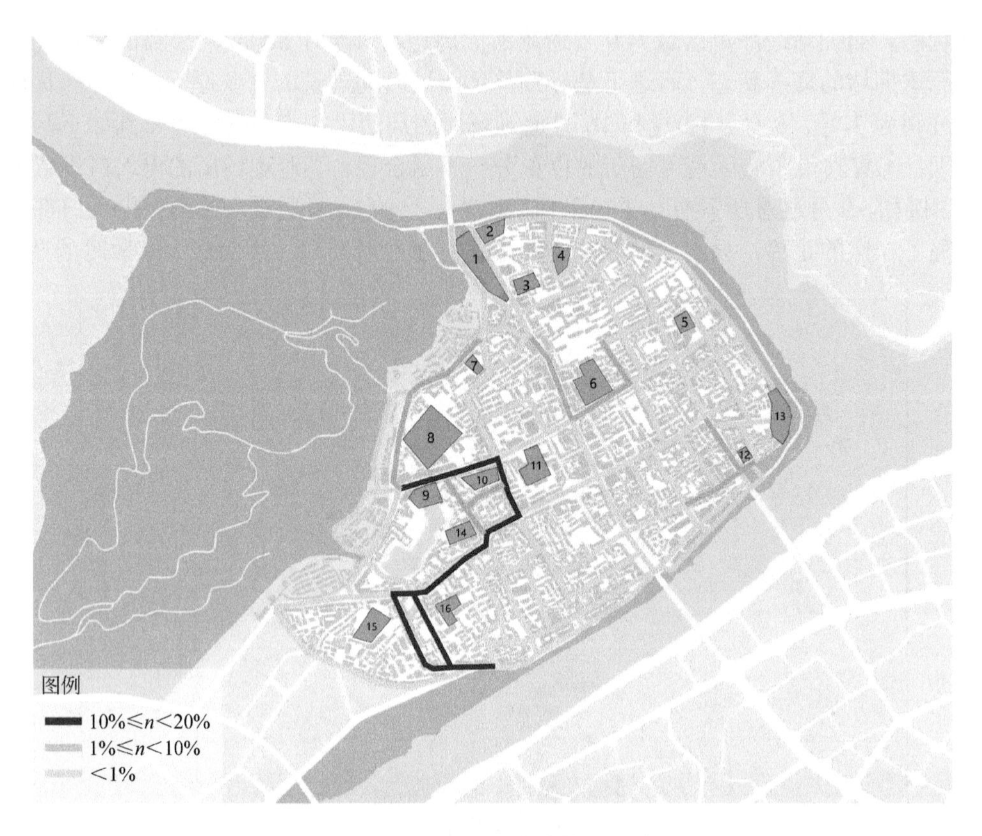

图 5.28　疏散通道的负荷比示意

1m^2 和 0.5m^2，统计宜宾市中心城区五个避难所的有效避难面积，可计算得到各避难所的避难容量，结合模拟结束后到达各避难场所的人口数据计算各避难场所的利用率（图 5.29）。由图分析可知，14 号避难所的避难人数远超其可承受的容量，其利用率达到了 356.5%；而 5 号、7 号、12 号、16 号避难场所的避难人数与其自身容量相比也溢出，均超过 200%；1 号、2 号、13 号避难所则由于位置较为偏僻，将其作为目标避难场所的人群也相对较少，利用率仅在 10%以下，明显存在避难空间资源浪费的情况，因此亟待对空间配置进行优化。

3. 多智能体避难疏散的空间优化

基于上述场景的构建和指标的设立，从避难场所布局和疏散通道网络两方面展开面向应急避难疏散的城市设计空间优化。避难场所布局方面，在可利用存量土地资源（基质）上进行“布设避难场所斑块-模拟计算和评估”的迭代计算，使得各避难场所服务人数不超出其服务能力的前提下总体疏散距离最短；疏散通道网络优化方面，关键在于重要疏散通道的识别，根据疏散人流负荷划分重要疏散通道和一般疏散通道，以“微更新”的方式渐进推动重要疏散通道的防灾能力提升（可能的措施包括宽度拓宽、重要界面抗震加固、潜在拥堵位置优化等），并结合人群疏散路径构建完善的疏散标识系统。优化后赋予通道相应的等级，再次进行疏散模拟和指标评估，迭代直至满足疏散要求，形成更合理的避难疏散空间体系。

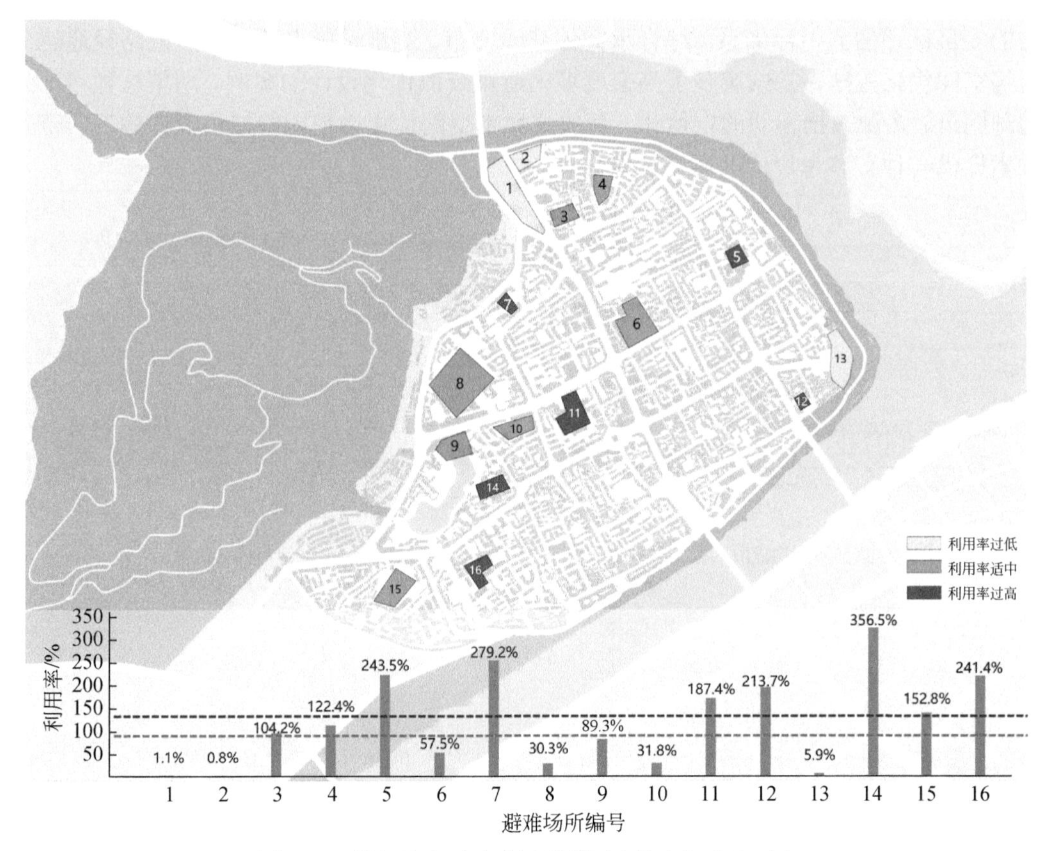

图 5.29　模拟结束后避难场所利用率的空间分布示意

研究以最终的模拟结果为例进行分析：从避难的成功率来看（图 5.30（a）），改进后 5 分钟时的避难成功率约为 18.2%，相比改进前提升了 4%，90%的人完成疏散的时间缩短了 7 分钟；从拥堵的情况来看（图 5.30（b）），研究区已无大面积的拥堵；从避难场所的利用率来看（图 5.30（c）），各场所均未超过 150%，预计灾害发生时所有人均外出避难的可能性较低，该优化结果的指标在合理范围内；从疏散通道的负荷比来看（图 5.30（d）），各条疏散通道的人流量也较为平均，疏散通道网络的合理性较高，从而将负荷比在 1%～10%的街道设定为重要疏散通道，低于 1%的通道则为一般疏散通道。综上所述，本案例以高密度城区避难疏散为目标开展城市设计空间优化，按照“场景构建-指标计算-空间优化”的方法路线，通过区位分析（疏散场所容量与空间布局）和路径分析（疏散通道布局与等级）相结合的空间优化和智能体模拟过程进行评估指标的量化计算，最终得到了避难疏散城市设计的较优方案。

回顾本章的内容：在融合和提炼高分辨率遥感影像、基础地理信息资料、城市总体规划等多源数据而形成的新型城市设计空间地理场景基础上，提出了一套数据驱动的、精准图斑支撑的单/多目标城市设计的实现思路以及相应案例。首先，针对城市空间场景的数据老旧、属性单一等问题，发展了在高空间分辨率遥感影像上以“斑块-基质-廊道”方式进行城市要素提取与空间场景构建的技术；研究了多目标关联的城市场景指标体系设计及其迁移计算的方法；进而以厦门岛为研究区，实践了针对屋顶绿化适建性单目标评价的高密度城市设计案例；以及以防灾避难疏散为主体目标，协同经济发展和环境宜居的多目标评估的指标体系，综合承灾体空间分布、避难设施选址以及疏散路径通达分析等空间优化方法，尝试实践了高密度城区避难疏散优化设计的案例。期望这种精准到地理图斑、多源数据驱动的定量化、开放式城市空间优化途径能给城市设计的第四范式探索提供一种有参考价值的研究思路。

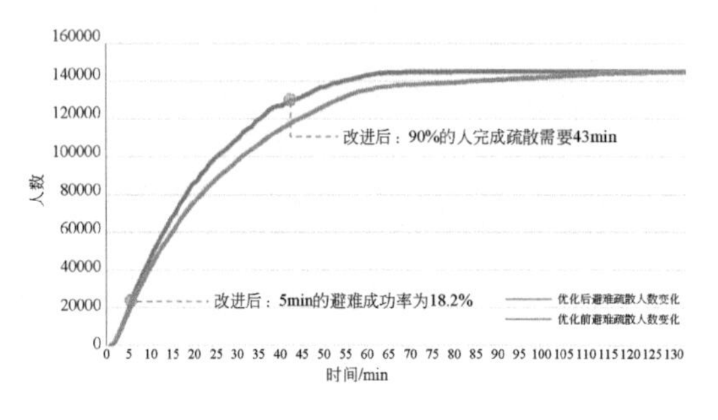

(a) 改进前后成功疏散人数变化对比

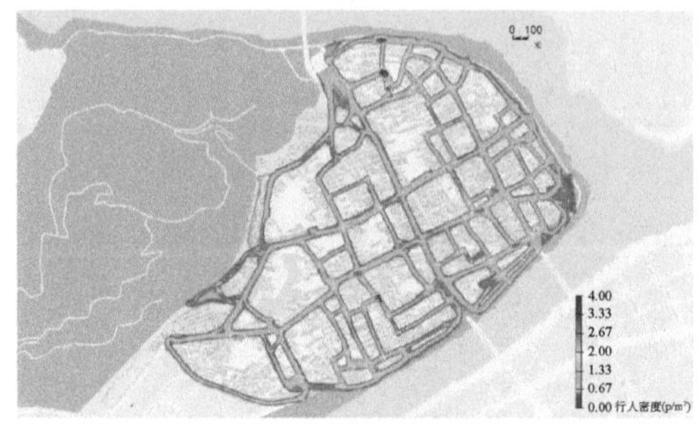

(b) 改进后拥堵情况

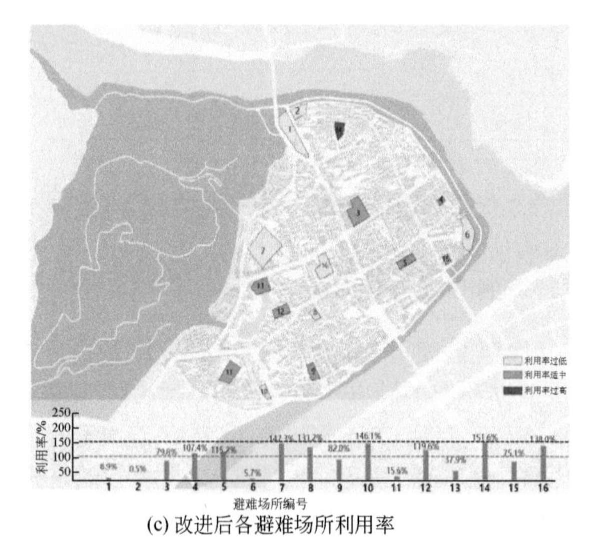

(c) 改进后各避难场所利用率

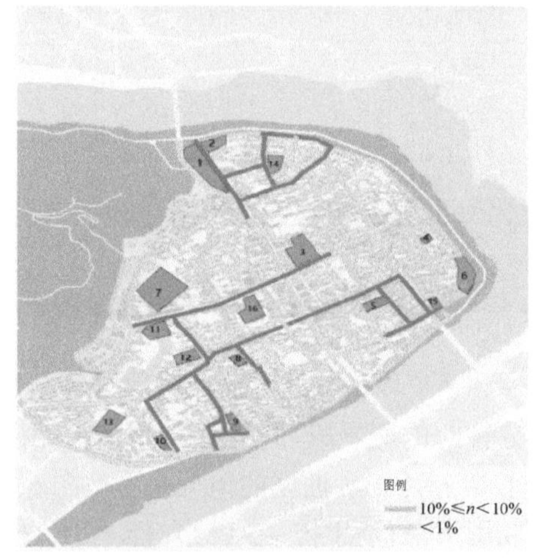

(b) 改进后各疏散通道负荷比

图 5.30　优化后各评估指标制图结果

主要参考文献

曹春香，陈伟，等. 2017. 环境健康遥感诊断指标体系. 北京：科学出版社.

丹尼尔・亚伦・西尔，尼科尔斯・克拉克特. 2019. 场景. 北京：社会科学文献出版社.

董菁，左进，李晨，等. 2018. 城市再生视野下高密度城区生态空间规划方法——以厦门本岛立体绿化专项规划为例. 生态学报，38（12）：4412-4423.

福克里. 2015. 城市设计理论——城市的建筑空间组织. 北京：中国建筑工业出版社.

傅伯杰，陈利顶，马克明. 2011. 景观生态学原理及应用. 第 2 版. 北京：科学出版社.

国家统计局. 2019. 沧桑巨变七十载 民族复兴铸辉煌——新中国成立 70 周年经济社会发展成就系列报告之一. http：//www.stats.gov.cn/tjsj/zxfb/201907/t20190701_1673407.html. 2019-7-1.

国家统计局城市社会经济调查司. 2019. 中国城市统计年鉴 2018. 北京：中国统计出版社.

孔云峰，王震. 2012. 县市级义务教育学校区位配置优化设计与实验. 地球信息科学学报，14（03）：299-304.
兰德尔·奥图尔. 2016. 规划为什么会失败？上海：上海三联书店.
李广东，方创琳. 2016. 城市生态-生产-生活空间功能定量识别与分析. 地理学报，71（01）：49-65.
李连龙，雷赛姣，桂琳丽. 2017. 北京市屋顶绿化滞尘及不同材质热辐射效应测定. 河北林业科技，1：10-14.
李敏，等. 2015. 高密度城市的门槛标准及全球分布特征. 世界地理研究，24（1）：38-45.
联合国. 2016. 新城市议程. https://www.un.org/zh/documents/treaty/files/A-RES-71-256.shtml. 2016-10-20.
麦克·巴迪，沈尧. 2018. 城市规划与设计中的人工智能. 时代建筑，1：24-31.
聂芹，阮华敏，等. 2018. 海湾型城市地表温度景观格局时空演变特征. 福州大学学报（自然科学版），46（5）：657-664.
钱学森，于景元，戴汝为. 1990. 一个科学新领域——开放的复杂巨系统及其方法论. 自然杂志，1(13)：3-10.
乔纳森 • 巴内特. 2014. 城市设计：现代主义、传统、绿色和系统的观点. 北京：电子工业出版社.
上海市人民政府. 2013. 市政府关于印发上海市主体功能区规划的通知. http://www.shanghai.gov.cn/nw2/nw2314/nw2319/nw10800/nw11407/nw29273/u26aw34426.html. 2013-1-22.
唐文武，施晓东，朱大奎. 2000. GIS 中使用改进的 Dijkstra 算法实现最短路径的计算. 中国图象图形学报，12：51-55.
王建国. 2011. 城市设计（第 3 版）. 南京：东南大学出版社.
王建国. 2018. 从理性规划的视角看城市设计发展的四代范型. 城市规划，42（1）：9-19.
王丽萍，李英民，刘立平. 2010. 重庆市主城区沿街建筑物震害预测矩阵. 河海大学学报（自然科学版），38（3）：304-307.
吴次芳，叶艳妹，吴宇哲，等. 2019. 国土空间规划. 北京：地质出版社.
吴迪. 2013. 基于场景理论的我国城市择居行为及房价空间差异问题研究. 北京：经济管理出版社.
查凯丽，彭明军，刘艳芳，等. 2017. 武汉城市圈路网通达性与经济联系时空演变及关联分析. 经济地理，37（12）：74-81.
张晓祥. 2014. 大数据时代的空间分析. 武汉大学学报（信息科学版），39（6）：655-659.
赵燕菁，邱爽，宋涛. 2019. 城市化转型：从高速度到高质量. 学术月刊，51（6）：32-44.
中国政府网. 2017. 国务院印发《新一代人工智能发展规划》. 广播电视信息，304（8）：9.
中华人民共和国国务院. 2006. 中华人民共和国国民经济和社会发展第十一个五年规划纲要. http：//www.gov.cn/gongbao/content/2006/content_268766.htm. 2006-3-14.
中华人民共和国自然资源部. 2019. 自然资源部关于全面开展国土空间规划工作的通知. http：//www.gov.cn/xinwen/2019-06/02/content_5396857.htm. 2019-6-2.
邹凤琼，张刚华. 2017. 基于多尺度空间聚类的江西省经济区域划分. 地域研究与开发，36（5）：7-10.
周铁军，王大川，王悦馨. 2018. 基于综合疏散效率的城市住区应急避难场所防灾责任分区多目标规划模型. 住区，6：31-38.
左进. 2012. 山地城市设计防灾控制理论与策略研究——以西南地区为例. 南京：东南大学出版社.
Alshehhi R，Marpu P R，Woon W L，et al. 2017. Simultaneous extraction of roads and buildings in remote sensing imagery with convolutional neural networks. ISPRS Journal of Photogrammetry and Remote

Sensing，130（Supplement C)：139-149.

Blaschke T，Hay G J，Weng Q，et al. 2011. Collective sensing：integrating geospatial technologies to understand urban systems-an overview. Remote Sensing，3（8)：1743-1776.

Brunner D，Lemoine G，Bruzzone L，et al. 2010. Building height retrieval from VHR SAR imagery based on an iterative simulation and matching technique. IEEE Transactions on Geoscience & Remote Sensing，48（3)：1487-1504.

Chen W，Zhai G F，Fan C J，et al. 2016. A planning framework based on system theory and GIS for urban emergency shelter system：a case of Guangzhou，China. Human and Ecological Risk Assessment，an International Journal，23（3)：441-456.

Chen X L，Zhao H M，Li P X，et al. 2006. Remote sensing image-based analysis of the relationship between urban heat island and land use/cover changes. Remote Sensing of Environment，104（2)：133-146.

Clarke C C，et al. 2010. Evaluation of multi-modal transportation strategies for emergency evacuations：Annual Conference of the Transportation Association of Canada，Nova Scotia.

Dong J，Lin M，Zuo J，et al. 2020. Quantitative study on the cooling effect of green roofs in a high-density urban Area—A case study of Xiamen，China，Journal of Cleaner Production，255：120-152.

Lu T，Ming D，Lin X，et al. 2018. Detecting building edges from high spatial resolution remote sensing imagery using richer convolution features network. Remote Sensing，10（9)：1496.

Marmanis D，Schindler K，Wegner J D，et al. 2018. Classification with an edge：improving semantic image segmentation with boundary detection. ISPRS Journal of Photogrammetry and Remote Sensing，135：158-172.

Shafique M，Rafiq M. Green roof benefits，opportunities and challenges—a review. Renewable and Sustainable Energy Reviews，2018，90：757-773.

Wardrop N A，Jochem W C，et al. 2018. Spatially disaggregated population estimates in the absence of national population and housing census data. Proceedings of the National Academy of Sciences of the United States of America，115（14)：3529-3537.

第6章 农业生长模式反演

农业耕作系统是人工与自然复合的生产生态系统。当前，我国农业正处在从传统耕作模式向现代农业加速转型发展的新阶段，以数字农业、智慧农业等为代表的现代农业信息技术有力提升了农业生产和管理的数字化与智能化水平，对于降低生产成本、减少灾害损失以及提高作物产量和农产品品质发挥了重要作用。面向数字（精准）农业对作物生长全过程信息监测的需求，农业生长模式反演是利用多源遥感开展农作物种植结构制图和作物生长指标计算的信息提取过程。传统基于中低分辨率遥感进行的大范围农业调查难以实现精细到“田间地头”的作物生长态势监测，与农业精准管理和智能决策的要求有一定的距离。为此，我们以地理图斑的时空协同反演理论为指导，选择具有地块破碎、种植类型复杂而且光学数据匮乏等综合困难的中国西南山区作为研究区，系统论述基于高分影像分层提取耕作地块、基于中分时序数据构建地块作物生长特征以及地块种植类型判别、生长指标反演等一系列方法与技术，并初步提出在多云多雨地区基于时序 SAR 进行地块作物模式反演的探索思路。

6.1 生长模式遥感反演的问题分析

地块是人类利用土地资源开展农业耕作活动的基本单元（即以种植为基本利用属性的地理图斑），也是开展精准农业数字化管理与决策的最小信息粒度。本节在阐述当前精准农业遥感应用背景与意义的基础上，提出了如何在地块尺度上开展作物生长模式遥感反演的基本问题，系统论述了由耕地形态、种植类型与生长指标三要素构成的农业遥感时空协同计算的研究框架，并对在极端成像条件下开展相关要素提取与模式反演研究的问题进行了分析。

6.1.1 时空协同计算的研究框架

高分辨率遥感实现了对地表现象和过程最为真实、量化、全覆盖而快速更新的场景式影像记录，对于农业应用而言可构成种植生产与管理决策活动中各类信息传播的时空基准，将极大推进耕作空间认知、作物生长模式研究以及精准农业应用的新发展。在高分遥感发展的新形势下，我们发展了图谱耦合的遥感大数据地理图斑智能计算理论，其中关键内容之一就是针对地块尺度作物生长模式的精准反演问题而发展的遥感时空协同计算模型。

1. 精准农业遥感的研究背景

遥感具有覆盖范围大、观测周期短、现势性强和成本低等优势，被广泛应用于从区域乃至全球的农业资源调查、作物长势分析、粮食安全监测等众多领域。然而，传统的遥感应用模式存在空间尺度较粗、混合像元问题普遍、光学影像获取困难、解译精度较低等一系列问题，尤其面对南方地区多云多雨气候以及支离破碎的耕地结构，其适用性问题尤为突出。

在大数据时代背景和高分辨率遥感技术推动下，当前国家和行业对精准农业的遥感应用需求日益迫切。为全面了解“三农”情况，国务院于 2016 年开展了第三次全国农业普查，主要目的之一就是借助遥感等现代观测技术对大宗作物的种植结构开展地块尺度上的精准测量与调查；国家各级政府及相关部门也陆续制定了《全国种植业结构调整规划（2016—2020 年）》、《全国高标准农田建设总体规划》、《关于印发探索实行耕地轮作休耕制度试点方案的通知》等规划和方案，都期望通过遥感摸清农作物精确的种植分布，以优化区域种植结构与农业空间规划，巩固提升粮食产能；进一步，基于遥感摸清“地块级”作物生长过程，有助于将地块生产单元纳入到农产品加工与销售服务的网络体系，建立过程可回溯和质量可监控的信息渠道，将极大提高农业管理水平与产业效益；此外，农业保险等领域也在积极探索利用遥感监测技术，将承保作物精确到地块，以打造“按图承保”、“按图理赔”的保险服务新模式。

2. 遥感时空协同计算的回顾

传统农业遥感主要利用中低分数据获取作物类别、空间分布及相关统计等宏观信息，而对于精细尺度地块形态及作物生长指标提取等方面，一直与精准应用的要求存在较大距离。究其原因是在作物生长源头，因对地块形态识别与表达不够精细，导致耕地的边界模糊而相互混合，进而引起种植覆盖的生长指标计算也难以量化或被验证，其实质是因地块控制单元不够精细而造成误差层层传播并趋向不精准的系统性问题。总之，影像空间与耕作空间之间尚未构建起全面而真实的映射关系，作物种植空间、生长变化和决策属性之间的关系是松散或分离的，这也是导致传统遥感应用于农业领域总难以精准“落地”的重要原因。

遥感应用于精准农业研究需突破的关键问题是如何对作物种植结构（形态/类型）进行精细提取？以及进一步对地块作物生长指标进行量化反演？具体的问题描述如图 6.1 所示。因此，作物生长模式包括了空间、时间与属性三方面“图谱”特征的耦合：①“空间”是指种植地块的形态与结构，突显了“图”的基本特征；②“时间”是指地块之上作物覆盖类型以及生物量变化过程，反映精细地块与定量指标耦合的“信息图谱”；③“属性”是指基于地块开展农业生产活动中所需关联的自然环境与社会经济等各种信息要素，蕴含了支撑决策的“知识图谱”。归纳起来，精准的作物生长模式包含地块形态（图）、种植类型（信息谱）、生长指标（信息谱）以及种植结构（图）、生长状态（知识谱）、变化趋势（知识谱）等特征与知识构成的两层图谱关系。其中，前三个“信息图谱”特征属于基本要素，种植结构则是地块单元在空间上服从某种条件的聚合，是进一步开展精准农业智能决策的空间底图。

上述作物生长的信息如何精准应用于农业的精细化管理与智能化决策？落实到每一块耕地之上，使用者所关心的是“这块耕地位置在哪？形态面积如何精确量算？种了什么作物？长势如何？产量多少？是否会受灾害影响？如何动态调整？”等具体的问题。然而，遥感获取的是地表对电磁辐射的响应特征，其数据对回答作物类型、长势、产量、预测等问题而言，是间接而不完备的，必须在时空遥感与地面观测协同下才能逐步获取。针对上述问题，我们在遥感大数据地理图斑智能计算理论中提出了时空协同反

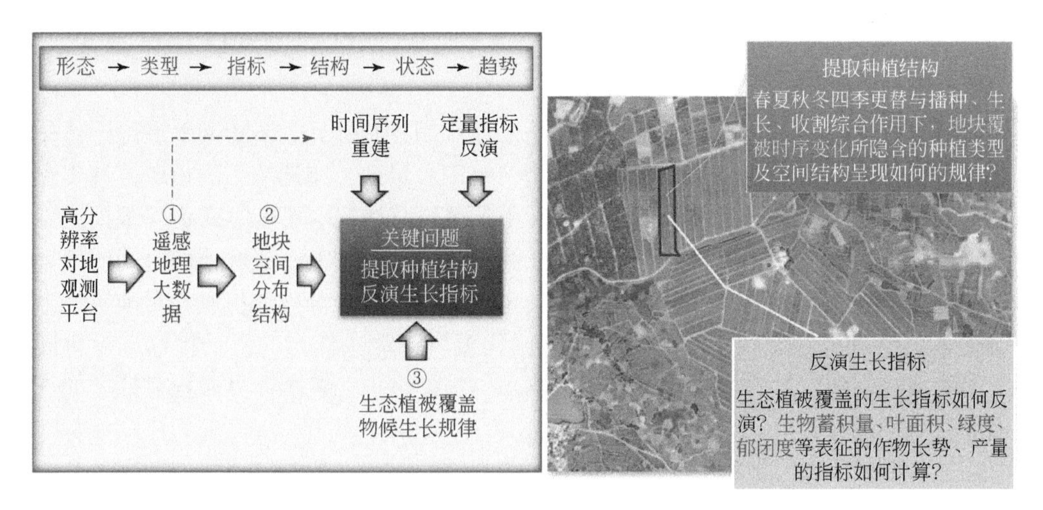

图 6.1　农业生长模式遥感反演的关键问题

演的计算模型（详细见 2.3 节），其计算过程可归纳为如下几点（图 6.2）：①通过影像综合处理构建统一的时空基准，发展分区分层感知技术（2.2 节），在高空间分辨率影像上提取地块形态（图斑），判别利用类型，重组种植结构；②进而以地块为单元，利用高时序的中分辨率数据构建反映作物生长规律的时序特征，并结合作物的物候规律和机器学习技术，发展地块尺度作物类型的智能判别技术，进而实现作物种植结构的精细制图；③进一步同化地表观测与环境采集的多源数据，发展“点-面”协同的作物生长指标定量反演模型，实现对作物生长过程的监测，从而以“图谱耦合”“星地协同”的产品方式，精准服务于由适宜性评价、承载力精算、种植空间规划以及灾害评估和预警等构成的现代农业信息化应用体系之中。

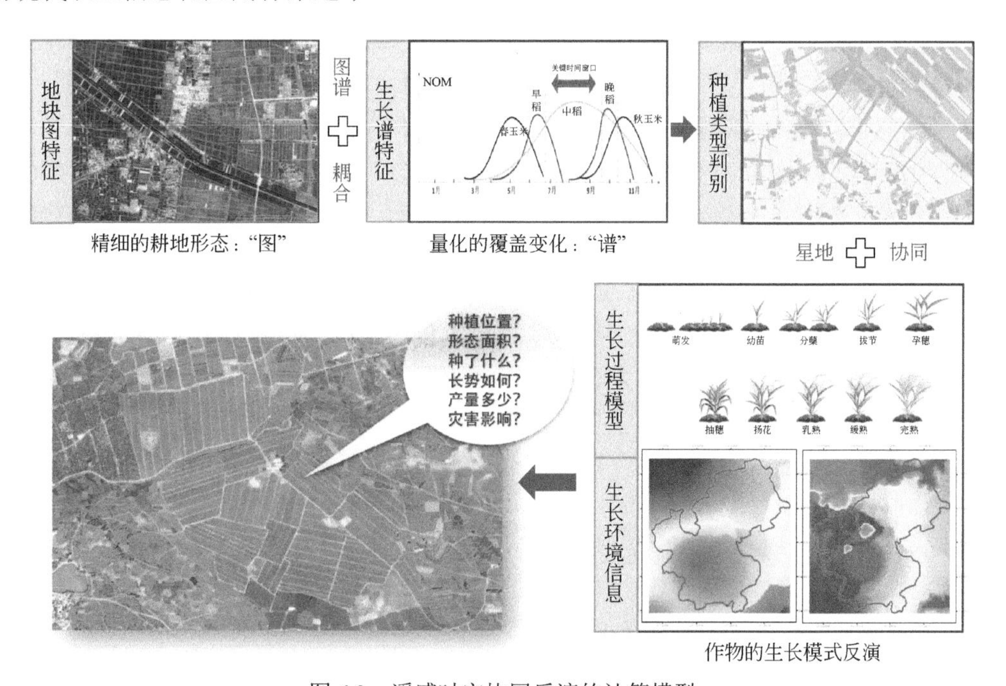

图 6.2　遥感时空协同反演的计算模型

3. 生长模式反演的问题分析

作物生长模式的时空协同遥感计算，是以地块为控制单元，不断融入星地一体化的时序观测数据，实现由地块形态、利用类型（水田、旱地、园地等）的提取，逐步深入到种植类型判别及生长指标反演的过程。其中的关键，是在中尺度时序遥感数据进行有效处理（几何精纠正、辐射一致性处理、云影消除）的基础上，通过地块空间约束下的时序特征重建技术，分析与挖掘地块内植被生长的变化特征与响应机制，对地块之上的作物覆被类型进行精确识别；再通过建立同化模型对地块作物的生长指标进行协同反演，实现从定性到定量的作物生长规律的揭示。具体来说，整个计算流程包括了如下几方面的关键问题：

1）复杂地表环境的种植地块提取问题

陆地地表环境是由农业生产空间与自然生态空间、人类生活空间等复合构成的复杂地理巨系统。高分辨率遥感实现了对地表空间的综合成像，翔实刻画了地物的空间分布。然而复杂的地表环境、繁杂的影像细节又极大地加剧了对地物提取的难度。视觉特征作为影像上各类地物呈现的最为直观的信息，我们在地理图斑智能计算论的分层感知模型（2.2 节）中提出了让机器模拟人类视觉与感知系统的研究思路，采用“微宏观相结合”的复杂系统解构思想以及“分区-分层-分级”的深度学习解析技术，实现将“粗类型-细形态”的地物对象（地理图斑）从影像空间向地理空间的有序转化。聚焦于农业耕作空间，能否在复杂地形环境中对不同种植地块的视觉特征作更为微观层面的分解？从而对深度学习的分层提取模型进行更细粒度的设计，以实现对种植地块形态及其利用类型的准确提取和判别。

2）地块尺度的作物时序特征构建问题

将更高时间分辨率的观测数据与地块进行时空聚合，构建随时间而变化的地块时序特征，从而为进一步的作物生长参数反演提供特征输入。重点需解决如下几方面的问题：①时序特征的表达。在地块内表现为植被覆盖和土壤裸露的综合强度，可应用植被指数来描述植被覆盖的强度，而土壤亮度指数可用于描述土壤的裸露强度；②关键时点的提取。受时间分辨率影响，落到地块的每一次观测数据组合起来表现为一组按时间排列的离散值，而其中关键时点（如发芽、抽穗、结果等）才凸显更明确的农学意义，对作物生长模式反演的影响也更大，为了提取关键时点，常用的方法是将离散特征拟合为曲线，并按照一定的规则提取相应的形态参数（如极大值点、极小值点等），再依据先验知识转化为作物的物候或生理参数（如播种时间、收割时间、生长期长度等）；③时序曲线的拟合。时序观测数据虽经过严格的预处理，但受处理精度的影响，特征曲线拟合中仍然存在传感器畸变、大气影响以及配准残差等诸多因素引起的噪声或异常值，使得相邻时间的特征值容易出现陡升陡降的现象，造成难以准确估计作物物候的关键时点，因而时序曲线的拟合也是特征构建的关键内容。

3）基于时序的地块作物类型判别问题

作物在生长期内，与其他地表植被一样均表现为植被覆盖，使得在单次遥感观测上的不同作物之间、作物与其他植被之间难以相互区分。利用时序特征描述不同作物的时间变化差异，是判别地块作物类型的主要依据。根据在时间维度上特征利用方式的不同，可以分为时间窗口和时序特征分类的两大方法：①时间窗口法要对最大可分性窗口的特征进行选取，而该方法需对作物的物候历事先有准确的认识与把握，并要求在时间窗口内获取高质量的观测数据，因而其普适性较差；②时序特征分类可综合所有观测数据对地块演变进行表达，先利用已知类别的样本对分类器进行训练，然后再根据输入的时序特征进行分类，以获得对每一地块作物类型的判别。传统分类器的精度受特征提取、曲线拟合等多个环节的影响，判别结果存在一定的不确定性；而循环神经网络通过多层神经元之间的非线性连接，可从大量离散的时序特征中自动挖掘隐含的关系，因此其具有更好的鲁棒性和普适性。

4）地块尺度的作物生长指标反演问题

上述的时序特征是基于遥感连续观测所构建的地块尺度上反映作物生长态势的相对物理量特征（反映地块内覆被强度的多光谱特征或反映冠层结构的 SAR 后向散射特征），但并不能直接对作物生长过程的绝对理化指标进行计算。而在实际的精准农业应用中，用户更关注地块作物的长势状况和产量情况，因此需通过模型反演来估算作物生长相关的定量信息。通过地面观测站点与传输网络的部署，实施对少量关键样点（地）的同步观测，进而综合遥感机理模型与机器学习技术，在样点的离散观测与卫星的连续观测之间建立不同观测序列的同化模型，实现“点-面”协同的生长指标定量计算，这是地块尺度上的作物生长模式反演体系中亟待解决的关键问题。近年来，随着地面传感网与移动互联网技术的快速发展，地表光谱反射率、叶面积指数、土壤墒情等数据的快速获取技术不断提高，采集成本则在持续下降，因而可进一步提升通过星空地协同观测进行地块作物生长模式反演的实用性。

6.1.2 地块生长模式的时序分析

理想情况下地块尺度的时序分析，要求地块内作物种植相对均值、混合像元较少以及作物生长规律清晰。而真实的时序遥感分析中，则会遭遇诸多的实际问题，如空间上存在地块内多种作物混种现象、时序遥感像元混杂多个地块信息、时序特征难以表达作物生长等问题，而时间上则存在数据稀疏、关键时相特征缺失等问题。下面将分别加以展开分析。

1. 空间约束下时序分析问题

地块（图斑）是通过对高分影像的空间粒化而实现对复杂地表简化的基本单元。在地块尺度上开展时序分析，是在空间范围内对外部融入的时序特征进行边界条件的约束，因此针对时序特征构建与作物类型判别，需要注意：①细小地块空间与中分数据像元之间是否存在混合（包含）情况？②地块空间内是否存在混种和套种的现象？③在地块空间内多个中分数据像元能否构成统计分布的表达？等特殊情况。具体的空间约束问题分析如下。

1）细小地块的时序特征构建及混合像元分解

我国人口众多，人地矛盾突出，导致大片耕地被分割为细小而破碎的地块；加之是以家庭为主要单位的耕作方式，在种植类型与耕作时间上均体现为一定的随意性，造成在农业景观上呈现出高度的异质性。尤其在南方山地，这种情况表现得尤为普遍。

对于中分时序影像而言，地块在空间上往往难以与时序像元进行精确地套合，地块边界跨越多个像元（即一个像元混合入多个地块）的现象较为普遍（图 6.3）。而上述问题在细小破碎的地块上表现尤为明显，当地块长宽不足 10m 时，使用当前分辨率普遍在 10～30m（比如 Sentinel-2）之间的多光谱数据进行地块时序构建时，就极易出现“跨界”的现象。

(a) 矢量形式的地块

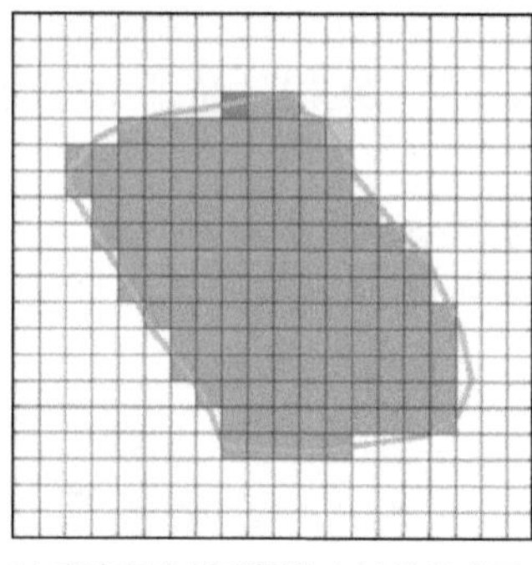
(b) 高空间分辨率影像上地块的表示

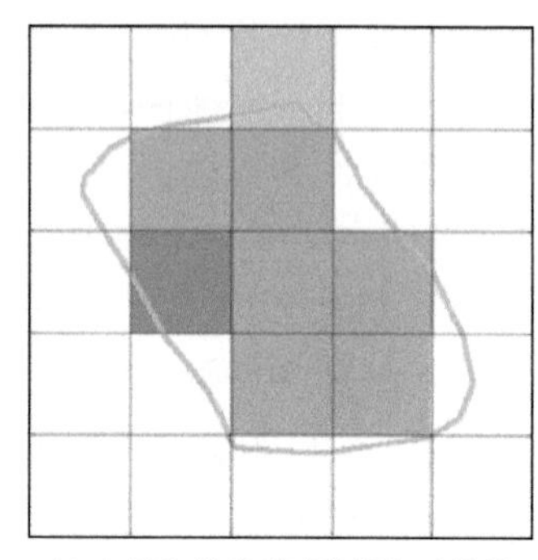
(c) 中低分辨率时序数据与地块的叠加，在地块边缘存在混合像元效应

图 6.3 像元分辨率对地块时序特征构建的影响

开展时序数据的混合像元在地块尺度上分解的估算，进而优化时序特征的构建，可有效提高地块作物类型判别以及相关生长指标估算的精度。具体的路线为：①确定研究区基本作物生长的标准时序；②以地块与像元的相对空间位置为约束条件，通过统计学习解析时序特征的混合分布模式，估算出混合像元归属于交叉地块的成分与比例；③对像元特征进行分解，并与其他像元以地块为约束进行重组，实现对时序特征值的调整与优化。

2）地块内混合种植情形下的时序特征分解

套作和间作是地块混种的两种基本方式。套作是在前季作物生长后期的株、行或畦间，播种或栽植后季作物的种植方式，其特点是共生期只占生育期的小部分时间；间作是指在同一地块上的同一生长期内，分行或者分带种植两种或两种以上作物的耕作方式。合理的套作和间作是有效利用土地的耕作方式，不仅可充分利用光能、提高土地利用率、增加粮食产量，而且能够利用作物的互利共生关系，保持或提高土壤的肥力。套作和间作现象在南方山地普遍存在。图 6.4（a）～（c）提供了间作和套作的示例，同一地块内混合种植的多种作物使得地块内时序特征表现为多种地物光谱在空间分布上的叠加（图 6.4（d））。为了准确区分地块内混合种植的作物类型，可采取如下的路线：①确定研究区种植的 n 种作物类型及其时间变化曲线，如确定图 6.4（d）为烟草和油菜的各自时序曲线；②调查研究区套作和间作方式及其组合模式，比如确定研究区存在油菜和烟草的套作配置关系；③根据时序特征确定地块套作作物类型的统计分布；④根据统计学习方法估计混种地块的组分及其比例。

3）地块时序特征的统计模式表达与分析

地块尺度的特征计算一般采用中心值或统计值法。其中，中心值法采用地块几何中心像元为代表；统计值法则采用众数、中值、最大值等统计值，其特点是将地块内多个像元，聚合为一维或者多维的特征。然而较大的地块上，往往可包含多个中分辨率时序数据的像元（图 6.5），因而在地块内部可呈现出一定的上下文关系，或者视觉上表现的纹理结构。而在当前的时序特征重建与分析中，对于地块内部时序像元分布的结构特性往往考虑不足。

(a) 烟草和油菜间作　(b) 玉米和花生套作

(c) 木薯大豆间作　(d) 单一地块和混合地块的时序曲线

图 6.4　地块混种及其分解方法的示意

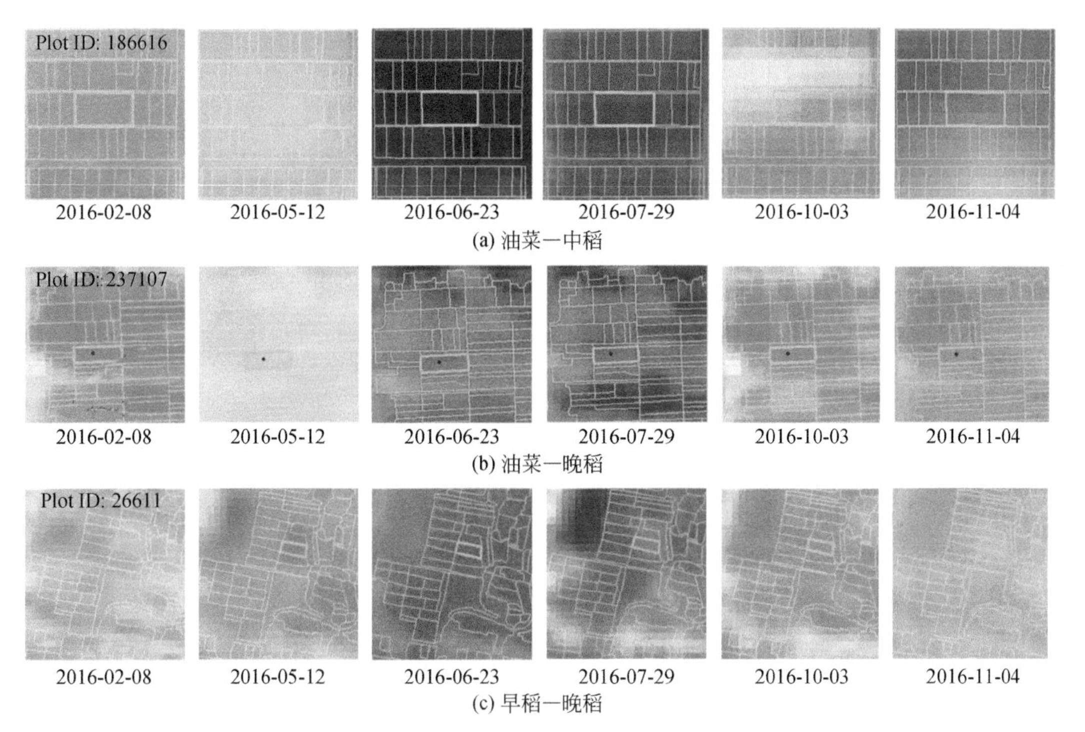

(a) 油菜—中稻

(b) 油菜—晚稻

(c) 早稻—晚稻

图 6.5　地块尺度的时序纹理示意

针对上述问题，在时序特征中加入统计分布，实现对时序过程更为逼近地表示，可进一步提高对作物生长过程表征的精度。可采取如下的路线：①建立地块尺度时序点的高维统计特征，以表示地块内的每个时间片段都服从一定的统计分布；②对于复杂分布，可以用深度学习网络的卷积方式对分布特征进行非参数化描述；③进而利用 LSTM 为代表的循环神经网络，对统计分布特征在时间维度上的变化规律进行关系解析。协同卷积网络和循环网络分别处理时空特征的优势，构建对地块内复杂时序特征的综合表达与非线性计算模型，可支撑更精确的作物类型判别与生长参量计算，从而提高作物生长模式反演的精度。

2. 时间约束下时序分析问题

由于卫星重访周期的原因，时序数据的获取频率较为稀疏，而云和阴影等因素进一步加剧了数据的缺失程度，使得单一来源的时序数据往往难以准确描述地表连续变化的过程。上述因数据缺失而引起的时间约束下时序分析问题，主要体现在：①如何在数据不完备情形下进行时序特征构建？②如何协同利用多源、多分辨率的数据？③如何在地块连续耕作背景下对作物种植趋势进行预测？等三方面。具体的时间约束问题分析如下：

（1）遥感数据不完备情形下的时序特征构建

以我国 GF 与 HJ 系列、美国 Landsat 系列以及欧盟 Sentinel-2A/B 等为代表的中等分辨率卫星平台，已成为当前构建时序特征的主要数据源。由于光学遥感本身的局限性，导致时序特征构建中出现不完备问题，主要表现在三方面（Pouliot et al.，2018）（图 6.6）：

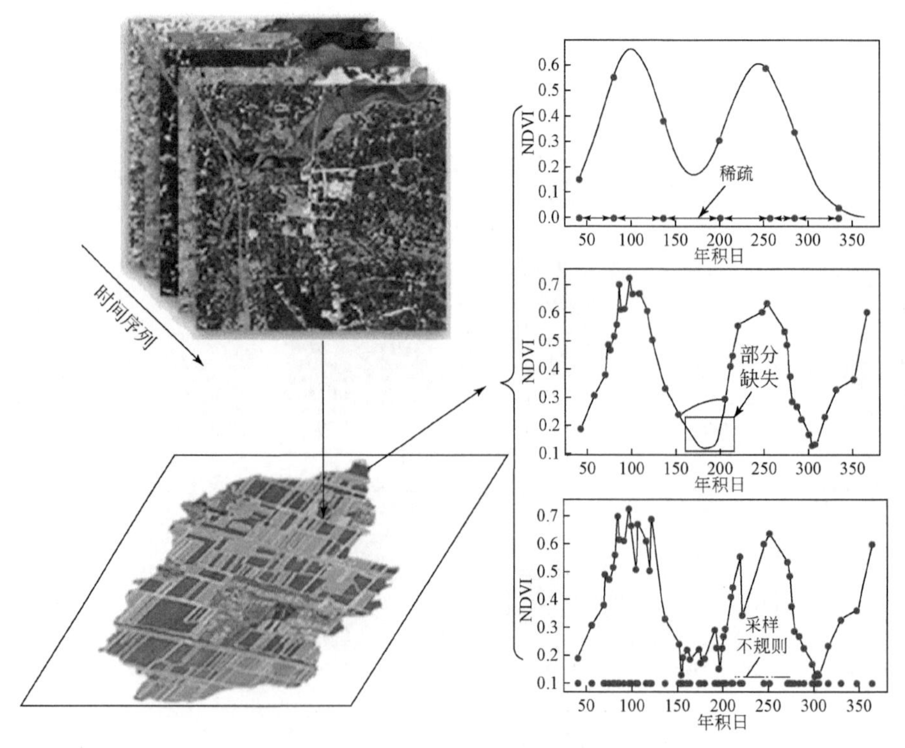

图 6.6　时序数据稀疏、部分缺失以及采样不规则等问题的示意

①时序数据稀疏，中分辨率载荷主要采用太阳同步轨道，虽然相对于高空间分辨率载荷的重访周期大为缩短，但仍然需要 2～5 天才能重复覆盖，因而单一传感器获取的时序数据依然并非连续，难以精确地刻画地表短周期内的快速变化；②数据部分缺失，云和阴影给光学遥感带来了直接的干扰，导致影像上相应区域的有效数据缺失；③时间采样不规则，如果采用多种传感器协同获取时序数据，由于不同重访周期等影响，会造成时序中相邻采样点的间隔疏密不一，因而在构建时序特征时需充分考虑这种采样的不规则问题。

上述关于时序数据不完备问题，给时序特征构建以及进一步分析带来了极大困难，尤其是在我国南方的大部分地区，因为常年都会有大段时间处于云雨天气之中，即使利用多星、多传感器协同观测，仍然无法获取完备的时序数据。因而，通过发展观测数据重建与特征推测技术，建立具有固定采样间隔的时序数据，对于数据严重缺失情况下时序分析而言，仍具有一定的意义。比如，对于不规则采样所获取的稀疏数据，可以通过傅立叶函数、非对称高斯函数、双 Logistic 函数拟合等方式，实现对离散时序数据的参数化、连续化描述，并进一步对缺失时相的观测值进行估算，获得间隔更规则、分布更密集的数据，这类方法在中低分辨率数据的时间序列重建上得到广泛应用并取得了一定的成功。然而对于地块作物的时序分析，由于数据稀疏，使得特征曲线拟合时的可用信息稀少，再加上拟合的曲线难以描述突变情形（比如作物收割）下的时序特征，因此在时序构建中迁移先验知识，发展知识引导的稀疏、不规则、突变的时序拟合方法，是解决上述时序不完备问题的一种思路（范菁等，2017）。

（2）基于多源、多分辨率数据的时序特征构建

协同利用多平台、多尺度的中分辨率遥感数据，增加对同一区域的观测频次，是进一步提升时序特征构建性能的有效手段。然而不同来源的遥感数据，在时空分辨率、光谱通道设置、传感器响应等方面都存在着较大差异，给地块时序特征的构建带来了不确定性。对于多源、多分辨率遥感数据的时序特征构建，首先需要在空间分辨率、光谱辐射特征等一致性处理的基础上，通过多尺度数据融合技术来建立一套标准化的时序数据集。该处理过程需要重点解决如下几方面的关键问题（图 6.7）。

1）多空间分辨率影像的尺度效应。不同来源遥感数据的空间分辨率并不一致，例如 Sentinel-2A/2B 数据在可见光/近红外波段的分辨率为 10m，GF-1 多光谱数据的分辨率为 16m，Landsat TM 系列的多光谱数据分辨率是 30m。由于不同空间分辨率的传感器在观测同一地物时，存在着尺度效应的问题，因而它们之间的特征值难以直接进行转换。

2）光谱通道设置差异。虽然大部分的传感器都设置了红、绿、蓝 3 个可见光通道和近红外通道，然而其光谱响应参数（光谱通道的中心波长和带宽）存在着细微的差别，从而导致多源影像在辐射特征上存在的差异。

3）辐射特征量化的差异。不同数据源的信号量化宽度也不一致，例如 Landsat-5 为 8 位，Landsat-8 和 Sentinel 2A/2B 为 16 位，而 GF-1 的多光谱 CCD 相机为 10 位，光谱量化位深的差别也导致了在信号探测灵敏度和响应能力上的差异。

4）影像获取时刻的特征差异。除了传感器性能的差异，影像的辐射特征还受到成像时刻的天气条件、传感器观测角度等因素的影响（Wu et al.，2018）。

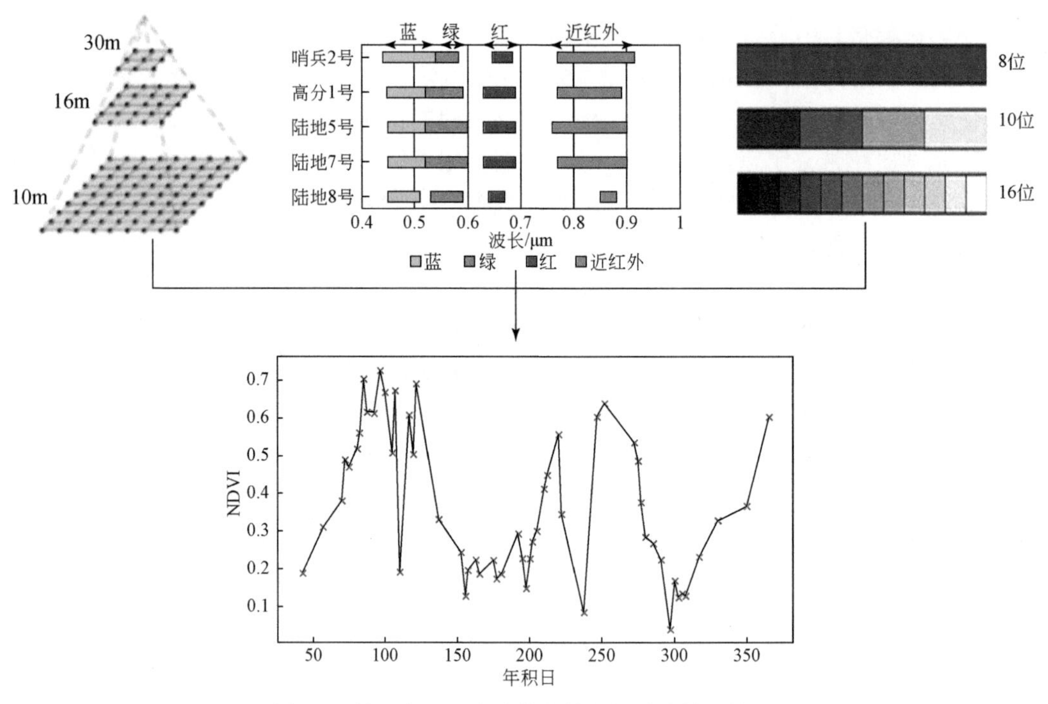

图 6.7　基于多源、多分辨率数据的时序特征构建

受上述几方面因素的综合影响，不同传感器获取的数据之间存在复杂的非线性响应关系，难以通过直接的相互换算来构建时序特征。近年来，深度自编码网络通过网络层的堆砌机制，在数据压缩、影像缺失区域重建等应用方面取得了积极的成果。因而，可以使用自编码网络对上述因素导致的辐射特征差异进行一致性处理，以实现基于不同分辨率、不同来源数据的地块级时间序列特征构建。

（3）基于连续耕作背景的地块作物预测与分析

受土地适宜性条件（如水热、地形地貌等）、粮食结构、土地使用制度等的制约，一定区域内的种植结构保持着相对稳定；另外，受市场需求与土地适宜性变化等的驱动，耕作者会适当调整局部范围内的种植类型与生产方式，以提高或保持土壤的肥力，并获取更高的收益。因而，利用历史数据提取研究区域的种植结构转化信息，描述地块作物的种植连续性，可为作物生长过程的预测与分类提供新的知识输入（图 6.8）。

在连续耕作背景下，对地块作物进行预测与分析的实现步骤为：①建立表达不同年份、不同作物类型之间转换关系的概率图模型，其中“顶点”表示作物，“方向线”表示作物在不同年份之间的转化关系，“方向线”的权重是相互转化的概率；②根据完整的历史数据训练概率图网络模型，得到实际中各个作物之间转换的概率关系；③将该条件概率作为约束，结合逐步获取的时间序列数据，动态判断作物种植过程的趋势。

6.1.3　复杂条件下农业遥感问题

基于时空协同开展农业生长模式遥感反演的主要问题，是针对地块形态、种植类型以及生长指标三大特征的提取、判别与反演，其模型计算的可行性与精准程度受到地形地貌、种植结构与成像环境等诸多条件的综合制约。在我国南方的大部分山地区域，由

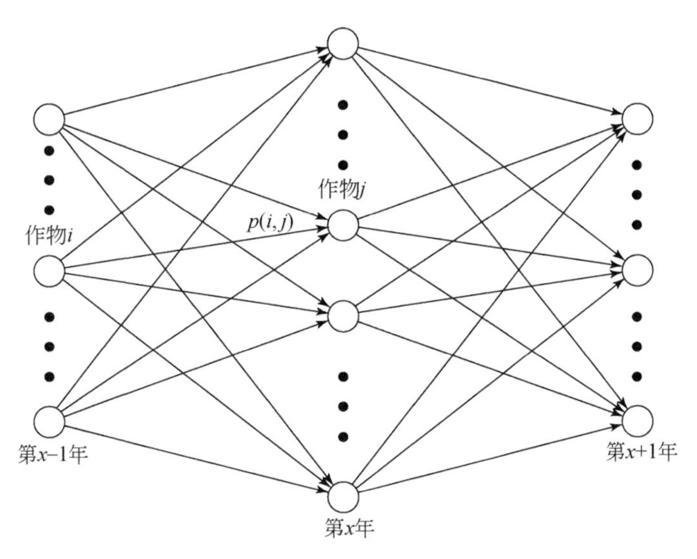

图 6.8　地块作物连续耕作的概率转化示意

于地形地貌复杂、种植结构多样、多云多雨天气等客观因素的共同影响，导致了在这片区域极难开展遥感监测工作的现状。因此，如何在南方山地区域开展精准遥感监测的研究，长期以来都是困扰遥感界的难点和痛点所在，若能在相关理论和技术上有所突破，无论对于遥感科学研究创新还是遥感应用开拓来说，都具有重大意义。因此，这一节以我国的西南山地作为分析对象，提出极端成像条件给农业遥感研究与应用所带来的巨大挑战问题。

1. 复杂地形导致的地块形态问题

西南山地受地形条件为主控，加之其他自然环境与社会人文因素的综合作用，导致耕作地块在影像上呈现为复杂而多样的形态。具体分析如下：①受峡谷切割和微地貌等复杂地形条件的限制，耕地大多分布于地形起伏的地带，因而相对于平原地区，山地耕地的形态更加细小而破碎，地块边界大多表现为不规则的形态，大量体现为梯田、坡耕地等形式（图 6.9）；②西南山地的“人–地”矛盾非常突出，人均可用的耕地资源较少，而主要以家庭承包为主的利用方式，使得地块的破碎程度更为突出；③在山地区，相对平坦的可利用土地严重不足，因而拓荒者会充分利用坡地上土地资源实施开垦，并以较随意方式开展以旱生作物为主的耕种，这些坡耕地与林草地之间不一定存在显著的边界，造成大量在高分影像体现为模糊而混淆的“疑似”耕地；④南方植被茂盛，会对地块边界带来遮挡现象，而导致耕地边界的不清晰；⑤西南地区喀斯特地貌发育普遍，峰林、峰丛的微地貌单元密布，导致耕地形态更为多变。在 6.2 节中将以西南山区为试验区，对地块实现分区分层提取试验。

2. 时空条件带来的种植结构问题

除了破碎而细小的地块形态，南方山地区的种植结构也表现得更为复杂。首先，在空间的种植结构上导致其复杂性的主要因素分析如下：①深受历史上的小农经济影响，仍然在较大程度上存在自给自足的耕作制度，往往会在同一地块内种植多种类型的经济

(a) 北方平原区的典型耕地

(b) 南方山地区的典型耕地

图 6.9　南北方种植地块形态的影像呈现对比

作物，以满足家庭日常的需求（如图 6.10（a）所示，地块内种植了大豆、玉米等作物，同时还生长着乔木、杂草等植被）；②山地区的地块狭小而破碎、边界模糊，常会因地块的形态提取不够精确而包含了多种作物；③为提高耕地的空间利用率，作物的套种、间种等现象也十分普遍。上述因素的综合作用，使得作物之间相互渗透、种植边界模糊不清；同一地块内因多种作物混杂种植，也使得作物的纯度较低，从而影响地块的可分性。

(a)

(b)

(c)

图 6.10　南方山地的复杂种植结构与作物熟制

另外，因水热条件与气候资源方面的天然禀赋，南方地区具备一年两熟、甚至一年多熟的耕作熟制，因而在时间上种植结构也表现得较为复杂，主要体现为如下几方面的特点：①南方可以种植多种不同类型的作物，并组合出不同的作物种植模式，从而使得地块作物的遥感表现也异常复杂；②为利用不同作物的生长周期，在相邻的地块上可能种植为不同生长期的同一种作物（图 6.10（b）），或者稻育秧与移栽同期进行的作物（图 6.10（c）），由于同种作物处于不同的生长阶段，在遥感影像上呈现出不同的光谱与纹理等特征，使得同一类型作物的时间序列特征难以在时间上完全对齐，从而表现出不同的物候特征（如生长起点、生长周期、生长终点等），导致传统作物分类与反演方法往往难以适用。在 6.3 节中，将在地块形态提取基础上针对种植结构的类型、指标等参数，提出相应的技术方法。

3. 多云多雨导致的数据缺失问题

中国自然气候的南北差异较大，干旱半干旱的北方地区的光学遥感成像条件明显优于多云多雨的南方地区。表 6.1 以 Landsat 8 数据为例，对 2018 年我国主要城市云量小于 20%的光学影像期数进行了统计。可以看出，我国北方的有效数据数量明显优于南方地区；光学数据质量最好的兰州市达到 6 景，而贵阳市、福州市等仅有 1 期的有效数据，因此单靠一种数据源很难构成有效覆盖作物生长周期的时序观测；同时，由于南方雨热同期，作物生长的关键期与云雨天气重叠，使得获取足够光学数据进行作物生长反演极为困难。

表 6.1　2018 年主要城市地区的光学数据与 SAR 数据覆盖期数对比

序号	城市	Landsat8	Sentinel-1	序号	城市	Landsat8	Sentinel-1
1	兰州	6	30	17	石家庄	3	30
2	银川	6	30	18	南昌	3	28
3	乌鲁木齐	5	30	19	广州	3	29
4	济南	4	30	20	上海	3	30
5	沈阳	4	28	21	香港	3	30
6	太原	4	30	22	台北	3	30
7	天津	4	30	23	海口	3	30
8	昆明	4	30	24	郑州	2	30
9	北京	4	30	25	澳门	2	29
10	西宁	4	30	26	南京	2	30
11	拉萨	4	30	27	合肥	2	30
12	西安	4	30	28	南宁	2	30
13	武汉	4	30	29	重庆	2	30
14	杭州	4	30	30	成都	2	30
15	长沙	4	30	31	贵阳	1	28
16	呼和浩特	4	30	32	福州	1	30

注：Landsat8 数据为云量小于 20%的数据，Sentinel-1 每年最高覆盖为 30 期。

而与光学成像的机制不同，主动遥感的 SAR 工作波长较长、成像受云雨影响较小，具有全天候成像的能力。表 6.1 以欧空局 Sentinal-1A 数据为例，对 SAR 获取情况进行了统计。可以看出，在我国大部分地区均能保证每年 30 期左右 SAR 数据的重复覆盖。因而，我们提出，能否基于 SAR 对作物生长的连续观测，发展一套面向多云多雨地区的地块作物生长模式反演的新型时空协同技术方法？将在 6.4 节中针对此问题开展初步的探讨。

综上，本节建立了以地块为单元、时空协同地开展作物生长模式反演的研究框架，构建了“地块提取-特征构建-类型识别-参数反演”的方法体系，分析了体系中需重点解决的关键问题，并从时间和空间两大约束下对时序分析问题进行论述；进一步，以西南山地为研究区，从地形地貌、种植结构和成像条件三方面对精准农业遥感研究所遇到的难点进行了综合分析，接下来将分别展开介绍复杂条件下如何实现地块作物生长指标遥感反演的研究思路。

6.2　耕作地块形态的精细提取

遥感大数据智能计算提出了“认清每一块土地功能”的研究目标，而“地理图斑”就是认知复杂地表“每一块土地”的基本单元，相应的“地块”就是农业生产空间中带有耕作利用属性的“地理图斑”。如何从高空间分辨率影像中精细化地提取每一块耕作地块？也即农业遥感图谱认知中的“图”如何被精确识别与智能构建？这是本章论述农业生长模式遥感精准反演研究的基础问题，体现了对其中“精”的含义界定。本节首先对耕作地块在影像上呈现的视觉形态特征展开分析，进而在第 2 章提出的地理图斑分层感知模型基础上，发展了一套以“分区-分层-分级”思想为指导的耕作地块遥感提取技术方法，并以贵州省息烽县的试验工作为案例，初步论证了这套方法对于实现地块形态精细化提取的有效性与普适性。

6.2.1　耕作地块的特征分析

地理图斑分层感知的设计思想，是针对复杂地表中不同类型地物在高分遥感影像上所呈现视觉特征的差异，在顶层按照“建、水、土、生、地”的层次（陈效逑，2001），分别构建地理图斑的智能提取算法，进而在分区控制下模拟视觉注意机制的先后，分层次地从影像空间中提取相应类别的地理图斑。以农业耕作为利用属性的“地块”对应的是其中以“土（土壤为基质）”为大类型的地理图斑。然而，在现实中的农业地块并非是单一不变的，在不同区域、不同季节和不同环境中，耕作地块（耕地）在影像上呈现也是多样又多变的，需进一步分析其形态可分解的特性，从而为实现精细化耕地提取提供一套分层次解构的思路。

1. 耕地的视觉形态分析

不同地物的组合，因背后作用机制差异而导致在空间形态上呈现了高度的异质性，而在高分影像上相邻地物之间主要也是因视觉形态上的不一致而可区分，这是设计分层感知模型实现对地理图斑智能提取的基本原理（详细见 2.2 节）。对于耕地图斑，因受人工土地利用与自然覆被生长的共同作用，在影像上呈现的视觉形态特征可概括为以下三个层面。

（1）几何边缘特征。耕作地块首先是因人工对地表改造而用于农业生产的土地利用（LU）单元，因此绝大部分耕地建有类似田埂的边界或地带，使得在影像上耕地与邻近地物之间呈现为以几何边缘互为区隔的视觉差异。通过对边缘特征的空间组合进行每一块耕地的提取，对各有不同的几何形态进行对象化表示，如狭条形、类矩形、L 形、月牙形，等等。

（2）纹理结构特征。而在地块边界的内部，不同类型的耕地在影像上又呈现了纹理结构上的视觉特征差异，其本质体现了土壤材质与作物生长综合的土地覆盖变化（LCC）规律。对于裸露耕地的土壤材质的表征，其可能为均质纹理，也可能因内部被分割为垄、行等设施而呈现的结构纹理；而对于作物生长中的植被冠层表现，不同作物类型、不同生产方式以及不同地形条件，所呈现纹理结构都有所差异。但无论如何，与自然生长地物相比，耕地表现为更有序的人工痕迹的纹理特征。因此，纹理结构也是耕地区分于其他地物的关键特征。

（3）语义关系特征。由于耕地的开垦与利用主要受到自然条件的制约，地块大多位于有土壤沉积且相对平缓的可利用区域，比如平原坝区的土地、丘陵山地的缓坡地、沟谷的漫滩地以及林草间的开垦地等，因此耕地与周围自然环境与利用条件之间存在明显的共生共存关系，具有先天的约束性。充分理解耕地背后所蕴含的这种语义关系特征，有助于更好地采用分区控制的机制，实施知识背景约束下对于耕地形态的提取与类型的判别。

2. 耕地形态提取的思路

视觉形态是基于高分影像提取耕地信息的主要特征依据。然而地表是一个复杂巨系统，在不同地形条件、不同耕作方式以及不同季相里，耕地形态呈现千差万别。所以面向当前农业应用的耕地遥感制图，无论基于传统的面向对象分割分类，还是运用最新发展的深度学习场景分类技术，都难以取得理想的智能化提取效果。为此，我们在以上对耕地视觉形态特征的描述基础上，遵循复杂系统关于“解构-解析-重组”的思想（钱学森，1990）以及“分区分层感知”的地理图斑智能计算理论，模拟人类视觉系统遵从“从宏观到微观-逐级分解-有序注意”流程的影像理解机制，设计一套面向复杂地形区的耕地形态提取的研究思路。

（1）自顶往下对耕地类型进行细分。在一个因多元的自然和社会条件而导致复杂耕作空间的区域中，首先要对该区域的耕地利用方式进行系统分析，进而从宏观到微观、自顶往下地对耕地大类展开更为细致的分类体系设计，每一种细类的耕地都在背景上带有语义关系特征以及在影像上呈现视觉形态特征。如在西南山地，典型地可将耕地大类进一步细分为平坝区的规则耕地、山地区的梯田耕地、丘陵区的坡耕地以及林草区的零散耕地等亚类，每一亚类的耕地都体现了各自独特的区域背景知识与视觉形态特征，进一步根据土壤、水热条件以及耕作方式等差异，可从空间、时间与属性上对每一亚类作更细致的逐级分类。

（2）每类耕地形态提取算法的构建。按照徐宗本院士提出的“模型框架+算法族”耦合的复杂问题求解思想，上述自顶往下的分类体系设计对应的就是对一个复杂系统首先解构为可解释模型框架的过程，而进一步是在细粒度环节上运用机器学习技术逐个实施算法解析的问题。针对耕地形态的逐级分解，每一类具体地块的提取过程都可进一步拆解为几何边缘、纹理结构、语义关系和时序变化等具体的特征提取算法，而运用新发展的空间和时序的深度学习技术，针对性地构建自适应可控的主动训练环境与特征提取模型，从而相比于传统的分割分类技术而言取得突破性的地块提取进展与效果（详见3.2节中论述）。

（3）耕地一张图的优化重组与制图。上述两方面有机组合起来，形成一套“分区-分层”的耕地形态提取技术流程，其关键在于在细粒度上对每一种耕地的形态特征分别设计机器学习算法进行解析与提取，再对每一块耕地实施时空特征的优化重组，从而以完整“一张图”形式，实现对工作区“认清每一块耕地”的精细制图。具体可从空间与时间两个方面开展特征的重组：①空间上，按照有序的视觉注意机制，建立“语义-几何-纹理”特征组合的深度学习算法，通过对特征从分区到分层的提取，以及空间化后处理的过程，实现对耕地的对象化构建；②时间上，针对每一块“疑似”的耕地对象，进一步提取其时序变化的特征，分析耕地内部的植被覆盖变化过程，从而结合物候规律对耕地性质进行确认或剔除。

6.2.2 山地耕地的提取方法

平原区的耕作方式相对较为统一，地块大多为边界清晰的大宗作物种植用地，因此其分层的特性并不明显，应用基本的分层感知器模型即可实现绝大部分耕地的提取。而在山地区，由于耕作方式受制于复杂地形的影响（详细见 6.1.3 节的分析），耕地形态在影像上体现为多样和不规则，因此有必要遵循上述耕地的视觉特征规律，对山地农业地块的视觉分层特点进行进一步的分析，从而提出在复杂地形区域如何开展耕地分区分层提取的技术方法。

1. 山地耕地的分层分析

在前一小节中初步提出了以西南山地作为复杂地形的典型区域，首先根据分区的原则将耕地大类划分为耕作区（平坝、山地、缓丘）以及林草区等几大区块，进而在每一个区块内根据地理图斑分层感知的思想，在更细层次上设计针对耕地形态提取的算法。我们在每一类区块中选择一种主控的耕地类型，对其分层提取算法的设计思路展开具体的分析。

（1）平坝区规则耕地。平坝（坝子）是山地区内局部平缓地带的地方名称，主要分布于山间盆地、河谷沿岸和山麓地带。平坝上地势平坦，气候温和，土壤肥沃，灌溉便利，是西南山地人居生活与农业生产活动的中心所在。平坝区耕地的形态与东部平原区比较类似，大多为边缘较为清晰的水田、园地等类型，在空间上分布相对整齐，形态比较规则，内部也较为均匀，作物类型种植较为单一。因此，可设计深度学习的边缘模型提取地块的边界信息，并通过“由线构面”的空间特征后处理构建地块对象，还可进一步可融合纹理与时序的深度学习模型，对地块的利用属性和种植类型进行进一步的区分。

（2）山地区梯田。梯田是在山地坡面上沿着等高线方向修筑的条状阶台式或波浪式断面的耕地，是治理坡耕地水土流失、提升通风与透光作用的有效措施，极大促进了营养物质的积累和水热条件的改善，十分有利于作物的生长，因而增产性能十分显著。梯田是长期以来生活在山地的各民族为了生存而在恶劣环境下精耕细作而形成的人类杰作，大量存在于西南山地中大片缺少平坝的区域。在高分遥感影像上，梯田的边缘特征也较为清晰，但是其形态更为细小而破碎，且大量呈现为狭长而不规则，因此需要设计更为聚焦的深度学习边缘模型，实现对梯田边界在更精细尺度上的提取，而由此会引起边缘线不连续生成的副作用，因而又对矢量线形态后处理以及自适应“由线构面”算法提出了更高的智能化要求。

（3）丘陵区坡耕地。而在现实中，除了梯田外，山地丘陵的坡面上还存在大量随意开垦又随时撂荒的一类耕地，被统一称为“坡耕地”。这一类耕地主要种植玉米、油菜、甘蔗等适合在坡地生长的经济作物，因水土保持性能较差，水热条件一般，所生长作物的产量和质量一般都不高，因此坡耕地也是当前西南山地生态修复工程中规划于退耕还林（草）的主要对象。在高分遥感影像上，坡耕地的边缘特征十分模糊或基本不存在，主要依靠裸露土壤或作物冠层的纹理结构加以辨识，容易和草地、荒地等图斑发生混淆。因此，可在深度学习纹理分割模型基础上进一步融合时序分类模型，实现对“坡耕地”图斑的提取与甄别。

（4）林草区零散耕地。此外，无序耕作的背景下，大片林（草）地中也可能存在被人为砍伐的部分区域并开垦为间歇性的耕作地，这类耕地的土地质量相对一般，种植类型比较随意，也随时可被撂荒。在遥感影像上，零散耕地的边缘特征也比较模糊，形态孤立且破碎，也难以对其纹理特征预先界定。因此，可在基于林草图斑语义分割的基础上，针对其中的破碎地带采用“纹理+时序”的深度学习耕地提取模型，实现对其中可能存在耕地的去伪存真。另外，这一类耕地往往形成于不合法的突然开垦，也可采用变化检测技术加以识别。

2. 山地耕地的分层提取

分区分层是遥感地学分析的主要方法（赵英时，2003），传统用以遥感分类的思想体现如下：①根据景观分异的规律及内在影响的机制，自顶往下设计分类树；②根据分类树所描述景观的总体框架和分层结构，进行逐级分类；③在分类过程中，在结构层次间不断加入遥感或非遥感的辅助信息、决策函数、专家知识等改善分类的条件，以提高分类精度。因此，分层分析方法与复杂系统理论在思想上是一致的，是在顶层建立树状的分类模型基础上，将数据和知识层层融入并逐级深化，从而把复杂的遥感分类过程简化，通过在过程中增加对辅助知识的利用率，实现对分类精度的提升。然而，上述方法是在 20 年前的中分遥感时代提出的，主要考虑的是对辅助信息与专家知识的融入，而对高分影像空间特征考虑不足。在大数据时代，我们对分层分析思想进行了新的发展，一方面充分考虑高分影像视觉特征的分层特性，同时在算法模型中引入新近发展的针对视觉感知有重要突破的机器学习技术。

通过对山地耕地分层体系的分解设计，以及对每一层耕地在影像上呈现视觉差异机制的对比分析，我们在地理图斑分层感知模型基础上，进一步提出了“分区-分层-分级”的山地耕地提取的技术流程（图 6.11）。这一套技术模拟了视觉系统对于地物目标的识别过程，充分考虑了不同地物所呈现视觉特征的差异，逐步将复杂/宏观的影像理解问题进行逐层解构和算法解析。具体针对其中的每一层耕地，分别组合相应的深度学习视觉模型，构建特定的提取算法，并协同迁移学习与强化学习技术，对耕地对象进行时空优化的重组，以提高耕地形态提取与类型判别的精度与制图效果。具体而言，主要包括如下几方面的技术步骤：

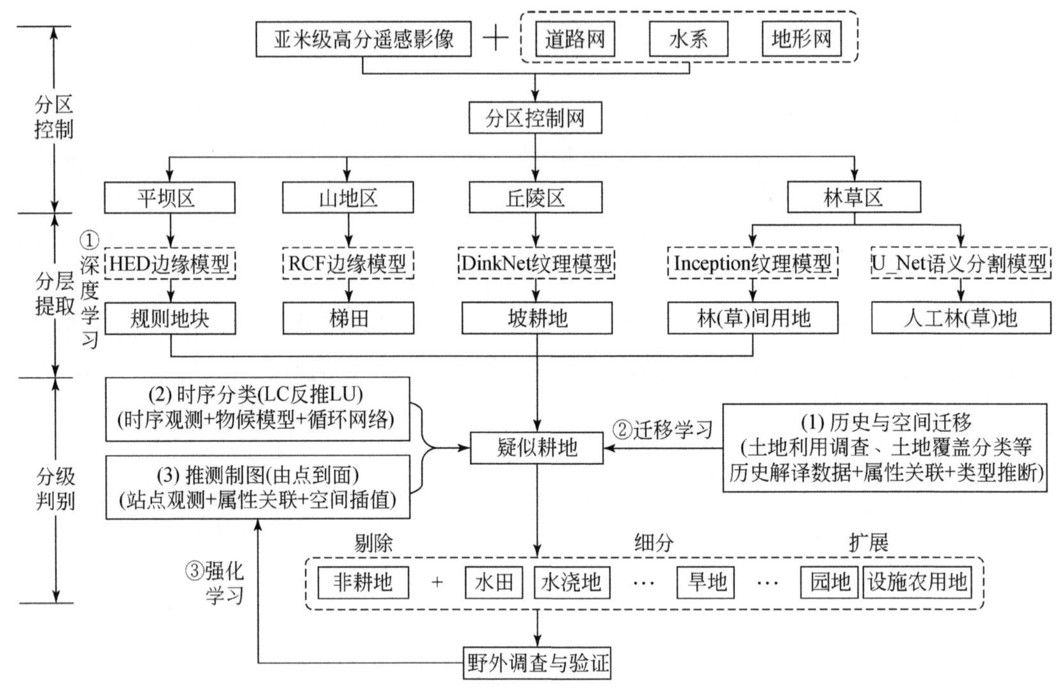

图 6.11　西南山地区耕地分区分层技术路线

1）分区控制网的建立

在道路网/水系/地形线等线状要素的联合控制下，通过切割方式将任务区划分为若干区块，使得每个区块内的地形条件相对一致，而驱动其中某一种耕地占据主导。首先，区块之间保持了相对的独立性，使得提取过程只限定于区块之内，以避免误差的空间传播；同时，可以区块为单位来组织并行计算，以提高提取的效率。根据西南山地耕地的分布特点，主要以地形线作为分区控制，将区块划分为平坝区、山地区、丘陵区、林草区等类型。

2）疑似耕地地块的分层提取

在分区控制的基础上，进一步在每一类的区块内，分别确定规则地块、梯田、坡耕地、零散耕地等几种主导类型的耕地（图 6.12）。

分层提取的关键是如何采用不同的深度学习网络，分别对不同类型耕地进行提取。比如，根据规则地块和梯田分别对边界提取精细尺度要求的不同，分别采用 HED 网络[①]与 RCF 网络模型[②]进行边缘特征训练提取；坡耕地、零散耕地与林（草）地界限都不明确，根据地块内特殊的纹理特征，分别采用 D_linknet[③]、U_Net（Ronneberger et al.，2015）以及 Inception（Szegedy et al.，2016）等模型对各类别纹理进行表达与分割。具体方法阐述如下：①规则地块。主要分布于平坝区，该类耕地形态较为规则，边界清晰，排列

① Xie S，Tu Z. 2015. Holistically-nested edge detection. Proceedings of the IEEE International Conference on Computer Vision，1395-1403.

② Liu Y，Cheng M M，Hu X，et al. 2017. Richer convolutional features for edge detection. Proceedings of the IEEE Conference on Computer Vision and Pattern Recognition，3000-3009.

③ Zhou L，Zhang C，Wu M et al.2018. D-LinkNet：LinkNet with pretrained encoder and dilated convolution for high resolution satellite imagery road extraction. The 2EEE Conference on Computer Vision and Pattern Recognition（CVPR）Workshops：182-186.

图 6.12　山地耕地的分区分层示意

比较紧凑。技术上采用 HED 网络进行边缘模型训练，在对边界线实现可控提取基础上，通过“由线构面”形成耕地图斑；②梯田。山地梯田的边缘形态也较为清晰，内部纹理均匀，然而形态上表现为狭小而细长，因此对于边缘特征提取要求更为精准。技术上采用改进的 RCF 网络，在充分利用每个池化阶段所有卷积层特征的基础上，通过去掉第三级的池化层来实现对更精准边缘线的提取与生成，再通过形态学后处理（膨胀/腐蚀/骨架提取等）和自适应对象生成的算法，实现对梯田图斑的构建；③坡耕地。主要为分布于坡面上的旱地和园地，这类耕地的土地质量相对较低，种植随意，撂荒随时，边缘形态较模糊，内部常有杂树杂草生长，纹理粗糙。坡耕地在高分影像上主要通过内部的纹理特征加以区分，在技术上通过改造 Dinknet 网络构建纹理分割算法，以对图斑“过分割”提取的方式，得到“疑似”的坡耕地；④零散耕地。成片的林（草）间地内可能夹杂着零散的耕地，其视觉特征与林草相似，但仍具有特殊而模糊的纹理特征。在技术上先利用 U-Net 网络，在语义上通过大尺度分割对零散耕地与林（草）地之间进行区分，然后在分割图斑的基础上，利用 Inception 网络训练零散耕地的纹理特征，从而针对每个零散图斑进行耕地类型的判别。通过上述对耕地形态与类型的分层提取与判别，将得到覆盖整个任务区的“疑似”耕地。

3）非耕地图斑的分级剔除

上述分层提取得到的疑似耕地中可能存在与林草、撂荒地等混淆的非耕地。对此，可以迁移土地利用调查、土地覆盖分类等历史解译数据、时序数据和实地验证数据等，针对性地设计属性关联、时序分类和空间推测等方法，对其中的非耕地图斑进行分级地剔除。我们重点介绍如何利用时序数据对地块覆盖类型判别后，再进行非耕地剔除的一套方法。

在西南山地，存在较普遍的随意的坡耕地和林草间的零散耕地，其边界模糊，纹理不突出，因此在“疑似”耕地中有一定比例的非耕地，需要加以剔除。该区域耕地的作物种植一般为“一年两熟”或者“一年三熟”的轮种方式，在地块时间序列的曲线上呈现出双峰或多峰的形态特征，且峰值时间与林草等自然地物生长过程差异较大。非耕地之上主要为草地或者林草混杂，一年之内呈现为自然的单峰现象。因此，基于作物的物候特征设计了非耕地与耕地的分类模型，实现对非耕地图斑的剔除，技术方法如图 6.13 所示。其中的关键，是针对西南山地多云多雨的气候特征，设计了基于 SAR/中分时序数据协同的非耕地剔除路线（具体方法见 6.4 节），主要包括地块尺度的作物时序特征构建以及 RNN 网络分类两个步骤。

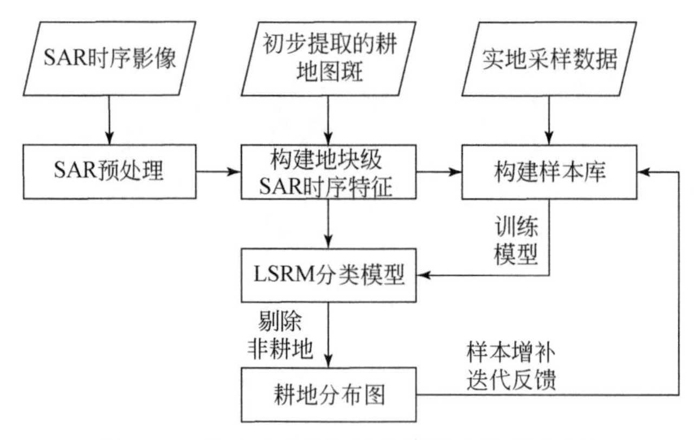

图 6.13　基于时序特征的非耕地地块剔除方法

（1）地块尺度时序特征的构建。以上述分层提取的地块为基础，将预处理后的 SAR/中分时序观测的测量值（如后向散射系数或 NDVI）计算均值，建立地块尺度的时序特征。

（2）RNN 网络的时序分类。循环神经网络（RNN）可有效挖掘序列数据的上下文信息，在语音翻译、信号变换等方面，相对传统技术具有突破性进展。具体而言，是在构建地块尺度时序特征的基础上，采用长短时记忆 LSTM 单元（Hochreiter and Schmidhuber，1999）组建串联式时序分类模型（图 6.14），以包含 6 个 LSTM 单元和一个 Softmax 层的网络结构对“疑似”图斑中的耕地/非耕地进行二元分类，从而实现对非耕地图斑的反推式剔除。

图 6.14　基于 LSTM 时序模型的耕地/非耕地分类路线

6.2.3　山地耕地的提取试验

选择贵州省息烽县的整个覆盖范围为示范区开展山地耕地分层提取的试验。息烽县地处黔中山原丘陵中部，位于 106°27′～106°53′E，26°57′～27°19′N 之间，总面积 1036.5km^2。地势南高北低，一般海拔处于 1000～1200m 之间，大部分为低中丘陵与山地，碳酸岩分布广泛，喀斯特发育强烈，峰丛、洼地、溶丘、溶洞、暗河、漏斗等地貌普遍；北部边缘受乌江及支流的侵蚀切割，沟谷纵横，山高坡陡，地形起伏较为剧烈。根据息烽县于 2010 年开展的第二次土地调查资料统计，当时耕地面积为 33102.59hm^2，占全县土地总面积的 31.94%。其中，水田 7329.71hm^2，占耕地的 22.14%；旱地 25772.88hm^2，占耕地的 77.86%。近年来，由于生态退耕、建设占用、结构调整、灾害损毁等多种原因，导致了耕地的数量和结构都发生了剧烈变化。受上述地形因素和外部作用的综合影响，息烽县地表与水热条件复杂，耕地的形态多变，种植类型（玉米、油菜、水稻、果树、草药等）多样，对于面向精准农业应用的遥感信息提取研究而言，属于复杂成像条件下的典型案例。

1. 基于视觉特征差异的疑似耕地提取结果

由于地处多云多雨地区，大多影像云量比例高，数据获取难度大。因此，我们采用了空间分辨率为 0.53m 的 Google Earth 高分卫星影像为实验底图（图 6.15），其合成影像的时间跨度从 2016 年 2 月至 2019 年 4 月。基于上述“分区-分层-分级”思想所建立的耕地提取方法，在息烽示范区内建立了一套由“平坝区-山地区-林草区”的地形分区、“规则耕地-梯田-坡耕地-零散耕地”的分层提取等构成的技术流程。

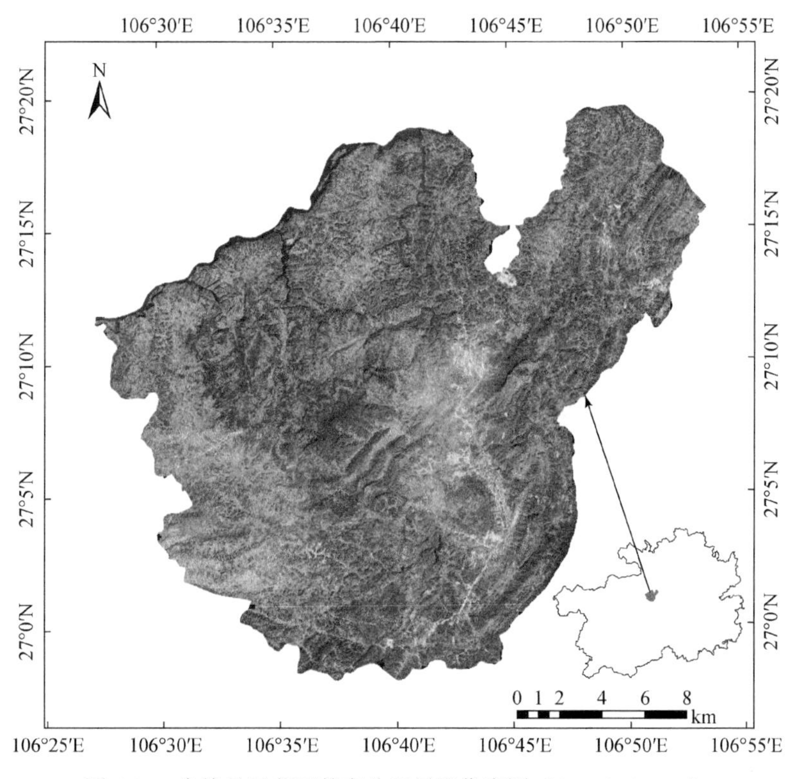

图 6.15　息烽县示范区的高分卫星影像底图（Google 0.55m）

通过计算，在示范区内共提取耕地图斑（地块）328953 个，其空间分布的制图如图 6.16 所示。经对本次提取试验结果的统计，息烽县总耕地面积为 36039.7hm^2，占息烽县总面积的 34.79%，对比于第二次土地调查增多约 2937.11hm^2。其中，平坝区的规则耕地约占总土地面积 15.37%，山地区的梯田耕地约占总面积 5.57%，丘陵区的坡耕地约占总面积 12.25%，而林草间的零散耕地约占 1.59%。

进一步与传统信息提取方法进行对比实验，包括基于像素和基于对象方法。三种方法提取结果的局部细节如图 6.17 所示。采用错提率和均交并比（mIoU）进行定量的精度指标评价（表 6.2）。其中错提率指标是以像元为基本单元，与目视解译的实际地物类型进行比较后计算得出，可以反映耕地类型提取的正确率；而均交并比（mIoU）可以

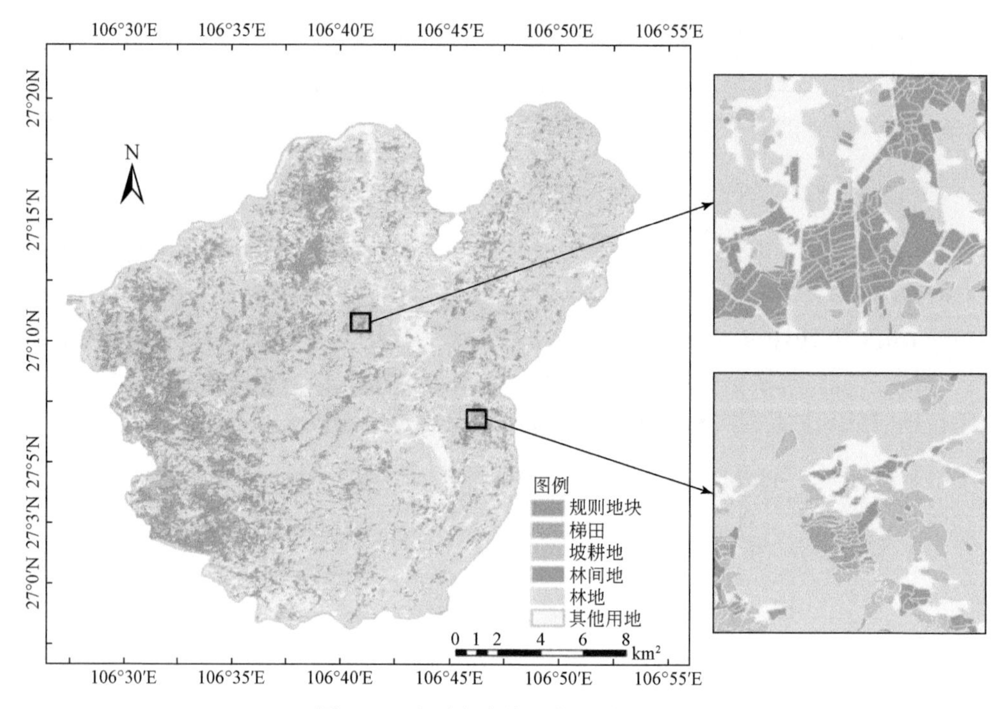

图 6.16 贵州省息烽县耕地制图结果

计算所提取的图斑与实际地块的贴合程度，是衡量地块形态信息提取精度的重要指标。由图 6.17 和表 6.2 可知，相比于传统的方法，无论是耕地类型提取的准确性还是形态信息提取的精准度，本文提出的分区分层方法都更具优势，其所提取的地块更为完整，更加符合实际耕地的形态。总之，通过对地块形态提取与类型判别的精度测算，初步验证了基于“分区-分层-分级”思想开展耕地遥感提取策略的有效性，且在边界精细刻画与类型准确判别方面，具有明显的优势。

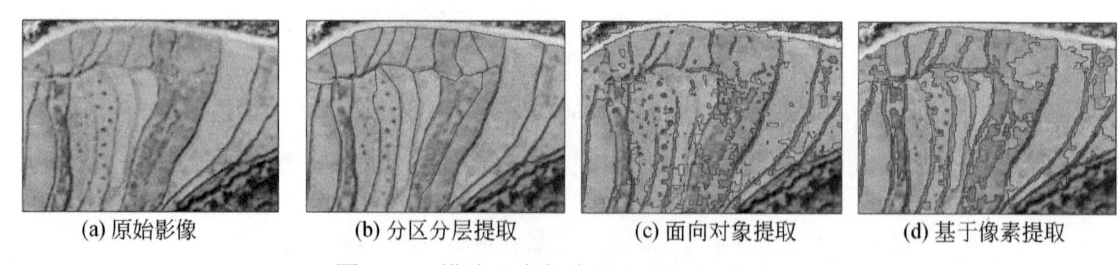

图 6.17 耕地形态信息提取的局部放大图

表 6.2 三种提取方法的精度对比

	评价指标	规则耕地	梯田	坡耕地	林间耕地	总体精度
基于像素的方法	mIoU/%	0.635	0.449	0.351	0.315	0.472
面向对象的方法		0.843	0.605	0.613	0.456	0.665
分区分层的方法		0.949	0.889	0.721	0.703	0.842
基于像素的方法	错提率/%	0.145	0.186	0.254	0.379	0.206
面向对象的方法		0.088	0.089	0.241	0.353	0.151
分区分层的方法		0.043	0.071	0.145	0.241	0.085

2. 基于时间序列数据的非耕地图斑剔除

基于上述分区分层提取的结果，我们进一步开展了基于时序数据的非耕地剔除试验：①首先，我们采用 Snap 软件作为数据处理平台，获取了 31 期连续时间序列的 SAR 后向散射强度图；②然后，基于分区分层提取的耕地图斑分布图，构建了地块尺度的 SAR 时间序列特征；③在息烽县的野外考察活动中，我们通过实地采样获得了耕地和非耕地的样本集，并用其训练 LSTM 模型；④最后利用 LSTM 模型进行耕地和非耕地的识别，并基于野外获取的验证集进行精度评价。最终结果显示我们获得了 80%以上的非耕地识别精度，经过非耕地剔除后，坡耕地及林间地的错分率进一步下降。在本次分类过程中，只修改了疑似地块类型中的非耕地属性，并未修改地块的形态，通过非耕地剔除的结果如图 6.18 所示。

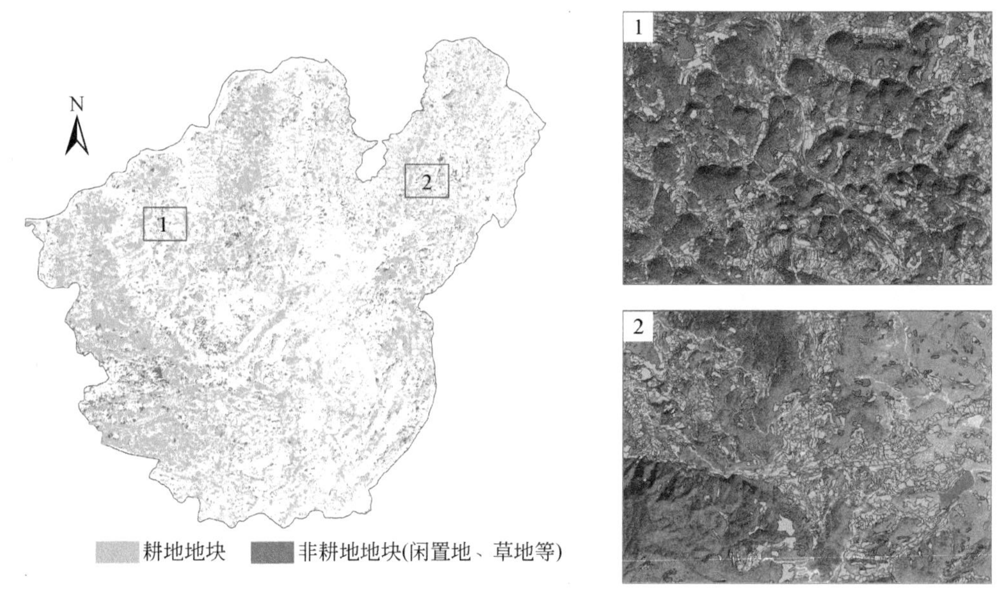

图 6.18　非耕地剔除的结果图

综上所述，本节是在地理图斑分层感知模型的基础上，聚焦复杂地形条件下如何针对精细化耕作地块形态提取的问题，综合运用复杂地理系统分析思想、机器学习技术以及视觉遥感理解机制，发展了一套微宏观相结合、“分区-分层-分级”的耕地智能提取与分析制图技术流程，通过在西南山地的息烽县示范区的试验工作，初步论证了在复杂地表成像条件下探索精细化农业耕作空间遥感智能解译之路的可行性。而在整个农业生长模式精准反演的研究体系中，这一节提出了对于耕作地块形态“精”识别问题的解决思路，这也是进一步在地块尺度上如何“落地”开展耕地覆盖类型与作物生长参数“准”反演问题研究的基础。

6.3　作物生长参数的定量反演

在上一节关于地块形态提取基础上，本节探讨时空协同的地块作物生长参数反演问题，在遥感图谱认知中隶属“谱”计算的范畴。综合利用中高分卫星遥感、地面采样与测量等观测数据以及土壤、水热等作物生长环境信息，研究地块种植类型（覆盖变化）判别以及生物量参数（生长指标）反演的模型，从“类型-指标-过程”三个层面建立一套精细尺度上作物生长过程遥感监测的技术体系。主要包括三个层次（图 6.19）：①第一层为地块作物的种植类型判别，体现土地覆盖类型及其变化情况；②第二层为地块作物生物量参数的遥感反演，包括叶面积指数、植被覆盖度、叶绿素含量、叶片含水量等衡量作物长势的定量指标；③第三层为地块作物生长过程的模拟，通过地面站点观测与遥感数据的同化，模拟作物从播种到成熟周期内的呼吸、光合、蒸腾、营养等生理过程。以此为基础，面向作物正常生长，可进一步估算作物产量；而对于作物生长的异常状态（受灾），可评估其损失情况。

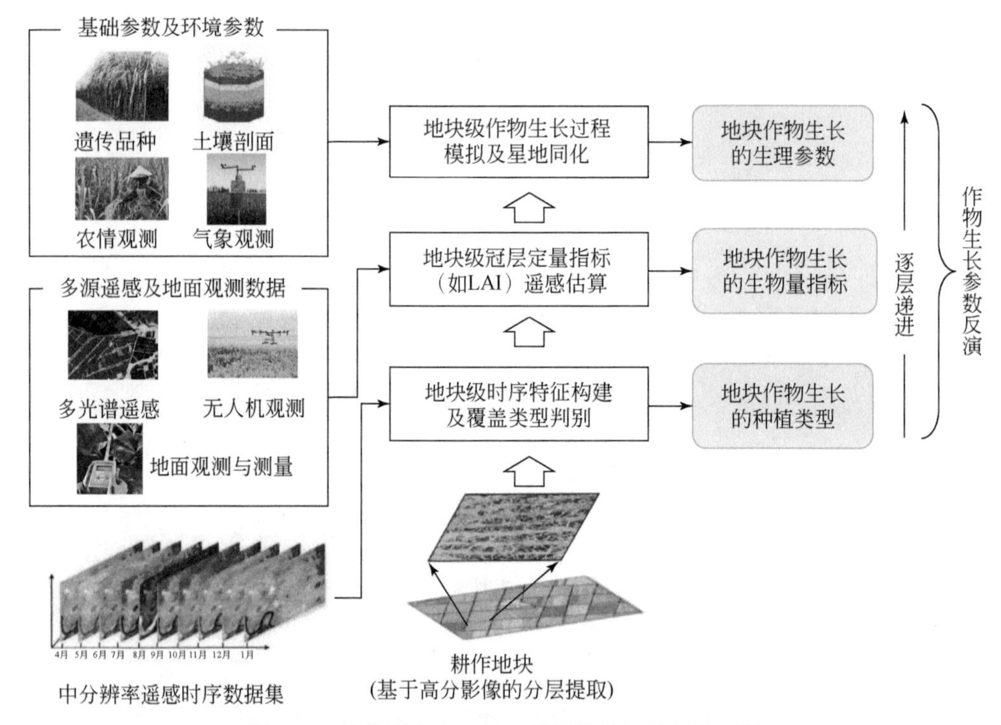

图 6.19　地块尺度上作物生长参数反演的研究框架

6.3.1　地块作物种植类型判别

作物类型识别是农业遥感应用的基础。精确的作物类型、面积统计及空间分布等种植结构信息对粮食生产管理、相关政策制定以及生态功能规划和服务等都具有重要的意义（Atzberger，2013）。传统地面调查方法耗费大量的人力物力且周期较长；逐层上报的作物种植统计数据则由于统计口径差异，导致数据质量上参差不齐。遥感技术具备大范围同步观测的能力，广泛应用于作物识别和分类中。然而，由于不同作物的生长期重叠而出现“异物同谱”现象，使用单时相影像进行作物识别和分类的难度较大。时间序列遥感能够表现不同作物的物候特征，提高农作物在时间维度上的可分性，从而提高识别的精度。长期以来，NOAA/AVHRR、SPOT/VGT 以及 EOS/MODIS 等数据的时间分辨率较高，通过对同一地表的重复连续观测可清晰描述作物生长的动态过程，在作物类型识别、生长过程监测等方面得到了广泛应用。然而上述研究在深入应用中存在如下问题：①由于数据的空间分辨率较低，难以精细刻画地物的空间结构，无法满足在精细尺度上农作物生长监测的应用需求；②传统的作物分类产品一般是以像素（或对象）为基本单位进行处理和制图，无法与实际的耕作和管理单元相对应，造成数据使用困难；③传统的农业制图是在遥感分类基础上获得作物类型、空间分布及面积统计等信息，难以实现对作物生长状态的定量监测，然而，随着人类对作物生长过程认识的不断深入，实施精准的田间管理，可改善作物品质、提高产量、减少灾害损失，而准确的作物生长态势信息是实施精细化管理的重要基础。

1. 地块作物类型判别方法

判别地块作物类型是开展作物长势监测的前提。高分辨率影像能清晰捕捉地表形态、纹理、空间关系等细节信息，但受传感器性能、星上数据存储量等因素限制，高分卫星重复获取数据的能力较弱，且传感器往往只设置可见光/近红外等有限波段，可用光谱信息很窄。中分辨率遥感具有适中的时间分辨率，如高分一号（GaoFen-1）卫星重访周期可达 4 天、Sentinel-2A/B 为 5 天、Landsat 为 16 天，时间分辨率的提高有利于监测具有明显物候变化的农作物生长特征。因而，协同高空间分辨率和中分辨率的光学遥感数据，充分发挥这两类数据各自的时空优势，可提高对作物种植类型判别的精准程度。其实现方法为：首先，通过分层感知模型从高空间分辨率影像提取农田地块的图斑（6.2 节）；其次，利用多源多时相的中分辨率遥感数据构建地块尺度上农田作物的时间序列特征；最后，采用机器学习的方法开展地块尺度的作物种植类型判别。为了实现上述方法，需要解决的关键问题如下。

（1）中分辨率影像时间序列数据集构建。为了计算地块尺度农田作物的时序特征，需构建一套由多源多时相中分辨率数据组成的标准的时序数据集。多源数据的协同利用可以增加对地观测的频次，从而在一定程度上弥补了由天气条件等因素造成的关键时相数据缺失。“标准”处理流程包括：多源中分辨率数据经过辐射值的归一化处理，在时序上具有一致的可比性；多源多时相的中分辨率数据的高精度几何配准；经过云影掩膜，除去受云污染的影像部分，仅保留碎片化的有效像元。因此，从原始中分辨率数据到标准中分时序数据集，大气校正、辐射归一化、几何校正以及云影掩膜等预处理工作必不可少。

（2）农田地块时间序列特征计算。归一化植被指数（normalized difference vegetation index，NDVI）是反映植被长势和物候阶段的重要参数，NDVI 时间序列数据能反映地表植被覆盖的动态变化，在时间维度上呈现出与植被萌芽、生长、衰老等生理活动相关的变化特征，通常具有一定的年际和季节变化的规律。NDVI 时间序列曲线在植被动态变化监测、植被覆盖分类和植被理化参数估算等方面得到了广泛应用。因而我们也采用 NDVI 序列对地表植被变化进行描述。在此基础上，以农田地块为最小的种植结构分析单元，利用多源多时相的中分辨率数据集重建地块尺度上的作物 NDVI 时序曲线。研究表明，Landsat8/OLI、Sentinel-2 等中低分辨率传感器在成像时受太阳光照角度、大气状况、观测角度等因素影响，多时相数据的辐射信号存在噪声，导致 NDVI 时序曲线无法准确描述地表植被的真实动态变化。因此，有必要对 NDVI 时序曲线进行降噪处理，得到一条相对平滑的时序变化曲线。

（3）农田地块时间序列特征提取。基于中分时间序列数据集可以提取出两类农田地块时序特征：1）第一类时序特征为地块的多时相光谱特征，包括地块光谱统计值及多波段计算所得的植被/水体光谱指数，例如NDVI、EVI（enhanced vegetation index，增强型植被指数）等；2）第二类时序特征为基于重建的高质量 NDVI 时间序列曲线提取的物候特征。地块尺度的NDVI时间序列曲线记录了农田作物NDVI值随时间的动态变化，曲线上某些时刻与作物生长的物候阶段相互对应，因此具有明确的生物物理含义，能够很好地描述作物生长的动态变化过程。在作物生长的周期内，NDVI 随时间升高、到达顶峰后再逐渐降低，该变化表现了作物从发芽、生长、开花到结果、落叶的生长发育、成熟衰老的过程。因此，基于平滑的 NDVI 时序曲线，我们提取了一系列能够反映作物生长规律的关键物候特征集（图 6.20），为后续分类工作提供了基础。物候特征提取方法如表 6.3 所示（Yang et al.，2017）。

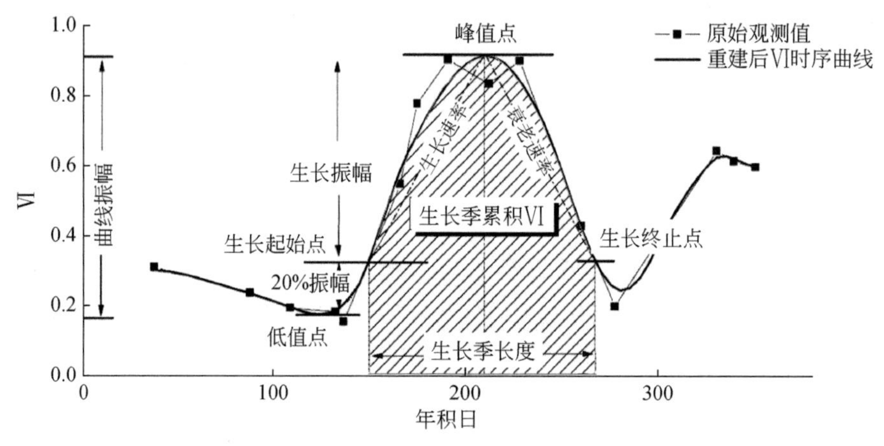

图 6.20　关键物候特征的提取方法

表 6.3　作物关键物候特征的计算方法及生理学含义

物候特征	计算方法	生理学含义
生长起始点 OnT 及对应值 OnV	生长周期内NDVI拟合曲线从最小值增长至20%幅度所对应的时间和值	作物处于返青或出苗期，开始进行光合作用
生长终止点 EndT 及对应值 EndV	生长周期内NDVI拟合曲线从最大值降低至20%幅度所对应的时间和值	作物处于衰老或收获期，光合作用减慢或者停止
峰值点 maxT 及对应值 maxV	生长周期内 NDVI 拟合曲线达到峰值的时间和值	作物生长鼎盛期，光合作用等生理活动最旺盛
生长季变化幅度 growth amplitude	生长周期内 NDVI 拟合曲线振幅的 80%	作物长势变化
生长季长度 DT	从生长起始点到终止点的时间长度	作物的生长周期长度
生长速率 GR	从生长起始点到峰值点 NDVI 数值的变化与时间长度的比值	作物生长发育的速度
衰老速率 SR	从峰值点到生长终止点 NDVI 数值的变化与时间长度的比值	作物成熟衰老的速度
生长季 NDVI 累积值 IntegratedVI	作物生长季时间范围内 NDVI 拟合曲线的积分	衡量光合作用能力的总体强度，与植被初级生产力相关

（4）地块尺度作物种植类型识别。基于中分辨率时间序列数据集提取的农田地块物候特征和多时相光谱特征共同构成了用于地块尺度作物种植类型识别的特征集合，再利用机器学习（如神经网络、支撑向量机、随机森林等）分类方法对地块的作物类型进行判别。

2. 地块作物类型判别案例

本研究选取了湖南省西北部的澧县作为试验区。澧县总面积 2107.3km^2，地形地貌比较多样，西北部属山区，南部和北部属丘陵区，东部和西部属湖垸区，中部为鱼米之乡的澧阳平原。适宜的气候环境为农作物的生长提供了良好的条件，澧县的农业种植结构类型丰富，通过复种、轮作提高土地利用率的现象十分普遍。研究区农作物的典型轮作方式包含以下几种：单季稻、双季稻、油菜-水稻和水稻-棉花等（其中“-”表示相邻的两个作物生长季）。以高分二号为高分影像底图对研究区的耕地地块进行了提取，获得地块数量大约为 590000 个，地块提取结果如图 6.21 所示；而在时间序列数据的处理方面上，共使用了 20 景 GF-1 影像以及 2 景 Landsat8 影像。

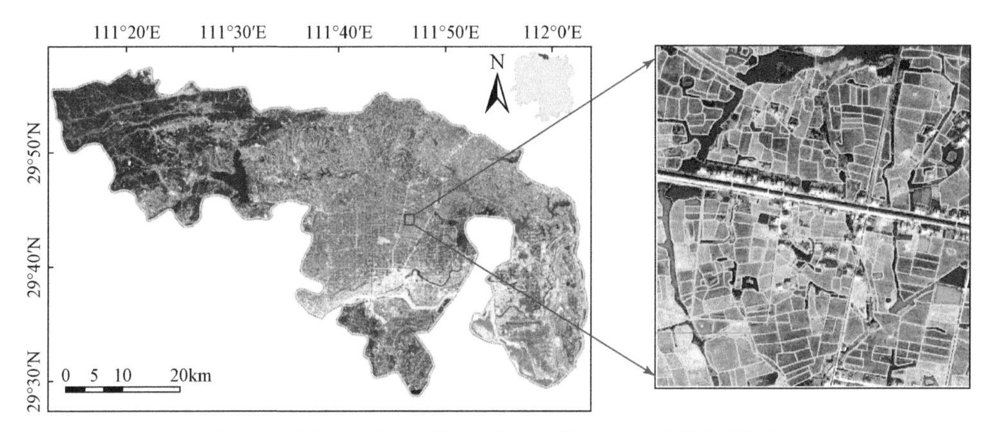

图 6.21　试验区高分影像及地块提取结果（湖南省澧县）

采用随机森林分类算法对地块作物类型进行判别，分类制图结果如图 6.22 所示。结果表明，综合利用基于时序曲线提取的物候特征和多时相光谱特征，能有效识别地块作物的类型，总体分类精度达 93.27%。同时，从分类结果中可以看出：①种植双季稻、油菜-水稻-油菜、水稻-油菜的农田地块很容易被识别，分类精度均超过了 95%。上述轮作地块的类型识别精度较高的原因，在于轮作地块的农作物种植遵循着一定的自然规律，具有严格的季节变化特点，因此物候规律更为明显和稳定；②经统计，2016 年该研究区内种植规模最大的作物为水稻，占据了约 44.32%的农田地块。约 2%的农田地块种植了双季稻，零星分布于研究区的中部区域；③而在作物空间分布上，棉花主要分布于研究区的东部区域，部分分布于南部；油菜则主要分布在东部，西北部山区部分地块也有种植油菜的地块。

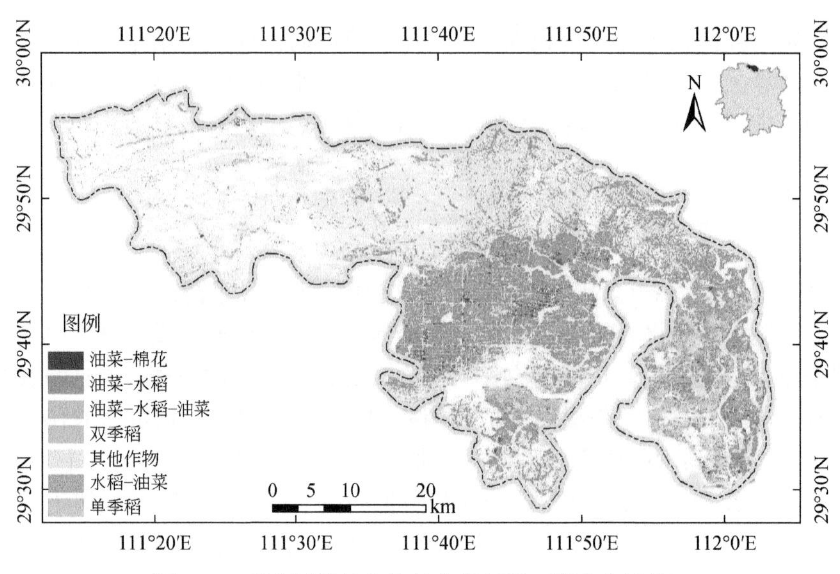

图 6.22 研究区地块作物的分类制图（湖南省澧县）

6.3.2 地块作物生长参数反演

定量化生长参数综合反映了作物的生长态势，可用于评价区域农业生产状态，辅助施肥、灌溉等农业管理，防范农作物的灾害风险。传统的田间取样和实验室分析方法难以适用于大范围作物长势监测的需求，而遥感是全覆盖、连续、快速更新地获取地表空间信息的唯一手段，因而被广泛应用于区域和全球尺度的农情监测和作物理化参数的探测。而以农田地块作物种植类型参数为基础，进一步对作物生长参数开展定量遥感反演，对于精准农业信息化推进具有重要的应用价值和研究意义。本节首先梳理常见的作物生长参数，然后介绍作物生长参数遥感反演相关的方法，最后提出地块尺度上作物生长参数定量反演的技术方法。

1. 作物生长定量参数

作物生长定量参数（如表 6.4）包括基础参数、作物理化参数、成熟收获参数等。

表 6.4 作物生长参数列表

参数类型	参数名称	遥感反演数据源	生理作用	用途
基础参数	品种	多光谱（可见–近红外）	—	品种监测
生物物理参数	叶面积指数		控制光合作用、呼吸作用和蒸散作用，决定作物和大气间的物质和能量交换	长势监测、产量估算
	生物量		支持作物的各项生理活动	长势监测、产量估算
	植被覆盖度		—	农田生态系统及环境变化监测
	叶倾角分布	多光谱、多角度（可见–近红外）	—	反映冠层空间几何结构；提高叶面积指数、覆盖度等反演精度
	株高	多极化/多角度雷达	—	反映物候特征；长势监测

续表

参数类型	参数名称	遥感反演数据源	生理作用	用途
生物化学参数	叶绿素含量	多光谱（可见–近红外）	参与光化学反应，直接影响作物物质和能量积累	反映养分胁迫、光合作用能力和发展衰老状况
	类胡萝卜素含量		吸收和传递光能及光保护	作物胁迫早期诊断
	氮素含量	多/高光谱（可见–短波红外）	生长发育、产量形成的必需元素	作物氮素营养诊断，辅助施肥管理措施
	叶片含水量	多光谱（可见–短波红外）	控制光合作用、呼吸作用和生物量形成	干旱胁迫监测，指导精准灌溉
	碳氮比	高光谱（可见–短波红外）	协调作物的生理代谢过程	生长诊断和管理调控，实现作物高质高产
生理生态参数	光合有效辐射吸收系数	多光谱（可见–近红外）	控制作物光合作用	生产力估算
	荧光	高光谱（可见）	—	表征作物光合作用能力
	蒸散量	多光谱（光学、热红外）	影响植物生长发育和产量形成	反映土壤–作物蒸散发作用
成熟收获参数	适收期	多光谱（可见–近红外）、多时相	—	表征作物生长阶段，辅助农田管理措施
	产量		—	产量监测

其中，作物理化参数包括生物物理参数和生物化学参数，综合反映了作物生长的物候特征、长势健康状态和养分供应情况；生物物理参数包括叶面积指数、光合有效辐射吸收系数、植被覆盖度等，是描述作物冠层结构的定量化参数；生物化学参数包括色素（如叶绿素、类胡萝卜素）含量、氮素含量、含水量等，这些作物体内的生化组分直接或间接地参与了生物地球化学循环，在生态系统物质和能量循环中发挥着重要作用，是评价作物光合作用能力、营养状况和长势状况的重要指标。利用时序遥感观测获取作物生长的定量参数对于掌握作物长势的动态状况具有重要意义。

2. 作物理化参数反演

作物理化参数反演是根据遥感观测数据估算作物理化性质的过程，植被光谱响应特征是作物参数遥感反演的理论基础，主要反演方法分为经验统计方法、物理模型方法以及综合物理模型和统计方法的混合方法等。

1）参数遥感反演的理论基础

作物叶片生化组分对某些波长的太阳辐射特性十分敏感（图 6.23），其中具有几个典型的光谱响应特征：①450nm 和 660nm 波段为叶绿素的强吸收带，550nm 波段为绿光的反射峰；②700～780nm 是从叶绿素强吸收带到近红外波段的高反射平台区的过渡波段，称为“红边”，是植被长势健康状况的敏感指示器；③780～1350nm 是因光在叶片细胞结构内部多次散射而形成的高反射近红外波段的平台区；④1350～2500nm 波段的反射特性主要由叶片水分含量决定，其中的 1450nm 和 1940nm 波段为水分的强吸收带。作物叶片的光谱反射率曲线会因生化组分物质含量的不同，而呈现出不同的形态和特征；作物冠层的光谱特征受到叶面积指数、平均叶倾角等冠层结构参数的综合影响。

因而，植被的遥感辐射响应特征构成了作物生长理化参数反演理论和方法基础（刘良云，2014）。

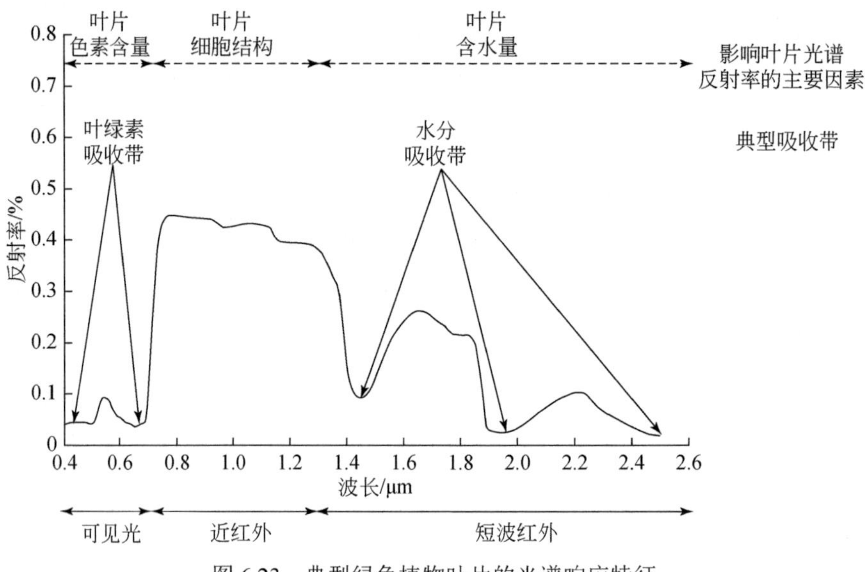

图 6.23　典型绿色植物叶片的光谱响应特征

2）经验统计模型

基于经验统计模型的反演方法是通过构建遥感观测数据与理化参数间的统计学习模型开展作物的理化参数反演。首先，根据遥感数据源的类型来选取与待反演参数显著相关的单个或多个光谱特征参量（表 6.5），光谱特征参量包括特定波段的光谱反射率、多波段组合的植被指数、光谱曲线形状特征、变换域特征（如连续小波变换）等；其次，选择参数反演的统计回归模型，模型的数学形式灵活多样，可分为线性的和非线性的；最后，利用统计回归模型在样本区间内基于光谱特征参量建立作物的理化参数预测模型。

表 6.5　常用的光谱特征参量

光谱特征类型	参数名称	适用的遥感数据源
波段光谱反射率	波段光谱反射率 ρ_a	宽波段光谱数据、窄波段光谱数据
植被指数	差值植被指数 $\rho_a - \rho_b$	
	比值植被指数 ρ_a / ρ_b	
	归一化植被指数 $(\rho_a - \rho_b)/(\rho_a + \rho_b)$	
	三波段植被指数 $(\rho_a - \rho_c)/(\rho_b + \rho_c)$ 等多种形式	
曲线数学特征	导数光谱	窄波段光谱数据
	积分光谱	
曲线形状特征	连续统去除后的光谱吸收特征：吸收波段波长位置、深度、宽度、对称度、特征斜率、面积	
连续小波变换特征	光谱强度、位置、形状	

基于经验统计模型的参数反演方法简单、直观，因此得到了普遍应用。然而，受到大气状况、观测角度、太阳辐射等多种因素的影响，遥感数据中存在噪声。同时，统计模型的训练精度也受到实验样本、观测条件、作物类型和物候阶段等因素影响，因此经验统计模型的可推广性相对较差、鲁棒性较弱，结果也难以解释。

3）物理模型反演方法

作物的理化参数反演是物理模型模拟的反向过程，其理论基础是辐射传输模型，该类模型描述在不同作物生化组分和冠层结构条件下的辐射传输过程，以作物的理化参数作为输入，模拟出叶片或冠层连续的光谱反射率和透过率曲线。物理模型是参数反演的基础，典型的辐射传输模型有耦合了叶片辐射传输 PROSPECT 模型和冠层辐射传输 SAIL 模型的PROSAIL 模型。基于物理模型的反演方法具有很强的机理性以及可迁移性，在作物的理化参数反演中应用广泛。参数反演以遥感观测数据作为输入，通过与模拟光谱的匹配寻找出最优的待反演参数。常用参数估计方法包括：数值优化方法、基于查找表（LUT）的方法和与机器学习方法结合的混合反演方法：

（1）数值优化方法。通过迭代输入变量的方式寻求最优化的参数解，目标为代价函数最小化。代价函数复杂度和模型参数的数量多等因素，给寻找全局最优化取值带来困难，穷举法方法效率低，且反演结果易陷入局部最优值。对此，POWELL、模拟退火方法等全局搜索算法得到应用（黄文江等，2017）。

（2）基于 LUT 的方法。根据先验知识限定模型输入参数的取值范围，预先利用辐射传输模型模拟出多种参数组合情况下的光谱反射率，构建一张从参数到光谱反射率的映射表，再利用遥感观测数据寻找查找表中最匹配的参数组合作为参数反演结果。该反演过程需考虑几方面问题：①代价函数的选择；②将多解平均值作为参数反演结果；③构建 LUT 时，对模拟结果增加高斯噪声以模拟模型和观测数据的不确定性；④选择适当的波段组合，而不是利用所有波段的反射率信息；⑤在反演过程中，利用邻近像元或相邻时相的信息作为辅助信息，对反演过程正则化处理，从而减轻病态反演问题。

（3）物理模型和机器学习结合方法。为精确、快速求解作物理化参数，发展了结合辐射传输模型和机器学习的混合反演方法。有研究者将辐射传输模型和随机森林或支撑向量机等机器学习方法结合，开展植被理化参数反演。当前，深度神经网络是热门的机器学习反演方法，在解决大数据量的问题时的优势明显。实现方法上，预先构建 LUT，并利用机器学习方法训练获得理化参数反演的非线性回归模型。该反演方法需考虑：①选择适当的波段组合训练模型；②根据遥感反演数据源的光谱特征，对模型模拟的光谱反射率数据进行光谱特征参量提取，例如计算植被指数、主成分变换等，通过改变输入特征提高反演精度。

基于遥感开展作物生长参数定量反演研究，还存在以下的困难与挑战：①遥感传感器探测得到的作物光谱反射率是多组分吸收特征和冠层结构特征的综合体现，弱吸收组分的信号分离和独立探测十分困难；②在有限的遥感观测数据的情况下，反演多个未知的作物理化参数，存在严重的病态反演问题；③地表作物分布存在高度的空间异质性，难以精确地建模表达，给参数反演带来不确定性；④遥感数据存在尺度效应。

3. 地块尺度参数反演

作物理化参数定量反演是一个病态问题，原因在于待反演参数个数通常多于遥感观测数据的信息量，正则化方法能有效减轻病态反演的问题，具体实现方法包括：①利用先验知识对反演参数的取值范围及分布形式加以限定，并对参数先验知识进行数学描述并在反演模型中表达；②多模型耦合，如耦合“土壤-叶片-冠层-大气”辐射传输模型，获得全局最优的参数反演结果；③空间约束下的反演，利用邻近像元的信息作为辅助信息；④时间约束下的反演，利用多时相的遥感观测数据作为辅助信息（Liang et al.，2008）。借助以上几种反演正则化方法，基于时空分布的先验知识，我们进一步提出了空间、时间及属性等条件约束下开展地块尺度作物理化参数反演方法的研究思路（图 6.24）。具体包括如下几方面。

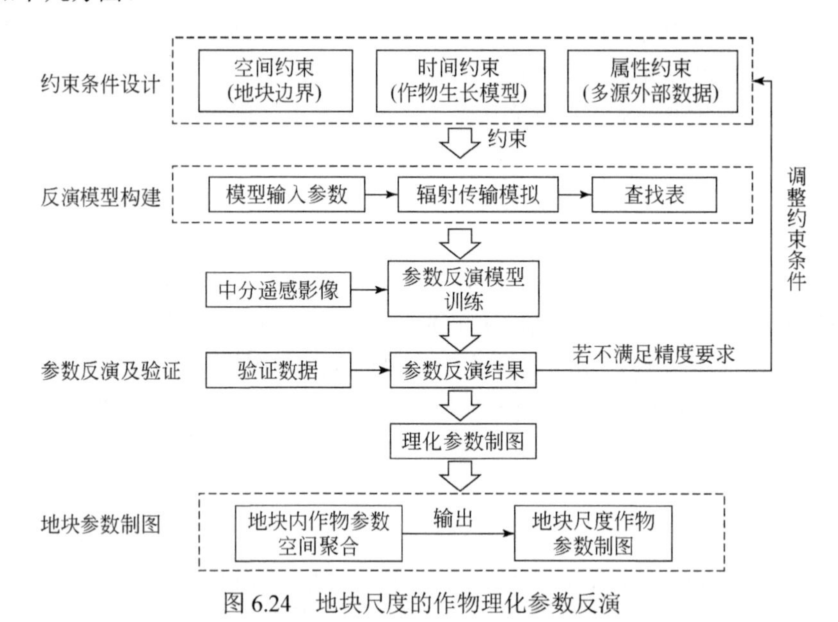

图 6.24 地块尺度的作物理化参数反演

1）空间约束。以地块边界为空间约束条件，将农田地块对象作为整体开展理化参数反演，可以采取以下几方面方法开展空间约束下地块尺度的作物理化参数反演。

（1）反演前的空间聚合。以地块边界为约束条件，根据地块内地物的空间均质性特征，对基础数据（例如地表反射率产品）做空间聚合。当地块的空间均质性程度满足预设的条件时，聚合地块内所有像元，形成最小空间单元开展反演；若不满足条件，则需要按照空间异质性将地块划分为若干子单元。位于地块边界的像元通常为作物和道路或邻近地块的混合，因此，聚合时需减小地块边界像元的权重。聚合过程本质上为中低分辨率产品的统计处理，包括算术平均、中值采样和点扩散函数等处理方式，然而“先聚合后反演”方式可能改变了传感器的原始观测数据，牺牲了一定的反演精度，但大大提高了运算效率。

（2）基于反演结果的空间聚合。与前述“先聚合后反演”方式相反，基于反演结果的空间聚合采取“先反演后聚合”的方式，从中低分辨率的遥感反演产品出发，通过尺度递推将产品聚合到地块的空间对象上，从而获得地块尺度的反演结果。

（3）空间约束下的反演。考虑到在同一地块内，农作物品种，农业耕作实践（播种、收获、施肥、灌溉），生长环境条件（如土壤及气象等）等相对一致，因此，同一地块内的作物生长物候阶段特征应当也是一致的，长势状态也相近。利用辐射传输模型开展地块尺度作物理化参数反演时，面对众多的输入参数，对模型的某些输入参数采取“地块内均质、地块间异质”的策略，以地块对象作为最小分析单元对其模型简化处理。

2）时间约束。时间约束下的作物理化参数反演主要体现于以下两个方面：①利用遥感时间序列观测数据获取作物生长的关键物候期。基于地块作物 NDVI 的时间序列曲线，提取作物生长的关键物候期（生长起始时间和终止时间），以限定作物生长参数反演的时间范围。②约束反演过程以提高反演精度。结合作物的生长过程模型，构建定量参数（如 LAI）随时间变化的动态趋势理论模型，基于遥感数据成像时作物所处的物候期，以动态理论模型为先验知识，对待反演参数的取值范围加以约束。

3）属性约束。是在理化参数反演过程前，从作物基础信息和外部数据两方面着手，预先获取模型输入参数的取值范围及分布形式等先验知识：①基础信息。包括土地覆盖类型（作物种植类型）、作物品种、生长物候阶段等，通过实地采样及文献调研，获取待反演参数的取值范围及概率分布形式的先验知识。②外部数据。作物长势受农业耕作实践和生长环境因素等影响，邻近地块的定量参数相似可能性更大。因此，可协同外部数据源（例如地形控制网、气象观测、土壤调查、农业管理分区）对研究对象进行分区，从而简化反演模型输入参数，实现属性约束的模型精度与运算效率的提升。

4. 地块尺度反演案例

本研究在种植地块的形态提取与类型识别基础上，进一步开展以作物叶面积指数（LAI）为典型指标的遥感反演试验。具体选取了在广西广泛种植的甘蔗作为作物案例。甘蔗是重要的经济作物，贡献了半数以上糖料的来源，精准的甘蔗地块信息与生长过程监测对于糖业产业精细化管理与智能决策具有重要的意义，而 LAI 是其中针对甘蔗长势监测和产量估算的重要生理指标。研究区位于广西崇左市的扶绥县，该区域位于北回归线以南，属于南亚热带的季风气候，湿润多雨，日照充足，长年温热，年平均降水量达到 1050～1300mm，降雨多集中于夏季，多年平均气温 21.3～22.8℃，日照时长 1693 小时，全年气候干湿分明，降雨主要集中在 4～9 月，其中 5～8 月的降水量占全年 70%，是我国甘蔗的重要产地。研究部署的地面试验站点位于扶绥县的笃邦村（图 6.25），研究区范围内的甘蔗可分为农户按传统方式经营的蔗田（非基地甘蔗）和制糖厂规模化经营与管理的蔗田（基地甘蔗），这两类甘蔗作物在生长物候特征和生长时长方面均有所差异。其中，非基地的甘蔗是 3 月下旬播种，6～10 月为伸长期，12 月进入砍收期并持续至次年 1～2 月；而基地甘蔗均为优选苗种，集中播种时间为 2018 年 6～7 月，相对的生长周期也更长。

收集 2018 年 1 月至 2019 年 8 月的中分光学影像共 30 景，其中包含 18 景 Sentinel-2A/B 数据和 12 景 Landsat8 数据，多源遥感时序数据有利于形成对研究区农田地块土地覆盖信息的动态监测。由于部分数据受到云雨等天气状况的影响，这给地表覆盖的动态观测带来干扰，利用 Sentinel-2 L2A 级反射率产品的云层相对含量（CLD）波段和 Landsat8 数据的质量评估（QA）波段对纯净像元进行了筛选，保留有效观测像元。

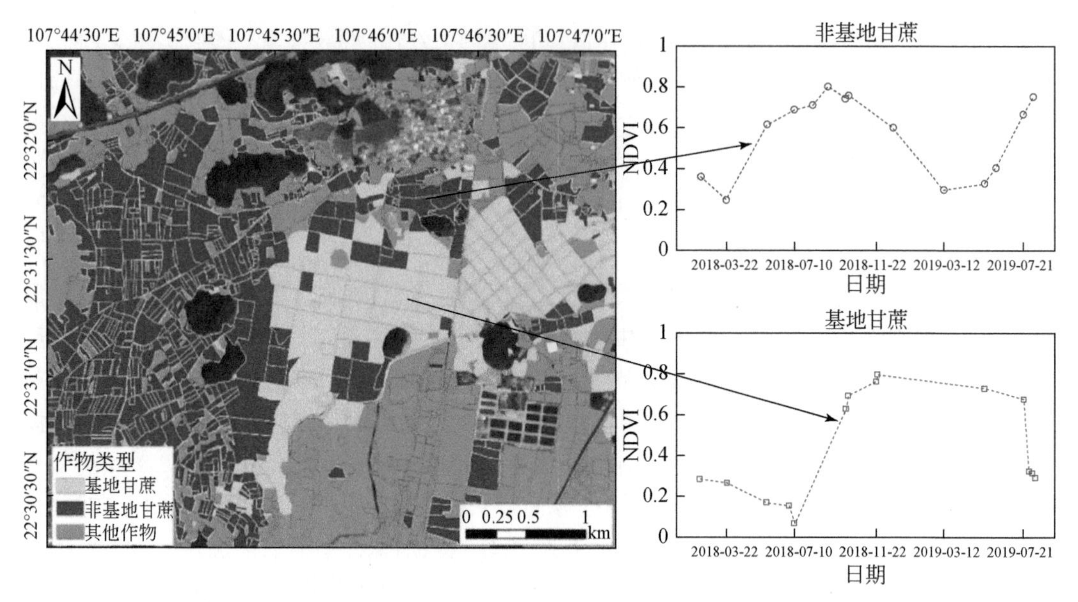

图 6.25　研究区作物类型制图及甘蔗地块 NDVI 动态时序曲线示意图

以农田地块为单元，构建地块 NDVI 时间序列曲线（图 6.25 右）。该图 NDVI 曲线在时间维度上的变化呈现了甘蔗生长、发育、成熟的物候状态。曲线上 NDVI 最低值反映的是未种植甘蔗时土壤背景的反射特性；随着甘蔗的生长进入分蘖期和伸长期，茎数变多，株高上升，叶面积不断增多，NDVI 增长至饱和；随后，甘蔗进一步发育成熟，蔗糖积累，黄叶比例的增加导致 NDVI 开始下降，直至甘蔗最后被砍收时，该地块 NDVI 回到土壤背景值。以土壤背景的 NDVI 为基准，提取地块作物生长的物候特征（包括 SOS、EOS、DT 等）。根据实地采样情况以及所收集的先验知识，构建基于物候特征的分类决策树模型，实现对研究区甘蔗地块的识别，识别精度达 95%左右。

辐射传输模型能模拟植被在多种观测条件下的反射率曲线，对于时间序列的参数反演十分有利。本案例采取了 PROSAIL 辐射传输模型结合人工神经网络的反演方法对甘蔗地块的 LAI 参数进行估算，所需参数如表 6.6 所示。首先，利用 PROSAIL 模型模拟了甘蔗作物在不同理化参数条件下的光谱反射率曲线，进而构建了多维查找表，其中输入的参数包括叶片理化参数（叶绿素浓度 C_{ab}、胡萝卜素 C_{ar}、等效水分厚度 C_w、干物质含量 C_m 和叶片结构参数 N）、冠层结构参数（叶面积指数 LAI、叶倾角分布函数 LIDF、热点参数 Hot），以及土壤属性（α_{soil}），模型输入参数及分布形式如表 6.6 所示。其中，太阳天顶角、观测天顶角、相对方位角和散射光比例等参数是根据影像成像时的太阳位置及观测几何的条件来设置。为了简化对作物冠层结构的表达，简化模型而提高运算效率，假设甘蔗冠层的叶倾角分布函数为由单一的参数（平均叶倾角 ALA）来描述其椭圆分布的函数模型。

对模拟的冠层反射率曲线添加了 3%的高斯随机噪声，以模拟数据和辐射传输模型模拟过程中的误差，将反射率曲线与遥感传感器的光谱响应函数进行卷积获得多光谱反射率值，训练用以 LAI 估算的神经网络回归模型，从而估算多时相的甘蔗 LAI。在地块尺度上对反演结果做空间聚合，甘蔗地块 LAI 反演结果及其随时间动态变化如图 6.26 所示。

表 6.6 PROSAIL 模型输入参数

参数	单位	符号	范围	个数	分布
太阳天顶角	(°)	θ_s	—	1	固定值
观测天顶角		θ_v	—	1	固定值
相对方位角		Φ	—	1	固定值
叶面积指数	m^2/m^2	LAI	0.1～4	25	均匀分布
平均叶倾角	(°)	ALA	20～70	5	均匀分布
热点参数	—	Hot	0.05～0.5	5	均匀分布
散射光比例	—	skyl	—	1	固定值
土壤相对湿度	—	α_{soil}	0.0～1.0	5	均匀分布
叶绿素 a/b 浓度	$\mu g/cm^2$	C_{ab}	5～100	22	均匀分布
胡萝卜素浓度	$\mu g/cm^2$	C_{ar}	0.001～25	3	均匀分布
等效水分厚度	cm	C_w	0.001～0.05	3	均匀分布
干物质含量	g/cm^2	C_m	0.001～0.02	5	均匀分布
棕色素相对含量	—	C_{bp}	0	1	固定值
叶片结构参数	—	N	1～3	5	均匀分布

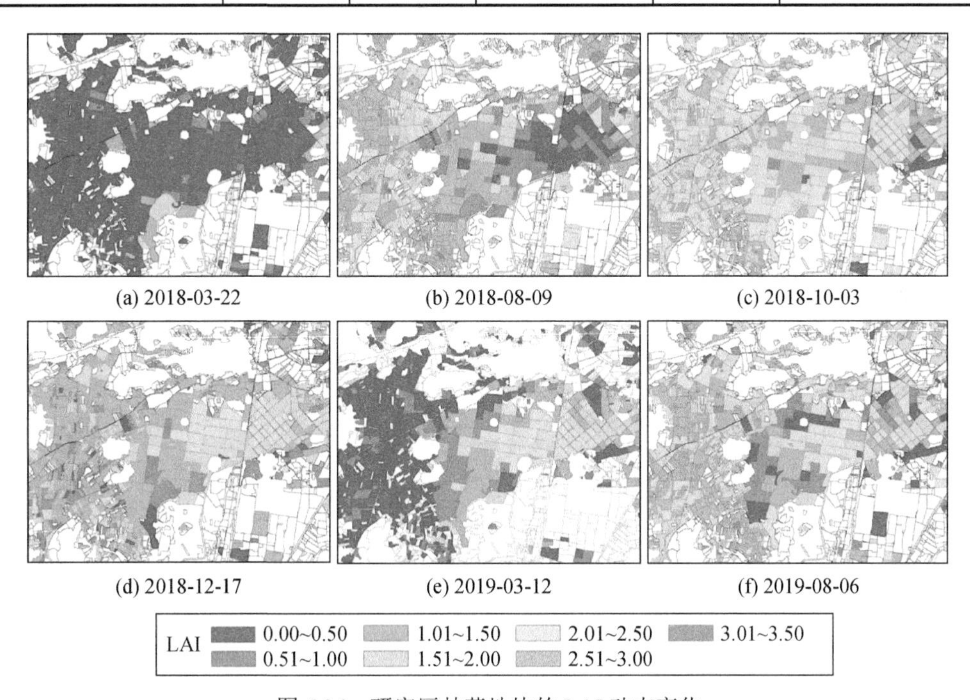

图 6.26 研究区甘蔗地块的 LAI 动态变化

6.3.3 地块作物生长过程监测

作物生长模型是以“土壤-植被-大气”物质平衡、能量守恒和物质能量相互转换为基本原理，以光、温、水、气、土壤等环境变量为驱动，定量描述作物与土壤、大气之间的相互作用，动态模拟作物从播种到成熟期间的呼吸、光合、蒸腾、营养等一系列生理过程，预测作物生物量积累、水分利用、氮素摄取等参数。随着对作物生长过程理解的不断深入和计算技术的迅速发展，作物生长过程模型被广泛应用于作物长势预测和产量估算。生长过程模型机理性强、输入参数多，作物参数及生长环境信息的获取是困扰作物模型区域应用的主要问题。遥感在快速获取大区域范围内作物生长状态的时空分布信息方面具有明显优势，能为作物生长模型的参数获取提供支持，然而遥感能观测到的是瞬时变量信息，缺少对作物生长发育、收获成熟等一系列生理过程的机理解释。因此，为实现大范围精细尺度的作物估产，需利用遥感观测信息同化作物生长过程模型，发挥遥感数据及作物生长过程模型的各自优势，提高作物估产的精度和机理性。国际上对作物生长模型的研究有几大流派，包括荷兰 Wageningen（包含 SUCROS、WOFOST）、美国 DSSAT、澳大利亚 APSIM 和中国 CCSODS，研究的农作物种类包括水稻、玉米、小麦、棉花、马铃薯、甜菜、甘蔗等。

遥感数据与作物生长过程模型同化是基于最小二乘思想，构建代价函数将遥感观测与模型模拟结果对比，调整模型中控制作物生长发育和产量形成的关键输入参数，以提高作物估产的精度（图 6.27）。基于作物生长过程模型及遥感数据同化的作物估产有四大要素：①遥感观测数据类型；②作物生长模型输入参数；③同化变量；④同化算法（Jin et al.，2018）。

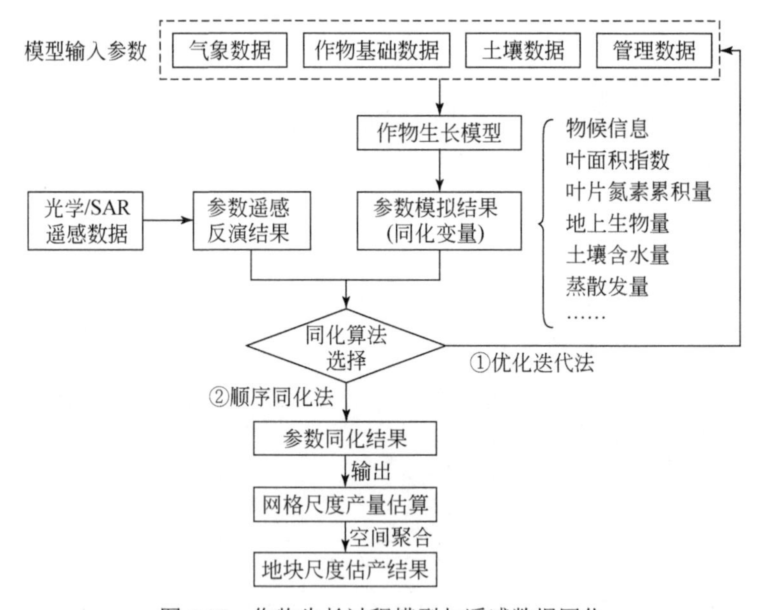

图 6.27　作物生长过程模型与遥感数据同化

（1）遥感观测数据类型。光学遥感探测的迅速发展促进了高时空分辨率遥感影像的获取，数据源包括 Sentinel-2、Landsat 8、RapidEye、World-View-2、SPOT-6、GeoEye-1、Huanjing-1、Gaofen-1、Jilin-1 等。合成孔径雷达（SAR）遥感数据具有全天时、全天候成像，不受天气状况影响的优点，被应用于估算作物生理及环境参数，如叶面积指数、生物量、株高和土壤湿度。利用无人机平台搭载多（高）光谱传感器，能按需、快速、精细地获取高时空分辨率的影像，为及时优化和校正生长模型的输入参数提供支持。

（2）作物生长模型输入参数。作物生长过程模型的输入参数通常包含以下四类：品种（物候发展参数），气象（降雨、温度、太阳辐射），土壤（水分参数、氮素参数）以及农田管理相关参数（种植及收获日期、灌溉、施肥情况等）。

（3）同化变量。作物生长过程模型及遥感数据同化的同化变量包含两类：①基础参数：表观辐亮度、冠层反射率和植被指数，应用这类数据开展同化时，需要先将生长过程模型与辐射传输模型进行耦合，再构建代价函数；②遥感反演参数：作物生长定量参数如叶面积指数、光和有效辐射吸收系数、叶片氮素累积量、地上生物量、物候信息和蒸散发量，以及土壤湿度等环境参数，应用遥感反演参数开展同化时，可直接与作物生长过程模型同化。

（4）同化算法。同化算法的性能直接影响着同化系统的运算效率和精度。常用的作物生长过程模型及遥感数据同化的实现方法可以分为：①利用参数优化方法迭代调整作物模型中与生长发育、产量形成密切相关的初始条件，使得同化变量的遥感观测和模型模拟结果之间的差异最小化，以优化作物模型、提高模拟精度，优化算法包括单纯型搜索算法、最大似然法、复合型混合演化算法、Powell 共轭方向法、粒子群算法、遗传算法、模拟退火法等等，代价函数的构建有均方根误差、最小二乘、三维变分、四维变分等形式；②顺序数据同化算法又称滤波算法，通过融合遥感观测信息，让机理过程模型在动力框架内不断调整模型的轨迹，使得模拟的状态变量不断更新为最优的预报值，该方法可用于实时的模拟，常用的顺序滤波算法有扩展卡尔曼滤波、集合卡尔曼滤波和粒子滤波等（黄健熙等，2018）。

作物生长过程模型固然机理性强，也可通过遥感数据同化的方式提高模拟的精度，然而面对众多的输入参数，当前的解决方案依然是简化和假设的参数化方案。温室大棚内的精细盆栽实验为定量研究作物生长过程模型提供了优良条件，可实现面向作物个体的生长参数的实时测量和光温水气等环境参数的实时获取，为作物生长过程的机理研究提供精确可靠的客观数据。因此，在后续研究中，我们将采用天（卫星）-空（无人机）-地（物联网）-室内大棚（精细盆栽实验）等一体化的研究思路，协同开展作物生长参数的反演，具体实现思路大致如下：①在室内大棚的盆栽实验开展作物生长过程的机理研究，探究在不同的环境（光照、温度、降水、土壤）和种植管理（品种、播种、施肥、灌溉）等变量因子作用下的作物生长过程的差异，开展模型的敏感性分析；②在试验田布设地基传感器网络，实时监测作物的生长环境信息，动态观测株高、叶面积指数等生长参数；③利用无人机搭载多光谱、高光谱、热红外等传感器相机，按需采集试验田作物的光谱信息，结合地面同步观测的结果，构建低空无人机观测尺度的参数反演模型；④协同多源卫星数据，开展大区域尺度的遥感观测，通过模型递推获取卫星尺度上时序的生长参数反演模型。

以上初步提出了基于时空遥感开展作物生长过程监测的基本思路，对于如何进一步突破其中关键技术与方法的研究，还面临着一系列极大的挑战！其中核心问题在于两个方面：第一，如何突破时序遥感数据获取与处理的限制（尤其是对于多云多雨地区时序观测的困难）？第二，如何提高反映作物生长过程的定量指标反演模型的精度？对此具体分析如下。

（1）在时序遥感观测数据的获取与处理技术方面，近年来国内外先后发射了多颗光学及 SAR 对地观测卫星，逐步形成了完善的地球观测网络，同时各地也正广泛部署建立针对农作物田间管理监测的传感网体系，可以实现持续对地面各类环境相关的数据的实时观测与精确采集，这些都为实现“认清每一块耕地信息”的精细化观测目标，奠定了坚实的数据基础。而如何深入理解光学与 SAR 在地表作物生长过程观测中的协同响应机制，进而构建星空地一体化的地块作物生长模式反演技术体系，是面向精准农业须深化研究的关键方向。

（2）在农作物生长指标的定量反演方法方面，传统研究主要集中在大区域尺度上对土壤、碳、水热等中间产品的反演与生产，而对于精细尺度上直接面向作物生长过程的定量理化参数遥感计算研究，相对而言还处于起步的阶段。对此，本研究试图在地理图斑时空协同反演研究的基础上，提出一套地块尺度上多源、多分辨率遥感的特征级融合与同化的技术框架，具体发展了在耕作地块之上反映作物生长过程的时间序列特征的重建与分析方法，初步实现了地块作物的种植类型判别、生长指标计算等关键参数的反演，为未来基于遥感大数据的精准农业信息化技术的不断创新与发展，提供了基本的理论与方法支撑。

6.4 多云雨地区农业遥感初探

面向复杂的西南山地区域，时空协同的农业遥感遇到了巨大的挑战：①山地种植地块细小而破碎，影像上表现的视觉形态混淆且多样；②亚热带与热带区域的作物分布与熟制结构复合而多元；③多云多雨气候导致光学遥感获取条件极弱而数据严重缺失，难以对作物生长过程实施连续观测。我们在 6.2 节与 6.3 节中，分别发展了分区分层的地块提取和基于物候机理的作物时序分析方法，初步建立了针对①、②两方面问题解决的途径。而针对③提出的挑战，即如何突破光学数据难以持续获取的瓶颈，构建极端条件下地块作物生长的遥感反演模型？这是当前遥感能否有效应用于多云多雨地区农业亟待攻克的科技难点，也是当前遥感面向复杂地表开展精准分析的研究前沿。合成孔径雷达（Synthetic Aperture Radar，SAR）能够穿透云层，成像不受天气影响，具备全天候数据获取的优势，已成为在多云多雨地区开展遥感监测的关键数据资源。然而 SAR 本身也存在斑点噪声偏重、影像视觉特征不够显著以及对地物成像机理不甚清晰等问题，因此提出若能将有限获取的光学影像与时序观测的 SAR 数据协同，发挥两种数据的综合优势，可望有效推动遥感在多云多雨地区展示关键性的作用。本节首先提出高分光学遥感与时序 SAR 协同开展地块尺度作物类型判别与种植结构制图的方法，并进一步针对其中时序特征问题，初步探讨时序 SAR 与光学对地物同步观测的响应机制，从而为建立星地一体化作物生长模式反演提供思路（图 6.28）。

6.4.1 地块级 SAR 时序分类

在多云多雨地区，难以持续获取光学数据，很难在地块尺度上构建基于光学遥感的时序特征。而 SAR 不受天气影响，具有不断探测地表信息的观测能力，以欧空局哨兵系列卫星 Sentinel-1A 数据为例，据统计对于我国大部分地区均能保证年均 30 期数据的覆盖能力。由此我们提出能否基于 SAR 构建地块尺度上反映作物生长过程的时序特征，从

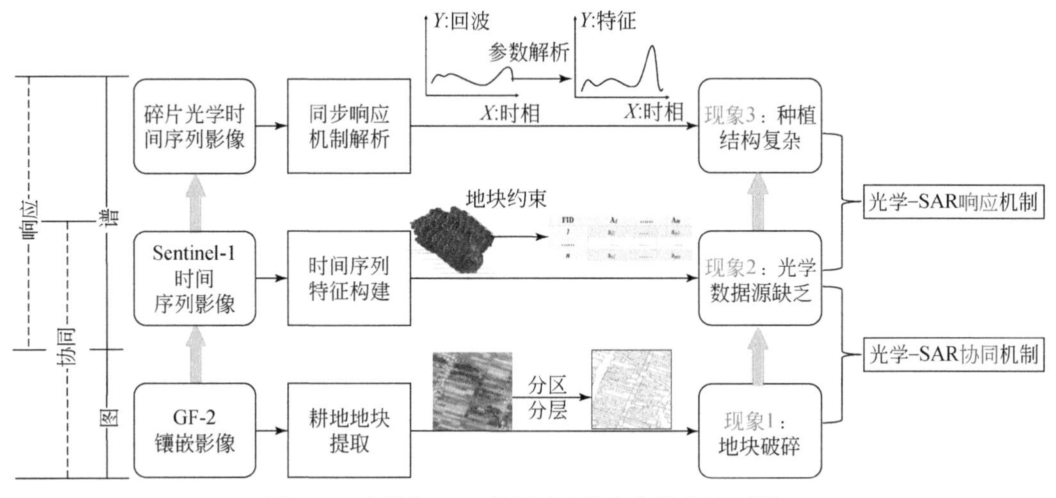

图 6.28 光学与 SAR 协同响应的农业遥感研究框架

而逐步实现从“定性的类型判别”到“定量的模式反演”的时空协同计算过程？若能取得对该问题的突破，对于在多云多雨地区精准遥感的开拓，具有不言而喻的应用价值与科学意义。因此，对应于农业生长模式反演的体系，首先研究基于 SAR 在地块尺度开展作物类型判别的方法。

1. 地块级 SAR 特征构建

在理论上，基于SAR挖掘地块变化信息的思想和6.3节中的时序分析方法是一致的，都是遵循以地块为认知单元的“图谱”耦合计算体系。首先通过对视觉系统模拟的深度学习分层模型在亚米级高分影像上有序提取地块形态（图），进而将 SAR 数据按照时间维度融入地块图斑之内，构建地块尺度上反映地表极化强度变化的时序特征（谱），再运用分类模型对地块种植类型进行判别。然而，SAR 数据在影像质量、成像机理与采集过程等方面都与光学遥感有本质的差别，因此必须发展一套针对 SAR 数据构建地块时序特征的方法：

（1）SAR 时序数据处理。在对地块时序特征构建之前，首先需对连续、高频次采集的 SAR 数据进行预处理。考虑数据的重访周期和获取能力等因素，选择基于 Sentinel-1 数据进行地块的聚合处理，主要包括辐射定标、多视处理、地形校正、斑点滤波等的预处理步骤，以获得在空间位置上精确套合、时间维度上可对比的后向散射强度的时间序列数据集。

（2）时序 SAR 特征分析。与光学影像反映地物对光照（辐射）的反射成像机制不同，SAR 数据的后向散射强度反映的是微波主动与地物间相互作用的强弱关系，主要表征了地物表层立体的空间结构信息。而由于不同作物或者同一作物在不同的生长阶段具有不同的空间结构，所以通过 SAR 数据可以反映这种在时空分布上有差异的变化特征，这也是基于时序 SAR 可探测作物生长规律的基本原理。而在传统研究上，主要利用相对静态的 SAR 影像空间结构特征（纹理）对作物类型的判别或土壤含水量、冠层结构等指标的分析，而对于能否在地块空间（图）约束下，用时序的 SAR 特征（谱）进行作物生长过程的分析研究，还处于初步的探索阶段。最简化的 SAR 时序构建是对聚合到地块内所有像素强度进行统计，来表示某一时序点的特征值，属于一维的时序表达，然而这种表达并不能有效地将 SAR 对地表结构成像的优势体现出来，因而难以精确刻画地块土壤基质及作物生长综合作用的变化特征，因此必须发展更高维度上针对每一时序点上空间特征表达与挖掘的模型。

（3）时序 SAR 空间特征表达与挖掘。对于如何对图像纹理进行有效表达，一直以来都是计算机视觉领域的研究难点。近年来，在对自然图像和医学影像等纹理表达研究中，非参数化深度卷积网络（DCN）表现出了巨大优势。我们借鉴利用其中流行的预训练网络（VGG16、ResNet50 和 DenseNet121 网络）[①]（He et al.，2016；Huang et al.，2017），初步开展了对 SAR 纹理特征的学习与表达，以提高 SAR 对某一时序点上地块作物状况表达的性能。每个 DCN 网络都包含不同结构的网络层，哪些能更有效地对纹理进行表达呢？根据分析，我们提出两个选取原则：①选择的网络层应尽可能多地聚合本层深度的空间纹理；②选择的网络层应在池化（pooling）操作前，避免因池化而导致纹理分辨率降低。由此，在地块尺度上利用了持续获得的 SAR 数据集，构建并挖掘农田地块随时序而变化的空间纹理特征，以充分表达在植被生长过程中地块结构规律性变化的分布机制和解析参数，从而为在多云多雨条件下开展地块作物种植类型判别与生长指标反演等探索提供基础。

2. SAR 时序分类器设计

由于 SAR 数据与地表之间的响应机制并非清晰，难以构建类似于光学遥感的植被指数那样简单明了且易于解释的参数化指标；而深度学习相对于传统机器学习的一大优势是能够通过样本学习机制从输入数据中提取具有丰富信息含量的关联特征，从而为分类识别等应用构建复杂的映射关系。前述是在空间上通过 DCN 网络对时序点上 SAR 纹理结构进行了高维特征的表达与挖掘，进一步在时间上则是将 RNN 单元引入到地块空间上开展作物时序分类，利用其对高维时序特征自组织学习与特征优化重建的能力，有效减少数据拟合、特征抽取等中间环节，从而有效提高时序分类的性能与精度。在发展基于 RNN 的地块 SAR 时序分类器研究中，需重点针对以下两方面关键问题开展研究。

（1）地块尺度的样本增广

相对于支持向量机和随机森林等传统的机器学习方法，深度学习需要更多的样本来训练模型。然而实际应用中通过实地调查获取样本的方式需要大量人力、财力和时间，导致样本数量往往有限，严重限制了深度学习的实际应用。因此，我们针对地块种植类型判别问题，利用采样点、地块和观测点之间的空间关系，设计了实地调查与可控生成相结合的样本增广方法，以提高 LSTM 时序分类器的稳定性与普适性（Zhou et al.，2019a）。

地块作为农耕活动的基本单元，其内部一般具有相同的耕作状态，因此每个采样点与其所在地块的作物类型是一致的。这一前提下，设计了如图 6.29 所示的样本扩充方法：①将实地采集的样本叠加到地块上，将样本 s 的作物类型 t 赋值给其所在地块 p；②以多边形 p 为中心线做内缓冲区 b，并使用 b 对 p 进行裁剪，生成具有 t 类型的纯净区域 f

① Simonyan K，Zisserman A. 2015. Very deep convolutional networks for large-scale image recognition. International Conference on Learning Representations.

（假设越靠近地块中心的作物越纯净、越能体现作物生长的时序特征）；③将 f 与 SAR 数据叠加分析，以像元的极化特征强度值和对应特征图的信息均值构建区域 f 内每个 SAR 影像像元的时序变化特征（即将采样点类型赋予每个影像像元），这些像元可以被视作地块约束下由影像像元生成的“新地块”，从而实现样本数量扩充。需注意，实验中选用 K 折（*k*-fold）交叉检验来训练和验证分类器。前期 SAR 数据斑点滤波处理会对同一地块内的像元带来相关性：当来自同一地块像元样本被划分到不同折（fold）时，会导致时序分类器过拟合和低性能，因此以地块为单元进行不同折（fold）的划分，将来自于同一地块样本划分到同一折中。

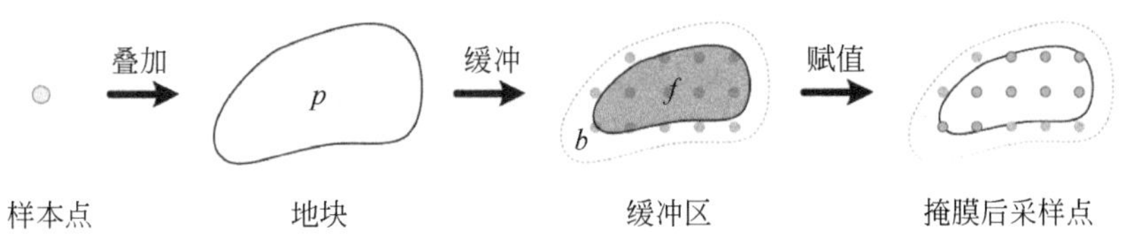

图 6.29　LSTM 分类器模型的样本增广技术

（2）基于 LSTM 的特征分类

采用三个深度卷积神经网络（VGG16、ResNet50 和 DenseNet121）学习并提取 SAR 时序数据的多层次空间纹理特征（每个特征分别提供一维空间信息），然后借助于 Keras 深度学习框架中的 LSTM 单元组织和利用这些空间纹理特性（Hochreiter and Schmidhuber，1999），实现对地块作物的 SAR 时序分类，对应的分类网络如图 6.30 所示。首先将每个特征集（包括 VH 和 VV 强度特征集、VGG16-V1/V2/V3/V4/V5 特征集、ResNet50-R1/R2/R3/R4/R5 特征集和 DenseNet121-D1/D2/D3/D4/D5 特征集）分别输入到层叠的 LSTM 网络层，提取每个空间纹理的时序特征，然后对输出的时序特征进行标准化（normalization）和连接处理（concatenatation），最后将多维时序特征曲线（圈）输入到全连接层（dense layer），计算时序特征所对应的作物类型。

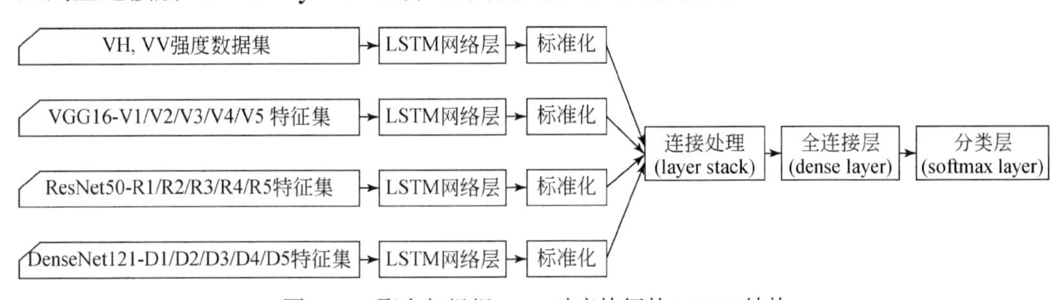

图 6.30　聚合与组织 SAR 时序特征的 LSTM 结构

上述标准化（Normalization）处理中，我们利用了最小-最大正则化方法（最大最小值分别取该特征集内所有时序曲线的最大和最小值）将时序特征曲线归一化到［0，1］数值范围内。在 LSTM 特征提取的操作中，利用由 4 个 LSTM 层的层叠对时序特征进行提取。整个网络结构的输入张量形状（shape）为（sample_number，time_step，feature_number），其中 sample_number，time_step 和 feature_number 分别代表训练集（或者测试集）中样本数量、时序曲线的步数和数量。根据上述步骤，可以在影像与地表特征不明确的情况下，提取地表的时序特征并应用于作物分类，可避免由人工设计特征进行分类所引起的不确定性。

3. SAR 时序分类的测试

基于上述方法，在湖南澧县（详见 6.3 节）开展了作物类型遥感分类的测试。研究采用国产高分二号光学影像来对研究区种植地块进行提取（技术流程参见 6.2 节），采用 Sentinel-1 SAR 数据来构建地块作物生长的时序曲线。首先基于深度卷积神经网络（VGG16 等）提取了 SAR 影像的时序纹理特征，并将其作为作物分类的基本特征。然后，建立串联式 LSTM 分类网络进行了序列数据中隐含特征的挖掘，实现了光学-SAR 协同的作物分类。

所获取的种植结构制图如图 6.31 所示，作物空间分布上与 6.3 节光学时序特征分类结果较为一致。结果表明，基于构建的 LSTM 网络可以挖掘 SAR 时序曲线中不同作物的物候特征，能有效识别地块作物类型，总体分类精度达 83.67%。在分类结果中，亦发现水稻地块的分类效果较好，其中水稻与其他作物轮种的地块分类精度可达 84%左右；而非水稻种植地块的分类精度则略低。导致这一现象是由于 SAR 对与水稻地块中的水分含量较为敏感，而对于旱地类作物（轮种过程中数据反映的裸地特征）的反馈则较弱。SAR 时序数据所反映的成像机制还难以直接解释，导致在精度上地块作物 SAR 时序分类难以达到光学时序分类的高度，但在多云多雨地区则是“从无到有”的突破。

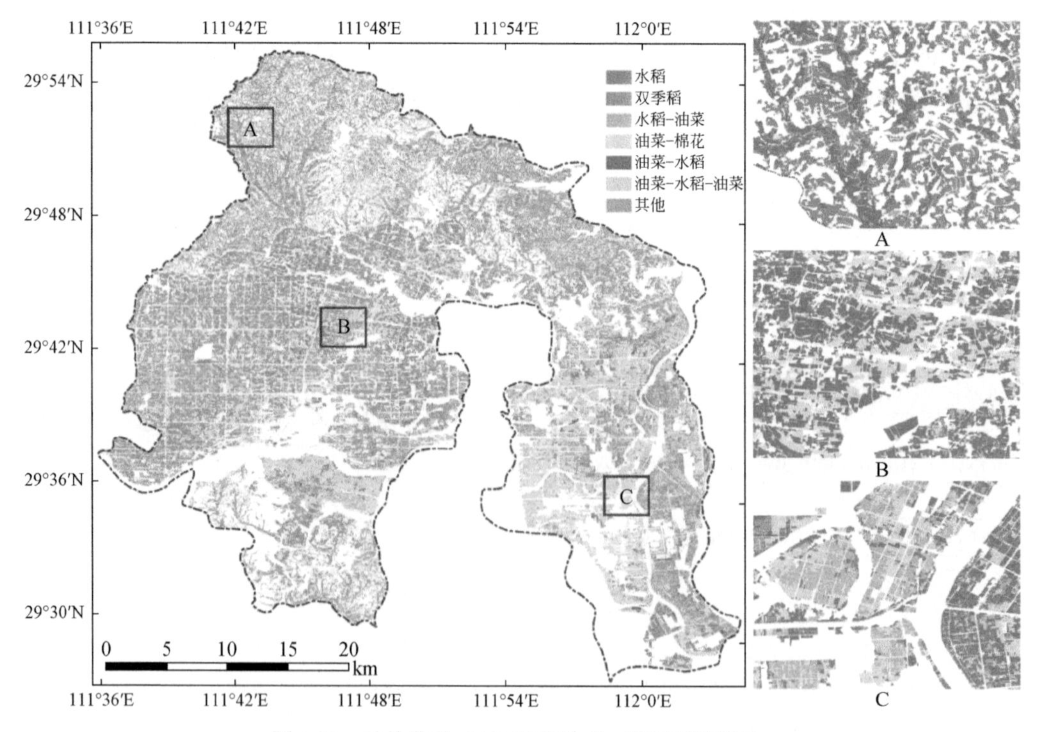

图 6.31 地块作物 SAR 时序分类（湖南省澧县）

6.4.2 光学与 SAR 协同反演

通过光学与 SAR 协同下开展地块作物分类研究，虽然取得了一定进展，但也发现仅依靠 SAR 构建地块时序，难以获得高精度的制图结果，究其根本还是因为 SAR 对地表响应是一个复合而复杂的过程，不能直接建立类似光学遥感的地物信息表征模型。本小节将探讨如何通过深度学习解析光学与 SAR 数据之间响应关系，实现 SAR 时序向"类光学"特征的转换，然后综合机器学习与数据同化技术构建地块尺度上作物生长模式的反演模型，并通过不断融入实地调查、光学碎片等多源异构信息的增强机制，实现对模型迭代式的趋优。

1. 光学与 SAR 响应简析

在地块作物分类中，针对每类作物随机选取了 200 个地块，计算每个地块的平均时序特征曲线（以 VH 强度时序曲线为例），将作物 VH 时序曲线与作物的生长周期进行对照，结果如图 6.32 所示。同时，也给出了澧县的作物物候信息（表 6.7），线段表示作物的生长周期（可以表征光学的时间序列特征），其中不同的颜色代表不同的作物类型（Zhou et al.，2019b）。

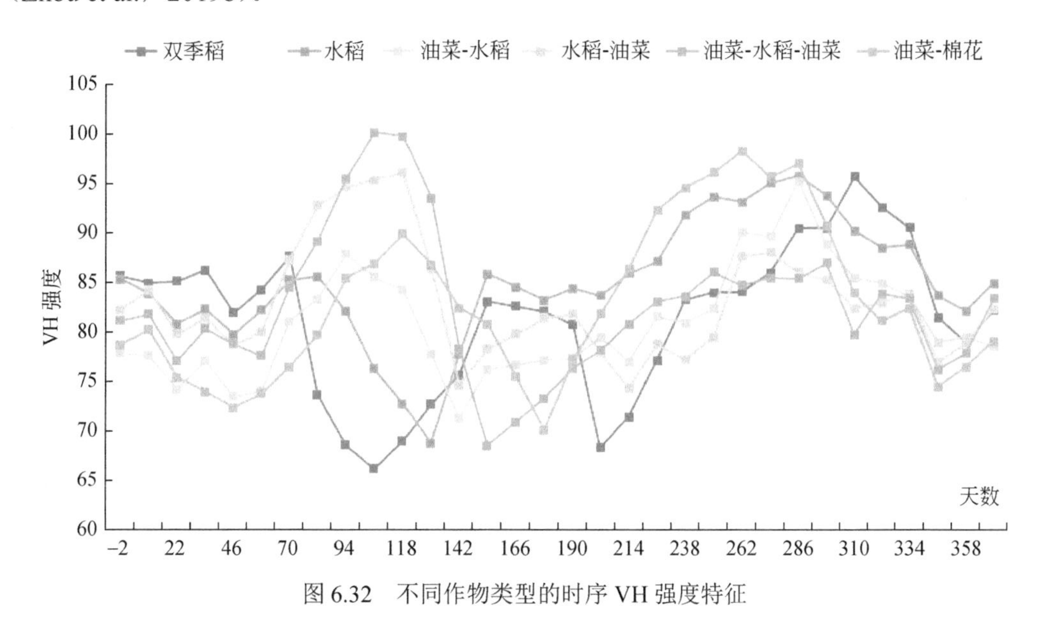

图 6.32　不同作物类型的时序 VH 强度特征

表 6.7　不同作物的种植物候历

作物	1月	2月	3月	4月	5月	6月	7月	8月	9月	10月	11月	12月
双季水稻												
水稻												
油菜-水稻												
水稻-油菜												
油菜-水稻-油菜												
油菜-棉花												

以具代表性作物来揭示 VH 强度的时序曲线与作物生长阶段（种植、生长、成熟和收获）之间的响应关系：①以双季稻为例，第一季稻（早稻）在 4 月中旬移栽，7 月中旬收获，在 5 月份为峰值；第二季稻（晚稻）则紧接着早稻收获后移栽，11 月下旬收获，并在 9 月、10 月两个月达到生长峰值。这一物候信息对应到 SAR 时序曲线上，VH 强度从 3 月中旬开始急剧下降并到 4 月底到达最低点，期间主要的农作活动是水稻插秧前

的泡田和稻苗移栽，近乎镜面反射的水体表面造成了较低的 VH 后向散射强度；随后VH 强度快速上升并在 6 月中旬达到高峰，并持续到 7 月中旬水稻收获，这对应于水稻植株加密使得 VH 散射强度增强，在下一轮水稻种植中 SAR 时序特征表现出近似的趋势。②以油菜-水稻-油菜为例，前一年播种的第一季油菜会在第二年初开始生长并逐渐在 4 月到达峰值（对应 NDVI 同样为峰值），然后在 5 月底成熟并被轮种为水稻；水稻则会表现在 7～9 月的 3 个月逐渐进入峰值。同样，VH 时序曲线也快速上升并在 4 月底 5 月初达到峰值，然后油菜收割（5 月底）和移栽水稻的泡田（6 月初）使得 VH 散射强度进入波谷。接下来水稻生长、成熟和收割又在 VH 散射强度上表现出类似于双季稻中晚稻的曲线模式。由于油菜属于旱作作物且在冬季生长缓慢，SAR 数据主要表征了裸土的散射特性，因此第二季油菜对应 VH 散射强度持较高水平并保持不变。

2. 光学与 SAR 关系解析

SAR 与光学具有不同的地表响应机制，反映的物理量不一致，难以通过简单的解析方程进行相互转化。对此，提出了一种解析 SAR 和光学时序之间响应关系的框架（图 6.33）。

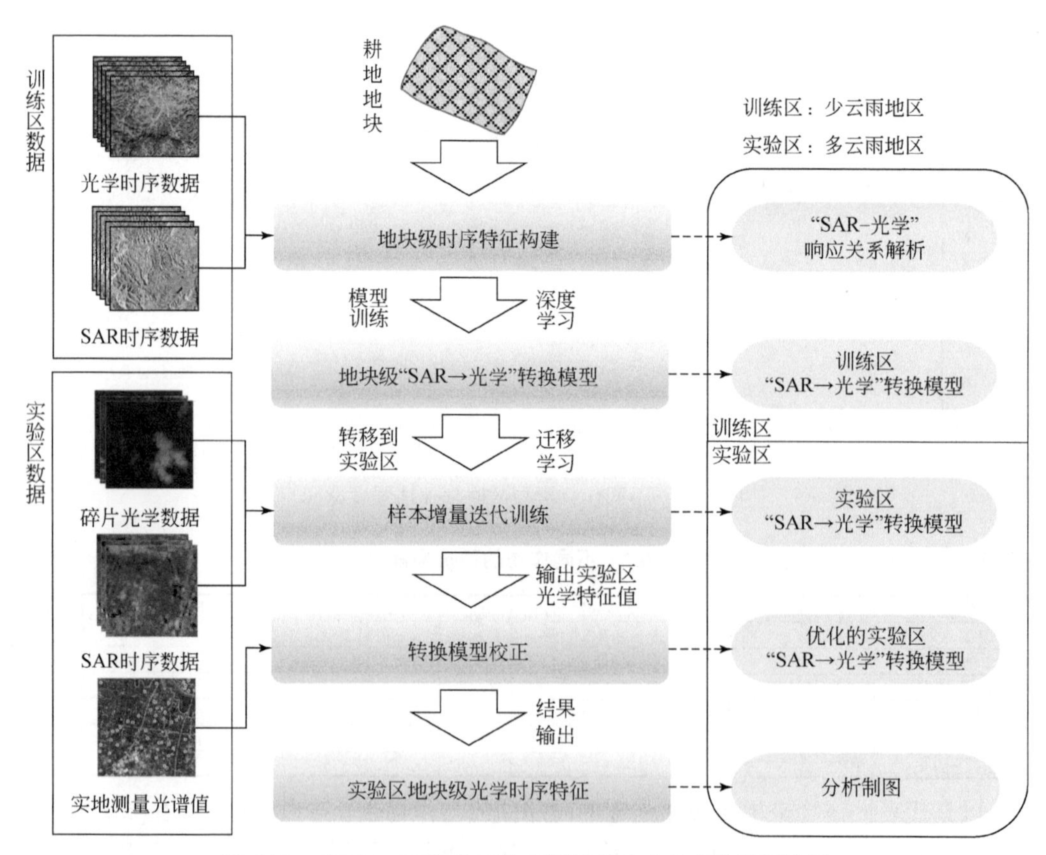

图 6.33 “SAR-光学-地面”观测同步响应的参数解析流程

针对地块尺度 SAR 时序特征噪声偏多和机理不清的问题，基于卫星多光谱遥感、近地面光谱两个层次分别获取与 SAR 遥感同步的观测数据，运用迭代自组织的深度学习时序转换模型，发展一套地块尺度光学与 SAR 时序特征关系的参数化解析算法以及训练样本数据集（从少云雨地区向多云雨地区，按照邻近关系的逐步推进），实现地块尺度 SAR 时序特征向光学多光谱遥感的相对时序特征，进而再向地面控制下绝对时序特征的递进式转换，逐步逼近能真实反映地块作物生长过程的光谱时序响应规律。

3. 针对类型的分层计算

不同种植类型的地块，因其土壤基质、土壤水分、冠层结构、生物量累积等因素不同，SAR 时序成像机制也各有差异，若采用一套模型对时序特征进行重构用以判别类型与指标计算，势必因其特征空间的混合而造成反演精度的偏低。如图 6.34 所示，能否在对不同种植类型地块的 SAR 时序成像机制实验分析基础上，将光学与 SAR 响应关系的整体解析模型按照种植类型进行分层细化？进而以地块土地利用类型作为地理环境的初始约束条件，以不断融入外部增量的强化机制，迭代实现对地块生长时序特征的信息重组与优化逼近。

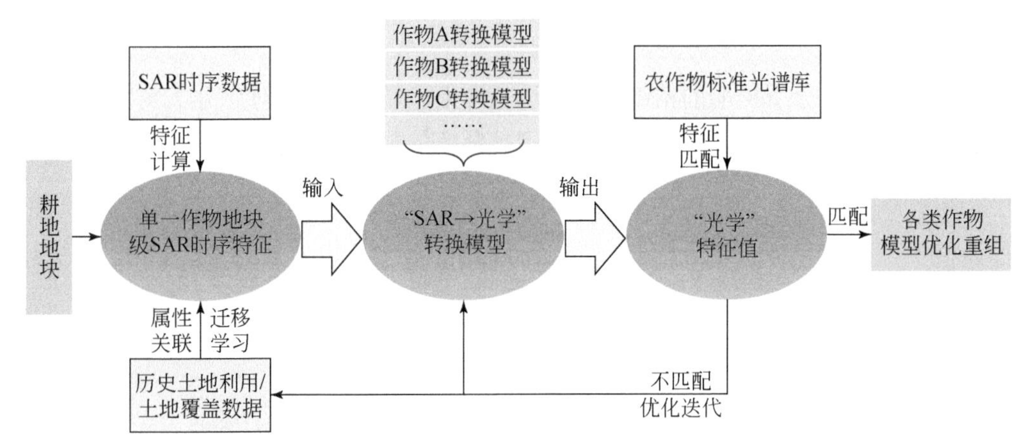

图 6.34 土地利用背景约束下的作物生长参数分层计算

针对不同种植类型在地块上响应机制存在差异而导致时序分类或反演精度不一致的问题，建立地面标准化样点地块（样地），并分别在不同作物的生长过程中同步获取样地上的 SAR 数据与近地面光谱，验证分析驱动特征变化背后的物化与生物机制（土壤物质，土壤含水量，植被冠层结构，生物量等因素），进而在统一的光学与 SAR 时序特征参数解析模型基础上，发展针对不同种植类型地块的 SAR 与光学遥感同步响应成像的时序转换模型，实现对作物生长过程更为精细而量化的特征表达与参数计算。

从上述 SAR 时序特征与作物生长周期的分析中可以看出：①SAR 时序特征变化与作物生长之间的对应关系比较复杂，尚难以（远不及光学 NDVI 对植被物候的表达）发掘较强的定量表达方法；②上述结果说明光学与 SAR 数据之间存在一定的响应关系，为后续的解析工作奠定了基础。透过现象看本质，从定性到定量，能否在上述表面发现的基础上，进一步探索揭示地块尺度上针对作物生长过程的 SAR 极化成像机制？解决该问题将有望支撑在多云多雨地区通过构建星地同步观测系统的方式，发展一套精准化作物生长遥感反演模型，这对地理图斑时空协同理论进一步面向复杂地表的研究深化与应用开拓具有重要的意义，希望通过进一步探索逐步回答如下具体的科学问题：①在地块之上，光学与 SAR 是否具有时序上的同步响应规律？②针对不同作物，在地块约束下其 SAR 的响应机制是否具有差异？这种差异背后的成像机理是什么？③能否建立主被动遥感时序成像的定量解析与转换（翻译）模型，并协同近地面的同步观测数据，应用于多云多雨地区作物生长模式的精准反演？

6.4.3 多云雨地区试验分析

在息烽县地块形态提取试验（6.2 节）基础上，进一步基于时序 SAR 开展地块作物类型判别的试验。息烽县地处典型的多云多雨山地区域，雨热同期，光学数据获取严重匮乏。本试验工作设计了“SAR 时序分类”-“光学-SAR 响应关系解析”-“解析模型验证”为递进的流程，面向多云多雨地区精准农业遥感的巨大挑战，初步验证在图谱耦合认知理论框架下建立光学遥感与时序 SAR 协同计算模型开展作物生长模式挖掘的探索思路。

1. 地块级 SAR 时序分类试验

试验工作是在分层提取的精细耕地地块基础上，通过 SAR 时序分类判别地块作物的种植类型，初步实现多云多雨地区的作物种植结构制图，实验流程如图 6.35 所示。

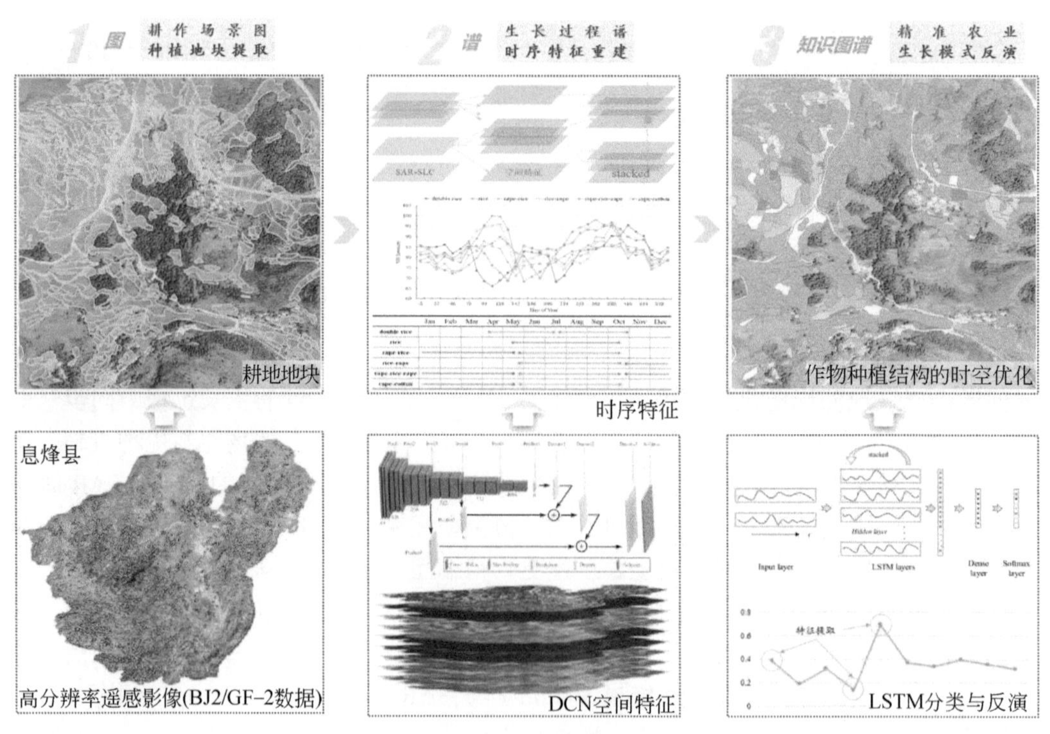

图 6.35 地块级 SAR 时序分类试验的技术流程

首先从欧空局网站上获取试验区 2018 年全年所有（共 29 景数据，基本覆盖作物生长周期）的 Sentinel-1A 卫星的 IW 模式的微波 SLC 产品数据（空间分辨率为 5m×20m）；然后利用 SARscape 5.3 软件依次进行多视、斑点噪声滤波、地理编码（以空间分辨率为

10m 的 DEM 数据为参考基准）、辐射校正，形成标准化时序 SAR 数据集；将时序 SAR 数据空间叠加到地块图斑之上，依据不同极化方式的后向散射强度计算每个地块的各类特征（均值、众数以及强度值的统计分布等），构建地块的时序特征曲线；结合实地采集的约 3400 个样本，利用 LSTM 网络进行地块时序分类，实现作物类型判别。结果表明（图 6.36）：仅依据 SAR 的后向散射强度数据构建的时序特征能初步判别地块的作物类型，总体分类精度约为 61%。其中，水稻地块获得了 81%的精度，然而对于空间结构接近的茶（精度 47%）、果园（65%）以及轮种情况接近的玉米（69%）、菜地（52%）等，相互间难以有效区分。进一步的，我们通过空间纹理特征提取、VV/VH 极化方式相互组合的方式对样本的时序特征进行扩充，多次试验表明，以 VV、VH、低层纹理特征（VGG16、ResNet50 和 DenseNet121 网络的前三层卷积特征图）以及 VV/VH 四类特征构建地块的时序特征具有较好效果，可以将试验区的作物类型判别精度提高至 70%。其中，由于 VV 特征可以提高对地物纹理信息的表征能力，因此对于茶（精度 62%）、果园（67%）以及水稻（85%）等精度的提升较为明显。

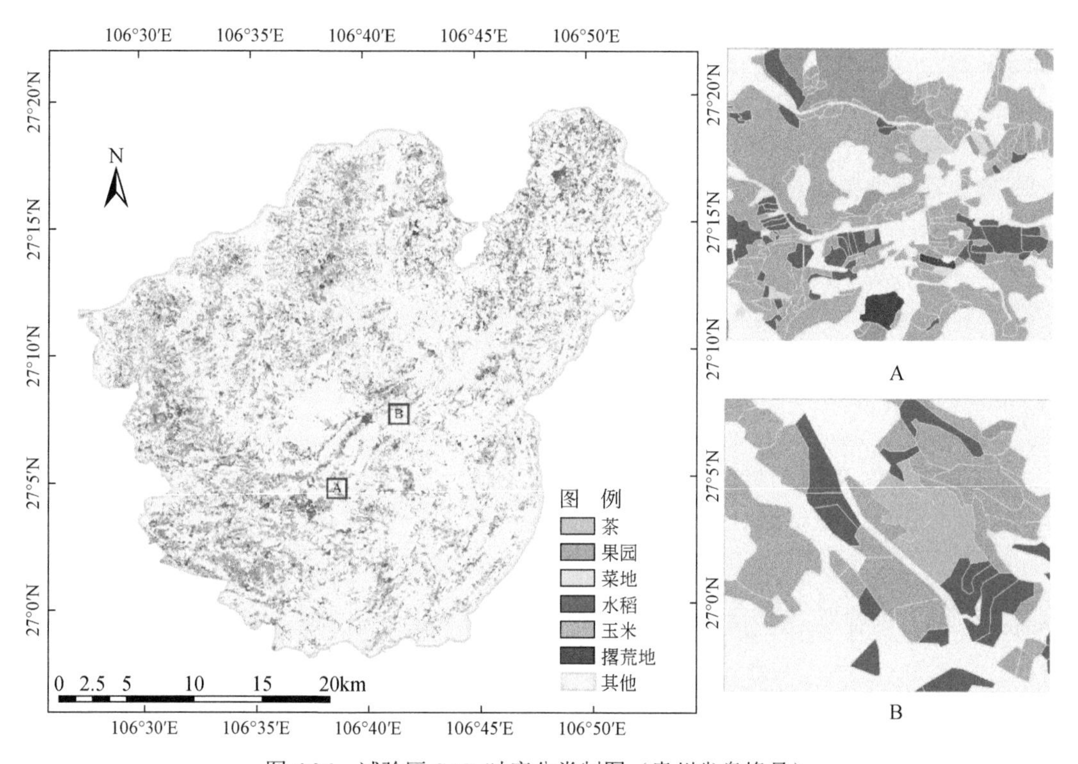

图 6.36 试验区 SAR 时序分类制图（贵州省息烽县）

总之，在西南山地多云雨地区光学时序数据严重缺失情况下，本试验方法利用时序 SAR 初步实现了地块作物分类制图，为多云雨地区农业遥感走出了一条新路。

2. 光学与 SAR 协同分类初探

也应注意到，仅利用时序 SAR 的分类精度还相对有限（总体精度明显低于湖南澧县的光学时序分类的试验）。因此我们进一步测试能否通过序列转换的方式，将弱 SAR

时序特征表达为强光学时序特征，为探索星地协同的作物生长模式反演体系的构建奠定信息基础。根据上节的设想，我们首先在湖南澧县和贵州息烽县开展探索性实验，原因如下：①湖南省与贵州省地理位置相近，澧县与息烽县的主要作物类型也较为接近（均包含水稻、玉米等）；②两地均可获取较为连续的 SAR 数据，但由于气候与地形不同而导致其光学成像条件存在差异，相对而言澧县可获取较为连续的光学数据，因此可将澧县作为解析模型的理想训练区，而息烽县作为理想测试区。

根据实际数据情况，在两个研究区分别收集了 17 期成像日期相近的 Sentinel-1（澧县、息烽县）与 Sentinel-2 数据（澧县）。在进行试验前，我们对云量较大的 Sentinel-2 数据进行了去云处理，仅保留在时相上无云的公共数据。试验的实现思路是通过建立数据到数据的“硬”转换方法在澧县获得响应参数解析模型，然后在息烽县进行验证：首先将澧县 SAR 和光学特征分别进行序列化处理，并以自然数形式的数据字典对序列中各维的特征进行编码，同时记录各自特征在序列中的位置信息；然后，构建以具备多头机制的自注意力单元为核心的序列分析网络，挖掘两种序列之间的映射关系。通过上述方法建立“光学-SAR”转换模型之后，我们分别构建了采样数据的时序特征，特征曲线如图 6.37 所示，从图中可以看出上述方法在一定程度上实现了两类数据间的有效转换，因此可以为后续息烽的验证实验提供较为有效的数据转换模型。总体而言，采用“数据到数据”构建“光学-SAR”时序特征之间的解析框架，一定程度上说明了 SAR 与光学对于地块作物生长观测具有同步响应的关系。

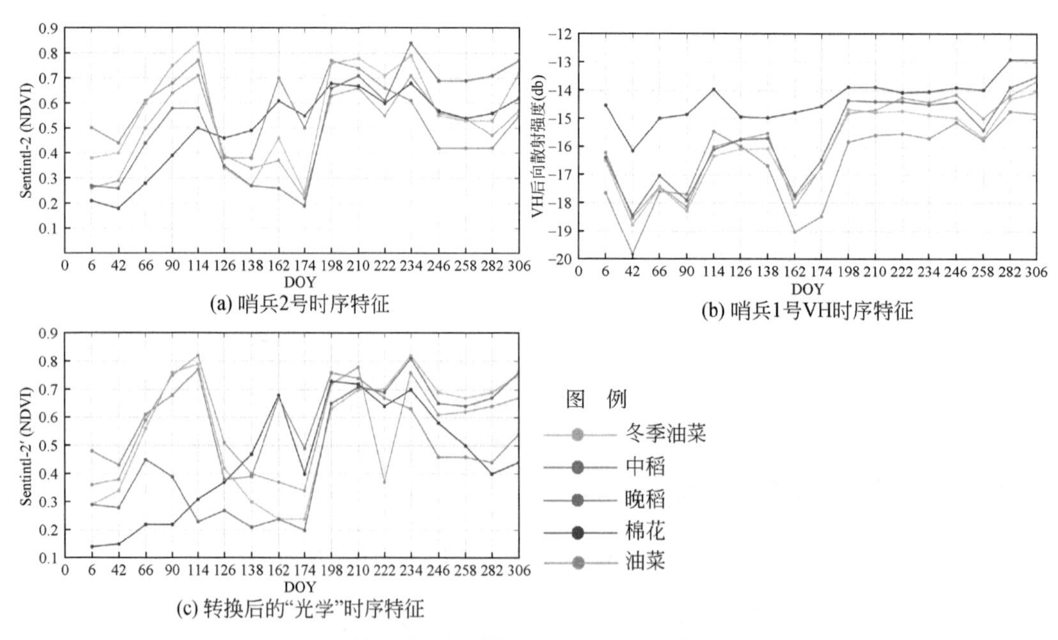

图 6.37　基于响应机制的“光学- SAR”数据转换关系

在对澧县“SAR-光学”转换模型训练的基础上，我们将模型回归息烽作物类型识别试验。首先依据该模型对收集的 17 时相 Sentinel-1 VH 特征进行“SAR-光学”时序转换，然后再基于 LSTM 分类网络进行作物类型判别新试验，获得如图 6.38 所示的地块作物种植类型制图。经过验证，该试验精度略低于前述直接应用 Sentinel-1 VH 时序特征的分类试验，总体精度为53%。其中，精度表现较好的为水稻（68%）、果园（66%）和玉米（62%），这三类作物时序变化的混合模式相对单一，而由于试验未采用VV极化信息导致受地表结构与地形影响较大的茶园（32%）、菜地（48%）识别精度较低。试验中不同作物精度上表现差异的现象，也验证了6.4.2节中提到的不同地物对于SAR时序成像机制是不一致的设想，因此需要进一步自顶往下建立分层机制，构建更细粒度上的时序转换模型，再融合地表与近地面同步观测数据进行特征重组与信息同化，才能实现以SAR时序观测作为切入，通过不断优化机制达到对每一块作物的生长过程进行准确刻画与系统模拟的目标。

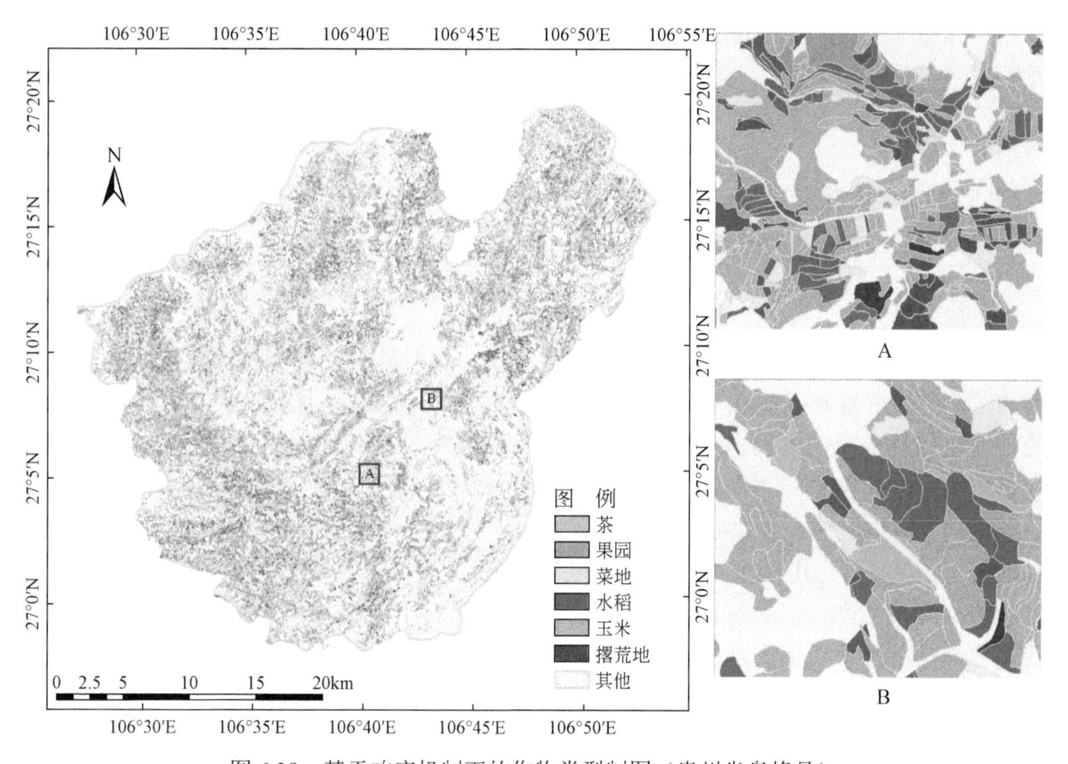

图6.38　基于响应机制下的作物类型制图（贵州省息烽县）

3. 多云雨地区遥感研究展望

地理图斑智能计算理论中提出的时空协同反演模型，在应用于西南山地区域时遇到了极大的挑战，一方面因地表结构复杂而难以对耕地形态进行精细化提取，另一方面因多云多雨而难以获得地块尺度上监测作物生长过程的光学时序特征。因此在“图”和“谱”的两个方面，本章分别发展了基于高分影像的地块形态分层提取技术（6.2节），以及进一步基于多时相光学与SAR遥感数据构建地块时序特征进行作物类型等参数反演的方法（6.3节与6.4节），通过试验分析均取得了初步的进展，为极端成像条件下开拓精准农业遥感之路提供了切入性的研究思路。具体针对其中在多云多雨地区开展地块时序分析的问题，由于SAR数据噪声大且成像机制复杂，时序规律的可解释性较为困难，因此能否在前述的研究框架与简单试验基础上，进一步构建光学与SAR对地块作物生长过程的同步观测系统，发展基于时序机器学习的参数解析技术，实现多种时序响应的关系转换？进而综合地面多光谱测定和碎片化（云缝）光学数据的强化，实现对地块时序特征的优化重组，将为未来面向复杂地表构建星地一体化的作物生长模式遥感精准反演体系提供坚实的支撑（图 6.39）。

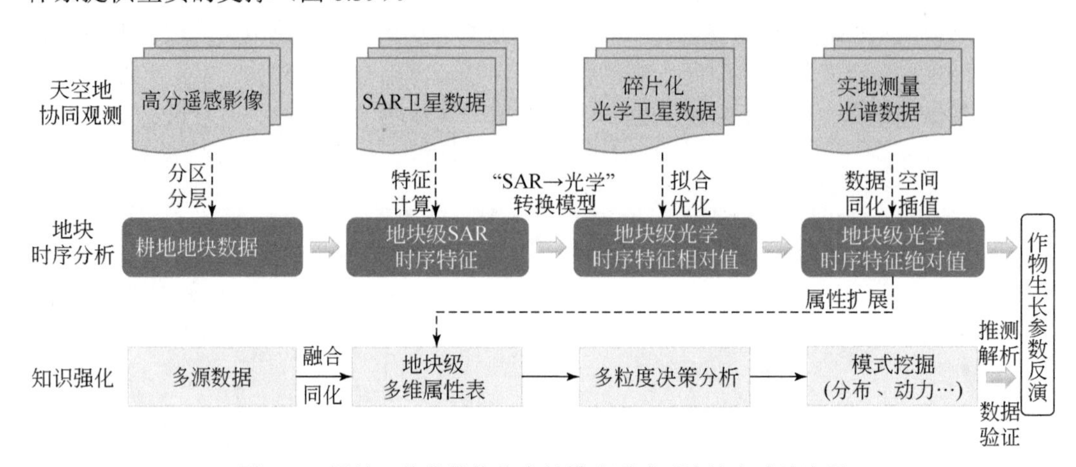

图 6.39　星地一体化的作物生长模式遥感反演综合试验流程

具体而言，以卫星 SAR 遥感为主要数据源，增补碎片化的光学数据，重构地块尺度的时序特征，这是以面状方式对地表耕作空间进行全覆盖、无缺失的间接观测，呈现的是地块作物相对的生长态势差异，难以达到对其生长指标的绝对量进行反演计算。如何将相对而空间密集的“面状”特征，与在样地同步观测的绝对而时序密集的“点状”特征协同，构建星地一体化时序特征的同化计算模型？进而发展对地块作物生长过程的精准表征方法，再运用地理图斑的多粒度决策模型与动力模式挖掘技术实现对作物生长参数的推测与生产价值的解析，这是未来探索研究的重点内容和方向。基于这个思路，我们将继续落地于西南山地的县域示范区，开展更为系统的试验工作，深化多云多雨地区地块尺度作物生长模式遥感精准反演的探索研究，重点构建以标准样地为观测单元的一套近地面同步数据采集与指标验证的系统，进而协同遥感机理模型与迁移学习、强化学习等机器学习方法，发展一套“星空地协同观测+地块时序分析+知识强化机制”为一体的作物生长参数定量反演技术体系。通过研究，期待取得如下三方面精准农业遥感的制图与分析成果：①示范区耕作空间的作物种植结构的精细制图（地块形态、结构、类型）；②示范区地块尺度上生物量反演及资产估算制图；③示范区地块种植的适宜性评价与空间优化制图。这些工作都将在后续针对多云多雨农业遥感研究的学术专著中展开更为系统而详尽的介绍与论述。

主要参考文献

陈仲新，任建强，唐华俊，等. 2016. 农业遥感研究应用进展与展望. 遥感学报，20（5）：748-767.

陈效逑. 2001. 自然地理学.北京：北京大学出版社.

范菁，余雄译，吴炜，等. 2017. 知识引导的稀疏时间序列遥感数据拟合.遥感学报，21（5）：726-734.

黄健熙，黄海，马鸿元，等. 2018. 遥感与作物生长模型数据同化应用综述. 农业工程学报，34（21）：144-156.

黄文江，孔维平，董莹莹，等. 2017. 作物理化参数遥感定量反演. 北京：科学出版社.

刘良云. 2014. 植被定量遥感原理与应用. 北京：科学出版社.

蒙继华，吴炳方，杜鑫，等. 2011. 遥感在精准农业中的应用进展及展望. 国土资源遥感，(3)：1-7.

钱学森，于景元，戴汝为. 1990. 一个科学新领域——开放的复杂巨系统及其方法论. 自然杂志，(1)：3-10.

徐丹丹，谷晓平，吴俊铭，等. 2006. 云贵喀斯特地区干旱时空分布规律研究. 贵州气象，30 (2)：9-11.

曾昭璇. 1982.论我国南部喀斯特地形的特征.中国岩溶，(01)：29-34.

赵英时. 2013. 遥感应用分析原理与方法. 北京：科学出版社.

Atzberger C. 2013. Advances in remote sensing of agriculture：Context description，existing operational monitoring systems and major information needs. Remote Sensing，5 (2)：949-981.

Blaschke T，Hay G J，Kelly M,et al. 2014.Geographic Object-Based Image Analysis-Towards a new paradigm. ISPRS Journal of Photogrammetry and Remote Sensing，87：180-191.

Chen T Q，Cuestrin C.2016. A scalable tree boosting system. The 22nd Acm Sigkdd International Conference on Knowledge Discovery and Data Mining，San Francisco：785-794.

Dong W，Wu T，Luo J，et al. 2019. Land parcel-based digital soil mapping of soil nutrient properties in an alluvial-diluvia plain agricultural area in China. Geoderma，340：234-248.

Hinton G E，Osindero S，Teh Y W. 2006. A fast learning algorithm for deep belief nets. Neural Computation，18 (7)：1527-1554.

He K，Zhang X，Ren S，et al. 2016. Deep residual learning for image recognition. Computer Vision and Pattern Recognition，Las Vegas：770-778.

Hochreiter S，Schmidhuber，J.1999. LSTM can solve hard long time lag problems. Proceedings of the Advances in Neural Information Processing Systems 12 (NIPS 1999)，Denver，Colorado，CO，USA：473-479.

Huang G，Liu Z，Van Der Maaten L，et al. 2017. Densely connected convolutional networks. Proceedings of the IEEE Conference on Computer Vision and Pattern Recognition，4700-4708.

Jin X，Kumar L，Li Z，et al. 2018. A review of data assimilation of remote sensing and crop models. European Journal of Agronomy，92：141-152.

Le Cun Y，Bengio Y，Hinton G. 2015. Deep learning. Nature，521 (7553)：436.

Liang S L. 2008. Advances in Land Remote Sensing：System，Modeling，Inversion and Application. Maryland，USA：Springer.

Pouliot D，Latifovic R. 2018. Reconstruction of Landsat time series in the presence of irregular and sparse observations：Development and assessment in north-eastern Alberta，Canada. Remote Sensing of Environment，204：979-996.

Ronneberger O，Fischer P，Brox T. 2015. U-net：Convolutional networks for biomedical image segmentation. International Conference on Medical image computing and computer-assisted intervention. Springer，Cham，234-241.

Sun Y，Luo J，Xia L，et al. 2020. Geo-parcel-based Crop classification in very-high-resolution images via hierarchical perception. International Journal of Remote Sensing，41：1603-1624.

Szegedy C，Vanhouske V，Ioffes，et al. 2016. Rethinking the inception architecture for computer vision. The

29th IEEE Conference on Computer Vision and Pattern Recognition（CVPR2016），Veqas，USA：2818-2826.

Wu T，Luo J，Dong W，et al. 2019. Geo-Object-Based Soil Organic Matter Mapping Using Machine Learning Algorithms With Multi-Source Geo-Spatial Data. IEEE Journal of Selected Topics in Applied Earth Observations and Remote Sensing，12（4）：1091-1106.

Wu W，Ge L，Luo J，et al. 2018. A spectral—temporal patch-based missing area reconstruction for time-series images. Remote Sensing，10（10）：1560.

Wu W，Sun X，Wang X. et al. 2018. A long time series radiometric normalization method for landsat images. Sensors，18（12）：4504.

Yang Y，Huang Q，Wu W，et al. 2017. Geo-parcel based crop identification by integrating high spatial-temporal resolution imagery from multi-source satellite data. Remote Sensing，9（12）：1298.

Zhou Y，Luo J，Feng L，et al. 2019a. DCN-based spatial features for improving parcel-based crop classification using high-resolution optical images and multi-temporal sar data. Remote Sensing，11（13）：1619.

Zhou Y，Luo J，Feng L，et al. 2019b. Long-short-term-memory-based crop classification using high-resolution optical images and multi-temporal SAR data. GIScience & Remote Sensing，56（8）：1170-1191.

第7章　生态植被遥感制图

森林、草原和湿地是三大典型的陆地自然生态系统。陆地表层广泛分布的植被对于整个陆地生态系统运行起着主导性作用，不仅供养着丰富的动、植物资源，更具有涵养水源、保持水土、防风固沙、调节气候以及美化生活等关键的生态服务功能。工业文明兴起以来，由于人类对地球资源的不合理开发利用，导致地表植被遭受了不同程度的破坏，对生态环境可持续发展产生了负面影响，社会各界对于植被资源的科学保护与可持续利用的呼吁越来越强烈。为了实现这一目标，科技层面需解决的关键问题在于如何精确掌握植被资源的“家底”信息？进而支撑对植被资源生产功能和生态功能合理有序的配置。对地观测是实现全覆盖监测地表植被分布及动态变化的核心技术手段，特别是随着高分辨率遥感时代的到来，对于遥感应用在生态植被领域的关注点也随之从相对宏观的初级生产力评估提升到更微观和更系统的生态价值精准计算上来，而能否突破的核心问题又在于如何精细化观测并制作植被资源分布的“一张图”信息！本章将在地理图斑分层感知与多粒度决策模型的支持下，探索研究高分遥感与多源数据协同的生态植被精准制图方法，重点聚焦复杂的地形和水热条件为精准制图带来的科学难题，综合地理学分析思想、机器学习技术与遥感机理模型，提出一套植被图斑形态提取（图）以及类型推测制图（谱）的方法体系，并分别面向山地林草、生态草原以及三角洲湿地三个应用场景，开展了具体的植被制图试验工作。

7.1　植被制图的理论基础

不同于前两章所述的城市生活和农业生产这两类以人为改造或人工干预为主导的生态系统类型，自然生态系统中的各组成要素主要依靠自我调节能力维持系统相对平衡与稳定的运行。作为自然生态系统中的核心要素，植被的分布及生长受土壤、地形、光温热水等自然条件以及生物、人类活动等因素的综合影响，在时空上表现出一定的分异规律和动态变化。本节依据地理学关于空间相关性、异质性与相似性的思想与理论，分析关键生境要素对植被类型及空间格局影响与作用的机制，提出生态植被遥感认知与精准制图研究的总体框架。

7.1.1　植被空间分布规律

植被分布首先遵循因自然条件差异而导致的地带性分异规律，既表现为宏观尺度上的一致性，又呈现出微观空间中的局部差异性，并且随着研究尺度的不断缩小，这种空间异质的特性表现越为明显。地域分异规律揭示了地表要素空间分布的相关性、异质性及其背后形成的驱动机制，因而是传统自然地理区划研究的理论支撑，也是我们提出并设计“分区-分层-分级”路线开展植被图斑提取与类型推测的思想来源。

1. 地域分异规律

地域分异规律也称空间地理规律，是指自然地理环境整体及其组成的要素在某个确定方向上保持特征的相对一致性，而在另一确定方向上则表现出差异性，因而会发生演变更替的规律。早在 2000 多年前，中国的《尚书・禹贡》就有关于地带上南北更替现象的描述；古希腊学者埃拉托色尼发现地表温度存在纬度的差异性，于是将地球划分为 5 个气候带，这是最早对气候分异规律的认识；近代地理学奠基人——德国地理学家亚历山大・冯・洪堡，研究了气候因素与植被生长的相互关系，首次系统地提出了植被的地带性分异规律；19 世纪末，俄国 B.B.道库恰耶夫以土壤发生学观点进行了土壤分区分类，并由此创立了自然地带学说；20 世纪中叶，德国地理学家 C.特罗尔提出了“三维地带性”的概念，在山地研究中得到了广泛应用。因此，人们在认识自然的过程中不断加深并丰富着地带性分异规律的内涵和外延。

1）地域分异的影响因素

一般认为，影响地域分异的因素主要包括两大方面：首先是地球表面太阳辐射能沿纬度方向呈现的分带性，即宏观尺度上的南北分异，简称地带性因素；其次因地球自身能量导致海陆分界、高原隆起、大气环流等现象，使得自然综合体在中宏观尺度上呈现非纬度方向的变化规律（如地貌分区、干湿分区等），相对于“地带性”而言，简称非地带性因素。地带性和非地带性两种因素决定了自然现象在较宏观尺度上的分异。此外，在上述两种基本因素综合作用下，还形成了派生性地域分异（如地形与水热变化的复合）和局部地域分异（如小流域、小地貌、小气候等）（蒙吉军，2011）。总之，在多种因素的综合作用下，自然地理环境演变为分区分层与多级的物质与能量交换系统，逐渐分化为多姿多彩的自然景观。

2）地域分异的尺度效应

根据上述因素的划分，地域分异规律存在着尺度效应，根据主导影响因素的不同，可将其划分为“大中-中小-微观”3 个尺度，具体如表 7.1 所示。

表 7.1　地域分异中的尺度效应

<table>
<tr><th>研究尺度</th><th>表现形式</th><th>影响因素</th></tr>
<tr><td rowspan="3">大中尺度</td><td>全球地带性分异（南北纬度方向）</td><td rowspan="3">地带性与非地带性</td></tr>
<tr><td>因海陆分界、大气环流而引起的分异</td></tr>
<tr><td>区域性大地形分异（比如青藏高原隆起）</td></tr>
<tr><td rowspan="3">中小尺度</td><td>由高原、山地或内部地貌分异引起的区域分异</td><td rowspan="3">派生性地域分异</td></tr>
<tr><td>气候差异引起的地域分异（海岸带或流域）</td></tr>
<tr><td>垂直带性分异</td></tr>
<tr><td rowspan="4">微观尺度</td><td>局部地形的分异（小地貌）</td><td rowspan="4">局部地域分异</td></tr>
<tr><td>小气候的分异</td></tr>
<tr><td>岩性与土质的分异</td></tr>
<tr><td>自然灾害、生物、人类活动等影响产生的分异</td></tr>
</table>

大中尺度主要涉及全球性、大陆性、海陆交互以及跨区域性质的宏观分异，主导因素以地带性和非地带性的分异规律为主，二者各行其道又互为影响，共同组成了地表在宏观尺度上逐步变化的格局；中小尺度主要涉及由地形地貌或水热条件引起的区域分异，其中最主要的是因山体高度差异等引起的垂直带性分异规律，体现了派生性地域分异作用机制；微观尺度分异主要是由局地分异因素导致，表现为局部地形差异、小气候差异、小流域差异、岩性土质差异以及人类活动等外力影响引起的微地表分异规律。

3）植被的地域分异规律

植被空间分布遵循上述地域分异规律，既表现出宏观尺度的三维地带性（缓变），又受局地分异因素影响而在近距离空间内呈现出迥异的景观特征（突变）。水平空间内以北半球为例，由赤道向北极沿纬度方向热量递减，植被类型呈现为“热带雨林→亚热带常绿阔叶林→温带落叶阔叶林→寒温带针叶林→寒带苔原”的渐变序列；而植被垂直带分布是山地特有的景观，以长白山为例，以落叶阔叶林为基带，随着海拔逐渐升高，经由针叶阔叶混交林、亚高山针叶林、亚高山草甸，最终过渡到高山灌丛草甸。宏观尺度上的植被带变化都是逐渐过渡，因此在相邻两个植被带之间总存在或宽或窄的交替带；而在微观尺度上，受局地地形、土壤性质、小气候或小流域等影响，植被景观会在有限空间内发生剧烈变化，例如，干旱区的冷杉、云杉多在阴坡生长，而半湿润与湿润区的马尾松、华山松等生长于阳坡为多。随着分析尺度逐渐缩小，地理实体之间差异性呈现更为显著，其复杂性决定了我们无法通过单一方法和规律去分析千差万别的地表特征，自然地理分区与分层方法为这一问题提供了顶层的指导思想，对于揭示自然地物如何在综合因素作用下形成分异规律具有重要意义。

2. 自然地理区划

自然地理区划是地理学中非常重要的一种地域系统分析方法，是在充分认知并遵循地域分异规律的基础上，按照区域内部差异把自然特征非相似的部分划分为不同的自然区，进而在每个自然区内部研究其共性特征，以及发生、发展过程及规律的方法（蒙吉军，2011）。

1）自然地理区划的一般性原则

自然地理区划一般遵循五个原则：①地带性与非地带性相结合；②综合性和主导性相结合；③发生的统一性；④相对的一致性；⑤空间的连续性（区域共轭性）。郑度等（2008）进一步将这五个原则归纳为“从源、从众、从主”三个基本思想：

“从源”是指要考虑自然区划的成因、发生、发展和区域共轭关系，要求组成区划单位的各低级单位具有统一的自然历史发展过程和相互毗邻的地域接触关系，强调要从时间和空间两个维度协同的角度来考虑区域划分的问题。自然区域的分异和自然综合体的特性是在历史发展过程中形成的，从发生学来说，一个高级自然区域，不但现代自然地理特征的成因是相对一致的，而且这个特征的形成历史和大区内部的次一级区域单位的分异过程也是相对一致的。缺乏共同的发生、发展过程和区域共轭关系，即使呈现出相似的景观外貌也不能将其合并为一个区划单元。“从众”和“从主”主要是从自然区域的属性特征方面加以考虑。自然区划的实质在于研究区域内部或区域之间存在的各种矛盾，或者矛盾的各个方面，发掘其中的主要矛盾和矛盾的主要方面并以此作为自然区划的依据。在进行自然区划时，不是对各种因素等量齐观，而是在综合分析的基础上着重于对主导因素的探索，因而体现了综合性和主导性相结合的原则。不同等级的自然区域都是根据这个原则进行划分的，它们的区别在于内部相似性程度的不同，自然区域等级越低，其内部的相似性越大。

这三个基本思想中，“从源”是根本，“从众”和“从主”是基于“从源”基础上的附加准则，也就是说，只有在满足发展一致性和空间连续性的前提下，再考虑属性特征的相似性和差异性，才是自然区划的意义所在。

2）自然地理区划的典型成果

新中国成立以来，罗开富（1954 年）、黄秉维（1959 年）、任美锷（1961 年）、侯学煜（1963 年）、赵松乔（1983 年）、郑度（2002 年）等老一辈地理科学家们，为我国各级自然区划研究做出了卓越的贡献，积累了丰富的理论方法与工作成果。1956 年开始，中国科学院自然区划工作委员会组织开展了一次较大规模的综合自然区划工作。在全面总结以往区划经验，参考中外诸多专家学者意见的基础上，由黄秉维院士主持于 1959 年编写并出版了《中国综合自然区划》（初稿）（以下简称初稿）。该初稿采用了单列系统，在综合考虑地带性和非地带性因素的基础上，自上而下将全国按照六个等级依次进行了划分（表 7.2）。

表 7.2 《中国综合自然区划》(初稿)

<table>
<tr><th>划分等级</th><th>分类单位</th><th>分类指标</th><th>划分类别</th></tr>
<tr><td>第 0 级</td><td>自然大区</td><td>1. 现代地形轮廓、新构造运动
2. 自然综合体地域分异所服从的主导因素不同
3. 气候特征
4. 自然地理过程的差异
5. 人为因素的差异</td><td>3 个自然大区，包括：东部季风区、蒙新高原区、青藏高原区</td></tr>
<tr><td>第 0 级</td><td>热量带与亚带</td><td>考虑热量的地域差异及其对整个自然系统的影响：
1. ≥10℃积温等值线
2. 土壤类别（永冻层）、植被类型、农业类型、地势特征
3. 极端温度影响</td><td>6 个热量带与亚带，包括：赤道带、热带、亚热带、暖温带、温带、寒温带</td></tr>
<tr><td>第一级</td><td>自然地区与亚地区</td><td>1. 依据湿润情况划分四大自然地区
2. 在温带地区，由于降水季节分配导致存在东部和西部两个亚地区；在亚热带地区，由于西南季风和焚风影响，同样在 103°E 东西分别存在两个亚地区</td><td>18 个自然地区和亚地区，包括：湿润地区 8 个，半湿润地区 3 个，半干旱地区 3 个，干旱地区 3 个。</td></tr>
<tr><td>第二级</td><td>自然地带与亚地带</td><td>1. 每一地带包括一个可以代表自然界水平分异特征的土类和植被体系网
2. 一部分地带所具有的土类与植被基系网可以再分为土壤亚类和植被亚类，由此分为亚地带</td><td>28 个自然地带与亚地带，其中 10 个地区仅各有一个地带，另外 8 个地区各含 2~3 个</td></tr>
<tr><td>第三级</td><td>自然省</td><td>垂直地带性规律，考虑地形对生物气候地域差异的影响，进一步划分出四种地形要素</td><td>90 个自然省</td></tr>
<tr><td>第四级</td><td>自然州</td><td rowspan="2">“地貌、地质构造、岩性、土温、地表水和地下水”等非地带性因素</td><td rowspan="2">—</td></tr>
<tr><td>第五级</td><td>自然县</td></tr>
</table>

注：表格参考网页资料《关于黄秉维先生<中国综合自然区划草案>的解读》整理，https：//wenku.baidu.com/view/5f8f4156360cba1aa911da87.

在这六个区域等级的划分过程中，自然大区、热量带以及亚带是综合性区划单位，是后续等级划分的准备步骤，合为0级。自然大区主要参考非地带性特征，考虑中国整体的地貌及青藏高原这种大型的新构造运动影响；从热量带与亚带到自然省这四个等级划分中，综合考虑了地带性分布规律，首先是由纬度导致太阳辐射能量的差异（热量带与亚带），其次是由近似经度方向所引起湿润与干旱情况的差异（自然地区与亚地区），在此基础上再考虑土壤和植被地带性及其在不同热量带的表现，即生物气候特点，作为自然地带与亚地带划分的主导因素，最后考虑垂直地带性的规律，总共划分为90个自然省。进一步对于自然州和自然县的划分，主要参考了“地貌、地质构造、岩性、土温、地表水和地下水”等非地带性因素以及局地分异因素，由于影响因素多且复杂，初稿中并未给出该级别划分的具体类别。

3）中国植被区划

参考孙世洲（1998）的研究成果，植被区域划分所参考的原则主要包括了地带性分布原则、主导因素原则和历史发生学原则。区划依据是植被本身的特点，即占优势的植被类型及其有规律的组合；区划指标主要指带有给定数量特征的自然要素，如降水量、气温、干燥度、年积温等；区划标志是分布地区局限性较强的植物属、种。据此将中国植被区划分为四个等级，包括3个植被带（森林带、草原带和荒漠带）、14个植被区域、30个植被地带以及73个植被区。地域分异规律是植被区划和自然地理区划所遵循的共同第一原则；而两者的不同之处在于植被的划分主要依据植被本身的特点而非环境因素（如气候、土壤）的特点，这也是植被区划与自然地理区划所不同的地方。同时，植被区划也不同于植被分类，植被分类的对象是植被本身，而区划的对象是一定的地区，该地区的植被类型作为区划的依据；植被区划单位在空间上具有连续性和完整性，而植被分类单位则没有；一个分区单位中可以包括不同的植被类型及其组合，而某一植被类型也可以分属于不同的植被区。

综上所述，长期以来地理学研究总结的地域分异规律揭示了自然生态空间中各组成要素之间普遍存在的空间分异现象与作用机制，涵盖了从宏观全球尺度到微观局地尺度的多个层级。相应地，地理区划研究也存在多级特性，等级越低，空间规模越小，影响因素逐渐增多，而相互作用的关系越为复杂。通过自上而下“逐级划分，分区而治”的策略，不仅为多源数据融合与协同分析提供了统一、均衡的空间载体，并有助于发掘每个区划单元内的个体属性，由此再自下而上基于属性综合的个体甄别才有基本的依据。因此，我们发展智能计算模型，面向不同应用场景（“三生”空间）开展分区控制下地理图斑的分层提取与分级判别，是以地理学分析思想为指导而提出基于遥感认知复杂地表的一套方法论。

7.1.2 植被制图研究框架

植被制图是针对地球表面或某一地区全部植物群落及其组合分布的综合反映的地图化，是人们研究植被与生态环境的相互关系，探讨植被空间分布规律的重要依据。本小节首先阐述植被图的基本概念以及传统植被制图技术方法的局限性，进而对植被推测制图所涉及的理论基础和特征变量进行梳理和总结，提出生态植被遥感制图的总体研究框架。

1. 传统植被制图

植被图（vegetation map）是对各种植被类型或植物群落的空间分布、生态特征、变迁及区划要素地图化的综合表示，首先可以对植物群落的空间分布特点进行形象而完整的表达，同时帮助了解植被分类、起源、动态以及群落之间的关系，深入反映了植被资源的分布特征及利用现状，为自然植被的开发利用和生态修复提供科学的依据。长期以来，借助野外观测、实地调查和专家经验等各种手段，已经构建了一套植被图分类、制作和应用的理论与技术体系，为遥感与数据科学时代创新发展智能化植被精准制图技术方法奠定了基础。

（1）传统植被制图的分类体系

传统植被图具体可分为普通植被图和专题植被图两大类。前者反映各级植物群落的分布以及自然环境的关系，如植被现状图、植被区划图等；后者为具体用途服务，如森林分布图、草地类型图等。依据比例尺的大小，植被图可分为四个级别（表 7.3）。小于 1∶100 万的植被图可以明显表示出植被的水平地带性和垂直地带性规律，适用于大范围的植被资源调查，如《中国 1∶100 万植被图》。中比例尺的植被图可以展示出植物群落的实际分布状况，主要用于植物资源普查、植被资源评价等。大比例尺植被图可提供群落的生态序列、群落复合体以及较低等级分类单位的分布状况，适用于农场、牧场或县级单位的农业区划、土地资源利用规划等。而超大比例尺的植被图一般以某个自然保护区或研究示范点为目标，可提供所有植被单位的空间分布，对于研究植被变化可发挥重要作用（张涛，2019）。

表 7.3 按比例尺划分的植被图（张涛，2019）

制图比例尺	表现层次	应用范围
小比例尺（1∶100 万或更小）	植被型、群系纲	大范围的土地资源调查
中比例尺（1∶10 万~1∶100 万）	群系和群丛组或群落目和群落属	全国范围的植物资源普查、土地资源评价、自然区划、开发利用规划等
大比例尺（1∶1 万~1∶10 万）	大多数或几乎所有植被单位	农场、牧场或县级范围，农业区划、土地资源利用规划
超大比例尺（1∶1000~1∶5000）	（特殊目的）几乎所有植被单位	某个自然保护区或研究点

（2）传统植被制图的局限性

早期的植被制图成果主要依靠植物学家、地理学家们开展大量的野外调查后得到基本数据，后期再结合内业判读与制图综合等过程将调查结果绘制在地形图上。早期植被图以表达植被的一般性分布规律为目标，兼顾地图的易读性和美观性，因此其最小制图单元需符合制图比例尺和编制目的需求，需要对植被单元进行不同程度的综合，在此过程中会损失掉一些细节信息，因而一般无法满足人们对于精细尺度植被调查的需求。

生态学家们开展的基于样带、样方的野外调查以尽可能详尽地获取样方内所有植被类型为目标，并由点到面推测区域植被的类型及空间分布，调查结果多用于生态景观格局和生物多样性分析。然而由于人力、物力以及自然条件等限制，一般只能实现小区域范围内较为准确的植被类型调查，而难以做到广域范围内大比例尺的植被制图。

遥感影像出现之后，内业人工解译取代了大量的野外调查工作，解译人员凭借丰富的经验知识判断植被分布及类型，之后再通过少量的野外核查来修正结果。人工解译节省了大量的人力与物力消耗，尤其在一些人类难以涉足的高山峡谷与无人地带，遥感成为了解该地区植被状态的关键手段；但我们也应认识到，其结果依赖于丰富的专家知识，对制图人员的综合素质要求较高，因而在实际中往往难以实现保质、保量又高效的制图生产。

针对上述问题，实现遥感智能解译一直以来都为各界学者持之以恒追求的研究目标，而对于分布广泛、类型丰富的植被制图而言更凸显了其现实意义。遥感影像本身所反映的光谱、纹理等视觉特征在一定程度上可区分植被的大类（型组，如林地、草地、荒漠等），但对于更为细分的植被型、植被群系甚至群丛类型等，仅靠单一的遥感数据来源是难以有效区分的。而根据本章 7.1.1 节所述，地表植被在温度、水分、地形等环境因素的综合作用下，在分布上呈现了可循的规律，因此必须将遥感数据与多源信息、专家知识等耦合，建立图谱一体化的计算体系，才有可能实现精准植被制图的目标。首先基于遥感影像分析植被分布的空间位置以及存在形态，进一步挖掘当前植被与环境变量之间的关联关系，建立推测性的植被类型判别模型，从而实现植被的空间制图，这是我们研究生态植被遥感制图的主要思路。

2. 智能植被制图

智能化植被制图是根据影响植物生长发育的环境变量，通过间接的推断性分析实现对景观内植被组成地理分布的空间化表达（Franklin，1995），其前提是假定植被分布与周围环境变量之间存在直接或间接的关联关系，并且这种关系可以转化并表达为可计算的推测模型。具体而言，基于大数据计算理念的推测性植被制图是以获取准确的植被空间分布信息作为首要目标，然后反向挖掘其背后的地理分布规律和作用机制；其实现的关键途径是通过各种数据的介入而构建环境变量与植被分布之间的关系模型，主要运用机器学习挖掘关联规则或语义网络等加以推断。关于其假定前提是否成立以及当前存在的问题，简要阐述如下：

（1）地理学家们通过大量的研究，证明了植被类型及其分布与周围环境要素之间存在密切关系，如在 1.4.3 节中所述已被地理学界广泛认可并推广应用的地理学第一定律、第二定律，以及近两年研究取得的新总结（所谓第三定律、第四定律），都为这一点提供了相呼应的论证。植被类型变化最直观的反映是空间上的相关性及异质性，也就是地理学第一定律、第二定律所表达的核心思想；但也应关注到，空间分布规律实际上是其赖以生存的所有生境条件（例如土壤、水分、光照等）综合作用的结果，仅考虑空间关系不足以发掘导致植被分布差异的关键因子，也就难以提取出精准、有效的特征参数用于植被类型的判别与制图。

基于此，第三定律提出从自然景观现状的相似性出发，尽可能全面地收集与植被分布相关的影响因素，分层分级地融入推测模型中，实现对植被精细类型判别以及定量指标反演；而第四定律进一步从复杂系统的角度，提出应将植被景观的现状与历史、内外作用机制、人文经济等要素综合于一起，通过多源信息的逐层融合与动力学解析过程，实现对植被生长与演化趋势进行预测的目标。目前针对第三定律、第四定律的理论研究正在更系统地完善之中，而如何通过植被制图加以验证，也是我们希望探索的方向。

（2）进一步，如何挖掘多源数据之间的关联关系并表达为被机器运用的推测模型，无论基于符号还是连接的机器学习技术，都有相应可参考借鉴的研究进展，在实现思路上可归纳为如下两种：①由人工建立分类规则并设定相应的参数，通过决策树等模型逐级实现对植被类别的划分，其优点是可最大限度地将专家语义知识有效转化为机器符号，缺点是人工对于特征表达能力有限，难以综合视觉、时序等高维特征而导致植被类型难以精细；②而以人工神经网络为代表的连接主义机器学习主要应用在基于遥感的植被覆盖分类，初步可实现植被大类的分割制图，但难以实现专家知识融入后对更细类别的精确分析。近年来，机器学习技术的各流派都在快速发展中，比如深度卷积神经网络的兴起，强力提升了机器对于图像自主学习和复杂特征表达的性能，因此可与当前高分辨率遥感发展紧密结合，首先对生态植被的空间分布图斑进行精细化提取，进而协同迁移和强化的机器学习机制，从多源数据中逐级优化地挖掘用以推测的关联知识，以实现对植被类型的精准判别与综合制图。

总之，植被在空间分布态势上受地理区位、土壤性质、地形地貌、水热条件等因素的综合作用，智能化植被制图的本质是以植被图斑为载体对多模态特征的聚合分析（表7.4），而特征计算的数据来源和表达方式都各不相同，因此归根结底还是一个复杂地理系统的求解问题（相关思路见 1.1.4 节）。我们依然遵循地理图斑理论提出的“分区-分层-分级”策略，先自顶往下对问题进行模型框架的解构，将植被制图问题分解为空间形态（定位）、分级类型（定性）以及生长态势（定量）等层级，进而在最细的粒度上根据分层的生态图斑和分级的植被类型，匹配最有效的算法和最优的特征组合，以实现精准制图的目的。

表 7.4 植被相关的部分特征集合

特征类型	特征名称	特征描述
影像特征	光谱均值	构成图斑的所有像素光谱平均值，多光谱影像中，每个波段提供一个均值
	图斑纹理	图斑所呈现的整体灰度在空间上的变化和重复，或反复出现的局部模式（纹理单元）和它们的排列组合
	时序特征	多期影像组成时序影像集，对同一指标的反演可以体现植被的物候特征及变化趋势
指数特征	植被指数	根据植被的光谱特性，将卫星可见光和近红外波段进行组合，形成各种植被指数，用来定性和定量评价植被覆盖及其生长活力
	水体指数	参考植被指数计算方法，用遥感影像的特定波段进行归一化差值处理，以突显影像中的水体信息
地形特征	海拔高度	山体海拔高度通过影响温度变化而间接影响植被分布，如山地垂直带、山体效应等
	坡向	山体坡向通过影响太阳辐射、降水、风向等因素而间接影响植被分布
	微域性分异规律	微地形起伏、坡度、岩石条件等

续表

特征类型	特征名称	特征描述
环境变量	气候条件	包括了植被赖以生存的基本条件，如光、温、水、气等
	土壤条件	土壤物理性质（土壤质地、结构、容量、孔隙度等）、化学性质（土壤酸度、有机质含量、矿质元素）和生物性质（土壤中的动物、植物、微生物）、肥力的综合评估
	地理区位	所在的地理位置体现了宏观尺度的水平地带性，进而决定了山地垂直带的基带
	气象条件	突发性气象事件可能导致地质灾害，从而影响植被的迁移、消亡
历史与野外调研数据	历史文献	历史文献资料，包括图件、文本、电子专题图等，提供宏观尺度背景信息
	野外调研数据	野外实地调查数据，记录样本种类、植被生境要素等

3. 总体研究框架

综上所述，我们通过图 7.1 对本章研究的总体框架进行了设计，具体分为如下三个层次。

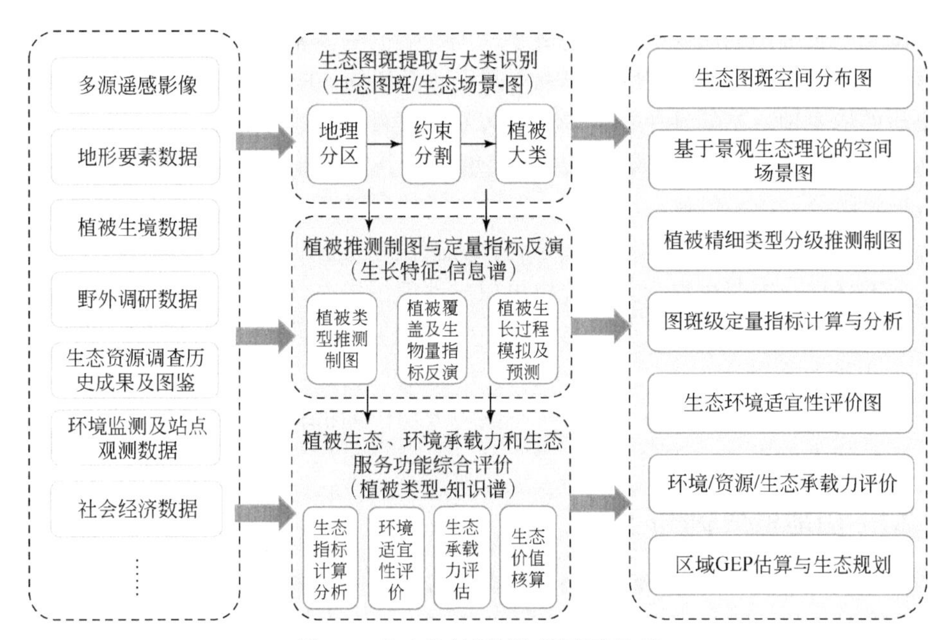

图 7.1　生态植被遥感制图研究体系

（1）生态图斑提取与大类识别，对应于地理图斑计算的“分区-分层”过程：以多尺度地域分异规律为指导进行地理分区控制网的构建，进而在每个分区单元内通过对高分辨率影像视觉特征（纹理、边缘）的分层感知，实现生态类地理图斑空间形态的分割提取，并初步判别其植被覆盖的大类类型（林地、草地、沙地等，生态图斑包括植被图斑）。

（2）植被推测制图与定量指标反演，对应于地理图斑计算的“分级”过程，旨在实现两个目标：①针对每种植被大类再逐级细化，对其所包含的“高-中-低”三级类型通过迁移外部知识而开展推测判别；②以图斑为单元，融合时序等反映生长过程的特征，结合实地测定对植被覆盖、生物量等指标进行反演，并协同地面同步观测对其生长过程进行模拟和预测。

（3）植被生态、环境承载力和生态服务功能的综合评价：进一步融合、叠加与空间化水文、交通、人口、社会经济等多源数据，构建基于图斑的生态资产评估及资源环境承载力计算模型，开展基于精细植被分布场景的生态适宜性、环境/资源/生态等承载力评价，从而为区域生态质量与适宜性评价、生态功能与服务规划等提供基础的数据支撑。

以上表述的三个层次体现了“生态图斑/生态场景（图）-生长特征（信息谱）-植被类型（知识谱）”的图谱认知递进关系，也是一个对多源、多模态数据逐步融入与知识挖掘的智能计算过程，一方面对于表达生态植被空间分布的图斑形态实现精细提取（体现“精”），同时也对图斑的植被类型和生长指标进行细致推测和定量分析（体现“准”）。接下来将具体面向山地植被、生态草原以及三角洲湿地的具体应用场景，详细阐述生态植被遥感精准制图的研究思路，并对其中技术实现和应用相关的问题进行系统探讨与分析。

7.2 山地植被分类与制图

中国是一个多山的国家，山地构成了我国地貌的基本格局，大高原、大盆地四周都为山脉环绕，山地、丘陵和高原面积占据国土总面积的69%。广袤的山地是各种动植物生存繁衍的栖息地，是陆地生态的天然屏障和人类环境的安全保障（郝成元和周长海，2015）。山地植被景观体现了典型的中小尺度地理分异特征，是以垂直地带性分异为主导，进一步综合局部小气候、小流域、岩性土质差异以及人类活动等因素作用，并伴随漫漫历史长河中的地质构造运动和局部自然灾害活动，逐渐演变而形成自然要素在地表的复杂分布格局。本节在复杂系统分析思想与地理图斑“分区-分层-分级”计算理论的指导下，通过对山地植被遥感分类与制图中涉及的复杂因素问题进行探讨，重点研究地形约束下山地生态图斑形态提取以及多源环境数据支持下植被类型推测这两大关键技术，选择以中国南北过渡带的核心区——秦岭太白山为试验区，系统开展山地植被精细制图方法与技术体系的验证与应用。

7.2.1 山地植被制图问题

依据以地理图斑“形态-类型-指标”为基本特征的图谱耦合信息提取理论，植被遥感制图研究的关键也在于“生态图斑形态提取”与“植被类型分级判别”这两大问题。将“分区-分层-分级”计算方法具体应用于山地植被制图这一复杂问题时，相应就遇到了如下挑战：①山地属于自然生态系统，不能参照平原区应用路网、水系等“显性”网络进行分区，而应将“地形”作为首要约束条件对“隐性”的“自然分异网络”实施构建，实现对山地区的分区控制；②山地植被多样而多变，加之因地形畸变、阴影等干扰，极大增加了遥感影像上对于植被辨识的难度。因此，在地理图斑分层感知与多粒度决策模型研究的基础上，本节重点聚焦山地遥感两大关键问题的解决途径，发展山地植被遥感精准制图的方法体系。

1. 山地植被制图研究背景

由地域分异规律可知，在区域乃至全球的宏观尺度上，水平地带性的气候与水热条件差异对植被物种及其空间分布格局起着决定性作用；而当我们将视野进一步放大到山脉乃至山体这样中小尺度的空间结构上时，地形起伏和地貌多样产生了垂直带水热变化和局地环境差异的复杂因素，因而形成山地植被具有空间异质性与物种多样性的普遍现象。目前国内外对于大中尺度的三维地带性分异规律及其影响机制已经开展了较为系统的研究，而在中小尺度的山地区域（如同属一座山脉的山体之间，或者同一山体的不同坡面之间），局部微地形、山体岩性、土壤基质、小气候、小流域等因素的综合作用，会对植被的空间分布及类型变化在微结构上产生显著影响。这种局部作用所受影响因素众多、控制机制复杂，目前研究大多仍停留在相对定性描述的水平，亟待提升到定量监测、综合分析与精准表达的台阶上去。

然而，基于遥感技术在小尺度上开展山地植被景观格局定量分析受到两个客观条件的限制：①因地形起伏、阴影遮挡等影响，山区地表的覆被异常破碎，“同物异谱、异物同谱”现象突出，难以准确、有效获取解译特征支撑构建遥感分类模型；②地形条件的限制还给野外实地调查与采样工作带来了极大的困难，遥感分类结果常常难以得到充分地面数据的验证。应该说，土地覆盖遥感自动分类与智能化解译的所有难题在山地面前体现得最为淋漓尽致（李爱农等，2016），因而依靠传统手段获取的山地区土地覆盖遥感分类产品的精度始终不够理想。因此，对于无论图斑形态和植被类型这两方面都要求更为精细而准确的山地植被精准制图研究而言，无疑将面临更为艰巨而繁琐的挑战。精准制图中所谓的“精”，是指表达植被空间分布的精细图斑；而“准”则是在图斑基础上进一步全面、细致地判别植被类型。精准制图为植被生长相关的定量指标计算和以植被为核心要素的生态价值评估提供信息基础。

2. 山地植被制图关键问题

高分辨率对地观测技术的迅猛发展为山地遥感研究提供了丰富的数据资源，特别是在分辨率和数据质量等方面的有效提升，突显了遥感在山地资源监测与调查方面所发挥的关键作用。然而，面向山地这种景观异质性极为复杂的区域，单靠一种遥感或者单靠遥感本身还是难以达到上述“精准”制图的目标，必须将多分辨率、多时相、多类型的多源数据协同应用于山地遥感分类与制图的框架之中。针对山地植被精准制图的研究，我们依据大数据关于“粒化-重组-关联”的计算思想，凝练了其中必须关注并加以突破的三个关键问题。

（1）“粒化”问题（生态图斑提取）：首先通过对复杂地表系统的空间粒化，提取最小认知单元，也即地理图斑（在植被制图中称为“生态图斑”），进而按照景观生态学原理构建山地的空间场景，形成进一步融合与重组多源信息的空间载体。在以遥感为主要数据源开展植被分类与制图的研究进程中，这一载体曾以不同的“粒化”形式相继出现。在中低分遥感时代，影像上单个像元的覆盖范围一般都超出地表绝大多数地理实体的空间范围，因而只能以“混合”像元方式承担了信息载体的作用；而在中高分遥感时代，面向对象分类与制图方法应运而生，虽然在一定程度上提升了制图效果与分析性能，然而以非监督的分割技术得到的空间对象，其位置形态依然达不到与实际地物的真实对应，因而只能作为一种“不确定”的信息载体，仍然难以与多源信息在精确位置和明确类型上进行融合与重组，造成因分类过程中误差的层层传递与积累，而导致形态不精、类型不准的制图结果。如今到了高分辨率遥感与人工智能时代，必须综合考虑高分影像对于山地植被的成像机理与视觉特征，遵循分层感知智能计算的思路，有序地从影像空间中提取与实际地表分布在形态上高度吻合的生态图斑，这是山地植被精准制图研究针对“精”而首需解决的关键问题。

（2）“重组”问题（多源信息融合）：在提取精细图斑形态的基础上，进一步面向植被类型如何细致而准确判别的问题，需以图斑对象为载体，充分而全面地融合所能收集的多源异构信息，重点包括通过多时相遥感观测植被生长过程的时序数据，植被生存条件与生长环境数据（如地形、土壤、水文、光温热等），历史的植被解译数据，实地调查与样方测定数据等等。多源信息融合的实质是通过信息在生态图斑上“重组”，使得能在更高维度上对植被性质和内涵达到更深刻“透视”的认知能力，而其中需要解决的关键问题是如何运用空间统计与空间分析的工具与方法，通过叠加、插值或关联等处理方式，将各种类型、不同尺度的数据聚合到图斑之上，形成以图斑为载体的结构化多维信息仓库。

（3）“关联”问题（植被类型推测）：“关联”问题的实质是挖掘植被类型与多维信息之间显式或隐式的关系，解决如何在知识（客观分布规律、专家解译知识、野外调查验证等）的驱动下，通过机器的迭代训练与自主学习，从结构化多维信息仓库中动态挖掘各级植被类型与各类信息之间隐含的关联关系，进而以推测的方法实现对每一个生态图斑植被类型的分级判别，这是山地植被精准制图研究针对“准”而最终要突破的关键问题。

3. 山地植被制图研究路线

针对上述关于复杂地形条件下开展山地植被精准制图研究的三个关键问题，设计了以“山地场景图构建-多维特征谱计算-植被类型制图-分布模式分析”为路线的具体研究体系（图 7.2），基于多粒度决策的植被类型推测以及植被空间分布模式分析挖掘等方法与技术，重点研究其中耦合地形与遥感影像特征的生态图斑提取。

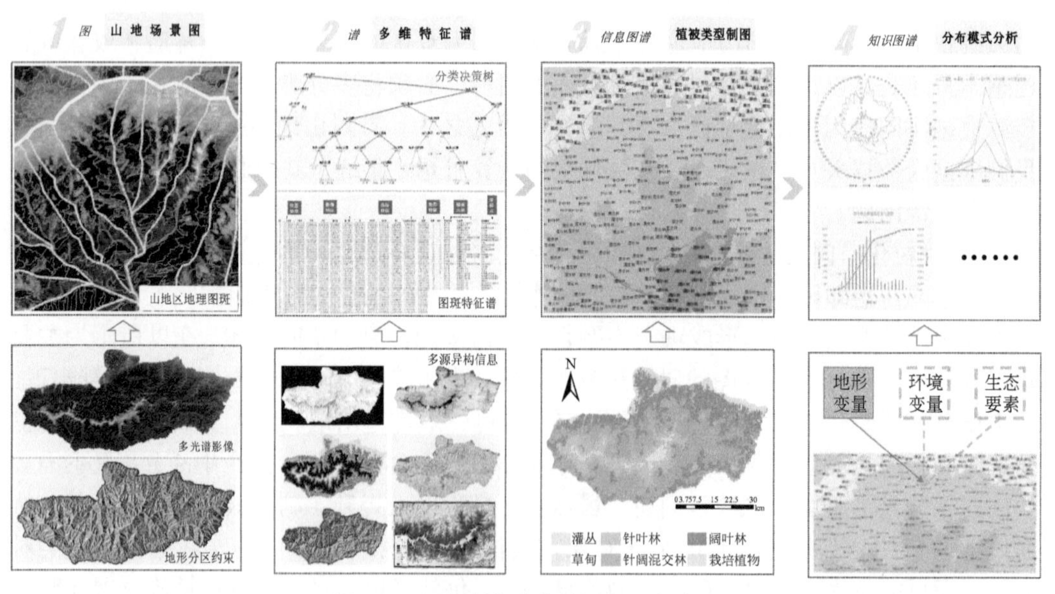

图 7.2　山地植被遥感制图的研究体系

（1）耦合地形与高分遥感影像特征的图斑提取（详见 7.2.2 节）：山地区的植被分布与地形条件密切相关，随海拔高度和坡度、坡向的变化而呈现出垂直以及局部的分异规律，据此我们提出以地形为主导因素，结合高分影像对植被的成像机理与视觉特征，通过“山地自然区划-坡面单元构建-分区约束提取”这一自上而下逐层划分的路线，实现对山地植被空间分布图斑的分区分层提取，进而构建针对山地系统的地理场景图（基于坡面单元的地形网组合）以及空间结构（生态图斑在坡面分区单元上的关系表达），对应“图-谱”认知体系中的“空间图”构建的内容。

（2）基于多粒度决策的植被类型推测制图（详见 7.2.3 节）：以生态植被图斑为基本单元，分别计算高分影像视觉特征（光谱、纹理）、中分影像时序特征（指数、物候），并同时将多源异构数据通过矢量化/空间化/递推/降尺度等处理方式转化为图斑属性，构建多维特征谱（多维信息仓库）；通过多粒度计算对属性进行约减，提取有效特征并挖掘其与植被类型的关联规则，同时结合地面调查数据通过迭代反馈反复对模型进行参数调优，逐步实现分层、分级的植被类型推测制图，对应于“图-谱”体系中“信息谱”计算的内容。

（3）山地植被空间分布模式的分析挖掘（详见 7.3 节）：在针对山地植被分布与类型制图基础上，分析植被类型随地形因子（如高程/坡度/坡向）的空间分布规律，在精细尺度上探究多维地形效应对植被分布影响的机制；研究植被类型对环境变量（如温度/降水/土壤等）的响应关系，尤其是局地小气候以及小流域水热条件对植被分布格局的影响作用；尝试将宏观的生态价值总量分解到多级植被图上，评价不同植被类型对区域生态资产的贡献率，为区域生态功能与服务规划提供科学依据，对应于“图-谱”体系中“知识谱”挖掘的内容。

7.2.2 生态植被图斑提取

山地作为一种独特的自然地理综合体，体现了水平地带性和垂直地带性二者结合的特征。就山体本身而言，地形起伏是导致垂直及局部分异的主要因素，是山地自然区划问题的主要矛盾所在。高分遥感影像提供了地表物质分布在空间全覆盖的细节信息，基于影像特征和地形约束条件协同开展植被图斑的分区分层提取，可保证图斑的物质构成及其背景的分异因素都保持一致的地理意义，这是进一步实现植被类型精确判别的基础。在具体实现上，我们构建了以“山地自然区划-坡面单元构建-分区约束提取”为体系的生态图斑提取方法。

1. 山地自然区划

山地自然区划旨在通过自上而下的剖分过程，将复杂的山地综合体依次划分成若干等级的区划单位，便于根据不同区域的自然属性考虑如何合理利用与改造资源。山地自然区划既要遵循自然地理区划的一般性原则，又要考虑其特有的沿垂直方向甚至不同坡向上的差异性。杨勤业和郑度（1989）依据温度和水分条件的地域组合及地势差异，将横断山区划分为 5 个自然地带、9 个自然区；车裕斌（1993）提出了山地自然区划的两个特有原则，即形态结构单位组合上的一致性原则和垂直带组合上的一致性原则，据此以鄂东南山地的通山县为例，将其划分为三个自然地理区——北部低山丘陵区、中部丘陵平畈区，及南部中低山丘陵区。

目前针对山地自然区划问题的研究仍然处于相对宏观与经验的阶段，缺乏数据和相应技术的支持。很多研究中将整个山体视作一个整体区划单位，而不再对其内部往下分解。而对于像青藏高原的一系列山系以及中国南北过渡的秦巴山地这样分布范围广，跨越两到三个温度带的山地区域来说，将观测与调查手段相结合进行更为合理的山地区划就显得尤为重要。我们主要参考已有研究中关于如何选择主导因素，选择哪些主导要素，以及如何开展区域划分的原理与具体技术方法，结合本研究开展山地植被制图的目标进行了山地区划探索。

2. 坡面单元构建

起伏的地形对于表征光、温、热、水、土等植物生态因子的梯度变化具有潜在意义，在不同地形部位（高度、坡向）往往形成迥异的生态景观格局。等高线是描述山地垂直分布最主要的信息特征；而在研究山地坡向效应时，则会以不同方向的坡面（如迎风坡与背风坡）为基本单元来描述植被生境以及由此导致的植被时空分布差异。因此，海拔高度和坡向是导致山地植被分异的两个关键因素，而坡面也是通过地形特征线（主要指山脊线和沟谷线）构成网络之后在一定的空间尺度上表达形成。综合利用上述等高线、山脊线、沟谷线等地形特征线将山体划分为若干面状单元，是本章构建山地分区单元的基本思路，符合实际中小尺度地域分异的规律。

关于坡面单元的构建方法，大致可分为三类：①一种是以格网 DEM 为数据源，通过多尺度分割自动提取地形要素（Dragut and Blaschke，2006），受分割方法的约束，得到的地形对象与实际存在一定的差异；②第二种是通过格网 DEM 先计算每一点的坡向，对坡向值根据研究目的进行合并重分类，再将栅格转换成矢量面（Gao et al.，2019），得到的坡面对象具有明确的地理语义，但是基于像元点计算坡向值再合并，难免出现“椒盐噪声”；③第三种也是最常用的，首先提取地形特征线（等高线/山脊线/沟谷线），这些特征线纵横交错，构成地形控制网，进而由网络划分地形分区单元。例如，黄萌萌（2014）以格网数据为基础，采用地表径流模型提取沟谷线，采用子流域边界提取山脊线；在沟谷线和山脊线提取的基础上，进一步提出了针对沟谷线和山脊线的分级方法，从而构建出具有层次性的山体对象。

在上述的第三种方案中，对于沟谷线/山脊线的提取，大多是基于水文分析模型来实现，很多情况下提取出的特征线相对杂乱，给坡面对象的构建带来了难题。实际上只需保留能刻画山体基本轮廓结构的特征线，因此如何在参数控制下进行取舍是其中的关键。深度学习边缘模型能够根据人工标注的标签样本训练，可实现有取舍地特征线提取，已经在农业耕地图斑提取中得到有效运用（见第 6 章）。因此我们考虑利用多角度的地形阴影图作为输入，通过深度边缘模型对沟谷线/山脊线进行有控地智能提取，进而与等高线一起构建初始的坡面单元；进一步以坡向和坡度图作为辅助对初始坡面的形态进行调整和约束，以及通过 GIS 拓扑处理和坡面的综合，完成整个山体坡面单元的构建（图 7.3）。

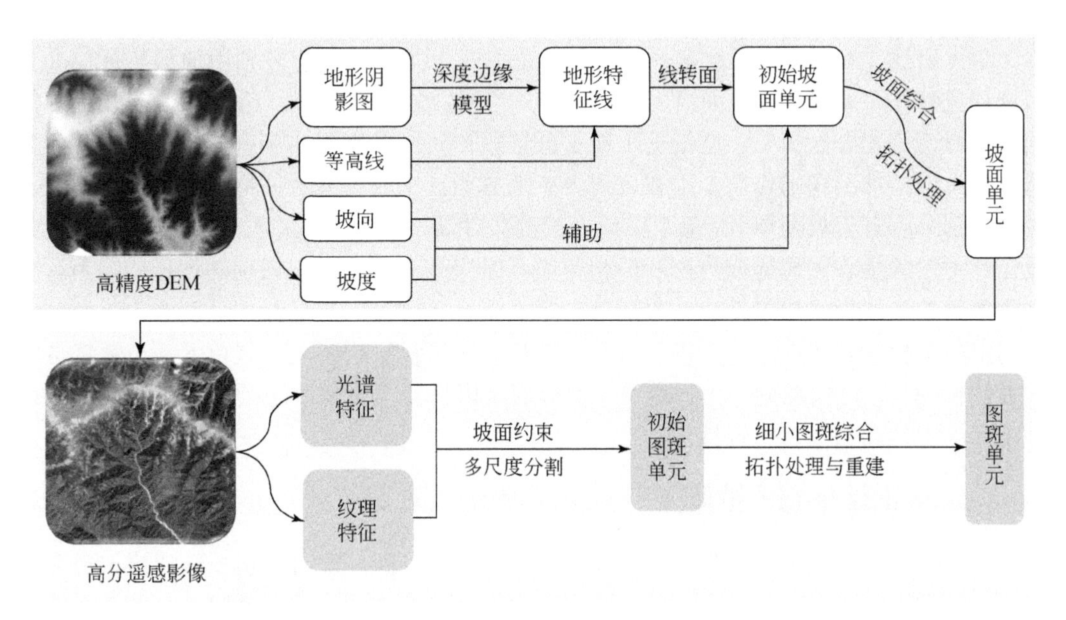

图 7.3　坡面单元约束的生态图斑提取

3. 分区约束提取

坡面单元体现了地形特征的相对一致性和异质性，从植被类型的角度考虑，在同一个坡面单元内可能生长着不同类型的植被，或者同一植被类型的不同生长阶段，在遥感多光谱影像上表现为成像光谱、视觉纹理等特征差异。为满足精准植被制图对于精细空间载体的需求，有必要结合影像特征对分区单元再细分，生成最小粒度的图斑单元。在山地区，这个提取过程可通过坡面单元约束下的影像分割过程来实现（图 7.3），分割结果示例如图 7.4 所示。

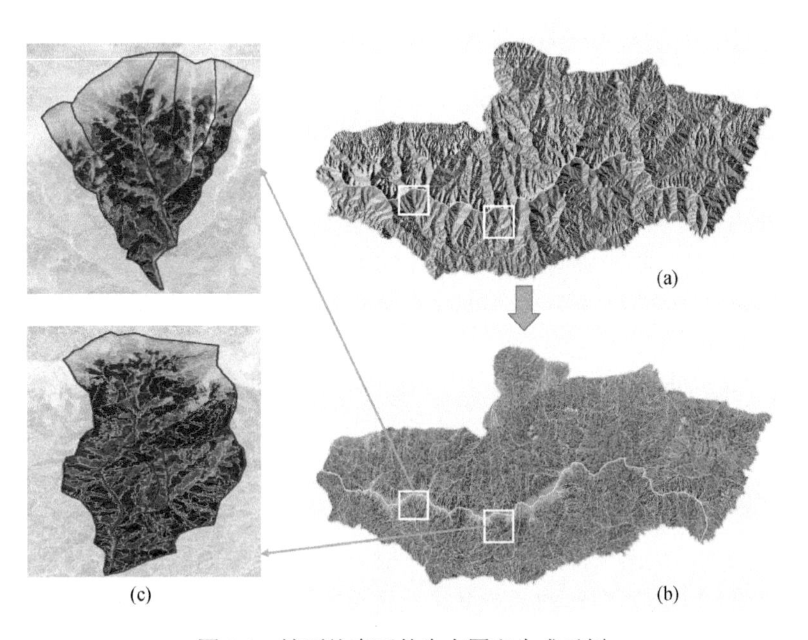

图 7.4　坡面约束下的生态图斑生成示例

综上所述，本节针对植被制图中图斑形态提取问题，提出协同利用地形特征与高分影像视觉特征，设计了自上而下逐级划分的“分区-分层”实现策略。其中的关键是依据地形特征构建分区单元，这是基于地学分异规律对复杂山地实施解构的计算过程。具体对于山地植被制图的作用，主要表现为三个方面：①通过分区，将面积大、结构复杂的山地划分为若干坡面单元，每个单元内部的条件属性相对一致，进而可结合坡面特点，设计针对性的生态图斑提取方法和分析方案，以提高对植被类型识别的精度；②为后续制图单元的生成提供边界约束，即图斑在每个分区单元内部通过影像分割产生，而单元之间互不干扰，为计算加速提供了可行；③基于地形特征构建的分区单元，与垂直带的立体性相吻合，可精准刻画山体走势，使得后续以机器学习为主导的植被推测分析可兼顾制图美观性和结果可解释性。

7.2.3　山地生态植被制图

在上一节山地植被图斑形态提取基础上，进一步将探讨如何判别图斑的植被类型进而开展精准制图的方法与技术。本节首先提出通过时序观测、地形地貌以及多源环境变量等特征集的协同计算实现山地植被类型推测的方法体系，进而通过两个具体案例，介绍在地形约束下如何开展山地区土地覆盖分类以及植被制图的试验性工作。

1. 植被类型图推测研究

植被类型图推测是将多源异构的特征逐步迁移至生态图斑的植被分类模型中，并采用强化学习机制实现模型的不断趋优，通过对植被类型的高精度判别而达到精准制图的目标。首先，通过影像视觉特征与中分时序信息的结合可实现植被型组级的分类；进而，将各种来源的非遥感数据逐步再聚合，为植被精细类型推测提供了可能。以下分别进行阐述。

1）高分影像特征与中分时序信息融合的植被分类

针对山地植被覆盖遥感分类中存在地物特征复杂、难以构建通用模型等问题，本研究基于地理图斑分层感知与时空协同思想（详细论述见第 2 章），考虑耦合高分遥感的视觉特征和中分遥感的时序信息，建立“分区-分层-分级”的植被分类模型：首先在分区控制下分层提取建筑、耕地、水体与林草类型；针对其中的林草图斑，通过中分时序构建植被指数的变化曲线，选择关键的曲线特征（如曲线峰值或斜率、植被生长关键物候特征等），或将整条曲线协同影像特征以高维特征方式输入到深度神经网络的语义分类模型，完成对图斑的植被覆盖型组级（大类）的类别划分，如林地、草地、灌丛、人工栽培植被等（图 7.5）。

2）多源异构数据协同的植被类型推测制图

由于多光谱遥感对于植被成像在波谱通道设置上有限，加之地形阴影等客观因素的干扰，仅依赖遥感很难对植被类型进行细分。因此，在对图斑进行植被大类的分层提取基础上，进一步全面收集并深度融合与植被分异规律相关的各种环境要素数据，从中分析和挖掘关联规则，从而以推测手段实现对植被类型的细分和优化。具体而言，植被类型推测方法是发展自地理图斑的多粒度决策模型，首先将多源异构数据大致分为环境观测因子/地面调查数据/地理矢量信息/宏观统计数据等四大类，通过升（降）尺度/点到面

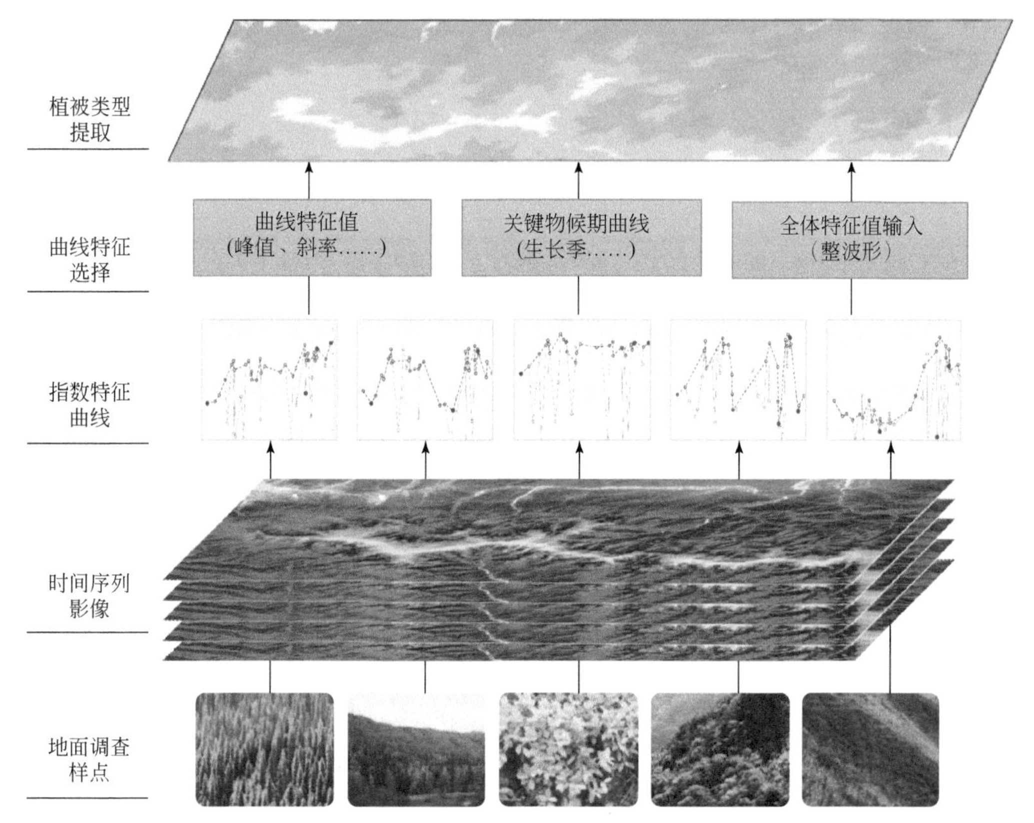

图 7.5　时空协同的植被型组遥感分类路线

递推/空间分析/矢量化等处理方式将上述数据聚合到图斑，构建以图斑为单元的结构化多维属性表；进而在专家知识的驱动下，通过训练机制在属性表中按照粒计算思想先消除属性冗余，再挖掘并发现属性之间隐含的关联关系，进而通过地面动态调查对预测结果进行迭代反馈和模型调优，获得一套可推广的规则集及空间语义推断网络，作用于每一个生态图斑，对其植被型/群系以及更细类型进行推测，最终实现图斑精细、类型准确的植被制图（图 7.6）。

2. 案例 1：山地区植被覆盖分类

基于上述植被分类的方法，首先开展山地区生态图斑提取与植被覆盖大类判别的试验与相关案例分析。相比传统遥感分类方法，在地理图斑分层感知模型基础上发展而来的山地植被覆盖分类方法，综合了地理学分析思想与遥感成像机理，将山地地形特征与地物影像特征进行了图谱的耦合，体现了“分区-分层”的计算特点：①分区，基于“隐性”的地形网，将山地区分解为内部分异因素相对一致的坡面单元；②分层，以坡面为空间约束，分层融入视觉遥感特征，将坡面按照“显性”的影像特征进行图斑分割与语义分类，有序地实现图斑形态提取与覆盖大类判别。

在具体实现上，我们设计了“地形分区-约束分割-分层分类”的基本思路（图 7.7）：①基于 DEM 计算每个像元点坡向值，按照一定方向性规则对坡向值进行重分类并转化为矢量图斑，形成以坡面为基本单元的地形分区；②在每个坡面单元内部，结合光谱和

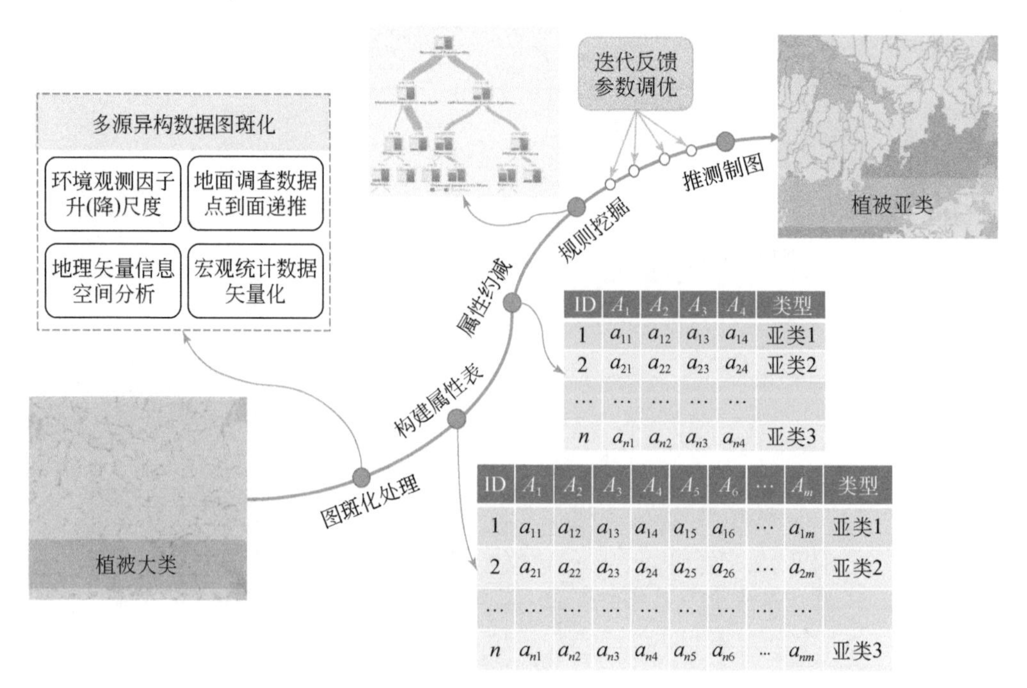

图 7.6　多源数据协同的植被类型推测路线

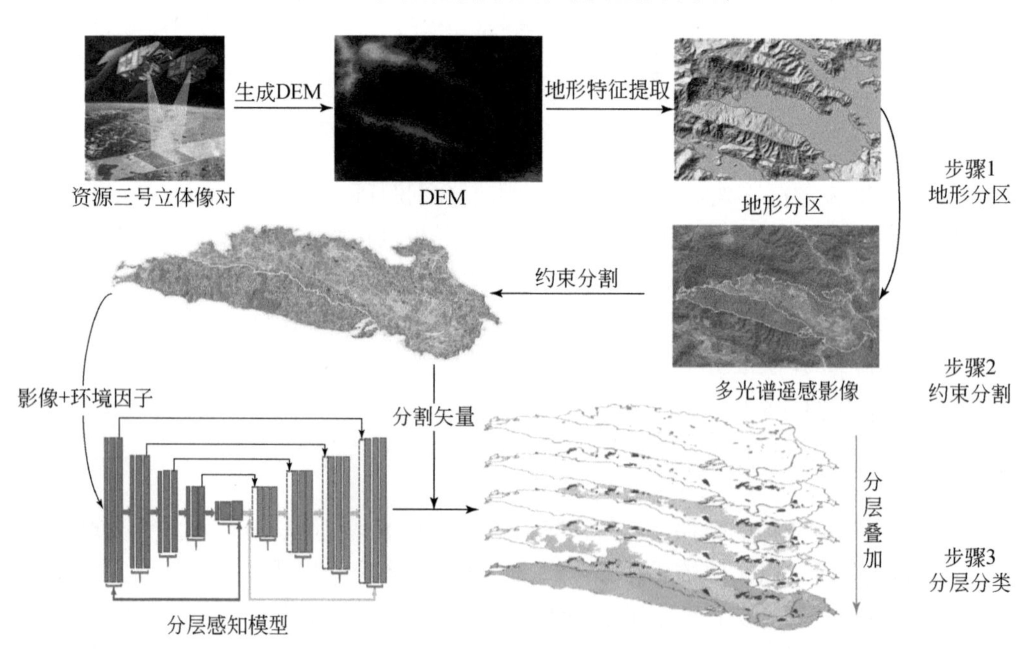

图 7.7　山地区植被覆盖分类的基本框架

纹理等影像特征进行多尺度分割，获得进一步细化的初始图斑；③每个图斑均通过预训练的单类别深度纹理模型判断其覆盖类别，并通过分层组合的策略进行合并，得到最终的植被覆盖分类图。针对其中深度纹理模型的选择，我们优先考虑了近年来在高分遥感影像目标识别、语义分割等方向被推广应用的深度卷积神经网络（DCNN）模型。但大多数 DCNN 模型直接基于可见光 3 波段（RGB）进行预训练，而对于植被分类而言，如果缺少近红外波段的参与，将会因敏感性信息缺失而影响其识别精度。因此，为了进一步评估能更全面表征植被的特征波段参与分类的有效性，我们在可见光 3 个波段的基础上加入了近红外（NIR）、归一化植被指数（NDVI）和 DEM 等三个附加特征。附加特征所蕴含的信息能够更全面地表征植被成像机制及特点，弥补了可见光视觉特征的不足，从而增强类别之间的可分性。

基于上述 6 种特征构建了 4 组特征集合：初始特征集合为仅利用 RGB，进而在 RGB 基础上依次叠加 NIR、NDVI 以及 DEM。本案例首先评估了每种覆盖类型对输入特征组合的敏感性，具体指标对比如图 7.8 所示。通过分析可以得出如下结论：①加入 NIR 波段对水体提取精度的改进效果最明显，对其他类型影响相对较小，主要因水在 NIR 波段强烈的吸收特性所导致；②在植被覆盖茂密区域，NDVI 难以区分出阔叶林和针叶林，这是因为 NDVI 为非线性，在高生物量植被茂密区 NDVI 取值趋于饱和，其灵敏度随叶面积指数（LAI）增加而弱化；③对于水体和阔叶林，DEM 的加入并未带来精度的进一步提升，对其他三种类型起到了一些改进作用，主要与各类型在山地垂直空间的分布状态相关，耕地和不透水面主要集中在平原地区，针叶林以人工林为主，因此多分布在低山地区，而水体（尤其是河流）和阔叶林在垂直范围内广泛分布，没有明显的垂直分异规律，因此相较于近红外波段和 NDVI，DEM 并未达到进一步改进这两种类型精度的目的。

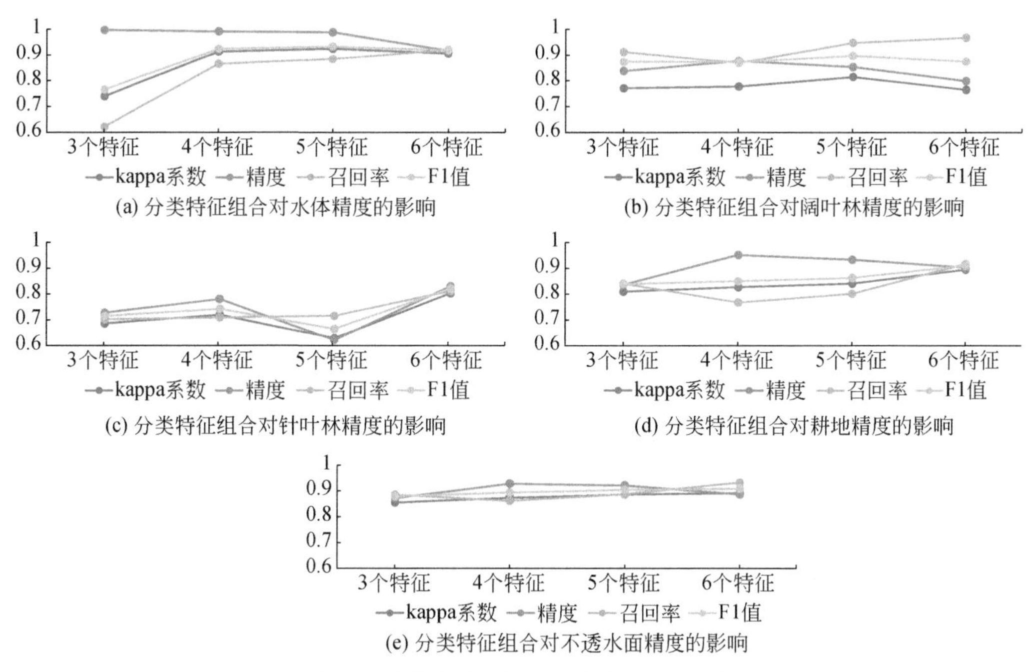

(a) 分类特征组合对水体精度的影响

(b) 分类特征组合对阔叶林精度的影响

(c) 分类特征组合对针叶林精度的影响

(d) 分类特征组合对耕地精度的影响

(e) 分类特征组合对不透水面精度的影响

图 7.8　多模态特征组合对精度的影响评价

在评估了多特征参与对于精度改进的基础上，我们分别选择了单类别中精度最高的结果用于分层合并，合并顺序是在综合考虑影像中每种类型所占比例及其分类精度基础上产生的。通过定性和定量评价的综合，确定叠加顺序依次为水、不透水面、耕地、针叶林和阔叶林。由于覆盖类型由矢量图斑的属性进行表达，因此可通过更改和归并属性表来实现分层重组。为了评估合并后覆盖分类结果的整体精度，我们选取了 5604 个验证样本，并根据它们在影像中的占比来分配每种类型的验证样本数量。通过测试，总体分类精度（OA）达到了 90.6%（表 7.5），说明该方法适用于山地区生态植被专题的覆盖分类。此外，通过分层合并策略，一定程度上降低了易混淆类别之间的误差，每种类型（除水外）的精度都比单一类型有一定的提升。针叶林和阔叶林之间仍然存在较大的混淆误差，预期可通过优化植被指数（如 EVI、时序特征），或者融入环境要素（如温度、土壤等）来改进其细分精度。

表 7.5 分层合并后总体精度评价

参考数据	分类结果						样本总量
	水体	不透水面	耕地	针叶林	阔叶林	未分类	
水体	666	21	2	0	9	51	749
不透水面	7	909	8	0	7	42	973
耕地	1	8	778	4	34	30	855
针叶林	0	0	0	458	54	25	537
阔叶林	0	20	39	83	2268	80	2490
精度	0.988	0.949	0.941	0.840	0.956	—	—

注：总体精度：90.6%；未分类占比：4.07%.

此外，我们还关注到表 7.5 中依然有 228 个样本（约占验证样本总数的 4.07%）未被赋予任何类型。究其原因，由于样本本身所蕴含的多维特征复杂，无法与任一类别所设定的规则集相匹配，因此作为背景信息被排除，而其根本原因还是与多特征的融合策略有关。深度学习中针对多模态特征的融合处理方式分为早期融合（early fusion，又称特征层融合）和晚期融合（late fusion，又称决策层融合）两种。本研究选择的早期融合方式可从多维特征中优选出更加鲁棒的综合特征来构建规则集（Audebert et al.，2017），代价是模型容易因过拟合而泛化能力不足。晚期融合是针对每个特征分别训练模型，然后将多个预测结果通过取平均值、最大值等来完成决策层的融合，特征之间彼此独立而互不干扰，因此可以克服上述过拟合的问题，但也存在无法利用多维特征之间的相关性、以及计算复杂度高等问题。目前也有研究提出基于上述两种方式的混合融合策略，即在不同层级上依次对不同模态特征进行融合，既利用了特征间信息的相关性，也具有一定的灵活性，对于后续研究中考虑通过引入植被指数时序特征、多模态环境要素特征来改进分类精度具有一定的实践价值。

3. 案例 2：太白山植被推测制图

延续上述地形约束下的图斑形态提取及植被覆盖分类的思路，进一步开展了多源环境变量协同实现精细尺度上植被类型推测制图的试验及案例分析。选择的试验区为秦岭主峰——太白山，位于我国陕西省三县（眉县、周至县、太白县）交界处，面积 2111km^2，最高点海拔 3771.2m。受东西向延伸的巨大山体阻挡，使得南北方向大气运动难以顺畅通过，导致植被生存环境（气候、温度和土壤等），在太白山的南坡和北坡，以及垂直梯度方向上，均呈现出明显的景观差异性，因此这里作为关键地区成为中国南北过渡带研究的热点区域。

本案例所使用的数据包括遥感影像（高分一号、资源三号）、DEM 及其衍生产品（坡度图、坡向图），并参考 1∶100 万中国植被图结合地面调查数据进行样本选择和精度验证。表 7.6 展示了用于植被类型推测制图的 3 组共 7 类特征变量，每种特征均建立在图斑单元的基础上（图斑提取结果见图 7.4）。考虑到植被在生长过程中随季节变化而呈现出一定的物候特征差异，可以区分例如常绿阔叶林和落叶阔叶林等植被类型，我们选择了该地区一年内三个时段的遥感影像，分别为植被展叶期（7 月、8 月）、落叶初期（10 月、11 月）以及落叶末期（1 月、2 月），通过对比图斑在三期影像上的光谱和纹理差异来增强易混淆类别之间的可分性。NDVI 是植被分类中最常用到的指数特征，尤其对于低植被覆盖区的分类效果尤为显著；近红外光谱指数（Ratio）建立在对 3 期影像光谱特征综合分析的基础上，我们发现近红外波段的光谱均值在落叶末期和展叶期的两期影像上差异较为明显，二者的比值可作为一个明显的指数特征。此外，我们还选择了图斑的平均高程（DEM）和平均坡度作为地形特征的代表参与分类。

表 7.6　太白山植被推测制图的特征选择

特征组	特征类	特征描述
影像特征	光谱均值	图斑光谱均值，每个波段对应一个均值特征
	图斑纹理	灰度共生矩阵（GLCM）同质性：$\sum_{i,j=0}^{N-1}\frac{P_{i,j}}{1+\left(i-j\right)^2}$
		灰度共生矩阵（GLCM）对比度：$\sum_{i,j=0}^{N-1}P_{i,j}\left(i-j\right)^2$
指数特征	归一化植被指数（NDVI）	$\text{NDVI}=\frac{\text{Mean\_Nir - Mean\_R}}{\text{Mean\_Nir + Mean\_R}}$
	近红外光谱指数（Ratio）	$\text{Ratio}=\frac{\text{Mean\_Nir}_{\text{落叶末期}}}{\text{Mean\_Nir}_{\text{展叶期}}}$
地形特征	DEM	图斑平均高程
	平均坡度	图斑平均坡度

1）植被型组级分类及精度评价

我们对表 7.6 中的 3 组特征进行了组合，形成了以下四组特征集合：集合一，仅使用影像本身的特征（多期影像的光谱和纹理特征，下同）；集合二，使用影像特征和指数特征；集合三，使用影像特征和地形特征；集合四，综合使用影像特征、指数特征以及地形特征。分别利用这四组特征集对植被型组级类型进行推测制图，结果如图 7.9 所示，（a）～（d）分别对应上述集合一至集合四的分类结果。通过对比分析，可以得出一些定性结论：植被类型由中间高海拔地区向四周低海拔地区渐变，依次分布着草甸/灌木，针叶林，针阔混交林，阔叶林和人工植被，垂直分布规律明显，尤其在加入了地形特征后，这种规律性得到了显著增强，如图 7.9（c）和图 7.9（d）所示。在图 7.9（b）中，由于指数特征的加入，对植被的敏感性体现得更加明显，阔叶林面积显著增加，而针阔混交林面积减少。在图 7.9（c）中，仅使用光谱和地形特征情况下，在低海拔地区，一些林地被错误分类为灌木；而在加入指数特征之后，这种现象得到了显著改善，如图 7.9（d）所示。

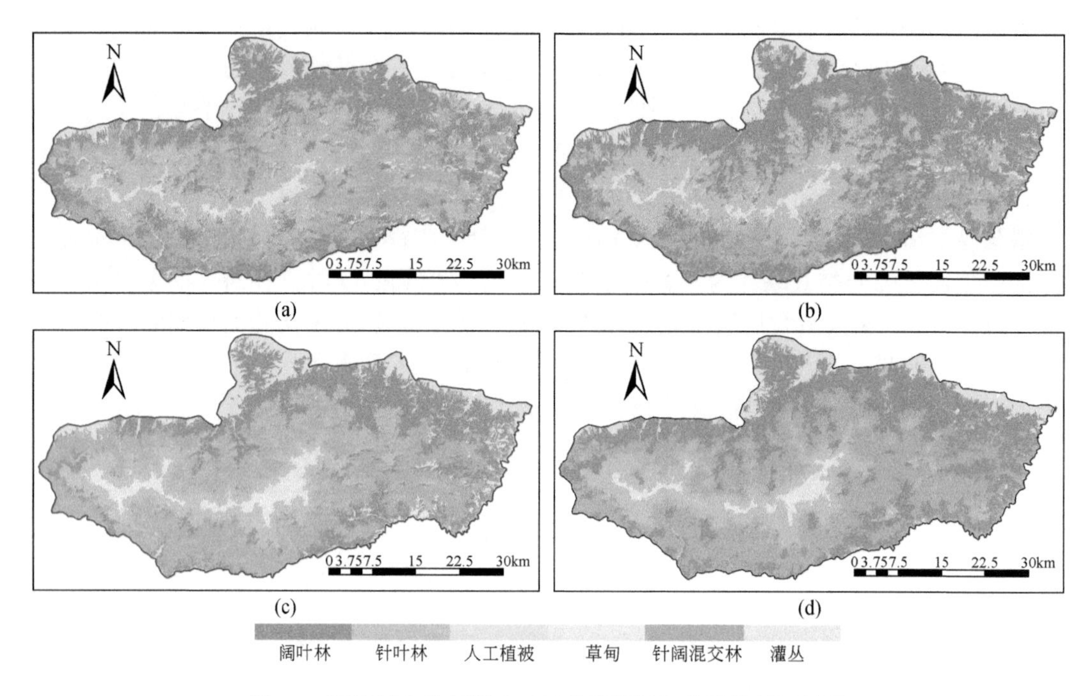

图 7.9 不同输入特征组合对于植被型组级类别的判别结果

进一步的，我们通过表 7.7 中各项精度评价指标对分类结果做定量评估。从表中可以看出：仅利用影像本身特征，以及影像+指数特征时，整体分类精度分别仅为 56.17%和 59.45%；而在加入了地形特征后，总体精度提高到 70.28%；三组特征同时使用时的总体精度达到 76.31%。说明在垂直分异规律明显的高山地区，地形特征对于分类精度能够起到明显的改进作用。随着整体分类精度的逐步提升，我们发现：①对比用户精度，针叶林（从 40.42%到 79.76%）和人工植被（从 54.85%到 86.18%）均呈现出稳步递增的趋势；草甸在使用特征集合一和二时精度相当，随着地形特征的引入出现了小幅提升（集合三和四）；而其他三种植被类型均出现了不同程度的波动。②对比制图精度，除了针叶林（从 46.19%到 63.81%）呈现逐步递增趋势外，其他五种类型均出现了波动现象。由此说明各特征组合对于不同植被类型的影响效果有所差异。

表 7.7 植被型组级精度评价

输入特征集	精度评价/%	植被型组					
		针叶林	灌丛	针阔混交林	阔叶林	人工植被	草甸
集合一（影像特征）	用户精度	40.42	54.26	47.54	63.06	54.85	65.57
	制图精度	46.19	42.94	50.66	50.91	76.02	54.79
	总体精度	56.17					

续表

输入特征集	精度评价/%	植被型组					
		针叶林	灌丛	针阔混交林	阔叶林	人工植被	草甸
集合二（影像+指数）	用户精度	45.09	51.37	58.59	60.00	61.17	65.49
	制图精度	59.05	46.01	25.33	77.45	73.68	50.68
	总体精度	59.45					
集合三（影像+地形）	用户精度	69.47	55.32	53.67	77.78	79.43	71.33
	制图精度	62.86	63.80	70.31	56.00	81.29	69.86
	总体精度	70.28					
集合四（影像+指数+地形）	用户精度	79.76	66.22	61.97	72.78	86.18	72.22
	制图精度	63.81	60.12	76.86	83.64	76.61	62.33
	总体精度	76.31					

为了验证地形特征的有效性，我们首先对比了集合一和集合三的各项精度指标，发现针对每种植被类型，地形特征的引入均实现了对其精度提升的目标，其中总体精度提高了 14.11%。进一步为了验证指数特征的有效性，我们分别建立了两组对比试验：一组为集合一和集合二，另一组为集合三和集合四，由此可以发现如下现象：①相较于集合一，利用集合二预测的结果中除了针叶林，其他四种类型的用户精度或制图精度均有不同程度的上下浮动，并未因指数特征的加入而稳步提升；与之类似的情况在集合三与集合四的精度对比中也存在。②两组对比试验中，由于加入了指数特征，使得集合二和集合四的总体精度较之集合一和集合三分别提高了 3.28%和 6.03%。基于上述分析，关于指数特征的有效性还有待评估。本案例中，指数特征包括了分别对应三期遥感影像的三个 NDVI 指数，以及一个自定义的近红外光谱指数（ratio），精度指标的上下浮动究竟是哪一个特征在起主导作用，以及这种作用效果是正向的还是负向的，都需要进一步的细化试验予以验证。

2）植被群系级推测制图

我们进一步尝试通过表 7.6 中各类特征变量的协同分析来对阔叶林和针叶林各自的典型群系类型进行推测制图。群系是比植被型组低两级的植被单位，根据植被分类体系构建的原则，低级植被单位不会出现在互斥的其他高级植被单位内，因于此，为避免群系类别之间的混淆，我们以图 7.9（d）中已经识别出的针叶林和阔叶林的分类结果作为约束，分别选择了五种典型的针叶林群系类型（太白红杉、巴山冷杉、油松、华山松、侧柏）和四种典型的阔叶林群系类型（红桦、栓皮栎、锐齿槲栎、辽东栎）开展推测制图（图 7.10）。

基于上述分类结果进行定量的精度评价，结果显示针叶林的总体分类精度为 88.54%，而阔叶林的总体分类精度为 68.57%。针叶林中以太白红杉（用户精度 80.68%，制图精度 83.53%）和巴山冷杉（用户精度 90.00%，制图精度 82.89%）两种群系类型为主，其面积最大且垂直方向上紧邻分布，在二者交界处存在错分现象，是导致针叶林总体分类精度降低的主要原因。而阔叶林的总体分类精度同样受分布范围广且空间相邻的

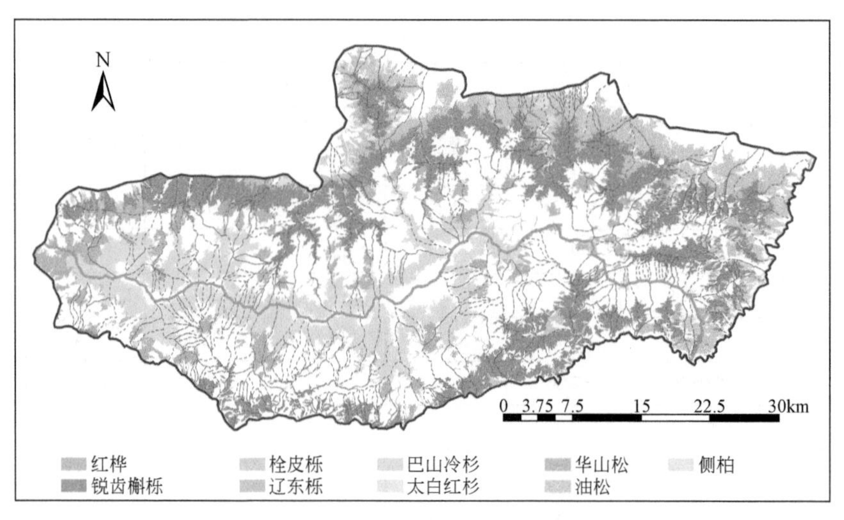

图 7.10 针叶林、阔叶林典型植被群系级推测制图

锐齿槲栎（用户精度 55.74%，制图精度 58.12%）和栓皮栎（用户精度 65.67%，制图精度 64.23%）这两种植被类型的影响。归纳起来，导致群系级植被制图精度低的原因有三点：①实际地表分布中，植被类型之间交叉和混合生长现象客观存在，尤其在对生长环境需求相似的类别之间更为明显；②样本数量和输入特征有限，难以从中提取有效特征来区分更细的植被类型；③植被型组级的分类精度有待提高，再将其引入群系级分类时导致了误差传递。

以上案例是在遵循地学分异规律基础上，综合复杂系统与地理综合分析思想，充分利用遥感和地形等环境要素建立特征集合，利用机器学习方法主动挖掘植被类型与环境要素之间的关联关系并建立推测模型，实现太白山区植被型组和典型植被群系两个级别的植被制图。通过精度评价的结果显示，地形特征对于精度改进起到了积极作用，但还有较大的改进空间。后期考虑以植被的生长习性作为切入点（如太白红杉为阳性树种，具有喜光、耐寒、耐旱等特性；而巴山冷杉喜湿冷，具有较强的耐阴性），分析植被在空间上的分布规律（表象），并进一步探究其与热量、水分、土壤等环境要素的响应关系（专家知识），通过客观规律约束、专家知识的分层融入以及协同实地调查来迭代优化模型，实现提高分类精度的目的。

7.3 植被空间分布模式初探

通过山地植被遥感的精准制图，可全面真实地刻画出植被在三维空间分布的微小差异，而形成这种差异的原因，除了由地形因子主导所引起的光、温、热、水、气等条件随之发生变化这一常规驱动机制外，还有由小气候、小地貌或小流域等局地分异因素所导致的植被时空异常分布模式。这就需要我们从不同维度上挖掘山地植被生长与生态环境诸要素之间的耦合关系，进而逐步深入到对其形成机制的探索与发现，发展山地区植被生长态势的过程模拟与趋势预测模型，最终为区域生态价值的精准评估以及生态功能的科学规划提供信息与技术支撑。本节以秦巴山地为研究区，首先探讨了导致该区域植被空间分异的主要因素，进而结合 7.2.3 节秦岭太白山区植被制图结果分析植被类型随主要地形因子的空间分布状态，初步探讨了植被空间分布模式挖掘的研究思路。

7.3.1 地理要素变化问题

以秦岭-大巴山（简称秦巴山地）为主体的中国南北过渡带，跨越了暖温带与亚热带，涉及陕、甘、豫、川、渝、鄂六省市，是我国大陆上最重要的地理与生态系统的过渡带，具有高度的环境复杂性、生物多样性和气候敏感性，对于我国地理格局的形成、生物区系的演化、自然资源的分布都具有重要的意义（张百平，2019）。与之相对应的，目前围绕该区域还存在诸多问题亟待研究，例如对秦巴山地多维地带性分异的复杂性以及由此导致的植被-土壤的渐变序列及驱动因素认识不足，对全球变暖背景下南北过渡带的响应方式和变化机制所知亦甚少。而支撑上述科学问题研究的基础数据存在着明显的“碎片化”和“局域化”，极大制约着对该区域多重、复杂问题系统求解的进程。

为此，国家于 2017 年启动了科技基础资源调查专项——“中国南北过渡带综合科学考察”，将传统南北分界线的概念进一步扩展为南北过渡带（其中以秦岭-大巴山为主体，如图 7.11 所示），主要调查自然地理要素及其综合体的渐变序列和分布规律。该项目首席科学家张百平研究员及其团队组织了多次科学考察，并于 2019 年撰写了题为《中国南北过渡带研究的十大科学问题》（以下简称《十大科学问题》）的专题文章，全面系统地阐述了中国南北过渡带历史的以及当前存在的十大科学问题，归纳为地域界线及划分问题、自然地理要素变化问题、生物多样性及生态安全问题以及对于华夏历史和文明发展的影响等四大方面（张百平，2019）。其中，“自然地理要素变化问题”旨在探索植被-土壤等的空间分布模式及其驱动因素，也为我们基于山地植被制图研究进一步开展空间分布模式探索指明了方向。

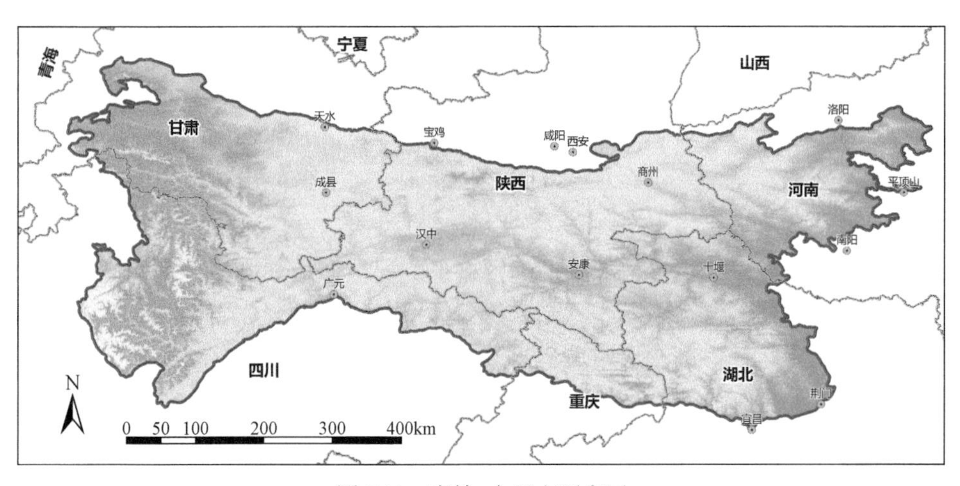

图 7.11　秦岭-大巴山研究区

“自然地理要素变化问题”主要研究以植被-土壤为代表的自然地理要素，以及关键生物-气候指标在空间上的渐变序列以及多维地带性分布特征，探索其空间分布的模式规律、形成机理及背后的驱动因素，重点包括植被-土壤在南北方向上的渐变序列及其形成机理、全球变化与地区关键生物气候指标空间变动的关系，以及秦巴山地的多维地带性结构如何分解与综合的三大科学问题。本小节将通过对《十大科学问题》中关于上述三个问题主要研究内容的简要介绍，结合我们未来将要开展的山地植被空间分布模式挖掘方向的探索提出比较粗浅的相应思考。

1. 南北向植被-土壤渐变序列及形成问题

秦巴山地的南北过渡是通过多列东西向横亘的山脉阻隔及其分异作用而形成的，在宏观的地带性分异基础上叠加了垂直分异和坡向分异，因而植被-土壤南北向的空间详细变化序列是多重分异的结果。我们既要以综合地理思想研究这些变化，也需要将各向作用和变化序列分解开来，才能真正认识南北向的过渡性质以及多维地带性变化的机理。主要研究内容涉及植被组成结构、优势种、树高、胸径、土壤等主要理化指标的变化，以及与山地气候、地形等驱动要素的关系；特别是植被与气候、土壤的协同变化关系，深度挖掘主要自然地理要素以及自然地理综合体的南北变化序列和内在驱动因素。

我们的思考：土壤和地形是导致植被分异的两大内在关键因素，而气候变化则是驱动植被变化最为敏感的外在因素，多重因素的“隐性”作用通过植被景观格局而“显性”地呈现出来。因此我们选择植被为研究对象，尝试在空间形态和生长类型两个方面研究植被空间分布的结构组成，试图在精细尺度上分析植被类型及其生长过程与土壤、地形、气候的协同变化关系，有助于揭示研究区南北过渡分异的内外因素耦合的协同机制，以及进一步发现微观结构上的特殊分异现象并探究其背后的驱动因素。

2. 气候指标-关键性生物空间响应的问题

作为自然地理中最具代表性的过渡地带之一，秦巴山地必然具有对气候变化响应的敏感性。在全球气候变化的大背景下，主要的生物-气候指标，如积温、干燥度、温暖指数、最热月均温、最冷月均温等，以及它们的等值线分布，都会在不同程度上发生移动或摆动。利用地面观测和遥感数据的有机结合，获取以植被为核心要素的地表覆盖分布与变化信息，再综合考虑人为活动对地表覆盖和气候要素变化的影响，通过精细分析上述指标等值线与地表覆盖变化的响应关系，可能回答关键性气候指标对于生物群落空间变动的影响问题。

我们的思考：在山地植被精准制图的图斑形态提取和植被类型判别基础上，将生态植被图斑与时序遥感观测、地面样方测定等数据进行融合与同化，实现对植被生物量及其变化过程的定量反演；进一步通过历史资料、气象观测等同化得到的关键性气候指标数据，与植被覆盖变化信息进行时空分布上的叠加分析与响应推断，有助于揭示气候变化对于该区域生物资源变化的影响规律，并可对未来演化趋势展开动力学过程的模拟与预测。

3. 山地多维地带性结构的分解-综合问题

东西向延伸的秦巴山地，不仅引起南北方向的地理分异，更有大坡向（侧翼）、小坡向（阴阳坡）分异，垂直分异和东西方向上的变异，几乎覆盖自然地理学中所有的地域分异类型。也就是说，纬向地带分异、经向地带分异、垂直地带分异、坡向分异，相互叠加、相互作用，共同形成秦巴山地环境的高度复杂性、多样性和异质性。因而，认识秦巴山地的地理结构需要从多种分异的作用去理解，才能较深入地抓住问题的实质。既要分析各种分异的单独作用，也需要分析它们综合作用的结果，才能真正了解南北过渡带的多维地带性结构。

我们的思考：基于多视角测绘卫星获得的高分辨率 DSM 及其衍生的地形分析数据，可支持对山地区地形网络以及坡面单元的提取，从而构建由多级地形特征组成的山地空间结构；进一步将宏观三维地带性特征、多维地形描述特征、植被空间分布与山地结构进行叠加分析，可挖掘多维地带性、山体效应与植被生长水热条件之间多重分异的作用关系。

综上所述，秦巴山地是具有多维地带性结构、多重分异属性的自然地理综合体。在漫长的历史长河中，地壳运动、气候变迁、植被更替、人类活动等因素无时无刻不在对其施加着影响，才造就了秦巴山地如今高度的复杂性、多样性、过渡性和敏感性等特点。因此，要全面系统地研究该地区存在的科学问题，就需要从地理、历史的综合视角出发，首先研究主要自然要素在地理空间上的分布现象，进而结合历史数据分析其发展变迁的过程，最后通过多源属性的协同分析探究其格局变化及形成原因，通过“空间-时间-属性”三个维度的层层解构来实现逐步深化认知的目的。这正是本书所提出的地理图斑智能计算理论想要阐述的核心思想，对于揭示秦巴山地的多维结构及其背后的驱动机制同样具有实践意义。

7.3.2 空间分布模式探讨

本小节先从分析植被要素的空间分布现象入手，结合 7.2.3 节案例中秦岭太白山区植被类型推测制图结果，我们分别选择了海拔、坡向、坡度这三个关键的地形要素，尝试在图斑尺度上分析植被类型随地形要素而变化的空间分布特性，初步开展对山地植被空间分布模式的探索，为进一步深入挖掘影响机制提供基础。

1. 植被随高程的分布

垂直带是山地植被空间分布规律研究的主线，本案例首先探讨植被随高程梯度的垂直分布特性。我们首先以图斑为基本单元计算其平均高程，进而以 100m 为间隔，分段统计每种植被类型在各个高程区间内的总面积，如图 7.12 中蓝色柱状图所示。

由图可知各种植被类型的集中分布区间为：阔叶林 1000～1800m，针叶林 2700～3200m，针阔混交林 1800～2600m，草甸和灌丛 3300～3500m，人工植被 700～1000m。额外引入了累积面积比例来表达植被类型集中分布的高程范围，如图 7.12 中折线所示，我们发现超过 70%的阔叶林、针叶林和草地，约 90%的针阔混交林，以及超过 65%的灌丛和人工植被分布在上述高程范围内。

进一步我们分别统计了针叶林和阔叶林的主要群系类型在垂直空间的分布情况。由于每种群系类型的分布范围和图斑数量存在较大差异，我们对其进行了归一化处理，以每种植被在各个高程区间内的图斑数量占该类型图斑总量的比例来表示，基于该比例值分别对 5 种针叶林和 4 种阔叶林群系类型进行了统计（图 7.13 和图 7.14）。

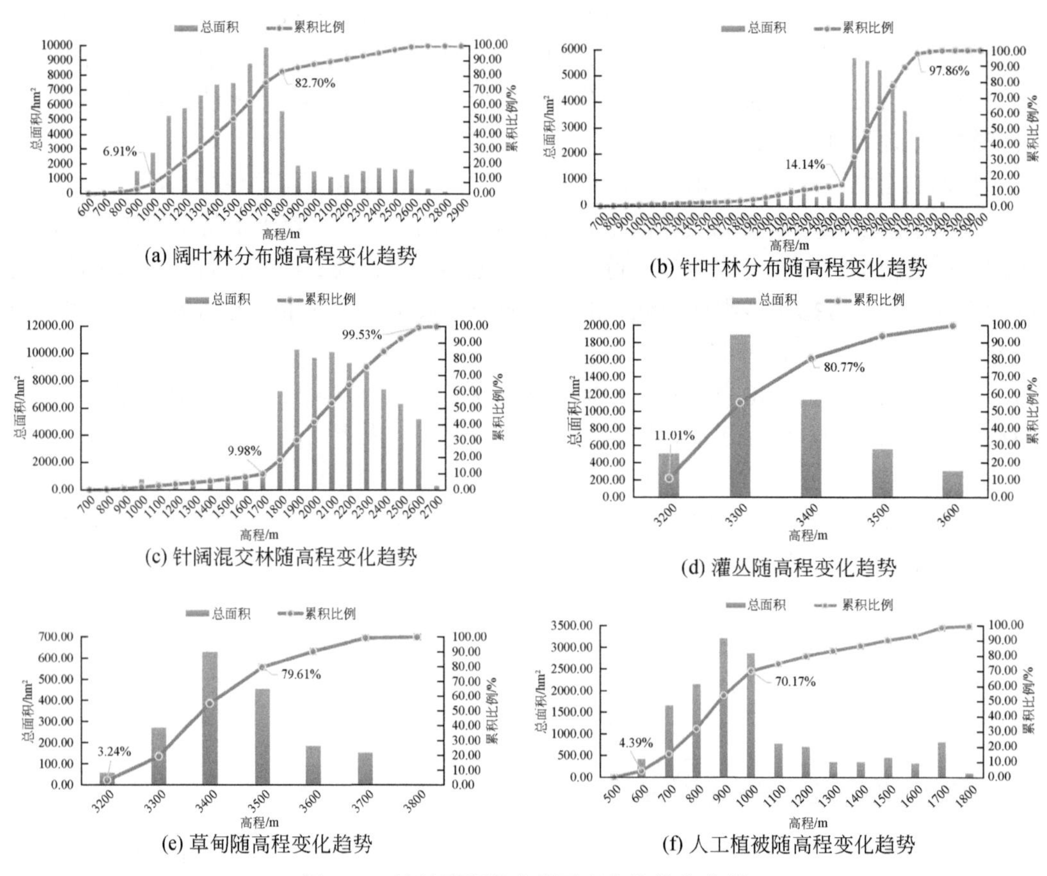

(a) 阔叶林分布随高程变化趋势

(b) 针叶林分布随高程变化趋势

(c) 针阔混交林随高程变化趋势

(d) 灌丛随高程变化趋势

(e) 草甸随高程变化趋势

(f) 人工植被随高程变化趋势

图 7.12　植被型组随高程而变化的趋势分析

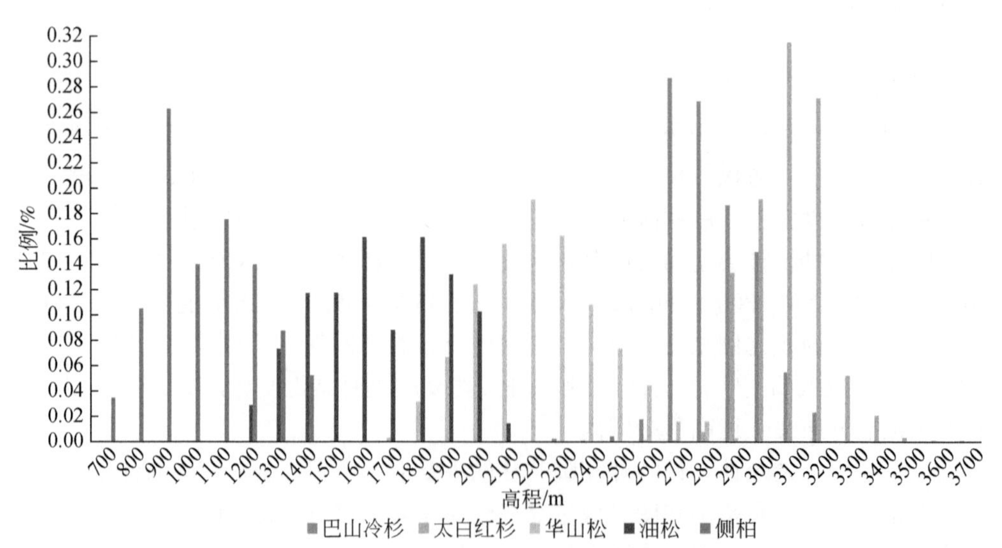

图 7.13　针叶林典型群系类型随高程分布状态

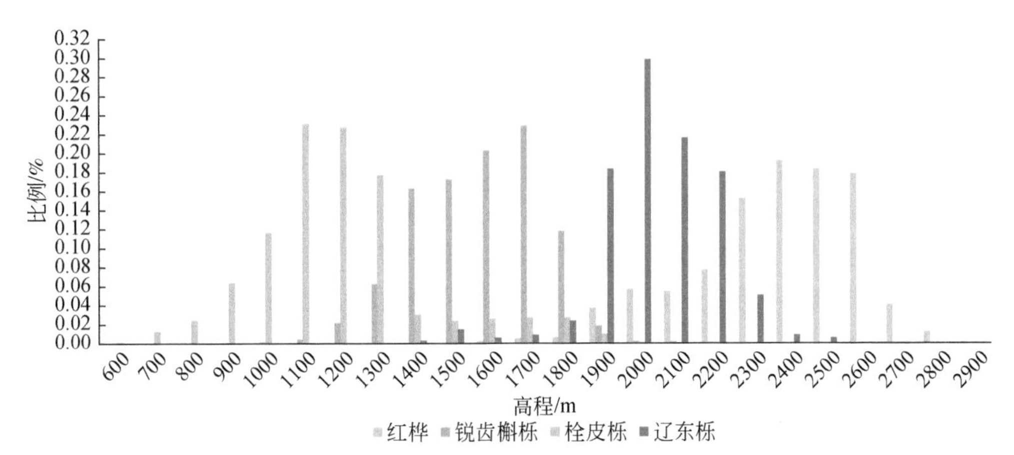

图 7.14 阔叶林典型群系类型随高程分布状态

通过分析可看出：针叶林中的太白红杉主要分布在 2900～3400m，巴山冷杉分布在 2700～3200m；从 2700m 以下，随着海拔梯度的降低，依次分布着华山松（1900～2500m），油松（1300～2000m）和侧柏（700～1400m），这三种类型的垂直分布范围较之太白红杉和巴山冷杉更宽，同一类型的分布范围相对集中，交叉分布仅出现在两个相邻类型之间，其垂直分带特征更加明显。因此通过 DEM 特征的约束，针叶林各群系类型的分类精度比较高。而与针叶林不同，阔叶林的四种群系类型在垂直空间上分布范围更广，各类型之间的交叉现象也更严重，如在 1500～1900m 的范围内这四种类型同时存在，这也可以用来解释阔叶林群系级的分类精度低于针叶林的问题。

另外，我们还将这一统计结果与 Yao 等（2020）一文中关于植被随高程分布的经验数据进行了对比分析（表 7.8）。需说明的是：该文献中分南北坡分别介绍每种植被类型的高程分布范围，而本研究未做南北坡的区分，因此对文献中同类型的植被分布范围进行了求并集的处理；而文献中未涉及油松和侧柏的高程范围，这两种类型在研究区内的面积占比较小，未在表中加以体现。

表 7.8 植被类型随高程分布对比

植被类型	高程范围/m	
	Yao 等（2020）	本章
巴山冷杉	2650～3000	2600～3200
太白红杉	3000～3400	2900～3400
红桦/华山松	2000～2700	红桦：1900～2700 华山松：1800～2700
栓皮栎	750～1300	700～1900
锐齿槲栎	1000～2000	1200～1900
辽东栎	1900～2300	1800～2300
亚高山灌丛草甸	3400～3777	3200～3700

总体来看，本文结果与经验数据整体吻合程度较高，证明了地形特征的有效性。本文结果中，巴山冷杉和太白红杉生长的高程上线和下线与文献基本吻合，但在 2900～

3200m 的范围内有交叉，而文献未给出两种类型可能存在的交叉范围，因此这一结果还有待商榷。另一方面，针对阔叶林中的栓皮栎，本节结果与文献数据的高程上线相差600m，下线吻合较好；而锐齿槲栎高程上线相差 100m，下线相差 200m，总体相差 300m。对照图 7.14，栓皮栎和锐齿槲栎在 1100～1800m 高程区间内存在交叉现象，较之文献给出的 1000～1300m 的交叉分布范围扩大了 400m，进一步验证了导致阔叶林群系级总体分类精度较低的原因与这两种类型有关。要对阔叶林四种类型实现更为准确的区分，需要更多的地面调查数据以及领域专家知识的参与，通过强化学习机制的多次迭代修正逐步提升判别精度。

2. 植被随坡向的分布

目前关于植被随山体坡向分布的研究大多集中在几个特征明显的朝向上，例如东西走向的秦巴山地的南北坡对比（热量驱动）、南北走向山脉的东西坡对比（水分驱动）等。这种仅考虑单一影响因素来划分坡向空间结构的方法还停留在较为初级的水平上，由此开展的坡向效应分析存在研究尺度过大等问题，因此很多重要的地理学与生态学现象无法得到充分的展示（姚永慧等，2010）。以往山地垂直带谱的研究对于坡向效应的关注度不足，基础数据缺乏且过度离散，不足以支撑精细尺度全面、系统的研究需求。如今以秦巴山地为代表的南北过渡带综合科学考察项目，明确将“山地的多维地带性结构分解与综合”，以及“关键地理要素随之产生的空间详细变化序列及驱动因素”作为两大科学问题纳入研究体系，足可见我国学者已经将关注点转向“在微观精细尺度上探究复杂山地结构及其影响机制”上来。本文也尝试在图斑这一精细尺度上分析植被类型与全坡向之间的耦合关系，希望能为上述科学问题的研究提供抛砖引玉的思考。

山体坡向是一个 0°～360°区间内的连续值，由于其特殊的方向性，不能通过图斑内部各点坡向的平均值来代表图斑的坡向特征。因此，我们以 0°作为起始点，5°为一间隔，对各点坡向值进行重新分类，获得了从 1 到 72 的连续值。进而，以图斑边界作为空间约束，统计图斑内各像素点的坡向值，采用众数原理，以出现最多的坡向值代表整个图斑的坡向。在此基础上，统计每个坡向区间内每种植被类型的图斑个数，并绘制了如图7.15 的结果。由于各植被类型之间的图斑个数存在较大的差异，如灌丛、草甸、人工植被三种类型的图斑数量远远低于针叶林、阔叶林和针阔混交林等自然生长林地，为了更好地展示各类型随坡向的分布状态，我们按照图斑个数将其分成两组，分别用图7.15（a）和 7.15（b）来表示。采用同样的处理方式，分别得到阔叶林（图 7.15（c）和图 7.15（d））和针叶林（图 7.15（e）和图 7.15（f））各自典型群系类型随坡向的分布状态。

由图 7.15（a）和 7.15（b）可见：针叶林、阔叶林以及针阔混交林呈现出相似的分布特征，在南坡和西南坡（160°～235°）各植被总量分布少于其他方向，针叶林和阔叶林的峰值在 10°左右，而针阔混交林的峰值出现在 140°左右，但其总体空间分布还比较均衡；人工植被与阔叶林和针阔混交林分布状态类似，在 170°～270°区间内分布较少；灌丛与上述四种植被类型不同，在近似正东方向（65°～110°）分布较少；草甸在东北和西南方向分布较少，而在西北（305°～350°）和东南（120°～170°）方向分布集中。

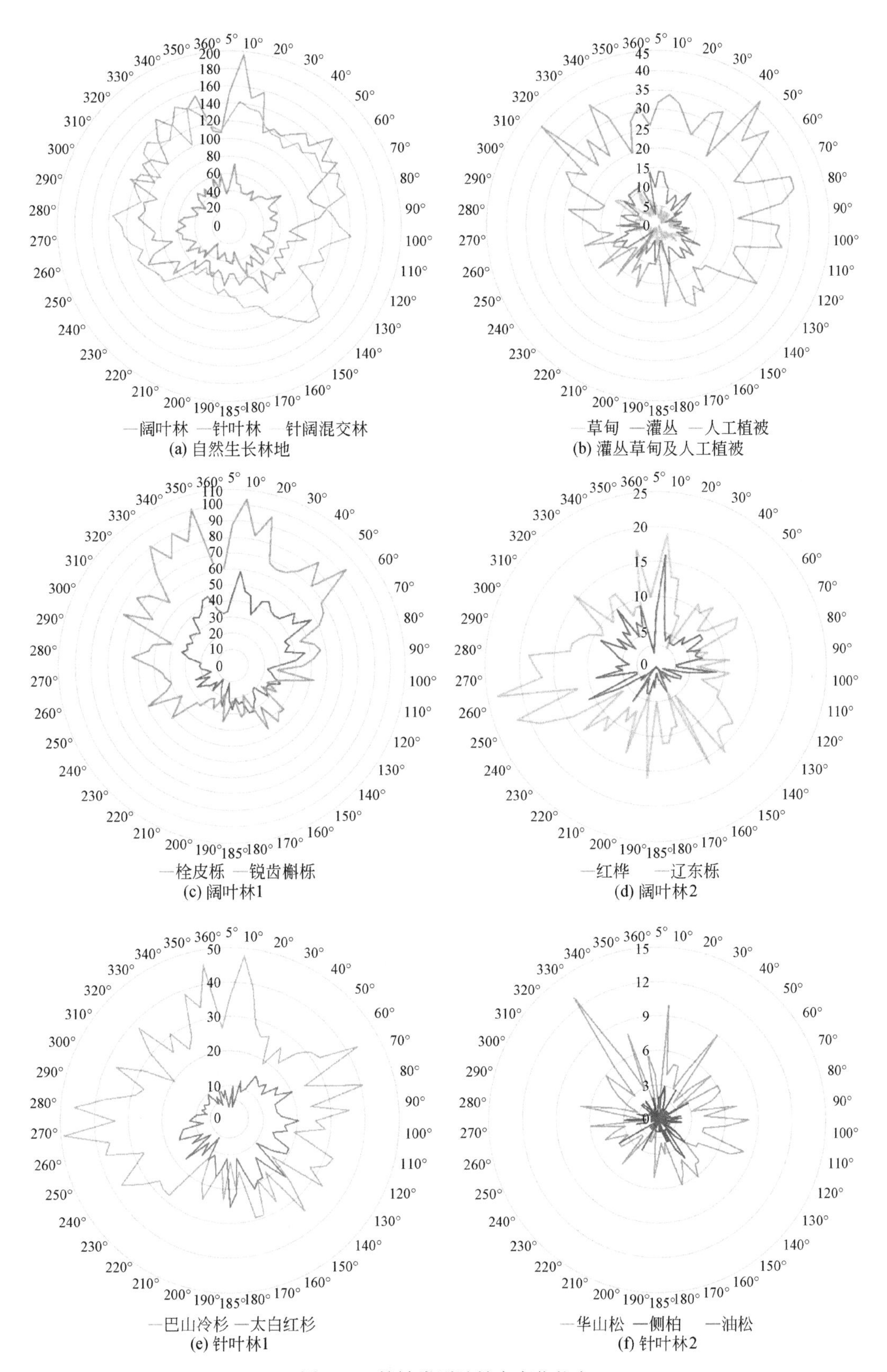

图 7.15　植被类型随坡向变化状态

由图 7.15（c）和图 7.15（d）可见：栓皮栎和锐齿槲栎空间分布特征较为相似，主要分布于 5°～70°，以及 280°～350°之间，而在 70°～245°之间相对较少，由此推测通过坡向特征也无法很好的区分栓皮栎和锐齿槲栎；红桦林在各个方向上分布都比较均衡，其峰值出现在 265°左右；辽东栎主要分布在北向，这与其特殊的分布特性密切相关（仅出现在北坡）。图 7.15（e）所示巴山冷杉和太白红杉随坡向分布存在一定的差异性：巴山冷杉在东北向（10°～60°）和南向（160°～220°）分布相对较少，在 225°～355°区间内的数量高于 60°～160°区间，这与其喜阴、耐湿冷的生长习性相关；而喜光、耐旱的太白红杉恰好相反，主要分布在光照条件好的东南向和南向。恰当利用其坡向分异规律有助于提高巴山冷杉与太白红杉的分类精度。华山松、油松和侧柏这三种类型在各个方向上分布比较均衡，没有明显的坡向差异。

3. 植被随坡度的分布

最后，我们来探讨植被各类型随坡度的空间分布变化。坡度作为重要的地形因子，主要影响着山区地表径流和土壤侵蚀，进而影响着植被覆盖度和生物量的变化。首先通过 DEM 计算得知太白山的坡度范围主要在 0°～68°之间，以图斑内各点坡度值的平均值代表图斑的坡度；进而将坡度值以 10°为一间隔，分成 7 个区间段，统计每个区间段内每种植被类型的图斑个数，绘制了各类型随坡度的变化曲线（图 7.16）。

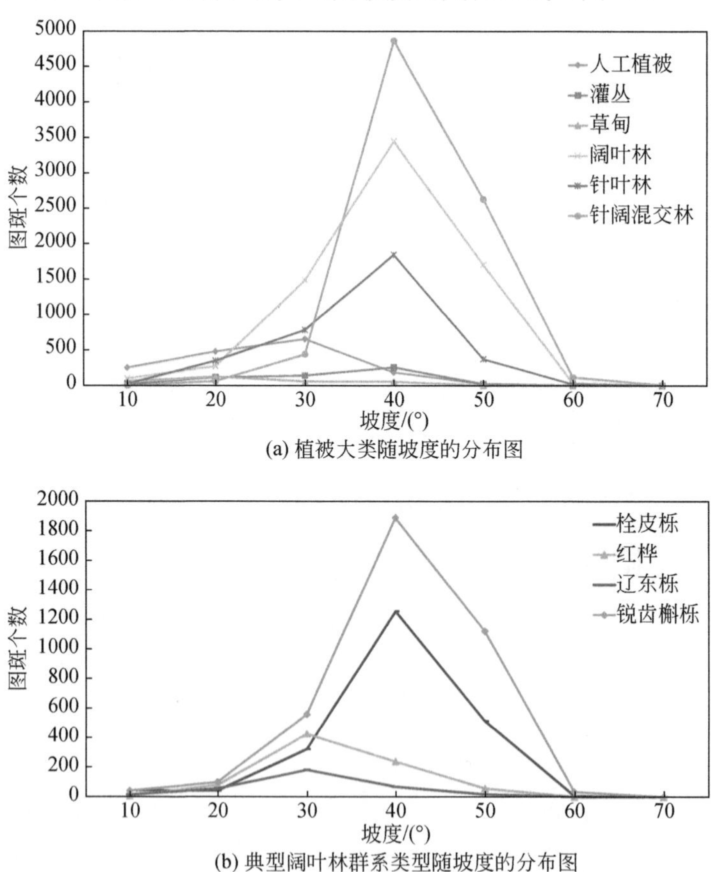

(a) 植被大类随坡度的分布图

(b) 典型阔叶林群系类型随坡度的分布图

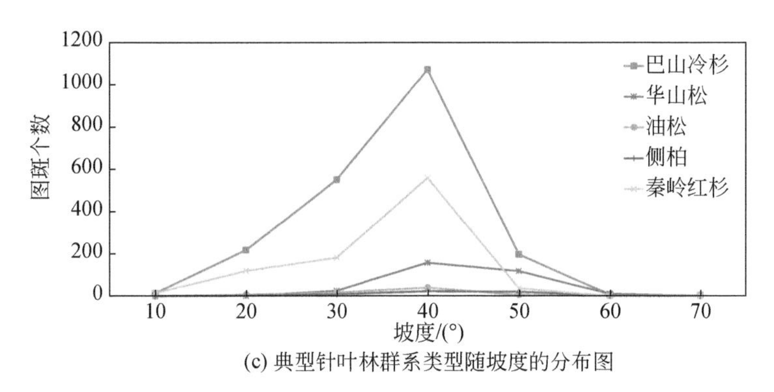

(c) 典型针叶林群系类型随坡度的分布图

图 7.16　典型群系类型随坡度分布变化

从图 7.16（a）可以看出，各种植被类型集中分布于 30°～60°之间，除草甸和人工植被外，其余各类型均在平均坡度为 40°时达到顶峰；人工植被主要集中于相对平坦的低海拔地区，最大分布在 30°左右；草地也主要分布在高山的台顶上。在阔叶林中，栓皮栎和锐齿槲栎在平均坡度为 40°时达到顶峰，而红桦林和辽东栎在 30°达到顶峰（图 7.16（b））；针叶林类型相对分布均匀，均在平均坡度为 40°时达到顶峰（图 7.16（c））。

本节我们以中国南北过渡带十大科学问题为切入点，结合本书提出的地理图斑智能计算理论，重点针对其中关键自然要素在空间上连续变化序列的模式发现及机理探索问题进行了浅显的思考，并尝试在植被图斑提取与类型判别的基础上，初步探讨了植被类型随地形各要素变化的空间分布规律，这是后续开展机理探索与地理格局综合分析的前提。后续研究将从以下两个方面深入展开：从广度上，在由“山地自然区划-地形坡面单元-植被精细图斑”构成的多尺度空间结构约束下，探索植被分布与气候、温度、土壤等关键要素的关联关系，深度挖掘植被在南北、东西与垂直各方向的空间过渡与分异规律；从深度上，探讨多种环境要素综合对地理分异的作用机制，重点探索局地空间内由小气候、小地形综合作用所导致的环境要素再分配，进而引发植被异常分布模式的作用机制及驱动因素。总之，通过对南北过渡带典型山地区的植被制图及分布模式的探索，为在复杂山地开展精准遥感应用研究提供一套完整可借鉴的研究思路。

7.4　植被制图拓展思考

草地是地球上分布最为广泛的植被类型之一，不仅为维持传统畜牧业提供了基础和保障，更为人类构筑了一道宽广的绿色生态屏障；而拥有“地球之肾”美誉的湿地，以其特有的水陆综合景观和生态平衡调节功能，吸引了社会各界越来越多的关注。相较于多以自然状态呈现的山地植被，处于平原地区的草地和湿地更易受到人类活动影响，而正是由于早期人类不合理的开发利用，给原本脆弱的草原与湿地生态系统带来了巨大的、甚至是灾难性的破坏，引发了一系列诸如草地/湿地植被退化、生物多样性降低、资源配置失衡等问题，因而近年来对于草原/湿地的生态系统健康（Costanza et al.，1992；马克明等，2001）以及生态资产价值评估（谢高地，2017）等研究得到了重视。要实现对生态资源准确的认知与科学的评估，首先应建立在对资源现状细致而量化的摸底调查基础上，充分利用大数据协同分析技术构建综合评估指标体系及方法模型，才能为资源的合理开发利用和优化配置提供数据支撑和技术保障。本节借鉴前述山地植被遥感制图以及空间分布模式分析的研究思路，进一步面向草地和湿地制图开展初步的技术方法探索工作，并通过内蒙古阿巴嘎旗草地精准制图以及粤港澳大湾区湿地遥感综合制图的试验，尝试梳理出一套标准化的技术方案与产品生成的流程，为后续将要开展的草地/湿地定量指标反演（演化模式）、功能结构重组与生态资产评估（功能模式）研究提供解决方案。

7.4.1 生态草地制图

据《中国资源科学百科全书》记载，未受人类干扰之前，原生草地面积约占地球陆地面积的40%～45%。受人类耕作和放牧等活动影响，草地面积日渐缩小，19世纪末叶以来，基本稳定在22%～25%之间。1980年全国草地资源调查数据显示，我国草地面积约有4亿hm^2，占国土总面积的40%以上，主要分布在西部的青海省、西藏自治区、新疆维吾尔自治区，中部的甘肃省以及北部的内蒙古自治区。草地作为一种可再生的自然资源，不仅具有生产和经济价值，在防风固沙、固碳释氧、水源涵养以及维持生物多样性等生态功能方面也扮演着重要的角色。早期草地资源研究多关注其生产功能和经济价值，如产草量、牧草质量及载畜量等；而从生态学角度看，“草地资源”包括了更广泛的内涵，如物种组成、生物量和生产力、物质循环以及各种生态系统服务功能等（沈海花等，2016）。随着人们对生态环境和资源承载力的关注度日益提升，后者逐渐成为草地资源研究的主流方向。

当前草地资源研究依然面临着三个困境：①家底不清，体现在通过多个口径汇总的草地资源现状数据存在较大差异；②精准制图产品缺乏，当前被广泛应用的草地制图产品还是80年代形成的《1∶100万中国草地资源图集》；③与草原生态平衡息息相关的大量调查与统计数据缺乏统一的管理与分析，制约着草地资源研究向定量化、精细化、系统化方向的发展。本节在对当前草地资源研究现状进行系统分析的基础上，以内蒙古阿巴嘎旗为案例梳理了面向精准土地覆盖分类制图的技术方案，并对未来要开展的草地类型精细识别、定量指标反演（覆盖度、生物量）、生态资产评估以及承载力评价等工作做了初步的设计与展望。

1. 草地资源研究现状

草地资源是指某一区域内的草地类型、面积及其蕴藏的生产能力，包含数量、质量和空间三方面的特征，是同时具备生产和生态等多种功能的地理综合体。研究草地资源构成的基本要素，以及各要素之间的交互影响和由此衍生的发生与发展的现象、过程和规律，遵循并利用这些规律来维持草地资源高效、稳产以及可持续发展，是草地资源学研究的核心。归纳起来，可分为“认清现状—研究规律—支持决策”三方面的工作。

（1）认清现状，就是要摸清草地资源家底，回答“有哪些种类的草地？位置在哪里？面积有多大？”等问题，主要依靠草地资源调查来实现。从早期基于样地的定性描述，到目前依靠3S技术能够获取地表每一块土地的信息，调查手段的突飞猛进为草地资源数据获取、分析与处理带来了根本性变革，产生了一批有影响力的成果。例如，我国早期（1979年）启动的第一次全国草地资源调查任务，以地面调查为主，航、卫片校核为辅（苏大学，1996），形成了《1∶100 万中国草地资源图集》、《1∶400 万中国草地资源图》、《中国草地资源数据》等一系列较完整的调查成果；之后开展的全国草地资源第二次遥感快查（刘建华等，2005）、地理国情监测云平台提供的“全国草地资源空间分布产品”、国家地球系统科学数据共享服务平台提供的“中国草地资源类型数据集”，以及各省、直辖市、自治区独立完成的区域级草地资源调查，均为草地资源合理配置、生产功能与生态效应分析等提供了基础资料。

（2）研究规律，就是在认清现状的基础上，进一步探究其发生、发展的过程和演化规律，并挖掘其背后的驱动机制。草地生态系统是一定空间范围内生存于其中的所有生物（植物、动物、微生物）和非生物（物质循环、能量流转和信息传递）共同构成的综合自然整体，对外可提供“三生”（生产、生态、生活）功能，是集社会、经济和生态于一体的复杂生态系统。草地生态系统的发生、发展及其演化过程，除了与自身系统内部的物质组成和能量交换相关之外，还受到外部来自人、畜、地三者的影响（吴昊怡等，2017）。尤其是近年来，草地退化、土地沙化、生物多样性降低等一系列问题日益凸显（图 7.17），表明草原生态系统已经超出了自我调节的生态阈限。这就需要我们从更完整的社会生态系统视角出发（李文军和张倩，2009），研究“人-畜-草-地”四个关键要素之间相互作用、相互影响的关联关系，通过多要素协同分析挖掘维持生态平衡的模式，并制定优化的对策与方案。

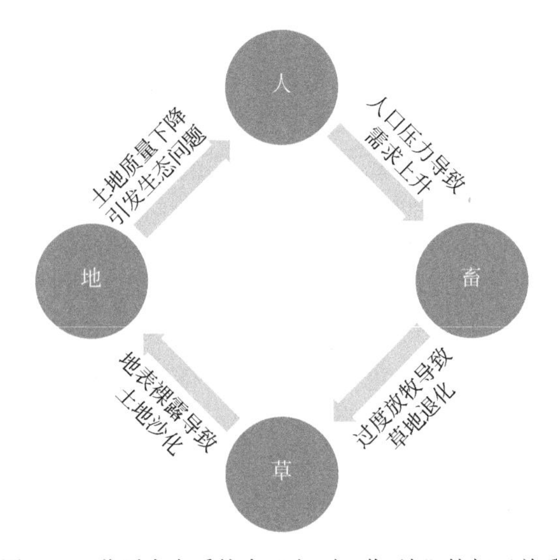

图 7.17　草原生态系统中“人-畜-草-地”的相互关系

（3）支持决策，就是在厘清“人-畜-草-地”四个关键要素之间复杂关系的基础上，充分遵循自然环境发生、发展的固有规律，通过政府决策、经济补偿、公众宣传等多种手段引导草原生态环境走上可持续发展的正轨。例如，国家自 2011 年启动了草原补奖政策，率先在内蒙古等 8 个主要草原牧区省份推行草原禁牧休牧轮牧和草畜平衡制度，其中涉及如何测算补贴标准，实现牧业增产、牧民增收的目标？如何因地制宜，针对不同草原类型和畜牧业生产特点进行分区、分类指导？这些都需要有精准的数据、科学的分析做支撑。以往通过逐级上报、终端汇总的方式正逐步被大数据智能挖掘技术所取代，所获取的信息更加客观、准确；同时这些信息也可以科学合理的方式落到每个与人类活动息息相关的生态单元上，实现可定位、可量化、可追溯，这是数据时代能为政府决策提供支撑作用的最大变革所在。

要实现对草地资源的精准管理、定量分析以及科学决策等目标，需以准确、全面的数据做支撑。而目前已有的草地资源成果普遍存在分辨率低、类型识别精度不高等问题，而与之相关的“人-畜-草-地”四类数据的统一管理和协同分析还远未实现。要提高草地类型识别的精度，首先需要从数据源入手，高分辨率遥感影像可以提供更加精细且丰富的地表覆盖信息，物候特征、生境差异（土壤、降水、温度等）直接影响着草地类型及其空间分布的格局，因此多源数据的协同分析是提高精准程度的前提；其次，可尝试改变分类策略，由于地表覆盖在遥感影像上呈现出的主要特征存在差异，例如水体的光谱特征显著，草地体现了植被光谱与纹理特征的综合，而人工地物主要表现出清晰的边缘特征等，因此在设计分类模型时应充分考虑不同地物的特征差异，分别设计针对性的单类别提取模型，由简单到复杂，逐层提取，在提高单一类型精度的同时也可有效避免类型之间的混淆，从而达到提高总体精度的目的。以下我们通过阿巴嘎旗的精细化土地覆盖遥感分类制图案例对上述思路进行实践。

2. 草原土地覆盖制图

内蒙古自治区（以下简称内蒙古）位于我国北部边疆，由东北向西南斜伸，横跨经度 28°52′，东西直线距离 2400km；纵占纬度 15°59′，直线距离 1700km，全区总面积 118.3 万 km^2，占中国土地面积的 12.3%。内蒙古牧区的总面积为 76.68 万 km^2，涉及 33 个旗县，其中有 14 个边境旗县。本研究所选的阿巴嘎旗案例区，位于内蒙古锡林郭勒盟的中北部，东经 113°27′～116°11′，北纬 43°04′～45°26′。东与东乌旗、锡林浩特市为邻；南与正蓝旗接壤；西与苏尼特左旗毗连；北与蒙古国交界，国境线长 175km。全旗总面积 2.75 万 km^2，其中可利用草场面积 27495km^2，占其总面积的 98.2%，年平均产草量 60～80 公斤左右/亩，是内蒙古十大天然牧场之一。

参考山地植被遥感分类与制图的研究思路，同样遵循地理图斑“分区-分层”的策略，初步完成了阿巴嘎旗土地覆盖的分类与制图，技术流线如图 7.18 所示，具体分为草地图斑提取与土地覆盖类型分层判别两个步骤。

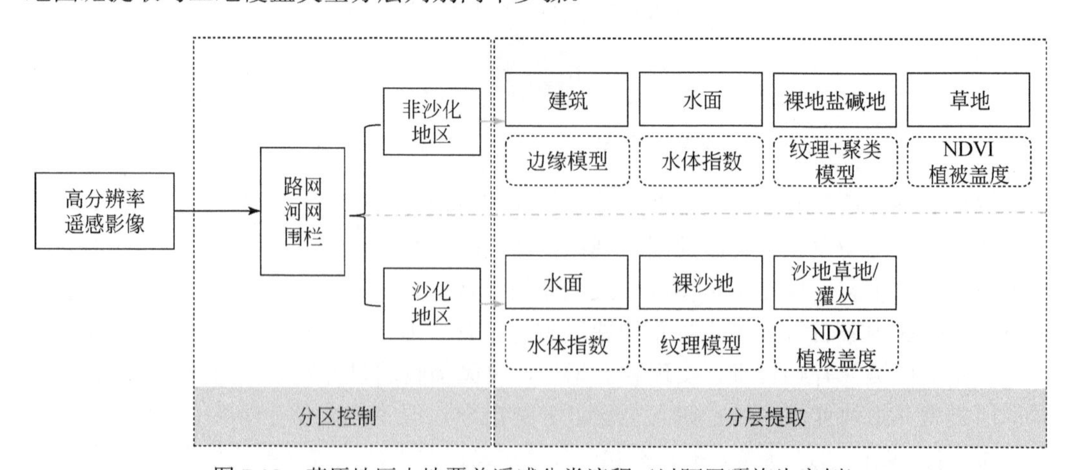

图 7.18　草原地区土地覆盖遥感分类流程（以阿巴嘎旗为案例）

1）草地图斑提取

受地形地貌、土壤、气候等自然条件与环境的影响，草地类型在空间上呈现出天然的分布规律，如青藏高原以高寒草甸为主，而在内蒙古区内自东往西，随着气候从湿润逐渐过渡到干旱，草地类型也从温带草甸草原逐步转变为荒漠草原；另外由于放牧、资源开采以及行政管理、修复等人类主动行为模式的综合影响，草地空间分布也呈现出明显人为作用的痕迹。因此，充分认知并合理利用草地资源的分区分布规律，进而在每个分区单元内有针对性地设计分层提取方案，是提高草地遥感分类及制图精度的可行思路。针对草地分区单元构建的研究，大致可分为两个方向：一是完全从生态学角度出发提出的草地利用单元理论，二是在生态学基础上融合草地资源管理思想而开展的草地自然区划理论。

（1）草地利用单元，基于统一管理草地资源监测体系的需求，美国土地管理局、林务局和自然资源保护局联合提出了草地利用单元的概念，具体是指地形、土壤质地、水分等条件与其上发育的原生植被均一致的生态分类单元（Dyksterhuis，1949）。该定义明确了划分草地利用单元的两个基本准则：一是其基本思想来源于生态学理论，强调草地类型与其自然生长环境之间的密切关系；二是明确对其划分结果起着决定性作用的三个主导条件，分别为地形、土壤质地以及水分。

（2）草地自然区划理论，在生态学理论基础上加入经营管理的理念，主要遵循四个基本原则：①以自然因素（地貌、气候、水文、地质、土壤、植被、动物等），特别是以农业生物气候的地域分异规律作为依据；②以草地类型为基础，做进一步的概括和综合；③要综合考虑草地的经营和发展方向的一致性；④应尽量兼顾行政区的边界作用（章祖同，1984）。

综合上述两方面理论，本研究设计了针对草地分区控制单元构建的一般方法。从宏观角度，参考草地的区域分布特点、生境条件（地形、土壤质地、降水等），同时兼顾行政区边界进行第一级分区。本案例中，阿巴嘎旗南部有部分沙化地区，沙地与非沙地呈现出迥异的地表覆盖及空间形态，以此为依据首先将其划分为沙化地区与非沙化地区；进一步以道路、水系和人工划定的牧区围栏等明显边界对研究区再细分，得到分区控制单元。草地与其他类图斑是在分区单元的空间约束下通过分层提取产生，考虑地物在遥感影像上视觉特征的差异，针对形态特征明显的人工地类（如建筑、耕地、各类坑塘水面等），可综合边缘和纹理特征进行图斑的识别与提取；而对于草地、林地、盐碱地等自然类型，其边界模糊但纹理基本可辨，光谱特征也较显著，可考虑综合利用其影像特征通过分割方式获取图斑。

2）土地覆盖分层提取

阿巴嘎旗以天然草场为主，草地在高分遥感影像上虽然表现出一定的视觉与光谱特征，但是由于受覆盖度、生长季及人工放牧等多种因素的影响，易与裸土、盐碱地等类型产生混淆，因此考虑采用反向排除法来提取草地图斑。首先将特征差异明显的建筑、水面（坑塘、湖泊）通过边缘或光谱指数模型进行提取，进而利用植被指数及纹理特征区分裸地、盐碱地以及纯沙地。排除上述类别之后，在余下区域里进一步对草地进行划分。

植被指数在一定程度上可以反映出草地覆盖情况（Kerr et al.，1992），因此我们计算了图斑植被指数并通过阈值分割，将非沙化地区和沙化地区的草地分别细分为三类（如图 7.19 所示）。针对非沙化地区，草地植被指数由高到低依次为：低湿地草地>天然草地 1>天然草地 2；而在沙化地区由高到低分别为：沙地草地 1>沙地草地 2>沙地草地 3。由图可知，阿巴嘎旗的草地覆盖范围占了绝对优势，但以中等覆盖度的草地类型为主，也在一定程度上反映了该地区草地质量的状况。

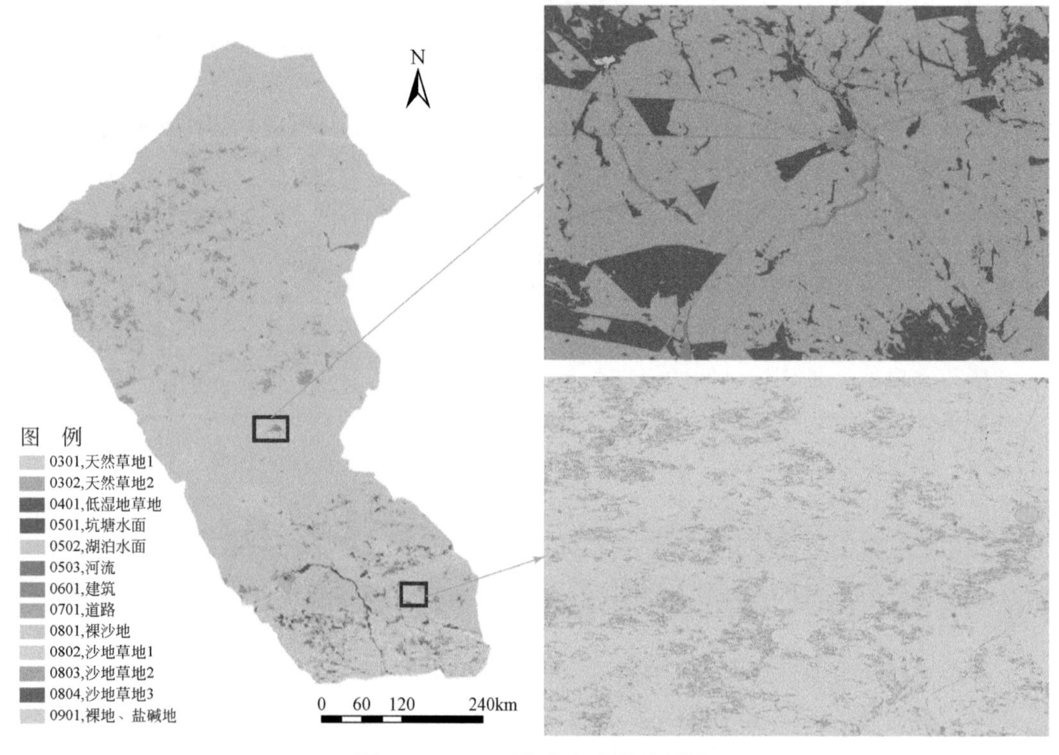

图 7.19 阿巴嘎旗的土地覆盖制图

为了更直观地展示阿巴嘎旗土地覆盖信息分层提取的过程，我们分别选取了非沙化地区（图 7.20）和沙化地区（图 7.21）的局部放大图，分步骤展示了“分区-分层-分级”的图斑提取过程。对比非沙化和沙化地区的图斑形态，前者是在人工干预下（道路/水系/人工围栏）呈现出相对规则的形状，通过分区、分层提取，其图斑形态精度达到 88.3%，属性判别精度为 80.7%；而沙化地区因受人工干预较小而呈现出自然的分布状态，边界不清晰但纹理可辨，通过约束分割的方式提取图斑，其形态精度达到 95.6%；属性判别精度达到 87.3%。

3. 草地资源制图方案

通过前述阿巴嘎旗土地覆盖遥感分类实践，初步确定了草地资源的空间分布特点，并以植被盖度为指标对草地覆盖情况进行了定性描述，但这仅仅是实现草地生态系统精准化管理和综合分析的第一步。面向草地资源遥感精准制图产品缺乏的现状，需要协同多源遥感及环境要素信息，通过专家知识的分层融入来逐级细化草地“类-亚类-组-型”四级类别体系，实现草地精细类型的推测制图。通过草地类型属性可对其覆盖现状进行

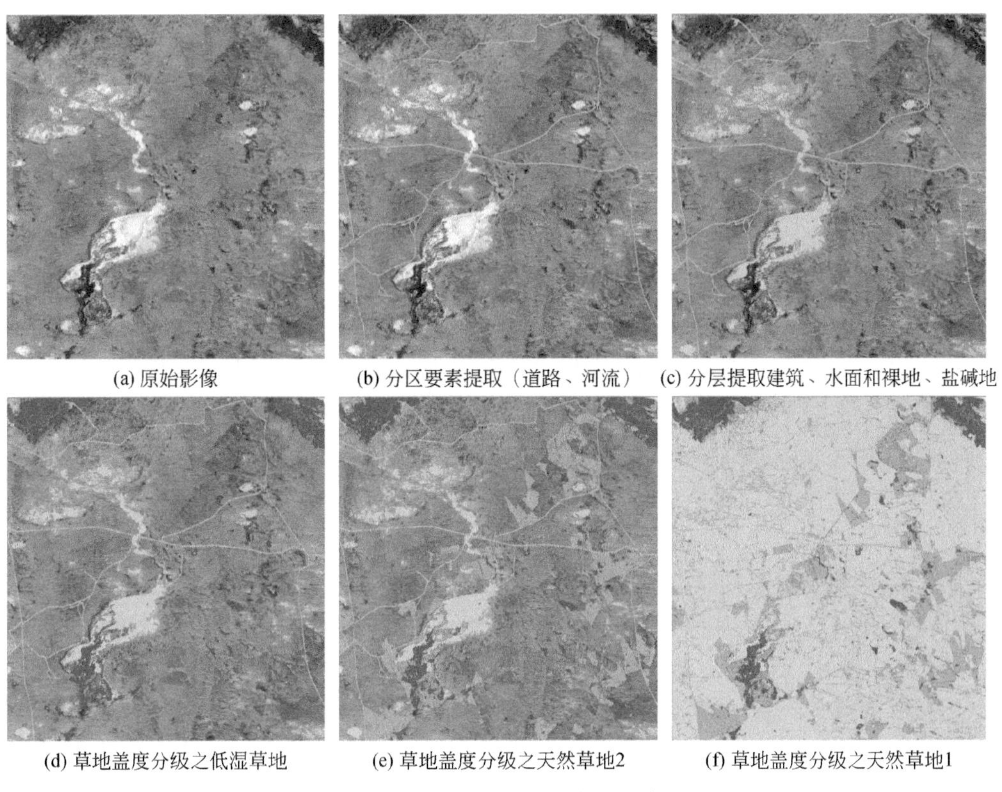

图 7.20　非沙化覆盖区域的分层提取

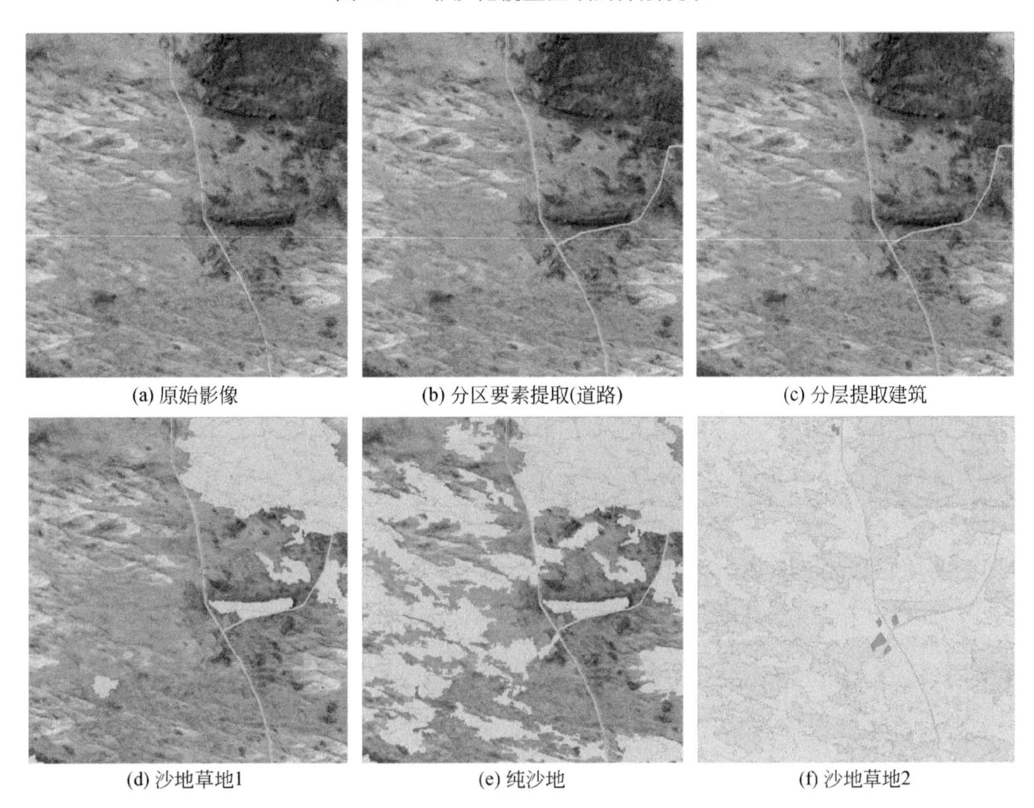

图 7.21　沙化覆盖区域的分层提取

定性描述，而要进一步评估草地生产力、生态价值以及承载力等，还需要植被覆盖度、草地生物量、NPP 等定量指标的参与。进而，在草地类型判别及定量指标计算的基础上，结合自然环境要素、社会经济数据构建草地生态资产及承载力评估模型，以期为草地生态系统的可持续发展提供科学数据支撑。这是本研究面向草地资源“精准管理、定量分析、科学决策”目标所提出的粗浅拙见。基于上述分析，我们可以从“精细类型制图-定量指标反演-生态资产评估-生态承载力分析”四个方面由浅入深地开展草地资源专题制图与分析的研究工作，具体阐述如下。

1）草地精细类型推测制图

实现草地精细类型推测制图的关键在于如何将多源异构信息进行分层融入，再从时间与属性维度上对草地图斑进行变化分析与类型推测：①首先将时序观测数据与草地图斑进行时空融合，重构由归一化植被指数（NDVI）、绿度（greenness）和亮度（brightness）等植被特征组成的时序曲线；在时序曲线上提取具有明确物理意义的特征点，如生长期长度、生长期开始时间、生长期结束时间、最大 NDVI 到达时间、累积 NDVI 量等，根据特征点与物候知识判断图斑更细致的覆盖类型；②进一步融入各类生境数据与条件属性数据，参考《1∶1000000 中国草地资源图的编制与研究》（苏大学，1996）中关于各级草地单位及分类标准，按照类（水热大气候带及植被类型）—亚类（大地形、土壤基质或植被种类）—组（经济类型）—型（优势种或共优种）的顺序，分级细化草地图斑的类型。具体而言，各级分类标准作为辅助数据融入模型时应遵循从宏观到微观的递进关系，即首先考虑所处的气候带，进而将湿润度、年降水量等定量观测指标递推到图斑尺度，最后结合地面实测和走访调查的方式明确优势种、共优种等信息，通过多粒度决策模型逐级推测实现草地类型的精细制图。

2）草地生物量反演与制图

草地生物量是衡量生态系统中草地生产力和稳定性的重要指标，是区域碳循环的重要组成部分，是草地生态系统定量研究中的热点问题。常用的草地生物量计算模型主要包括生理学模型、地面光学模型以及卫星遥感统计模型等（除多等，2013）。前两者一般适用于单点或小区域的监测，精度高但是需耗费大量人力和物力。遥感实现了大面积、长时序的同步观测，逐渐成为草地生物量研究不可或缺的数据源。植被指数是目前卫星遥感统计模型中最常用的参数，主要通过相关性分析建立草地实测生物量与植被指数之间的关联关系，寻找最优参数来估算草地生物量（李素英等，2007）。近年来，植被指数的时序特征，以及地理区位（地理位置）、地形因子（坡度/坡向/坡位/海拔）、土壤性质（土壤结构/理化参数）、气象（均温/积温等）等数据也被用于生物量的估算中（Liang et al.，2016；常虹等，2016b）；草地类型本身的性质（草地类型，生长年限，物候特征）也与生物量直接相关。因此，考虑将草地图斑的结构与类型也作为参数纳入反演模型，并结合 NDVI 时序特征及地面实测的生物量数据，共同构建星地一体化观测的生物量反演模型，开展图斑级草地生物量的综合反演与制图研究，可为草地资源价值的精确估算和生态功能精准规划提供支撑。

3）草地生态资产评估

草地生态资产评估包括直接资产和间接资产两个方面，前者指草地本身的经济价值，后者多指其为生态环境提供的服务价值。对草地资源生态服务功能进行科学清晰的价值核算，对于制定合理的区域生态保护和经济开发决策，保护和恢复草地生态系统具有重要意义。草地的生态服务价值以防风固沙、水源涵养、固碳释氧三个方面最为显著，可以结合图斑级草地类型及定量反演的指标开展各类价值精算研究。

（1）防风固沙：防风固沙量=潜在风蚀量-实际风蚀量，与地表粗糙度、土壤侵蚀、植被覆盖、地形等多种因素有关（高君亮等，2013）。结合地形地貌、土壤性质等数据计算每个生态图斑的地表粗糙度、土壤侵蚀指标，利用推测得到的草地覆盖类型、空间分布及覆盖度数据等对模型进行参数调整，从而开展图斑尺度上防风固沙的价值评估。

（2）固碳释氧：以 NPP 为基础，根据光合作用和呼吸作用的反应方程式推算生态系统固定 CO_2 和释放 O_2 气体量：每生产 1g 干物质，需要 1.63g CO_2，释放 1.19g O_2（姜立鹏等，2007）。依据前述的草地分类结果，分类型进行野外采样，内业烤干称重，通过草地类型以及覆盖度推算每个图斑上的气体调节量，最后根据公认的碳税率和工业制氧价格推算气体调节的价值。

（3）涵养水源价值：生态系统涵养水源的估计，是由该生态系统在一定时期（如一年）的总降水量减去其总蒸散量而获得；降水量可由气象数据获取，蒸散量可由遥感数据反演求得；也可考参考水量平衡方程（常虹等，2016a）。需要重点解决不同下垫面以及地形条件对于水源涵养参数的影响，以及宏观气象数据的降尺度问题，等等。

4）基于统计数据的人口与生态承载力分析

草原生态承载力可被定义为某一时期和某一地域，在确保资源的合理开发利用和生态环境良性循环发展的条件下，可持续承载的人口数量、经济强度和社会总量的能力，是构建于资源和环境承载力基础之上的综合指标，需要从生态、经济和社会三个方面进行全面、系统地考量。目前关于生态承载力的定量研究仍属探索阶段，针对不同问题和角度的研究方法正在被逐步改进，其中常用的研究方法包括：生态足迹法、人类净初级生产力占用法、状态空间法、综合分析法、系统模型法和生态系统服务消耗评价法等（赵东升等，2019）。对区域统计数据进行广泛收集与整理，形成以旗县为单元的多维属性表，从中挖掘“地-草-畜-人”四类数据之间的相关关系，构建生态承载力指标体系。在此基础上，分析人口（密度、分布、构成比例等）与生态承载力的关系，以期为区域宏观资源规划与调整提供可借鉴的方案。

综上所述，面向当前草原家底不清、精细尺度制图产品缺乏等问题，本小节将植被制图研究进一步拓展至草原生态系统，以内蒙古阿巴嘎旗为试验区开展了草原土地覆盖遥感分类与制图的探索研究，针对草地资源能否精细化、定量化地信息提取与综合制图问题提出了初步的研究路线，梳理并展望了未来开展草地资源专题制图与精准应用的研究思路。

7.4.2 湿地综合制图

根据《湿地公约》中的定义，湿地是指天然或人工的，永久或暂时的沼泽地、泥炭地、水域地带，带有静止或流动、淡水或半咸水及咸水水体，包括低潮时水深不超过 6 米的海域。湿地是地球上水陆相互作用形成的生态系统，是具有多功能以及生物多样性特征的自然综合体，在调节径流、抵御洪水、改善区域气候以及维持生态平衡等多个方面都有着不可取代的作用，是世界最宝贵自然资源之一，也是人类重要的生存环境之一。

1. 湿地研究现状分析

进入 21 世纪以来，全球气候变化、生态环境恶化、生物多样性减小、生态环境安全等一系列问题越来越受到关注，引发了人们对于人与自然间辩证关系的重新思考。伴随着城市不断扩张，我国多数湿地遭受严重破坏，湿地面积减少、湿地污染、湿地质量退化会导致湿地生态服务功能下降或丧失，从而加剧洪涝与干旱灾害、水资源短缺、土壤侵蚀和海岸侵蚀等，对城市和区域可持续发展形成制约。在生态环境平衡、社会经济发展等双重需求背景下，湿地利用和保护、湿地重建、湿地生态过程与动态、湿地生态健康、湿地评价等构成了湿地科学研究的前沿领域。受益于新技术和新方法的应用，大量湿地相关的研究成果陆续问世，对湿地的认识开始从描述上升到定量，并开始走向系统与综合的研究。

目前，针对湿地类型的研究多专注于小尺度上的单一湿地类型，如滨海湿地、沼泽湿地、湖泊湿地、人工湿地等，未充分考虑河流、湖泊、河口等的整体关联性，使湿地学的理论和方法在实践中受到了很大的局限；湿地研究内容多集中在湿地景观格局变化、驱动力、动态模型及健康评价等方面（Ikenberry et al.，2017；蒋卫国等，2005），而对湿地景观内部过程和环境效应的定量研究、湿地生态系统价值评估与功能的综合系统分析及体系构建尚不完善；在湿地研究的技术应用方面，遥感已成为湿地研究的主要手段（Deng et al.，2019），但面对湿地研究在深入、综合、精细、定量和预测等方面遇到的障碍，仍需不断更新和提高遥感技术方法，并加强遥感与 GIS 综合分析在湿地研究中的应用。归纳起来，我们认为目前湿地研究仍存在以下不足：

（1）当前对湿地的研究多基于单一学科，或基于景观生态学研究湿地内部的组成、结构变化、异质性等（陈张丽等，2012），或基于环境科学分析湿地污染，或基于经济科学评估湿地的生态经济价值，但却忽略了湿地科学的多学科交叉特征。因此如何融合多学科对湿地进行系统与综合分析，多角度、多层次、分梯度的构建湿地研究体系，如何系统地对湿地生态系统开展深入、综合、定量和定性的研究，是当前湿地研究需要重点考虑的科学命题；

（2）现有的以遥感技术为主要手段的湿地资源研究，大部分采用单一数据源的遥感影像，不能满足湿地资源实现可量化、多要素及时序性监测和分析等的现实需求，因此如何利用多源遥感数据模拟人类认知机理对影像进行几何图与特征谱的耦合处理，实现对湿地资源要素的自动和精细提取以及多场景变迁应用、协同反演生态水文参数等是现阶段湿地资源信息提取和景观分类亟待解决的重要技术瓶颈；

（3）湿地生态资产价值的科学评估是湿地保护以及可持续发展的重要保证，当前对湿地生态价值评估多采用单一的评价方法，往往存在片面性和主观性。因此如何基于湿地复杂的非线性特征，耦合物质能量、价值量和能量三种生态系统服务功能评价方法，构建适于研究区域湿地生态资产评估体系和基于多源遥感的生态资产计算模型，是当前湿地生态资产核算在实际应用时面临的关键方法问题；

（4）目前，对城市或区域湿地功能定位多以湿地生态价值评估结果为依据进行确定，但由于无法准确定义湿地服务功能的边界和范围，忽略了不同湿地类型的内部属性及相互联系，未考虑城市或区域发展和规划的需要，从而导致对湿地主要功能和次要功能定位模糊或不准确，严重影响对湿地主要功能的分区。因此，如何基于多维视角，根据城市或区域的统筹发展，分层次准确定位湿地功能并提出湿地生态系统管理与保护措施，制定湿地管育的针对性措施，是湿地管理和保护过程中存在的实际应用问题。

针对上述问题，本研究以粤港澳大湾区湿地资源时空变化及生态资产状况为研究对象，利用遥感技术提取和反演湿地参数，通过空间建模技术对研究区的湿地景观结构特征及其生态价值评估开展研究，从多层面、多角度识别区域内湿地资源景观格局和生态价值时空演变过程及其驱动力，科学明晰湿地类型、群、系统三个层面的湿地功能分析和定位，最后从湿地类型、主导功能层面对湿地资源进行综合管育的功能分区，为建立粤港澳大湾区湿地资源监测管理与保护策略、保障区域生态安全和构建宜居环境提供科学依据。

2. 湿地遥感综合制图

粤港澳大湾区地处华南沿海地区，由于我国东部华夏构造与华南岸线走向形成交错，粤港澳大湾区沿海的峡湾发育，高温多雨的南亚热带气候条件，加上珠江口海陆交互频繁，形成发育了类型丰富、分布广泛、结构复杂的湿地生态系统。截至 2015 年年底，粤港澳大湾区湿地面积 8650km^2，占全区面积 15.45%，是粤港澳大湾区可持续发展的重要物质基础和支撑平台。然而，近 40 年来工业化与城市化的高速推进，高强度人类活动干扰不断影响湿地生态系统，导致湿地面积持续减少，内部景观破碎化严重，湿地生境质量恶化，湿地生态服务功能和资源供给能力不断下降。2019 年 2 月 18 日《粤港澳大湾区发展规划纲要》正式发布，这部由国家最高决策层制定与推进实施的规划纲要出台，标志着粤港澳大湾区发展已经上升为国家战略。

粤港澳大湾区湿地资源健康状况与动态变化缺乏长期系统监测，以往的湿地调查多依赖地面作业，辅以中分辨率的卫星遥感数据，缺乏长历时、高分辨率“天-空-地”一体化的对地观测数据与平台支撑。其中的核心科学问题包括：华南多云多雨与复杂地理环境条件下，如何精准、动态、准实时开展湿地类型及其分布遥感监测？如何构建、表征与有效提取湿地生态水文关键参数？如何解析湿地资源受损退化过程、影响因素与胁迫机制？如何准确客观评估湿地生态资产并有效开展湿地生态功能区划保护与管理培育措施？这些问题的解答将为高分辨率遥感湿地监测应用夯实理论基础，并为实现复杂地理环境条件下的湿地资源信息智能自动提取与湿地生态评估探索可行的技术方案，为开发业务化运行平台奠定科学基础。

根据 1971 年颁布的《湿地公约》、广东省湿地保护协会发布的《广东省湿地保护与建设报告 2014》，结合遥感影像的可判读性，可将研究区湿地分为近海与海岸湿地、内陆湿地和人工湿地三个一级类型，下设二级类型，如表 7.9 所示。

表 7.9　粤港澳大湾区湿地类型

一级类型	二级类型	说明
近海与海岸湿地	浅海水域	水深小于 500m 的水域
	沙石和淤泥质海滩	底质以沙、砾石、淤泥等为主
	红树林	以红树植物群落为主的潮间沼泽
	河口水域	从近口段的潮区界（潮差为零）至口外海滨段的淡水舌锋缘之间的永久性水域

续表

一级类型	二级类型	说明
近海与海岸湿地	三角洲/沙洲/沙岛	河口区由沙岛、沙洲、沙嘴等发育而成的低冲积平原
	海岸性咸水湖	海岸带范围内的湖泊
内陆湿地	河流湿地	包括永久性和季节性河流，及洪泛平原湿地
	湖泊湿地	常年积水的海岸带范围以外的淡水湖泊
	沼泽地	包括草本沼泽、森林沼泽、灌丛沼泽
	水稻田	
人工湿地	库塘	为灌溉、水电、防洪等目的建造的人工蓄水设施
	水产养殖场	农用池塘、储水池塘，鱼、虾养殖等水产池塘

基于上述分类体系，我们建立了基于遥感的湿地综合制图方案（图 7.22）。该方案可分为“分区–分层–分级–分析–重组”五个步骤：首先通过道路网、水系等构建分区控制网，区分湿地与非湿地，以及湿地内部的功能分区；在湿地区域，通过分层策略依次提取土地覆盖类型，并根据与海岸线的距离、水体形态等区分一级湿地类型；进而在每个一级类型分区单元内，融合湿地资源与环境综合数据计算植被参数、生物量、水参数、土壤参数等定量指标，通过多源信息融合分级提取湿地二级类；分析图斑之间的空间、功能关系，进行湿地功能结构重组，并基于此进行湿地系统生态资产价值评估与管育决策支持方面的分析与制图。

图 7.22　湿地遥感综合制图的技术路线

先期基于“分区–分层”思路开展了湿地土地覆盖分类试验，图 7.23 展示了三种典型湿地类型的要素提取案例，分别为湖泊湿地、河流湿地和近海与海岸湿地。

3. 湿地资源评估与决策

在精确提取湿地各要素基础上，未来将以湿地资源为研究对象，系统分析其时空格局变化过程及其驱动机制，定量研究湿地水资源量、水温、生物量等生态水文参数状况，优化和耦合湿地生态资产评估方法，系统分析湿地生态时空格局状况，明确湿地生态系统能值转换特征，并根据湿地生态水文、生态资产等条件确定其要发挥的功能和作用进行主导功能定位，最后对湿地进行管育分区，明确特定湿地资源保护与恢复对策（图 7.24）。

（1）湿地资源动态监测与演变机理分析。系统对大湾区近 20 年湿地资源进行识别与监测，分析整个研究区湿地转换的时空变化规律，初步探讨区域城市化进程与湿地资源变化的耦合关联机制；重点研究不同城市化水平地区湿地资源空间格局及动态特征，挖掘湿地资源的时空分异规律，明确影响湿地资源演变的关键驱动因素。

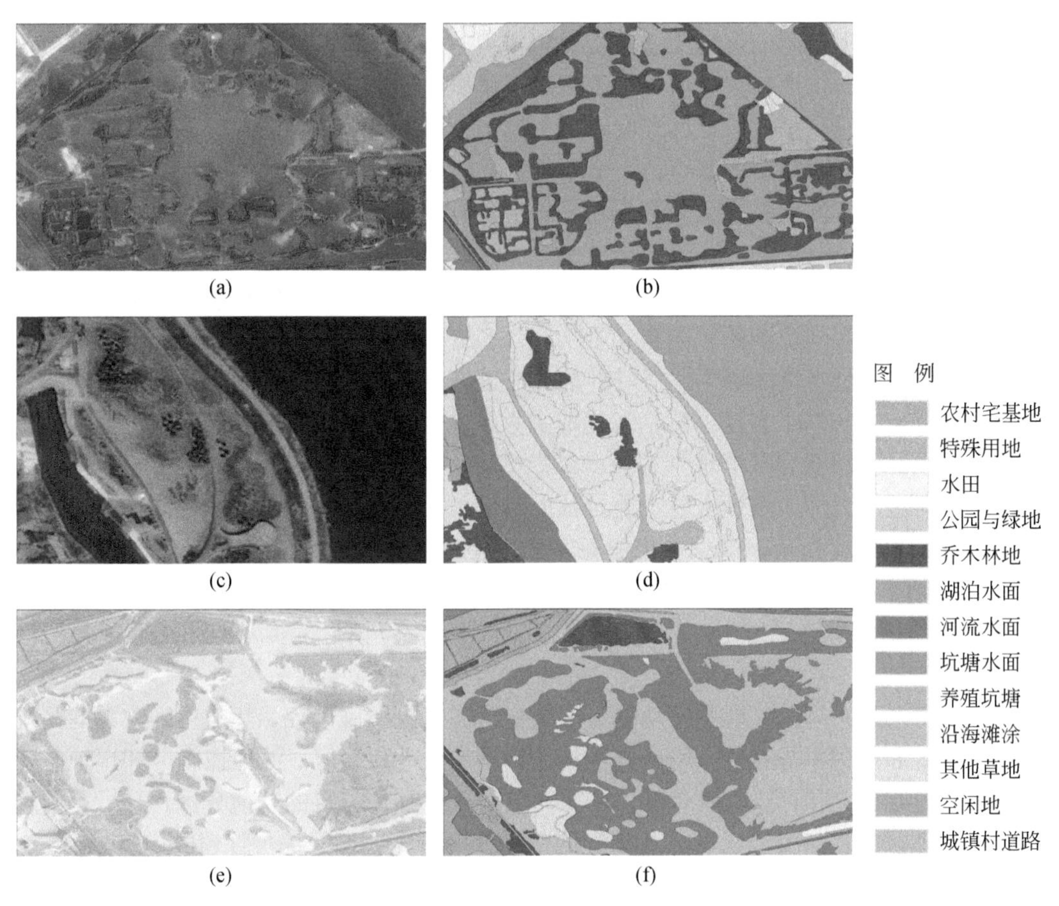

图 7.23　各类型湿地遥感提取案例

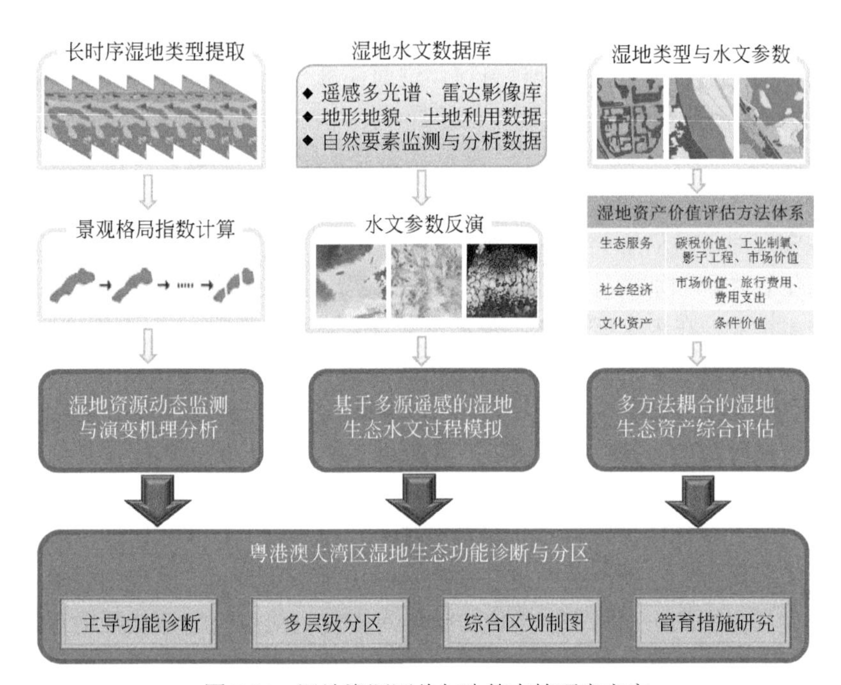

图 7.24　湿地资源评估与决策支持研究方案

（2）基于多源遥感的湿地生态水文过程模拟。以湿地资源类型数据为基础，聚焦湿地图斑内部，基于雷达和多光谱数据等多源遥感以及地面监测等手段，获得湿地水面高程信息、水资源量、水温、土壤湿度、第一生产力等生态水文参数，研究湿地资源生态水文的空间格局、时间演变等特征；重点研究不同城市化地区湿地资源水文参数的空间差异，挖掘湿地资源生态水文参数现状、时空分异及其动力机制，为湿地生态资产评估提供基础。

（3）多方法耦合的湿地生态资产评估。以湿地资源类型及其生态水文状况为研究基础，考虑大湾区湿地资源的多要素、多功能、多价值等复杂的非线性特性，拟对常用的影子工程法、价值当量法等生态资产评估方法进行耦合，构建适合于整个区域的生态资产评估指标体系和基于多源遥感信息提取的大湾区生态资产计算模型，规范湿地生态资产核算方法，获得研究区湿地生态资产时空格局状况。

（4）粤港澳大湾区湿地主导功能定诊断与定位。研究选择湿地图斑、湿地群落、湿地系统等空间尺度视角，计算单项服务功能在不同视角下湿地单元所对应内部贡献率和外部贡献率，耦合内外部贡献率的排序结果，定性分析城市空间对湿地生态系统的外部胁迫作用，构建多维空间视角的湿地主导功能定位模型，实现不同空间视角的湿地主导功能定位。

（5）粤港澳大湾区湿地生态功能多层级分区与管育措施研究。基于粤港澳大湾区湿地环境状况和湿地主导功能，将研究区划分为湿地生态保育区、湿地控制区和湿地重建区，结合流域边界和行政管理单元，在空间上进一步细化管育的功能分区，分析不同位置管育功能区的自然资源状况，从不同的空间尺度研究湿地保护与管理的措施。

对本章内容进行如下简略小结：遵循地理图斑“分区-分层-分级”的计算思想，进一步提出了基于高分遥感开展生态植被遥感分类与综合制图的一套技术方法：首先以不同尺度的地域分异规律为指导，将自然地理区划、地形分界以及人工通道等相结合，构建多尺度的控制网络对区域进行地理分区；进而在每个分区内，针对各类生态植被相关的地物，根据其在高分影像上呈现的特征差异，按照从人工构筑到自然形成的先后顺序，分别设计边缘/纹理/分割等提取模型，分层次实现地物图斑提取以及植被大类判别；将多源时序观测与属性条件数据结构化地聚合至植被图斑上，通过时空协同与多粒度决策的计算过程实现对植被精细类型的逐级推测。通过以上对复杂地表植被空间分布的形态结构提取与生长类型判别的计算过程，初步形成基于遥感智能计算理论开展生态植被综合制图的技术框架。在未来研究中，为完善生态植被精准制图与应用的体系，将重点围绕以下几方面开展进一步的探索研究：①在植被地理分异的理论框架下，将深度学习、迁移学习与强化学习一体化的智能计算机制有机融合至植被信息提取的流程中，一方面不断细化生态植被的图斑形态提取算法，同时以不断增强的优化机制实现对类型分级判别精度的逐步趋优；②在植被类型判别的基础上，从定性到定量、逐步深化地探索基于星地一体化观测系统的植被图斑生物量估算模型，在空间、时间与属性三方面共同约束下，通过对地面测定数据到植被图斑反演信息的逐级同化过程，由点到面地实现对每一个植被图斑生长指标的定量计算；③将传统相对宏观的应用模型递推至地理图斑的微观尺度上，建立以植被图斑为基本单元的生态资产估算、资源环境承载力评价以及生态功能规划等精准应用模型，并从中分析挖掘植被时空分布与自然环境变化、人类活动以及政策管理调控等之间的响应关系，以建立预测预警机制，从而为在大数据与人工智能时代真正构建人类与自然生态系统和谐共处的智慧环境提供基础理论的支持。

主要参考文献

常虹，孙海莲，刘欣超，等. 2016a. 内蒙古东乌旗草原生态系统水源涵养量与价值研究. 畜牧与饲料科学，37（5）：24-27.

常虹，孙海莲，刘欣超，等. 2016b. 内蒙古西乌旗草地地上生物量价值研究. 内蒙古农业大学学报（自然科学版），37（5）：44-50.

车裕斌. 1993. 浅论山地自然区划的原则（以鄂东南山地某县综合自然区划为例）. 咸宁师专学报，13（2）：70-74.

陈张丽，吴志峰，魏建兵，等. 2012. 基于遥感和 GIS 的广州市天河区水域景观演变及其驱动因子分析. 国土与自然资源研究，（6）：55-57.

除多，德吉央宗，普布次仁，等. 2013. 藏北草地地上生物量及遥感监测模型研究. 自然资源学报，28（11）：2000-2011.

高君亮，郝玉光，丁国栋，等. 2013. 乌兰布和荒漠生态系统防风固沙功能价值初步评估.干旱区资源与环境，27（12）：44-49.

郝成元，周长海. 2015. 纵向岭谷组合地形“通道—阻隔”作用及其生态效应. 北京：科学出版社.

黄萌萌. 2014. 基于 DEM 分析的山体对象构建. 成都：西南交通大学硕士学位论文.

姜立鹏，覃志豪，谢雯，等. 2007. 中国草地生态系统服务功能价值遥感估算研究.自然资源学报，22（2）：161-170.

蒋卫国，李京，王文杰，等. 2005. 基于遥感与 GIS 的辽河三角洲湿地资源变化及驱动力分析.国土资源遥感，（3）：62-65.

李爱农，边金虎，张正健，等. 2016. 山地遥感主要研究进展、发展机遇与挑战. 遥感学报，20（5）：1199-1215.

李素英，李晓兵，莺歌，等. 2007. 基于植被指数的典型草原区生物量模型——以内蒙古锡林浩特市为例. 植物生态学报，31（1）：23-31.

李文军，张倩. 2009. 解读草原困境：对于干旱半干旱草原利用和管理若干问题的认识. 北京：经济科学出版社.

刘建华，苏大学，钟华平. 2005. 黄土高原地区草地资源两次遥感调查比较研究. 草地学报，13（S1）：20-23，27.

马克明，孔红梅，关文斌，等. 2001. 生态系统健康评价：方法与方向. 生态学报，21（12）：2106-2115.

蒙吉军. 2011. 综合自然地理学（第二版）. 北京：北京大学出版社.

沈海花，朱言坤，赵霞，等. 2016. 中国草地资源的现状分析. 科学通报，61（2）：139-154.

苏大学. 1996. 1∶1000000 中国草地资源图的编制与研究. 自然资源学报，11（1）：75-83.

孙世洲. 1998. 关于中国国家自然地图集中的中国植被区划图. 植物生态学报，22（6）：523-537.

吴昊怡，李文军，庄明浩，等. 2017. 从“草-畜-人”完整的社会生态系统视角评估天然草原生态系统服务的价值——基于青海省海南藏族自治州贵南县的案例研究. 北京大学学报（自然科学版），53（6）：1133-1142.

谢高地. 2017. 生态资产评价：存量、质量与价值. 环境保护，45（11）：18-22.

杨勤业，郑度. 1989. 横断山区综合自然区划纲要. 山地研究，7（1）：56-64.
姚永慧，张百平，韩芳，等. 2010. 横断山区垂直带谱的分布模式与坡向效应. 山地学报，28（1）：11-20.
张百平. 2019. 中国南北过渡带研究的十大科学问题. 地理科学进展，38（3）：305-311.
张涛. 2019. 融合小比例尺传统植被图知识的三江源区预测性植被制图研究. 北京：中国科学院地理科学与资源研究所博士论文.
章祖同. 1984. 谈中国草地区划问题. 中国草地学报，（4）：1-8，9.
赵东升，郭彩赟，郑度，等. 2019. 生态承载力研究进展. 生态学报，39（2）：399-410.
郑度，欧阳，周成虎. 2008. 对自然地理区划方法的认识与思考. 地理学报，63（6）：563-573.
Audebert N，Saux B L，Lefèvre S. 2017. Beyond RGB：Very High Resolution Urban Remote Sensing With Multimodal Deep Networks. ISPRS Journal of Photogrammetry and Remote Sensing，140（6）：20–32.
Costanza R，Norton B G，Haskell B D. 1992. Ecosystem Health：New goal for environmental management. Washington D C：Island Press：239-256.
Deng Y，Jiang W G，Tang Z H，et al. 2019. Long-Term Changes of Open-Surface Water Bodies in the Yangtze River Basin Based on the Google Earth Engine Cloud Platform. Remote Sensing，11（19）：2213.
Dragut L，Blaschke T. 2006. Automated classification of landform elements using object-based image analysis. Geomorphology，81（3）：330-344.
Dyksterhuis E J. 1949. Condition and management of range land based on quantitative ecology. Journal of Range Management，2（3）：104-115.
Franklin J. 1995. Predictive vegetation mapping：Geographic modeling of biospatial patterns in relation to environmental gradients. Progress in Physical Geography，4（4）：474-499.
Gao L J，Luo J C，Xia L G，et al. 2019. Topographic constrained land cover classification in mountain areas using fully convolutional network. International Journal of Remote Sensing，40（18）：7127-7152.
Ikenberry C D，Crumpton W G，Arnold J G，et al. 2017. Evaluation of existing and modified wetland equations in the SWAT model. Journal of the American Water Resources Association，53（6）：1267-1280.
Kerr Y H，Lagouarde J P，Imbernon J. 1992. Accurate land surface temperature retrieval from AVHRR data with use of an improved split window algorithm. Remote Sensing of Environment，41（2）：197-209.
Liang T G，Yang S X，Feng Q S，et al. 2016. Multi-factor modeling of above-ground biomass in alpine grassland：A case study in the Three-River Headwaters Region，China. Remote Sensing of Environment，186：164-172.
Yao Y H，Suonan D Z，Zhang J J. 2020. Compilation of 1∶50，000 vegetation type map with remote sensing images based on mountain altitudinal belts of Taibai Mountain in the North-South transitional zone of China. Journal of Geographical Sciences，30（2）：267-280.

第8章　综合地理专题应用

在本书第4章关于P-LUCC产品生产线设计与实现的基础上，第5～7章中分别阐述了地理图斑智能计算理论在城市、农业和生态三个专题领域的具体实践与示范价值，通过分别对生活、生产和生态功能空间（以下简称：“三生”空间）的特征分析与规律认知，有效地支撑了在单一功能空间上的智能决策与专题服务。然而，地理空间是由“三生”空间相互影响、相互作用形成的不可分割的有机整体，开展面向“三生”空间耦合的综合研究与应用理应是地理图斑智能计算研究中不可或缺的一环。本章将首先对地理学综合研究的发展历史进行简要介绍，在此基础上总结大数据时代地理综合研究面临的最小单元识别、数据时空聚合以及知识协同运用三大问题，以遥感图谱认知理论为基石提出并发展“五土合一”的地理学综合思想以及基于这一思想开展地理综合分析的方法框架；随后，分别以宁夏回族自治区中宁县和河北省阳原县为试验区，开展“五土合一”综合分析方法针对自然（土壤）和社会（人口）要素的应用实证研究，从“人-地”关系中两大专题要素的角度探讨了这一方法体系的应用效果；最后，围绕“三生”功能空间的优化配置这一科学问题，在江苏省苏州高新技术产业开发区（以下简称：苏州高新区）开展应用试验，以土地利用优化配置为案例，从“人-地”关系综合的角度对这一综合分析方法的实现技术和应用效果进行了探讨，以期为基于P-LUCC开展精细尺度上的地理综合研究和应用提供可行方案。

8.1　综合地理分析

高分辨率卫星遥感为复杂地表环境的精细现状获取提供了全覆盖的数据支撑，而基于高分影像的P-LUCC信息智能化提取为多源时空数据融合与专题产品“定制”提供精细本底的同时，也对传统宏观尺度上以静态结构化数据和定性集成方式为主的地理分析模式和方法提出了挑战。本节我们将针对微观尺度地理综合研究中的空间基准建立和异构数据融合问题，在阐明以地理图斑为基础的“五土”内涵的基础上，初步搭建基于P-LUCC信息的“五土合一”方法框架，尝试为地理大数据背景下精准地理综合研究提供新视角。

8.1.1　综合地理研究回顾

地理学研究的对象是由水、土、气、生和人等多种要素协同组成，并形成相互作用的复杂地球表层系统，因此，地理学是研究这些要素及其综合体的空间分异规律、时间演变过程以及区域综合特征的学科（傅伯杰等，2015）。从建立之初，地理学就是一门自然科学和人文科学交叉融合的综合性学科。但是，随着地理学相关分支学科的逐级发展和不断深化，地理学研究反而呈现出空心化的现象（Maria Sala，2006）。而始终坚持地理综合研究的理论方法是防止这种现象的主要途径。黄秉维等（1960）老一辈地理学家认为“没有综合性地理研究，地理学便失去其存在的依据”，只有坚持综合才是地理学发展的正确方向。

新中国成立以来，在自然资源调查、主体功能区划和国土空间规划等国家综合性任务的驱动下，我国的地理学工作者已经在地理综合研究的理论、方法及实践方面开展了大量工作。早期的“综合”是以多学科人员间合作开展工作为主，比如20世纪50年代和60年代的资源调查工作，但这种多学科研究还不能称之为综合研究，只有跨学科研究、融会贯通才能算是综合研究（黄秉维，1996）。20世纪90年代，“地球系统”概念的提出强调地理综合研究的重心是要揭示“人与自然的相互作用及应采取的对策”（黄秉维，1999）。陈述彭先生从地球系统科学的高度对如何进行综合研究展开了精辟论述（陈子南，1999）。地理学家也普遍认识到，地理综合研究由于涉及内容广泛，需要地理学及其他学科的共同协作。然而，实现真正意义上的综合并非一朝一夕之事。21世纪初，陈述彭先生（2001）提出运用地学信息图谱的多维组合、转换与显示，系统地描述地理事物或现象的空间格局，将传统、静态的地图学方法延伸为动态、形象的科学思维与预测，为地理学的综合研究提供了一种有效手段。

伴随着对地观测手段与信息技术的持续进步，地理综合研究的开展已经具备了更加丰富的数据支撑和在新层次上开展综合分析的有效技术手段，开始向精细化、多尺度、模型化和定量化的方向发展。同时，大数据与人工智能时代的到来也对传统宏观尺度上经验知识引导下的静态综合思维方式与分析技术提出了挑战。如何从经验知识驱动转变到“数据-知识”的协同驱动，从定性描述提升到定性分析与定量计算相结合的集成是需要探索的关键问题。在陈先生地学信息图谱思想的基础上，针对遥感大数据及其计算特征发展的遥感图谱认知理论（骆剑承等，2016）为大数据背景下的地理综合研究提供了新的路径。

本节我们将在遥感智能计算理论及其三大基础模型的指导下，以高分遥感精准LUCC信息生成为技术支撑，提出基于地理图斑的“五土合一”综合计算研究思想及方法框架，探索在精细尺度上“数据-知识”共同驱动的地理综合分析方法及其应用思路。

8.1.2 五土合一分析思想

土地是一个综合的自然地理概念，是指地表包含地面以上和以下垂直的生物圈中一切比较稳定或周期循环的要素，如大气、土壤、水文、动植物和人类过去和现在活动结果的一个特定地区①。土地本身就是一个综合概念，在地理学研究中处于基础地位，一直备受学术界关注。地理学对于土地相关的研究，涵盖了土壤、土地资源、土地利用、土地覆盖和土地类型等五个方面的研究方向，简称“五土”，体现了综合自然地理的研究思想。其中，土地利用/土地覆盖研究与遥感技术的发展密切相关，而土壤、土地资源和土地类型研究因涉及具体专业领域知识，主要依靠专业研究者或专题调查工作对地面的定点实测和野外的线路调查等手段获取数据。土壤作为一种重要的自然资源，因其质地、pH值、有机碳含量和水分传导率等指标的不同，土壤质量与适宜性也因时空条件而异；土地资源既包括土地的自然条件（气候环境、地质背景、地形地貌和水文等），

① FAO.1976.A framework for land evaluation. Soils Bulletion NO.32，Rome.

还包括其所处的社会经济条件（交通、人口、生产方式、行政管理和区域经济等），是对土地实体及其价值的综合反映（申元村，1992；傅伯杰和刘焱序，2019）。土壤和土地资源作为描述地表覆盖物的物质与环境条件以及土地利用的背景条件，对于 LUCC 形成与变化的驱动机制认知尤为重要。

由于学科分化和研究对象的细化，土壤、土地资源和土地类型的研究以地面实测和实地调查作为主要的数据采集手段，而土地利用和土地覆盖则以遥感技术作为数据获取的重要手段之一。两者在研究对象和数据获取尺度上的差异是导致现有“五土”信息的融合以粗粒度、定性集成为主的重要原因，也是地理综合研究从定性向定量、从宏观层面向微观层面发展必须突破的关键问题之一。高分辨率对地观测技术的快速发展为面向地理实体的土地利用和土地覆盖变化信息提取提供了持续稳定的数据源，而传感监测手段的逐步推广则极大地提高了土壤、土地资源和土地类型数据采集的空间密度和时间频次，使得两者在信息获取尺度上的差异逐渐缩小，具备了在微观层面集成的数据基础。然而，基于行政区划和规则网格的单元划分模式无法为细粒度的“五土”信息综合提供与之相应的空间基准，使得信息融合具有较高的不确定性，为微观尺度上地理综合研究的深入展开增加了难度。针对微观尺度的“五土”信息融合与综合决策研究，我们梳理并总结了其所面临的三大问题。

（1）最小分析单元识别问题。在大尺度的地理综合研究中，主要采用行政区划、功能区划或者网格单元作为分析的最小单元，每个单元内一般包含多种空间功能类型和多个地理对象，是以一种“混合”的方式对地表进行模糊表达。在中、小尺度的综合研究过程中，除网格单元外还存在以土地调查斑块为单元的分析方式。虽然通过对不同类型的土地边界进行分割，在一定程度上减少了不同功能单元间的混合，但由于调查图斑的生产方式和制图尺度导致的地理对象混合问题依旧存在。这种混合会造成后续信息融合误差的层层传递与积累，致使最终的分析结果不可控。因此，如何实现全域范围内对地理实体级信息的快速、精确提取，以此作为最小分析单元是微观尺度上地理综合分析研究首先需要解决的问题。

（2）多源数据时空聚合问题。最小分析单元组合构建的地表精细场景是地理综合分析的“骨架”，而多源数据则是附着于“骨架”之上的“血肉”，是对地理对象多角度、全方位、动态化的表征，包括对其静态状态的描述和动态变化过程的监测。因此，多源数据如何与地理场景建立准确的时空聚合关系是实现地理对象全面认知的重要前提。其中需要解决的关键问题就是如何运用时空尺度转换和关联分析的方法，通过不同类型数据与地理场景单元的精准聚合，形成对地理对象的结构化多维特征表达，是开展综合分析的重要数据基础。

（3）经验知识协同运用问题。虽然多源数据为综合研究提供了全样本、超覆盖的数据支撑，但在对地理问题认知无序的情境下，专家的经验知识是对信息处理和知识挖掘方向的重要引导。因此，如何将经验性、碎片化的知识通过训练的机制与方法进行数据化，并与基于观测的多维数据进行协同运用，是当前开展地理信息综合研究不可逾越的关键问题。

针对上述问题，我们提出了基于遥感地理图斑的“五土合一”解决思路（图 8.1）：在基于高空间分辨率遥感影像对土地利用图斑进行分层视觉感知提取的基础上，通过迁移多源异构的土壤和土地资源观测数据，获得土地利用/覆盖类型以及土地覆盖变化的定量指标，并进一步推测从定性到定量的专题土地类型信息与参数，实现对地理对象的空间结构、时空状态、承载能力和发展趋势的综合认知。具体包括以下四方面。

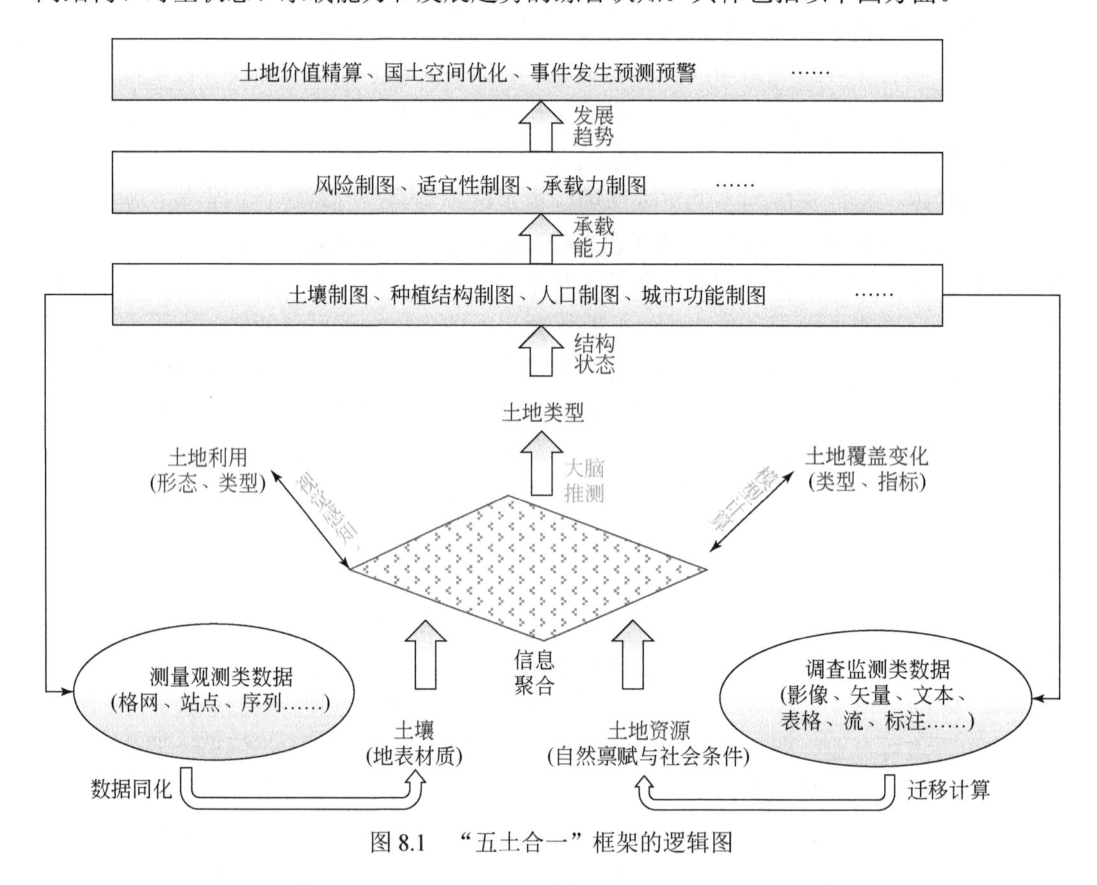

图 8.1 “五土合一”框架的逻辑图

（1）土地利用图斑形态提取与类型判别。基于空间全覆盖的高分辨率遥感影像，利用地理实体对象的边缘和纹理等视觉特征，模拟视觉感知过程，分区、分层地实现地理图斑精细形态的快速识别和土地利用类型的迁移判别。一方面，以深度学习为代表的机器学习技术取代以人机交互为主的目视解译流程，极大地提高了对地理图斑空间分布特征提取的效率，为基于“五土合一”思想开展区域范围的综合应用奠定了“图”的基础。另一方面，基于高分影像获取的是在视觉上可区分的、内部具有基本一致的色调和纹理等特征的最小土地利用（LU）图斑单元（如耕地、建筑物等），表现了人类活动和自然过程对土地共同作用并利用的结果，因此，图斑是将土地利用类型和土地覆盖类型进行有效区分的重要基础。

（2）土地覆盖变化类型判别。在土地利用图斑单元之上，融合多源、多时序遥感观测和地表站点观测数据，采用定量遥感时序分析和生物物理模型计算等方法，将反映图斑变化过程的信息“谱”特征进行时序化和定量化处理；进而结合不同地物在地表覆盖上的变化规律，通过对图斑单元的时序特征及其变化机制的分析计算，实现对图斑土地覆盖变化类型（如作物种植类型、建筑物材质类型等）的准确判别。

（3）土壤与土地资源信息时空聚合。基于土地利用与覆盖变化（LUCC）的地理图斑单元，进一步融合和关联多源异构的土壤性质和土地资源条件的观测、监测或者调查数据，通过尺度转换、数据同化、迁移计算以及GIS空间分析等方法，实现粗粒度土壤和土地资源属性、指标和条件信息的空间化，进而为每个图斑单元赋予对应的地表材质自然环境和社会经济等条件属性，即每一个地理图斑单元所蕴含的土壤性状与土地资源条件。

（4）土地类型推测制图与综合分析。基于P-LUCC地理图斑单元的土地利用类型、土地覆盖类型、土壤性状和土地资源条件等多维属性与指标，以专题应用目标为导向，通过属性条件之间的关联发现和规则挖掘，实现对图斑土地类型的推测制图，包括专业领域的专题要素推测、价值精算、承载能力评估以及变化趋势预测等。

基于地理图斑的“五土合一”思想是在大数据智能计算技术和精准地理综合应用需求快速发展的背景下，打破传统地理学的子学科间由于空间尺度限制而导致的理论认知藩篱，旨在基于地理图斑的概念为“五土”信息的综合建立统一的时空基准，为图斑尺度上地理综合研究与应用奠定基础，从微观尺度深入认识地理现象与过程的结构、状态和趋势。

8.1.3 五土合一分析方法

地理学中对于土壤、土地资源、土地利用、土地覆盖和土地类型五个方面的分析是从“人-地”关系的角度对地球表层“三生”功能空间的多维度和多学科的科学认知过程。在对地表空间覆盖及相关参量观测精细程度不足和时间序列信息有限的技术条件下，分学科的研究能有效促进人类对地表单一功能空间的认识与利用水平。然而，随着人类获取地表精细、动态变化信息能力的日益提升和综合应用需求的不断扩展，这种分学科细化的研究模式又在一定程度上阻碍了人类对地理现象、过程和格局深入而全面的认知。

为此，基于本书第2章中构建的基于遥感大数据开展地理图斑智能计算的方法体系，以及在第4章介绍的P-LUCC生产线技术的支持下，我们以地理图斑为基准构建时空信息的统一框架，提出将“五土”进行综合性研究和关联性分析的新思路，我们将之简称为“五土合一”。基于这一思想，将地理图斑作为土地类型划分与研究的最小单元，关联各种自然（如气候、土壤、地形、水文、植被等）和人文（如城镇建设、农业种植、道路交通等）要素进行综合分析，推测和模拟图斑所处的自然资源条件与社会经济环境双重因素相互协变的演化过程，其分析方法可以概括为：土地利用“感知”、土地覆盖变化“计算”、土壤与土地资源“扩展”和土地类型“推测”四个递进的步骤。

1. 土地利用状态“感知”

土地利用是反映土地用途、性质及其分布规律的基本地域单位，是人类在改造利用土地进行生产和建设过程中形成的具有不同利用方向和特点的地物类别[①]。这是地理学研究的经典领域，也是人文与自然因素共同作用最明显的表征。在基于地理图斑的“五土合一”体系中，土地利用包含两个方面的内容：地理图斑的形态和图斑的土地利用类型。

在技术上，土地利用信息主要源于对高分辨率影像的“感知”，通过模仿专家目视

① FAO. 1976. A framework for land evaluation. Soils Bulletin NO.32，Rome.

解译对地表物体的判别过程，逐层采用差异化方法实现对不同地物形态和类型的识别。其基本流程如图 8.2 所示，对应了 2.2 节的“分区分层感知模型”技术体系。首先，利用道路网、水系和地形线等构建研究区的分区网络，将整个区域划分为多个子区域（区块）；然后，分别针对建成区、平原区和山地区等不同类型的子区域中地物的典型特征，分别设计基于边缘、纹理或者语义特征的深度学习模型，分层实现“建”“水”“土”“生”等图斑的提取；最后，将各层图斑要素合并，形成覆盖区域的全要素土地利用图斑产品。这一产品是后续承载各类土地观测数据的信息底图，是开展综合地理分析的基础。

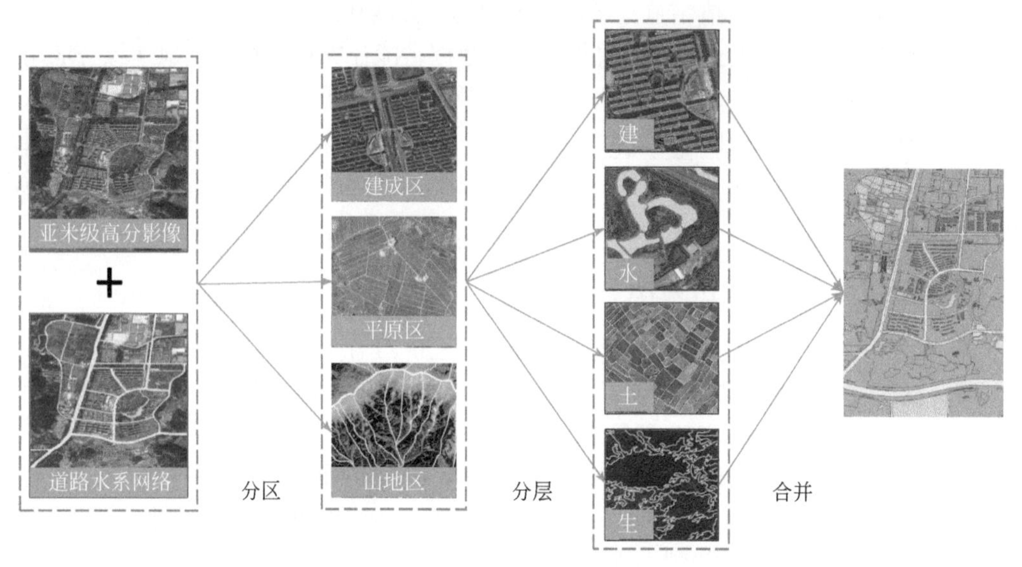

图 8.2　土地利用“感知”流程示意图

2. 土地覆盖变化“计算”

土地覆盖是自然和人工物体所覆盖的地表诸要素的综合体，由于自然和人类活动的共同作用，其形态和状态均可在多种时空尺度上发生变化（吴传钧、郭焕成，1994）。在“五土合一”的理论体系中，土地覆盖包含了地表覆盖类型以及反映覆盖变化的量化指标两大要素。相对于土地利用，土地覆盖的动态性更为强烈，其变化信息直观地反映了地物演化或生长的过程，因此可通过对时序观测数据的特征分析以及相关指标的定量反演实现覆盖类型的判别与变化特征的分析。其过程如图 8.3 所示，对应于 2.3 节的“时空协同反演”技术体系。通过对多源影像的综合处理，在土地利用图斑上重组不同时间点上观测的光谱、纹理等特征，构建时间变化曲线，设计时序特征的分析方法，结合不同地物变化在时序上表现的特定周期或者关键节点进行覆盖变化类型的判别。在土地利用的基础上，土地覆盖信息产品进一步衍生了地物在时间上反映的变化类型以及相关的生物量指标，因此可支撑地表资源的精细调查以及地理生态资产的定量统计等精准化应用。

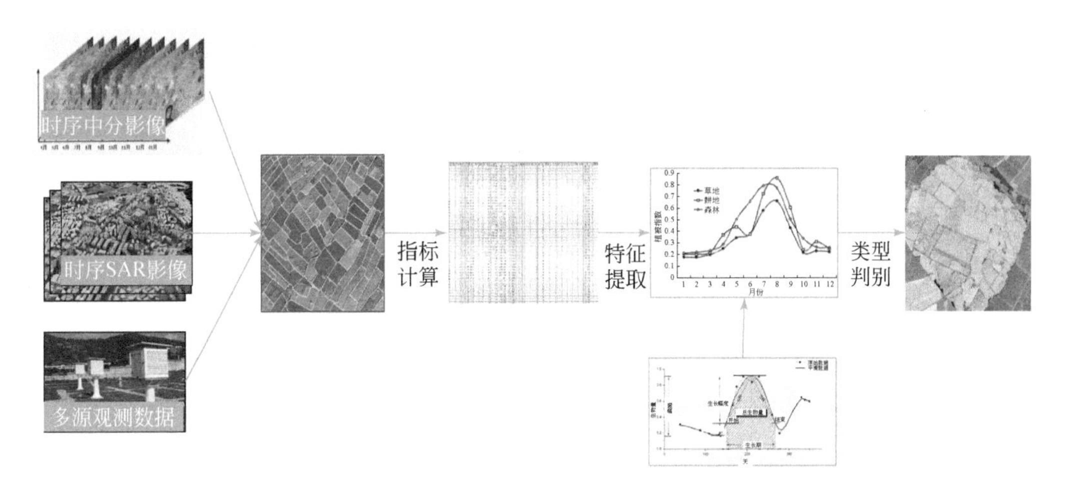

图 8.3　土地覆盖变化“计算”流程示意图

3. 土壤与土地资源“扩展”

土壤主要是指地球表面的一层疏松物质，由各种颗粒状矿物质、有机物质、水分、空气和微生物等组成，是形成土地覆盖的基底；土地资源是指对人类有价值、可利用的土地，如林地、农田、草地等，包含自然和经济两个方面的内涵属性（刘彦随，2013）。由于研究对象的基础性和信息获取的专业性，这两类信息是开展地理综合分析的基础条件。在基于地理图斑的“五土合一”体系中，土壤是指所有地表的材质性质，包括土壤类型和相关理化性状，土地资源则包含了土地的自然和社会条件，两者共同表征了LUCC态势的背景条件。

土壤与土地资源数据作为全面描述土地利用背景条件和地表覆盖物形成环境条件的综合信息，主要源于专业调查和实地观测，针对不同格式和类型的原始数据需要设计不同的空间分析与同化方法，实现各类数据与图斑单元的关联。其主要过程如图 8.4 所示，对应本书 2.4 节的“多粒度决策”中的数据融合技术。依据数据空间化后的格式类型，可将各类观测数据分为栅格数据、要素数据（点、线、和面矢量要素）、站点数据、统计数据、动态数据和泛在数据等类型。通过降尺度、空间叠加和空间统计等分析方法，建立数据与图斑之间的耦合关系，并计算图斑单元对应的指标值，从而扩展图斑的属性维度，形成以土地利用图斑为单元的结构化属性表，这是进一步开展土地类型推测制图与分析决策的核心。

4. 土地类型“推测”制图

土地类型是指将土地按自然或社会特征的相似性和差异性划分的不同类别，取决于土地各构成因素的综合影响和相互作用。在基于地理图斑的“五土合一”体系中，土地类型的含义更加广泛，包含土地的空间结构、功能状态、综合条件以及演化趋势等。为了更加详尽地表征土地的自然和社会特性，在以图斑为基准融合土壤和土地资源数据得到多维属性表的基础上，可以进一步集成相关领域的专业知识和模型，并针对某一特定的专题分析土地类型。其主要过程如图 8.5 所示，对应了本书 2.4 节“多粒度决策”中的空间推测与决策技术。首先基于空间聚合等方法发现图斑结构，构建基于图斑的空间场景；其次，以不同尺度的地理场景为基础，进一步推测并制作土壤、人口等专题属性地图；最后，开展土地的状态分析、承载力评估和趋势模拟等，所得的分析结果再协同GIS空间分析、综合制图与空间优化等技术，开展面向领域决策者的专题地图定制与专业报表制作服务。

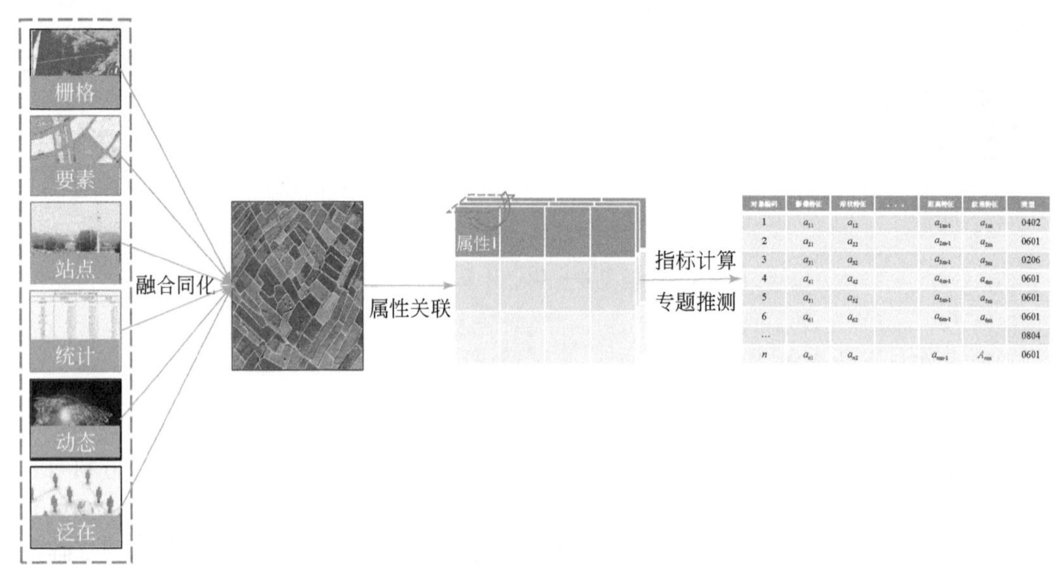

图 8.4　土壤与土地资源“扩展”流程示意图

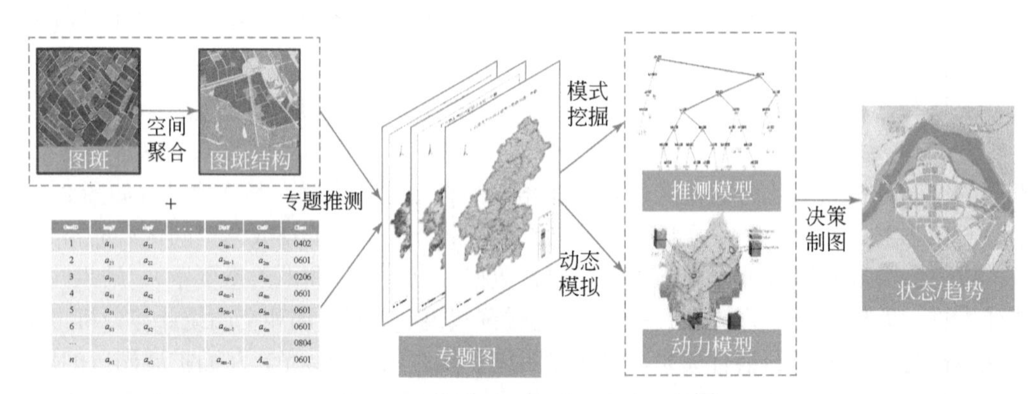

图 8.5　土地类型“推测”流程示意图

大数据时代不仅带来了数据上的变革，也为地理综合研究提供了更加细致和全面的基础素材，使得其研究从粗粒度的定性向细粒度的定量发展成为可能。同时，研究的范式也由知识驱动为主向数据驱动转变。本节在基于陈先生地学信息图谱思想发展起来的图谱认知理论的指导下，围绕精细尺度上地理综合分析的主题，提出以地理图斑为遥感认知单元，通过“五土”信息的逐层级融入，开展面向不同层次的土地类型推测和优化决策，获得对土地结构、态势和规律深入分析与挖掘的方法体系。接下来，将分别以土壤制图、人口制图和土地利用空间优化应用为抓手，开展这一体系在“人-地”关系专题要素和综合分析中的实证研究，尝试从不同侧面的实践需求出发，构建一个微观尺度的“三生”空间综合研究体系。

8.2 土壤专题制图

土壤是影响地表变化和人类活动的自然要素——水、土、气、生中的重要一环，是地表覆盖物自然或人工形成的本底性物质条件。土壤的类型、质地以及各类物质的含量将直接影响地表植被生长和人类生产生活原材料的供应（McGrath et al.，2001）。因此，土壤专题信息的快速、准确获取以及与其他资源、环境信息的耦合，是开展“人-地”关系综合分析的重要前提。本节我们将结合土壤专题制图的应用需求，对地块（地理图斑）尺度上开展土壤信息空间分布推测专题制图的技术思路进行阐述，并以土壤养分含量的精准化空间制图为案例进行方法介绍和试验验证。

8.2.1 土壤制图综述

为了养活快速增长的世界人口，现代农业生产通过大量农药和化肥的使用来保障粮食和各类作物的产量，但是，农药和化肥的长期过度使用导致了土地资源的不可持续性问题。为解决这一矛盾，精准农业（precision agriculture，PA）的概念应运而生。精准农业主要是通过对种植环境进行精确管理，为施用化学品和化肥提供有效指导，帮助降低农业生产成本和土壤污染（Khosla et al.，2005）。其中，准确的土壤时空分布信息是精准农业实施和决策过程中的重要输入。因此，区域范围全覆盖的精细尺度土壤养分空间化制图技术是精准农业等相关领域决策分析的重要支撑，有着迫切的现实需求。

传统的土壤制图是在土壤调查的基础上依据专家经验进行不同类型和组成的土壤边界划定，在效率和准确性方面具有很大的局限性。随着计算机技术的发展，数字土壤制图（digital soil mapping，DSM）技术迅速发展，成为获取大区域土壤信息的一种有效手段（McBratney and Minasny，2003；Minasny and McBratney，2016）。在 DSM 框架下，学者们陆续开发了多种预测模型，并将其应用于不同尺度的土壤养分专题制图（Taghizadeh-Mehrjardi et al.，2016；Negasa et al.，2017）。通常，DSM 框架是基于网格实现的（Saunders and Boettinger，2006）。部分研究者在 DSM 过程的某一环节尝试了非网格单元的使用，但最终在建模和制图过程也转换为网格单元。这种基于网格单元的土壤制图虽然有助于预测模型的自动实现，但由于存在制图单元与管理单元不一致、输入信息混合以及精度提升困难等问题，在精准农业等精细化管理决策方面的推广应用受到了限制。为此，开展基于农业管理单元的数字土壤精准制图研究对于精准农业的决策分析具有重要的现实意义。

本节我们将以平原地区土壤养分含量的空间分布制图为案例，在农业管理的基本单元——耕地地块提取的基础上，构建基于真实地块空间分布（对应于本书中“地理图斑”的概念）的数字土壤制图框架，通过土壤采样数据以及多源环境数据的协同，利用随机森林和人工神经网络等机器学习方法，综合分析地块尺度的土壤养分含量与多尺度景观环境要素之间的关系，实现地块尺度上土壤养分空间分布的精准推测与专题制图。

8.2.2　土壤制图方法

1. 总体技术流程

为了满足精准农业等决策分析等应用对精细尺度土壤专题信息的需求，我们设计了以农业生产单元——耕地地块为基本制图单元的土壤养分含量空间分布推测及制图的流程（图 8.6）。首先，使用基于边缘形态的卷积神经网络（CNN）的深度学习算法，从高空间分辨率的遥感影像中提取耕地地块的边界，实现制图单元形态结构的提取；其次，通过多源地理数据的计算分析，获取可能影响土壤养分空间分布的环境指标，并将各项指标和土壤样本数据与耕地地块进行关联和聚合；再次，利用部分土壤样本数据对预测模型进行训练，挖掘地块尺度上土壤养分含量与景观环境要素之间的多元关联关系；最后，将训练学习得到的模型用于整个研究区进行全域的土壤养分含量及其不确定性的推测制图，同时，利用剩余土壤样本数据对总体的制图精度进行评价。

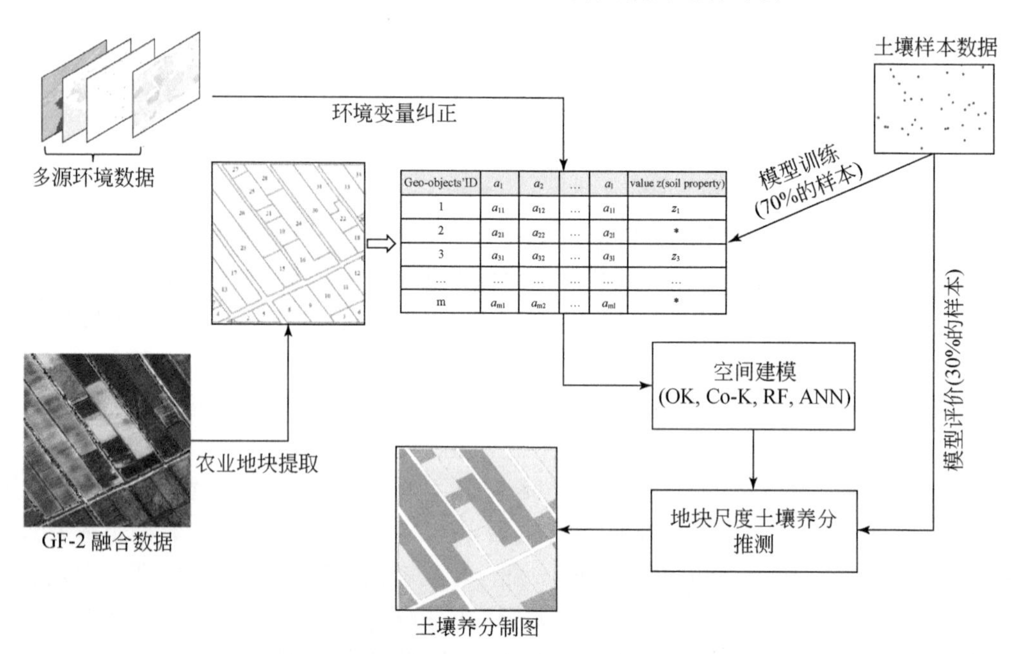

图 8.6　基于耕地地块的土壤养分含量制图流程

2. 耕地地块提取

耕地地块是农业生产活动的基本单元，对农业管理和应用具有重要意义。因此，准确、完整的耕地地块边界提取是基于地块的土壤养分制图实现的前提。我们采用基于 CNN 模型的深度学习方法开展区域内耕地地块边界的快速提取，大致可以分为四个步骤（图 8.7）。

首先，将研究区域的叠加道路和河流地图叠加形成区域划分网络，用于将研究区域的高空间分辨率影像分割为多个子区域，每个子区域的影像分别作为下一步骤的输入；第二，利用修改后的 VGG16 网络提取每个子区域影像的边缘概率图；第三，对边缘概率图进行了 Canny 边缘检测引导下的矢量化处理，提取各地块的边界，构建完整的地块形态多边形；最后，将各子区域地块提取的结果合并，得到研究区域耕地地块的空间分布图。具体的技术细节，读者可进一步参考本书第 2 章、第 3 章和第 6 章中的相关节次。

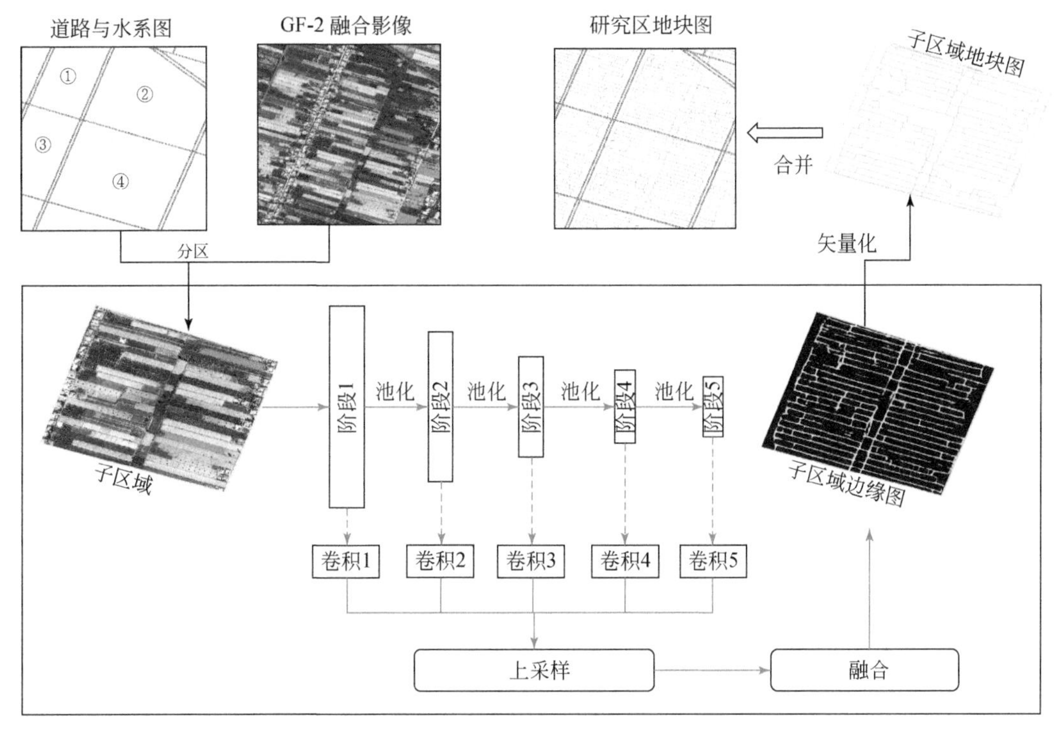

图 8.7　基于高分影像的耕地地块提取流程

3. 多维指标扩展

根据 Scorpan 模型（McBratney and Mendonca，2003）对土壤-景观模型中相关要素的分类，并结合研究区域环境数据的可获取性，我们选择了五大类共 30 项可能影响土壤养分含量的环境指标（表 8.1）。在开展基于地块的土壤养分含量制图之前，需要将不同格式的环境要素数据转换为地块尺度上的多维指标。考虑到研究区域内多种农业管理模式并存而导致的地块大小的显著差异，我们采用空间分解的方法进行地块尺度环境指标的标定。对于栅格类型的指标，计算位于分解多边形边界内的像素；对于矢量类型的指标，则计算与分解多边形边界相交的多边形，然后选择主要类型或者加权平均值作为对应地块单元的指标值。

表 8.1　多维环境指标概况表

Scorpan 因子	环境指标名称	指标简写	值类型	值范围	格式和尺度
s	土壤类型	SOILT	类型	5 类	矢量，1∶100 万
	土壤体积密度/（kg/m^3）	BLD	数值	1256～1639	栅格，250 m

续表

Scorpan 因子	环境指标名称	指标简写	值类型	值范围	格式和尺度
s	土壤黏土含量/%	CLY	数值	10～29	栅格，250m
	土壤淤泥含量/%	SLT	数值	35～56	栅格，250m
	土壤砂含量/%	Sand	数值	22～52	栅格，250m
	土壤粗碎片体积/%	CRF	数值	1～29	栅格，250m
c	多年平均气温/℃	TADEM	数值	7.2～7.5	栅格，500m
	多年平均积温 （≥10℃）	AAT10	数值	2718.9～2770.5	栅格，500m
	2015 年平均气温/℃	TE2015	数值	9.61～10.48	栅格，500m
	多年平均降水量/mm	PE	数值	204.7～224.0	栅格，500m
	干旱指数	ARI	数值	2.98～3.33	栅格，500m
	湿润指数	MI	数值	-41.16～-39.47	栅格，500m
	2015 年平均降水量/mm	PE2015	数值	125.96～165.24	栅格，500m
	年无霜天数/天	QW	数值	180~200	矢量，1∶40 万
r	土地利用类型	LANDUSE	类型	6 类	矢量，1∶5000
	灌溉指数	IRRIND	类型	3 类	矢量，1∶100 万
	高程/m	EVA	数值	1143～1325	栅格，30 m
	坡度/（°）	SLOP	数值	0.025～1.57	栅格，30m
	坡向	ASPECT	数值	0～6.28	栅格，30m
	曲率	CUR	数值	-4.40×10^8～3.25×10^8	栅格，30m
	收敛指数	COIND	数值	-77.21～78.17	栅格，30m
	坡长和陡度因子（LS-factor）	LSF	数值	0～13.99	栅格，30m
	地理位置指数（TPI）	TPI	数值	-4.62～2.88	栅格，30m
	地形湿度指数（TWI）	TWI	数值	-18.89～4.57	栅格，30m
	地形粗糙指数（TRI）	TRI	数值	0～6.90	栅格，30m
	多分辨率谷底平坦度指数（MRVBF）	MRVBF	数值	0～1.88	栅格，30m
	地貌类型	GEOR	类型	4 类	矢量，1∶100 万
p	土壤母质类型	PA	类型	6 类	矢量，1∶100 万
n	距河流距离/m	RIVD	数值	0～14461.12	矢量，1∶5000
	距中心城区距离/m	DOWND	数值	0～24950.96	矢量，1∶5000

注：s：土壤；c：气候；r：地形；p：母质；n：空间位置。

4. 土壤推测制图

对于多种农业管理模式并存的区域，耕地地块的面积变化范围较大（表 8.2，统计自 8.2.3 节中的研究区）。为了获得更加准确的环境指标以及地块的养分含量信息，我们设计了空间分解和典型点生成的方法（Dong et al.，2019）来取代中心点值的方法，用于获取每个地块单元的环境指标和土壤养分含量值。图 8.8 示意了使用空间分解方法的典型点生成过程。

表 8.2　中宁县试验区域地块面积统计表

指标	最大值	最小值	平均值	偏度	峰度	25%	50%	75%
面积（m^2）	191165.13	137.41	2145.16	10.14	193.91	613.87	1122.58	2196.27

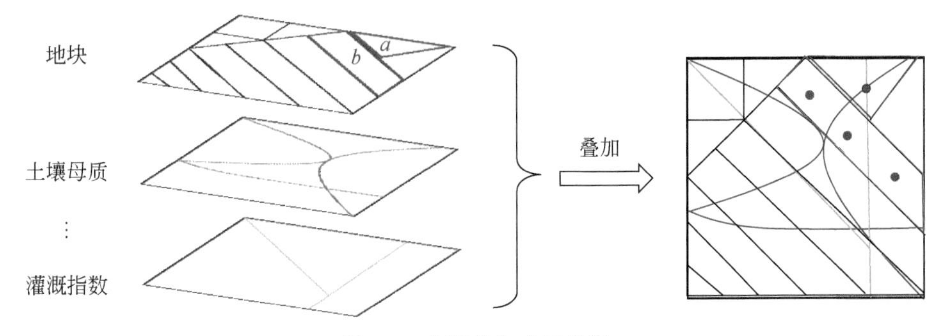

图 8.8　典型点生成示意图

我们从 30 个环境指标中选择了土壤母质、地貌类型和灌溉指数作为空间分解的主要辅助因子。通过这一方法，可以将多源环境要素数据、样本点采集数据与耕地地块单元更好地关联协同，形成一张多维的结构化属性表。随后，利用随机森林、人工神经网络等机器学习方法进行土壤与环境要素之间非线性关联关系的挖掘，进而用于全区域的土壤养分含量的推测制图。为了比较不同预测模型之间的性能，选取了均方根误差（root mean squared error，RMSE）、决定系数（R^2）和相对均方根误差（%RMSE，代表了相对基准模型的改进程度）三个指标对模型的预测精度进行评估。

8.2.3　土壤制图案例

1. 试验区概况

我们选择了宁夏回族自治区的中宁县作为土壤养分含量专题制图的应用试验区。中宁县位于宁夏西北部（37°9′～37°50′N，105°26′～106°7′E），是国务院命名的“中国枸杞之乡”，也是我国主要的粮食产区之一。该县的农业生产活动主要集中在黄河沿岸的平原地区（图 8.9（b））。因此，我们重点在这一平原地区开展土壤养分含量专题制图的研究。该区域夹于丘陵山脉之间，属于内蒙古高原与黄土高原的过渡地带，具有相似的地形和气候条件，但景观和土壤类型多样。根据高程数据和历史气象资料的统计，60%以上的地区海拔差小于 30m，坡度小于 4°，年平均温差仅为 0.3℃，年降水量和年无霜期的差异均小于 10%。主要土壤类型为灌淤土和灰钙土，还包括风积土、冲积土和潮土。

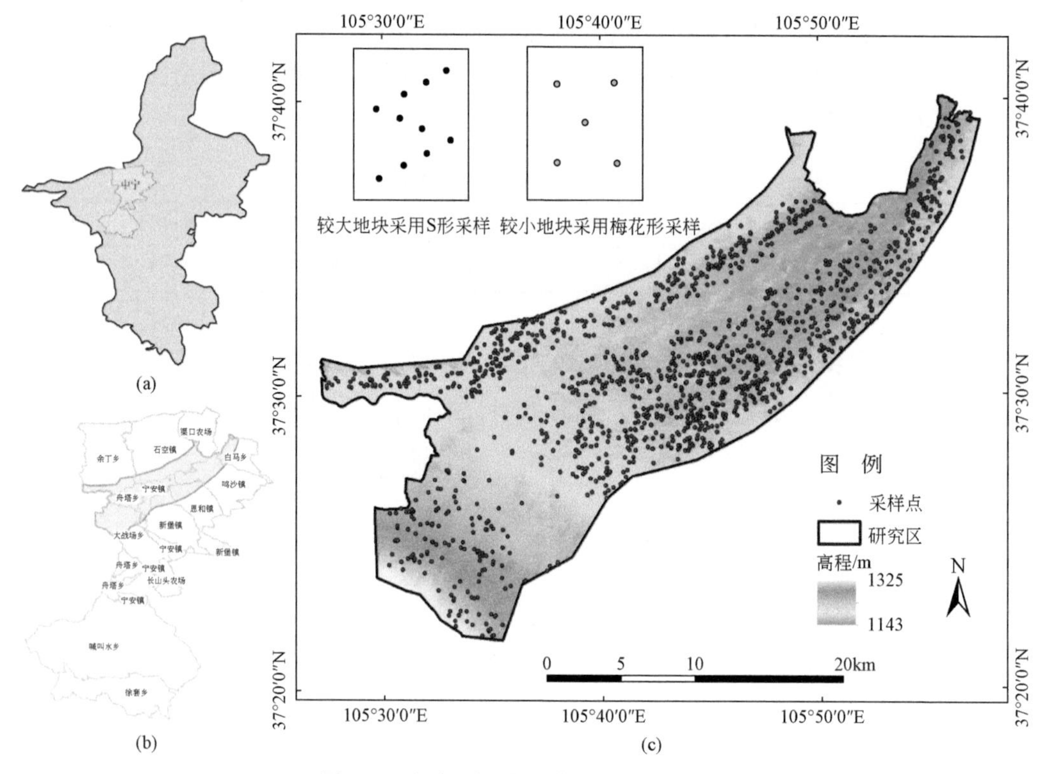

图 8.9　试验区位置及采样点的空间分布

2. 数据及处理

土壤养分的含量同时受自然环境条件和人类活动的影响，为了更好地建立土壤养分含量与景观环境要素之间的关系，我们收集了包括中高分辨率遥感影像、DEM、历史气候资料、试验区区位和土壤采样数据在内的多种数据。

首先，遥感影像数据包括一期高空间分辨率的高分二号（GF-2）影像和一套连续时间序列的高分一号（GF-1）影像。基于 0.8m 空间分辨率的 GF-2 融合影像，我们开展了试验区内耕地地块形态的提取；基于 16m 空间分辨率的时间序列 GF-1 影像获取了地表的时间变化特征指标。其次，基于 30m 空间分辨率的 ASTER 全球数字高程模型数据（http：//earthexplorer.usgs.gov/），提取了坡度、坡向等地形相关的指标。再次，基于历史气候资料（http：//www.resdc.cn）统计获得了年平均气温等气候指标。此外，土壤母质和土壤类型专题图是在历史专题图的基础上通过专家修订而获得。灌溉指标是根据当地专家意见进行评分后综合获得。最后，土壤样本数据是采用分层随机技术确定的采样点，采用混合采样法对每一个样地进行了采样（样点分布如图 8.9（d）所示），以确保样本的代表性。我们共采集表层土样 1288 份，并对其进行了土壤养分含量的实验室分析测定。

3. 试验结果与分析

依据 8.2.2 节中设计的方法，我们在耕地地块分层提取的基础上，通过对克里金插值、随机森林和人工神经网络等算法与基于地块的 DSM 框架结合后的制图精度进行评估，最终采用基于地块的随机森林模型开展了四种主要土壤养分含量的空间分布和不确定性制图，并从以下三个角度对应用效果进行了探讨和分析。

1）制图单元对比分析

我们在试验区共提取到 130923 个耕地地块，地块总面积占提取区域（除去道路和水系）面积的 73.08%，其中，最小地块的面积约为最大地块的 0.072%（统计结果参见表 8.2），地块面积位于 300m^2 到 500m^2 之间的地块数量最多。这一结果表明，试验区内传统的家庭农业模式和规模化的农场农业模式共存，并且以家庭农业模式为主。通过高分辨率影像和地块边界的视觉对比，提取的地块边界与影像上的视觉图斑边界基本一致（图 8.10）。

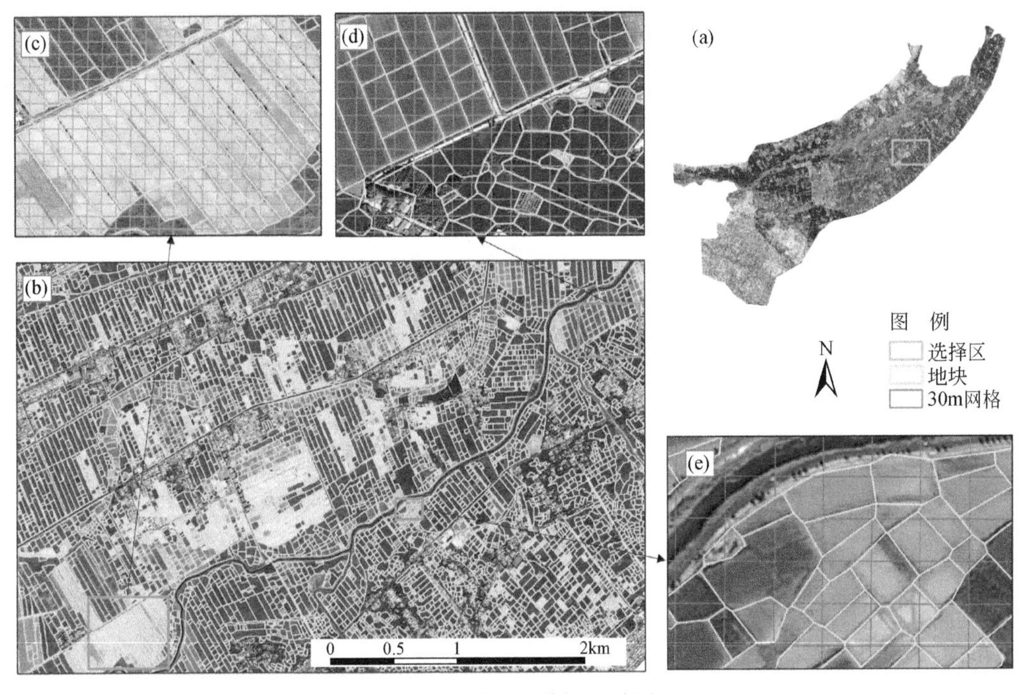

图 8.10 耕地地块提取结果

依据地块面积的统计情况，我们选择了 30m 的规则网格开展了对比制图与分析。按地块面积大小估算，约 74.37%（97361 个）的地块面积大于单个网格单元的面积，可以假定这些地块能够通过一个或多个 30m 的规则网格近似表示。如此，整个区域的制图单元将达到 565739 个，是该区域地块数量的 4 倍以上。而且，当地复杂的农业生产模式造成了地块形状的多样化，这意味着我们需要更加精细的网格，即更多的网格单元才能获得与地块制图近似的效果。图 8.10（c）、图 8.10（d）、图 8.10（e）显示了不同形状和面积的地块与 30m 规则网格之间的视觉对比，与地表对象的边界贴合度一目了然。因此，对于复杂的预测模型和大范围区域而言，基于地块的土壤制图方法将显著提高模型的计算和制图效率。

我们计算了使用相同预测算法的基于地块与基于网格的制图结果之间的%RMSE 差异。对于土壤有机质（soil organic matter，SOM）、总氮（total nitrogen，TN）、有效钾（available potassium，K）和有效磷（available phosphorus，P）四种不同的土壤养分，这一差异为 0.01～1.62。虽然针对不同的土壤养分，制图结果精度改进的程度不同，但基于地块的制图结果均优于基于网格的结果。此外，即使在两种制图结果的总体精度相似的情况下，基于地块的制图结果在细节上也具有更好的表现。基于网格的制图结果表现出较为严重的椒盐现象和边缘锯齿现象（图 8.11（d）和图 8.11（f）），而基于地块的制图结果更符合真实的地理边界（图 8.11（c）和图 8.11（e）），因而在制图效果方面更具优势。

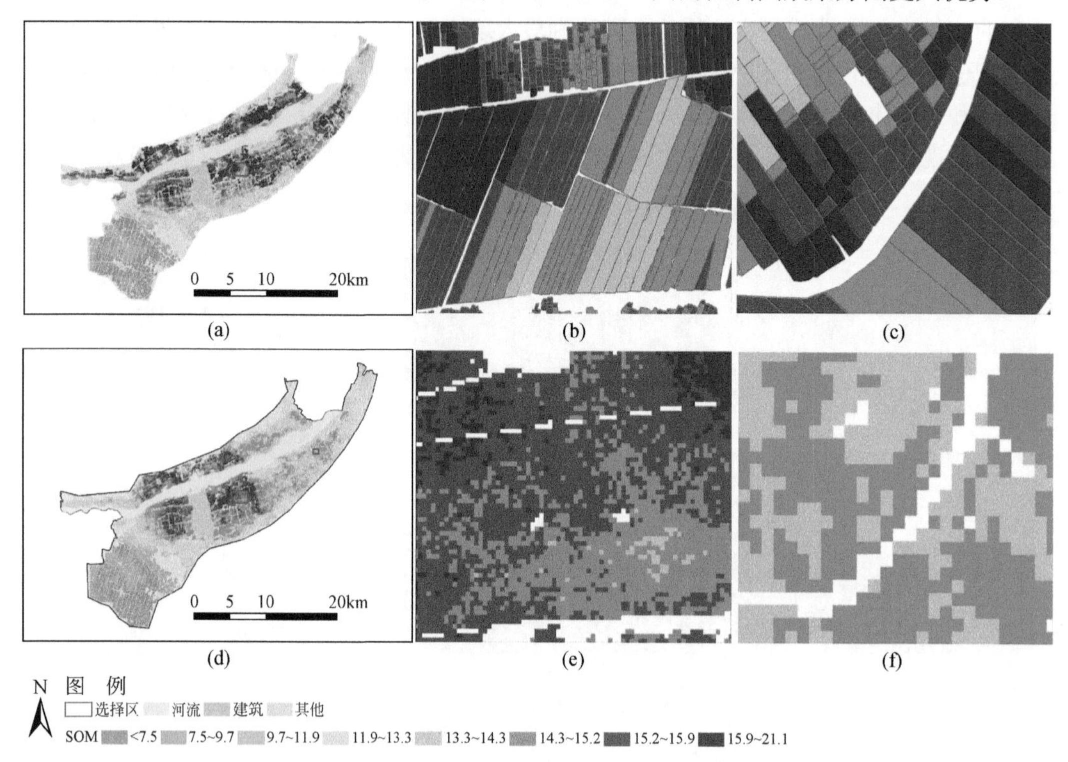

图 8.11　基于地块与基于网格的 SOM 制图结果对比

2）影响因子分析

环境要素的敏感性分析结果（图 8.12，图中各简写标识代表的指标参见表 8.1）表明，“距河流的距离”指标是影响试验区 SOM、TN 和 K 预测的最重要因素，也是影响 P 预测的重要因子之一。这一结果可以解释为黄河是该地区土壤形成中最重要的因素。水分指数、干燥度指数和 2015 年年降水量这三个与区域土壤水分密切相关的指标，也是影响四种养分含量分布的重要因素。这说明，土壤水分动力在该区土壤养分含量的空间分布中起着重要作用。此外，2015 年年平均气温对土壤养分的影响也较为明显。这一结果可能与区域农业选择的作物种类有关，而作物种类的选择主要受区域气候的限制。在 10 个地形因子中，海拔是影响土壤养分含量空间分布的唯一指标，这一结果可能与农业区土地已被平整、其他因素作用减弱有关。上述对环境指标相对重要性的分析结果有助于解释四种养分含量的预测结果在空间分布上具有的整体一致性和局部差异性。

3）空间分布格局分析

基于地块的 SOM、TN、K 和 P 制图结果显示（图 8.13），研究区内四种养分含量的空间分布在总体上具有相似性，西南部的平均值低于沿河区域，这与土壤母质的空间分布趋势一致。然而，四种养分含量的分布在局部地区又有所差异。在中心城区周围，TN、

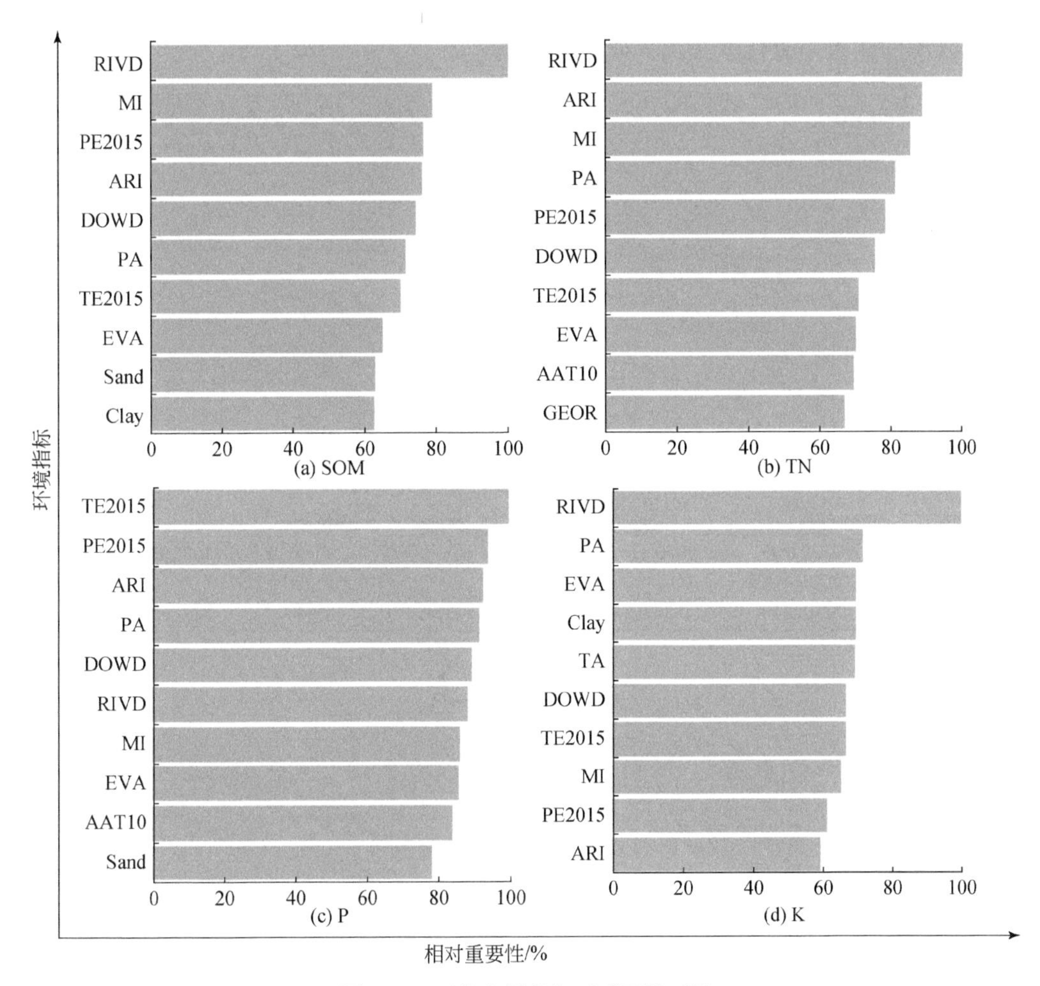

图 8.12　环境变量的相对重要性对比

K 和 P 的平均含量明显高于研究区其他区域的平均值；TN 和 P 在中心城区两侧均呈现出这种趋势，而 K 在中心城区的西侧更为明显；SOM 并没有显示出相同的趋势。这表明，土壤养分含量在区域尺度上主要受土壤母质、土壤类型、地形等与土壤发育有关的因素的影响，而土地利用类型、灌溉方式、人类活动以及气候因素对地块尺度土壤养分含量空间差异的影响较大。

土壤中氮、磷、钾等营养元素是支持作物生长的重要成分，因此，土壤养分的精细化制图在农业和环境管理应用中发挥着重要作用。在中宁县，我们使用了基于地块的土壤专题制图方法对平原农业区表层土壤的有机质、总氮、有效磷和有效钾的含量进行了精细推测。总体而言，基于地块的土壤制图方法具有较高的预测精度，并且，在细节层次上，比基于网格的制图效果表现更好。同时，基于地块的制图方法可以有效减少复杂农业地区的制图单元数量，进而提升算法的计算效率。这是“五土合一”方法体系在自然环境要素精准制图领域的初步应用，我们相信这一套分析方法可以在其他自然要素的推测制图中发挥良好效果，有望为我国的精准农业和环境管理应用提供更好的信息支持。当然，我国山地和丘陵地区规模较大，这些地区的地块更加多样，如何进一步完善现有的地块提取模型、发展多尺度数据的聚合方法和优化推测模型以适应更加复杂的区域精细制图的需求是有待继续深入研究的问题。

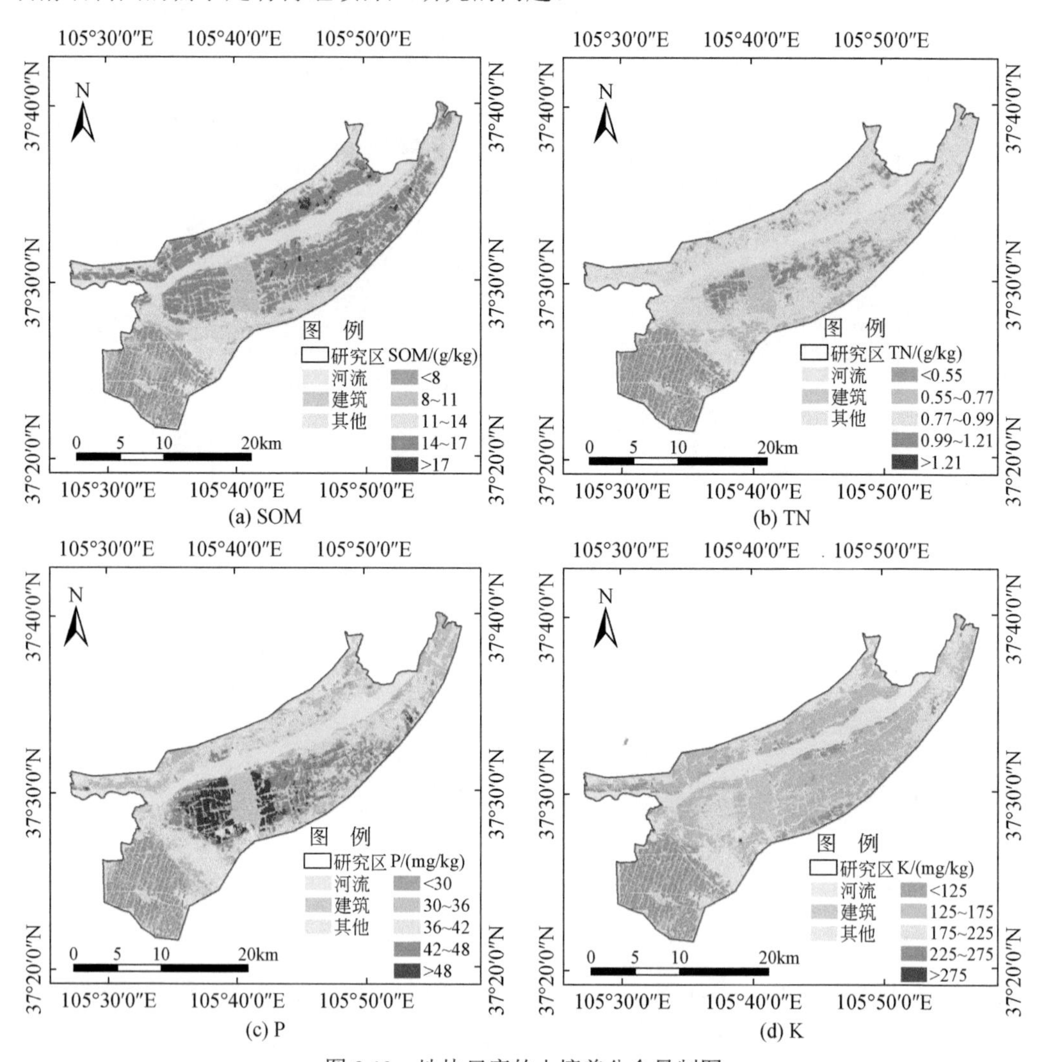

(a) SOM (b) TN (c) P (d) K

图 8.13 地块尺度的土壤养分含量制图

8.3 人口专题制图

人是各种社会活动的主体，也是社会经济的核心要素。随着人口数量的持续增长，资源、环境和人口三者之间的矛盾越发突出（Alahmadi et al.，2013）。因此，及时掌握人口信息，了解人口的空间分布及其变化是开展“人-地”关系综合研究的重要基础。本节我们将结合精细化人口专题制图的应用需求，对基于建筑聚落的人口空间分布制图思路进行阐述，并以居住人口的空间分布制图为例进行了方法的实现和验证。

8.3.1 人口制图综述

在社会经济快速发展、城镇化进程加快和人口大量迁徙的时代背景下，社会经济和资源环境等相关研究与应用对人口信息的空间化在尺度、精度以及更新速度等方面均提出了新的要求。可靠的人口制图产品已成为研究“人-地”关系的重要基础（Azar et al.，2013），如何制作精细尺度上的人口空间分布地图，已成为当前社会经济数据空间化研究领域的热点之一。

目前，人口普查是获取人口信息的主要方式，但这种方式存在数据稀缺、更新周期长、精度低及不利于空间分析等问题（Gallopin，1991），难以满足对人口分布时空规律研究及灾害响应决策等的需求。在人口制图方面，过往研究多遵循自上而下的技术思路，按照一定分区密度原则（如土地类型占比等）和多元回归方法，将行政分区统计数据按网格进行权重式分解。目前具有代表性的全球和国家尺度人口数据库普遍使用不同尺度的网格单元，如全球城乡人口密度数据 GRUMP（GRUMP，2004）、全球人口动态统计数据库 LandScan（Bhaduri et al.，2007）、全球资源信息数据库 UNEP/GRID（http://na.unep.net/siouxfalls/datasets/datalist.php）、全球网格化的人口数据集 WorldPop（Balk et al.，2006）和中国公里网格的人口数据库（Jiang et al.，2002）等。然而，由于规则划分的网格单元与实际呈不规则形态的自然单元并不一致，基于网格的人口专题地图难以反映精细尺度上人口空间分布的特征差异和行为模式。因此，与地理实体相对应的微观尺度的人口专题制图在大数据时代越来越显示其需求性（Jia and Gaughan，2016），相关研究也日益引起学术界的关注。

本节将采用“聚落”（residential geo-object，住宅等建筑物图斑聚合形成的空间组团单元，是具有人口居住功能的建筑群，对应于本书中“地理图斑功能结构单元”的概念）作为人口专题制图的基本单元，利用基于非线性回归的机器学习算法对人口制图的多因素进行综合分析，构建空间预测模型，实现基于聚落单元的精细尺度人口专题制图。

8.3.2 人口制图方法

1. 总体技术流程

为了有效地挖掘人口的空间分布模式，我们采用以建筑群形式表现的聚落斑块（功能图斑）作为精细尺度上人口数据空间化的基本单元。由于聚落的内部一般具有相似的资源、环境、社会、经济和人文等背景条件，将其作为人口制图的均质单元是更为合理的。为此，本研究以聚落为最小单元，协同利用高分卫星影像与多源地理空间数据反演居住人口的静态空间分布状态，将聚落面积、聚落内建筑物强度、地形地貌、夜光指数、兴趣点（point of interest，POI）密度、路网密度、距离道路/河网距离等属性作为人口空间分布的指示因子，运用机器学习算法建立人口密度定量指标与多元变量因子之间的非线性回归关系，用于计算各斑块单元内的人口密度分配权重，进而在行政单元人口总数的控制下，递推获得聚落尺度的人口数量分布，以此刻画人口在不规则网格体系下的空间分布。

图 8.14 给出了设计的具体技术流程，这是一个在少量样本学习支持下的自下而上的框架，包含四个步骤（Wu et al.，2020）：首先，从高空间分辨率遥感影像中提取以居住建筑群为主要目标的聚落斑块的形态；其次，将多源地理空间数据整合加载到每个聚落单元中，构建一张结构化的多维属性表；第三，从不同的地理空间数据中提取多维条件属性作为环境变量，再利用随机森林（random forests，RFs）、梯度增强算法（extreme gradient boosting，XGBoost）等基于决策树的机器学习算法，建立其与人口密度之间的非线性关系，并利用提取的关系模型预测不同聚落单元上的人口密度值；最后，根据预测的人口密度值的相对大小，计算人口数量在全域进行空间分解时的权重值，得到人口数量在空间上的分布图。

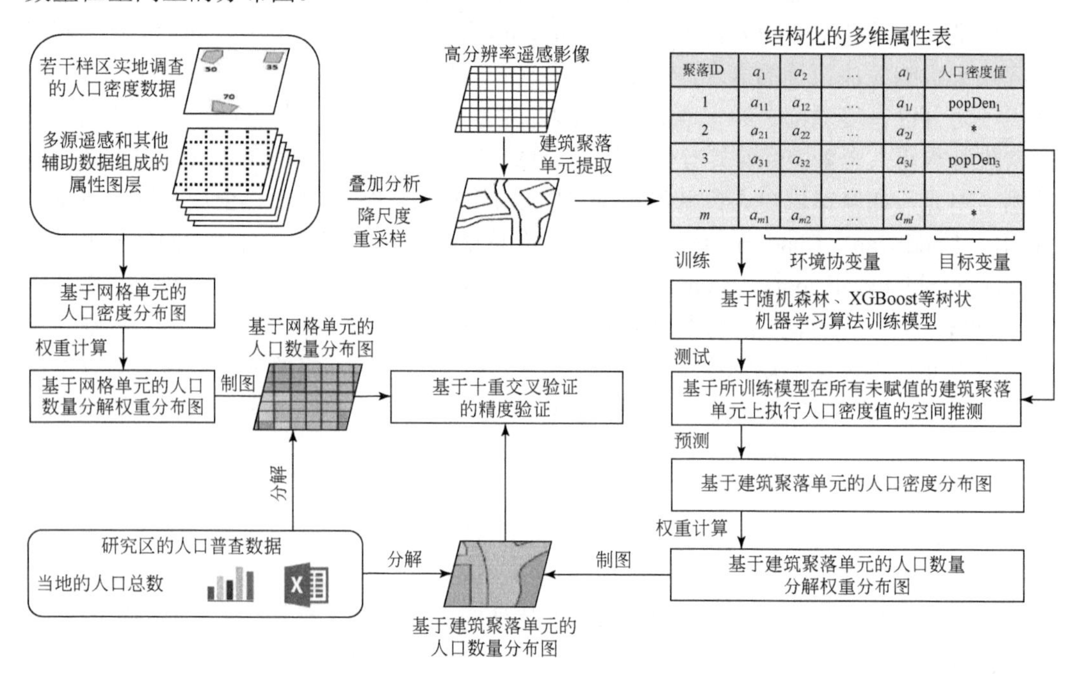

图 8.14　基于聚落的人口制图流程

2. 建筑聚落提取

人口空间分布模式与土地利用/土地覆盖类型的分布模式之间存在着极强的耦合关系（Alahmadi，2013），其中，建筑物等居住用地区域是人口分布的主要区域，包括普通房屋、公寓、别墅、农村宿舍、宅基地等。本研究以集中分布的建筑物群，也就是聚落作为制图单元，以减少模型空间尺度转换的影响，保证小尺度上人口普查数据空间化的准确性。

首先，精准土地利用图中的水域、耕地、草地、林地、裸露岩石等类型的分布区域一般无人固定居住，将相关地类所对应的面状区域从空间上的剔除；其次，将建筑物区域作为人类居住的最主要载体，因此，空间化实施中赋予最高的优先权或绝对权重。我们利用高分遥感影像中反映的住宅建筑颜色、形状、结构以及布局等显著性特点，建立建筑群斑块的解译标志，以此提取建筑聚落的轮廓与形态，并以对象进行表达；再次，基于聚落对象，在 POI、三维景观和电子地图的街景信息等的帮助下，进一步剔除其中的公共建筑、工业建筑以及农业建筑等一些非固定居住的对象，再最大限度地减小非住宅建设用地对人口空间制图的影响；最后，我们将余下的聚落单元作为人口分布的核心区域，并且假设每个聚落单元内的人口密度相对一致，以作为模型构建与计算的基础。

3. 多属性表构建

在高分影像上对建筑聚落单元的提取的基础上，我们进一步收集了多种不同类别的关联数据，按照 2.4 节中的处理方式将其在每个聚落单元上重组与聚合，构建形成一张结构化的多维属性表。一方面，我们将人口密度值设定为关注的目标变量，其在每个聚落单元上的值是未知的，需构建合理的模型进行预测。我们选择了若干的聚落样区，在聚落单元的精确边界控制下，利用斑块面积和人口调查数量对其人口密度进行了标注，将此类样本值关联到相应的聚落单元上作为模型的目标变量值。另一方面，分析影响人口空间分布的因素，将相关的自然资源、环境和社会经济等因子设计为建模的环境变量。为此，我们收集多源时空数据构建可能影响人口密度的条件属性，利用降尺度技术以及重采样、叠加分析等 GIS 空间分析方法，将其加载到每个聚落单元上，形成的相关属性包括：聚落单元的光谱和纹理特征、面积、建筑物的密度指数、地形条件、夜光强度、电子地图的 POI 及路网密度、距公路和河流的距离等。通过上述两方面的数据处理准备，一个可用于机器学习（模型训练）和空间推测（模型预测）的多维属性表构建完成。

4. 人口推测制图

基于结构化的多维属性表，我们进一步建立多变量属性因子与人口密度之间的非线性回归关系，并利用学习得到的回归关系预测聚落单元的人口密度，根据人口密度的相对大小计算各单元的分解权重，在区域人口普查数据的总量控制下，推测得出各聚落单元上的人口数量。在此过程中，我们使用机器学习算法训练得到空间推测所需的非线性回归模型，重点使用 RFs 算法以及 XGBoost 算法，因为在高维变量的建模中，基于决策树的相关方法被证明能构建更为有效的预测模型。为了评估预测的性能，我们使用了 10 折交叉验证方法，通过四个定量指标来进行精度的评价：决定系数（R^2）、平均绝对误差（mean absolute error，MAE）、均方根误差 RMSE 以及相对均方根误差%RMSE。

8.3.3 人口制图案例

1. 试验区概况

我们选择了位于河北省的阳原县作为人口信息专题制图的应用试验区。阳原县位于 39°53′～40°22′N，113°54′～114°48′E 范围内，东西长 82km，南北宽 27km，总面积 1849km^2（图 8.15）。阳原县南北环山，平均海拔约 1100m，最低海拔 770m，最高海拔 2045.9m，地形上的总体特征是西南高东北低，盆地狭窄，桑干河自西向东横贯全境。该区是黄土高原、内蒙古高原和华北平原的过渡地带，主要地貌类型包括山地、山前丘陵和平原。2018 年阳原县辖 5 镇 9 乡 301 个行政村，地区总人口为 288713 人。本试验区中，县城地区住宅建筑以多层建筑为主，农村地区以平层建筑为主。阳原县是国家级贫困县，人口主要集中在桑干河两岸的平原上。研究该地区人口空间分布的意义在于揭示人口分布的区域特征，进一步把握人口空间分布规律，为地方制定可持续发展和精准扶贫的政策提供支持。

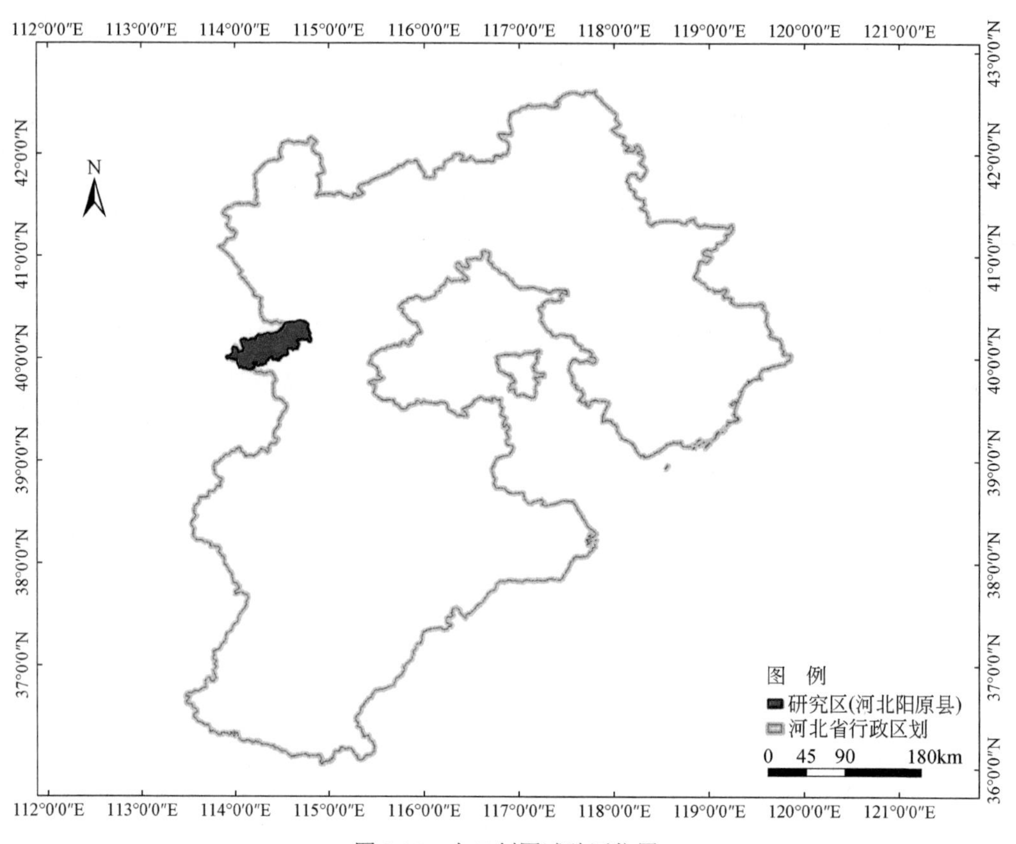

图 8.15 人口制图试验区位置

2. 数据及处理

影响人口空间分布的指标复杂多样，为了构建一个全面而准确的多维属性表，我们收集了当地的土地利用数据、人口普查数据、高分辨率遥感影像等多种辅助数据。

首先，遥感影像为人口数据空间化提供了全覆盖、可视的数据源，具有采集速度快、综合性好、清晰可辨等优点（Qi et al.，2015）。为此，我们从 GF-2 遥感影像中提取了多个图像特征，包括光谱特征、形状特征和纹理特征等（Wu et al.，2015），并基于此制作了试验区的精准土地利用图（图 8.16），从中提取出具有建筑地类属性的图斑。同时，利用电子地图相关信息剔除其中公共建筑、工业建筑和农业建筑等图斑，确定了具有人口居住功能属性的建筑聚落单元。图 8.17 展示了在图 8.16 中 A 和 B 两个子区域提取的聚落单元。此外，从土地利用图中还可计算各个聚落单元到道路、河流等网络对象的距离，将其归一化后的值作为下一步分析的属性指标。

其次，按照既有的经验，人类总是生活在满足一定地形地貌和气候条件的示意居住区域。为此，我们从 30 米的全球数字高程模型数据集（http://www.gdem.aster.ersdac.or.jp/）以及中国科学院资源与环境科学数据中心（RESDC，http：//www.resdc.cn）开放提供的公里尺度地貌数据集中提取了高程、坡度、坡向、地貌类型等四个关键地形建模因子。从 RESDC 提供的数据集中提取了年均降水量、年均日照时数、年累计气温、年平均气温、最低气温、最高气温、干燥指数和湿润指数等气候相关的关键因子。

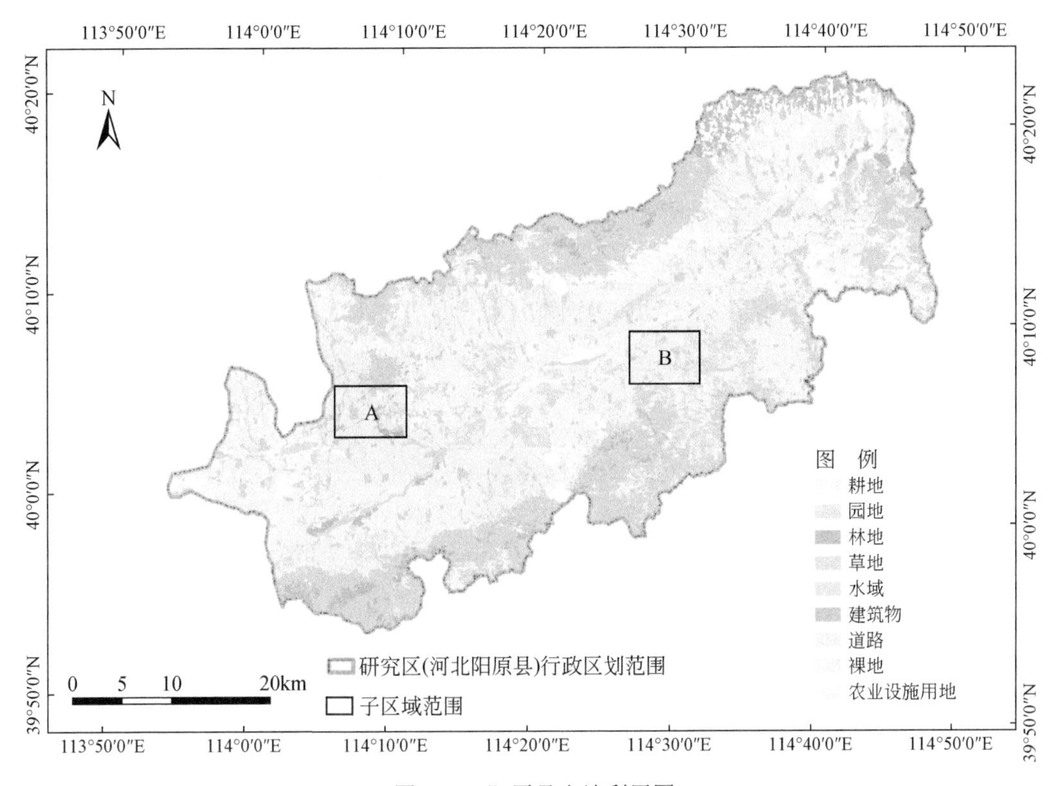

图 8.16 阳原县土地利用图

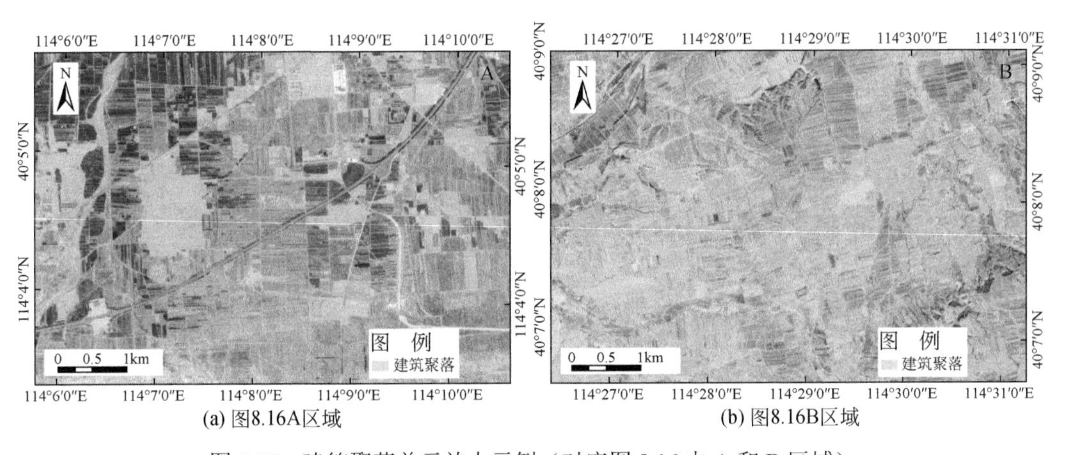

(a) 图8.16A区域 (b) 图8.16B区域

图 8.17 建筑聚落单元放大示例（对应图 8.16 中 A 和 B 区域）

此外，我们还收集了 130m 空间分辨率的珞珈 01 卫星的夜光遥感数据（http：//www.hbeos.org.cn/），计算了每个聚落单元内的夜间光照强度信息。基于 2010 年 1 公里分辨率的不透水面产品（http：//www.ngdc.noaa.gov/dmsp/download_global_isa.html），提取了聚落单元的不透水面覆盖率和强度属性。从百度电子地图（https：//map.baidu.com）中提取了 POI、河流、道路的矢量数据，并利用它们生成了 POI 点密度、河流/道路网密度等信息并关联到聚落单元上作为其属性特征。利用 RESDC 提供的公里尺度 2016 年中国 GDP 空间数据提取了各聚落单元的 GDP 等经济要素属性。

最后，在人口数据方面，我们收集了试验区的县域区划内的人口普查数据，并通过问卷调查分析了常住人口数量、人口结构和流动性等信息（河北师范大学刘劲松教授提供）。依据研究区的 300 份调查数据，制作了人口密度和人口数量的样本，如图 8.18 所示。此外，我们还收集了其他公开的人口数据集用于对比分析，包括 2016 年全球 1km 空间分辨率的人口分布产品 LandScan、2010 年全球 100m 空间分辨率的人口分布产品 WorldPop 以及 2010 年中国 1km 空间分辨率的人口分布产品等。

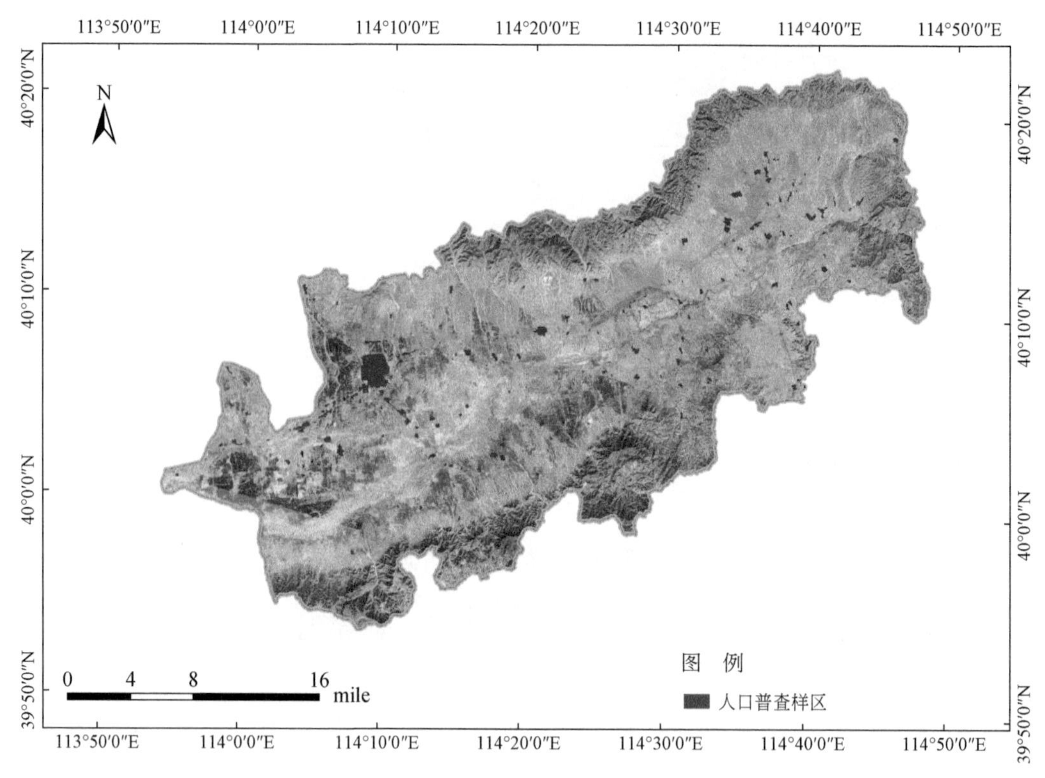

图 8.18 阳原县 GF-2 影像与人口调查样本分布图

1mile=1609.34m，后同

3. 应用结果与分析

基于以上数据集的准备与处理，按照图 8.14 的技术流程，我们得到了研究区人口密度的预测结果，在县域人口总量的控制下，获得了基于聚落单元的人口数量空间分布（图 8.19），并从人口的空间分布格局和影响因子两个角度对试验结果进行了探讨。

1）人口空间分布格局分析

从人口的数量上来看，阳原县人口主要分布在山坡前和河流前的丘陵平原上，特别是在桑干河两岸的人口聚集度较高，而在高海拔的边坡地带，人口分布则相对较小。从宏观上看，这种空间分布模式与人口专家的调查与认识是相匹配。从人口密度来看，密度高的地区主要分布在城市化程度相对较高的县城中心和几个大城镇中心（最高的区域在县城中心，1200.47 人/km^2）。并且，围绕这些中心呈现一种反距离的衰减模式。在离中心较远的村庄，由于生产和生活条件普遍较差，人口密度较低。据调查，在远离城镇中心和河流的村庄，由于生活和就业的不便，近年来常住人口一直在减少，出现“空心村”的现象。这些边远的贫困地区，需要当地政府保持关注、给予扶贫的支持。

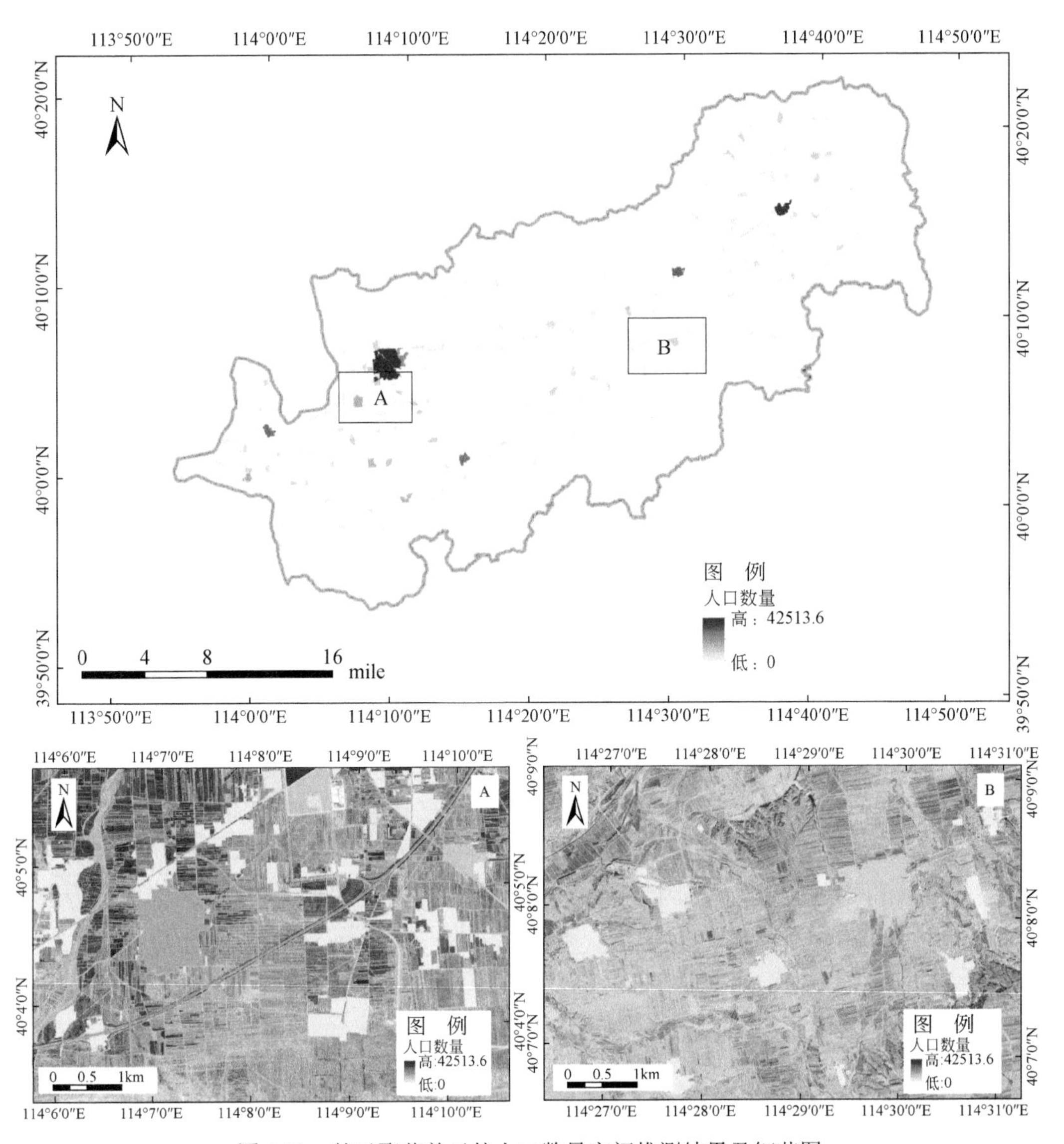

图 8.19　基于聚落单元的人口数量空间推测结果及细节图

2）影响因子分析

我们利用信息熵提取了不同环境变量因子在机器学习模型中的相对重要性。图 8.20 给出了 15 个最显著建模因子的相对重要性分布。

首先，因地处较为干旱的地区，与水相关的因子对当地人口的分布至关重要（如，河网密度 riverDen 属性因子排名第 1，距离水域的距离 disWater 属性因子排名第 13）。据了解，阳原县地表水不能储存，当地严重缺水，因此，河流等水源对当地人民的日常生活和农业生产至关重要。而沿河流而居的观念也影响着人们世世代代的居住选择。因此，与水有关的因子成为影响当地人口空间分布的重要因素。

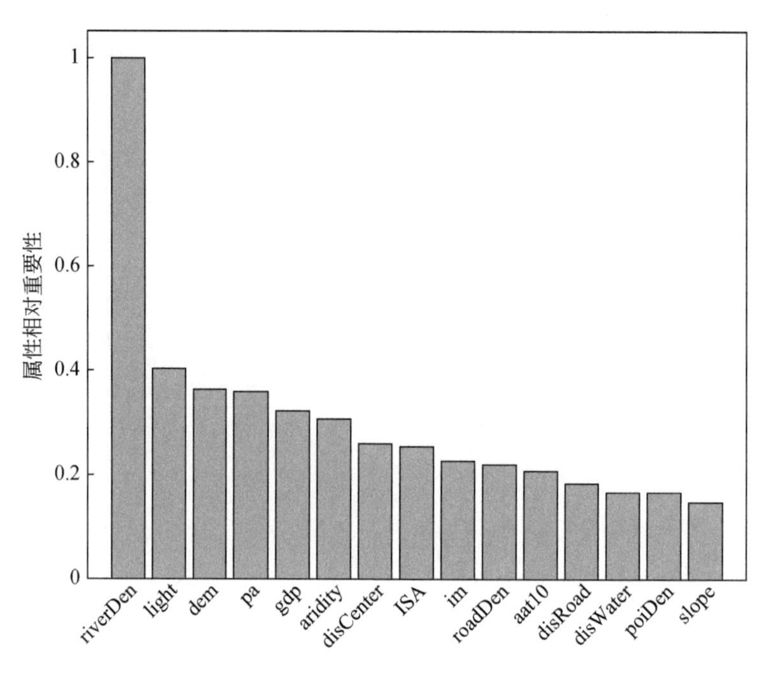

图 8.20　15 个最显著因子及其相对重要性

其次，诸多社会经济相关因素和城市化发展相关的因素也与人口分布高度相关。其中夜间光照强度（light，排名第 2）、GDP（GDP，排名第 5）、不透水面率（ISA，排名 8）等因子对预测人口空间分布具有重要的指示意义，这些指标间接反映了每个聚落单元的经济发展水平，因而与人口分布间接相关。距离县城中心的距离（disCenter，排名第 7）、距离道路的距离（disRoad，排名第 12）、路网密度（roadDen，排名第 6）和 POI 密度（poiDen，排名第 14）等因子提示了城市发展具有集聚效应，在县中心附近区域，市政设施、政府机构、卫生教育机构、家庭和企业一般较多，同时，道路通畅也有利于物资和居民的交通运输。这些因素显然会吸引更多的人居住到城市化程度更高的建成区，而远离条件较差的山地和农村区域。

另外，地形相关的因素，特别是基于 DEM 数据的高程（dem，排名第 3）和坡度（slope，排名第 15）等特征是影响空间推测的重要因素。由于山地区域的资源相对贫瘠，不利于人类生存，人们通常居住在山下或海拔较低的阳坡上。此外，在前 15 个显著因子中，有年均降雨量（pa，排名第 4）、干燥指数（aridity，排名第 6）、湿润指数（im，排名第 9）以及年积温（aat10，排名第 11）等 4 个气候相关的指标，这是因为当地土地贫瘠、干旱缺水以及气候寒冷的自然条件间接影响着人们对农业生产和生活环境的选择。

综上所述，以往在小尺度上的人口空间化研究相对较少，现有的制图结果多以 1 公里或百米级别空间分辨率的网格或县市行政单元展现。这些传统的人口空间化地图受规则网格或行政区划单元的限制，无法详细描述人口的分布状态，难以满足精细化管理和科学研究的要求。基于聚落的人口数据空间化是“五土合一”分析方法在统计类型数据空间聚合中的初步尝试。在河北省阳原县，我们以建筑聚落为基本制图单元，结合多源时空数据开展了人口普查数据空间化的初步研究。应用结果表明，制图的总体精度与效果均优于传统基于网格单元的数据产品和制图结果。此外，通过评估环境变量的重要性，确定了水、社会经济、地形、气候和城市化等相关因子是影响该区域人口分布的重要指标。与严格的人口普查相比，这种形式化的制图能够发挥高分辨率遥感影像和其他多种空间数据的协同作用，具有成本低、更新效率高等优点。快速生产的聚落尺度人口信息产品可为人口、资源环境和社会经济等方面的精细化管理与决策提供重要参考。同时，基于建筑聚落的人口空间分布图更为精细，有利于发现潜在的人口空间分布模式，对解决当地人口问题以及开展区域规划和优化有重要的意义。当前，模型设计假定了每个聚落上的人口密度是相同的，存在一定的建模偏差，未来在建筑单体上开展进一步的精细实验有望提高模型的精度；此外，研究各种因素对人口分布的指示机制，在机理层面寻求更加合理的模型因子，也是值得进一步探索的方向。

8.4 土地利用空间优化

改革开放以来，随着中国工业化和城镇化进程的加快，带来了一系列可持续发展的问题，例如，社会经济和资源环境的矛盾日益突出、区域发展差距不断扩大、土地利用粗放式开发严重等（刘纪远等，2014）。在“三生”功能空间矛盾不断加剧的背景下，如何解决社会经济快速发展和转型过程中存在的国土空间开发秩序混乱以及由此导致的资源环境不可持续性问题，是地理学在区域可持续发展领域的重大科学命题（樊杰等，2013）。随着国土空间开发方式的逐步转变和国土规划精准实施与监管应用的发展，在微观尺度精准识别、刻画地理空间结构及其附着要素，进而开展面向“三生”功能空间优化布局的国土调控，不仅对国土空间开发与治理实践具有重要的指导意义，也对“三生”空间相关理论方法的发展也具有重要的科学价值。因此，本节我们将以国土空间资源的核心要素——土地资源的空间开发作为表征“人-地”关系的典型场景，在“五土合一”综合分析框架下，提出基于地理图斑/场景的县域尺度土地利用优化方案，并在江苏省苏州高新区进行了方法实现的初步探索和实证研究。

8.4.1 国土空间规划综述

国土空间是一个国家行使主权的场所（樊杰，2017），不仅包括土地资源、矿产资源等要素，更涵盖了地上附着的经济产物、人口等其他要素，是一种经济要素分布的格局（肖金成和欧阳慧，2012）。我国国土空间辽阔，区域差异显著，科学认识和合理利用复杂的国土空间是协调社会发展无限增长的需求与有限的国土空间资源之间矛盾的重要途径。

随着社会发展需求和对国土空间认知的动态变化，在 2000 年以后，通过《全国土地利用总体规划纲要（2006—2020 年）》《全国主体功能区规划》以及《全国国土规划纲要（2016—2030）》等系列政策的导向，我国国土空间开发方式从以生产空间为主导逐渐转向“三生”空间的和谐共荣。而空间规划是政府有效调控社会、经济环境要素的空间政策制定辅助工具。目前，我国的空间规划体系包括土地利用规划、城乡规划、生态保护规划等多种类型和层级的规划。由于各规划主体的分割管理，使得不同类型规划形成了相对独立的规划体系（刘彦随和王介勇，2016），进而导致了对规划内容理解、空间范围识别和分区方式选择上的差异，出现规划内容重叠、边界交叉等多种问题，造成了国家工作内容的重复、资源的低效配置和管理上的相互障碍。因此，习近平总书记多次在党和中央会议中提出要“建立空间规划体系，推进规划体制改革”，在2019年5月发布的《中共中央国务院关于建立国土空间规划体系并监督实施的若干意见》（简称《意见》）中明确提出“到2020年，基本建立国土空间规划体系，初步形成全国国土空间开发保护的‘一张图’”的目标。按照《意见》的要求，国土空间规划是在资源环境承载能力和国土空间开发适宜性评价（简称“双评价”）的基础上，科学有序地统筹开展国土空间开发格局的布局（图8.21）。

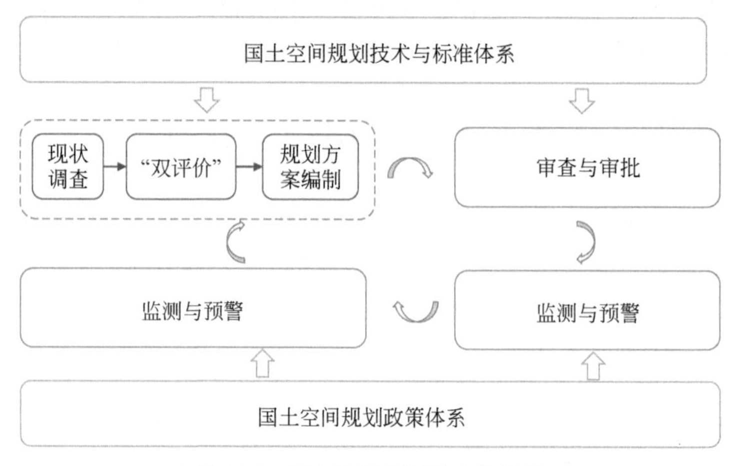

图8.21　国土空间规划的内容体系

十八大以来，国土空间开发格局的优化已被提升为生态文明建设的首要任务。而国土空间资源优化的核心是依据土地特性和土地利用系统的原理，对区域土地利用结构进行分层次、合理优化的布局，以提高土地资源的利用效率，并维持其可持续利用的趋势（刘彦随，1999）。目前，在全国、省级、市级等宏观尺度上开展的土地资源优化相关研究主要是以行政区划单元（刘艳芳等，2002）和规则网格单元（罗雁文等，2009）为基本单元；而在市县以下的小尺度土地利用优化研究中主要以规则网格（龚建周等，2011）和土地利用调查的斑块（王华等，2012）为基本单元。不同的空间划分模式各具优势和不足。然而，基于行政和规则网格单元的研究在小尺度的土地利用空间开发及规划应用中，因为存在结果精度和不确定性验证的困难，以及不同层级和类型规划之间的衔接问题而遭遇瓶颈；而以土地利用调查多边形为单元的探究则因利用斑块的生产方式而存在生产效率与单元边界的精细、准确问题。优化或者规划方案最终必须落实到具体的实施主体（真实地理实体及其功能组团）上，因此，以优化或者规划的实施主体为单元开展研究有利于应用过程中的实施和监管。

本节将重点针对中小尺度土地利用空间开发及国土规划应用面临的实施单元混合，以及由此导致的驱动因子精准分析和优化结果精准评估难等问题，以一定尺度下的地理图斑为单元，通过多源数据与规划知识的协同，深入理解土地利用变化的驱动机制，开展面向区域的土地利用格局微观要素的组合结构的资源配比优化，这是“五土合一”的地理分析方法在“三生”空间综合应用领域的一次实证研究。以基于图斑的土地利用优化结果为基础，在空间规划目标的引导下，可以实现地理图斑尺度的国土空间调整与优化，并通过制图综合自下而上的实现不同层级和类型规划间的“一张图”衔接，有望在国土空间规划单元的精细化、利用对象属性的准确量化以及规划实施与监管指导的智能化等方面得到大幅度改善，极大提升大数据时代国土空间开发格局规划的技术水平。

8.4.2 土地利用优化方法

1. 总体技术思路

土地具有维系自然生态系统的可持续性和满足人类生产生活需求的多功能性，土地利用开发是有限的土地资源在各主导功能之间进行数量再配比和空间再配置的动态调整过程（黄金川，2017）。明确这一动态过程中的最小划分单元，是解决国家宏观层面的顶层设计与城乡规划建设和土地管理衔接的关键所在，而基于高分遥感影像提取的地理图斑有望成为在一定空间尺度上可识别的、承载“三生”功能转换的最小地理载体。因此，针对目前土地利用空间开发应用过程中由于最小划分单元的粒度和准确性不够而导致的复杂地表精细表达缺失、多源异构数据空间聚合模糊以及专家经验知识协作困难等问题，由此我们提出了以地理图斑为最小单元开展土地利用空间优化配置与调控的初步思路（图 8.22）。

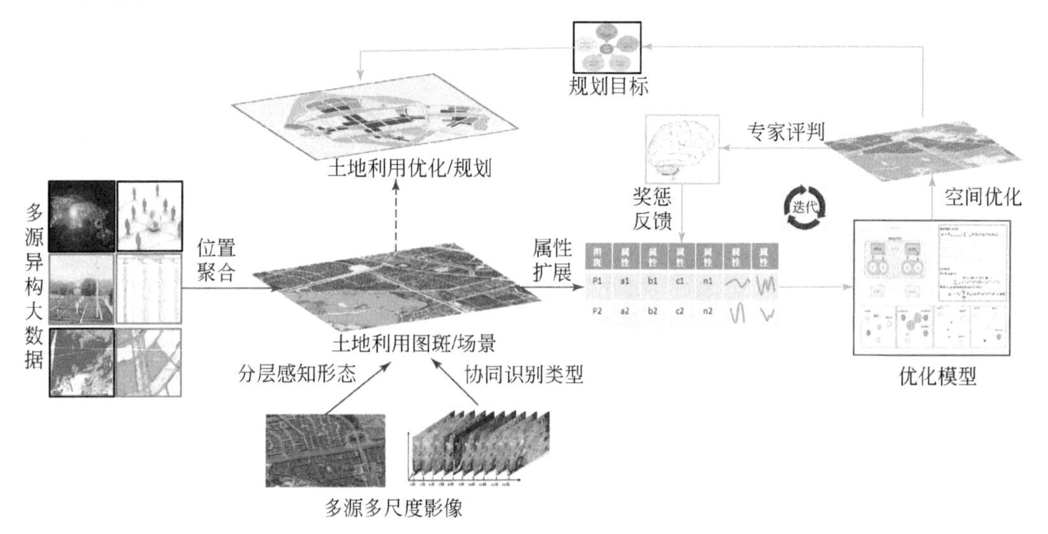

图 8.22 基于地理图斑/场景的土地利用空间优化总体思路

以具有时空细粒度、宽广度与样本“超”覆盖等特征的多源异构大数据为基础，从空间纬度上（图 8.22 中紫色箭头方向）建立“影像空间-地理图斑空间-地理场景空间”的认知基础，在属性纬度（图 8.22 中红色箭头方向）上引入能自动挖掘数据隐含知识并学习进化的深度学习、迁移学习和强化学习等智能机制，构建基于地理图斑/场景单元的多目标土地利用优化模型（图 8.22 中蓝色箭头方向），为大数据背景下微观尺度上的土地利用空间优化及其应用搭建一套理论与技术框架。在框架的实现上可分为“多尺度地理场景构建、适宜性评估指标体系设计、异构数据精准空间聚合和多目标空间优化模型实现”四个层次递进展开：①基于多源、多分辨率的遥感影像，利用本书第 2 章介绍的分区分层感知和时空协同反演模型开展区域地理图斑形态提取和类型识别；②结合土地利用调控的目标和影响要素建立土地适宜性评价指标体系，具体是以土地利用图斑为单元，通过尺度转换、时空统计与类型推测等方法，开展多源异构大数据与地理图斑的空间聚合和指标计算，形成图斑的多维扩展属性表；③在多维属性的辅助下，基于图斑结构组团形成功能分区，并判断分区的功能类型，建立具有多尺度的地理场景；④以多维属性表为输入，构建基于专家知识强化的多目标优化模型，实现土地利用空间优化并辅助国土空间开发的决策。

2. 多尺度地理场景构建

以地理图斑为单元开展土地利用优化配置研究的重要优势是突破了以往按行政区划（宏观）或者规则网格（模糊）为单元的综合分析模式，取而代之的是以“三生”功能空间识别与转换的最小承载单元——地理图斑（地理实体）为单元，实现不同尺度下国土空间规划与实施监管的时空基准的统一。因此，地理图斑的识别或者图斑功能组团（地理场景）的重组是我们开展“三生”功能空间结构调整和优化的基础。

基于亚米级空间分辨率的遥感影像，利用第4章中介绍的P-LUCC产品生产线技术，通过智能提取和人机交互修正相结合的方式，实现精细土地利用图斑数据的生产，其技术路线可参考第 4 章的图 4.9。在此基础上，发展基于图斑影像特征和时序特征的机器分类模型与外部知识时空迁移学习相结合的图斑利用类型及功能类型的判别方法，实现对复杂地表场景的多尺度表达（图 8.23）。其中，针对特征相对稳定的静态图斑（如，

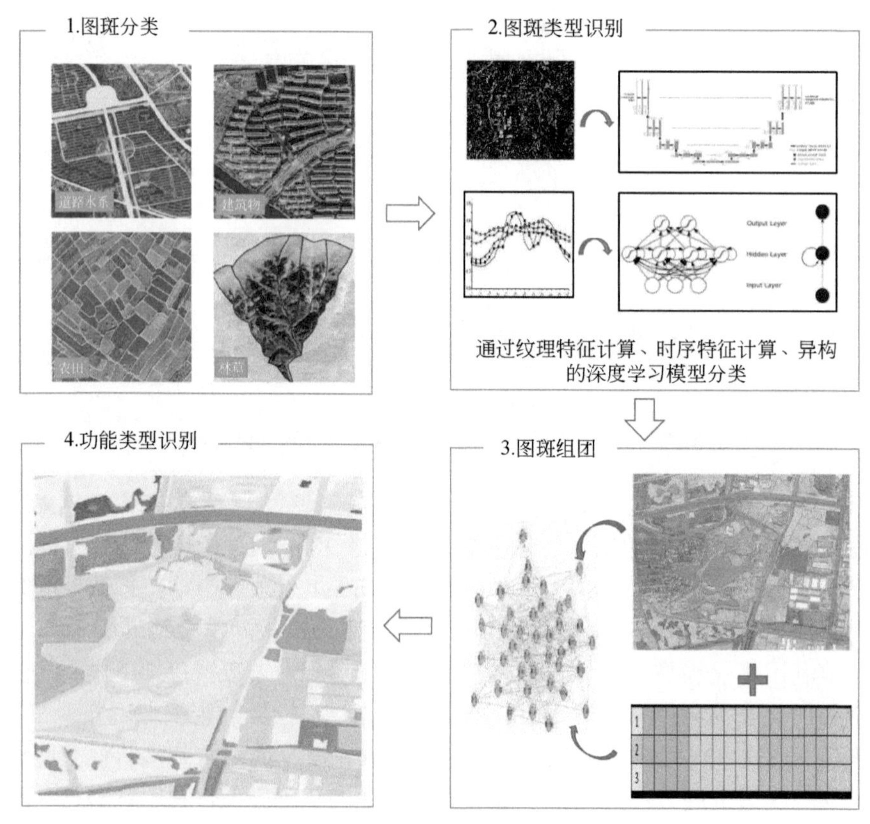

图 8.23　多尺度地理场景的构建流程

建筑物、水体等），构建基于图斑内部纹理等特征的CNN语义分类模型，结合基于历史土地利用解译知识的迁移学习算法，实现图斑土地利用类型的判别；针对动态变化的图斑（如，耕地、林地等），构建基于多源遥感时序特征的RNN时序分类模型，结合基于植物物候知识的迁移学习算法，实现图斑覆盖变化类型的判别，并反推得到土地利用的类型；基于图斑结构的空间分析与多源扩展属性的聚类分析相结合，实现对区域功能属性的识别。

3. 适宜性评估指标体系设计

客观认知土地作为人类活动载体的自然本底特征和受人类活动影响的发展规律是协调“人-地”关系的基础，而土地资源的适宜性是对自然环境与人类社会系统相互作用的综合表达。因此，构建合理的土地资源适宜性评估的指标体系是进行土地利用空间开发的重要依据。从自然要素层面，指标体系需涵盖“水、土、气、生”四大要素范畴，每类要素包含资源、环境、生态和灾害四类的可持续性属性。从人类社会系统层面，可分为生态、生活、生产三类地域功能。评估指标体系的基本框架如图8.24所示。

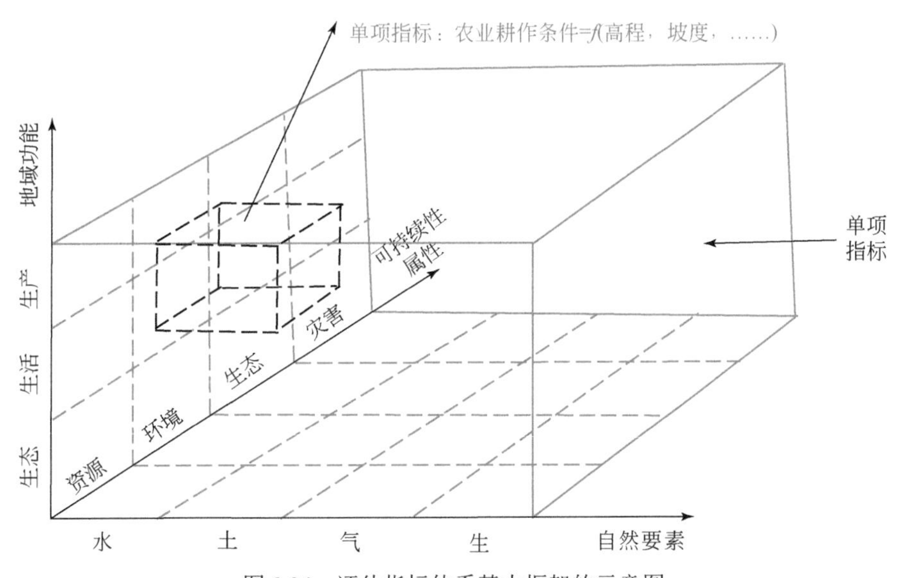

图8.24　评估指标体系基本框架的示意图

在上述框架下，结合地域特征以及优化的目标需求，可以对要素或者地域功能作进一步地细分，例如，生活空间功能可划分为城市空间和乡村空间等。选择不同的自然要素和地域功能类别进行组合，设计并构建差异化的评价指标体系。例如，基于地域功能子类别“农业生产”、自然要素类别“土”和属性“资源”组合可以设计“农业耕作条件”指标来表征区域的高程、坡度等与农业生产相关的土地资源的基础条件。

4. 异构数据精准空间聚合

依据评估指标体系对输入数据的需求，首先开展相关数据的收集、整理与预处理，主要包括基础地理和资源、环境、生态与灾害等专题数据；然后通过空间尺度的转化和分析方法，分类型地实现典型非结构化专题数据与地理图斑单元的空间位置聚合与重组，从而形成以图斑为基本单元的多维属性表；最后，对于简单指标（如地形地貌、降水量、年积温等）和复杂指标（例如，石漠化程度、受洪涝灾害的风险等），分别构建参数化计算模型或者基于决策树的规则挖掘与信息推测模型，进行相应指标的计算，以实现基于多源大数据的土地利用图斑多维度量化指标的生成与表达。基本的技术流程如图 8.25 所示。

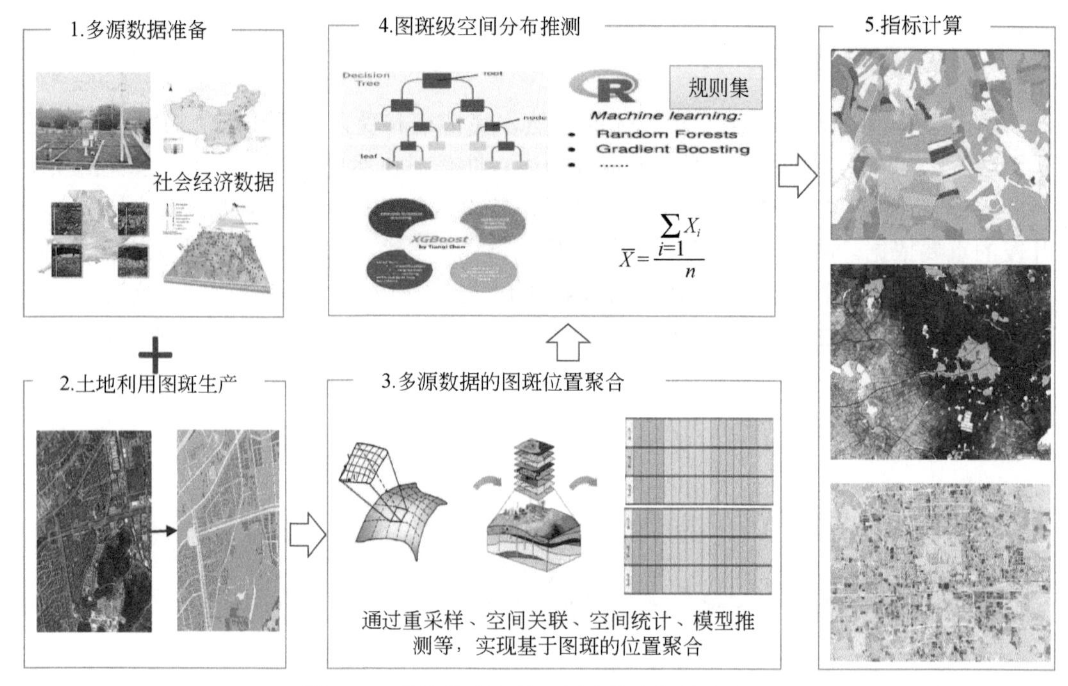

图 8.25　异构数据与地理图斑的空间聚合流程

基于图斑的空间优化模型与基于网格或者区划分区模式下的土地利用优化模型的重要差异在于多源异构数据与地理单元在空间位置上的聚合精度。因此，实现不同尺度和类型的外部数据与地理图斑单元的关联，获得基于地理图斑的专题属性是其中的关键技术。按照外部多源数据的组织形式和结构特征，可以划分为站点数据（气象、水文等离散观测数据）、要素数据（河流、道路等空间化分布数据）、统计数据（气候分区、人口统计等区划单元数据）、栅格数据（遥感影像、数值模拟结果等网格化数据）、动态流数据（移动数据等）和泛在数据（移动互联网产生的各种数据），针对不同类型的数据需要采用空间插值、分解、分析和推测等不同的方法实现地理图斑单元专题值的获取。

图 8.26 展示了分别使用空间统计、空间分析和空间推测方法进行栅格和面要素数据聚合以及相关指标计算的结果。图中的两行分别对应高程和地貌类型数据，三列分别对应了这三类数据的原始数据、基于图斑的指标计算结果以及局部的放大信息。

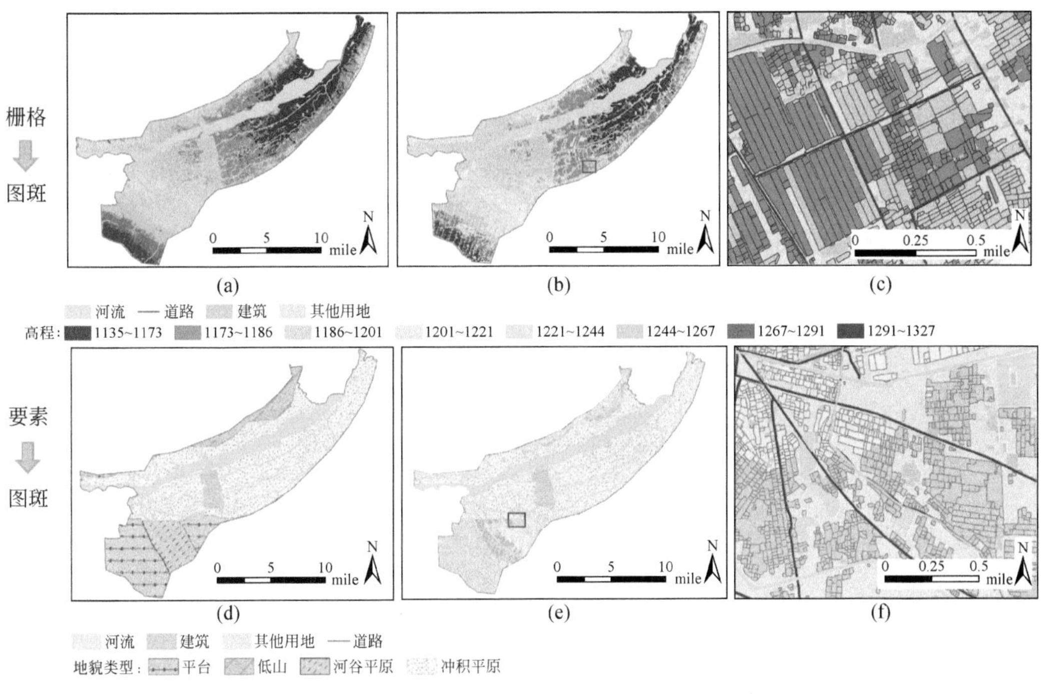

图 8.26　两类静态数据与地理图斑的空间聚合结果

5. 土地利用优化模型实现

在单项指标计算与评价的基础上，通过对资源的承载力总量、余量和潜力的分析，形成面向“三生”空间功能指向的适宜性评价结果。以土地利用现状为初始条件，依据优化目标和“三生”空间开发适宜性的约束，利用多目标优化模型进行迭代式优化，最终形成面向开发目标的综合最优的决策方案。其实现逻辑如图 8.27 所示。

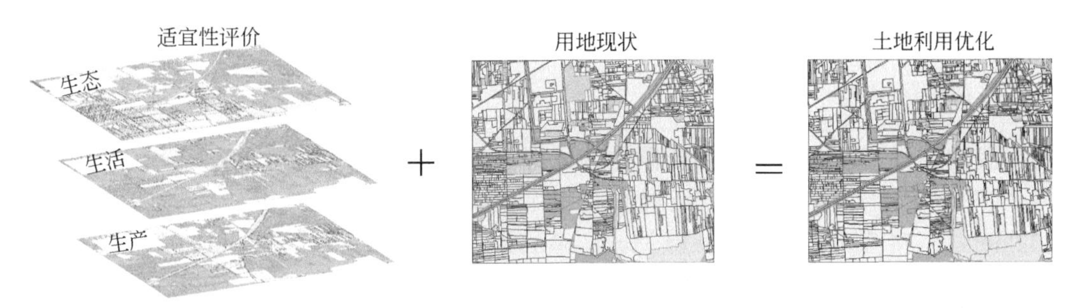

图 8.27　土地利用空间优化的实现逻辑图

在土地利用空间优化过程中，有效地运用碎片化的专家知识对优化结果进行迭代改进是模型效果提升的关键所在。随着人类活动对土地资源的需求不断增长，不同空间功能之间的相互作用和冲突日益加剧，对于同一个空间单元往往有多类空间功能复合。因此，需要通过对空间单元和空间功能实施组合的迭代优化，使之协调度趋向最高，进而实现开发格局的优化逼近。在这一过程中，专家的评判对优化的方向和进程有着极大的影响。我们以土地利用图斑的多维属性作为输入，将多智能体的强化学习与启发式优化算法相结合，实现了专家知识的逐步融入，与多源数据协同的土地利用空间优化模型的构建。

如图 8.28 所示，通过随机赋值实现图斑利用类型的初始配置，通过多智体的强化学习模型与启发式优化算法相结合，将对模型输出结果图的专家评判或者实地调查，转换为多智体奖惩信息反馈回图斑的多维属性表中，并再次输入优化模型进行反复迭代，使得优化模型趋向于不断改进，最终实现数据驱动的土地利用空间优化。

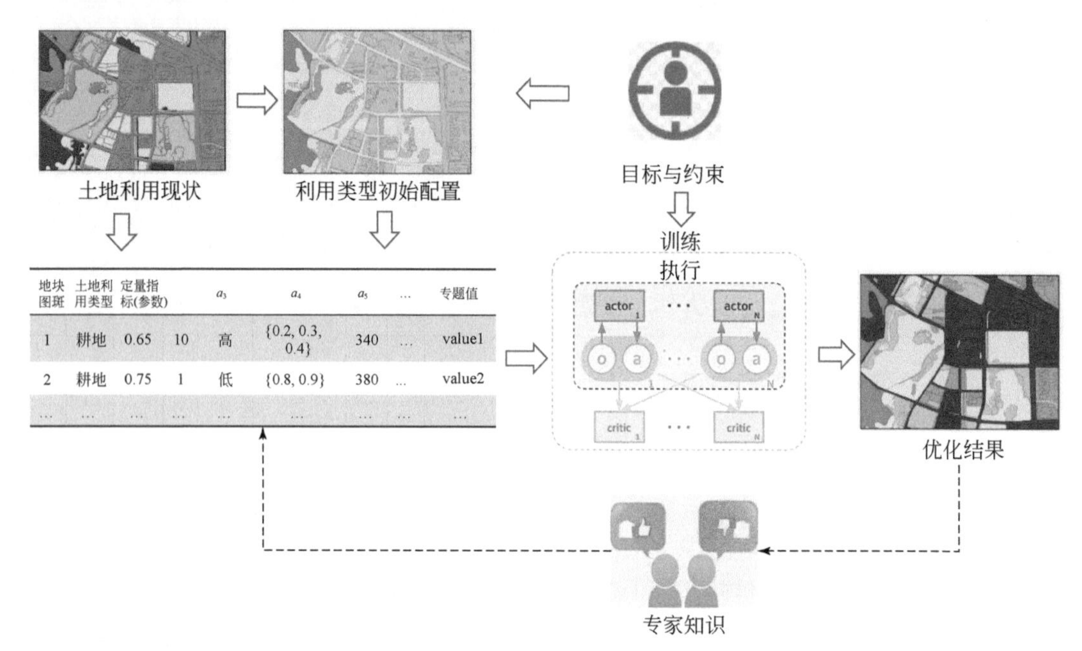

图 8.28　土地利用优化模型构建流程

8.4.3　土地利用优化案例

1. 试验区概况

我们选择了江苏省苏州高新区作为土地利用优化配置的应用试验区（图 8.29）。苏州高新区是全国首批国家级高新区和首批国家生态工业示范园区。区域面积 332km²，东接苏州老城区，西濒烟波浩渺的太湖，其中太湖水域面积 109km²，下辖两镇四街道和四开发区。到 2018 年年底，全区总人口约 93 万人，其中户籍人口约 41 万人。苏州高新区地势西高东低，地质稳定，属亚热带季风海洋性气候，全年气候温和湿润。

苏州高新区建设的核心定位是大力发展新兴产业，提升自身产业竞争力，引领区域经济转型升级。2019 年 1～10 月，高新区新设外资项目 42 个，实际使用外资 6.2 亿美元，同比增长 42.5%。随着众多重点项目、重大创新载体以“高新加速度”地推进，区域内建设用地不足的问题逐渐凸显。如何在生态保护用地和耕地保有量基本不减少的情况下进一步优化建设用地的空间布局，保障区域发展需求是该区域土地利用开发格局优化的重要目标。

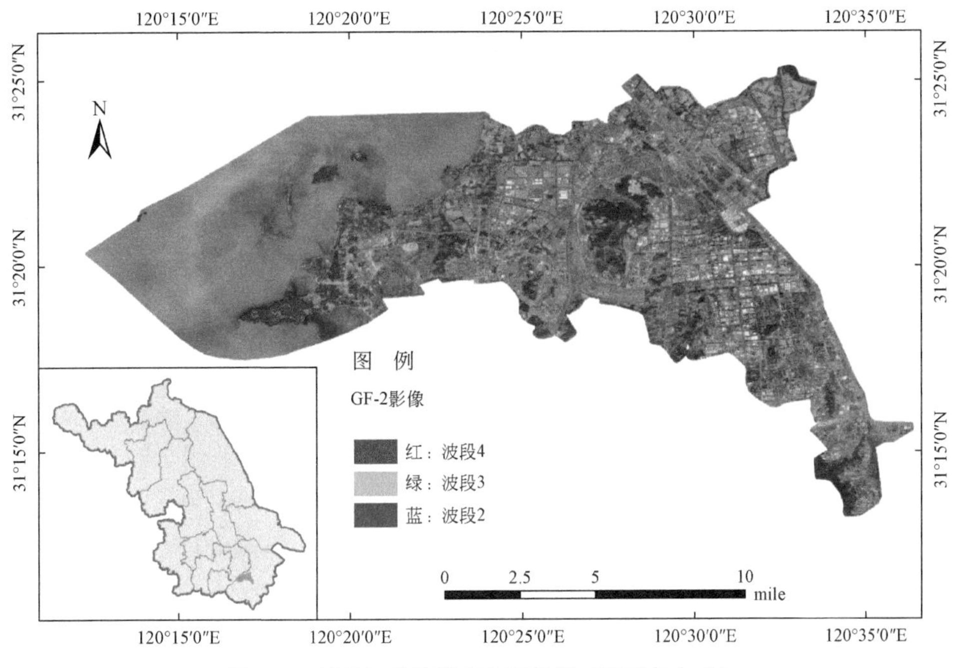

图 8.29　试验区位置及高分影像图（假彩色合成）

2. 数据及处理

土地利用空间开发需要综合考虑资源环境的本底条件、社会经济发展状态和功能建设发展需求。结合区域特点、优化目标和数据的可获取性，按照第 8.4.2 节中的总体思路，我们构建了针对性的适宜性评价指标体系，并收集了包括中高分辨率遥感影像、DEM、历史气候资料、土壤成分含量和社会经济统计数据在内的多源数据。然后以土地利用图斑为基本单元，开展了数据的空间聚合与单项指标计算。主要的指标及计算方法概述如表 8.3 所示。

表 8.3　试验区适宜性评价指标及计算方法概述

指标项	功能指向	方法
高程	农业生产	空间插值、空间统计
坡度		空间插值、空间统计
土壤有机碳		空间插值、空间统计
土壤类型		空间插值、空间统计
降水量		空间插值、空间统计
水资源可利用量		空间插值、数学计算
距太湖距离	生态保护	空间分析
水网密度		空间统计
绿地密度		空间统计
植被指数		空间分析
临近保留区		遥感反演、空间统计
高程		空间插值、空间统计

续表

指标项	功能指向	方法
距主干道距离	城镇建设	空间分析
距火车站距离		空间分析
距客运站距离		空间分析
距高速入口距离		空间分析
距中心城区距离		空间分析
水资源可利用量		空间插值、数学计算

首先，遥感影像为国土空间规划基本单元及其特征的提取提供了数据源。我们基于GF-2影像国产高分二号卫星开展了试验区土地利用图斑（图8.30）的提取和植被指数指标的反演；其次，基于30米空间分辨率的ASTER全球数字高程模型数据，通过空间分析提取了图斑的高程和坡度指标；再次，基于SoilGrids（https：//soilgrids.org）数据提取了土壤类型和有机碳含量等土壤理化性质指标；第四，从RESDC提供的历史气候数据集中提取了年平均气温、降水等气候统计指标；第五，基于试验区的P-LUCC信息产品，计算了地理图斑与中心城区、主要湖泊（太湖）的距离指标以及图斑临近的保留区指标，进一步结合道路和交通枢纽设施等基础地理信息，计算图斑中心点距离主干道、火车站、客运车站、高速路口等主要交通设施的距离指标；最后，基于图斑结构划分功能区，计算功能区内的路网密度、水网密度以及绿地密度等指标。

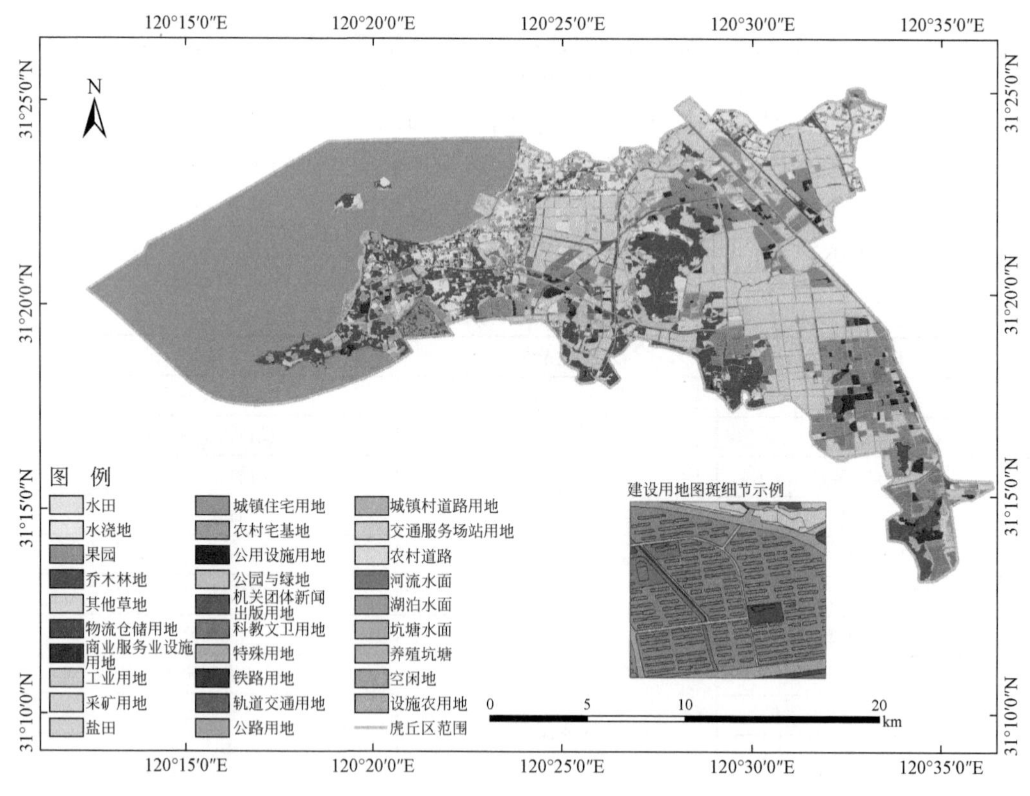

图8.30　基于图斑的土地利用现状图

为了在定量化指标计算的基础上进行土地利用开发格局优化配置的寻解，我们在单项指标评价的基础上，分别针对农业、生态和城镇化建设功能进行了土地的适宜性评估，获得针对“三生”空间的量化评价结果（图 8.31）。

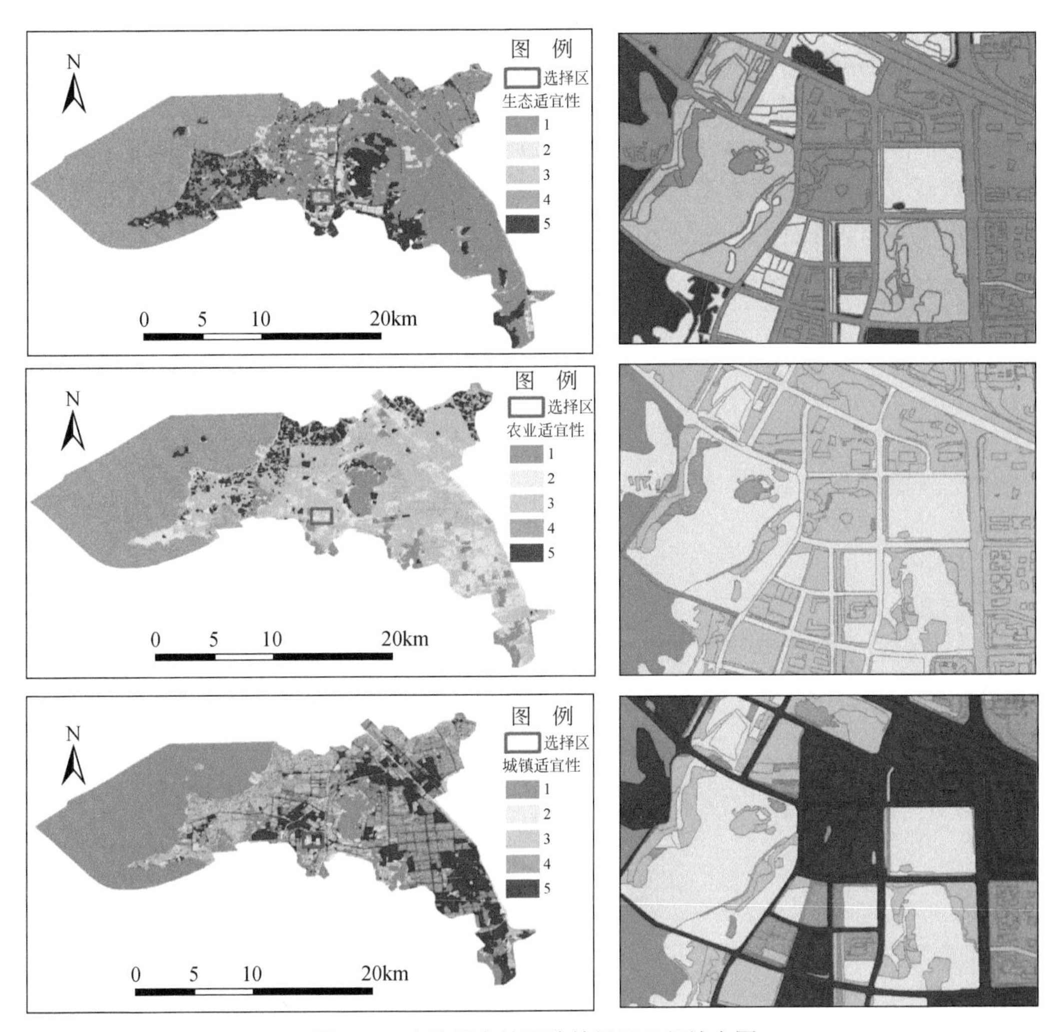

图 8.31 土地适宜性评估结果及局部放大图

3. 应用结果与分析

依据 8.4.2 节中设计的方法，我们在应用试验区共提取到 34542 个土地利用图斑作为土地利用优化的分析单元，包括四类利用类型：建设用地、耕地、生态用地和未利用土地。依据区域发展需求，为保持太湖湿地和规模林地等重要生态用地不变，设置对应的 572 个生态图斑作为保留图斑，剩余图斑参与土地利用类型的空间优化分析，整个区域可配置的建设用地、耕地、生态用地和未利用土地的图斑个数分别为 22324、5131、6165 和 350 个，共计 33970 个可分配的图斑。考虑到保障生态用地和农业用地总量基本不变，重点优化建设用地分布格局，建设用地目标面积约为 130km^2。

为提高优化效率，我们采用了一种基于人工蜂群算法的 Pareto 土地利用配置优化算法（Yang et al.，2018）进行寻优。首先，基于土地利用现状图，通过随机方式改变图斑类型获得满足规划目标的土地利用分布图作为模型的初始输入；然后，利用人工蜂群算法进行土地利用 Pareto 多目标优化，并通过辅助知识引导提升算法的空间搜索能力和寻优的质量；最后，经迭代计算，从中选择具有最大空间紧凑度、最大土地利用适宜度和介于两者之间的配置方案（图 8.32）进行分析。其中，方案 *a*（图 8.32（a））是具有最大土地利用适宜度和最小空间紧凑度的配置方案，方案 *b*（图 8.32（b））是具有最大空间紧凑度的配置方案，方案 *c*（图 8.32（c））是在损失较小空间紧凑度的情况下，其适宜度得以较大提升的配置方案，方案 *d*（图 8.32（d））在损失较小适宜度的情况下，其空间紧凑度得以大幅提升的配置方案。

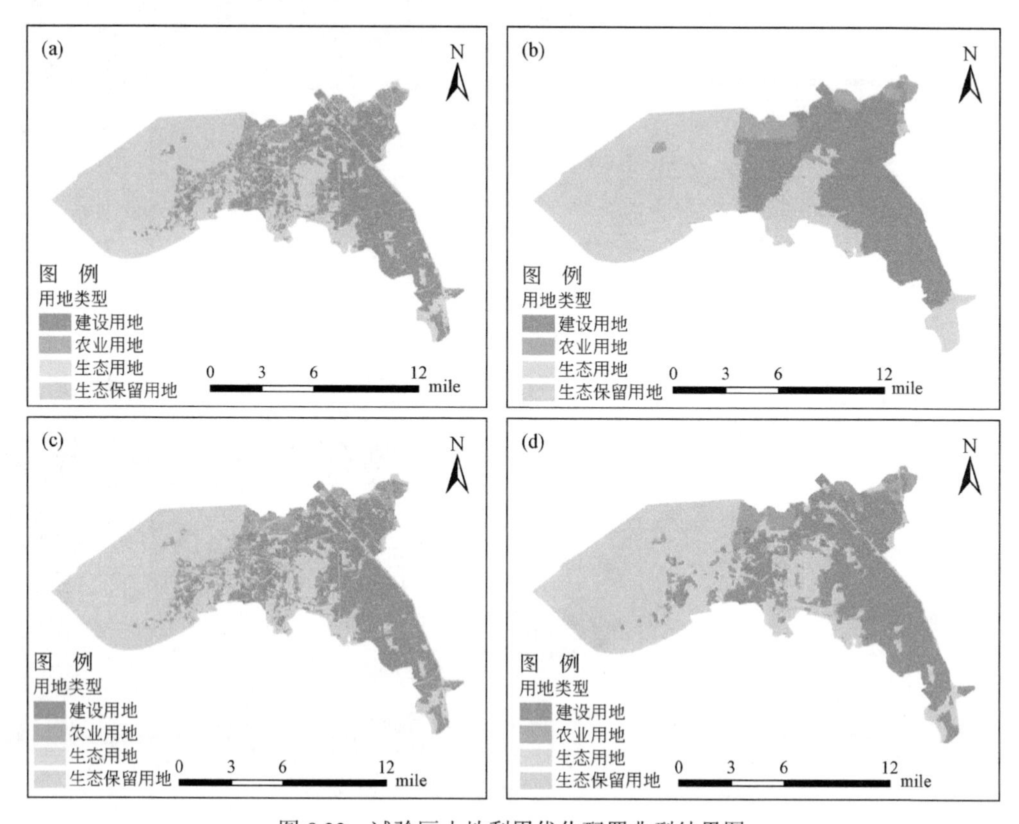

图 8.32　试验区土地利用优化配置典型结果图

1）优化结果视觉对比分析

整体上，单一追求适宜度的优化结果（图 8.32（a）），不同利用类型的图斑分布更加零散，呈现多利用类型混杂的用地形式；而单一追求空间紧致度的优化结果（图 8.32（b）），不同利用类型的图斑分区分布，呈现分类型连片的用地形式。在实际用地中，生产、生活和生态空间通常按照一定的比例交错分布，构成综合的适宜环境，过于破碎和集聚的用地类型都不符合人类活动的实际情况。因而，相对方案 *a* 和方案 *b*，方案 *c* 和方案 *d* 具有更优的应用意义，即在实际的决策中，提升一个优化目标时可能需要部分牺牲其他优化目标来提升决策的有效性和可用性。

在细节上，不同方案调整图斑的差异主要体现在现有农业与建设用地的交错区域

（图 8.33 中红色框选区）和其他用地类型区域（图 8.33（a）中的蓝色图斑）。这是由于设定了生态和农业总量基本不变的目标，建设用地的增量主要源于其他类型用地的减少。另外，一般农业和建设用地的交错地带通常同时具有较高的生产、生活和生态功能适宜性，可配置的类型组合更加丰富。从优化结果的局部放大图（图 8.33（d）和图 8.33（f））中可以看出，在适宜度相对高的方案中（图 8.33（d）），大图斑的类型基本保持不变，小图斑的类型发生变更，与利用现状（图 8.33（b））相比，建设用地类型的分散度更高；而在紧致度相对高的方案中（图 8.33（f）），分散在其他类型用地中图斑的类型发生变化，呈现连片趋势，与利用现状（图 8.33（d））相比，每种类型的用地图斑均更加集聚。

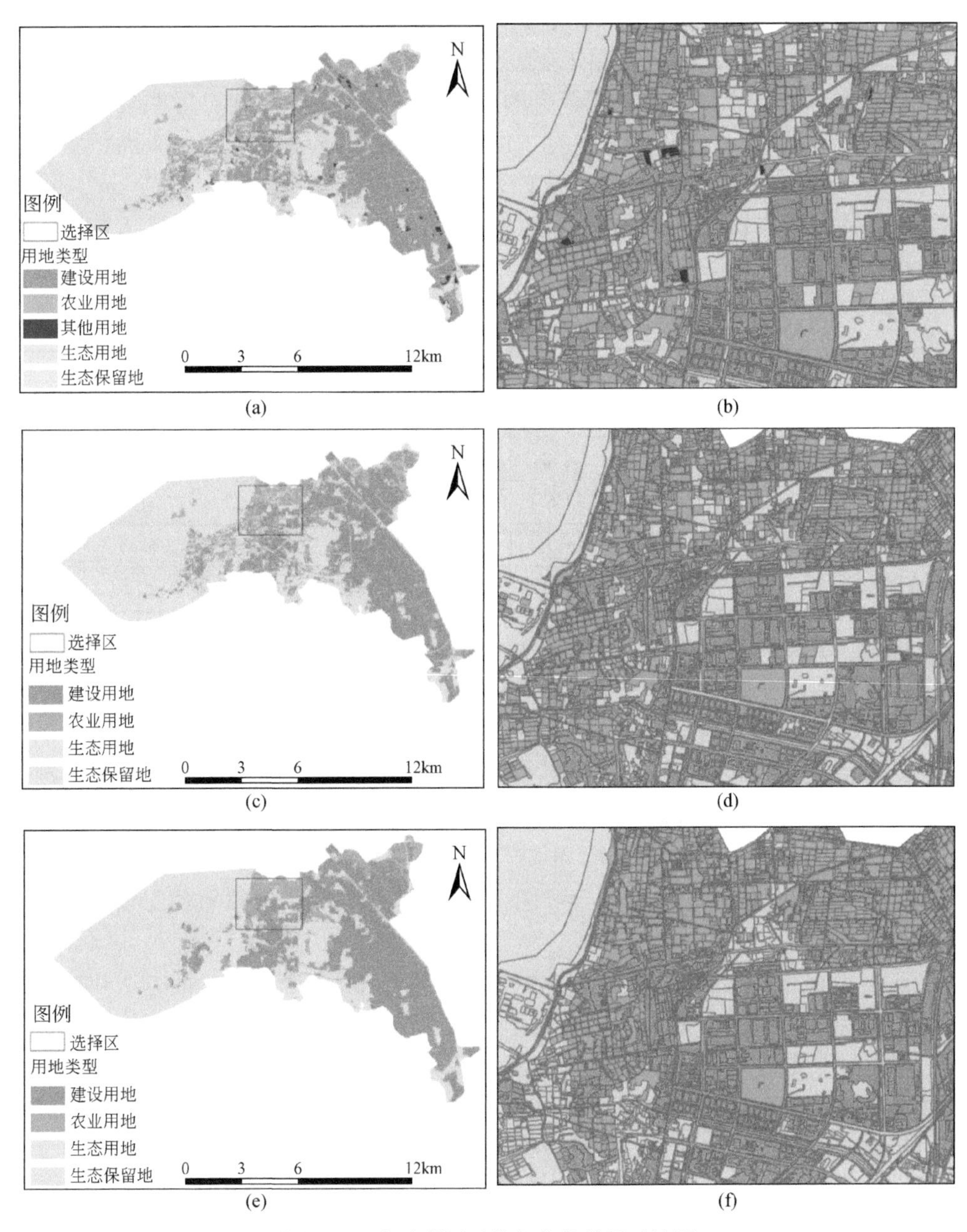

图 8.33　土地利用现状与优化结果对比图

2）优化结果统计分析

在视觉比对的基础上，我们对四种配置方案的用地情况进行了统计（表 8.4）。从目标的满足角度来看，4 种方案均基本满足设定的目标。由于实验中假定地块的形态在一定时间内保持稳定，仅对地块的类型进行调整优化，因此，4 种方案中建设用地的面积在目标“130km^2”的上下浮动，其中方案 *b* 最为接近，差异最大的方案 *a* 也只有 1.52%的降低。从图斑的数量变化来看，方案 *a*、方案 *c* 和方案 *d* 中的建设用地的图斑数量增加，而方案 *b* 中建设用地图斑则减少了 192 个。结合建设用地面积的变化可以发现，方案 *b* 将更多面积较大的图斑调整为建设用地，而其他 3 种方案将更多小图斑调整为建设用地。对于农业用地和生态用地，4 种方案中图斑的数量均略有减少，农业用地的图斑数量减少最多。方案 *b* 中农业用地图斑的数量和面积均最低，而生态用地的图斑数量增加但面积降低，说明方案中对面积较大的生态图斑和小面积的建设用地图斑进行了置换，考虑到我们对核心生态区用地进行了保留处理，可以推测出是将较大面积城市绿地优化为更加分散的小块绿地。方案 *c* 中的建设用地面积比目标降低了 1.74km^2，更多地保留了农业用地和生态用地。在实际决策中，决策者可以依据不同用地需求的迫切性和优先级选择合适的方案。

表 8.4　不同配置方案用地情况统计表

类型	方案 *a*		方案 *b*		方案 *c*		方案 *d*	
	图斑数	面积/km^2	图斑数	面积/km^2	图斑数	面积/km^2	图斑数	面积/km^2
建设用地	24318	128.02	22132	130.08	23967	128.26	23680	129.67
农业用地	4053	18.42	3956	17.23	4138	18.19	4145	17.77
生态用地	5599	69.49	7835	68.47	5865	69.32	6145	68.33
生态保留用地	572	118.88	572	118.88	572	118.88	572	118.88

土地利用开发格局的优化是协调“人-地”关系、促进国土空间资源合理利用的重要手段。在苏州高新区，我们以土地利用图斑为最小优化单元，融合环境、生态和社会经济等专题数据，开展了面向区域均衡布局和建设用地增长需求的土地利用空间优化试验探索。试验结果表明，针对多目标的土地利用优化，通过逐步寻优的智能算法可以为决策者提供多种备选配置方案。与基于行政区划和网格单元的优化结果相比，基于土地利用图斑的优化结果具有尺度细化、指标量化和精度深化等优点。有助于多尺度空间和类型规划的有机集成，进而可实现“多规合一”的现实要求，最终服务于国土空间规划等国家需求。

当前，我们以四种用地类型的优化配置为案例对 8.4.2 节中设计的方法开展了初步的实现探索和效果验证。从理论方法层面来看，我们提出的基于地理图斑的多目标优化模型可以扩展到更为复杂的多目标“三生”空间优化问题，如农牧交错带发展规划或“城市病”治理等。未来将进一步从以下三方面深入发展并完善这一方法体系：

（1）动态数据的时空聚合。在当前的应用试验中我们主要开展了气候、地形、区位和社会经济等静态数据与地理图斑的空间聚合，未来将重点研究环境要素和人类活动的动态监测数据的时空聚合方法，以用于探索国土空间结构的演化规律。

（2）经验性知识的协同迭代。目前，我们基于经验知识预设了生态用地的保留区和优化的约束条件，未来将重点研究迁移学习机制与智能算法的紧密融合，实现优化过程中知识的反馈与迭代。同时，将进一步设计空间格局均衡性以及优化成本等相关指标作为模型迭代和评价的指标，使得优化模型更加智能，优化结果更加符合决策的要求。

（3）图斑形态的优化更新。现阶段，我们通过假定一定时期内地理图斑的形态保持不变来简化模型的实现，后续将在微观尺度针对国土空间结构演化规律研究的基础上，综合考虑图斑形态和功能类型的同步调整。

本章总结：在本章的 8.1 节中，面对大数据时代数据和技术层面的新变革对传统地理综合研究范式和技术手段提出的挑战，在本书第 2 章中构建的地理图斑智能计算理论和三大基础模型的支持下，提出了以 P-LUCC 信息为基础的“五土合一”分析思想，并构建了基于这一思路开展地理综合研究和应用的方法框架。8.2 节和 8.3 节分别以宁夏回族自治区中宁县和河北省阳原县为试验区，阐述了这一方法框架在精细尺度上土壤和人口（土地资源中社会禀赋的代表）空间分布信息获取与专题制图中的应用效果，以作为专题信息与图斑聚合方法的补充。8.4 节围绕地理综合应用的典型场景——“三生”功能空间优化的应用案例，建立了以地理图斑为单元、在微观尺度上开展土地利用空间开发研究的方法体系，并在江苏省苏州高新区开展了面向土地利用优化配置的综合应用试验。通过在“人-地”关系专题要素和综合应用中的实证研究与探讨分析，尝试了为大数据背景下，中小尺度的地理综合研究构建一套研究体系，也为其在更多研究与应用领域的推广和发展奠定基础。同时，以期为遥感与 GIS 相结合的“三生”空间优化相关理论和方法的发展提供新的视角。

主要参考文献

陈述彭. 2001. 历史轨迹与知识创新. 地理学报，56（增刊）：1-7.

陈子南. 1999. 石坚文存（陈述彭院士科学小品选集）. 北京：中国环境科学出版社.

樊杰. 2017. 我国空间治理体系现代化在“十九大”后的新态势.中国科学院院刊，32（4）：396-404.

樊杰，周侃，陈东. 2013.生态文明建设中优化国土空间开发格局的经济地理学研究创新与应用实践. 经济地理，33（1）：1-8.

傅伯杰，刘焱序. 2019. 系统认知土地资源的理论与方法. 科学通报，64：2172-2179.

傅伯杰，冷疏影，宋长青. 2015. 新时期地理学的特征与任务.地理科学，35（8）：939-945.

龚建周，刘彦随，张灵. 2011. 广州市土地利用结构优化配置及其潜力.地理学报，65（11）：1391-1400.

黄秉维.1960. 自然地理学一些最主要的趋势. 地理学报，26（3）：149-154.

黄秉维.1996. 论地球系统科学与可持续发展战略科学基础（I）. 地理学报，63（4）：350-354.

黄秉维.1999. 地理学综合工作与跨学科研究.见：黄秉维院士学术思想研讨会文集编辑组. 陆地系统科学与地理综合研究——黄秉维院士学术思想研讨会文集. 北京：科学出版社，1-16.

黄金川，林浩曦，漆潇潇. 2017. 面向国土空间优化的三生空间研究进展. 地理科学进展，36(3)：378-391.

刘纪远，匡文慧，张增祥，等. 2014. 20 世纪 80 年代末以来中国土地利用变化的基本特征与空间格局. 地理学报，69（1）：3-14.

刘彦随. 1999. 区域土地利用优化配置. 北京：学苑出版社.

刘彦随. 2013. 中国土地资源研究进展与发展趋势.中国生态农业学报，21（1）：127-133.

刘彦随，王介勇. 2016. 转型发展期“多规合一”理论认知与技术方法. 地理科学进展，35（5）：529-536.
刘艳芳，明冬萍，杨建宇. 2002. 基于生态绿当量的土地利用结构优化.武汉大学学报（信息科学版），27（5）：493-498.
罗雁文，魏晓，王良健，等. 2009. 湖南省各市（州）土地资源承载力评价. 经济地理，29（2）：284-289.
骆剑承，吴田军，夏列钢，等. 2016. 遥感图谱认知理论与计算. 地球信息科学学报，18（5）：578-589.
申元村. 1992. 土地资源结构及其功能的研究——以宁夏、甘肃干旱区为例. 地理学报，59：489-498.
王华，刘耀林，姬盈利. 2012. 基于多目标微粒群优化算法的土地利用分区模型. 农业工程学报，28(12)：237-244.
吴传钧，郭焕成. 1994. 中国土地利用. 北京：科学出版社.
肖金成，欧阳慧. 2012. 优化国土空间开发格局研究. 经济学动态，（5）：18-23.
Alahmadi M，Atkinson P，Martin D. 2013. Estimating the spatial distribution of the population of Riyadh，Saudi Arabia using remotely sensed built land cover and height data. Comput Environ Urban Syst，41（1）：167-176.
Azar D，Engstrom R，et al. 2013. Generation of fine-scale population layers using multi-resolution satellite imagery and geospatial data. Remote Sens Environ，130（1）：219-232.
Balk D L，Deichmann U，et al. 2006. Determining global population distribution：methods，applications and data. Adv Parasit，62（1）：119-156.
Bhaduri B，Brigh E，et al. 2007. LandScan USA：a high-resolution geospatial and temporal modeling approach for population distribution and dynamics. GeoJournal，69（1）：103-117.
Center for International Earth Science Information Network. 2004 Global Rural-Urban Mapping Project（GRUMP），alpha version：urban extents. New York：Center for International Earth Science Information Network（CIESIN），Columbia University of Chicago Magazine.
Dong W，Wu T J，Luo J C，et al. 2019. Land parcel-based digital soil mapping of soil nutrient properties in an alluvial-diluvia plain agricultural area in China. Geoderma，340：234-248.
Gallopin G C. 1991. Human dimensions of global change：linking the global and local processes. Int Soci Scie J，130（1）：707-718.
Jia P，Gaughan A E. 2016. Dasymetric modeling：A hybrid approach using land cover and tax parcel data for mapping population in Alachua County. Florida Appl Geogr，66：100-108.
Jiang D，Yang X H，Wang N B，et al. 2002. Study on spatial distribution of population based on remote sensing and GIS. Adv Earth Sci，17（5）：734-738.
Khosla R，Inman D，Smith F，et al. 2005. Spatial variability of measured soil properties across site-specific management zones. Soil Sci Soc Am J，69（5）：1572-1579.
Maria Sala. 2006. Encyclopedia of Life Support Systems （EOLSS）. UK：Oxford.
McBratney A B，Mendonça S. 2003. On digital soil mapping. Geoderma，117（1-2）：3-52.
Mcgrath D A，Smith C K，Gholz H L. 2001. Effects of land-use change on soil nutrient dynamics in Amazonia. Ecosystems，4（7）：625-645.
Minasny B，Mcbratney A B. 2016. Digital soil mapping：A brief history and some lessons. Geoderma，264：301-311.
Negasa T，Ketema H，Legesse A，et al. 2017. Variation in soil properties under different land use types

managed by smallholder farmers along the topo sequence in southern Ethiopia. Geoderma，290：40-50.

Qi W，Liu S H，Gao L J，et al. 2015. Modeling the spatial distribution of urban population during the daytime and at night based on land use：A case study in Beijing，China. J Geogr Sci，25（6）：756-768.

Saunders A M，Boettinger J L. 2006. Digital Soil Mapping—An Introductory Perspective. Developments in Soil Science，31：389-620.

Taghizadeh-Mehrjardi R，Nabiollahi K，Kerry R. 2016. Digital mapping of soil organic carbon at multiple depths using different data mining techniques in Baneh region，Iran. Geoderma，266：98-110.

Wu T J，Luo J C，Dong W，et al. 2020. Disaggregating county-level census data for population mapping using residential geo-objects with multi-source geo-spatial data. IEEE Journal of Selected Topics in Applied Earth Observations and Remote Sensing，13（1）：1189-1205.

Wu T J，Luo J C，Xia L G，et al. 2015. Prior knowledge-based automatic object-oriented hierarchical classification for updating detailed land cover maps. J Indian Soc Remote Sensing，43（4）：653-669.

Yang L，Zhu A，Shao J，et al. 2018. A knowledge-informed and pareto-based artificial bee colony optimization algorithm for multi-objective land-use allocation. ISPRS International Journal of Geo-Information，7（2）：63.

附　录

精准遥感应用与服务

2020 年，即将开创智能遥感黄金时代的一年。2020 年，必是为遥感领域下一个十年的创新奠定基调和延续现有发展势头的关键一年。值此之际，2020 年春，我有幸先于广大读者一览《遥感大数据智能计算》的庐山真面目，这是一本理论与实践深度结合的好书。中国科学院空天信息创新研究院骆剑承等科研人员，长期从事遥感领域的研究工作，一方面积极投入社会热点问题的思考，深度探索遥感服务面对社会需求时快速更新与精准监测的问题，另一方面将遥感理论抽丝剥茧、化繁为简，把海量的复杂计算回归到地理学对地表现象的综合分析——既可以说创新、又可以说非创新的——返璞归真后为遥感理论打开一个新的境界。

我国遥感事业持续在遥感机理研究与遥感应用拓展两方向齐发力。在遥感大数据时代，为更好服务经济社会高质量发展和生态环境高水平保护，深度挖掘遥感数据价值既是遥感领域科研人员的一个重要命题，也是社会前进的迫切需求。土地利用和覆盖变化信息提取是遥感应用无法回避的难点与关键点。骆剑承科研团队长期致力于遥感领域的知识体系重建、精准真实解译和快速更新机制的研究，特别是在土地利用和覆盖变化信息提取领域，近年来硕果累累。骆剑承科研团队没有着眼于从他人的技术改进或修补，而是长期身处技术攻关一线和密切关注社会发展需求，并不断调整思路与策略，广泛地吸收人工智能等相关领域最新成果，最终在重返地理学思想（例如区域性与综合性）后，才真正推动这一理论知识化落地。

在遥感应用领域，精准遥感一直是我的梦想。笔者从科学院所到政府部门工作，为拓展遥感应用领域也做了几件“无心插柳”的事情。一是湖南省水稻种植面积遥感监测，主要思路是在全省耕地图斑内，融合遥感影像与现有成果精准识别早、中、晚稻的分布与面积情况，监测成果真实可靠，为省长米袋工程和粮食种植补贴精准发放提供了有效支撑，且该项工作低投入高产出，被列为常年定期监测项目，得到自然资源部高度评价。二是湖南省长株潭（长沙、株洲、湘潭）生态绿心区遥感监测，在监测区域内分层分级对核心要素或地类进行遥感监测。三是洞庭湖生态经济区地理国情，许多工作也是基于分区、分层、分级与分专题的思想展开的，取得良好的社会经济效果，受到省领导的肯定与批示。前两项工作，始于地理国情普查工作之前，地理国情普查完成后，三项工作都作为全国地理国情监测的典型应用案例。

我省经济社会发展和生态环境保护的切实需求，加强了我省与骆剑承科研团队的高频度交流，促成骆剑承科研团队多次来长作学术报告或技术交流。正是这些科研成果在社会发展中的更深层次应用，给科研工作者注入了科研希望，增加了对遥感精准的信心，能在交流中萌生时空协同框架思想的火苗，实属意外之喜。我非常欣赏骆剑承科研团队求真务实的工作作风和直面遥感应用经年难题的勇气。

2020年，全国“三调”（第三次国土调查）和“三线”（生态保护红线、永久基本农田、城镇开发边界）工作即将完成，三调与三线成果的法定性、权威性与管制性非常强，使用与变更都必须经过严密的技术规范与层层行政审批，不准随意调整与变更。三线与三调成果可为“分区”、“分层”、“分级”和时空协同提供可靠的基础。在三调与三线工作完成基础上，面临自然资源和生态环境的改革的大背景，骆剑承科研团队的遥感智能计算体系，将面临更多、更广、更快、更高的应用需求。我也迫切期待骆剑承科研团队在服务更精准、监测更快速的自然资源与生态环境需求条件下能找到更多专题应用切入点或结合点，形成典型示范应用，充分发挥团队科研成果的社会经济价值。

例如，对耕地精准遥感的内容就非常丰富，可以将精准农业向前推动一大步。一是对永久基本农田保护区是否存在非法占用、是否存在自然灾毁或人为损毁等现象能够实时监测。二是对耕地的种植类型、种植周期、作物种类进行监测。三是对粮食产量的监测估产。四是对优质农田、一般耕地、即可恢复耕地、工程恢复耕地、撂荒耕地变化情况进行遥感监测。当然，耕地遥感监测工作，要根据各地实际情况与需求，突出主次，有重点地开展监测。

新时代铺卷而来，在推进生态文明、现代化治理体系与治理能力、政府精细精准管理建设等方面，遥感大数据与精准遥感大有可为。《遥感大数据智能计算》一书便是新时代开卷十年的奠基之作，希望骆剑承科研团队和参与本书编制的专家们，“咬定青山不放松”，不断优化完善、开拓创新，加快建立完整的遥感生态，预祝取得更加丰硕的学术成果，让遥感更好地服务经济社会高质量发展和生态环境高水平保护。

陈建军　博士

2020年3月10日于长沙